国家科学技术学术著作出版基金资助出版

稀土掺杂石英光纤及应用

胡丽丽 等 著

上海科学技术出版社

图书在版编目（CIP）数据

稀土掺杂石英光纤及应用 / 胡丽丽等著. -- 上海 :
上海科学技术出版社，2023.1
ISBN 978-7-5478-6007-6

Ⅰ. ①稀… Ⅱ. ①胡… Ⅲ. ①稀土族－掺杂－石英－
光导纤维 Ⅳ. ①TQ342

中国版本图书馆CIP数据核字(2022)第215385号

稀土掺杂石英光纤及应用

胡丽丽　等 著

上海世纪出版(集团)有限公司
上海 科 学 技 术 出 版 社　出版、发行
(上海市闵行区号景路 159 弄 A 座 9F - 10F)
邮政编码 201101　　www.sstp.cn
山东韵杰文化科技有限公司印刷
开本 787×1092　1/16　印张 26.5
字数：650 千字
2023 年 1 月第 1 版　2023 年 1 月第 1 次印刷
ISBN 978 - 7 - 5478 - 6007 - 6/TQ・15
定价：300.00 元

本书如有缺页、错装或坏损等严重质量问题，请向工厂联系调换

内容提要

本书以中国科学院上海光学精密机械研究所胡丽丽研究员团队多年来的研究积累和相关创新成果为素材,对其进行梳理总结,内容涉及稀土掺杂石英玻璃及光纤的发展历史、成分、结构、性质、制备工艺及其应用等。全书综合国内外同行的研究报告,把稀土掺杂石英玻璃及光纤的最新研究成果全面、系统地介绍给读者。全书共计9章,第1章系统介绍石英玻璃的结构和性质;第2章阐述掺镱石英玻璃的性质和结构,解析镱离子局域结构与镱离子光谱性质的关联性;第3章阐述稀土掺杂石英光纤的制备方法和性能表征方法;第4、第5章分别介绍掺镱包层结构和大模场微结构光纤的特点及应用;第6、第7章分别介绍 $1.5\,\mu m$ 波段掺铒石英光纤以及 $2\,\mu m$ 波段掺铥、钬石英光纤的最新研究进展及应用;第8章介绍掺钕石英光纤的研究进展,着重阐述最新的 $0.9\,\mu m$ 波段的激光应用进展;第9章面向空间环境光纤激光器的应用需求,阐述耐辐照稀土掺杂石英光纤的制备及应用技术进展。

本书是国内首部系统介绍稀土掺杂石英玻璃及光纤的专业性图书:一方面突出应用导向的基础研究,具有原创性、前沿性和引领性;另一方面创作团队科研实力突出,胡丽丽研究员和团队长期从事激光玻璃、激光光纤基础研究及其制备技术研发,在稀土掺杂石英玻璃及光纤研究领域取得了大量创新性成果,为国产高功率光纤激光器提供了核心元件支撑,相关指标或国内领先或优于国外同类产品,打破了国外长期的技术封锁与垄断。因而本书学术价值较高,社会效益巨大。

本书读者对象较广,涵盖科研院所和高等院校从事光学、光子学、激光光纤及激光器研发的技术人员与广大师生,以及光纤激光器和激光光纤、激光材料行业的从业人员。

序一

光纤激光器因具有结构紧凑、转换效率高、光束质量高、高可靠性、易操作维护、热管理方便等优点，已成为广泛应用于激光制造、医疗、国防和科学研究等领域的主流激光器。

光纤激光器的发展和应用，离不开作为增益介质和传光介质的光纤材料的技术进步。20世纪 70 年代超低耗损光纤的出现，开启了光纤通信时代的到来；80 年代钕、铒稀土掺杂石英光纤的研发成功，导致了 EDFA 在现代光网的广泛应用并发挥出重要作用；90 年代以来双包层结构光纤和微结构光纤的开拓，更是带动了光纤激光器从低功率光源快速迈向高效高功率激光行列，从而很大地拓宽了应用范围。

新结构稀土掺杂石英玻璃光纤日益成为推动光纤激光器发展的不可或缺的核心部件。针对发展需求，近 10 多年来，胡丽丽研究团队植根于中国科学院上海光学精密机械研究所深厚的激光材料研发底蕴，从基础研究出发，系统研究了稀土掺杂石英玻璃光纤的材料性能、光纤结构及制备工艺等全链路科学技术问题，在国内率先突破了万瓦级高功率大模场掺镱激光光纤批量制备技术及应用。

胡丽丽研究团队编著的《稀土掺杂石英光纤及应用》一书是国内首部从材料角度出发系统介绍稀土掺杂石英光纤及应用的专业性图书，全面总结了稀土掺杂石英光纤的特性及其在 $1\sim2\,\mu m$ 波段光纤激光器应用的最新进展，提出了存在的问题，展望了未来的发展。该书可为科研院所和高等院校从事相关领域的科研技术人员与广大师生以及企业行业的技术人员，提供有价值的参考。

范滇元

中国工程院院士

序二

自 20 世纪 60 年代初 E. Snitzer 发明光纤激光器以来,稀土掺杂石英光纤作为光纤激光器和放大器的核心元件成为信息和能量的重要载体,在通信、智能制造、测量传感、医疗、军事等领域发挥了重要作用。

中国科学院上海光学精密机械研究所长期从事激光材料及大型高功率激光器的研究工作。近 10 多年来,在稀土掺杂激光玻璃长期研究积累的基础上,胡丽丽老师团队根据国内高功率光纤激光器对稀土掺杂石英光纤国产化的迫切需求,开展了系统的稀土掺杂石英光纤的研究工作。他们应用溶胶凝胶结合高温烧结方法制备稀土掺杂石英玻璃,系统研究了稀土掺杂石英玻璃成分、结构与性能的相互关系,开发了 Yb^{3+}、Er^{3+}、Tm^{3+}、Ho^{3+}、Nd^{3+} 等稀土离子掺杂石英光纤,并成功实现了高功率大模场掺镱石英光纤批量制备及应用。

《稀土掺杂石英光纤及应用》一书全面总结了团队在稀土掺杂石英光纤研究方面取得的最新研究成果,是首部系统介绍稀土掺杂石英光纤及应用的专业图书。该书可为国内科研院所、高等院校的科研人员和广大师生以及激光光纤和光纤激光器的从业人员,提供有关稀土掺杂石英光纤的基础理论、设计开发、制备工艺技术及性能检测等全方位的信息,相信读者一定能从中得到很多启发。

邱建荣

美国光学学会会士
美国陶瓷学会会士
世界陶瓷科学院院士

前　言

自 1961 年 E. Snitzer 首次提出光纤激光器的概念以来,光纤激光器经历了从最初的研究阶段,到 20 世纪 80 年代以掺铒光纤放大器为主的发展及光通信应用的开端,再到 20 世纪 90 年代末以来以掺镱光纤激光器为代表的快速发展和应用普及阶段。光纤激光器因其结构紧凑、墙插效率高、光束质量高、高可靠性、易操作维护、受环境因素影响小等优点,已广泛应用于先进制造、通信、测量传感、医疗、国防和科学研究等领域。

稀土掺杂石英光纤是光纤激光器和放大器的核心元件,伴随着光纤激光器和放大器的发展,稀土掺杂石英光纤的激光波长从最初的 $1\,\mu m$ 扩展到现在的可见光到 $2\,\mu m$,单纤输出功率从最初的毫瓦级发展到现在的单模万瓦级,光纤结构从最初的单包层过渡到双包层、三包层以及微结构光纤。其制备技术也得到快速发展。

众所周知,自 1970 年美国康宁公司采用 MCVD 技术首次获得 20 dB/km 低损耗石英光纤以来,1985 年英国南安普顿大学采用 MCVD 技术成功研制了低损耗掺钕和掺铒石英光纤,开启了掺铒光纤放大器在光通信领域的应用。1988 年 E. Snitzer 首次提出双包层掺钕石英光纤结构,使得光纤激光器亮度和功率的大幅提升成为可能。1999 年国际上首次实现掺镱石英光纤激光器百瓦输出功率的突破,在随后的十来年伴随着激光二极管的发展,掺镱石英光纤激光器实现了单纤单模万瓦激光输出。2000 年英国巴斯大学首次报道了掺镱光子晶体光纤的研究结果,2003 年德国耶拿大学首次用大模场掺镱光子晶体光纤实现高平均功率激光输出,为高峰值功率脉冲光纤激光器提供了增益光纤的解决方案。稀土掺杂石英光纤的不断研发,不仅推动了光纤激光器与放大器在光通信和测量传感领域的应用,同时极大地推进了以掺镱光纤激光器为代表的高功率光纤激光器在工业加工、医疗、军事领域的应用步伐。目前稀土掺杂石英光纤已经成为通信光纤放大器、高功率和工业光纤激光器不可或缺的增益材料。

迄今为止,包含稀土掺杂石英光纤专业知识内容的中文专著主要有:姜中宏主编的《新型光功能玻璃》(化学工业出版社,2008 年)、楼祺洪编著的《高功率光纤激光器及其应用》(中国科学技术大学出版社,2009 年)、闫大鹏编著的《工业光纤激光器》(华中科技大学出版社,2022 年)、王廷云编著的《特种光纤与光纤通信》(上海科学技术出版社,2016 年)。这四部专著分别侧重光功能玻璃、高功率光纤激光器、工业光纤激光器、通信用特种光纤。此外,杨中民等编著的《复合玻璃光纤》(华南理工大学出版社,2021 年)专门介绍了多组分玻璃以及纳米晶、晶体、半导体、金属及有机材料与玻璃复合的新型光纤。鉴于稀土掺杂石英光纤在光纤激光器和放大器中的重要性,迫切需要有一本专门介绍稀土掺杂石英光纤及应用的书籍,帮助大家系统了解稀土掺杂石英光纤的最新研究开发及应用进展。

本书以中国科学院上海光学精密机械研究所胡丽丽研究员团队 10 多年来在稀土掺杂石英光纤方面的研究积累和相关创新成果为素材,适当综合国内外同行的研究报道,详细介绍了稀土掺杂石英光纤的纤芯玻璃成分、性质与结构、稀土掺杂石英光纤设计及制备、参数测量、光纤性质及应用，力图把稀土掺杂石英光纤及应用的最新研究成果全面、系统地介绍给读者。全书共计9章，第1章系统介绍石英玻璃基本性质和稀土掺杂石英光纤的概貌；第2章重点阐述掺镱石英玻璃的性质和结构，解析镱离子局域结构与镱离子光谱性质的关联性；第3章重点阐述稀土掺杂石英光纤的制备方法和性能表征方法；第4章和第5章分别介绍掺镱包层结构和大模场微结构光纤的结构、性能及应用；第6章介绍 $1.5\,\mu m$ 波段应用的掺铒石英光纤最新研究进展及应用；第7章介绍 $2\,\mu m$ 波段应用的掺铥、钬石英光纤最新研究进展及应用；第8章着重围绕 $0.9\,\mu m$ 波段和 $1\,\mu m$ 波段可调谐激光的应用，介绍掺钕和镱钕共掺石英光纤的最新研究进展；第9章面向空间环境光纤激光器的应用需求，着重阐述耐辐照稀土掺杂石英光纤及应用。

本书作者主要来自中国科学院上海光学精密机械研究所，全书由胡丽丽负责统稿、定稿；邵冲云负责收集书稿，并与编写作者及审稿专家联络。参与本书编写的作者分工如下：胡丽丽、邵冲云编写第1章，郭梦婷、邵冲云编写第2章，王世凯、王孟、楼风光编写第3章，于春雷、张磊编写第4章，王孟、冯素雅编写第5章，张磊、王璠、焦艳编写第6章，王璠、王雪编写第7章，王亚飞、王世凯、陈应刚、林治全编写第8章，邵冲云、于春雷编写第9章。

中国科学院上海光学精密机械研究所陈丹平研究员和叶锡生研究员对本书所有章节进行了审阅并提出了宝贵的修改指导意见，上海科学技术出版社精心组织了本书的编辑和出版工作。在此一并向他们表示衷心的感谢。

本书是国内首部从材料角度出发系统介绍稀土掺杂石英光纤及应用的专业性图书，可为科研院所和高等院校从事光学、光子学、激光光纤及激光器研发的科研技术人员与广大师生，以及光纤激光器和放大器、激光光纤、激光材料行业的技术人员提供重要参考。由于时间和专业知识的局限性，书中难免有不足之处，希望读者提出宝贵意见，以便我们不断改进提高。

作者

目　录

第1章　石英玻璃和稀土掺杂石英光纤

第2章 掺镱石英玻璃的性质与结构

第3章 稀土掺杂石英光纤的制备及性能表征

第4章 掺镱大模场包层结构石英光纤及应用

第 5 章　掺镱大模场石英光子晶体光纤及应用

第6章 掺铒石英光纤及应用

第7章 $2\,\mu m$ 波段稀土掺杂石英光纤及应用

第8章　新型掺钕和钕镱共掺石英光纤及应用

第9章　耐辐照稀土掺杂石英光纤及其应用

第 1 章

石英玻璃和稀土掺杂石英光纤

石英玻璃具有优异的机械、热学、光学和稳定性能,被广泛应用于半导体制造、化工冶炼、电光源、光伏行业、航空航天、精密光学仪器、大型激光装置、光通信和光纤激光器等。稀土掺杂石英光纤是光纤激光器的核心元件,它通常由掺稀土石英玻璃纤芯和纯石英内包层,以及环氧树脂外包层组成。石英玻璃是稀土掺杂石英光纤的重要组成部分。为研制高性能稀土掺杂石英光纤,有必要首先系统了解石英玻璃的结构和性能。

石英玻璃理论上是指由氧化硅这一单一化合物组成的非晶态物质。但不同制备方法得到的石英玻璃其化学组成和性能有所不同,除以氧化硅作为主体成分外,由于制备工艺方法不同,石英玻璃中还可能含有 ppm(百万分之一,10^{-6})量级的碱金属离子、羟基、氯离子等杂质。

石英玻璃结构是由硅氧四面体以顶角方式连接组成的三维连续无规则网络。石英玻璃的性质主要取决于其结构,任何引起石英玻璃结构变化的外因如温度、压力、掺杂或杂质元素等都会引起石英玻璃性质变化。本章首先重点介绍石英玻璃的形成和种类、结构、热学性质、力学性质、光学性质、耐辐照及激光损伤特性;在此基础上,简单介绍稀土离子发光性质和稀土掺杂石英光纤的发展历程。

1.1 石英玻璃的形成和种类

1.1.1 石英玻璃的形成

从热力学角度定义石英玻璃的形成,石英玻璃是一种从方石英熔点温度以上的熔体冷却形成的固态玻璃。如图 1-1 所示,玻璃的形成经历了高温熔体的过冷、冻结两个过程。玻璃转变可以从热力学性质如焓、自由能和体积随温度呈现分段式变化的特点加以描述。这些量的一阶微分是非连续的。上述热力学性质的转折点或一阶微分的断点对应的温度称为玻璃转变温度。玻璃转变过程与冷却速度密切相关:冷却速度越快,其玻璃转变温度越高(T_{gf});反之,冷却速度越慢,其玻璃转变温

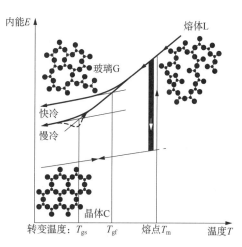

图 1-1 物质的内能 E 与温度 T 的关系(根据文献[1]改编)

度越低(T_{gs})。将玻璃转变温度定义为冷却速度为 $10\ K/s$ 时对应的转变温度。

Angell 等[2]将液体从高温冷却形成玻璃的能力进行了强与弱(脆性)的分类。氧化硅和氧化锗的液体被定义强的玻璃形成体。液体的脆性可以用 $\lg(\eta)$ 与 T_g/T 曲线在玻璃转变温度对应的斜率 m 表示: m 值越大则脆性越大,m 值越小则是强的玻璃形成体。石英玻璃熔体的 m 值约为 20,脆性液体的 m 值通常大于这个值。如图 1-2 所示,在玻璃转变温度以上很大温度范围,它们黏度的对数值与 T_g/T 值呈线性或近似线性关系。而脆性液体的黏度对数值与 T_g/T 值则偏离线性区域。图 1-2 显示了玻璃转变温度前后不同化合物的热容与 T/T_g 的关系,可以看出强的玻璃形成体在 T_g 温度附近其热容变化较小,而脆性液体在 T_g 温度前后热容变化远大于强的玻璃形成体。

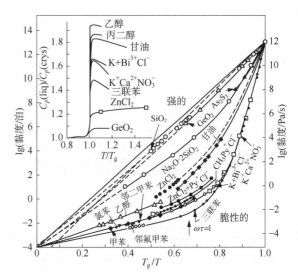

图 1-2 黏度对数值与 T_g/T 的对应关系,左上角插图是不同物质的热容值与 T/T_g 的关系[2]

由于石英玻璃硅氧四面体[$SiO_{4/2}$]顶点相连形成三维网络的结构特点,其转变温度较高。Richet 和 Bottinga 用量热法测量到石英玻璃最高的玻璃转变温度为 $1\,480\ K$(升温速度为 $20\ K/min$)[3],这也是最高的玻璃转变温度。但是采用常规的差示扫描量热(differential scanning calorimetry, DSC)曲线较难准确测试出石英玻璃的玻璃转变温度。这主要是因为,石英玻璃由高温液相冷却形成玻璃的过程中其结构变化较小,仅仅发生硅氧四面体[$SiO_{4/2}$]的键长和键角变化。因此与普通玻璃相比,石英玻璃的玻璃化转变过程其构型熵变化较小,相应地构型焓也较小。

Yue 等[4]采用测量热容的方式评估石英玻璃的玻璃转变温度。如图 1-3 所示,测量升温过程中热容随温度的变化,可以看到在玻璃转变温度附近热容出现一个随温度升高快速增加的拐点。此拐点处温度就是石英玻璃的转变温度。但即便如此,Yue 认为石英玻璃的玻璃转变温度仍旧很难准确测量,其一是由于石英玻璃中的杂质含量对其玻璃转变温度影响很大,其二是由于采用量热法测试石英玻璃的玻璃转变温度往往会受到升温-降温循环次数的影响。仅含 1 ppm 羟基(OH^-)的石英玻璃经历的升温-降温循环次数越多,玻璃转变温度(T_g)越低。温度 T_g 从第 1 次循环测试的 $1\,434\ K$ 降低到第 11 次循环测试的 $1\,320\ K$,下降了 $114\ K$。这主要是因为在升温-降温的循环过程中,石英

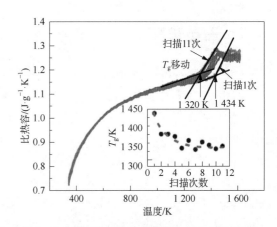

图 1-3 石英玻璃的热容温度曲线与 DSC 升温过程扫描测试次数的关系(右下角插图表示表观玻璃转变温度 T_g 随 DSC 升温过程扫描次数的变化规律)[4]

玻璃发生了向平衡态的结构弛豫。在重复的升温-降温测量过程中，T_g 降低意味着石英玻璃中 $[SiO_{4/2}]$ 四面体结构基团之间的键合减弱。从拓扑约束理论来讲，T_g 下降意味着石英玻璃中的拓扑约束随升温-降温循环过程的进行而下降。石英玻璃的 T_g 随升温-降温差热测量循环次数下降是其独有的反常行为，这与常规的硅酸盐玻璃有很大不同。普通硅酸盐玻璃的 T_g 不会随差热测量次数发生变化。Yue 认为，为获得准确的石英玻璃 T_g 温度，需要排除羟基和差热循环测量次数的影响，准确测试一系列不同羟基含量的石英玻璃，外推获得零羟基含量的石英玻璃 T_g。另外，需要测量不同差热循环次数的 T_g 温度，外推获得零循环测温次数的 T_g[4]。当然，也可以测量石英玻璃的黏度温度曲线，从 10^{12} Pa·S 的黏度对应温度确定其 T_g；但是，这需要非常高的黏度测量温度。

石英熔体可以在大范围的冷却速度下形成玻璃态的主要原因，是硅氧的键合强度较大，并且 $[SiO_{4/2}]$ 四面体呈现空间以顶角相连形成环状的三维结构。

1.1.2　石英玻璃的种类

根据制备方法不同可将石英玻璃分为以下四类：

1）Ⅰ类石英玻璃

由天然水晶粉原料在真空或惰性气氛下制备的石英玻璃称为Ⅰ类石英玻璃。Ⅰ类石英玻璃含有少量的 Al(100 ppm)、Na(4 ppm)、OH⁻(5 ppm 以内)。石英玻璃的真空电熔工艺是指将水晶粉装入石墨坩埚内，采用真空电熔炉在 1 800～2 000℃、0.1～10 Pa 真空度下熔炼石英玻璃。采用真空电熔工艺，可以生产低羟基含量、直径 1.8 m、厚度 650 mm 的石英玻璃。该工艺所生产石英玻璃的主要缺陷是气泡和结石。为减少真空电熔石英玻璃中的缺陷，继而发展了石英玻璃的二步法熔炼工艺。二步法熔炼是指采用电熔石英玻璃锭或管材进行二次加热，形成所需的石英玻璃棒、管或板材。二步法熔炼的加热方式一般为中频感应加热。

2）Ⅱ类石英玻璃

由天然水晶粉用氢氧焰加热方法制备的石英玻璃称为Ⅱ类石英玻璃。Ⅱ类石英玻璃含有 150～400 ppm 的 OH⁻。Ⅱ类石英玻璃的制备采用氢气和氧气作为能源，水晶粉为原料，利用特殊设计的燃烧器，在专用设备上熔制而成。该工艺早期用来制备透明石英玻璃管和坩埚，可用于制备透明石英玻璃砣。工艺过程如下：采用 100～200 目的天然水晶粉为原料，送入氢氧燃烧器中，喷洒在石英玻璃靶托上，靶面不断旋转并与燃烧器保持恒定距离，使得粉料被熔化形成石英玻璃。该工艺制备的石英玻璃气泡少；如果原料质量好，可以制备光学级石英玻璃。此外，也可以采用等离子体火焰替代氢氧焰对水晶粉进行加热，制备低羟基含量的Ⅱ类石英玻璃。

3）Ⅲ类石英玻璃

由 $SiCl_4$ 在氢氧焰加热条件下水解获得的石英玻璃称为Ⅲ类石英玻璃。Ⅲ类石英玻璃约含 1 000 ppm 的 OH⁻、100 ppm 的 Cl⁻，但其不含金属离子杂质。典型代表为 Corning HPFS 7980 牌号的石英玻璃。Ⅲ类石英玻璃采用氢氧焰化学气相沉积方法制备，其基本原理如下：利用载气将气化后的 $SiCl_4$ 送入燃气室，在氢氧焰的作用下，$SiCl_4$ 发生氧化，形成不定形的氧化硅，沉积于旋转的高温靶材上。之后经过高温加热工艺形成石英玻璃。

4）Ⅳ类石英玻璃

由 $SiCl_4$ 在等离子体火焰加热条件下形成的石英玻璃称为Ⅳ类石英玻璃。Ⅳ类石英玻璃含 0.4 ppm 的 OH⁻、200 ppm 的 Cl⁻。典型代表为 Corning HPFS 8655 牌号的石英玻璃。等离子体化学气相沉积采用高频感应设备激发工作气体氧气,无极放电产生高频氧等离子体,形成 1600℃ 以上的高温气氛。SiCl₄ 气相原料由载气带入等离子火焰,并与等离子体中的氧直接发生氧化反应,形成氧化硅和氯气。生成的 SiO₂ 沉积到基杆上,经高温等离子火焰加热熔融形成石英玻璃。等离子体化学气相沉积制备的石英玻璃,其显著特点是纯度高、杂质少、羟基含量可以做到极低。该工艺方法特别有利于超高纯石英玻璃的制备。

石英玻璃紫外透过率主要受金属杂质离子和氧空位缺陷的影响,红外波段透过率主要受羟基含量影响。通常高纯石英玻璃的羟基含量越高,氧空位缺陷含量越少,故其紫外透过率会增加。表 1-1 对比了四类石英玻璃的原料、制备方法、杂质含量、透光波段、外观特征等参数。

表 1-1　四类石英玻璃的特征对比[1,5]

分类	国内牌号	原料	制备工艺	金属杂质/ppm	Cl⁻含量/ppm	OH⁻含量/ppm	透光波段/nm	外观特征
Ⅰ类	JGS3	天然水晶	真空电熔	40～100	极少	<5	300～3 500	少量气泡/结石
Ⅱ类	JGS2	水晶粉	氢氧焰加热	20～40	极少	150～400	300～2 000	气泡少
Ⅲ类	JGS1	SiCl₄	氢氧焰加热	<1	>100	～1 000	190～2 000	无气泡
Ⅳ类	高纯 JGS3	SiCl₄	等离子体加热	<1	～200	0.4	190～3 500	无气泡

1.2　石英玻璃的结构

与晶体规则结构相比,玻璃结构非常复杂,目前被广泛接受的玻璃结构学说是"晶子学说"和"无规则网络学说"。X 射线衍射技术是研究晶体结构的重要方法。

图 1-4a、b 分别为石英玻璃粉末和方石英晶体粉末的 X 射线衍射图[6]。其中,方石英晶体由石英玻璃在 1500℃ 下经数小时热处理后得到。方石英晶体粉末呈现出一个强且宽的衍射环和三个弱且窄的衍射环。石英玻璃粉末只出现一个强烈且宽泛的衍射环,该衍射环的位置与方石英晶体粉末最强衍射环位置相当。对于晶体来说,晶粒尺寸越小,衍射环宽度越大。基于上述理由,Randall 等[7-8]于 1930 年提出,石英玻璃是由无数微小(～1.5 nm)的"晶子"和

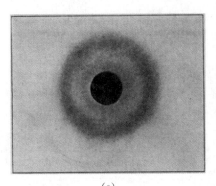
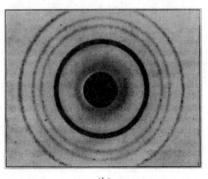

(a)　　　　　　　　　　　(b)

图 1-4　石英玻璃粉末(a)和方石英晶体粉末(b)的 X 射线衍射环

无定型物质组成；其中"晶子"的原子排布有规则但取向无序，它均匀地分散在无定型物质中，且"晶子"和无定型物质之间没有明显的界限。这就是"晶子学说"的由来。

"晶子学说"进一步被 X 射线衍射分析所证实。图 1-5a、c 分别为方石英晶体粉末和石英玻璃粉末实测的 X 射线衍射曲线，图 1-5b 为假定方石英晶体的平均尺寸为 1.5 nm 时模拟出的 X 射线衍射曲线[7]。可以看出，石英玻璃的最强衍射峰与方石英晶体的最强衍射峰的位置相当。该最强衍射峰来源于方石英晶体的(111)晶面。实验结果表明，随着方石英晶体的晶粒尺寸逐渐减小，它的最强衍射峰逐渐变宽(图中未展示)。特别地，当石英晶体的晶粒尺寸减小到 1.5 nm 时，它的衍射曲线与石英玻璃的衍射曲线几乎一致。以上都是石英玻璃中存在"晶子"的强有力证据。

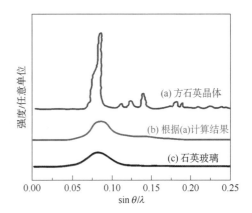

图 1-5　(a)、(c)分别为方石英晶体粉末和石英玻璃粉末实测的 X 射线衍射曲线；(b)假定方石英晶体的平均尺寸为 1.5 nm 时模拟出的 X 射线衍射曲线

然而，"晶子学说"也面临诸多难以解释的问题：①晶格常数失配。根据 X 射线衍射环可以计算出方石英晶体(111)晶面间距为 4.05 Å(1 Å = 10^{-10} m)，石英玻璃(111)晶面间距为 4.32 Å，两者晶格常数失配高达 6%。②方石英晶体在 200~300℃之间体积会发生明显变化，但石英玻璃不存在这种现象。③当石英玻璃在 1500℃热处理时，可以期待石英玻璃中的"晶子"会逐渐长大，导致其衍射环或衍射峰的宽度逐渐变窄。然而，实验结果是其衍射环或衍射峰的宽度突然变窄。

1932 年，Zachariasen[9]提出"无规则网络"学说。该学说认为，石英玻璃和石英晶体的基本单元都是硅氧四面体[$SiO_{4/2}$]，每个硅原子被四个氧原子包围，每个氧原子与两个硅原子相连，相邻硅氧四面体[$SiO_{4/2}$]之间通过氧顶角相连形成三维空间网络结构。后来 Warren 等[6,10-11]通过 X 射线衍射进一步证实了"无规则网络"学说的基本观点。

图 1-6 是石英玻璃和方石英晶体的对分布函数[10,12]。前三个峰分别对应第一近邻 Si—O_I(0.162 nm)、O—O_I(0.265 nm)、Si—Si_I(0.312 nm)的平均键长，第四个峰对应第二近邻 Si—O_{II} 和 O—O_{II} 平均键长位置的叠加，第五个峰对应第二近邻 Si—Si_{II} 的平均键长。可以看出：在 3.5 Å 范围以内，石英玻璃和方石英晶体的对分布函数基本保持一致，这表明石英玻璃结构的近程有序；在 5 Å 范围以外，方石英晶体的对分布函数信号依然清晰可见，但石英玻璃对分布函数信号逐渐变弱甚至不可分辨，这与石英玻璃结构的远程无序有关。

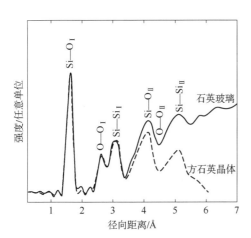

图 1-6　石英玻璃和方石英晶体的对分布函数[12]

图 1-7 给出石英玻璃二维平面结构的理论模型和实验测试结果。理论模型最早由 Zachariasen 于 1932 年提出[9]，后来逐渐被 X 射线衍射[13]、中子衍射[14]、核磁共振(nuclear magnetic resonance，NMR)[15]、环形暗场扫描透射电子显微镜(annual dark field-scan transmission electron microscopy, ADF - STEM)[16]等实验手段所证实。其中,采用 ADF - STEM 所拍摄的石英玻璃原子尺度的二维图像与查哈里森提出的理论模型图高度相似,如图 1-7 所示。

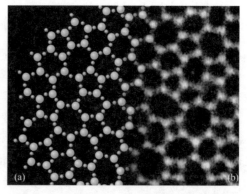

如图 1-8a 所示,石英玻璃的结构单元是 $[SiO_{4/2}]$ 四面体,Si 原子位于四面体中心,O 原子位于四个顶角。$[SiO_{4/2}]$ 四面体之间以共顶角的方式相连形成三维网络结构,相邻 $[SiO_{4/2}]$ 四面体之间 ⟨Si—O—Si⟩ 键角 α 在 120~180 之间变化。在每个 $[SiO_{4/2}]$ 四面体中,⟨O—Si—O⟩ 键角 $\Phi = 109°28'$,Si—O 之间键长 $d_1 \approx 1.6\,\text{Å}$,O—O 之间距离 $d_2 \approx 2.6\,\text{Å}$。

图 1-7 石英玻璃二维平面结构的理论模型图(a)和采用 ADF - STEM 拍摄的实验谱图(b)[16]

如图 1-8b 所示,核磁共振(实线)、X 射线衍射(圆点)、空间位阻模型(虚线)计算均表明,在石英玻璃和硅酸盐玻璃中 ⟨Si—O—Si⟩ 之间的键角分布相对较宽,在 120~180 之间变化,平均值约为 $145°$[17]。相对于石英玻璃,石英晶体中 ⟨Si—O—Si⟩ 之间的键角分布相对较窄,其平均值约为 $144°$。

图 1-8c 是石英玻璃的平面环结构示意图。由于 ⟨Si—O—Si⟩ 键角变化,导致石英玻璃

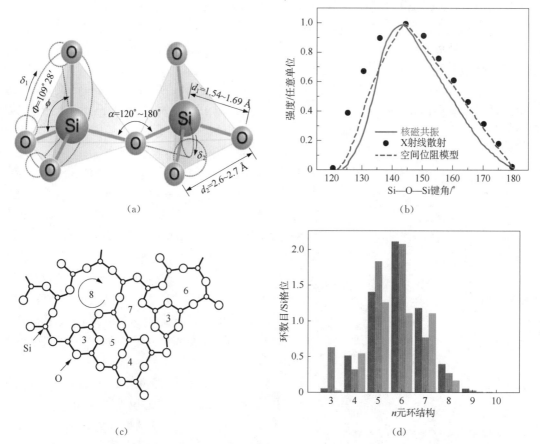

(a)

(b)

(c)

(d)

图 1-8 石英玻璃中的 $[SiO_{4/2}]$ 四面体结构单元[18](a)、Si—O—Si 键角分布[17](b)、平面环结构示意图[19](c)和环结构分布密度[20](d)

以[SiO$_{4/2}$]四面体为单位呈排列无序的 2~10 元环结构。

图 1-8d 汇总了三种模型模拟得到石英玻璃中 3~10 元环结构的分布概率。其中,第一种模型为经典分子动力学(图中黑色);第二种模型为第一性原理分子动力学(图中红色);第三种模型结合了经典和第一性原理分子动力学(图中绿色)。三个模型统计结果均表明,5~7 元环结构出现概率最大,9 和 10 元环结构出现概率最小。3 元环和 4 元环结构的出现概率取决于模拟条件和样品的热历史。

图 1-9a、b 分别为石英玻璃中平面 3 元环和平面 4 元环结构示意图。图中显示了〈O—Si—O〉和〈Si—O—Si〉键角(分布记为 Φ 和 θ)变化:〈O—Si—O〉键角 $\Phi=109.5°$ 固定不变,〈Si—O—Si〉键角 θ 值随环结构单元的增加而增加。

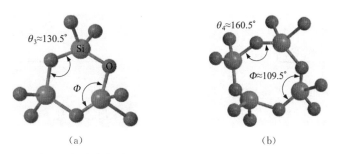

图 1-9　石英玻璃中平面 3 元环(a)和平面 4 元环(b)结构示意图

图 1-10a 为单个 Si—O—Si 键形成能(ΔE)与〈Si—O—Si〉键角的关系示意图[21]。该结果由 Newton 等[22]采用从头算自洽场分子轨道方法计算得到。每个平面环结构的形成能 $E_n=n\Delta E(\theta_n)$,其中 n 为环结构中[SiO$_{4/2}$]四面体的数量,θ_n 为平面 n 元环中〈Si—O—Si〉键角。图 1-10b 为单个 Si—O—Si 键长和其键角的关系示意图。Si—O—Si 键角越大,对应键长越短,因此平面 k 元环中[SiO$_{4/2}$]越多,环中 Si—O—Si 键长越短。表 1-2 给出不同平面元环的 Si—O—Si 键角,从中可以看出,随 n 值增加,Si—O—Si 的键角显著增加。

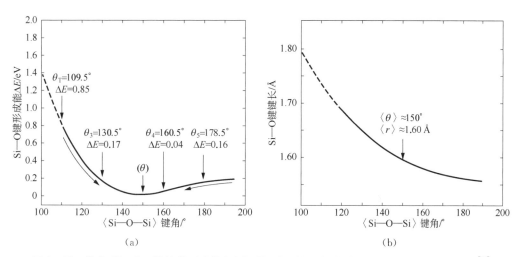

图 1-10　单个 Si—O—Si 键的形成能(a)和 Si—O—Si 键长(b)与〈Si—O—Si〉键角的关系[21]

表 1-2 中还列出石英玻璃中 n 元环的形成能。从表中可以看出,平面 4 元环的形成能最小,平面 3 元环次之。形成能越小,其结构越稳定。因此,石英玻璃中 4 元环含量略高于 3 元

环。研究表明,石英玻璃中平面 4 元环和平面 3 元环含量之和的占比往往大于 1%。平面 4~9 环结构可以通过扭曲环平面成非平面结构的方式大大降低它们的形成能。但平面 2 元环和 3 元环结构不能通过扭曲环平面的方式降低它们的形成能。由于平面 2 元环形成能最大,在玻璃中极不稳定,存在的概率较小。平面 3 元环和 4 元环可以通过断键形成更大的环,然后扭曲成非平面结构的方式以降低它们的形成能。

表 1-2　石英玻璃 n 元环中〈Si—O—Si〉键角和总的 Si—O—Si 键形成能[21]

n 元环	〈Si—O—Si〉键角 $\theta_n/°$	形成能 E_n/eV
2	70.5	>5
3	130.5	0.51
4	160.5	0.16
5	178.5	0.80
6	190.5	1.08

图 1-11a、b 分别为纯石英玻璃的拉曼(Raman)和红外光谱。其中,拉曼光谱是在 633 nm 激发波长下测得,红外光谱采用 KBr 压片法测得,相应峰归属见表 1-3。拉曼谱中 487 cm^{-1} 和 603 cm^{-1} 分别对应 Si—O—Si 平面 4 元环(D_1)和平面 3 元环(D_2)的振动,D_1 和 D_2 可作为定性评估石英玻璃平面 4 元环和平面 3 元环含量的探针峰。

图 1-11c、d 分别为纯石英玻璃和方石英晶体中 ^{29}Si 的魔角旋转核磁共振(magic angle

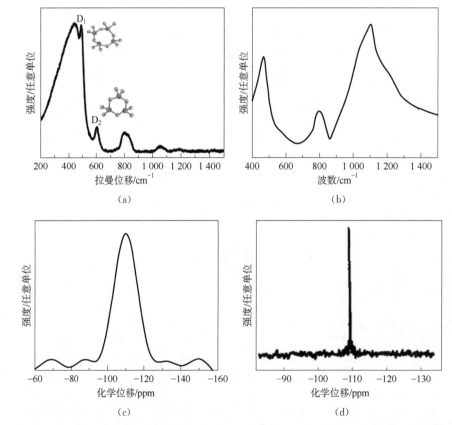

（a）　　　　　　　　　　　　　　（b）

（c）　　　　　　　　　　　　　　（d）

图 1-11　纯石英玻璃的拉曼(a)、红外(b)以及纯石英玻璃(c)、方石英晶体(d)的 ^{29}Si MAS NMR[23] spinning nuclear magnetic resonance, MAS NMR) 谱。由图可知, 纯石英玻璃和方石英晶体都由一个对称的核磁峰组成, 该峰对应于 ^{29}Si 的 $Q^{(4)}$ 结构, $Q^{(n)}$ 的上标 n 表示每个硅周围有 n 个 Si—O—Si 键, 但纯石英玻璃的核磁峰比方石英晶体的宽, 其半高宽和 Si—O—Si 平均键角列于表 1-4 中。研究表明, ^{29}Si MAS NMR 的半高宽与 Si—O—Si 键角分布密切相关, Si—O—Si 键角分布越宽, 相应 NMR 峰越宽。因此, 纯石英玻璃 NMR 峰的半高宽是石英及方石英晶体的数十倍。

表 1-3 纯石英玻璃拉曼和红外峰归属

拉曼位移/cm^{-1}	红外吸收峰/cm^{-1}	归属
438	465	Si—O—Si 弯曲振动
487		平面 4 元环振动
603		平面 3 元环振动
800	800	Si—O—Si 对称伸缩振动
1 055, 1 180	1 000~1 300	Si—O—Si 反对称伸缩振动

表 1-4 纯石英玻璃、石英和方石英晶体 ^{29}Si MAS NMR 谱的化学位移、半高宽和 Si—O—Si 平均键角

样品	^{29}Si 化学位移/ppm	半高宽/ppm	平均 Si—O—Si 键角/°
纯石英玻璃	−110.9	13.2	145.0
石英晶体	−107.2	0.20	143.6
方石英	−108.5	0.20	146.4

玻璃是一种亚稳态物质, 它的结构介于熔体与晶体之间。当熔体淬冷成玻璃后, 熔体的某些结构特征得以保存, 导致玻璃的性质与冷却过程中熔体在某温度点的性质相当。这一特征的温度点被 Tool[24] 定义为玻璃的假想温度 (fictive temperature, T_f)。在高于玻璃软化温度范围内, 玻璃的假想温度等于实际温度。在低于转化温度范围内, 由于玻璃的结构变化非常缓慢, 使室温时玻璃的假想温度总高于实际温度。在玻璃转化温度到软化温度范围内, 根据玻璃加热速度或冷却速度的不同, 其假想温度也不同。因此, 玻璃的假想温度与其热历史密切相关。通常, 熔体的冷却速率越快, 玻璃的 T_f 越高, 其结构混乱度越大。玻璃的很多性质都与其 T_f 有关[25], 如折射率、密度、紫外透过率、耐辐照性能等。

由于石英玻璃熔体的高温黏度大, 在每秒数百度到每秒 1℃ 的大范围冷却速度下都可以形成玻璃, 因此, 石英玻璃的假想温度可以在 1 000~1 500℃ 之间的大范围变化。不同假想温度的石英玻璃对应不同的结构, 包括 Si—O—Si 键角分布、瑞利散射、X 射线小角散射等都会因假想温度不同而变化, 从而导致石英玻璃的密度、折射率等性质随假想温度变化。石英玻璃的假想温度越高, 其密度和折射率越大。

热历史对纯石英玻璃结构的影响可归纳为以下几个方面:

(1) 键角变化。图 1-12a、b 分别为利用分子动力学模拟得到的熔融石英玻璃中 Si—O—Si 键角分布和平均键角与假想温度的关系。假想温度会影响石英玻璃 Si—O—Si 键角分布, T_f 越高, Si—O—Si 键角分布越宽, 同时 Si—O—Si (Si♯1—O♯3—Si♯2, 参见图 1-12b 中插图) 平均键角变小, 玻璃近程结构致密化。

据报道, 热历史变化还会引起 O—Si—O、Si—Si—Si、O—O—O、Si—Si—O 和 O—O—

Si 键角分布的改变。在硅氧四面体中，Si♯1—O♯3—Si♯2 较 O1♯—Si♯1—O♯3 和 O1♯—O♯3—O♯4（参见图1-12b 中插图）的键角分布更宽，可见石英玻璃近程结构的无序度主要来源于 Si—O—Si 键角的可变性。研究发现，冷却速率降低会使得石英玻璃中 Si♯1—O♯3—Si♯2、O1♯—Si♯1—O♯3 和 O1♯—O♯3—O♯4（参见图1-12b 中插图）键角呈现 143°、109°和 60°的概率增加，硅氧四面体接近于正四面体，如图1-12c、d 所示。此外，两硅氧四面体共顶相连形成的 O1♯—O♯3—O♯2 键角分布更宽。这是因为该键角既与两相连硅氧四面体的相对位置有关，也与其相对方向有关。冷却速率降低使得 O1♯—O♯3—O♯2 键角分布变宽和平均键角变大，导致中程结构变得疏松，这可能是石英玻璃密度降低的原因之一。三个[SiO$_{4/2}$]相连形成的 Si♯1—Si♯2—Si♯3 键的键角分布可反映玻璃的中长程结构。Si♯1—Si♯2—Si♯3 的键角分布图由一个平均键角为 60°的小峰和键角分布范围为 90°～120°的宽峰组成，前者来源于平面4元环，后者来源于较大元环。冷却速率降低会使得前者含量降低，后者含量升高且分布变窄。

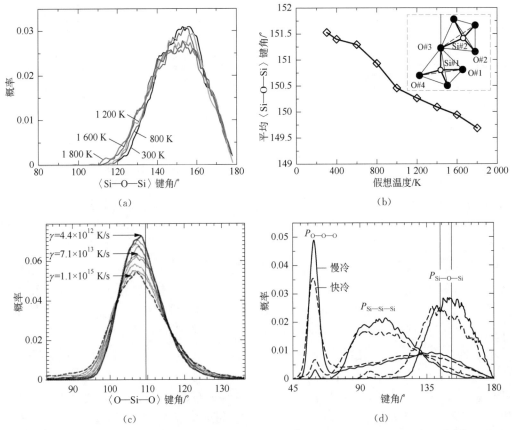

图1-12　石英玻璃 Si—O—Si 键角分布（a）和 Si—O—Si 平均键角（b）与假想温度的关系[26]；石英玻璃 O—Si—O（c）以及 O—O—O、Si—Si—Si、Si—O—Si（d）键角分布与冷却速率的关系[27]

（2）环结构分布变化。硅氧 k 元环结构能反映石英玻璃的中长程结构。图1-13a、b 为纯石英玻璃环结构随冷却速率的变化关系。冷却速率降低会降低小环（$k<5$）和大环（$k>8$）的含量，明显增加 6 元环含量。例如，较低冷却速率形成的 β-方石英、β-磷石英和 β-石英等 SiO$_2$ 对应晶体中的环结构多为 6 元环或 8 元环。因此，冷却速率越慢，玻璃结构的混乱度越低，越接近对应的磷石英晶体结构。

（3）键长变化。原子径向分布函数 $g_{AB}(r)$ 表征 B 原子在离 A 原子距离为 r 处出现的概率，可反映玻璃结构的有序性。如图 1-13c、d 所示，冷却速率降低会提高硅氧四面体中 Si♯1 与 O♯1 和 O♯1 与 O♯3 间距分别为 1.6 Å、2.62 Å 时的概率，并且使得 $g(r)$ 曲线窄化，增加玻璃近程和中程结构（$r \leqslant 8$ Å）的有序度。中程结构中 Si♯1 与其第一近邻 Si♯2 原子以及 O♯1 与其第二近邻 O♯2 原子的峰值间距越大，表明玻璃中程结构越疏松。

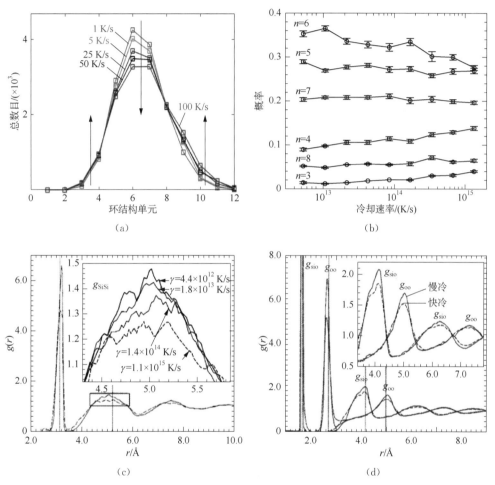

图 1-13　纯石英玻璃环结构（a、b）[27]、SiSi[28]（c）、SiO 和 OO[28]（d）的
径向分布函数曲线与冷却速率的关系

玻璃的性质与热历史密切相关，并且不同体系玻璃的性质对热历史的依赖性不同。例如，纯二氧化锗和锗硅酸盐玻璃的密度和折射率与其假想温度呈负相关性[29]，如图 1-14 所示。与之相反，纯二氧化硅玻璃的密度（图 1-14b，图 1-40）和折射率（图 1-39）与其假想温度呈正相关性[30]。由上述分析可知，假想温度越低，玻璃的近程结构[SiO$_{4/2}$]越接近于正四面体，中长程结构越接近于对应晶体。与近程结构相比，硅氧四面体之间的连接与假想温度的关系更密切，假想温度越低，两桥连硅氧四面体的 Si—O—Si 和 O—O—O 键角越大，Si—Si 距离越大，使得玻璃的结构疏松度增大，进而导致玻璃整体密度降低。表 1-5 总结了石英玻璃物化性质和机械性质与假想温度（T_f）的关系。

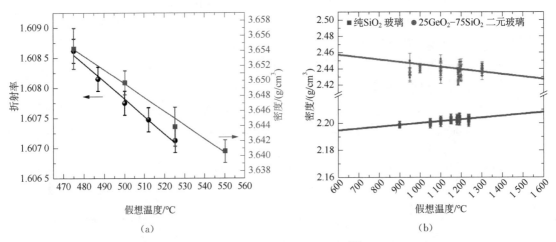

图 1-14　纯 GeO$_2$ 玻璃折射率与假想温度的关系[29]（a）；纯 SiO$_2$ 玻璃和
25GeO$_2$-75SiO$_2$（mol%）二元玻璃密度与假想温度的关系[30]（b）

表 1-5　假想温度对石英玻璃性质的影响[25]

性质	假想温度升高	性质	假想温度升高
密度	增大	压缩系数	减小
折射率	升高	剪切模量	减小
黏度	降低	杨氏模量	增大
热膨胀系数	增大	瑞利散射	增大
氢氟酸侵蚀速率	增大	抗辐照性能	变差
水分扩散系数	减小	密度起伏	增大
硬度	增大		

1.3　石英玻璃的热学性质

如前所述，石英玻璃的形成和性质与热历史和制备工艺密切相关。石英玻璃的热学性质包括玻璃转变温度、热膨胀系数、黏度、热导率、析晶等。

1.3.1　玻璃转变温度

图 1-15 是 I/II 类石英玻璃的体积随温度变化的曲线。可以看出，石英玻璃的玻璃转变温度随冷却速度有所不同，冷却速度越快，转变温度越高（$t_{gf} > t_{gs}$），并且在冷却过程中过冷熔体呈现一个体积最低的温度。石英玻璃中的杂质含量也会影响其玻璃转变温度。Yue 等[4]采用差热分析测试热容的方法研究了不同羟基含量石英玻璃的玻璃转变温度（T_g），如图 1-16 所示。他们发现，1021 ppm OH$^-$ 含量的石英玻璃 T_g 温度比 1 ppm OH$^-$ 含量的石英玻璃要低 98 K（前者 1336 K，后者 1434 K）

除上述提到的羟基可引起石英玻璃的转变温度降低外，石英玻璃中掺入微量的其他氧化物会显著影响其固有结构，从而使得玻璃转变温度不同程度地降低。图 1-17 给出微量 Na$_2$O、OH、Al$_2$O$_3$ 和 Ga$_2$O$_3$ 对石英玻璃的转变温度影响[31]。利用一价碱金属氧化物 Na$_2$O

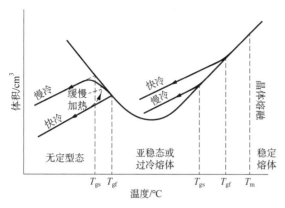

图 1-15　Ⅰ/Ⅱ类石英玻璃的体积-温度曲线

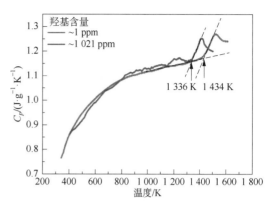

图 1-16　不同羟基含量石英玻璃等压热容(C_p)
与温度的关系[4]

可以显著降低石英玻璃的玻璃转变温度这一特性,研究人员制备了掺入微量 Na_2O 的超低损耗通信用石英光纤。

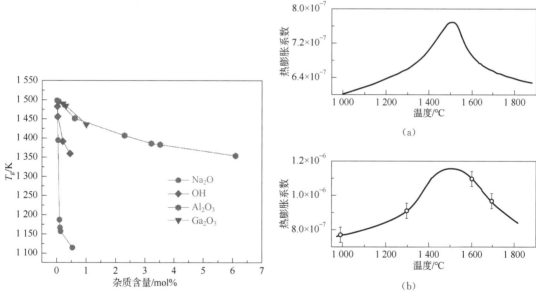

图 1-17　石英玻璃 T_g 与杂质含量的关系

图 1-18　Ⅰ/Ⅱ类(a)和Ⅲ类(b)石英玻璃的
热膨胀系数与假想温度的关系[1]

1.3.2　热膨胀系数

图 1-18 给出不同假想温度的Ⅰ/Ⅱ/Ⅲ类石英玻璃的热膨胀系数。可以看出Ⅰ/Ⅱ类石英玻璃假想温度为 1550℃的膨胀系数较大。假想温度在 1460℃的Ⅲ类石英玻璃呈现最大的热膨胀系数。

如图 1-19 所示,Ⅰ/Ⅱ类石英玻璃的热膨胀曲线测试结果也会受到其热历史的影响,急冷的Ⅰ/Ⅱ类石英玻璃样品会在首次热膨胀曲线测量中表现出体积收缩现象。这可能与冷却过程形成的应力释放有关。再次测试的曲线没有观察到体积收缩现象。表明在第一次测量过程中其应力得到释放,同时玻璃结构也得到弛豫及修复。

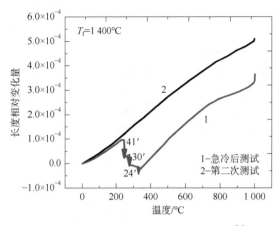

图 1-19　Ⅰ/Ⅱ类石英玻璃热膨胀曲线[1]

1.3.3　黏度

石英玻璃熔体具有很高的黏度,并且其黏度温度曲线跨越较大的温度区间。石英玻璃的黏度与其热焓、应变、体积、折射率等性质的弛豫密切相关。因此,其黏度与温度的关系受到广泛研究。但是由于以下三方面的原因,石英玻璃的黏度很难准确测量到:一是测量温度高,熔体与坩埚及气氛反应,影响测量;二是 1 200～1 700℃是其析晶温度区间;三是大约 1 400℃以下,由于石英玻璃熔体的黏滞性,导致黏度达到平衡的时间变长。此外,不同制备工艺获得的石英玻璃中杂质含量也会影响其黏度值。

1982 年 Urbain 等[32]采用高纯石英玻璃(碱金属小于 20 ppm、OH⁻小于 10 ppm、Al 小于 20 ppm)样品测试了 1 200～2 480℃范围的黏度数据,结果见表 1-6。得出了在这一温度范围石英玻璃黏度的对数值与温度倒数成线性关系,也即黏度随温度的变化满足阿累尼乌斯(Arrhenian)关系,激活能为 515.4 kJ/mol。

表 1-6　石英玻璃 1 200～2 400℃黏度数据(黏度单位为泊)[32-33]

温度/℃	lg(黏度)	温度/℃	lg(黏度)
2 482	3.53	1 652	7.79
2 382	3.92	1 599	8.08
2 268	4.36	1 438	9.48
2 168	4.80	1 375	9.97
2 061	5.25	1 306	10.95
1 964	5.79	1 250	11.40
1 870	6.36	1 192	12.15
1 776	6.90		

2002 年 Doremus[33]总结了不同作者发表的石英玻璃黏度数据,认为 1 400～2 500℃高温区域 Urbain 的测试数据准确,而在 1 000～1 400℃范围用纤维拉伸的方法测试的黏度数据更为准确,详见表 1-7。并且在 1 000～1 400℃这一温度区间内,稳定石英玻璃的黏流激活能为

712 kJ/mol，远大于高温下的 515 kJ/mol。

表 1-7　采用纤维拉伸法测量 1 000～1 400℃范围石英玻璃的黏度数据（黏度单位为泊）[33]

温度/℃	1 400	1 300	1 200	1 100	1 000
lg(黏度)	9.81	11.22	12.83	14.65	16.82

图 1-20 是根据 Urbain 和赫瑟灵顿（Hetherington）发表数据得出的石英玻璃在 1 000～2 500℃范围的黏度曲线，从中可以看出在 1 400℃前后黏度与温度的关系曲线出现转折。在 1 400℃以下温度区域，石英玻璃黏度的对数值与温度倒数的关系对应曲线的斜率（712 kJ/mol）要大于 1 400℃以上高温区域的斜率（515 kJ/mol），也即不同温度范围对应不同的粘流激活能。

Doremus[33] 从结构缺陷的角度分析了石英玻璃黏度温度特性的变化规律，认为石英玻璃的黏度取决于玻璃结构中 SiO 分子缺陷组成的线状缺陷移动。高温下由于硅、氧原子的剧烈运动导致硅氧四面体中 Si—O 键被破坏，形成 SiO 和氧缺陷。SiO 缺陷浓度随温度下降而减少，并且 1 400℃以下 SiO 缺陷的量与时间相关。因此，在 1 400℃以下，石英玻璃熔体的黏度测量值会随时间发生变化，直到达到平衡黏度值。

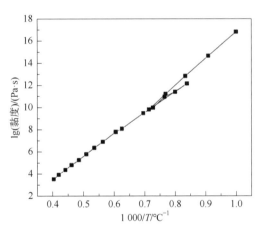

图 1-20　石英玻璃的黏度-温度曲线

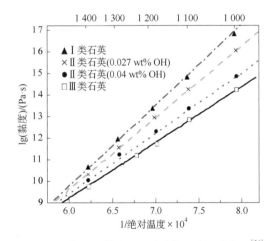

图 1-21　Ⅰ类和Ⅲ类石英玻璃的黏度温度曲线[34]

杂质会导致石英玻璃的黏度及热扩散系数等性质的变化。例如，石英玻璃室温热扩散系数可以在 0.795～0.870 mm² · s⁻¹ 范围波动。石英玻璃的高温黏度也会因羟基含量不同而改变，如图 1-21 所示，Ⅰ/Ⅱ类石英玻璃在 1 000～1 400℃范围的黏度明显高于羟基含量高的Ⅲ类石英玻璃。

Tomozawa 等[35] 采用红外光谱方法对 80～1 150℃温度范围 0.467 大气压的水蒸气扩散进入石英玻璃中引起玻璃结构变化进行了研究，发现极少量的水会显著加速石英玻璃的结构弛豫，弛豫又会进一步影响玻璃中的水含量。他们认为：较低温度下较慢的结构弛豫速度会阻止水和玻璃的反应；水进入玻璃中引起的膨胀会加速水分子进入玻璃内部；块体石英玻璃弛豫过程中会降低玻璃中的羟基溶解度。

1.3.4　热导率

图 1-22 为若干不同晶体和玻璃的热导率与温度的关系,从中可以明显看到,晶体和玻璃有不同的热导率与温度的依赖性。类似于光学传能中的光子,声子在热传导过程中扮演重要角色。声子的名义自由长度 l 越长,则热导率越高:

$$\lambda_{th} = \frac{1}{3}c\nu \tag{1-1}$$

$$q = -\lambda_{th}\Delta T/\Delta x \tag{1-2}$$

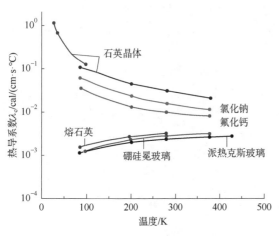

图 1-22　若干不同晶体和玻璃的热导率与温度的关系[1]

式中,λ_{th} 为热导率;c 为单位体积的热容;ν 为声速;l 为名义自由长度;q 为单位时间内单位表面积热传导速度;Δx 代表温度差为 ΔT 的距离。晶体有大的自由长度 l,因此其热导率 λ 高。由于玻璃缺乏周期和对称的结构,其热弹性波之间发生交叉能量传递。因此,名义自由长度 l 较短,其热导率低。由图 1-22 可见,石英玻璃的热导率远低于石英晶体,但石英玻璃的热导率是几类玻璃中最大的。这可能与石英玻璃结构更为牢固有关。

表 1-8 给出了透明石英玻璃 90～500 K 不同温度的热导率数据[36],从中可以看出其热导率随温度上升而增加。

表 1-8　透明石英玻璃 90～500 K 温度范围的热导率数据

温度/K	热导率/$(W\cdot m^{-1}\cdot K^{-1})$	温度/K	热导率/$(W\cdot m^{-1}\cdot K^{-1})$
90	0.627	190	1.135
95	0.654	220	1.214
100	0.684	230	1.236
105	0.716	240	1.257
110	0.749	250	1.277
115	0.782	260	1.295
120	0.814	270	1.313
125	0.845	280	1.329
130	0.875	290	1.345
135	0.904	300	1.361
140	0.931	320	1.392
145	0.957	340	1.421
150	0.982	360	1.450
155	1.005	380	1.479
160	1.026	400	1.509
165	1.047	420	1.536
170	1.067	440	1.564
175	1.085	460	1.539
180	1.102	480	1.662
185	1.119	500	1.650

1.3.5　析晶

石英玻璃的另一个重要热性质是析晶性能。虽然石英玻璃的成分仅含二氧化硅一种氧化物,是所有玻璃系统中成分最简单的,但二氧化硅具有复杂的多晶性;在常压和有杂质的情况下,二氧化硅有七种晶相、一种液相和一种气相存在;在高压下还有新的二氧化硅变体,它们之间在一定温度和压力下可以相互转变。因此,二氧化硅系统是一个具有复杂多晶相转变的单元系统。

图 1-23 是 SiO_2 系统的相图。在常压条件下,随着温度逐渐升高,可以观察到 α-石英、β-石英、鳞石英、方石英、熔体等同质多相变体。它们之间的转变关系为

$$\alpha\text{-石英} \overset{573℃}{\Longleftrightarrow} \beta\text{-石英} \overset{870℃}{\Longleftrightarrow} \text{鳞石英} \overset{1470℃}{\Longleftrightarrow} \text{方石英} \overset{1713℃}{\Longleftrightarrow} \text{熔体}$$

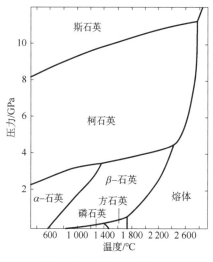

图 1-23　SiO_2 系统的相图
（根据文献[12]改编）

在 573℃ 以下,α-石英是热力学最稳定的变体,当温度达到 573℃ 后,α-石英转变为 β-石英。由于转变时只涉及键角变化、不涉及晶体结构的断键和重构,因此,转变过程迅速且可逆。继续升温,在 870℃ 时,β-石英转变为鳞石英。由于转变时涉及晶体结构的断键和重构,这一转变过程非常缓慢。并且鳞石英的稳定性较差,它的结构通常需要通过痕量的其他金属氧化物来稳定。因此,如果加热速度较快,则 β-石英过热直接在 1600℃ 熔融,不再转变成磷石英。如果加热速度较慢,则 β-石英先转变为鳞石英,之后在 1470℃ 再转变为方石英。随着温度继续升高,方石英在 1713℃ 熔融成熔体。

当压力增加时,结构不稳定的磷石英和方石英逐渐消失,结构较为稳定的 α-石英和 β-石英可以继续存在,它们的熔点随压力增加而升高。在更高压力条件下,α-石英和 β-石英转变为柯石英。柯石英只有在 $4\sim10$ GPa(即 $40\sim100$ kbar,1 kbar = 0.1 GPa)的高压条件下才可以稳定存在。当压力更大时,柯石英会转变成致密度更大的斯石英。柯石英和斯石英是超高压冲击变质的产物,在陨石坑和核爆炸坑中可以发现其存在。

石英玻璃析晶的显著特点是析晶相化学成分与玻璃相相同。因此,非均匀形核是其析晶的唯一方式。非均匀形核的核可以是内部杂质或外表面。在 1100℃ 以上保温足够长的时间,甚至在高纯石英玻璃表面都可以出现析晶。表面析晶是零级反应,也即生长速度是线性的。不同类型石英玻璃的析晶行为不同。含较高 OH^- 的Ⅲ类石英玻璃一般较Ⅰ/Ⅱ类石英玻璃析晶速度快。前者多表现为表面析晶,后者在杂质含量较多的情况下除表面析晶外,还可能发生体析晶。温度越高,析晶速度越快。脱羟基后的Ⅲ类石英玻璃在 1486℃ 不同气氛下的表面析晶速度见表 1-9,从中可以看出在同一反应温度下,气氛对析晶速度有显著影响。水蒸气气氛下,玻璃的析晶速度最快;其次是在氧气气氛下;最慢的析晶速度是在真空条件下。

在 1400℃ 同样类型玻璃中如果含有 0.32 wt% Na_2O,那么其析晶速度可以达到 670 $\mu m/min$。这主要是由于杂质离子 Na^+ 加速了高温下的离子迁移速度,从而使得结构重组变得更加容易。

一个有趣的现象是表 1-9 中在真空下Ⅲ型石英玻璃的表面析晶测量速度(0.12 $\mu m/min$)与理论速度 0.02 $\mu m/min$ 相差甚远。因此,不排除即便是真空环境,玻璃表面还是存在极少

量杂质,使得实际析晶速度远大于理论析晶速度。在高压条件下,石英玻璃的析晶行为也与环境中的水含量和被压缩石英玻璃中的水含量密切相关。水在一定程度上充当了形核剂的角色。

表1-9　Ⅲ型石英玻璃1486℃不同气氛下的表面析晶速度[1]

气氛	表面析晶速度/(μm/min)	气氛	表面析晶速度/(μm/min)
452 mmH₂O	1.02	真空	0.12
干燥氮气或氧气	0.42		

在两种情况下存在方石英有择优取向的析晶:一种是在1200℃保温6h,可以观察到低温方石英的(101)面择优取向;另一种是石英光纤在1200℃或1300℃析出有取向的低温和高温方石英相。但如果石英光纤在1000℃热处理超过10h后,就不会析出有择优取向的方石英晶体。因为退火热处理加剧了石英玻璃的结构重组,降低了发生析晶相择优取向的可能性。

石英玻璃析晶有益的用途是制备石英陶瓷坩埚或高温耐火砖。因为析出的方石英晶体熔点为1723℃,因此石英陶瓷坩埚可以在1550～1600℃的高温使用。而通常在这一温度下透明石英玻璃早已软化变形。值得注意的是石英陶瓷坩埚冷却到272℃以下会开裂,这主要是由于其中的α-方石英向β-方石英转变,引起膨胀系数的变化导致。

1.4　石英玻璃的力学性质

石英玻璃是一种脆性材料,具有很强的抗压能力。石英玻璃的力学性能与其制备方法密切相关。石英玻璃的力学性能可以用弹性模量,包括杨氏模量 E、剪切模量 G 和泊松比 μ 表示。这些参数代表了石英玻璃在承受外部应力和温度变化情况下抵抗变形的能力。

下面三个方程式表达了杨氏模量 E、剪切模量 G 和泊松比 μ 之间的关系:

$$E = 2G(1+\mu) \tag{1-3}$$

$$G = \frac{E}{2(1+\mu)} \tag{1-4}$$

$$\mu = \frac{E-2G}{2G} \tag{1-5}$$

不同于一般玻璃,石英玻璃的 E 和 G 随温度升高而增加。0～900℃间 E 对温度的变化系数为10.198～13.600 MPa/℃,G 与温度的变化关系为3.098 MPa/℃。图1-24表示-200～1200℃范围杨氏模量 E 与温度的关系,可以看出0～900℃范围 E 值随温度升高近乎呈现线性增加。900～1200℃范围 E 值随温度升高变化趋缓。

表1-10给出不同石英玻璃的主要力学性能指标。其中不透明石英玻璃由于含有较多气孔,其密度低于合成石英玻璃和透

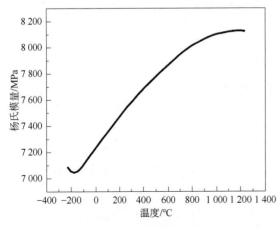

图1-24　石英玻璃杨氏模量 E 与温度的关系[36]

表 1 - 10　石英玻璃的主要力学性质[5]

项目	透明石英玻璃	合成石英玻璃	不透明石英玻璃
密度/(g/cm³)	2.203	2.201	2.07～2.12
弹性模量/MPa	7.25×10^4	7×10^4	
泊松比	0.17	0.17	
抗压强度/MPa	1150	1150	约500
抗拉强度/MPa	50	50	约40
抗弯强度/MPa	67	67	约67
莫氏硬度	5.5～6.5	5.5～6.5	
显微硬度	8000～9000	8000～9000	

明石英玻璃。

石英玻璃的抗压强度是抗拉强度的 23 倍。压力对石英玻璃的影响可以从以下三方面考虑：①T_g 温度以下，以等静压的方式施压于石英玻璃，可以在较大的压力范围实现密度（或体积）的可逆变化；②在固体玻璃中，如果施加足够大的压力，会导致不可逆或永久体积改变；③在 T_g 或 T_g 以上温度，压缩后玻璃的体积弛豫时间较短。在这样的温度下，施加 10 kbar 以下的压力就可导致较大的密度增加。带压力冷却可以使这样的致密化过程永久保留到低温态。

可逆体积变化可以用压缩系数(coefficient of compressibility)β_m 表示为下式[1]：

$$\beta_m = a(T) + b(T)p \tag{1-6}$$

$$\beta_m = \frac{1}{V_0}\frac{V_0 - V_p}{p - p_0} \tag{1-7}$$

$$a(T) = (26.43 - 0.0025T)\times10^{-7}(\text{cm}^2/\text{kg}) \tag{1-8}$$

$$b(T) = (43.6 - 0.080T)\times10^{-12}(\text{cm}^2/\text{kg})^2 \tag{1-9}$$

式中，T 的单位是℃。上述表达式在 22～260℃温度范围、0～3000 kg/cm² 压力范围适用。在这一温度范围、12 kbar 压力下，不会发生永久体积变化。

与一般玻璃不同，石英玻璃的压缩系数随压力而增加，并且随温度升高，其压缩系数对压力的依赖性下降。这导致石英玻璃的膨胀系数随压力而增加。如图 1 - 25 所示。

石英玻璃的折射率随等静压力的增加而升高，但在 4 kbar 压力以上，其随压力的变化偏离线性，如图 1 - 26 所示。此外，如图 1 - 27 所示，石英玻璃的折射率变化量与拉格朗日应变在 7 kbar 压力以下也呈现线性关系[37]。这可能是因为在等静压力作用下，石英玻璃内部存在由氧缺陷组成的空隙，这一氧缺陷因压力的作用形成 Si—O—Si 键，使得空隙较小甚至消失。因此，折射率增加。

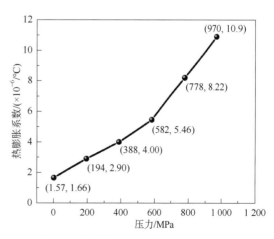

图 1 - 25　石英玻璃 11～390℃之间体积膨胀系数随压力的变化（根据文献[1]改编）

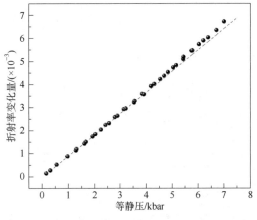

图1-26 石英玻璃折射率与等静压力的关系[37]

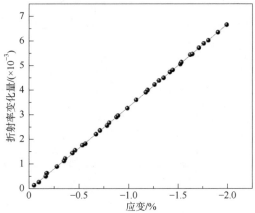

图1-27 石英玻璃的折射率变化量与
拉格朗日应变之间的关系

随着压力的进一步升高,会产生切应力导致的永久体积变化。图1-28表明,同样在室温条件下,切应力越大,则永久体积变化比例越大。这一现象可以用切应力引起的"流动"来解释。如图1-29所示,在无切应力情况下,石英玻璃表现为弹性收缩。但在有切应力分量、较大应力作用下,硅氧键发生断裂,在切应力的作用下,断键部位发生位移并形成键合,发生不可逆的形变[38]。

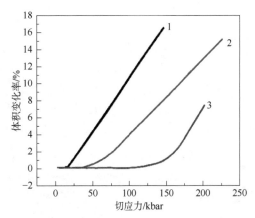

1—大的切应力分量;2—中等切应力分量;3—小的切
应力分量

图1-28 石英玻璃室温下永久体积变化率
与切应力的关系[38]

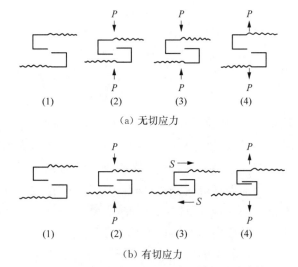

图1-29 无切应力和有切应力情况下玻璃的
可逆及不可逆体积压缩

在压力作用下,石英玻璃的致密化程度与其制备工艺密切相关,同等压力作用条件下,致密化程度按照Ⅳ型石英玻璃、Ⅲ型石英玻璃到Ⅰ型石英玻璃递增。这可能与Ⅰ型石英玻璃中金属杂质和氧缺陷较多使得其结构开放度相对较高有关。

对压缩后的石英玻璃进行退火处理,则摩尔体积随退火时间和退火温度呈现如图1-30所示的规律。可以看到退火温度越高,最终稳定后的摩尔体积越大;退火的最初几分钟表现出摩尔体积的快速增加,后续逐渐趋于平稳。

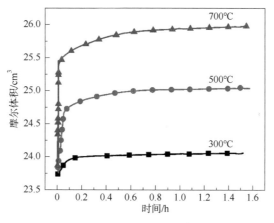

图 1-30　起始摩尔体积 V_0 为 23.83 cm³/mol 的石英玻璃在
300℃、500℃和 700℃退火时摩尔体积变化规律[1]

如图 1-31 所示,在玻璃转变温度附近 1 080℃,施加 114 atm(1 atm＝101 325 Pa)的压强可以使石英玻璃的密度在 10 h 内增加 $5×10^{-4}$ g/cm³。如果加压条件下冷却,这个致密化的状态可以保存。如在这一温度释放压力,在 10 h 左右体积收缩可以得到恢复。

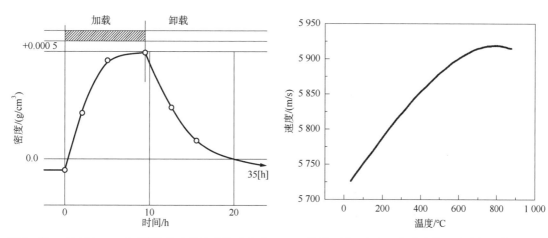

图 1-31　在 114 atm、1 080℃下石英玻璃的致密化
和随后无外加压力后的密度变化[1]

图 1-32　合成石英玻璃的纵波传播速度与
温度的关系[36]

石英玻璃中声波的传播速度受到其光学均匀性的影响,温度也会影响声波在石英玻璃中的传播速度。合成石英玻璃中纵波的传播速度为 5 720 m/s,横波的传播速度为 3 769 m/s。如图 1-32 所示,纵波的传播速度随温度升高而增加。

1.5　石英玻璃的光学性质

1.5.1　折射率和色散

折射率和色散是光学玻璃的两个重要的基本参数。以下介绍石英玻璃的折射率和色散特性。

众所周知,密度和极化率是影响折射率的两个主要因素,玻璃的折射率可以用洛伦兹-洛伦茨(Lorentz-Lorenz)公式表达如下:

$$\frac{n^2-1}{n^2+2}=\frac{4\pi}{3}\frac{N_A\rho}{M}\alpha \tag{1-10}$$

式中,M 为分子量;N_A 为阿伏伽德罗常数;ρ 为密度;α 为名义极化率。玻璃的折射率取决于分子量和极化率、密度。由于石英玻璃的分子量、密度以及极化率均较低,因此,在氧化物玻璃中,石英玻璃具有最低的折射率。室温下高纯石英玻璃在 589 nm 处的折射率为 1.458 4。共掺锗和氟可以实现石英玻璃 633 nm 波长折射率从 $+1.5\times10^{-3}$/mol% 到 -1.3×10^{-3}/mol% 大小的调控。这主要是因为掺杂元素的电子极化率与石英玻璃不同。此外,掺杂元素也会引起石英玻璃的结构发生变化,比如 $[\mathrm{SiO_{4/2}}]$ 四面体的重组等。这也是导致石英玻璃折射率变化的原因。

色散是指玻璃的折射率随波长变化的特性。一般波长越长,折射率越小。早在 1965 年美国国家标准局马利森(Malitson)发表了来自康宁(Corning)、Dynasil 和通用电气(GE)三家公司的石英玻璃在 210~3 710 nm 波长范围 60 个波长的室温(20℃)折射率测试数据,并拟合得出了式(1-11)的塞尔米尔(Sellmier)公式,式中波长单位用微米代入:

$$n^2-1=\frac{0.696\,166\,3\lambda^2}{\lambda^2-0.068\,404\,3^2}+\frac{0.407\,942\,6\lambda^2}{\lambda^2-0.116\,241\,4^2}+\frac{0.897\,479\,4\lambda^2}{\lambda^2-9.896\,161^2} \tag{1-11}$$

由式(1-11)计算得出表 1-11 所示石英玻璃从紫外(0.213 μm)到红外(3.7 μm)波长范围的折射率,发现随波长增加石英玻璃的折射率从 1.534 307 降低到 1.399 389。由表 1-11 的数据可得出,石英玻璃在可见波段的阿贝数为 67.77~67.88。

表 1-11　石英玻璃室温折射率数据[39]

波长 /μm	光谱来源	计算机得到折射率	C-D-GE① 偏差/($\times10^6$)	康宁偏差/($\times10^6$)	Dynasil 偏差/($\times10^6$)	GE 偏差/($\times10^6$)
0.213 856	Zn	1.534 307	−27	−29	−42	−31
0.214 438	Cd	1.533 722	−2	−11	−21	−22
0.226 747	Cd	1.522 750	+70	+71	+68	+73
0.230 209	Hg	1.520 081	−21	−28	−31	−23
0.237 833	Hg	1.514 729	+1	+13	+23	+19
0.239 938	Hg	1.513 367	+3	+6	+2	+9
0.248 272	Hg	1.508 398	+2	+6	−1	+7
0.265 204	Hg	1.500 029	−29	−32	−25	−13
0.269 885	Hg	1.498 047	+3	+7	−4	+11
0.275 278	Hg	1.495 913	−3	+2	+8	+12
0.280 347	Hg	1.494 039	+1	−4	−9	−11
0.289 360	Hg	1.490 990	+20	+18	+22	+20
0.296 728	Hg	1.488 734	−14	−7	−12	−4
0.302 150	Hg	1.487 194	−4	−9	−2	+4
0.330 259	Zn	1.480 539	−9	+1	+10	+3
0.334 148	Hg	1.479 763	−3	−8	−1	+9
0.340 365	Cd	1.478 584	+6	+9	+2	−8
0.346 620	Cd	1.477 468	+2	−17	−12	−14
0.361 051	Cd	1.475 129	+1	+3	−9	−8

续表

波长 /μm	光谱来源	计算机得到折射率	C-D-GE① 偏差/(×10⁶)	康宁偏差/ (×10⁶)	Dynasil 偏差/ (×10⁶)	GE 偏差/ (×10⁶)
0.365 015	Hg	1.474 539	−19	−11	−15	−21
0.404 656	Hg	1.469 618	+2	+1	−1	+2
0.435 835	Hg	1.466 693	−3	+5	+1	+3
0.467 816	Cd	1.464 292	+8	+5	+3	+6
0.486 133	H	1.463 126	+4	+6	+5	+7
0.508 582	Cd	1.461 863	+7	+4	+1	+5
0.546 074	Hg	1.460 078	+2	+4	+1	−5
0.576 959	Hg	1.458 846	+4	+5	+3	+4
0.579 065	Hg	1.458 769	+1	+6	+6	+6
0.587 561	He	1.458 464	+6	+3	−2	+1
0.589 262	Na	1.458 404	−4	+6	+3	+7
0.643 847	Cd	1.456 704	+6	+9	+4	+7
0.656 272	H	1.456 367	+3	+7	+5	+7
0.667 815	He	1.456 067	+3	+8	+6	+3
0.706 519	He	1.455 145	+5	+10	+12	+7
0.852 111	Cs	1.452 465	+5	+8	+3	+5
0.894 350	Cs	1.451 835	+5	+11	+5	+10
1.013 98	Hg	1.450 242	+8	+6	+3	+6
1.082 97	He	1.449 405	−5	+8	+1	+9
1.128 66	Hg	1.448 869	+1	+7	+8	+9
1.362 2	Hg	1.446 212	−12	−6	−14	−12
1.395 06	Hg	1.445 836	+4	−1	+4	−3
1.469 5	Cs	1.444 975	−5	+3	+9	+10
1.529 52	Hg	1.444 268	+2	+8	+6	0
1.660 6	TCB②	1.442 670	−20	−14	−19	−11
1.681	Poly③	1.442 414	+6	−2	−10	+8
1.693 2	Hg	1.442 260	0	+7	−6	+1
1.709 13	Hg	1.442 057	+3	0	+3	−1
1.813 07	Hg	1.440 699	+21	−7	−7	+6
1.970 09	Hg	1.438 519	+1	+6	+12	+12
2.058 1	He	1.437 224	−4	−3	−9	−11
2.152 6	TCB	1.435 769	−29	−22	−25	−24
2.325 42	Hg	1.432 928	−18	−10	−2	−6
2.437 4	TCB	1.430 954	−24	−23	−21	−14
3.243 9	Poly	1.413 118	+32	+21	+29	+25
3.266 8	Poly	1.412 505	+25	+20	+30	+25
3.302 6	Poly	1.411 535	+25	+32	+30	+28
3.422	Poly	1.408 180	+20	+40	+42	+37
3.507 0	Poly	1.405 676	−16	−26	−20	−10
3.556 4	TCB	1.404 174	−24	−27	−29	−18
3.706 7	TCB	1.399 389	−19	−22	−14	−9
误差绝对值的平均值			10.5	11.9	12.2	11.7

注：① 偏差指康宁、Dynasil 和 GE 折射率测量值与计算值的差。
　　② TCB 表示 1,2,4-三氯苯。
　　③ Poly 表示聚苯乙烯。

　　图 1-33 给出石英玻璃折射率与波长的依赖关系。其中实验结果根据表 1-11 数据作图而成，相比紫外和红外波段，石英玻璃在可见光波段的折射率变化相对比较平缓。由于受到

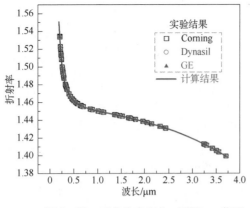

图 1-33 石英玻璃 210~3 707 nm 范围
室温折射率[39]

OH 振动吸收的影响,在波长 2.4~3.2 μm 范围内未测到实验数据,计算结果由式(1-11)得到。

材料的折射率随入射光频率(或波长)改变而改变的性质,称为材料色散。石英玻璃的相对色散 D 以及相对色散的倒数 D^{-1} 分别可通过式(1-12)、式(1-13)获得:

$$D = \frac{-\mathrm{d}n/\mathrm{d}\lambda}{n-1} \qquad (1-12)$$

$$D^{-1} = \left(\frac{-\mathrm{d}n/\mathrm{d}\lambda}{n-1}\right)^{-1} \qquad (1-13)$$

图 1-34 显示石英玻璃室温下相对色散及其倒数与波长的关系。相对色散的倒数越大,则对应石英玻璃的色差越小。

石英玻璃折射率除与波长密切相关外,还与温度相关,其与温度的关系可用下式表示:

$$\frac{\mathrm{d}n}{\mathrm{d}T} = \frac{\partial n}{\partial T} + \frac{\partial n}{\partial \rho}\frac{\partial \rho}{\partial T} = \frac{\partial n}{\partial T} - 3\alpha\rho\frac{\partial n}{\partial \rho} \qquad (1-14)$$

式中,α 为膨胀系数,ρ 为密度。从上式可以看出,石英玻璃折射率与温度的关系受膨胀系数的影响。图 1-35 为 Ⅱ 类石英玻璃从室温到 1000℃ 的折射率增加量与温度的关系,从中可以看出石英玻璃的折射率随温度升高而增加,即其 $\mathrm{d}n/\mathrm{d}T$ 是正值。在 15~35℃ 范围内,$\mathrm{d}n/\mathrm{d}T$ 在 95×10^{-7}/K 到 103×10^{-7}/K 范围内变化。

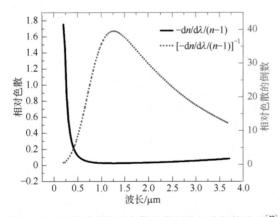

图 1-34 石英玻璃相对色散及其倒数与波长的关系[39]

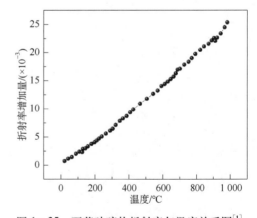

图 1-35 石英玻璃的折射率与温度关系图[1]

图 1-36 显示石英玻璃在 20~30℃ 之间 $\mathrm{d}n/\mathrm{d}T$ 与波长的关系,从中可以看出在紫外波段石英玻璃的 $\mathrm{d}n/\mathrm{d}T$ 随波长增加而显著降低,并且 $\mathrm{d}n/\mathrm{d}T$ 从 210 nm 的 15×10^{-6}/K 降低到 400 nm 的 10×10^{-6}/K。在 600 nm~2 μm 波段,石英玻璃的 $\mathrm{d}n/\mathrm{d}T$ 随波长增加而增大。

石英玻璃的 $\mathrm{d}n/\mathrm{d}T$ 值可以用掺杂其他成分加以调整。为研制具有低的甚至负的热光系数的石英玻璃或光纤,Dragic 等[40]报道了采用高掺 P 进入石英玻璃中获得负的 $\mathrm{d}n/\mathrm{d}T$。如

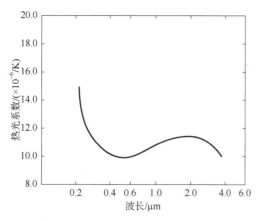

图 1－36　石英玻璃在 20～30℃之间热光系数
（dn/dT）与波长的关系[39]

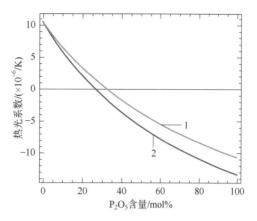

图 1－37　P_2O_5－SiO_2 玻璃的 dn/dT 与其中 P_2O_5
含量的关系（曲线 1 为光纤测试结果，曲
线 2 为平面波导的测试结果）[40]

图 1－37 所示，在 P_2O_5 含量约 30 mol％ 的 P_2O_5－SiO_2 玻璃中，dn/dT 开始变成负值。这对有效控制高功率激光应用的石英光纤热焦距和模式不稳定具有重要意义。

石英玻璃的折射率除与波长、掺杂元素含量、温度相关外，外界压力、紫外线、电子、中子束的辐照都会增加石英玻璃的折射率。比如，18 keV 能量的电子辐射可以使石英玻璃的折射率提高 10^{-2}，施加 2 GPa 的压力可以使其折射率提高 $3×10^{-2}$。

图 1－38 表明纯石英玻璃在 473 nm、633 nm、974 nm、1 300 nm 和 1 544 nm 不同波长处的折射率随假想温度升高而增加[41]。

如图 1－39 所示，石英玻璃的密度也随假想温度的升高而增加。

表 1－12 给出石英玻璃的部分性质。如表所示，石英玻璃的密度、折射率和摩尔体积都与假想温度有关，高的假想温度对应快的冷却速度，因此，其结构中有更多的硅氧四面体组成的 3 元环和 4 元环[30]，因而其密度和折射率也较高。

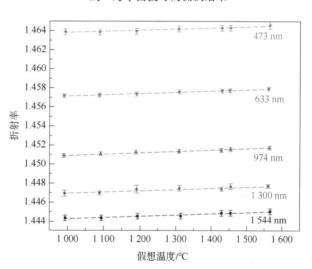

图 1－38　石英玻璃的折射率与假想温度的关系

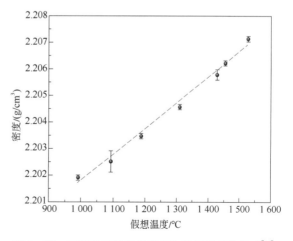

图 1－39　石英玻璃的室温密度与假想温度的关系[41]

表 1-12　石英玻璃的部分性质

性质	数值	备注	参考文献
密度/(g·cm⁻³)	2.200 2~2.206 0	与 T_f 有关	[1]
摩尔体积/(cm³·mol⁻¹)	27.24~27.31	与 T_f 有关	[1]
热扩散系数/(m·m²·s⁻¹)	0.795~0.870	室温	[42]
折射率	1.458 3~1.458 9	与 T_f 有关	[1]
玻璃转变温度 T_g/K	1480	来自量热法	[43]
构型熵/(J·mol⁻¹·K⁻¹)	5.1±2	来自量热法	[43]

1.5.2　吸收和透过光谱

石英玻璃的吸收光谱取决于玻璃中的杂质和结构缺陷,以及对紫外波段吸收有影响的桥氧到导带的迁移、对红外波段吸收有影响的非桥氧共振。

石英玻璃是具有最短紫外截止波长,也即最好紫外透过特性的非晶态材料。其本征真空紫外截止波长为 153 nm[44]。石英玻璃的紫外吸收边取决于材料内部电子与电磁波高频部分的相互作用。当材料内部电子结合力较强时,这一相互作用发生在更高频率区域,也即材料的紫外吸收截止波长较短。

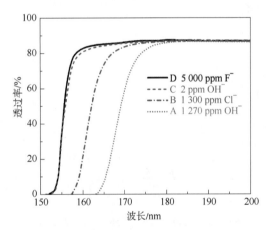

图 1-40　微量杂质对合成石英玻璃紫外透过的影响(10 mm 样品厚度)[45]

杂质和结构缺陷对石英玻璃吸收谱会产生显著影响。如图 1-40 所示,合成石英玻璃(Ⅲ类和Ⅳ类石英玻璃)紫外透过性能受其中微量杂质的影响较大,含较高 OH⁻ 和 Cl⁻ 的合成石英玻璃的紫外截止波长明显红移(曲线 A 和 B),因为 SiOH 和 SiCl 在 157 nm 的吸收截面分别为 16.8×10^{-20} cm² 和 6.3×10^{-20} cm²,较低 OH⁻ 含量的合成石英玻璃的紫外截止波长蓝移(曲线 C)。含 F⁻ 的合成石英玻璃具有最短的紫外截止波长(曲线 D),因为 SiF 不会引入紫外吸收。此外,含 F⁻ 的合成玻璃中含有较少的 3 元环和 4 元环结构。因此,含 F 的合成石英玻璃在 157 nm 的内透过可以大于 80%[45]。

如图 1-41 所示为Ⅰ、Ⅱ、Ⅲ、Ⅳ类石英玻璃的透过光谱,从中可以看出玻璃中的杂质和缺陷严重影响Ⅰ/Ⅱ类石英玻璃的紫外透过率,Ⅱ/Ⅲ类石英玻璃中的较高羟基含量会引起红外波段的严重吸收。

图 1-41 中,Ⅰ、Ⅱ类石英玻璃在 240 nm 附近的吸收峰与氧空位缺陷有关。Ⅲ、Ⅳ类石英玻璃中杂质含量很低,没有这个吸收峰。石英玻璃在长波方向的吸收主要取决于玻璃结构基团的振动模式与入射光的相互作用以及玻璃中的羟基含量。含重离子和结合力较弱的玻璃具有较长的红外截止波长。相比重金属氧化物和氟化物玻璃,石英玻璃的红外截止波长较短,大约在 3.5 μm。羟基基频振动峰位于 2.7 μm 处,它的二倍频和三倍频峰分别位于 1.38 μm 和 0.95 μm 处。图 1-41 中,2.2 μm 处吸收峰由 OH⁻ 和 Si—O—Si 的振动叠加导致。由图 1-41 可知,Ⅰ类石英玻璃中羟基较Ⅱ类和Ⅲ类石英玻璃少,Ⅱ类和Ⅲ类石英玻璃因为制备过

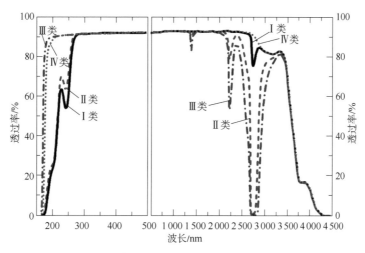

图 1-41　四类不同石英玻璃紫外到中红外的透过谱

程中采用氢氧焰加热,其羟基含量较高。Ⅳ类玻璃采用等离子加热,其羟基含量很低,因而
2.7 μm 的吸收很低。

1.5.3　散射和损耗

迄今为止,石英光纤的 1.55 μm 损耗可以低至 0.141 9 dB/km[46],这个损耗主要来源于散射和多声子吸收。

在石英玻璃这样的单一组成玻璃中,散射系数可以由下式给出[47]:

$$\alpha_T = \frac{8\pi^3}{3\lambda^4} \frac{n^8 p^2}{\rho^2} \langle |\Delta\rho|^2 \rangle V$$

$$= \begin{cases} \dfrac{8\pi^3}{3\lambda^4} n^8 p^2 \beta_T(T) k_B T, & T > T_g \\[2mm] \dfrac{8\pi^3}{3\lambda^4} n^8 p^2 [\beta_{T,\text{rel}}(T_g) k_B T_g + \beta_{S,\infty}(T) k_B T], & T < T_g \end{cases} \quad (1-15)$$

式中,$\langle |\Delta\rho|^2 \rangle$ 为密度波动的名义平方幅度;λ 为入射光波长;p 为光弹性系数;n 为折射率;V 为散射体积;ρ 为名义密度;k_B 为玻尔兹曼常数;T_g 为玻璃转变温度;$\beta_T(T)$ 为等温压缩比;$\beta_{T,\text{rel}}(T_g)$ 为玻璃转变温度下 β_T 的弛豫单元;$\beta_{S,\infty}(T)$ 是温度为 T 时绝热压缩比的高频极限值。其中 $T < T_g$ 的公式中第一项代表静态密度不均匀引起的瑞利散射,第二项代表布里渊散射的影响。静态密度不均匀性与玻璃转变温度结构混乱度密切相关。

Saito 等[48]测试了 300~1 900 K 温度范围不含 OH^-(A)和含 1 200 ppm 的 OH^-(G)两种石英玻璃的散射。测试过程升温和降温速度都是 100 K/h,采用的是氩离子偏振光(10 MHz线宽)。测试结果如图 1-42 所示。尽管用量热法和膨胀曲线很难测出石英玻璃的玻璃转变温度,但由图 1-42 结果明显可见两种石英玻璃的 T_g 温度。T_g 温度定义玻璃黏度在 10^{13}~$10^{14.5}$ 泊(应变点)。此外,在玻璃转变温度 T_g 以下,G 型玻璃的散射明显低于 A 型玻璃。G型石英玻璃在 T_g 温度~900 K 范围散射降低远快于 A 型玻璃。$\beta_{T,\text{rel}}$ 参数是等温压缩系数中与结构弛豫相关的部分。在 A 型石英玻璃中 $\beta_{T,\text{rel}}$ 参数在 T_g 温度降低为零,但 G 型石英玻

璃的 $\beta_{T,\text{rel}}$ 参数从 T_g 温度到 T_g 以下 400 K 范围缓慢降低为零。这表明含羟基的 G 型石英玻璃结构弛豫过程在 T_g 温度以下较大温度区间持续进行。因此，其散射也较 A 型石英玻璃低。

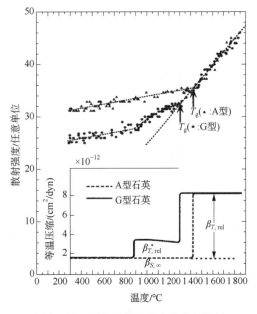

图 1-42　两种石英玻璃中温度与散射
强度的关系[48]

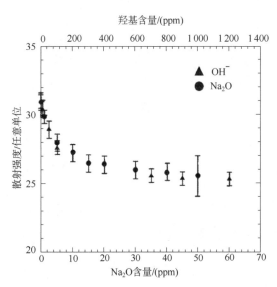

图 1-43　石英玻璃中 Na_2O 和 OH 含量与
散射损耗的关系[49]

Saito 等[49]系统研究了 ppm 量级的 Na_2O 对石英玻璃散射损耗的影响。采用 10 MHz 线宽氩离子激光源测试石英玻璃的散射损耗，发现其与羟基存在一样的影响规律，即玻璃中 Na_2O 含量越高，其散射损耗越小。相比纯石英玻璃，加入 10~50 ppm Na_2O 可以使得石英玻璃的损耗降低 13%~20%。并且如图 1-43 所示，在同等含量下，微量 Na_2O 对散射损耗下降的幅度比羟基的更大。其原因是微量 Na_2O 掺杂引起石英玻璃结构弛豫速度加快，可以减少石英玻璃中密度不均匀导致的散射损耗。

Saito 等[48]采用同样的 10 MHz 线宽氩离子激光源测试了石英玻璃和其过冷液体的散射损耗，发现两者同样存在去偏振散射，从而推测石英玻璃中存在微米晶粒。这种微米晶粒的存在是产生损耗的原因之一。

综上，石英玻璃中散射的源头包括微区密度不均匀和少量微晶的存在。羟基、Na_2O 等微量杂质有助于延长石英玻璃的结构弛豫温度区间，从而降低散射及散射带来的损耗。

1.5.4　石英玻璃的光弹性系数

均质、退火后的石英玻璃是各向同性的非晶态物质。但是在外部机械应力作用下，石英玻璃可以表现出各向异性和瞬态应力双折射。光弹性系数是用来表征在外部应力作用下，石英玻璃中产生的双折射大小的物理量。在 20~400℃ 温度范围内，光弹性系数随温度变化不大（约 2%~8%），基本在测量误差范围内。在 20~100℃ 范围可以认为光弹性系数是一常数。光弹性系数用偏振光通过受力状态下的玻璃时光程差的大小来测量，其计算公式如下：

$$p = \frac{R}{Bl} \tag{1-16}$$

式中，p 为压缩或张应力(MPa)；R 为光程差(nm)；l 为玻璃样品的厚度(mm)；B 为光弹性系数$[(\times 10^{12}\ \text{Pa})^{-1}]$。透明石英玻璃的光弹性系数为$(3.5 \sim 3.7)(\times 10^{12}\ \text{Pa})^{-1}$。

1.6　石英玻璃的耐辐照性质

石英玻璃具有优异的光学性能和抗辐照性能，以石英玻璃为主要成分的稀土掺杂光纤在太空应用场景会受到强的电离辐射。此外，由于合成石英玻璃具有杂质含量极低、光学均匀性好、透光性好等优点，被用作强激光系统的窗口材料和聚焦透镜。即便如此，高能脉冲激光也会对石英玻璃造成损伤。本节主要介绍宇宙射线辐照和脉冲激光对石英玻璃光学性质的影响。

1.6.1　石英玻璃的辐照效应

电离辐射对石英玻璃的光学、力学、电学、热学等性质都会产生一定影响[34,50]。在光学方面，辐照效应主要表现为紫外可见波段的透过率大幅下降，其原因与辐照诱导色心吸收有关；在力学方面，辐照效应主要表现为体积减小、应力增大，其原因与石英玻璃结构微晶化和致密化有关；在电学方面，辐照效应主要表现为电阻率和介电常数减小，其原因与辐照诱导色心载流子浓度增加有关；在热学方面，辐照效应主要表现为玻璃转变温度(T_g)和热导率增加，其原因与玻璃系统自由焓降低及载流子浓度增加有关。需要说明的是，电离辐射对石英玻璃力学、电学、热学等性质的影响通常只有在大剂量辐照条件下才显现出来，在小剂量辐照条件下并不明显；即使在大剂量辐照条件下，石英玻璃力学、电学、热学等性质的小幅度改变并不会严重影响石英玻璃的正常使用。与之相反，电离辐射对石英玻璃光学性质的影响在小剂量辐照条件下就很明显，且该辐照效应会严重制约石英玻璃的正常应用。因此，下面重点介绍电离辐射对石英玻璃光学性质的影响。

电离辐射对石英玻璃光学性质的影响主要体现在三个方面[5,34,51]：①辐射诱导吸收变化；②辐射诱导发光变化；③辐射诱导折射率变化。上述三个变化的根本原因均与辐照诱导色心有关。

图 1-44 为石英玻璃中常见点缺陷的结构示意图，图中还给出了不同点缺陷对应的吸收峰位置。由于点缺陷的吸收通常位于紫外-可见波段，会导致玻璃着色，因此这些点缺陷也通常被称为色心。石英玻璃在制备过程中，由于制备条件不同，可能会引入不同的缺陷。例如，在真空或还原性气氛条件下制备的石英玻璃中可能会出现氧空位缺陷(ODC)；而在氧气气氛条件下制备的石英玻璃中可能会出现富氧缺陷(POL)；采用氢氧焰制备的石英玻璃中会含有大量的羟基(Si—OH)。此外，石英玻璃在受到高能射线辐照时，会产生悬挂键缺陷，悬挂键缺陷通常具有顺磁性，可以采用电子顺磁共振(EPR)谱表征。根据缺陷有无顺磁信号把缺陷分为两类，即弗兰克缺陷(逆磁缺陷)和悬挂键缺陷(顺磁缺陷)。

美国海军实验室的格里斯科姆(Griscom)[52-53]和拉脱维亚大学的斯库亚(Skuja)[54]对石英玻璃中点缺陷的类别、性质、前驱体、形成机理开展了系统研究。图 1-45 给出石英玻璃中常见点缺陷的吸收峰和发光峰的位置[54]。由于石英玻璃的比表面能更大、结构缺陷更复杂，因此，石英玻璃表面和体内缺陷的光谱特性存在少许差异。

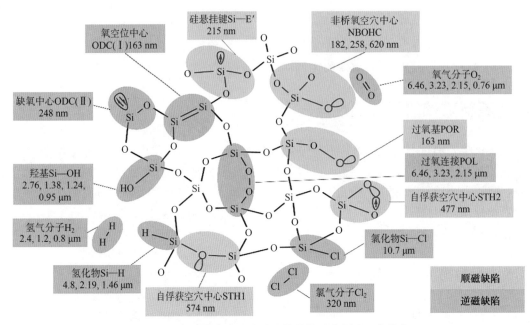

图 1-44　石英玻璃中常见点缺陷的结构示意图及吸收峰位置

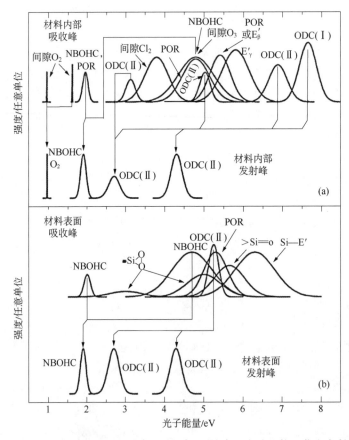

图 1-45　石英玻璃体材料内部（a）和表面（b）常见点缺陷的吸收和发射谱

图 1-46 所示为中子辐射对石英玻璃和石英晶体的密度与折射率的影响[55]。随着快中子辐射剂量增加,石英玻璃的密度和折射率逐渐增大;与之相反,石英晶体的密度和折射率逐渐减小。当辐射剂量高达 2×10^{20} n/cm^2 时,石英玻璃的密度和折射率增大了不到 3%,而石英晶体的密度和折射率下降超过 10%。这时,石英玻璃和石英晶体的密度及折射率都非常接近,且不再随辐射剂量的变化而变化。研究表明,当辐射剂量超过 2×10^{20} n/cm^2 时,辐射诱导石英玻璃和石英晶体的结构变化几乎达到饱和,且此时两种物质的结构比

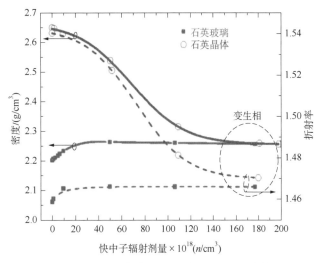

图 1-46 中子辐射对石英玻璃和石英晶体的密度与折射率的影响

较类似,衍生出一种新的物相,称为变生相(metamict phase)。处于变生相的石英玻璃和石英晶体的结构单元也是硅氧四面体,其 Si—O—Si 键角分布比石英晶体宽,但比石英玻璃窄,其平均值约为 135°。

1.6.2 耐宇宙射线辐照

研究表明,在非屏蔽条件下,国际空间站 15 年累计辐照总剂量约 9.0×10^6 拉德(rad)(Si),地球同步轨道 15 年累计辐照总剂量约 2.0×10^9 rad(Si)。

图 1-47 对比了国产石英玻璃(牌号:JGS1)和轻火石玻璃(牌号:QF)的耐伽马射线辐照性能[56]。样品厚度为 3 mm,目标是确保伽马射线可以均匀穿透玻璃,且样品透过率变化明

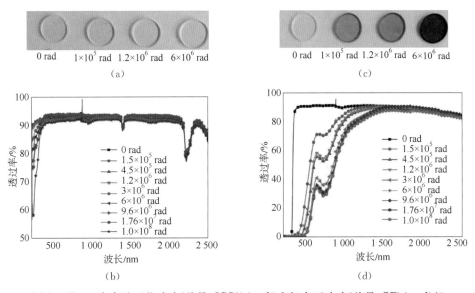

图 1-47 国产高纯石英玻璃(牌号:JGS1)(a、b)和轻火石玻璃(牌号:QF)(c、d)经
不同剂量伽马射线辐照后的实物照片(a、c)和透过率曲线图(b、d)

显、可测试。伽马射线辐照剂量率为 1.5×10^5 rad(Si)/h，最大辐照总剂量为 1×10^8 rad(Si)，最大单次实验总时间为 28 天。

从图 1-47a、c 的实物照片中可以看出，随着辐照总剂量增加，轻火石玻璃的着色程度逐渐加深，但石英玻璃并未观察到着色现象。从图 1-47b、d 可以看出，随着辐照总剂量增加，轻火石玻璃在紫外到近红外波段（200～1 200 nm）的透过率显著下降，而石英玻璃仅在紫外波段（<300 nm）的透过率出现降低。综合图 1-47a～d 可以看出，石英玻璃的耐伽马射线辐照性能远优于轻火石玻璃。

图 1-48 对比了蓝宝石晶体、氟化钡晶体、熔石英玻璃和氟化钙晶体。四种典型宽光谱透过窗口材料经不同剂量伽马射线辐照后的透过率曲线[57]。从图中可以看到，经 10 Mrad 伽马辐照后，蓝宝石晶体透过率几乎没有变化，其耐辐照性能最佳；熔石英玻璃的透过率仅在紫外波段稍有降低（<5%），其耐辐照性能次之；氟化钙和氟化钡晶体的透过率在紫外-可见波段均出现明显下降，其抗辐照性能不及蓝宝石晶体和熔石英玻璃。

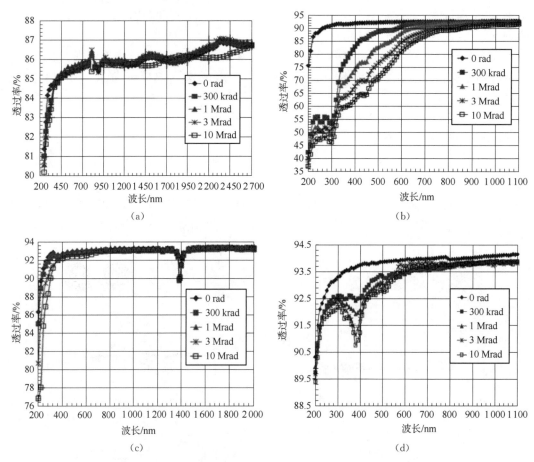

图 1-48 蓝宝石晶体（a）、氟化钡晶体（b）、熔石英玻璃（c）和氟化钙晶体（d）
经不同剂量伽马射线辐照后的透过率曲线

10 Mrad 辐照总剂量与国际空间站 15 年累计辐照总剂量相当。这说明熔石英玻璃的空间辐照耐受性可满足国际空间站 15 年服役需求。

研究表明，影响石英玻璃耐辐照性质的因素主要包含三个方面：①金属杂质；②非金属杂质,如 OH^- 含量、Cl^- 含量等;③石英玻璃的假想温度。

葛世名研究表明,石英玻璃中金属杂质越少,耐辐照能力越强,反之亦然。此外,葛世名还对比了不同 Ce 含量掺杂石英玻璃的耐辐照性能[58]。相比不掺 Ce 石英玻璃,掺 Ce 不仅没有提高石英玻璃的耐辐照性能,反而有使其降低的趋势。这可能与 Ce 掺杂导致石英玻璃致密性网络结构被破坏有关系。

如图 1-49 所示,非金属杂质(如 OH^-、Cl^- 等)会对石英玻璃的耐辐照性能产生很大影响[59]。

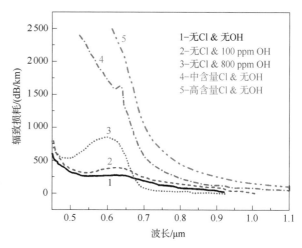

图 1-49 非金属杂质(如 OH^-、Cl^- 等)对石英玻璃耐辐照性能的影响

通常 Cl 含量越高,石英玻璃在紫外和可见波段的辐射诱导吸收(radiation-induced attenuation,RIA)强度越大,其原因可能与辐射诱导产生的硅悬挂键(Si—E',吸收峰位于 215 nm 处)和 Cl_2 分子的吸收(吸收峰位于 330 nm 处)有关。反应化学方程式如下:

$$\equiv Si—Cl \longrightarrow \equiv Si^{\cdot} + Cl^{\cdot} \tag{1-17}$$

$$Cl^{\cdot} + Cl^{\cdot} \longrightarrow Cl_2 \tag{1-18}$$

通常羟基含量越高,石英玻璃在 258 nm 和 620 nm 附近的 RIA 强度越大,其原因与辐照产生的非桥氧空穴中心(NBOHC,吸收峰位于 258 nm、620 nm)有关。同时,羟基含量越高,石英玻璃在紫外波段的 RIA 强度越小,其原因是硅悬挂键(Si—E',吸收峰位于 215 nm 处)被抑制。反应化学方程式如下:

$$\equiv Si—OH \longrightarrow \equiv Si—O^{\cdot} + H^{\cdot} + e^- \tag{1-19}$$

$$\equiv Si^{\cdot} + H^{\cdot} \longrightarrow \equiv Si—H \tag{1-20}$$

石英玻璃的热历史不同会导致其假想温度存在差异。通常来说,石英玻璃的假想温度越低,其耐辐照性能越好[60]。其中根本原因与色心前驱体被抑制有关。大量研究表明,3 元环和 4 元环是形成硅悬挂键和非桥氧空穴中心色心的前驱体。

提高石英玻璃耐辐照性能的方法主要包含四种[51,55,60-61]:①降低 Cl^- 含量和金属杂质;②降低石英玻璃的假想温度;③共掺氟;④对石英玻璃进行载氢或载气处理。

1.6.3 抗脉冲激光损伤

由于合成石英玻璃具有杂质含量极低、光学均匀性好等优点,同时具有高的紫外透过率和抗激光损伤阈值,因而它是当前大多数强激光系统中窗口、聚焦透镜、衍射光栅等核心元件的首选材料。例如,美国国家点火装置(National Ignition Facility,NIF)应用了 2 112 片高质量的石英玻璃元件[62],其中 1 536 片大口径高性能石英玻璃用作 1 053 nm 基频光的窗口材料,另有 576 片石英玻璃用作三倍频激光(351 nm 波长)的窗口和透镜光学元件。在实际应用过程中须提高其抗三倍频脉冲激光损伤性能。此外,石英玻璃还可以用作光刻机物镜镜头材料和光掩膜版材料[63],在实际应用过程中须提高其抗准分子脉冲激光损伤性能。

表 1-13 对比了不同类别光学玻璃的体损伤阈值。从中可以看出,光学玻璃的体损伤阈值与脉冲激光的波长和脉宽有关。波长越短,体损伤阈值越低;脉宽越小,体损伤阈值越低。熔石英玻璃的体损伤阈值整体高于其他类型光学玻璃。

表 1-13　不同类别光学玻璃的体损伤阈值对比

玻璃分类	玻璃牌号	体损伤阈值/(J/cm^2)			
		1 064 nm @ 12 ns[①]	532 nm @ 10 ns[①]	1 064 nm @ 74 ps[②]	532 nm @ 74 ps[②]
硼冕	N-BK7	2 017	74.4	31.8	8.2
氟冕	N-FK5	1 574	226	35.2	9.7
燧石	F2	690	7.7	16.7	3.5
镧致密火石	N-LASF44	720	18.5	13.8	3.7
镧火石	N-LAF21	933	15.0	12.6	4.7
熔石英	Suprasil CG	1 866	280	39.2	11

注:① 数据来自网址 https://www.edmundoptics.in/knowledge-center/application-notes/optics/bulk-laser-damage-in-glass/。
② 数据来自文献[64]。

研究表明,在三倍频紫外激光(351 nm,3 ns)辐照下,熔石英玻璃的本征损伤阈值超过 100 J/cm²[65],但熔石英表面的损伤阈值通常不到 10 J/cm²,远低于其本征损伤阈值。其根本原因与石英玻璃表面存在大量缺陷有关。

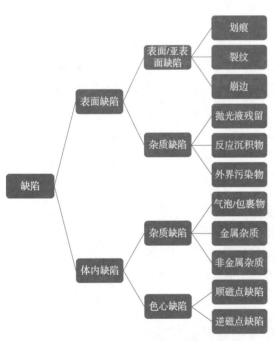

图 1-50　石英玻璃中的主要缺陷

图 1-50 汇总了石英玻璃中的主要缺陷。根据缺陷所处位置,可以将石英玻璃中的缺陷分为表面缺陷和体内缺陷两大类。在石英玻璃元件冷加工过程中,接触式的研磨和抛光等工艺过程会诱导石英玻璃表面和亚表面产生裂纹、划痕、崩边等破坏性缺陷;受磨具和抛光液影响,会在石英玻璃表面及裂纹之间残留 Al、Fe、Cu、Ce、Cr 等杂质缺陷。此外,在石英玻璃化学湿法刻蚀过程中,会带来 SiF_6^{2-} 等反应物沉积杂质缺陷;在石英玻璃元件转运和安装过程中,可能会引入污染物如指纹、水汽、灰尘等。在石英玻璃制造过程中会在其体内产生气泡、包裹物等宏观缺陷,随着制备工艺技术的提升,目前这类缺陷含量已大大降低。此外,在石英玻璃制造过程中受制备工艺条件的影响,还会引入色心缺陷(如 ODC、POL 等)、金属杂质缺陷(Al、Fe 等)以及非金属杂质缺陷(如 Cl、OH 等)。目前,采用化学气相沉积工艺制备的石英玻璃中金属杂质缺陷的含量已降低到 ppb 级别。在激光辐照过程中还会进一步诱导形成数量更多且结构更复杂的色心缺陷,例如硅悬挂键、间隙氧、氧空穴中心等。这些色心缺陷的出现会导致石英玻璃元件损伤增长阈值远低于其初始损伤阈值。

得益于石英玻璃表面加工工艺的创新,石英玻璃元件表面损伤阈值已得到大幅提升。图 1-51 给出美国 NIF 使用的石英玻璃表面激光损伤密度与三倍频激光(351 nm,3 ns)能量密度的函数关系[66]。1997 年采用典型光学精加工工艺,当暴露在通量为 8 J/cm²的三倍频激光下时石英玻璃表面的初始损伤点密度为 15/cm²。到 2007 年,通过改进研磨和抛光工艺,降低石英表面微裂纹或划痕,在通量 8 J/cm² 的三倍频激光辐照下,石英玻璃表面的初始损伤点密度降为 0.08/cm²。从 1997 年到 2007 年,石英元件表面损伤阈值的提升主要依赖于减少表面划痕。尽管已取得较大进步,但石英元件表面零损伤阈值仍小于 5 J/cm²。到 2010 年,通过对抛光后的光学元件进行先进延缓工艺(advanced mitigation process,AMP)处理,实现

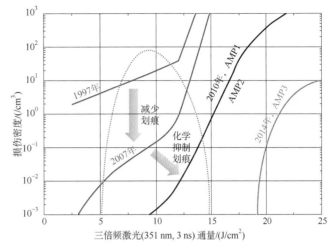

实线—不同时间熔石英元件表面抗激光损伤水平;
虚线—1.8 MJ NIF 激光发射时的相对能量分布

图 1 - 51　熔石英元件表面激光损伤密度与三倍频激光能量密度的函数关系

了石英元件表面零损伤阈值从小于 5 J/cm² 到接近 10 J/cm² 的突破。2014 年后,通过进一步优化 AMP,在通量为 8 J/cm² 的三倍频激光辐照下,石英玻璃表面的初始损伤点密度已接近于零。

综合本章 1.3～1.6 节可知,石英玻璃具备优异的热学、力学、光学和耐辐照性能。此外,石英玻璃还具备优异的电学性能和化学稳定性。在电学性能方面,石英玻璃具备电阻率高、介电损耗低、击穿电压高等优点。在化学稳定性方面,石英玻璃具备优异的耐水、耐酸、耐盐侵蚀性质,但像所有玻璃一样,石英玻璃也不耐碱侵蚀。

图 1 - 52 汇总了石英玻璃的六大基本性能。可以看到,石英玻璃具有普通玻璃无可比拟

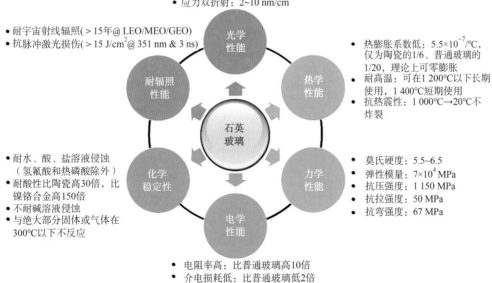

图 1 - 52　石英玻璃的性能汇总

的一系列优异性质，例如紫外到近红外高透光性、极低的热膨胀系数、耐温性和抗热震性良好、硬度和弹性模量大、电绝缘性好、化学稳定性优良、耐射线辐照、抗激光损伤等，因此石英玻璃被誉为"玻璃之王"。

1.7　稀土掺杂石英光纤

光纤是光导纤维的简称，它的基本组成包括纤芯、包层、涂覆层三部分。光纤可以传输光信号，其传输原理为光的全反射，这类光纤称为无源光纤。1970 年美国康宁公司 Maurer 等率先用改进的化学气相沉积（modified chemical vapor deposition，MCVD）工艺制备了背底损耗为 20 dB/km（在 632.8 nm 波长处）的石英玻璃光纤[67]。经过半个多世纪的发展，截至目前，传输用无源光纤的损耗已经降低到 0.142 dB/km（在 1560 nm 波长处）[46]。无源光纤被广泛应用于光通信、传感等，为现代通信、光网络和信息社会建设提供了重要保障。

纤芯中含有激活离子（稀土离子和铋离子）的光纤可以对光信号进行放大或产生激光，这类光纤称为有源光纤。有源光纤是光纤激光器或光纤放大器的增益介质。由于光纤激光器和放大器具有墙插效率高、体积小、可以长时间工作期间免维护等优点，在光通信、测量传感、工业加工、军事等领域有重要应用。

1.7.1　稀土离子的发光性质

有源光纤的基材可以是石英玻璃、硅酸盐玻璃、磷酸盐玻璃、氟化物玻璃等。自 1964 年 Snitzer 等[68]首次报道掺钕玻璃光纤中实现激光以来，有源光纤的纤芯中掺杂的激活离子绝大多数为稀土离子。稀土离子的发光特性主要取决于稀土离子的电子结构。稀土元素半径大，极易失去最外层两个 6s 电子和次外层一个 5d 电子，形成三价离子。三价的镧系稀土离子电子组态为 $1s^2 2s^2 2p^6 3s^2 3p^6 3d^{10} 4s^2 4p^6 4d^{10} 4f^n 5s^2 5p^6$。$La^{3+}$、$Ce^{3+}$、$Pr^{3+}$、$Nd^{3+}$、$Pm^{3+}$、$Sm^{3+}$、$Eu^{3+}$、$Gd^{3+}$、$Tb^{3+}$、$Dy^{3+}$、$Ho^{3+}$、$Er^{3+}$、$Tm^{3+}$、$Yb^{3+}$、$Lu^{3+}$ 的主要区别为 4f 电子壳层的电子数不从 0 到 14 变化。其中 La 和 Lu 的 4f 电子分别为 0 和 14，呈现光学惰性，无吸收和发光行为。其余 13 个稀土离子 4f 电子在 1～13 变化，表现为光谱活性。4f 组态中电子之间的库仑作用、自旋-轨道相互作用、所处基质的晶体场和磁场的影响使得不同稀土离子有其独特的能级结构。正是由于 4f 电子在不同能级之间的跃迁，产生了吸收、发光以及激光。由于稀土离子 4f 电子数不同，因而它们的光谱性质不同。稀土离子 4f 电子受到 5s、5p 电子壳层的屏蔽，受外界电磁场的影响较小。4f 组态内能级之间的电偶极跃迁是禁戒的，磁偶极跃迁是允许的。在凝固态物质中，由于晶体场的作用，使得 4f 组态内的状态不再是单一的，而是两种宇称的混合态，从而使得 4f 组态内的电偶极跃迁成为可能。相比过渡族离子，稀土离子的光谱性质受外界影响较小。4f 电子组态之间的跃迁对应的吸收和发光谱均为窄带峰。此外，稀土离子的 f-f 跃迁吸收和发光波长受基质影响较小，吸收和发光波长覆盖紫外到中红外波段。

稀土离子除了上述 f-f 跃迁外，还可以观察到 4f-5d 的跃迁，它们的 $4f^{n-1}5d$ 组态与 $4f^n$ 组态能级之间的跃迁是宇称允许跃迁，其发光强度要比 f-f 跃迁强得多，并且其跃迁概率也大得多。由于 5d 电子容易受外界晶体场的影响，因此，4f-5d 跃迁表现为紫外到可见波段的宽带发光。三价 Ce^{3+}、Pr^{3+} 和 Tb^{3+}，以及部分二价稀土离子 Eu^{2+}、Sm^{2+}、Yb^{2+}、Tm^{2+}、Dy^{2+}、Nd^{2+} 等可以观察到 4f-5d 跃迁。

稀土离子的 f-f 跃迁和 4f-5d 跃迁不同程度地受到所在基质的影响。稀土离子在不同成分玻璃中因配位环境不同，其精细能级结构会有所不同。稀土离子从基态能级跃迁到激发态，以及从激发态跃迁到下能级的强度和概率，都会受到基质材料晶体场作用的影响。通过吸收和发光光谱可以研究稀土离子在不同基质中的光谱行为。稀土离子的受激发射截面、荧光寿命是其重要光谱参数。受激发射截面可以用 Judd-Ofelt 理论[69-70]、F-L 公式[71] 和 McCumber 公式[72] 结合吸收光谱和发光光谱的数据进行计算。四能级结构稀土离子的受激发射截面通常采用 Judd-Oflet 理论进行计算，三能级结构稀土离子的受激发射截面通常采用 F-L 公式和 McCumber 公式进行计算。稀土离子上能级的测量荧光寿命与理论荧光寿命之比为其量子效率。量子效率受到无辐射跃迁概率的影响，无辐射跃迁概率越大，则量子效率越低。无辐射跃迁源于激发态稀土离子与基质的声子、杂质离子或其他稀土离子之间发生的能量转移。这种能量转移最终以热的形式消耗上能级离子。

稀土离子的发光性质与基质玻璃的成分及制备工艺密切相关。基质玻璃成分决定了其声子能量和结构，并且会影响稀土离子的溶解度、吸收光谱和发光光谱、荧光寿命、激发态吸收等性质。玻璃制备工艺影响其杂质含量，通常羟基和过渡金属离子对上能级的稀土离子有很强的猝灭作用，同时引起玻璃及其光纤的损耗急剧增加。稀土离子的浓度大小会影响其相互作用程度，稀土离子浓度越高相互作用越强，因而加速同种稀土离子之间的能量转移。稀土离子之间相互作用的方式有能量转移、交叉弛豫、合作上转换和浓度猝灭。为获得好的光谱性质，需要优化玻璃组成、结构以及制备工艺。如前所述，石英玻璃的结构是由 $[SiO_{4/2}]$ 四面体连接成的三维网络结构。相比其他玻璃体系，其结构较为致密和牢固，由于稀土离子的半径大，并且通常为三价，因此，稀土离子在石英玻璃中的溶解度较低，通常在数百 ppm 以下。否则会引起稀土离子间的团簇、使其发光性质受到严重影响。为获得理想的光谱和激光性能，需要在掺杂稀土离子的同时加入其他离子，如 Al^{3+}、Ge^{4+}、P^{5+} 等离子。这些离子的加入可以在一定程度上打破纯石英玻璃的三维网络结构，使得稀土离子在石英玻璃中实现均匀掺杂。稀土离子和其他共掺离子的引入会改变石英玻璃的结构和光学性质，引起稀土离子的光谱性质发生改变。因此，为获得最佳的掺稀土石英光纤激光性能，有必要对稀土离子掺杂石英玻璃的光谱和光学性质进行系统研究和优化。本书的第 2 章、第 6 章、第 7 章和第 8 章将分别详细介绍 Yb^{3+}、Er^{3+}、Tm^{3+}、Ho^{3+}、Nd^{3+} 在石英玻璃中的光谱和激光性质。

表 1-14 为迄今为止在玻璃光纤中实现激光输出的稀土离子和激光波长。从中可以发现，Pr^{3+}、Nd^{3+}、Sm^{3+}、Tb^{3+}、Dy^{3+}、Ho^{3+}、Er^{3+}、Tm^{3+}、Yb^{3+} 等稀土离子在玻璃光纤中实现了从最短 422 nm 的可见光到最长 3 950 nm 的中红外波段激光输出。由于石英玻璃声子能量较高，稀土离子在石英光纤中实现的最长激光波长为 2 150 nm。氟化物玻璃因其声子能量较低，稀土离子在氟化物玻璃光纤中实现了最长 3.95 μm 的激光输出。

表 1-14　稀土离子在玻璃光纤中的激光和放大波长范围

稀土离子	玻璃光纤种类	激光波长/nm
Pr^{3+}	氟化物玻璃	422，442，444，476.5，490，520，601～618，631～641，707～725，880～886，902～916，1 260～1 350
	氧化物玻璃	1 060～1 110
Pr^{3+}/Yb^{3+}	氟化物玻璃	849，860，850

稀土离子	玻璃光纤种类	激光波长/nm
Nd^{3+}	氧化物玻璃	890~950，1 000~1 150，1 320~1 466
	氟化物玻璃	1 000~1 150，1 320~1 400
Sm^{3+}	氧化物玻璃	651
Tb^{3+}	氟化物玻璃	542.8
Dy^{3+}	氟化物玻璃	478，570，575，576，3 100
	氧化物玻璃	581，582.5
Ho^{3+}	氟化物玻璃	450，550，640，643，647，753，1 380，2 040~2 080，3 002，3 950
	氧化物玻璃	2 040~2 150
Ho^{3+}/Pr^{3+}	氟化物玻璃	2 900
Er^{3+}	氟化物玻璃	543，550，800，850，980~1 000，1 500~1 620，1 660，1 720，2 700~2 880，3 000，3 100，3 300~3 800
	氧化物玻璃	1 500~1 620
Tm^{3+}	氟化物玻璃	455，480，803~825，1 460~1 510，1 700~2 015，2 250~2 400
	氧化物玻璃	480，1 700~2 100
Yb^{3+}	氧化物玻璃	970~1 180

1.7.2　稀土掺杂石英光纤的发展

由于石英玻璃优异的热性质、力学性能、抗激光损伤、耐辐照特性，以及化学气相沉积制备超低损耗石英玻璃技术的成熟应用，目前绝大部分无源通信光纤和有源光纤的基质材料为石英玻璃。稀土掺杂石英光纤可以粗略划分为以下两个主要发展阶段：

第一阶段是 1970—2000 年以掺铒石英光纤和掺铒光纤放大器为主的发展阶段。掺铒石英光纤在光通信领域对长距离通信信号的中继放大发挥了重要作用。这期间，分别经历了稀土掺杂石英光纤的结构改进，从单包层发展为双包层、光纤背底损耗的逐步降低、制备工艺技术的发展等。1973 年美国贝尔(Bell)实验室 Stone 等[73]首次报道了掺钕石英光纤。1985 年英国南安普顿大学 Poole 等[74]报道了采用 MCVD 方法制备低损耗稀土掺钕和掺铒石英光纤，并实现了激光输出。Mears 等首次报道了基于掺铒光纤的 1.55 μm 激光和 1.54 μm 附近的光放大器[75]。因为掺铒光纤激光器的激光波长恰好位于通信光纤的 1.55 μm 低损耗窗口，人们开始认识到光纤放大器和光纤激光器在提高传输速率和延长传输距离等方面无疑将给光纤通信带来一场革命。掺铒光纤放大器(erbium doped fiber amplifier，EDFA)得到了迅速发展，并成为一项成熟的应用技术。光纤通信用的光纤激光器输出功率一般为毫瓦级，一直以来只局限于光通信等领域。1988 年，Snitzer 等[76]提出了双包层的泵浦技术，改变了人们对光纤激光器只能产生小功率输出的看法，使得利用光纤激光器产生大功率和高亮度的激光输出成为可能。因钕离子的四能级结构特征，使其具有激光阈值功率低等优点。最初的研究主要集中在钕离子和掺钕石英光纤，以及掺钕包层泵浦光纤激光器。1992年 Minelly 等[77]报道了输出功率大于 1 W 的 Nd 掺杂双包层光纤激光器。1993 年，在包层泵浦掺 Nd^{3+} 光纤激光器实验中，Po 等[78]得到了输出功率 5 W、斜率效率 51% 的激光。

1995 年，Zellmer 等[79]报道了输出波长为 1 064 nm、功率为 9.2 W 的双包层泵浦的掺 Nd^{3+} 光纤激光器，斜率效率仅为 25%。这主要是因为采用了圆形包层泵浦结构，导致单模芯层对泵浦光的吸收不够充分。然而，随着研究的深入，人们发现由于 Nd^{3+} 在 800 nm 的吸收带非常窄，对泵浦源的波长稳定性和精度要求较高。而 Yb^{3+} 具有在 900～1 000 nm 有相当宽的吸收带，并且由于其能级结构简单，无激发态吸收引起的上转换发光，量子效率高，可实现高的转换效率与输出功率。此外，作为 Yb^{3+} 合适泵浦源的激光二极管也得到了快速发展。人们转而重点关注 Yb^{3+} 掺杂光纤激光器的研究。1994 年，Pask 等[80]率先在掺 Yb^{3+} 石英光纤中实现了包层泵浦，采用 975 nm 的泵浦光在波长 1 040 nm 处获得了 0.5 W 的激光输出，斜率效率达到 80%。1997 年，美国宝丽来公司的 Muendel 等[81]报道了 1 100 nm、35.5 W 的单模输出连续激光的掺镱双包层光纤激光器。1999 年 SDL 公司的 Dominic 等[82]利用四个 45 W 的激光二极管从两端泵浦，研制成功 110 W 的单模连续激光输出掺镱双包层光纤激光器，光-光转换效率 58%。掺镱石英光纤的出现，使得光纤激光器的输出功率得到不断提升。光纤激光器逐步进入工业加工应用领域。

第二阶段是 2000 年至今。随着高功率激光二极管技术的成熟和推广应用，光纤激光器技术和稀土掺杂石英光纤制备技术得到快速发展。稀土掺杂石英光纤进入以高功率掺镱石英光纤为主，同时兼顾发展高功率掺铒、掺铥、掺钬石英光纤的阶段。这一阶段稀土掺杂石英光纤的重要特征是为满足高功率激光应用发展的大模场稀土掺杂石英光纤，并且光纤结构呈现从双包层结构向多包层转变、包层结构向光子晶体光纤结构转变的特征。掺稀土石英光纤预制棒制备技术也从传统的 MCVD 结合液相及气相掺杂，向纳米颗粒掺杂、活性粉末烧结（reactive powder sintering of silica，REPUSIL）和溶胶凝胶等非化学气相沉积法、堆垛法等多元化发展。随着激光二极管输出功率的提升和应用普及，以掺镱光纤激光器为代表的光纤激光器得到快速发展，输出功率快速增长。2004 年 IPG 公司实现了连续输出 1 万瓦多模光纤激光器的商业化，2009 年实现了连续输出 5 kW 单模掺镱光纤激光器的商业化。采用同带泵浦放大技术，掺镱包层光纤已经实现了最高单模 2 万瓦、多模 10 万瓦的连续激光输出功率[83]。纤芯 20～30 μm、内包层为八边形、低数值孔径（0.065）为代表的大模场掺镱石英光纤成为高功率少模光纤激光器的主流激光光纤。此外，由于 2000 年掺镱光子晶体光纤的诞生[84]，使得光纤激光器的非线性和色散得到有效管控，加之新型半导体锁模元件及锁模技术的出现，极大地推动了皮秒和飞秒超快光纤激光器的发展、工业加工及科研应用。目前 40～135 μm 芯径的大模场掺镱光子晶体光纤已经成功应用于纳秒到飞秒脉冲范围的光纤放大器。Stutzki 等[85]报道，采用 135 μm 芯径的大跨距掺镱光子晶体光纤，获得了 60 ns、26 mJ、500 kW 峰值功率近衍射极限的光束质量脉冲激光输出。Eidam 等[86]报道，采用 105 μm 模场直径的大跨距掺镱光子晶体光纤，实现了输出能量大于 2 mJ、峰值功率达到 4 GW 的脉冲激光。

与此同时，得益于光纤激光技术的发展，以及作为泵浦源的激光二极管的输出功率不断提高，掺铒和掺铥石英光纤的输出功率也分别突破了 656 W[87]和 1 050 W[88]。稀土掺杂石英光纤及光纤激光器在工业加工、医疗、太空探索、科学研究、军事等领域得到推广应用。表 1-15 汇总了不同稀土离子掺杂石英光纤的激光波长、输出功率水平。图 1-53 给出了不同稀土掺杂光纤的输出功率和激光波长范围分布。本书将在后续不同章节详细介绍掺镱、掺钕、掺铒、掺铥、掺钬、Nd/Yb 共掺，以及 Tm/Ho 共掺石英光纤的研究进展及应用。

表 1－15　稀土离子掺杂石英光纤激光输出波长和功率

稀土离子	激光波长/nm	输出最高功率	对应的跃迁能级
Sm^{3+}	651	～28 mW	$^4G_{5/2} \rightarrow {}^6H_{9/2}$
Dy^{3+}	582.5	18.4 mW	$^4F_{9/2} \rightarrow {}^6H_{13/2}$
Nd^{3+}	900～950	83 W	$^4F_{3/2} \rightarrow {}^4I_{9/2}$
Nd^{3+}	1 000～1 150	30 W	$^4F_{3/2} \rightarrow {}^4I_{11/2}$
Yb^{3+}	970～1 040	20 000 W	$^2F_{5/2} \rightarrow {}^2F_{7/2}$
Nd^{3+}/Yb^{3+}	970～1 150	1 300 W	$^4F_{3/2} \rightarrow {}^4I_{11/2}\ \&\ {}^2F_{5/2} \rightarrow {}^2F_{7/2}$
Er^{3+}	1 500～1 620	656 W	$^4I_{13/2} \rightarrow {}^4I_{15/2}$
Er^{3+}/Yb^{3+}	1 500～1 600	338 W	$^4I_{13/2} \rightarrow {}^4I_{15/2}$
Tm^{3+}	1 700～2 015	1 050 W	$^3F_4 \rightarrow {}^3H_6$
Ho^{3+}	2 010～2 100	407 W	$^5I_7 \rightarrow {}^5I_8$
Tm^{3+}/Ho^{3+}	2 010～2 100	38 W	$^5I_7 \rightarrow {}^5I_8$

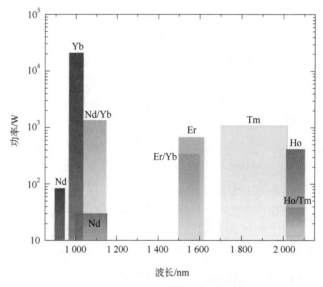

图 1－53　不同稀土掺杂光纤的输出功率和激光波长分布

　　综上，本章详细阐述了石英玻璃的形成、种类、结构和性质，简要介绍了稀土离子的发光性能和掺杂石英光纤的发展历程。进入 21 世纪以来，稀土掺杂石英光纤的研发和批量制备技术进步极大推动了光纤激光器的发展及推广应用。稀土掺杂石英光纤未来还将在不断提高激光输出功率的同时，朝着提高光束质量的方向发展。激光波长也将从目前 1～2 μm，向可见光激光扩展。稀土掺杂石英光纤的结构也将不断改进优化。为进一步提高光束质量和输出功率，需要深入研究模式不稳定以及受激拉曼散射、受激布里渊散射等非线性效应，对光束质量和激光效率的影响。此外，在拓展光纤激光器和放大器的工作波长范围方面，2005 年以来俄罗斯科学院 Dianov 课题组[89]成功研制了具有宽带放大特性的掺铋石英光纤，为进一步拓宽光纤激光器或放大器的波长范围提供了解决方案。掺铋光纤放大器正在逐步迈向实用化阶段。相信随着研究的不断深入，基于石英玻璃的特种光纤将对科技进步和人类社会发展发挥越来越重要的作用。

参考文献

［1］ Brückner R. Properties and structure of vitreous silica：Ⅰ［J］. Journal of Non-Crystalline Solids，1970，5(2)：123 - 175.

［2］ Angell C A. Formation of glasses from liquids and biopolymers［J］. Science，1995，267(5206)：1924 - 1935.

［3］ Richet P，Bottinga Y. Thermochemical properties of silicate glasses and liquids：a review［J］. Reviews of Geophysics，1986，24(1)：1 - 25.

［4］ Yue Yuanzheng. Anomalous enthalpy relaxation in vitreous silica［J］. Frontiers in Materials，2015(2)：54.

［5］ 王玉芬,刘连城. 石英玻璃［M］. 北京：化学工业出版社,2007.

［6］ Warren B E. X-ray determination of the structure of glass［J］. Journal of the American Ceramic Society，1992，75(1)：5 - 10.

［7］ Randall J T，Rooksby H P，Cooper B S，et al. X-ray diffraction and the structure of vitreous solids：Ⅰ［J］. Zeitschrift für Kristallographie-Crystalline Materials，1930，75(1)：196 - 214.

［8］ Randall J T，Rooksby H P，Cooper B S. Atomic physics and related subjects.：communications to nature.：the diffraction of X-rays by vitreous solids and its bearing on their constitution［J］. Nature，1930，125(3151)：458.

［9］ Zachariasen W H. The atomic arrangement in glass［J］. Journal of the American Chemical Society，1932，54(10)：3841 - 3851.

［10］ Mozzi R L，Warren B E. The structure of vitreous silica［J］. Journal of Applied Crystallography，1969，2(4)：164 - 172.

［11］ Warren B E. X-ray determination of the structure of liquids and glass［J］. Journal of Applied Physics，1937，8(10)：645 - 654.

［12］ Mysen B，Richet P. Silicate glasses and melts［M］. 2nd. ［S. l.］：Candice Janco，2019：143 - 183.

［13］ Warren B E，Biscce J. The structure of silica glass by X-ray diffraction studies［J］. Journal of the American Ceramic Society，1938，21(2)：49 - 54.

［14］ Wright A C. Neutron scattering from vitreous silica. V. The structure of vitreous silica：What have we learned from 60 years of diffraction studies?［J］. Journal of non-crystalline solids，1994(179)：84 - 115.

［15］ Malfait W J，Halter W E，Verel R. ^{29}Si NMR spectroscopy of silica glass：T1 relaxation and constraints on the Si—O—Si bond angle distribution［J］. Chemical Geology，2008，256(3 - 4)：269 - 277.

［16］ Huang Pinshane Y，Kurasch S，Srivastava A，et al. Direct imaging of a two-dimensional silica glass on graphene［J］. Nano Letters，2012，12(2)：1081 - 1086.

［17］ Dupree R，et al. Pressure-induced bond-angle variation in amorphous SiO_2［J］. Physical Review B，1987，35(5)：2560 - 2562.

［18］ Salh R. Defect related luminescence in silicon dioxide network：a review［M］. INTECH Open Access Publisher，2011.

［19］ Skuja L，Hosono H，Hirano M，et al. Advances in silica-based glasses for UV and vacuum UV laser optics［J］. SPIE，2003(5122)：1 - 14. https://doi.org/10.1117/12.515642.

［20］ Lo Piccolo G M，Cannas M，Agnello S. Intrinsic point defects in silica for fiber optics applications［J］. Materials，2021，14(24)：7682.

［21］ Galeener F L. Planar rings in vitreous silica［J］. Journal of Non-Crystalline Solids，1982，49(1 - 3)：53 - 62.

［22］ Newton M D，Gibbs G V. Ab initio calculated geometries and charge distributions for H_4SiO_4 and $H_6Si_2O_7$ compared with experimental values for silicates and siloxanes［J］. Physics and Chemistry of Minerals，1980，6(3)：221 - 246.

[23] Graetsch H, Mosset A, Gies H. XRD and ^{29}Si MAS-NMR study on some non-crystalline silica minerals [J]. Journal of Non-Crystalline Solids, 1990,119(2):173 – 180.

[24] Tool A Q. Relation between inelastic deformability and thermal expansion of glass in its annealing range [J]. Journal of the American Ceramic Society, 1946,29(9):240 – 253.

[25] Agarwal A, Tomozawa M. Correlation of silica glass properties with the infrared spectra [J]. Journal of Non-Crystalline Solids, 1997,209(1):166 – 174.

[26] Deng B, Shi Y, Yuan F. Investigation on the structural origin of low thermal expansion coefficient of fused silica [J]. Materialia, 2020(12):100752.

[27] Vollmayr K, Kob W, Binder K. Cooling-rate effects in amorphous silica: a computer-simulation study [J]. Physical Review B, 1996,54(22):15808.

[28] Ebrahem F, Bamer F, Markert B. The influence of the network topology on the deformation and fracture behaviour of silica glass: a molecular dynamics study [J]. Computational Materials Science, 2018(149):162 – 169.

[29] Gross T M, Tomozawa M. Fictive temperature of GeO_2 glass: its determination by IR method and its effects on density and refractive index [J]. Journal of Non-Crystalline Solids, 2007,353(52 – 54):4762 – 4766.

[30] Heili M, et al. The dependence of Raman defect bands in silica glasses on densification revisited [J]. Journal of Materials Science, 2016,51(3):1659 – 1666.

[31] Musgraves J D, Hu J, Calvez L. Springer handbook of glass [M]. [S. l.]: Springer Nature, 2019.

[32] Urbain G, Bottinga Y, Richet P. Viscosity of liquid silica, silicates and alumino-silicates [J]. Geochimica et Cosmochimica Acta, 1982,46(6):1061 – 1072.

[33] Doremus R H. Viscosity of silica [J]. Journal of Applied Physics, 2002,92(12):7619 – 7629.

[34] Brückner R. Properties and structure of vitreous silica: II [J]. Journal of Non-Crystalline Solids, 1971, 5(3):177 – 216.

[35] Davis K M, Tomozawa M. Water diffusion into silica glass: structural changes in silica glass and their effect on water solubility and diffusivity [J]. Journal of Non-Crystalline Solids, 1995,185(3):203 – 220.

[36] Fanderlik I. Silica glass and its application [M]. [S. l.]: Elsevier, 2013.

[37] Vedam K, Schmidt E, Roy R. Nonlinear variation of refractive index of vitreous silica with pressure to 7 Kbars [J]. Journal of the American Ceramic Society, 1966,49(10):531 – 535.

[38] Mackenzie J D. High pressure effects on oxide glasses: I, densification in rigid state [J]. Journal of the American Ceramic Society, 1963,46(10):461 – 470.

[39] Malitson I H. Interspecimen comparison of the refractive index of fused silica [J]. Journal of the Optical Society of America, 1965,55(10):1205 – 1209.

[40] Dragic P, Cavillon M, Ballato J. On the thermo-optic coefficient of P_2O_5 in SiO_2 [J]. Optical Materials Express, 2017,7(10):3654 – 3661.

[41] Kakiuchida H, Saito K, Ikushima A J. Refractive index, density and polarizability of silica glass with various fictive temperatures [J]. Japanese Journal of Applied Physics, 2004,43(6A):L743.

[42] Hofmeister A M, Whittington A G. Effects of hydration, annealing, and melting on heat transport properties of fused quartz and fused silica from laser-flash analysis [J]. Journal of Non-Crystalline Solids, 2012,358(8):1072 – 1082.

[43] Richet P, Bottinga Y. Glass transitions and thermodynamic properties of amorphous SiO_2, $NaAlSi_nO_{2n+2}$ and $KAlSi_3O_8$ [J]. Geochimica et Cosmochimica Acta, 1984,48(3):453 – 470.

[44] Cheng S C, et al. Use of EELS to study the absorption edge of fused silica [J]. Journal of Non-Crystalline Solids, 2006,352(28 – 29):3140 – 3146.

[45] Moore L A, Smith C M. Fused silica as an optical material [Invited] [J]. Optical Materials Express, 2022,12(8):3043.

［46］ Tamura Y，Sakuma H，Morita K，et al. Lowest-ever 0. 141 9 dB/km loss optical fiber：Optical Fiber Communications Conference and Exhibition，in Optical Fiber Communication Conference Postdeadline Papers［C］. OSA Technical Digest，2017，Th5D. 1. https://doi. org/10. 1364/OFC. 2017. Th5D. 1.

［47］ Saito K，Ikushima A J. Reduction of light-scattering loss in silica glass by the structural relaxation of "frozen-in" density fluctuations ［J］. Applied Physics Letters，1997,70(26)：3504 - 3506.

［48］ Saito K，Kakiuchida H，Ikushima A J. Investigation of the origin of the Rayleigh scattering in SiO$_2$ glass ［J］. Journal of Non-Crystalline Solids，1997(222)：329 - 334.

［49］ Saito K，et al. A new method of developing ultralow-loss glasses ［J］. Journal of Applied Physics，1997，81(11)：7129 - 7134.

［50］ 王承遇，陶瑛. 玻璃性质与工艺手册［M］. 北京：化学工业出版社，2008.

［51］ 邵冲云，于春雷，胡丽丽. 面向空间应用耐辐照有源光纤研究进展［J］. 中国激光，2020,47(5)：233 - 261.

［52］ Griscom D L. Nature of defects and defect generation in optical glasses ［C］//1985 Albuquerque Conferences on Optics. 1985：International Society for Optics and Photonics.

［53］ Griscom D L. Optical properties and structure of defects in silica glass ［J］. Journal of the Ceramic Society of Japan，1991,99(10)：923 - 942.

［54］ Skuja L. Optically active oxygen-deficiency-related centers in amorphous silicon dioxide ［J］. Journal of Non-Crystalline Solids，1998,239(1 - 3)：16 - 48.

［55］ Girard S，et al. Radiation effects on silica-based optical fibers：recent advances and future challenges ［J］. IEEE Transactions on Nuclear Science，2013,60(3)：2015 - 2036.

［56］ 田海. 石英及轻火石光学玻璃空间辐射效应及试验方法研究［D］. 兰州：兰州大学，2020：62.

［57］ Henson T D，Torrington G K. Space radiation testing of radiation-resistant glasses and crystals，in Inorganic Optical Materials Ⅲ［C］. SPIE，2001(4452)：54 - 65.

［58］ 葛世名. 石英玻璃的耐辐照性能［J］. 原子能科学技术，1983(2)：170 - 173.

［59］ Nagasawa K，Tanabe M，Yahagi K. Gamma-ray-induced absorption bands in pure-silica-core fibers ［J］. Japanese Journal of Applied Physics，1984,23(12R)：1608.

［60］ Lancry M，et al. Radiation hardening of silica glass through fictive temperature reduction ［J］. International Journal of Applied Glass Science，2017,8(3)：285 - 290.

［61］ Hosono H，et al. Effects of fluorine dimer excimer laser radiation on the optical transmission and defect formation of various types of synthetic SiO$_2$ glasses ［J］. Applied Physics Letters，1999,74(19)：2755 - 2757.

［62］ Baisden P A，et al. Large optics for the national ignition facility ［J］. Fusion Science and Technology，2016,69(1)：295 - 351.

［63］ 陈娅丽，等. 光掩膜版用低羟基高纯石英玻璃的研究［J］. 玻璃，2021,48(3)：6 - 10.

［64］ Jedamzik R，Dietrich V，Rossmeier T. Bulk laser damage threshold of optical glasses［C］. SCHOTT AG，Advanced Optics，2012：55122.

［65］ Suratwala T I，et al. HF-Based etching processes for improving laser damage resistance of fused silica optical surfaces ［J］. Journal of the American Ceramic Society，2011,94(2)：416 - 428.

［66］ Spaeth M L，et al. Optics recycle loop strategy for NIF operations above UV laser-induced damage threshold ［J］. Fusion Science and Technology，2016,69(1)：265 - 294.

［67］ Kapron F P，Keck D B，Maurer R D. Radiation losses in glass optical waveguides ［J］. Applied Physics Letters，1970,17(10)：423 - 425.

［68］ Koester C J，Snitzer E. Amplification in a fiber laser ［J］. Applied Optics，1964,3(10)：1182 - 1186.

［69］ Ofelt G S. Intensities of crystal spectra of rare-earth ions ［J］. The Journal of Chemical Physics，1962，37(3)：511 - 520.

［70］ Judd B R. Optical absorption intensities of rare-earth ions ［J］. Physical Review，1962,127(3)：750 - 761.

［71］ Emission Cross Section, Füchtbauer-Ladenburg Equation, and Purcell Factor［C］. Dordrecht: Springer Netherlands, 2017:387 - 404. https://doi. org/10. 1007/978 - 94 - 024 - 0850 - 8_19.

［72］ McCumber D E. Theory of phonon-terminated optical masers ［J］. Physical Review, 1964,134(2A): A299.

［73］ Stone J, Burrus C A. Neodymium-doped silica lasers in end-pumped fiber geometry ［J］. Applied Physics Letters, 1973,23(7):388 - 389.

［74］ Poole S, Payne D, Mears R, et al. Fabrication and characterization of low-loss optical fibers containing rare-earth ions ［J］. Journal of Lightwave Technology, 1986,4(7):870 - 876.

［75］ Mears R J, Reekie L, Jauncey I M, et al. Low-noise erbium-doped fibre amplifier operating at 1. 54 μm ［J］. Electronics Letters, 1987(23):1026 - 1028.

［76］ Snitzer E, Po H, Hakimi F, et al. Double clad, offset core Nd fiber laser. Optical Fiber Sensors ［C］. New Orleans, Louisiana: Optica Publishing Group, 1988.

［77］ Minelly J D, Taylor E R, Jedrzejewski K P, et al. Laser-diode-pumped neodymium-doped fiber laser with output power ＞ 1 W ［C］. Conference on Lasers and Electro-Optics. Optical Society of America, 1992.

［78］ Po H, Cao J D, Laliberte B M, et al. High power neodymium-doped single transverse mode fibre laser ［J］. Electronics Letters, 1993,17(29):1500 - 1501.

［79］ Zellmer H, Willamowski U, Tünnermann A, et al. High-power cw neodymium-doped fiber laser operating at 9. 2 W with high beam quality ［J］. Optics Letters, 1995,20(6):578 - 580.

［80］ Pask H M, Archambault J L. Operation of cladding-pumped Yb^{3+}-doped silica fibre lasers in 1 μm region ［J］. Electronics Letters, 1994,30(11):863 - 865.

［81］ Muendel M, Engstrom B, Kea D, et al. 35-watt cw single-mode ytterbium fiber laser at 1. 1 μm ［C］. Conference on Lasers and Electro-optics, Optical Society of America,1997.

［82］ Dominic V A, MacCormack S, Waarts R, et al. 110 W fibre laser ［J］. Electronics Letters, 1999,35 (14):1158 - 1160.

［83］ Shiner B. The impact of fiber laser technology on the World Wide Material Processing Market ［C］. CLEO: Applications and Technology, Optica Publishing Group.

［84］ Wadsworth W J, Knight J C, Reeves W H, et al. Yb^{3+}-doped photonic crystal fibre laser ［J］. Electronics Letters, 2000(36):1452 - 1454.

［85］ Stutzki F, Jansen F, Liem A, et al. 26 mJ, 130 W Q-switched fiber-laser system with near-diffraction-limited beam quality ［J］. Optics Letters, 2012,37(6):1073 - 1075.

［86］ Eidam T, Rothhardt J, Stutzki F, et al. Fiber chirped-pulse amplification system emitting 3. 8 GW peak power ［J］. Optics Express, 2011,19(1):255 - 260.

［87］ Lin Huaiqin, Feng Yujun, Feng Yutong, et al. 656 W Er-doped, Yb-free large-core fiber laser ［J］. Optics Letters, 2018,43(13):3080.

［88］ Ramírez-Martínez N J, Núñez-Velázquez M, Umnikov A A, et al. Highly efficient thulium-doped high-power laser fibers fabricated by MCVD ［J］. Optics Express, 2019,27(1):196 - 201.

［89］ Dvoyrin V V, Mashinsky V M, Dianov E M, et al. Absorption, fluorescence and optical amplification in MCVD bismuth-doped silica glass optical fibres ［C］. 2005, 31st European Conference on Optical Communication, doi:10. 1049/cp:20050796.

第 2 章

掺镱石英玻璃的性质与结构

掺镱石英光纤是高功率光纤激光器的核心元件,其纤芯材料是掺镱石英玻璃。掺镱石英光纤的性能与掺镱石英玻璃的性质密切相关。为实现高功率和高光束质量激光输出,除有效控制掺镱石英光纤的损耗外,还须解决以下两方面的突出问题:一方面,为抑制高功率带来的非线性效应,须提高镱离子(Yb³⁺)在掺镱石英玻璃纤芯材料中的掺杂浓度,采用尽可能短并且纤芯模场面积较大的掺镱光纤;另一方面,为获得高光束质量,需要尽可能降低内包层的数值孔径,即须降低掺镱石英玻璃纤芯材料与包层材料的折射率差。因此,在掺镱石英光纤尤其是高功率掺镱石英光纤的纤芯成分设计中需要共掺 Al、P、Ge、F 和 B 等元素,得到理想的折射率和光谱性质,以满足最终使用要求。此外,掺镱石英光纤的制备主要包括预制棒沉积和拉丝这两个与温度相关的环节。其间会经历加热和冷却的热过程。热历史变化会使得 Yb³⁺ 吸收系数变化和吸收峰峰位偏移,同时还会不同程度地影响包层和纤芯材料的折射率,引起光纤数值孔径改变,进而影响光纤的激光性能。基于此,本章系统阐述了共掺元素和热历史对 Yb³⁺ 掺杂石英玻璃物理性质和光学性质的影响,并结合红外(Fourier transform infrared spectroscopy,FTIR)、拉曼、核磁共振(nuclear magnetic resonance,NMR)和电子顺磁共振(electron paramagnetic resonance,EPR)等结构分析技术,从原子级微观尺度解析相应影响机理。

2.1 镱离子的能级结构及其光谱性质

2.1.1 镱离子的能级

图 2-1 给出 Yb³⁺ 的能级图。Yb³⁺ 的电子组态为 Xe+4f¹³,其 4f 壳层内电子间的库仑相互作用使得电子组态 4f¹³ 描述的能级劈裂成一系列不同能量的状态,每个状态由其总轨道角动量量子数 L($L=3$)和总自旋角动量量子数 S($S=1/2$)表征,称为 ^{2S+1}L 谱项,表示为 ^2F。由于 4f 电子的自旋-轨道相互作用,^2F 谱项被劈裂成 ^2F_J 多重项能级,其中 $J=S+L$,$L+S-1$,…,$|L-S|$。因此,^2F 谱项劈裂成能级间隔为 $10\,000\,cm^{-1}$ 的 $^2F_{7/2}$ 和 $^2F_{5/2}$ 两个子能级。除上述作用外,电子还会受到晶体场的影

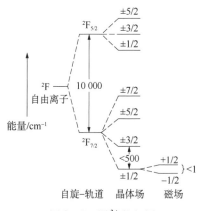

图 2-1 Yb³⁺ 能级图

响。5s 和 5p 壳层的屏蔽作用会削弱晶体场对 $4f^{13}$ 电子的影响,不会显著改变 $^2F_{7/2}$ 和 $^2F_{5/2}$ 两个子能级之间的能级间隔,但会使得 $^2F_{7/2}$ 和 $^2F_{5/2}$ 两个子能级分别分裂为四个和三个二重简并的 Stark 能级。二重简并的 Stark 能级在磁场作用下会进一步分裂为 Zeeman 能级,它们的能级差通常小于 $1\,cm^{-1}$。

由于 Yb^{3+} 能级简单、量子亏损小,因此具有能量转换效率高、材料热负荷低和荧光寿命长(约为 Nd^{3+} 的 3 倍)等优点,适合高功率激光应用。

2.1.2　镱离子的光谱性质

图 2-2a、b 分别为 Yb^{3+} 在纯石英玻璃(SY0.05)、铝酸盐玻璃(Yb-AG)、硼酸盐玻璃(Yb-BG)、磷酸盐玻璃(Yb-PG)中的吸收和发射光谱。在不同玻璃体系中,Yb^{3+} 的吸收和发射谱存在明显差异。这主要是由于 Yb^{3+} 在不同玻璃体系中的晶体场强和非对称性程度不同。通过对 Yb^{3+} 的吸收谱和发射谱分别进行洛伦兹分峰拟合,可以得到 Yb^{3+} 的 Stark 劈裂能级,如图 2-3 所示。

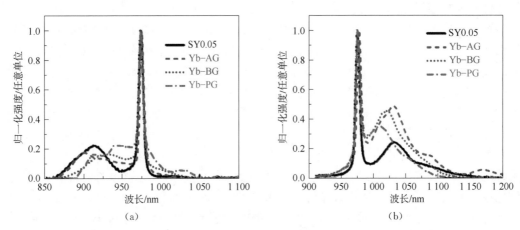

图 2-2　Yb^{3+} 在纯石英(SY0.05)、铝酸盐(Yb-AG)、硼酸盐(Yb-BG)、磷酸盐(Yb-PG)玻璃基质中的吸收(a)和发射(b)光谱

图 2-3a、b 分别为 Yb^{3+} 在纯石英玻璃(SY0.05)中吸收谱和发射谱的洛伦兹分峰拟合示意图。如图 2-3a 所示,Yb^{3+} 的吸收谱由位于 976 nm 处的尖峰和 915 nm 处的宽峰组成。其中,976 nm 处的主吸收峰对应于基态 $^2F_{7/2}$ 到激发态 $^2F_{5/2}$ 的零声子跃迁 1→5,915 nm 的宽吸收带覆盖 1→(6,7)的跃迁。如图 2-3b 所示,Yb^{3+} 的发射谱由位于 976 nm 处的尖峰和 1030 nm 处的宽峰组成。其中,976 nm 处的主发射峰对应于激发态到基态的零声子跃迁 5→1,1030 nm 的宽发射带覆盖 5→(2,3,4)的跃迁。

Yang 等[1] 系统研究了 Yb^{3+} 在不同玻璃体系中的 Stark 劈裂能级,如图 2-4 所示。为方便起见,采用主要元素符号代表不同玻璃体系,如"Al"代表铝酸盐玻璃,"Ge"代表锗酸盐玻璃,以此类推。可以看出,Yb^{3+} 在不同玻璃体系中 Stark 能级差异很大。其中,Yb^{3+} 在铝酸盐玻璃中相邻两个 Stark 能级之间的能级差最大,在磷酸盐玻璃中相邻两个 Stark 能级之间的能级差最小。

研究表明,Yb^{3+} 的 Stark 能级与 Yb^{3+} 局域晶体场强度和非对称性程度密切相关。Yb^{3+} 的标量晶体场强度参数与 Yb^{3+} 的 $^2F_{7/2}$ 能级劈裂值存在线性关系,因此可根据 $^2F_{7/2}$ 能级劈裂

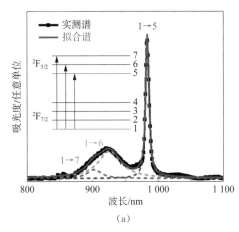 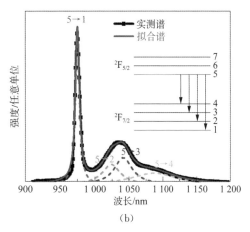

（a）　　　　　　　　　　　　　　（b）

图 2-3　Yb^{3+} 在纯石英玻璃中吸收谱（a）和发射谱（b）的洛伦兹分峰拟合示意图

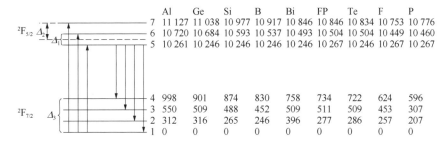

	Al	Ge	Si	B	Bi	FP	Te	F	P
7	11 127	11 038	10 977	10 917	10 846	10 846	10 834	10 753	10 776
6	10 720	10 684	10 593	10 537	10 493	10 504	10 504	10 449	10 460
5	10 261	10 246	10 246	10 246	10 246	10 267	10 246	10 267	10 267
4	998	901	874	830	758	734	722	624	596
3	550	509	488	452	509	511	509	453	307
2	312	316	265	246	396	277	286	257	207
1	0	0	0	0	0	0	0	0	0

图 2-4　Yb^{3+} 在不同玻璃体系中的 Stark 劈裂能级和各能级能量值 E_i（$i=1\sim7$, cm^{-1}）

情况计算 Yb^{3+} 的局域晶体场强度[2]。Robinson 等[3]指出，可根据 Yb^{3+} 的 $^2F_{5/2}$ 能级劈裂情况计算 Yb^{3+} 的晶体场偏离正八面体的程度，即 Yb^{3+} 局域晶体场的非对称性程度。

根据图 2-4 中 Stark 能级劈裂情况，Yang 等[1]计算出 Yb^{3+} 在不同玻璃体系中的局部晶体场强度参数（N_J）和非对称性程度（α_J），如图 2-5 所示。

根据 Auzel[2]的研究，N_J 可采用如下公式计算：

$$N_J = \Delta_3/0.245 \qquad (2-1)$$

式中，Δ_3 为基态 $^2F_{7/2}$ 的最大 Stark 劈裂能级能量值，详见图 2-4。

根据 Robinson 等[3]的研究，α_J 可通过下几式计算：

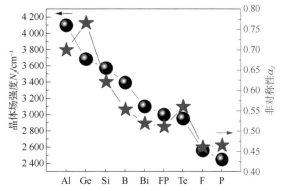

图 2-5　Yb^{3+} 在不同玻璃体系中的局部晶体场强度参数（N_J）和非对称性程度（α_J）

$$\Delta_1 = E_6 - E_5 \qquad (2-2)$$

$$\Delta_2 = E_7 - \Delta_1/2 \qquad (2-3)$$

$$\alpha_J = \Delta_1/\Delta_2 \qquad (2-4)$$

式中,E_5、E_6、E_7 分别为 Stark 能级 5、6、7 的能量值,详见图 2-4。

除跃迁谱形和跃迁概率外,Yb^{3+} $^2F_{5/2} \rightarrow {}^2F_{7/2}$ 跃迁的荧光寿命也与玻璃基质密切相关,其荧光寿命分布在数百微秒到数毫秒之间[4-5]。例如,Yb^{3+} 在石英玻璃中约为 $600 \sim 1\,000\,\mu s$[6],在氟磷酸盐基质中大于 $1.5\,ms$[7],在部分晶体中可大于 $2\,ms$[8]。本章第 2.2 节将系统介绍共掺元素对 Yb^{3+} 掺杂石英玻璃光谱性质的影响,并借助 NMR 和 EPR 等手段从原子级微观尺度揭示其影响机理。

2.1.3 镱离子的光谱理论计算

Yb^{3+} 的吸收系数(α)和吸收截面(σ_{abs})可分别由下列式子计算得到[9]:

$$\alpha = \frac{1}{d} \times \ln\left(\frac{I_0}{I}\right) = \frac{1}{d * \lg(e)} \times \lg\left(\frac{I_0}{I}\right) = \frac{OD(\lambda)}{d * \lg(e)} \qquad (2-5)$$

$$\sigma_{abs} = \frac{2.303 OD(\lambda)}{N_0 d} \qquad (2-6)$$

$$N_0 = \frac{\rho}{M} \times wt\% \times N_A \qquad (2-7)$$

式中,I 和 I_0 分别为透射和入射光强;d 为玻璃的厚度;$OD(\lambda)$ 为光密度;N_0 为稀土离子浓度;ρ 为样品密度;M 为稀土离子摩尔质量;$wt\%$ 为稀土离子质量分数;N_A 为阿伏伽德罗常数。

对于 Yb^{3+},可采用倒易法和 Fuchbauer-Lademnurg(FL)公式计算其发射截面(σ_{em})[10]。其中,倒易法计算公式如下:

$$\sigma_{em} = \sigma_{abs} \frac{Z_l}{Z_u} \exp\left[\frac{hc}{kT}\left(\frac{1}{\lambda_0} - \frac{1}{\lambda}\right)\right] \qquad (2-8)$$

式中,h 为普朗克常数;c 为真空中光速;k 为玻尔兹曼常数;T 为开尔文温度;λ 为波长自变量;λ_0 为零线能所对应的零线波长(零线能为上下主能级中能量最低的两个 Stark 劈裂能级的能量差,零线波长一般取峰值吸收或发射波长);Z_l 和 Z_u 分别为下能级和上能级的配分函数,常温下配分函数受基质影响(在石英玻璃中,常温下 Yb^{3+} 配分函数比值近似为 1,即 $Z_l/Z_u \approx 1$)。

倒易法比较适用于计算常温下吸收和发射峰重叠的稀土离子的发射截面。由于只需根据吸收光谱便可计算出发射截面,故较为简便。但当 Yb^{3+} 掺杂玻璃样品的 Yb^{3+} 浓度较低且厚度较薄时,Yb^{3+} 在长波长处($>1\,000\,nm$)的吸收光谱存在较大测试误差,此时采用倒易法计算 Yb^{3+} 的发射截面,在长波长处会存在较大误差。

此外,可根据 Yb^{3+} 的发射光谱用 FL 公式计算其截面,FL 公式如下[11]:

$$\sigma_{em} = \frac{4\lambda^4}{3\lambda_0^4} \Sigma_{abs} \times \frac{\lambda I(\lambda)}{\int \lambda I(\lambda) d\lambda} \qquad (2-9)$$

$$\Sigma_{abs} = \int \sigma_{abs}(\lambda) d\lambda \qquad (2-10)$$

式中,λ_0 为吸收带的平均波长,一般为主峰波长;Σ_{abs} 为积分吸收截面;$I(\lambda)$ 为荧光强度。

采用 FL 公式计算发射截面需要同时测试吸收和发射光谱,较为复杂。同时,由于涉及发射光谱谱型函数,对于自吸收效应严重的样品计算误差大,因此采用 FL 公式计算发射截面,需要样品掺杂浓度低或者样品厚度薄。

图 2-6 给出 Yb^{3+} 单掺(SY0.1)、Yb/Al 共掺(SYA4)、Yb/P 共掺(SYP4)石英玻璃中 Yb^{3+} 的吸收和发射截面。尽管三个玻璃样品的制备方法和 Yb_2O_3 含量(0.1 mol%)相同,但它们的吸收和发射截面差异很大。可见共掺元素对 Yb^{3+} 的光谱性质影响很大。

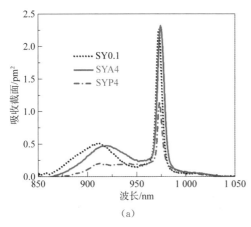 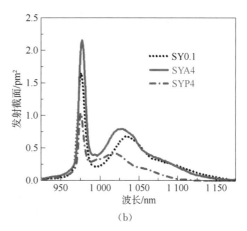

图 2-6　Yb^{3+} 单掺(SY0.1)、Yb/Al 共掺(SYA4)、Yb/P 共掺(SYP4)石英玻璃中 Yb^{3+} 的吸收(a)和发射截面(b)

2.2　掺镱石英玻璃成分-结构-性质之间的关系

2.2.1　掺镱石英玻璃的制备

掺镱石英光纤是高功率光纤激光器的核心元件,其纤芯材料是掺镱石英玻璃。掺镱石英光纤的性能与掺镱石英玻璃的性质密切相关。现有研究通常采用改进化学气相沉积(modified chemical vapor deposition,MCVD)法结合气相或液相掺杂工艺制备掺镱石英光纤预制棒,该方法是制备激光光纤最常用的工艺技术。但以该方法制备的芯棒玻璃为研究对象,开展光谱性能和结构缺陷等基础研究时,不可避免地存在以下问题:①纤芯区尺寸较小,通常采用溶液掺杂法制备的预制棒的纤芯直径仅为 1~2 mm,因此,开展吸收光谱和荧光光谱测试时,通光面积过小,导致光谱的信噪比偏大,影响测试准确性。②芯棒制备成本较高,流程相对复杂,无法像传统玻璃熔制那样灵活调控纤芯成分和进一步开展性能调控对比研究。因此,基于 MCVD 法制备的光纤预制棒开展的纤芯玻璃相关研究报道相对较少。③芯棒玻璃被一层较厚的石英皮包裹,为避免包层玻璃的干扰,测试前须通过机械加工结合化学腐蚀法去除石英皮,过程较为烦琐。④传统 MCVD 法沉积制备的纤芯折射率分布不均匀,掺杂在芯区的稀土离子分布不均匀。但光谱性质反映的是整个纤芯区的平均结果,无法准确反映具体纤芯成分对光谱的调控规律,从而影响结论。

为解决上述问题,胡丽丽课题组发明了用溶胶凝胶法结合高温烧结工艺制备掺镱石英玻璃[12]。与传统 MCVD 法制备的芯棒玻璃(直径≤3 mm)相比较,溶胶凝胶法制备的掺镱石英玻璃具有尺寸更大(直径>25 mm)、掺杂均匀性更高、组分调控精度更高、组分结构性能测试更方便更可靠等优点。

图 2-7 为掺镱石英玻璃制备及测试流程图。制备过程主要包含以下几个部分：①按照玻璃配方称取相应原料，将其溶解在正硅酸乙酯（TEOS）、无水乙醇和去离子水中，并用相应酸催化,室温下搅拌 24 h 获得澄清的溶胶液;②将溶胶在 200℃加热 15 h 得到均匀的凝胶;③将玻璃凝胶在 140℃预先处理 5 h,去除大部分水分和挥发物,随后在氧气气氛下于 200～1 000℃处理 20 h 得到白色凝胶颗粒,经球磨造粒得到白色粉末;④将白色粉末装入刚玉坩埚中,在真空条件下于 1 600～1 750℃烧制 2 h,获得透明的玻璃块;⑤采用 X 射线衍射仪（X-ray diffraction, XRD）技术和扫描电子显微镜（scanning electron microscope, SEM）评估所制备玻璃样品是否存在析晶或分相,采用电感耦合等离子体发射光谱仪（inductively coupled plasma optical emission spectrometer, ICP-OES）测试玻璃样品的实际成分;⑥玻璃样品经光学冷加工后可用于宏观性能（如折射率、吸收、发射等）和微观结构（如玻璃网络结构、Yb³⁺局域结构等）测试;⑦研究并建立掺镱石英玻璃成分-结构-性能,以及热历史-结构-性能之间的关系。

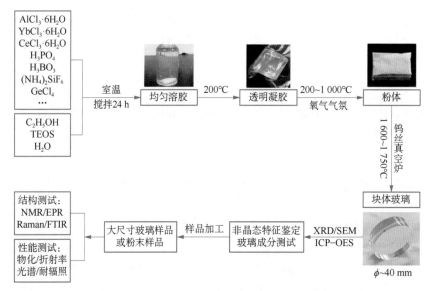

图 2-7　掺镱石英玻璃制备及测试流程图[13]

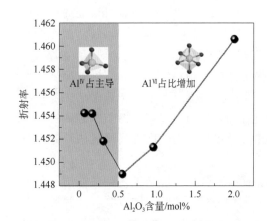

图 2-8　Al₂O₃ 含量对石英玻璃折射率的影响

2.2.2　共掺元素对掺镱石英玻璃物理性质的影响

Liu 等[14]研究表明 Al₂O₃ 对石英玻璃折射率的影响存在拐点,如图 2-8 所示。随着 Al₂O₃ 含量增加,折射率先减小后增大。当 Al₂O₃ 含量为 0.55 mol%时,玻璃样品折射率达到最小。玻璃的密度也出现类似变化规律。其根本原因与铝的配位数变化有关。铝在石英玻璃中有四、五、六配位,可分别表示为 Alᴵⱽ、Alⱽ、Alⱽᴵ。

研究表明,掺铝石英玻璃中铝的配位数与 Al₂O₃ 含量密切相关。Sen 等[15]研究表明,在掺铝石英玻璃中,当 Al 含量小于 0.59 mol%时,铝

主要以 Al^{IV} 存在。特别地,当 Al 含量不超过 0.24 mol% 时,铝几乎全部以 Al^{IV} 存在;当 Al 含量大于 0.59 mol% 时,Al^{VI} 占比明显增大。与之类似,Jiao 等[16]研究表明,当 Al_2O_3 含量从 0.5 mol% 逐渐增加到 10 mol% 时,Al^{IV} 的占比从 65% 逐渐减小到 35%,而 Al^{V} 和 Al^{VI} 占比则从 35% 逐渐增加到 65%,详见图 2-22b。

由于 Al^{IV} 主要以形成体进入玻璃网络,它的结构单元 $[AlO_{4/2}]$ 与硅氧四面体结构单元 $[SiO_{4/2}]$ 类似,且 $[AlO_{4/2}]$ 的分子量和体积比 $[SiO_{4/2}]$ 小。因此,当 Al^{IV} 占主导时,玻璃的折射率和密度随 Al_2O_3 含量的增加而减小。Al^{V} 和 Al^{VI} 的结构单元分别为 $[AlO_{5/2}]$ 和 $[AlO_{6/2}]$,与 $[SiO_{4/2}]$ 差异较大。它们在石英玻璃中填充在网络间隙,使得玻璃结构更加致密,且它们的极化率比 $[SiO_{4/2}]$ 大。因此,当 Al^{V} 和 Al^{VI} 占主导时,玻璃的折射率和密度随 Al_2O_3 含量的增加而增加。

Xu 等[17]研究表明磷铝摩尔比(P/Al 比)对石英玻璃密度和折射率的影响也存在拐点,如图 2-9a 所示。随着 P/Al 比增加,玻璃密度和折射率先减小后增加。当 P/Al=1 时,密度和折射率达到最小,这主要与铝和磷之间的空间成键结构有关。

图 2-9b 给出 P/Al 比对石英玻璃空间成键结构的影响示意图。大量研究表明,在铝磷共掺石英玻璃中,铝和磷优先成键形成 $[AlPO_4]$ 结构。在 $[AlPO_4]$ 中,铝主要以 Al^{IV} 存在,磷主要以 $P^{(4)}$ 存在,需要说明的是 $P^{(n)}$ 基团中上标 n 是指与中心原子 P 相连的桥氧数目。该结构单元等效于 2 个 $[SiO_{4/2}]$ 结构单元,对石英玻璃的密度和折射率贡献较小。当 P/Al<1 时,几乎所有的 P 都进入 $[AlPO_4]$ 结构中,多余的铝以 Al^{V} 和 Al^{VI} 存在。随着 P/Al 比增加,$[AlPO_4]$ 占比逐渐增加,Al^{V} 和 Al^{VI} 的占比逐渐减少,因此玻璃的密度和折射率逐渐减少。当 P/Al=1 时,几乎所有的 Al 和 P 都进入 $[AlPO_4]$ 结构中,这时玻璃的密度和折射率达到最小。需要说明的是,这时玻璃特别容易分相,进而导致玻璃失透呈乳白色。当 P/Al>1 时,几乎所有的 Al 都进入 $[AlPO_4]$ 结构中,多余的磷以 $P^{(2)}$ 和 $P^{(3)}$ 存在。且随着 P/Al 比增加,$P^{(2)}$ 和 $P^{(3)}$ 占比增加,导致玻璃的密度和折射率逐渐增加。

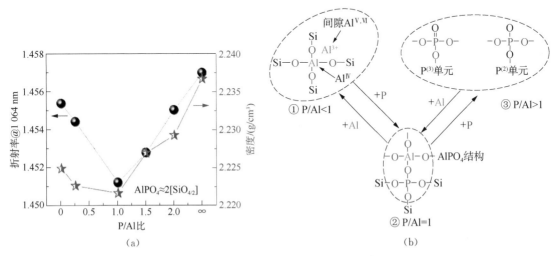

图 2-9　P/Al 比对石英玻璃折射率和密度(a)以及玻璃网络结构(b)的影响

图 2-10 汇总了不同化合物掺杂对石英玻璃折射率的影响,其纵坐标是指在波长 1064 nm 处,掺杂石英玻璃与纯石英玻璃的折射率差。其中 Yb_2O_3、Al_2O_3(>0.5 mol%)、GeO_2 和

P_2O_5 掺杂导致石英玻璃折射率增加；$AlPO_4$、B_2O_3 和 SiF_4 掺杂导致石英玻璃折射率减小。斜率 η 代表掺杂 $1\,mol\%$ 化合物对石英玻璃折射率的增加量。例如，在 $1\,064\,nm$ 处，掺杂 $1\,mol\%$ 的 Yb_2O_3 对石英玻璃折射率的增加量约为 65×10^{-4}；掺杂 $1\,mol\%$ 的 SiF_4 对石英玻璃折射率的增加量约为 -50×10^{-4}。

掌握掺杂剂对石英玻璃折射率的贡献，对芯棒玻璃组分设计具有重要指导意义。例如，在 $1\,064\,nm$ 处，$Yb/Al/P/F$ 共掺石英芯棒玻璃与纯石英包层玻璃的折射率差值 Δn 可以通过下式进行估算：

$$\Delta n \times 10^4 = 65 \times n(Yb_2O_3) + 19 \times [n(Al_2O_3) - n(AlPO_4)] + 8.8 \times$$
$$[n(P_2O_5) - n(AlPO_4)] - 1.15 \times n(AlPO_4) - 50 \times n(SiF_4)$$

$$(2-11)$$

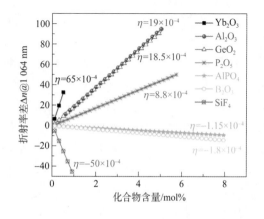

图 2-10　不同化合物掺杂对石英玻璃折射率的影响[18-22]

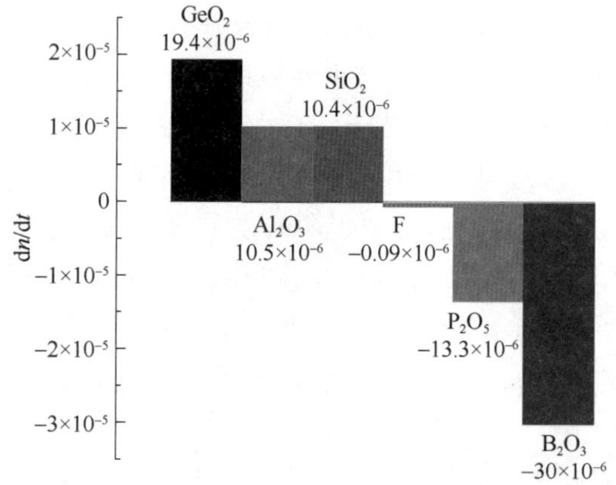

图 2-11　不同共掺元素对石英玻璃热光系数的影响[23-24]

式中，$n(Yb_2O_3)$ 为 Yb_2O_3 的摩尔百分比，其余类推。

图 2-11 汇总了不同化合物的热光系数（thermo-optic coefficient，TOC）。TOC 又称折射率的温度系数，它的物理意义是描述光学材料的折射率随温度的变化率。其中，GeO_2、Al_2O_3 和 SiO_2 的 TOC 为正值；SiF_4、P_2O_5 和 B_2O_3 的 TOC 为负值。

2.2.3　共掺元素对掺镱石英玻璃光谱性质的影响

图 2-12 汇总了 Yb^{3+} 单掺石英玻璃的光谱性质。玻璃成分和主要光谱参数详见表 2-1。

从图 2-12a 可以看出，随着 Yb_2O_3 含量的增加，玻璃样品的吸收系数逐渐增加，但增加幅度逐渐放缓。此外，$915\,nm$ 处吸收次峰随 Yb_2O_3 含量增加出现红移。

从图 2-12b 可以看出，随着 Yb_2O_3 含量增加，玻璃样品的发光强度先增加后下降。当 Yb_2O_3 含量为 $0.05\,mol\%$ 时，发光强度达到最大。此外，$1\,035\,nm$ 处发光次峰随 Yb_2O_3 含量增加出现蓝移。

从图 2-12c 和表 2-1 可以看出，当 Yb_2O_3 含量在 $0.02 \sim 0.05\,mol\%$ 之间时，玻璃样品的吸收和发射截面变化不大。当 Yb_2O_3 含量从 $0.05\,mol\%$ 增加到 $0.18\,mol\%$ 时，玻璃样品的吸收截面从 $2.45\,pm^2$ 降低到 $1.98\,pm^2$，降低了 19.2%；发射截面从 $0.85\,pm^2$ 降低到 $0.47\,pm^2$，降低了 44.7%；Yb^{3+} 的激发态寿命从 $1.06\,ms$ 下降到 $0.87\,ms$，下降了 17.9%。Yb^{3+} 的吸收

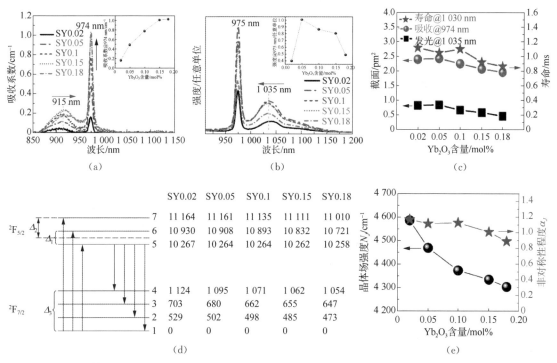

图 2 - 12　Yb^{3+} 单掺石英玻璃的光谱性质：吸收谱（a），发射谱（b），吸收／发射截面及荧光寿命（c），Stark 劈裂能级和各能级能量值 E_i（$i = 1 \sim 7$，cm^{-1}）（d），局域晶体场强度和非对称性程度（e）

表 2 - 1　Yb^{3+} 单掺石英玻璃的理论成分和主要光谱参数

样品	Yb_2O_3/mol%	SiO_2/mol%	荧光寿命/ms	吸收截面/pm²	发射截面/pm²
SY0.02	0.02	99.98	1.13	2.42	0.84
SY0.05	0.05	99.95	1.06	2.45	0.85
SY0.1	0.1	99.9	1.11	2.27	0.67
SY0.15	0.15	99.85	0.93	2.09	0.59
SY0.18	0.18	99.82	0.87	1.98	0.47

和发射截面的下降与 Yb^{3+} 局域晶体场的强度和非对称性下降有关（图 2 - 12e）。此外，与 Yb^{3+} 团簇程度的增加也有关（图 2 - 13）。Yb^{3+} 的荧光寿命下降则主要与 Yb^{3+} 团簇程度的增加有关。

图 2 - 12d 给出 Yb^{3+} 的 Stark 劈裂能级。根据图 2 - 12d 数据，可以计算出 Yb^{3+} 局域晶体场强度和非对称性程度，如图 2 - 12e 所示。当 Yb_2O_3 含量从 0.02 mol％增加到 0.18 mol％时，Yb^{3+} 局域晶体场的强度从 4587 降低到 4303，降低了 6.2％；Yb^{3+} 局域晶体场的非对称性程度从 1.17 降低到 0.9，降低了 23％。

图 2 - 13 给出 Yb^{3+} 自旋-自旋弛豫时间（T_2）的倒数随温度的变化；T_2 时间通常采用 EPR 于低温条件下测试。由于 Yb^{3+} 的 Zeeman 能级差（$< 1\ cm^{-1}$）比 Stark 能级差（$< 500\ cm^{-1}$）小，因此它的 EPR 谱（对应 Zeeman 能级）对外界环境变化的响应比它的光谱（对应 Stark 能级）更加敏感。T_2 时间可以反映自旋中心与自旋中心空间相互作用的强弱。T_2 时间越短，代表自旋中心之间的空间相互作用越强，自旋中心之间的空间距离越小。从图

2-13 可以看出,随着 Yb_2O_3 的含量从 0.02 mol% 增加到 0.15 mol%,T_2 时间的倒数急剧增加,这说明 Yb^{3+} 之间的空间距离急剧缩小,即 Yb^{3+} 团簇程度显著增加。

Sen[25] 研究表明,在纯石英玻璃中,引入质量占比为 700 ppm 的 Nd_2O_3 就会产生 Nd^{3+} 团簇。但只要加入少量的 Al_2O_3(~2 000 ppm)即可让 Nd^{3+} 团簇溶解,见图 2-14。

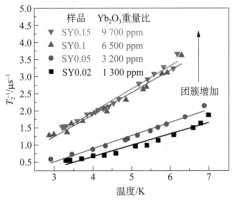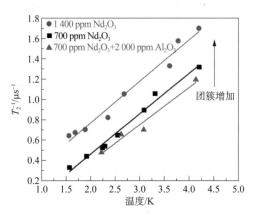

图 2-13　Yb^{3+} 自旋-自旋弛豫时间(T_2)的倒数随温度的变化

图 2-14　Nd^{3+} 自旋-自旋弛豫时间(T_2)的倒数随温度的变化[26]

Dong 等[27] 研究了 Yb/Al 共掺石英玻璃的光谱性质,见图 2-15。玻璃成分和主要光谱参数详见表 2-2。

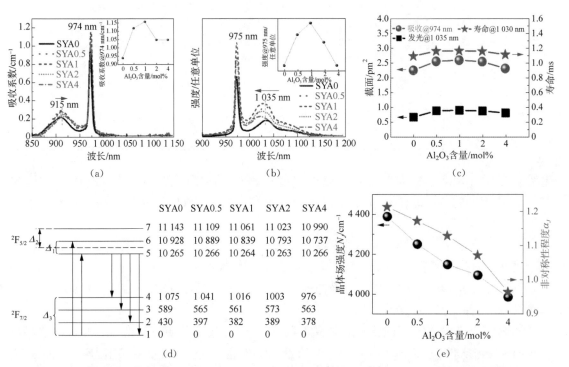

图 2-15　Yb/Al 共掺石英玻璃的光谱性质:吸收谱(a),发射谱(b),吸收/发射截面及荧光寿命(c),Stark 劈裂能级和各能级能量值 E_i($i=1\sim7$,cm^{-1})(d),局域晶体场强度和非对称性程度(e)

表 2–2　Yb/Al 共掺石英玻璃的理论成分和主要光谱参数

样品	Yb_2O_3/mol%	Al_2O_3/mol%	SiO_2/mol%	荧光寿命/ms	吸收截面/pm^2	发射截面/pm^2	Al/Yb 比
SYA0	0.1	0	99.9	1.1	2.27	0.67	0
SYA0.5	0.1	0.5	99.4	1.169	2.57	0.89	5
SYA1	0.1	1	98.9	1.172	2.61	0.91	10
SYA2	0.1	2	97.9	1.166	2.56	0.89	20
SYA4	0.1	4	95.9	1.12	2.33	0.82	40

从图 2–15a、b 可以看出，随着 Al_2O_3 含量增加，Yb^{3+} 在 Yb/Al 共掺石英玻璃样品的吸收系数和发光强度先增加后下降。当 Al_2O_3 含量为 1 mol% 时，玻璃样品的吸收系数和发光强度同时达到最大。此外，位于 ~915 nm 的吸收峰随 Al_2O_3 含量增加发生红移，位于 ~1030 nm 发光次峰随 Al_2O_3 含量增加发生蓝移。表明 Yb^{3+} 的 Stark 能级劈裂程度随 Al_2O_3 含量的增加而减小，如图 2–15d 所示。

从图 2–15c 和表 2–2 可以看出，随着 Al_2O_3 含量增加，玻璃样品的吸收和发射截面以及荧光寿命也是先增加后下降。当 Al_2O_3 含量为 1 mol% 时（Al/Yb＝10），玻璃样品的吸收和发射截面以及荧光寿命均达到最大值。当 Yb_2O_3 含量从 0 增加到 1 mol% 时，吸收截面从 2.27 pm^2 增加到 2.61 pm^2，增加了 15%；发射截面从 0.67 pm^2 增加到 0.91 pm^2，增加了 35.8%；荧光寿命从 1.1 ms 增加到 1.172 ms，增加了 6.5%。当 Yb_2O_3 含量从 1 mol% 增加到 4 mol% 时，吸收截面从 2.61 pm^2 降低到 2.33 pm^2，降低了 10.7%；发射截面从 0.91 pm^2 降低到 0.82 pm^2，降低了 9.9%；荧光寿命从 1.17 ms 降低到 1.12 ms，降低了 4.4%。上述结果表明，当 Al/Yb＝10 时，Yb^{3+} 的光谱性质达到最佳。

图 2–15d 给出 Yb^{3+} 的 Stark 劈裂能级。根据图 2–15d 数据，可以计算出 Yb^{3+} 局域晶体场的强度和非对称性程度，如图 2–15e 所示。当 Al_2O_3 含量从 0 增加到 4 mol% 时，Yb^{3+} 局域晶体场的强度从 4 388 降低到 3 984，降低了 9.2%；Yb^{3+} 局域晶体场的非对称程度从 1.21 降低到 0.96，降低了 21%。

Dong 等[27]研究了 Yb/P 共掺石英玻璃的光谱性质，见图 2–16。玻璃成分和主要光谱参数详见表 2–3。

从图 2–16a、b 可以看出，Yb/P 共掺石英玻璃的吸收和发光主峰分别位于 975 nm 和 978 nm 处；吸收次峰在 915～965 nm 波长范围内较为平坦，因此，Yb/P 共掺石英光纤对泵浦波长的稳定性要求较低。Yb^{3+} 的发光次峰位于 1018 nm 处。这意味着 Yb/P 共掺石英光纤有利于实现 1018 nm 激光输出。随着 P_2O_5 含量增加，玻璃样品的吸收系数和发光强度均出现下降。且吸收次峰出现微弱红移，发光次峰出现微弱蓝移。

从图 2–16c 和表 2–3 可以看出，随着 P_2O_5 含量增加，玻璃样品的吸收和发射截面微弱下降，荧光寿命微弱增加。当 P_2O_5 含量从 5 mol% 增加到 12 mol% 时，吸收截面从 1.2 pm^2 降低到 1.12 pm^2，降低了 6.7%；发射截面从 0.53 pm^2 降低到 0.49 pm^2，降低了 7.5%；荧光寿命从 1.47 ms 增加到 1.61 ms，增加了 9.5%。

图 2–16d 给出 Yb^{3+} 的 Stark 劈裂能级。根据图 2–16d 数据，可以计算出 Yb^{3+} 局域晶体场的强度和非对称性程度，如图 2–16e 所示。当 P_2O_5 含量从 5 mol% 增加到 12 mol% 时，Yb^{3+} 局域晶体场的强度从 3 193 降低到 3 049，降低了 4.5%；Yb^{3+} 局域晶体场的非对称性程

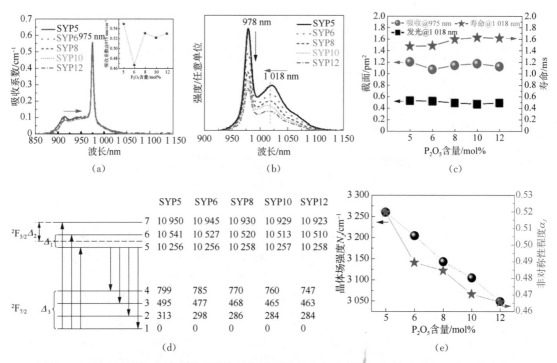

图 2-16 Yb/P 共掺石英玻璃的光谱性质:吸收谱(a),发射谱(b),吸收/发射截面及荧光寿命(c),Stark 劈裂能级和各能级能量值 $E_i(i=1\sim7,cm^{-1})$(d),局域晶体场强度和非对称性程度(e)

表 2-3 Yb/P 共掺石英玻璃的理论成分和主要光谱参数

样品	Yb_2O_3/mol%	P_2O_5/mol%	SiO_2/mol%	荧光寿命/ms	吸收截面/pm^2	发射截面/pm^2	P/Yb 比
SYP5	0.1	5	94.9	1.47	1.2	0.53	50
SYP6	0.1	6	93.9	1.48	1.07	0.52	60
SYP8	0.1	8	91.9	1.59	1.14	0.49	80
SYP10	0.1	10	89.9	1.62	1.17	0.47	100
SYP12	0.1	12	87.9	1.61	1.12	0.49	120

度从 0.52 降低到 0.466,降低了 10.4%。

Xu 等[17]研究了 Yb/Al/P 共掺石英玻璃的光谱性质,如图 2-17 所示。玻璃成分和主要光谱参数详见表 2-4。

从图 2-17a、b 可以看出,相比 P/Al≤1 样品,P/Al>1 样品中 Yb^{3+} 的吸收系数和发光强度显著下降。

从图 2-17c 和表 2-4 可以看出,相比 P/Al≤1 样品,P/Al>1 样品中 Yb^{3+} 的吸收截面和发射截面显著下降,荧光寿命显著增加。当 P/Al 比从 0 增加到 1 时,吸收截面从 2.82 pm^2 降低到 2.74 pm^2,降低了 2.8%;发射截面从 0.78 pm^2 降低到 0.73 pm^2,降低了 6.4%;荧光寿命从 0.893 ms 增加到 0.908 ms,增加了 1.7%;当 P/Al 比从 1 增加到 2 时,吸收截面从 2.74 pm^2 降低到 1.46 pm^2,降低了 46.7%;发射截面从 0.73 pm^2 降低到 0.41 pm^2,降低了 43.8%;荧光寿命从 0.908 ms 增加到 1.209 ms,增加了 33.1%。

图 2-17d 给出 Yb^{3+} 的 Stark 劈裂能级。根据图 2-17d 数据,可以计算出 Yb^{3+} 局域晶体场的强度和非对称性程度,如图 2-17e 所示。当 P/Al 比从 0 增加到 1 时,晶体场强度从 4 057

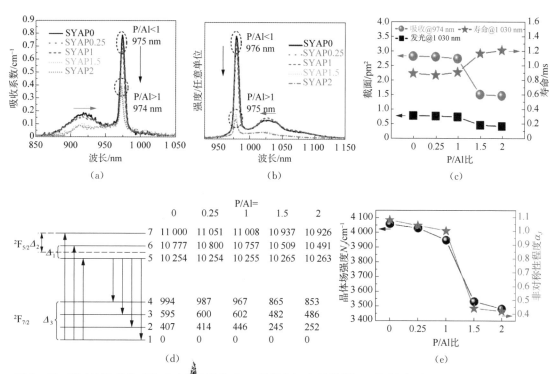

图 2 - 17　Yb/Al/P 共掺石英玻璃的光谱性质:吸收谱(a),发射谱(b),吸收/发射截面及荧光寿命(c),Stark 劈裂能级和各能级能量值 E_i($i = 1 \sim 7$,cm^{-1})(d),局域晶体场强度和非对称性程度(e)

表 2 - 4　Yb/Al/P 共掺石英玻璃的理论成分和主要光谱参数

样品	Yb_2O_3/ mol%	Al_2O_3/ mol%	P_2O_5/ mol%	SiO_2/ mol%	荧光寿命/ ms	吸收截面/ pm^2	发射截面/ pm^2	P/Al 比
SYAP0	0.1	4	0	95.9	0.893	2.82	0.78	0
SYAP0.25	0.1	4	1	94.9	0.869	2.8	0.76	0.25
SYAP1	0.1	4	4	91.9	0.908	2.74	0.73	1
SYAP1.5	0.1	4	6	89.9	1.166	1.5	0.45	1.5
SYAP2	0.1	4	8	87.9	1.209	1.46	0.41	2

降低到 3947,降低了 2.7%;非对称性程度从 1.08 降低到 1,降低了 7.4%;当 P/Al 比从 1 增加到 2 时,晶体场强度从 3947 降低到 3482,降低了 11.8%;非对称性程度从 1 降低到 0.42,降低了 58%。

Wang 等[18]研究了 Yb/Al/P 共掺石英玻璃中 $AlPO_4$ 含量对 Yb^{3+} 光谱性质的影响,如图 2 - 18 所示。玻璃成分和主要光谱参数详见表 2 - 5。由于 Al 和 P 在石英玻璃中倾向于优先成键形成 $AlPO_4$ 结构,通过 ICP - OES 测试玻璃样品中 Al_2O_3 和 P_2O_5 含量,即可计算出 $AlPO_4$ 含量,计算结果见表 2 - 5。

从图 2 - 18a 可以看出,随着 $AlPO_4$ 含量增加,Yb^{3+} 的吸收系数逐渐下降。

图 2 - 18b 是 Yb^{3+} 的归一化(归一化峰位为 1 025 nm)荧光光谱。光谱特征是在 975 nm 处有一个尖峰,在 1 000~1 150 nm 处有一个次峰,最大峰强位于 1 025 nm。由图 2 - 18b 中插图可以看出,随着 $AlPO_4$ 浓度的增加,在~1 025 nm 处的次峰峰宽逐渐减小。

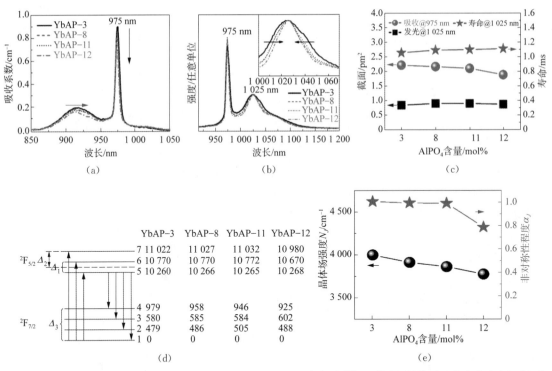

图 2-18　Yb-AlPO₄ 共掺石英玻璃的光谱性质：吸收谱（a），发射谱（b），吸收/发射截面及荧光寿命（c），Stark 劈裂能级和各能级能量值 E_i（$i=1\sim7$，cm^{-1}）（d），局域晶体场强度和非对称性程度（e）

表 2-5　Yb-AlPO₄ 共掺石英玻璃的实际成分和主要光谱参数

样品	Yb₂O₃/ mol%	Al₂O₃/ mol%	P₂O₅/ mol%	SiO₂/ mol%	荧光寿命/ ms	吸收截面/ pm²	发射截面/ pm²	P/Al 比	AlPO₄含量/ mol%
YbAP-3	0.1	1.64	1.68	96.58	1.05	2.2	0.83	1.024	3.28
YbAP-8	0.09	4	3.92	91.99	1.086	2.15	0.89	0.98	7.84
YbAP-11	0.1	5.75	5.54	88.61	1.093	2.09	0.89	0.963	11.08
YbAP-12	0.1	6.1	6.59	87.21	1.106	1.87	0.86	1.08	12.18

从图 2-18c 和表 2-5 可以看出，随着 AlPO₄ 含量从 3.28 mol％ 增加到 12.18 mol％，吸收截面从 2.2 pm² 降低到 1.87 pm²，降低了 15％；荧光寿命从 1.05 ms 增加到 1.106 ms，增加了 5.3％。尽管上述样品中实测 P/Al 比接近 1，但仍可发现发射截面受 P/Al 比的影响，在 P/Al<1 样品中发射截面稍大，在 P/Al>1 样品中发射截面略小，详见表 2-5。上述不同 AlPO₄ 含量的样品发射截面最大变化幅度不超过 7.3％（0.83 pm² → 0.89 pm²），表明 AlPO₄ 含量不会明显改变 Yb³⁺ 的光谱性质。

图 2-18d 给出 Yb³⁺ 的 Stark 劈裂能级。根据图 2-18d 数据，可以计算出 Yb³⁺ 局域晶体场的强度和非对称性程度，如图 2-18e 所示。当 AlPO₄ 含量从 3.28 mol％ 增加到 11.08 mol％ 时，晶体场强度从 3997 降低到 3860，降低了 3.4％；非对称性程度从 1.00 降低到 0.99，降低了 1％；该结果说明 AlPO₄ 含量不会明显改变 Yb³⁺ 局域晶体场的强度和非对称性程度。这与 AlPO₄ 含量不会明显改变 Yb³⁺ 的光谱性质结果一致。

从图 2-18e 和表 2-5 可以看出，尽管 YbAP-11 和 YbAP-12 样品的 AlPO₄ 含量相差不大，但 YbAP-11 样品中 Yb³⁺ 的吸收/发射截面，以及晶体场强度和非对称性程度都比

YbAP‐12 样品要大,这主要是受 P/Al 比影响,前者 P/Al<1,后者 P/Al>1。

Zhu 等[28]研究了 Yb/Al/Ge 共掺石英玻璃的光谱性质,如图 2‐19 所示。玻璃成分和主要光谱参数详见表 2‐6。

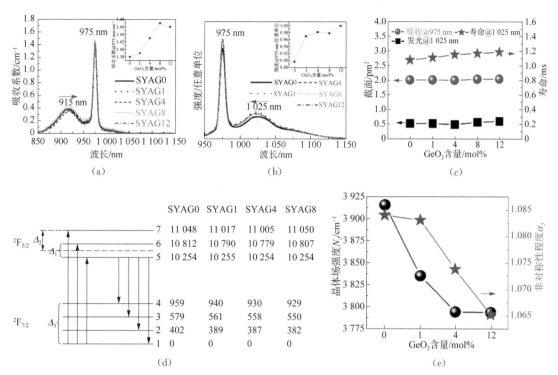

图 2‐19　**Yb/Al/Ge 共掺石英玻璃的光谱性质:吸收谱(a),发射谱(b),吸收/发射截面及荧光寿命(c),Stark 劈裂能级和各能级能量值 E_i(i = 1~7,cm^{-1})(d),局域晶体场强度和非对称性程度(e)**[28]

表 2‐6　**Yb/Al/Ge 共掺石英玻璃的理论成分和主要光谱参数**[28]

样品	Yb$_2$O$_3$/mol%	Al$_2$O$_3$/mol%	GeO$_2$/mol%	SiO$_2$/mol%	荧光寿命/ms	吸收截面/pm^2	发射截面/pm^2
SYAG0	0.15	1.5	0	98.35	1.073	2.01	0.53
SYAG1	0.15	1.5	1	97.35	1.107	2.01	0.52
SYAG4	0.15	1.5	4	94.35	1.148	2	0.49
SYAG8	0.15	1.5	8	90.35	1.164	2.04	0.57
SYAG12	0.15	1.5	12	86.35	1.183	2.04	0.61

从图 2‐19a、b 可以看出,随着 GeO$_2$ 含量增加,Yb^{3+} 的吸收系数和发光强度逐渐增加。这可能与 Yb^{2+} 被抑制、Yb^{3+} 占比增加有关。

从图 2‐19c 和表 2‐6 可以看出,随着 GeO$_2$ 含量从 0 增加到 12 mol%,Yb^{3+} 的吸收截面从 2.01 pm^2 增加到 2.04 pm^2,增加了 1.5%;发射截面从 0.53 pm^2 增加到 0.61 pm^2,增加了 15.1%;荧光寿命从 1.073 ms 增加到 1.183 ms,增加了 10%。

图 2‐19d 给出 Yb^{3+} 的 Stark 劈裂能级。根据图 2‐19d 数据,可以计算出 Yb^{3+} 局域晶体场的强度和非对称性程度,如图 2‐19e 所示。当 GeO$_2$ 含量从 0 增加到 12 mol%,晶体场强度从 3915 降低到 3794,降低了 3.1%;非对称性程度从 1.08 降低到 1.06,降低了 1.8%。

由于 Ge 掺杂,使得 Yb^{3+} 局域晶体场的强度和非对称性程度微弱下降。从理论上说,

Yb^{3+} 的吸收/发射截面应该下降。然而,实验结果表明 Yb^{3+} 的吸收/发射截面及荧光寿命均出现微弱增加。可能原因有两方面:①Ge 掺杂使得 Yb^{2+} 被抑制[28],Yb^{3+} 占比增加;②少量 Ge 配位到 Yb^{3+} 周围,使得 Yb^{3+} 的局部声子能量降低。

Shao 等[29]研究了 Yb/Al/Ce 共掺石英玻璃的光谱和耐辐照性质。研究表明,Ce_2O_3 含量越多,玻璃的耐辐照性质越好。当 Ce_2O_3 含量不超过 0.125 mol% 时,Ce 掺杂对 Yb^{3+} 光谱性质(吸收、发光、荧光寿命)的影响不大。但 Ce 掺杂会导致玻璃的折射率大幅增加,不利于大模场低数值孔径光纤的纤芯成分设计。

Shao 等[30]进一步研究了 Yb/Al/Ce/F 共掺石英玻璃的光学、光谱和耐辐照性质。玻璃成分和主要光谱参数详见表 2-7。结果表明,共掺 F 可以有效降低掺杂石英玻璃的折射率,提高玻璃的耐辐照性质。随着 F 含量增加,Yb^{3+} 的吸收和发射截面下降,荧光寿命增加,该结论与 Xu 等[31]的研究结果一致,详见图 2-20。

表 2-7　Yb/Al/Ce/F 共掺石英玻璃的理论成分和主要光谱参数

样品	Yb_2O_3/ mol%	Al_2O_3/ mol%	Ce_2O_3/ mol%	F/Si 质量比	SiO_2/ mol%	荧光寿命/ ms	吸收截面/ pm^2	发射截面/ pm^2	实测F含量/ wt%
YACF0	0.1	1	0.05	0	98.85	1.153	2.96	0.85	0
YACF2	0.1	1	0.05	2	98.85	1.182	2.62	0.84	0.44
YACF4	0.1	1	0.05	4	98.85	1.216	2.47	0.8	0.85
YACF8	0.1	1	0.05	8	98.85	1.26	2.4	0.76	1.1

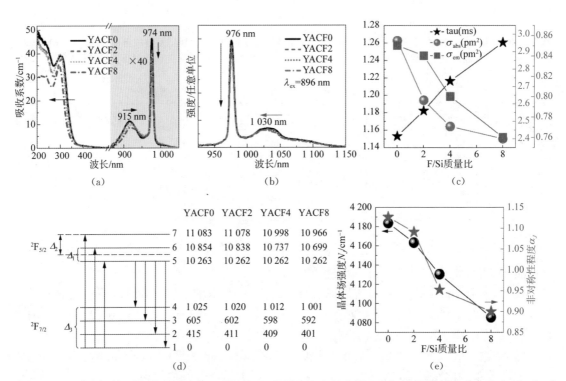

图 2-20　Yb/Al/Ce/F 共掺石英玻璃的光谱性质:吸收谱(a),发射谱(b),吸收/发射截面及荧光寿命(c),Stark 劈裂能级和各能级能量值 E_i($i=1\sim7$, cm^{-1})(d),局域晶体场强度和非对称性程度(e)[30]

从图 2-20a、b 可以看出,随着 F 含量增加,玻璃的紫外边出现蓝移,Yb^{3+} 的吸收系数和发射强度下降,且 915 nm 吸收带出现红移,1 030 nm 发射带出现蓝移。其中,紫外边蓝移与玻璃结构弛豫有关[32]。

从图 2-20c 可以看出,随着 F 含量增加,Yb^{3+} 的吸收和发射截面下降,荧光寿命增加。当 F/Si 质量比从 0 增加到 8 时,玻璃样品的吸收截面从 2.96 pm^2 降低到 2.4 pm^2,降低了 18.9%;发射截面从 0.85 pm^2 降低到 0.76 pm^2,降低了 10.6%;Yb^{3+} 的激发态寿命从 1.153 ms 增加到 1.26 ms,增加了 9.3%。

图 2-20d 为 F 含量变化对 Yb^{3+} Stark 劈裂能级的影响。可以看到,1↔5 的 Stark 能级差没有发生明显变化,对应吸收和发射光谱的主峰(～976 nm)位置没有发生移动。1→6,7 和 5→2,3,4 跃迁能级差均随 F 含量的降低而减少,分别对应～915 nm 吸收带(1→6,7)红移,和～1 030 nm 发射带(5→2,3,4)蓝移。

图 2-20e 为根据图 2-20d 中 Stark 劈裂能级计算得到的 Yb^{3+} 晶体场强度参数(N_J)和非对称性程度。当 F/Si 质量比从 0 增加到 8 时,Yb^{3+} 局域晶体场强度参数从 4 184 下降到 4 086,下降了 2.3%;非对称性程度从 1.13 下降到 0.9,下降了 20.4%。

Guo 等[20]研究了 Yb/Al/B 共掺石英玻璃的光谱性质,如图 2-21 所示。玻璃成分和主要光谱参数详见表 2-8。

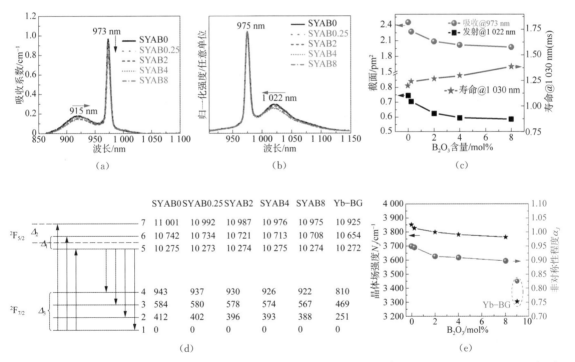

图 2-21　Yb/Al/B 共掺石英玻璃的光谱性质:吸收谱(a);发射谱(b);吸收/发射截面及荧光寿命(c);Yb/Al/B 共掺石英和 Yb 掺杂硼酸盐玻璃(Yb-BG):Stark 劈裂能级和各能级能量值 E_i(i = 1～7,cm^{-1})(d),局域晶体场强度和非对称性程度(e)[20]

从图 2-21a、b 可以看出,随着 B 含量增加,Yb^{3+} 的吸收系数下降,且 915 nm 吸收带出现红移,1 022 nm 发射带出现蓝移。

表 2-8　Yb/Al/B 共掺石英玻璃的理论成分和主要光谱参数

样品	Yb_2O_3/mol%	Al_2O_3/mol%	B_2O_3/mol%	SiO_2/mol%	荧光寿命/ms	吸收截面/pm^2	发射截面/pm^2
SYAB0	0.1	6	0	93.9	1.208	2.45	0.745
SYAB0.25	0.1	6	0.25	93.65	1.241	2.276	0.704
SYAB2	0.1	6	2	91.9	1.272	2.088	0.624
SYAB4	0.1	6	4	89.9	1.3	2.019	0.595
SYAB8	0.1	6	8	85.9	1.388	1.976	0.586

从图 2-21c 可以看出,随着 B 含量增加,Yb^{3+} 的吸收和发射截面下降,荧光寿命增加。当 B_2O_3 含量从 0 增加到 2 mol% 时,玻璃样品的吸收截面从 2.450 pm^2 降低到 2.088 pm^2,降低了 14.8%;发射截面从 0.745 pm^2 降低到 0.624 pm^2,降低了 16.2%;Yb^{3+} 的激发态寿命从 1.208 ms 增加到 1.272 ms,增加了 5.3%。当 B_2O_3 含量从 2 mol% 增加到 8 mol% 时,玻璃样品的吸收/发射截面变化不大,荧光寿命增加了 9%。Yb^{3+} 荧光寿命增加可能与自吸收效应有关。

图 2-21d 给出 Yb^{3+} 的 Stark 劈裂能级。根据图 2-21d 数据,可以计算出 Yb^{3+} 局域晶体场的强度和非对称性程度,如图 2-21e 所示。Yb 掺杂硼酸盐玻璃(Yb-BG)的 Stark 劈裂能级及其晶体场的强度和非对称性程度也被加入图 2-21d、e 做对比。Yb-BG 样品采用传统的高温熔融法制备,玻璃成分为 $0.1Yb_2O_3$-$75B_2O_3$-$25CaO$(mol%)。相比 SYAB 硅酸盐系列玻璃,Yb-BG 玻璃中 Yb^{3+} 的 Stark 劈裂能级差最小,Yb^{3+} 局域晶体场的强度和非对称性程度也最小。这与 Yang 等[1] 的研究结果一致。当 B_2O_3 含量从 0 增加到 2 mol% 时,晶体场强度从 3850 降低到 3797,降低了 1.4%;非对称性程度从 0.95 降低到 0.91,降低了 4.3%。当 B_2O_3 含量从 2 mol% 增加到 8 mol% 时,晶体场强度从 3797 降低到 3761,降低了 0.9%;非对称性程度从 0.91 降低到 0.90,降低了 1.1%。

综上所述,共掺元素对掺 Yb 石英玻璃光谱性质的影响规律见表 2-9。

表 2-9　共掺元素对掺 Yb 石英玻璃光谱性质的影响规律

玻璃体系	变量增加时	特殊情况	吸收或发射截面	荧光寿命	局域晶体场强度或非对称性程度
Yb-Si	Yb 含量	无	降低	降低	降低
Yb-Al-Si	Al 含量	Al/Yb=10	先升后降	先升后降	降低
Yb-P-Si	P 含量	无	降低	升高	降低
Yb-Al-P-Si	P/Al 比例	P/Al=1	先缓降后骤降	先缓升后骤升	先缓降后骤降
Yb-Al-P-Si(P/Al=1)	$AlPO_4$ 含量	无	基本不变	基本不变	基本不变
Yb-Al-Ge-Si	Ge 含量	无	升高	升高	降低
Yb-Al-Ce-Si	Ce 含量	无	基本不变	基本不变	基本不变
Yb-Al-Ce-Si-F	F 含量	无	降低	升高	降低
Yb-Al-B-Si	B 含量	无	降低	升高	降低

2.2.4　共掺元素对石英玻璃网络结构和 Yb^{3+} 局域结构的影响

2.2.4.1　铝或磷单掺对石英玻璃网络结构和 Yb^{3+} 局域结构的影响

Al_2O_3-SiO_2 玻璃的网络结构已被大量研究。在 xAl_2O_3-$(100-x)SiO_2$ 玻璃中,当

Al_2O_3 含量 $x \leqslant 10\,mol\%$ 或者 $60\,mol\% \leqslant x \leqslant 67\,mol\%$ 时，可以形成均匀分布的单相玻璃；当 Al_2O_3 含量 x 超出上述范围时，玻璃会出现分相。在单相 Al_2O_3 - SiO_2 玻璃中主要结论为：①硅的配位数恒定为 4，铝的配位数包含 4、5、6 共三种；②铝的配位数与 Al_2O_3 含量密切相关；③存在"Al^{3+} 避免"规则，即避免 Al—O—Al 连接。下面简单展开介绍。

在 ^{27}Al 的魔角旋转（magic angle spinning，MAS）NMR 谱中，铝的三种配位结构（Al^{IV}、Al^{V}、Al^{VI}）分别位于 ~60 ppm、~30 ppm 和 ~0 ppm 处，如图 2-22 所示。铝的三种配位结构所占百分比与 Al_2O_3 含量密切相关。Sen 等[15]研究表明，当 Al 含量小于 $0.59\,mol\%$ 时，铝主要以 Al^{IV} 存在。特别地，当 Al 含量不超过 $0.24\,mol\%$ 时，铝几乎全部以 Al^{IV} 存在；当 Al 含量大于 $0.59\,mol\%$ 时，Al^{VI} 占比明显增大。与之类似，Jiao 等[16]研究表明，当 Al_2O_3 含量从 $0.5\,mol\%$ 逐渐增加到 $10\,mol\%$ 时，Al^{IV} 的占比从 65% 逐渐减少到 35%，而 Al^{V} 和 Al^{VI} 占比则从 35% 逐渐增加到 65%，如图 2-22 所示。

Sen 等[15]采用 ^{17}O 3QMAS NMR 实验证实，在单相 Al_2O_3 - SiO_2 玻璃中不存在任何形式的 Al—O—Al 连接。铝主要以四配位形式进入玻璃网络，即存在 Si—O—Al^{IV} 连接。Al^{VI} 主要存在于间隙位用于补偿 Al^{IV} 的电荷，即不存在 Si—O—Al^{VI} 连接。当 Al 含量小于 $1\,wt\%$ 时，铝主要以 Al^{IV} 存在，由于 Al^{VI} 不足以补偿 Al^{IV} 的负电荷，这时会形成氧三聚体，即形成 Si，Al≡O—Si 连接。

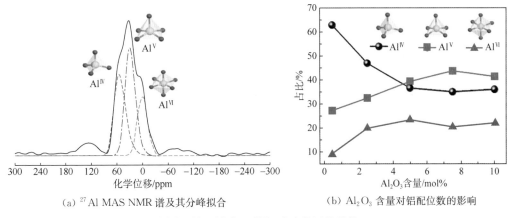

(a) ^{27}Al MAS NMR 谱及其分峰拟合　　　(b) Al_2O_3 含量对铝配位数的影响

图 2-22　Al_2O_3 - SiO_2 玻璃的网络结构

Eckert 等[33]系统研究了 xP_2O_5 - $(100-x)SiO_2$ 玻璃的网络结构。结果表明，当 P_2O_5 含量 $x < 30\,mol\%$ 时，硅主要以四配位形式存在；当 P_2O_5 含量 $x \geqslant 30\,mol\%$ 时，五、六配位硅开始形成。磷主要以 $P^{(3)}$ 基团存在。$P^{(3)}$ 基团包含三个桥氧和一个非桥氧（即 P≡O 双键）。随着 P_2O_5 含量 x 逐渐增加，磷的局部结构一直在改变，主要体现在 P—O—P 连接的数目逐渐增加，如图 2-23 所示。$P^{(3)}_{3Si}$ 代表 3 个 Si 原子通过桥氧与中心原子 P 相连；$P^{(3)}_{2Si,\,1P}$ 代表有 2 个 Si 原子和 1 个 P 原子通过桥氧与中心原子 P 相连，以此类推。

邵冲云[34]采用脉冲 EPR 系统研究了铝/磷掺杂对石英玻璃中 Yb^{3+} 局域结构的影响。采用溶胶凝胶法结合高温熔融法制备 Yb/Al/P 不同掺杂石英玻璃。采用传统的高温熔融法制备掺 Yb^{3+} 磷酸盐玻璃（Yb-PG）和掺 Yb^{3+} 铝酸盐玻璃（Yb-AG）。玻璃组分详见表 2-10。

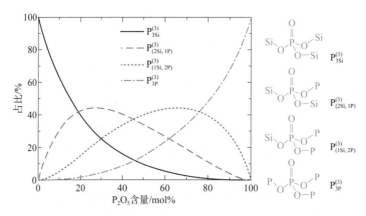

图 2-23　P₂O₅ 含量对 P₂O₅-SiO₂ 玻璃中磷 P$^{(3)}$ 基团的影响[33]

表 2-10　玻璃的理论成分[34]　　　　　　　　　　　　　单位:mol%

样品	SiO₂	Yb₂O₃	Al₂O₃	P₂O₅	CaO
SY	99.95	0.05	0	0	0
SYA	95.9	0.1	4	0	0
SYP	95.9	0.1	0	4	0
SYAP	87.9	0.1	4	8	0
Yb-AG	0	0.1	36	0	64
Yb-PG	0	0.1	0	50	50

图 2-24 所示为 Yb^{3+} 单掺(SY)、Yb/Al 双掺(SYA)、Yb/P 双掺(SYP)、Yb/Al/P 三掺(SYAP)石英玻璃的回波探测场扫描(echo-detected field-swept, EDFS)谱。为方便对比,Yb^{3+} 掺杂铝酸盐(Yb-AG)和 Yb^{3+} 掺杂磷酸盐(Yb-PG)玻璃的 EDFS 谱也被加入图 2-24 中。

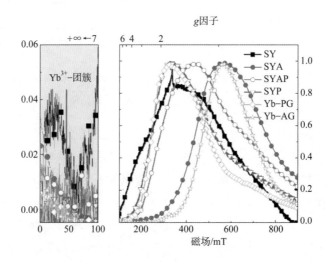

图 2-24　Yb^{3+} 在不同玻璃中的回波探测场扫描谱(EDFS)[34]

理论研究表明单个 Yb^{3+} 在任何基质中的朗德因子 g 都不超过 $2\Lambda*M$,其中本征朗德因子 $\Lambda=8/7$、总角动量的投影 $M=7/2$。因此,Yb^{3+} 的 g 值不超过 8[35]。另一方面,由于 Yb^{3+}

是一个 $S=1/2$ 的 Kramers 离子,因此不存在零场分裂(须 $S \geq 1$)。Sen 等[35]理论模拟了 $2 \sim 4$ 个 Yb^{3+} 团聚时的 EPR 谱图,发现 Yb^{3+} 团簇越严重,则低磁场处的 EPR 信号($g>8$)越强。

从图 2-24 可以看出,SY 样品在近零磁场处的 EDFS 信号最强,而 Yb-PG 和 Yb-AG 在近零磁场处的 EDFS 信号最弱。这说明 Yb^{3+} 在 SY 玻璃中的团簇程度最严重,而在 PG 和 AG 玻璃中的团簇程度最弱。相比 SY 样品,SYA、SYAP 和 SYP 样品在近零磁场处的 EDFS 信号都有所减弱。这说明共掺 Al^{3+} 或 P^{5+} 可以有效降低 Yb^{3+} 在石英玻璃中的团簇程度[36]。

此外,所有样品的 EDFS 谱在 $100 \sim 900$ mT 磁场范围内都呈现非常宽的非对称峰,这与玻璃的无序结构有关。EDFS 谱型和峰位与 Yb^{3+} 的局域结构有关。Yb-PG 和 SYP 样品的 EDFS 谱类似。这说明 Yb^{3+} 在这两种玻璃中的局域结构非常相似。

图 2-25a~f 分别为 SY、SYA、Yb-AG、SYAP、SYP 和 Yb-PG 样品的超精细耦合相互作用(hyperfine sublevel correlation,HYSCORE)谱(磁场强度 $B_0 = 3\,500$ G,脉冲间隔时间 $tau = 136$ ns)。在 HYSCORE 谱图中,磁性核的拉莫频率 ν_n 与核的旋磁比 γ_n 及外加磁场 B_0 成正比,即 $\nu_n = B_0 \gamma_n / (2\pi)$。在 350 mT 磁场下,位于 3.0 MHz、3.9 MHz 和 6.0 MHz 处的共振峰分别对应磁性核 ^{29}Si(自然丰度 $=4.7\%$,核自旋 $I=1/2$)、^{27}Al(自然丰度 $=100\%$,$I=5/2$)和 ^{31}P(自然丰度 $=100\%$,$I=1/2$)的拉莫频率。所有核的共振峰都只出现在第一或第三象限(未展示),且所有共振峰高度集中在对角线区域,没有观察到非对角线的共振峰。核的超

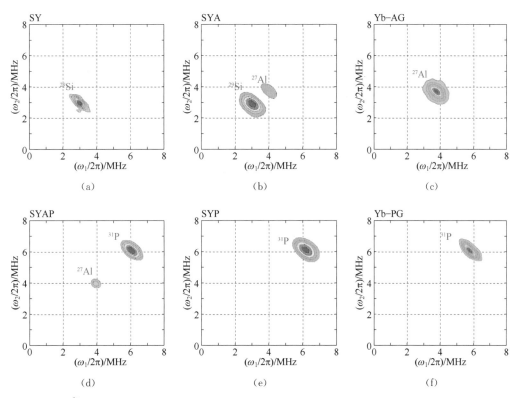

图 2-25　Yb^{3+} 在不同玻璃中的局域结构 SY(a)、SYA(b)、Yb-AG(c)、SYAP(d)、SYP(e)和 Yb-PG(f) 的 HYSCORE 谱图[34]

精细耦合常数(A)远小于核的拉莫频率。这个结果表明,磁性核^{29}Si、^{27}Al、^{31}P 和 Yb^{3+} 的 4f 轨道孤电子只发生了弱的超精细耦合相互作用。因此,可以推测^{29}Si、^{27}Al、^{31}P 主要配位于 Yb^{3+} 的第二甚至更远的壳层。配位于 Yb^{3+} 第一壳层的氧原子没有被观察到。这是因为磁性核^{17}O 的自然丰度($\sim 0.038\%$)远低于 HYSCORE 探测极限。

在 Yb‐AG、Yb‐PG 玻璃的 HYSCORE 谱图中,只观察到一个强且延展的^{27}Al 和^{31}P 的信号(图 2‐25c、f)。且在 EDFS 谱中几乎没有探测到团簇信号(图 2‐24),由此可以排除 Yb—O—Yb 连接。这说明在 Yb‐AG 玻璃中以 Yb—O—Al 连接为主,在 Yb‐PG 玻璃中以 Yb—O—P 连接为主。由于磁性核^{43}Ca 的自然丰度很低($\sim 0.135\%$),在 Yb‐AG 和 Yb‐PG 玻璃的 HYSCORE 谱图中不能探测到^{43}Ca 信号,因此,在 Yb‐AG 和 Yb‐PG 玻璃中是否存在 Yb—O—Ca 连接尚不确定。

在 SY 玻璃中,零磁场附近强烈的 EDFS 信号表明可能存在 Yb—O—Yb 连接(图 2‐24)。然而,在 HYSCORE 谱图中,只观察到一个延展且扭曲的^{29}Si 信号,表明存在 Yb—O—Si 连接。未探测到 Yb—O—Yb 连接,这可能与 Yb^{3+} 掺杂含量([Yb]$<3\,000$ ppm)太低有关(图 2‐25)。

相比 SY 样品,Yb^{3+} 团簇在 SYA 中有所降低,而在 SYP 玻璃中几乎没有探测到团簇信号(图 2‐24)。在 SYA 玻璃中,探测到一个强且延展的^{29}Si 和一个弱且集中于对角线区域的^{27}Al 信号(图 2‐25b)。在 SYP 样品中,只探测到一个强且延展的^{31}P 信号(图 2‐25e)。这说明共掺 4 mol% 的 Al$_2$O$_3$ 时,不是所有的 Yb—O—Yb 和 Yb—O—Si 都被 Yb—O—Al 取代;而共掺 4 mol% 的 P$_2$O$_5$ 时,磷能形成一个溶剂壳结构将 Yb^{3+} 包裹,即几乎所有的 Yb—O—Yb 和 Yb—O—Si 连接都被 Yb—O—P 连接所取代。由此可以看出,P^{5+} 对稀土离子团簇的分散能力远优于 Al^{3+}。

在 SYAP 样品中,^{27}Al 和^{31}P 都被探测到,且^{31}P 的信号远比^{27}Al 的信号强,但^{29}Si 的信号(图 2‐25d)和团簇信号(图 2‐24)未被探测到。这说明在 SYAP2 样品中,存在大量的 Yb—O—P 和少量的 Yb—O—Al,但不存在 Yb—O—Yb 和 Yb—O—Si 连接。

目前,关于共掺磷可以形成溶剂壳结构包裹石英玻璃中稀土离子(RE^{3+})的观点已被普遍接受[37‐39]。然而,共掺铝是否也能形成溶剂壳结构包裹石英玻璃中的 RE^{3+} 存在争议。Sen 等[38]研究表明在 Al/Yb$=3$ 石英玻璃的 HYSCORE 谱中可以观察到强烈的铝信号,并推测当石英玻璃中 Al/RE>10 时,Al 也可以形成一个溶剂壳结构将 RE^{3+} 包裹,即石英玻璃中几乎所有的 RE—O—Yb 和 RE—O—Si 连接都被 RE—O—Al 连接所取代。Saitoh 等[37]通过测试 Er^{3+}/Al^{3+} 共掺石英玻璃的三脉冲电子自旋回波包络调制谱(three-pulsed electron spin echo envelope modulation,3P‐ESEEM)并结合模拟得出结论:当 Al/Er$\leqslant 20$ 时,Al^{3+} 不能对 Er^{3+} 形成包裹。Funabiki 等[40]采用 3P‐ESEEM 结合模拟研究表明,随着 Al/Nd 共掺比例增加,Nd^{3+} 周围铝的配位数由四配位向六配位转变,但 Al^{3+} 不能完全取代 Si^{4+} 对 Nd^{3+} 形成包裹。

图 2‐26a~c 为 SYA 样品分别在 3 500 G、4 500 G 和 5 500 G 磁场下的 3P‐ESEEM 谱。在 3P‐ESEEM 中,前两个脉冲间隔时间(tau)和外加磁场(B_0)对^{27}Al 和^{29}Si 的信号强度有明显的影响。在 $B_0=3\,500$ G 和 $tau=176$ ns 条件下测试的 3P‐ESEEM 中几乎观察不到^{27}Al 信号;在 $B_0=3\,500$ G 和 $tau=96$ ns 条件下测试的 3P‐ESEEM 中几乎观察不到^{29}Si 信号;在 $B_0=4\,500/5\,500$ G 和 $tau=96$ ns 条件下测试的 3P‐ESEEM 中可以同时观察到^{29}Si 和^{27}Al 的信号。这是因为脉冲 EPR 测试过程中存在盲点效应(详见文献[41])。从图 2‐26a~c 中可

以看出当 $tau=136\,ns$ 时,在三个不同磁场条件下都可以同时探测到 ^{29}Si 和 ^{27}Al 的信号,因此选取 $tau=136\,ns$ 做进一步的 HYSCORE 测试。

　　图 2-26d～f 为 SYA 样品分别在 $350\,mT$、$450\,mT$ 和 $550\,mT$ 磁场下的 HYSCORE 谱($tau=136\,ns$),从中可以看到 ^{29}Si 和 ^{27}Al 的信号强度与磁场大小密切相关。Chiesa 等[42] 在 Yb/Al/Ce 共掺石英玻璃中也观察到这种现象,并认为这是由于稀土离子(RE^{3+})在石英玻璃中可能占据不同的格位:有的 RE^{3+} 格位周围 Al^{3+} 占主导,有的 RE^{3+} 格位周围 Si^{4+} 占主导。

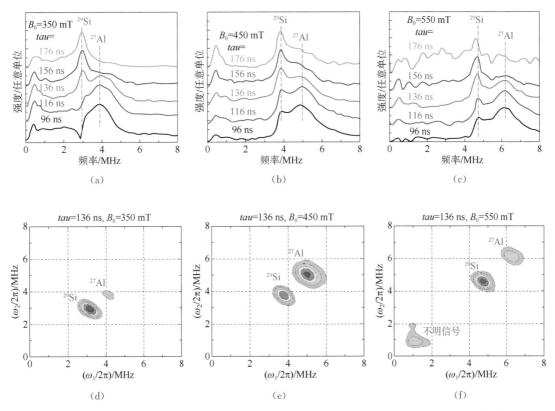

图 2-26　样品 SYA 在不同磁场 B_0 下的 3P-ESEEM(a～c)和 HYSCORE 谱图(d～f)[34]

　　图 2-27 为 Yb-AG、SY、SYA、SYP 和 Yb-PG 五个样品的归一化吸收(a、d)和发光谱(b、e),及其荧光寿命(e、f)。从图 2-27a～c 可以看出,SYA 样品的吸收和发射谱与 SY、Yb-AG 样品的吸收和发射谱都存在较大差异,SYA 样品的荧光寿命值则介于 SY 和 Yb-AG 样品的荧光寿命值之间。众所周知,稀土离子的光谱性质主要取决于稀土离子所处的局部环境。在 SY 样品中,存在大量的 Yb—O—Si 和极少量 Yb—O—Yb 连接;在 Yb-AG 样品中,主要以 Yb—O—Al 连接为主。在 SYA 样品中,则存在大量的 Yb—O—Si 和 Yb—O—Al 连接(图 2-26)。Yb^{3+} 在这三个样品中的局域环境存在较大差异,导致它们的光谱性质存在较大差异。而在 Yb-PG 和 SYP 样品中,Yb^{3+} 被 P^{5+} 包裹(图 2-26),即只存在 Yb—O—P 连接,导致它们的吸收和发射谱以及荧光寿命值都非常相似(图 2-27d～f)。

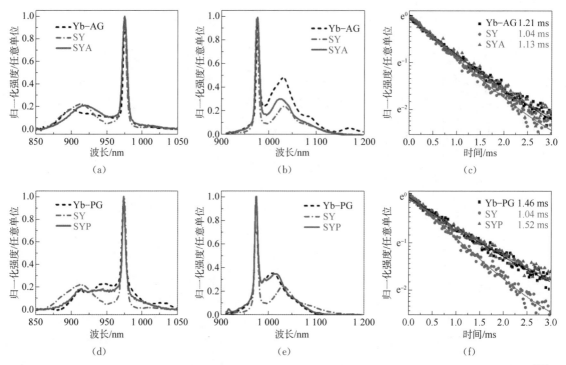

图 2 - 27 样品 AG、SY、SYA、SYP、PG 的归一化吸收(**a**、**d**)和发光谱(**b**、**e**),及其荧光寿命(**e**、**f**)对比[34]

图 2 - 28a 为 Yb³⁺ 在 Yb - AG、SYA、SY、SYP 及 Yb - PG 样品中的 Stark 劈裂能级。从中可以看到 SY 样品两个相邻 Stark 能级的能级差最大,Yb - AG 样品次之,Yb - PG 样品的相邻能级差最小。

根据图 2 - 28a 中五个样品的 Stark 劈裂能级,可以计算出 Yb³⁺ 在五个样品中的局域晶体场强度参数(N_J)和非对称性程度,如图 2 - 28b 所示。从中可以看出,Yb³⁺ 的 N_J 和非对称性程度在 SY 样品中最大,在 Yb - PG 和 SYP 样品中最小。

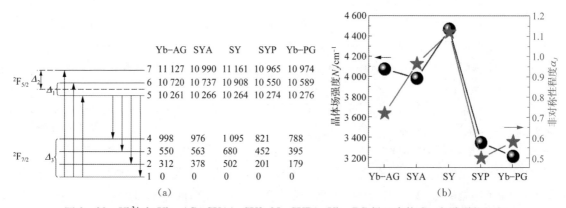

图 2 - 28 Yb³⁺ 在 Yb - AG、SYA4、SY0.05、SYP4、Yb - PG 样品中的 Stark 劈裂能级和各能级能量值 $E_i (i = 1 \sim 7, \mathrm{cm}^{-1})$(**a**),非对称性程度和晶体场强度参数(**b**)[34]

下面讨论 Al 或 P 共掺对 SiO₂ 玻璃中稀土离子团簇的溶解机理。从结晶化学角度看,氧化物玻璃液相分离的本质是不同阳离子对氧离子争夺的结果。在硅酸盐熔体中,桥氧离子被 Si⁴⁺ 以[SiO₄/₂]吸引到自己周围,因此稀土离子作为一种高场强的网络外体阳离子倾向于集聚在一起共同分享非桥氧离子。从热力学角度看,在恒温恒压且对外不做功条件下,过程能自发进行的前提是吉布斯函数的变化值为负值,即

$$\Delta G_{T,P} = \Delta H - T\Delta S < 0 \quad 亦即 \quad \Delta H < T\Delta S \qquad (2-12)$$

由于稀土离子在单一组分氧化物玻璃(如 SiO_2、GeO_2、B_2O_3)中形成的富稀土相($RE_2Si_2O_7$、$RE_2Ge_2O_7$、REB_3O_6)非常稳定,富稀土相与纯氧化物相(SiO_2、GeO_2、B_2O_3、RE_2O_3)之间的焓变 ΔH 非常大,而熵变 ΔS 却很小,导致在常规烧结条件下 $\Delta H > T\Delta S$,因此,所获得的玻璃往往容易出现分相。研究表明,采用高温熔制结合淬冷的办法可以有效抑制玻璃分相。然而 RE_2O_3-SiO_2 玻璃熔制温度须大于 2 300 K。如此高的熔制温度往往须在真空条件下进行,这对淬冷工艺提出了挑战。可能的替代性解决方案有两个:①降低反应焓变 ΔH 值;②增加反应熵变 ΔS 值。假设系统的焓变和熵变满足 $\Delta H < 0 < T\Delta S$,则一定有 $\Delta G_{T,P} = \Delta H - T\Delta S < 0$,即反应过程能自发进行,玻璃分相可以被抑制。

图 2-29 为通过改变系统焓变 ΔH 和熵变 ΔS,促使系统自发进行的示意图。假设体系 A 和体系 B 不能互溶,因为 $\Delta G_{T,P} > 0$,这种情形类似于水和油,如图 2-29a 所示;假设体系 C 可以将 B 包裹,并与体系 A 互溶,这种情形类似于在水和油中加入表面活性剂(如洗洁精),由于 A-B 混合物大的形成能被 A-C 和 B-C 混合物小的形成能所代替,导致焓变 $\Delta H = (E_{AC} + E_{BC}) - (E_{AB} + E_{BB}) < 0$,如图 2-29b 所示;假设体系 D 与 B 类似,虽然它们都不能与体系 A 完全互溶,但体系 D 的引入可以起到稀释体系 B 的作用,这种情形类似于在水和油中加入另外一种油。这必将导致系统的混乱度增加(即熵变 ΔS 增加),但混合焓 ΔH 变化较小,如图 2-29c 所示。

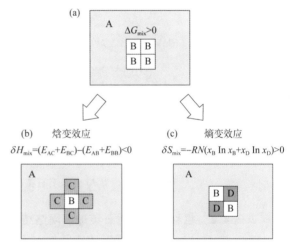

图 2-29　体系 A 和 B 中引入 C 或 D 引起的焓变和熵变示意图[43]

图 2-30 为共掺 Al 或 P 溶解稀土离子团簇示意图。其中,图 2-30a 为稀土离子在石英玻璃中的团簇示意图。研究表明 P 在 P_2O_5-SiO_2 玻璃中主要是以 $P^{(3)}$ 结构单元存在。$P^{(3)}$ 结构的 P=O 双键有助于吸引稀土离子集聚到 P 的周围。HYSCORE 测试表明,当 P/RE>3 时,P 就可以对稀土离子形成溶剂壳结构将稀土离子包裹。这得益于共掺 P 所引起的焓变效应,即 P-RE 与 P-Si 混合物的形成能之和低于 Si-RE 和 RE-RE 团簇的形成能之和。这意味着系统焓变 $\Delta H < 0$,反应过程可自发进行,如图 2-30b 所示。研究表明 Al 在 Al_2O_3-SiO_2 玻璃中存在 Al^{IV}、Al^V、Al^{VI} 结构单元。Monteil 等[44]采用分子动力学方法研究表明,Al^{IV} 不能有效降低 Er^{3+} 在石英玻璃中的团簇。Funabiki 等[40]采用 3P-ESEEM 结合计算机模拟表明,随着 Al/Nd 共掺比例增加,Nd^{3+} 团簇程度逐渐下降,且 Nd^{3+} 周围 Al 的配位数逐渐由四配位向六配位转变。Sen 等[15]采用 NMR 方法证实,在 Al^{3+} 单掺石英玻璃中,Al 的配位数随着 Al 含量的增加逐渐由四配位向六配位转变。Lægsgaard[45]采用密度泛函理论计算表明,在石英玻璃中,Er-Al 混合物($ErAl_3O_6$)形成能大于 Er-Er($Er_2Si_2O_7$)Al-Al(Al_4O_6)

团簇的形成能之和。这意味着系统熔变 $\Delta H>0$，因此他们认为共掺 Al 引起的熵变效应在分散石英玻璃中稀土离子团簇方面发挥关键作用。六配位 Al 与六配位稀土局部结构类似，且都倾向于进入玻璃网络的间隙位置争夺非桥氧离子。六配位 Al 在一定程度上起着稀释稀土离子团聚的作用，如图 2-30c 所示。与之类似，Wang 等[46]采用光谱、NMR 和 HYSCORE 手段研究表明，在 Yb^{3+} 高掺的硅酸盐玻璃中共掺 La^{3+} 在一定程度上可以提高 Yb^{3+} 的分散性，其根本原因就在于 La^{3+} 的引入在一定程度上稀释了 Yb^{3+} 团簇。

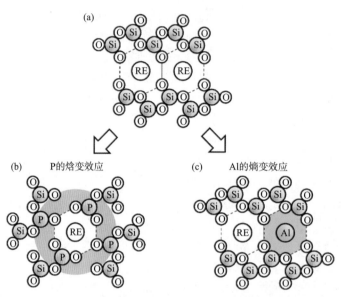

图 2-30　共掺 Al 或 P 对石英玻璃中 RE 离子团簇的溶解机理[43]

2.2.4.2　铝和磷共掺对石英玻璃网络结构和 Yb^{3+} 局域结构的影响

Shao 等[36]进一步研究了铝和磷共掺对石英玻璃网络结构和 Yb^{3+} 局域结构的影响。玻璃成分详见表 2-4。

图 2-31a～c 分别为不同 P/Al 比对 Yb/Al/P 共掺石英玻璃[27]Al MAS NMR 谱、^{31}P 静止 NMR 谱、拉曼散射谱的影响。从图 2-31a、b 可以看出，当 P/Al=1 时，只探测到 Al^{IV} 和 $P^{(4)}$ 结构单元，它们的化学位移分别位于 38.5 ppm 和 -30 ppm 处。在 $AlPO_4$ 玻璃中，Al^{IV} 和 $P^{(4)}$

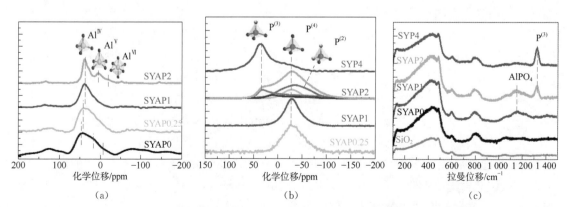

图 2-31　Yb/Al/P 共掺石英玻璃网络结构：不同 P/Al 共掺比例对[27]Al MAS NMR 谱(a)、^{31}P 静止 NMR 谱(b)和拉曼散射谱(c)的影响[36]

的化学位移分别位于 38 ppm 和 -28 ppm 处。这个结果表明在 SYAP1 样品中，Al 和 P 主要以 $AlPO_4$ 结构单元存在；当 P/Al<1 时，P 优先与 Al 连接形成 $AlPO_4$ 结构，多余的 Al 分别以 Al^{IV} 结构单元与 Si 相连，Al^V、Al^{VI} 结构单元主要位于间隙位；当 P/Al>1 时，Al 优先与 P 连接形成 $AlPO_4$ 结构，多余的 P 分别以 $P^{(2)}$ 和 $P^{(3)}$ 结构单元存在。其中 $P^{(3)}$ 主要与 Si 连接，$P^{(2)}$ 主要与 Al^V 和 Al^{VI} 连接。在图 2 - 31c 的拉曼谱中，当 P/Al=1 时，位于 1 000～1 250 cm^{-1} 的宽峰主要归因于 $AlPO_4$ 结构单元；当 P/Al>1 时，位于 1 320 cm^{-1} 的尖峰主要归因于 $P^{(3)}$ 结构单元（即 P=O 双键）。结构示意图见图 2 - 9b。

图 2 - 32a 为不同 P/Al 共掺比例对掺 Yb^{3+} 石英玻璃 EDFS 的影响。可以看出，EDFS 谱图以 P/Al=1 为界呈现出两种不同的线型。这意味着 Yb^{3+} 在这些玻璃中占据两种不同的格位。此外，随着 P/Al 比增加，近零磁场处的 EDFS 信号逐渐减弱。这说明 Yb^{3+} 团簇随 P/Al 比增加而逐渐下降。

图 2 - 32b 为不同 P/Al 共掺比例对掺 Yb^{3+} 石英玻璃 HYSCORE 投影谱图的影响。Yb^{3+} 单掺（SY0.05）和 Yb/P 共掺（SYP4）石英玻璃的 HYSCORE 投影谱图也被加入图 2 - 32b 中用于对比。在 350 mT 磁场下，位于 3.0 MHz、3.9 MHz、6.0 MHz 处的共振峰分别对应磁性核 ^{29}Si、^{27}Al 和 ^{31}P 的拉莫频率。可以看到，在 SY0.05 样品中，Yb^{3+} 的次近邻元素主要是 Si。在 SYP4 样品中，Yb^{3+} 的次近邻元素主要是 P。在 SYAP 系列样品中，随着 P/Al 比增加，Yb^{3+} 逐渐从富硅环境转移到富磷环境。值得指出的是，当 P/Al≈1 时，Al^{3+} 和 P^{5+} 优先形成 [$AlPO_4$] 单元富聚在 Yb^{3+} 周围；因此，在 HYSCORE 谱投影中，SYAP1 样品的 Al 和 P 的信号强度近似相等。当 P/Al≤1 时，Yb^{3+} 主要处于富铝或富硅环境中。当 P/Al>1 时，Yb^{3+} 主要处于富磷环境中。

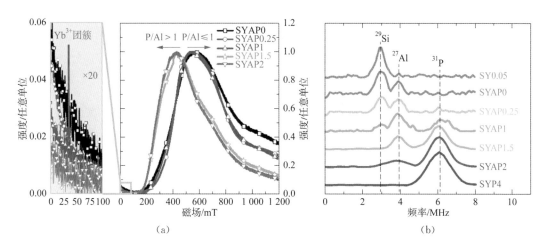

图 2 - 32　**Yb/Al/P 共掺石英玻璃中 Yb^{3+} 局域结构：不同 P/Al 共掺比例对 Yb^{3+} EDFS（a）和 HYSCORE（b）的影响（HYSCORE 测试时磁场强度 B_0 = 350 mT，脉冲间隔时间 tau = 136 ns）[36, 47]**

根据 NMR、拉曼和脉冲 EPR 测试结果，图 2 - 33 给出不同 P/Al 比掺 Yb^{3+} 石英玻璃的网络结构和 Yb^{3+} 局域结构示意图。

2.2.4.3　氟掺杂对石英玻璃网络结构和 Yb^{3+} 局域结构的影响

Shao 等[30] 系统研究了 F/Si 质量比对玻璃结构的影响规律，揭示了随着 F/Si 质量比的增加石英玻璃结构的演变过程。详细的玻璃成分见表 2 - 7，实验结果详见图 2 - 34。

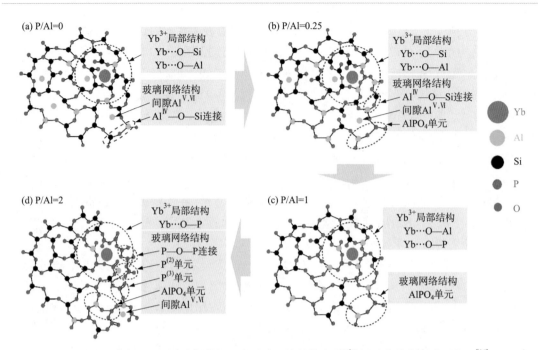

图 2-33 P/Al 比对 Yb/Al/P 共掺石英玻璃网络结构和 Yb³⁺ 局域结构的影响示意图[36]

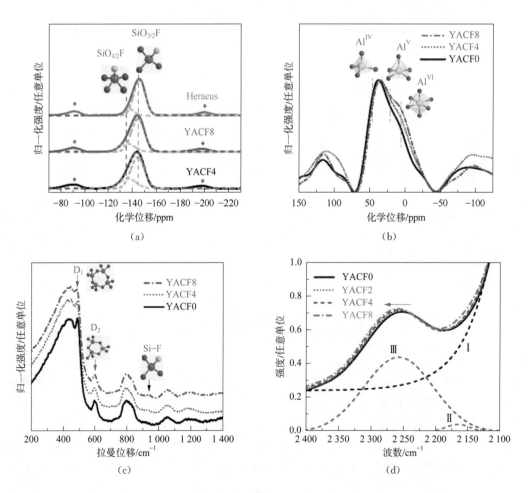

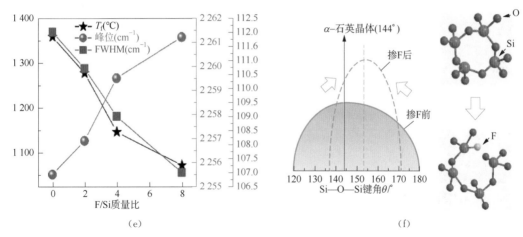

图 2 - 34　Yb/Al/Ce/F 共掺石英玻璃的网络结构:^{19}F(a) 和 ^{27}Al(b) 的 MAS NMR 谱,玻璃样品的拉曼(c)和 FTIR 吸收光谱(d),FTIR 吸收谱中 2 260 cm^{-1} 高斯峰 Ⅲ 的峰位、半高宽(FWHM)、假想温度(T_f) 随 F/Si 比的变化(e),Si—O—Si 键角分布示意图(f)

图 2 - 34a、b 分别为 ^{19}F 和 ^{27}Al 的 MAS NMR 谱。^{19}F 的 MAS NMR 谱可以分解成两个高斯峰,分别位于 −137 ppm 和 −146 ppm 处。根据 Youngman 等[48-49]的研究,氟以两种方式进入 SiO$_2$ 网络,其中 −146 ppm 的信号对应[SiO$_{3/2}$F]基团,−137 ppm 的信号对应[SiO$_{4/2}$F]基团。^{27}Al 的 MAS NMR 谱包含三个非对称性共振峰,分别位于 50 ppm、25 ppm 和 4 ppm 处,它们分别对应四、五、六配位铝(分别表示为 Al^{IV}、Al^{V} 和 Al^{VI})。Al^{V} 和 Al^{VI} 随着 F 含量增加而增加,而玻璃中总的 Al 含量保持不变。这说明 Al^{IV} 随着 F 含量的增加而减少。Zhang 等[50]在 F 掺杂的磷酸铝玻璃中也观察到 Al^{V} 和 Al^{VI} 随着 F 含量增加而增加的现象,^{27}Al$\{^{19}$F$\}$ 旋转回波双共振(rotational echo double resonance,REDOR)测试表明,这是由于 F - Al 直接成键导致高配位铝的含量增加。

图 2 - 34c 为 F 含量对拉曼光谱的影响。随着 F 含量增加,在拉曼的 937 cm^{-1} 处均出现微弱的振动峰,且强度逐渐增强,该峰归属于 F—Si 键的伸缩振动。此外,拉曼光谱在 490 cm^{-1} 和 606 cm^{-1} 处的振动峰分别对应平面 4 元环(D_1)和平面 3 元环(D_2)结构,它们的强度随着 F 含量的增加逐渐下降。

图 2 - 34d 为 F 含量变化对 FTIR 光谱 2 260 cm^{-1} 振动带的影响。采用一个指数函数扣除 YACF0 样品的 FTIR 曲线背底,将剩余部分分解成两个高斯峰 Ⅱ 和 Ⅲ,其中高斯峰 Ⅲ 即为目标数据。这个峰对应 Si—O—Si 的不对称伸缩振动,它的峰位大小与 Si—O—Si 键角大小成正比,它的半高宽(full width at half maximum,FWHM)与 Si—O—Si 键角分布成正比[32,51]。

图 2 - 34e 为 F 含量变化对图 2 - 34d 中高斯峰 Ⅲ 的峰位和 FWHM 的影响。根据高斯峰 Ⅲ 的峰位计算得到的玻璃假想温度(T_f)也被列入图 2 - 34e 中。T_f 与高斯峰 Ⅲ 的峰位 ν 成反比,可根据下式进行计算[51]:

$$\nu = 2228.64 + (43809.21/T_f) \tag{2-13}$$

从图 2 - 34e 中可以看出,随着 F 含量增加,2 260 cm^{-1} 带的峰位向高波数移动,但它的半高宽逐渐减小。说明随着 F 含量增加,Si—O—Si 平均键角增大,但 Si—O—Si 键角的分布范围变小,示意图见图 2 - 34f。

图 2 - 35a 为 YACF 系列玻璃的 EDFS 谱,从中可以看到 EDFS 谱随着 F 含量增加向高磁场方向移动。在 Yb^{3+} 掺杂的氟硼玻璃和氟磷玻璃中也可以观察到这种现象。这说明氟的加入对 Yb^{3+} 的局域环境产生了一定影响。

图 2 - 35b 为 YACF8 玻璃的二维 HYSCORE 谱。在 $B_0 = 450$ mT 磁场下,位于 3.8 MHz、5 MHz 和 18 MHz 处的共振峰分别对应磁性核 ^{29}Si、^{27}Al 和 ^{19}F(自然丰度=100%,核自旋 I = 1/2)的拉莫频率。所有的共振峰都只出现在(+ +)象限,且沿对角线分布。这说明磁性核 ^{29}Si、^{27}Al、^{19}F 均不与 Yb^{3+} 直接成键。它们应该位于 Yb^{3+} 的第二壳层甚至是更远的距离(4~8 Å)。

在 Yb^{3+} 掺杂的氟硼玻璃和氟磷玻璃的 HYSCORE 谱图中,可以观察到两种类型的 ^{19}F 信号:一种是只出现在对角线区域的共振信号(与图 2 - 35b 类似),对应 Yb^{3+} 与 F^- 只存在弱耦合相互作用;另一种是出现在非对角线区域的一对共振峰,它们的连线与对角线相互垂直且到对角线的距离相等。Easyspin 模拟证实该信号来自 Yb^{3+} 与 F^- 的强耦合相互作用,即 Yb - F 成键。在 YACF8 玻璃中没有观察到这种信号,主要原因可能是该玻璃样品中氟含量偏低(1.1 wt%)。在氟含量很低(<2 wt%)的 Yb^{3+} 掺杂氟硼玻璃和氟磷玻璃中,也没有探测到 Yb^{3+} 与 F^- 的强耦合相互作用[52-53]。Al^{3+} 和 P^{5+} 倾向于优先配位到稀土离子周围,起到分散稀土离子团簇的作用。与 Al^{3+} 或 P^{5+} 的作用不同,F^- 倾向于优先与 Si^{4+} 或 Al^{3+} 成键,因此共掺 F^- 对稀土离子的分散性影响不大。

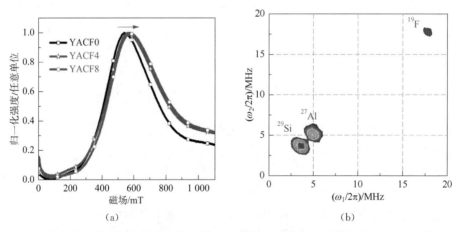

(a) (b)

图 2 - 35 Yb/Al/Ce/F 共掺石英玻璃中 Yb^{3+} 局域结构:EDFS(a)、YACF8(b)的 HYSCORE 谱[30]

在石英玻璃中,环结构通常包含 3~9 环。其中 6~8 环的环结构能量最低、最稳定;偏离 6~8 环的环结构能量较高,不稳定。掺氟通常被称为"化学退火",会促进石英玻璃发生结构弛豫。根据以上拉曼、FTIR、NMR 和脉冲 EPR 研究结果,图 2 - 36a、b 分别给出 YACF0 和 YACF8 玻璃样品的结构示意图。在 YACF0 样品中,Yb^{3+} 周围环结构单元较为复杂,可能包含 3~9 环。Yb^{3+} 局域晶体场的场强较大,非对称性程度较高;在 YACF8 样品中,Yb^{3+} 周围环结构单元较为简单,可能主要为 6~8 环。Yb^{3+} 局域晶体场的场强较小,非对称性程度较低。

2.2.4.4 硼掺杂对石英玻璃网络结构和 Yb^{3+} 局域结构的影响

Guo 等[20]采用 NMR、FTIR 和拉曼等方法解析了氧化硼对铝镱共掺石英玻璃结构的影响,并指出玻璃组成、结构和性质的内在联系。玻璃组成详见表 2 - 8。

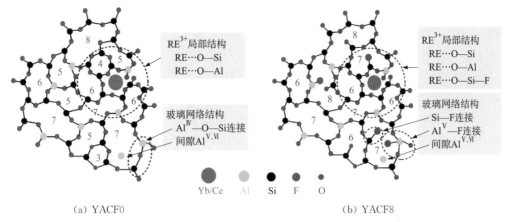

(a) YACF0　　　　　　　　　　　　(b) YACF8

图 2 - 36　氟含量对 Yb/Al/Ce/F 共掺石英玻璃网络结构和 Yb³⁺ 局域
结构的影响示意图(图中数字代表环结构中阳离子数目)[30]

图 2 - 37a、b 分别为 SYAB 系列玻璃的红外和拉曼光谱,所有光谱均对 800 cm⁻¹ 处的振动峰强度进行归一化处理。为了方便对比,B₂O₃ 掺杂石英玻璃(玻璃成分为 8B₂O₃ - 92SiO₂,单位为 mol%,标记为 B₂O₃ - SiO₂)的红外和拉曼光谱也被分别加入图 2 - 37a、b 中。当 B₂O₃ 含量较低时,SYAB0.25 和 SYAB2 玻璃的红外和拉曼光谱与不掺 B 的 Yb/Al 共掺石英玻璃(SYAB0)类似。当 B₂O₃ 含量高于 2 mol% 时,SYAB4 和 SYAB8 的红外光谱中出现三个振动峰,分别位于 677 cm⁻¹、910 cm⁻¹ 和 1 400 cm⁻¹。其中,677 cm⁻¹ 处的红外振动峰对应 B—O—Si 或 B—O—B 连接的弯曲振动,1 400 cm⁻¹ 处的红外振动峰对应 B—O—B 连接的反对称伸缩振动[54-55]。910 cm⁻¹ 处的红外振动峰对应于 Si—O—B 连接的伸缩振动[56-58]。位于 483 cm⁻¹ 和 603 cm⁻¹ 处的拉曼振动峰分别归属于 Si—O—Si 平面 4 元环(D₁)和平面 3 元环(D₂)[59]。随着 B₂O₃ 含量增加,玻璃的 D₁ 和 D₂ 峰强降低,当含量增至 8 mol% 后,D₁ 峰几乎消失。与 SYAB0.25 和 SYAB2 玻璃相比,SYAB4 和 SYAB8 玻璃在 930 cm⁻¹ 处出现了一个微弱的振动峰,该峰归属于 Si—O—B 连接的伸缩振动[57-58]。由 FTIR 和拉曼结果可知,B₂O₃会导致玻璃中 Si—O—B 键的形成。

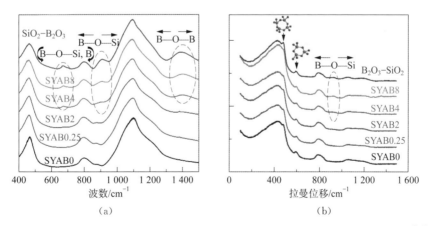

(a)　　　　　　　　　　　　　　(b)

图 2 - 37　Yb/Al/B 共掺石英玻璃的网络结构振动谱表征:FTIR(a)和拉曼(b)光谱[20]

图 2 - 38a、b 分别为 SYAB 玻璃体系的 ¹¹B 和 ²⁷Al 的 MAS NMR 谱。Deters 等[60-61]研究

表明,具有顺磁性的稀土离子与周围磁性核相互作用会使磁性核的 MAS NMR 谱展宽,降低其分辨率。因此,Guo 等[20]采用不含顺磁性的 Y_2O_3 取代 Yb_2O_3 作为对比,玻璃成分为 $0.1Y_2O_3 - 6Al_2O_3 - 2B_2O_3 - 91.9SiO_2$(单位为 mol%),命名为 SYAB2 - Y_2O_3。

从图 2 - 38a 可以看出,在 SYAB2 - Y_2O_3 玻璃中,大部分 B 以三配位(B^{III})形式存在,仅有少量 B 以四配位(B^{IV})形式存在。随着 B_2O_3 含量的增加,B 的配位数无明显变化。对比 SYAB2 和 SYAB4 的 ^{11}B MAS NMR 谱可知,当 B_2O_3 含量大于 2 mol% 时,^{11}B MAS NMR 谱的分辨率显著提高。这是由于当 B_2O_3 含量大于 2 mol% 时,绝大部分 B 原子处于远离 Yb^{3+} 的位置。因此,Yb^{3+} 的顺磁性对 ^{11}B MAS NMR 谱的展宽效应减弱。

从图 2 - 38b 可以看出,在 SYAB 系列玻璃中,Al 主要以 Al^{IV} 的形式存在,随着 B_2O_3 含量增加,Al^{IV} 逐渐向 Al^V 和 Al^{VI} 转变。其主要原因包含两个方面:①相对于 Al^{IV},B^{III} 更倾向于与 Al^V 成键,即优先形成 Al^V—O—B^{III} 连接;②由于四配位硼 $[BO_{4/2}]^-$ 带负电荷,为补偿该负电荷,会有更多间隙 Al^{VI} 形成。

图 2 - 38c、d 分别为 SYAB8 玻璃样品 $^{27}Al\{^{11}B\}$ 和 $^{11}B\{^{27}Al\}$ REDOR 谱。为解析 Al 和 B 的连接情况,$Al_{18}B_4O_{33}$ 晶体的 REDOR 谱也被加入图 2 - 38c、d 中。经比较计算,SYAB8 样品中存在 B—O—Al 连接,且在 B 或 Al 的第二配位层桥连 0.5 个 Al 或 B,详细的计算过程见文献[20]。

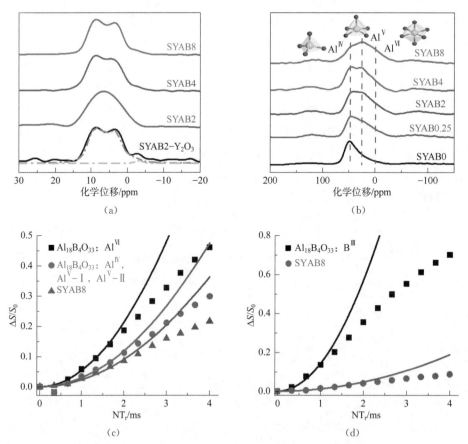

图 2 - 38   Yb/Al/B 共掺石英玻璃的网络结构 NMR 表征:^{11}B(a) 和 ^{27}Al(b) 的 MAS NMR 谱,SYAB8 玻璃样品和 $Al_{18}B_4O_{33}$ 晶体的 $^{27}Al\{^{11}B\}$(c) 和 $^{11}B\{^{27}Al\}$(d) REDOR 谱[20]

图 2 - 39a 为 Yb^{3+} 单掺(SY0.05)、Yb/Al 双掺(SYAB0)和 Yb/Al/B 三掺(SYAB4)石英玻璃的 EDFS 谱。为方便对比,Yb^{3+} 掺杂铝酸盐(Yb - AG)和 Yb^{3+} 掺杂硼酸盐(Yb - BG)玻璃的 EDFS 谱也被加入图 2 - 39 中。从中可以看到,SYAB0、SYAB4 和 Yb - AG 三个样品 EDFS 谱的最高峰位置比较接近。这说明 Yb^{3+} 在这三个样品中的局域结构比较类似。相比 SYAB0、SYAB4 样品,Yb - AG 的 EDFS 谱更窄,表明 Yb^{3+} 在 Yb - AG 玻璃中局域结构更简单。HYSCORE 测试表明,在 Yb - AG 玻璃中,Yb^{3+} 的次近邻基本为 Al 原子,详见图 2 - 25c。

图 2 - 39b～d 分别为 SYAB0、SYAB4、Yb - BG 样品的 HYSCORE 谱。在 450 mT 磁场下,位于 2.06 MHz、3.81 MHz、5.0 MHz 和 6.15 MHz 处的共振峰分别对应磁性核 ^{10}B(自然丰度 = 19.9%,核自旋 $I = 3$)、^{29}Si、^{27}Al 和 ^{11}B(自然丰度 = 80.1%,$I = 3/2$)的拉莫频率。可以看到,在 Yb - BG 样品中,Yb^{3+} 的次近邻主要是 B 原子。在 SYAB0 和 SYAB4 玻璃中,Yb^{3+} 的次近邻主要是 Al 原子,确实与 Yb - AG 玻璃中 Yb^{3+} 的局域结构类似。相比 SYAB0 样品,SYAB4 样品中只能探测到少量 ^{11}B 信号。这说明 B$_2$O$_3$ 的加入并不会对 Yb^{3+} 形成包裹结构。在 SYAB4 样品中,^{10}B 信号也没有被探测到,其原因也是磁性核 ^{10}B 的自然丰度(～19.9%)太低。

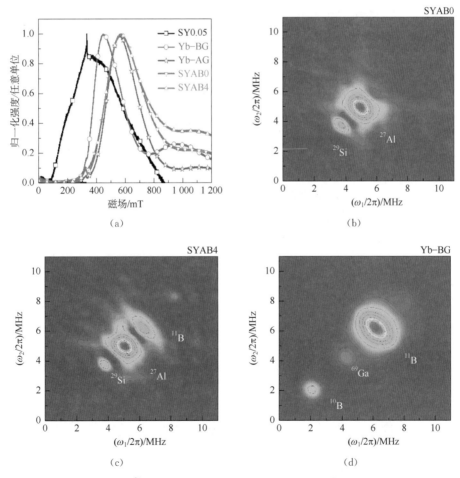

图 2 - 39　Yb^{3+} 的局域结构表征:EDFS 谱(a),HYSCORE 谱(b～d)

根据以上拉曼、FTIR、NMR 和脉冲 EPR 研究结果，图 2-40a、b 分别给出 SYAB0 和 SYAB8 玻璃样品的结构示意图。与掺 F 类似，掺 B 也会起到"化学退火"的效果。随着 B_2O_3 含量增加，Yb^{3+} 周围环结构单元可能从 3～9 环变为 6～8 环，引起 Yb^{3+} 局域晶体场的场强和非对称性程度降低。

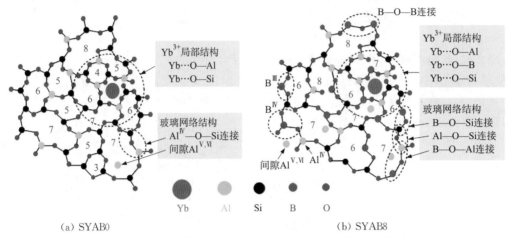

图 2-40　硼含量对 Yb/Al/B 共掺石英玻璃网络结构和 Yb^{3+} 局域结构的影响示意图（图中数字代表环结构中阳离子数目）

2.3　掺镱石英玻璃热历史-结构-性质之间的关系

玻璃是一种亚稳态物质，它的结构介于熔体与晶体之间，当熔体淬冷成玻璃后，熔体的某些结构特征得以保存，导致玻璃的折射率、密度和热膨胀系数等性质与热历史密切相关[62-74]。同时，稀土离子的发光性能主要取决于其电偶极跃迁概率，它与晶体场非对称性成正相关关系。热历史的变化引起网络结构的改变，必然影响稀土离子晶体场的非对称性及其发光性能[75]。掺镱石英光纤是光纤激光器的核心增益介质，纤芯材料为掺镱石英玻璃。纤芯材料的折射率和 Yb^{3+} 光谱性质直接影响内包层数值孔径和光纤的光谱参数，从而引起光纤激光器的光束质量和激光性能的改变。因此，通过解析热历史对掺镱石英玻璃折射率和光谱性质的影响机理，实现光纤激光器性能的可控设计，显得尤为重要。本节主要介绍热历史对不同组成 Yb^{3+} 掺杂石英玻璃折射率和光谱性质的影响，并结合 NMR 及拉曼等多种结构分析手段，从原子级微观尺度解析其影响机理。

2.3.1　热历史对掺镱石英玻璃结构和折射率的影响

玻璃的结构和性质会因热历史不同而改变，并且不同体系玻璃对热历史依赖性不同[76-83]。如本书第 1 章 1.2 节所述，纯石英玻璃的折射率和密度与假想温度呈正相关性。当在石英玻璃中掺入其他元素如 Al、F、P 和 B 等，玻璃折射率对热历史的依从性将发生改变。石英光纤在制备过程中会经历一系列热过程，导致其热历史改变，进而影响其纤芯和包层的折射率（n）。如图 2-41a～c 所示，Yb/Al 和 Yb/Al/F 共掺石英光纤在光纤拉丝后芯包折射率差值（Δn）分别降低 5×10^{-4} 和 1×10^{-4}。而 Yb/Al/P 共掺石英光纤（P/Al=1）在光纤拉丝后芯包折射率差值升高 5×10^{-4}。由此可见，在掺杂石英玻璃中，折射率对热历史的依赖性与组分密切相关。因此，可通过改变玻璃组分，调整其折射率和密度(ρ)对假想温度的依从性。图 2-41d 为卤素掺杂量与 $\mathrm{d}n/\mathrm{d}T_\mathrm{f}$ 和 $\mathrm{d}\rho/\mathrm{d}T_\mathrm{f}$ 的关系示意图。纯石英玻璃的 $\mathrm{d}n/\mathrm{d}T_\mathrm{f}$ 和 $\mathrm{d}\rho/\mathrm{d}T_\mathrm{f}$ 均大于 0，当掺入一定量的卤素时，$\mathrm{d}n/\mathrm{d}T_\mathrm{f}$ 和 $\mathrm{d}\rho/\mathrm{d}T_\mathrm{f}$ 等于 0，可消除石英玻璃折射率和密度对热历史的依赖性[84-85]。本节重点介绍热历史对 Yb^{3+} 单掺、Yb/Al、Yb/Al/B、Yb/Al/P 和 Yb/Al/P/F 共掺石英玻璃结构和折射率的影响。需要说明的是，采用溶胶凝胶法结合高温烧结技术制备 Yb^{3+} 单掺、Yb/Al、Yb/Al/B 和 Yb/Al/P 共掺石英玻璃时，由于冷却速率较快，未处理玻璃（原始玻璃）的 T_f 温度较高（>1300℃）。当在一定温度退火玻璃时，玻璃的 T_f 温度会逐渐改变直至等于退火温度。

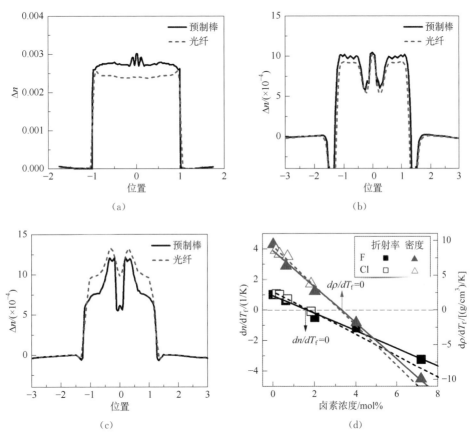

图 2-41　Yb/Al[86]（a）、Yb/Al/F（b）和 Yb/Al/P（c）[87] 共掺石英光纤及预制棒的折射率，以及纯石英玻璃中卤素掺杂量与 $\mathrm{d}n/\mathrm{d}T_\mathrm{f}$ 和 $\mathrm{d}\rho/\mathrm{d}T_\mathrm{f}$ 的关系（d）[85]

2.3.1.1　热历史对镱单掺石英玻璃折射率的影响机理

图 2-42 汇总了退火温度对 Yb^{3+} 单掺石英玻璃网络结构、折射率和密度的影响，玻璃组分为 $0.05\mathrm{Yb}_2\mathrm{O}_3 - 99.95\mathrm{SiO}_2$（mol%）。

图 2-42a 为退火温度对 Yb^{3+} 单掺石英玻璃 FTIR 光谱的影响。为了准确获得 $2260\,\mathrm{cm}^{-1}$ 处红外吸收峰（高斯峰Ⅲ），须对图 2-42a 中红外光谱进行处理，具体分峰方法详见图 2-34d。高斯峰Ⅲ的峰位及半高宽见表 2-11。由图 2-42b 可知，$2260\,\mathrm{cm}^{-1}$ 吸收带随着退火温度降低向高波数移动。这说明玻璃平均的 Si—O—Si 键角随退火温度降低而变大。$2260\,\mathrm{cm}^{-1}$ 吸

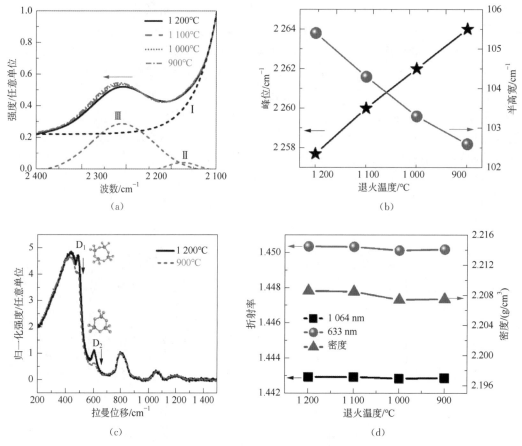

图 2-42　退火温度对 Yb^{3+} 单掺石英玻璃 FTIR(a)、$2\,260\,cm^{-1}$ 高斯峰 Ⅲ 的
峰位及其半高宽(b)、拉曼光谱(c)、折射率和密度(d)的影响[34]

表 2-11　退火温度对 Yb^{3+} 单掺石英玻璃在 $2\,260\,cm^{-1}$ 处红外吸收峰的峰位、
半高宽,以及 $633\,nm$ 和 $1\,064\,nm$ 处折射率及密度的影响[34]

退火温度 /℃	$2\,260\,cm^{-1}$ 高斯峰 峰位/cm^{-1}	$2\,260\,cm^{-1}$ 高斯峰 半高宽/cm^{-1}	$633\,nm$ 处 折射率	$1\,064\,nm$ 处 折射率	密度
1 200	2 258	105.4	1.450 35	1.442 91	2.208 6
1 100	2 260	104.3	1.450 33	1.442 91	2.208 5
1 000	2 262	103.3	1.450 12	1.442 82	2.207 4
900	2 264	102.6	1.450 18	1.442 86	2.207 5

收带的 FWHM 随着退火温度降低而减小,这说明玻璃中 Si—O—Si 键角分布范围随退火温度降低而变窄。

图 2-42c 为 $1\,200℃$ 和 $900℃$ 退火温度下 Yb^{3+} 单掺石英玻璃的拉曼光谱。$483\,cm^{-1}$ 和 $603\,cm^{-1}$ 处的拉曼峰分别对应 Si—O—Si 平面 4 元环(D_1)和 Si—O—Si 平面 3 元环(D_2)[88]。随着退火温度下降,D_1 和 D_2 的拉曼振动峰强度随之下降。这说明平面 4 元环和 3 元环结构含量随退火温度的降低而减少。据报道,D_1 和 D_2 中 Si—O—Si 键角均偏离平均键角 $145°$,分别为 $160.5°$ 和 $130.5°$。因此,D_1 和 D_2 是热力学不稳定的,其应变能分别为 $0.02\,eV$ 和

$0.26\ \mathrm{eV}^{[89-90]}$。退火会打断平面 3 元环的 Si—O—Si 键而重组形成大元环,随后扭曲环平面。而平面 4 元环会直接扭曲环平面降低过剩能量[91]。相比平面 4 元环($\theta_{\langle Si—O—Si\rangle}=160.5°$),平面 3 元环($\theta_{\langle Si—O—Si\rangle}=130.5°$)含量降低更多,因此,900℃退火温度下 Yb^{3+} 单掺石英玻璃中 Si—O—Si 平均键角较大,Si—O—Si 键角分布相对窄化。

根据第 1 章 1.2 节所述假想温度对纯石英玻璃结构的影响,可推测当退火温度降低时,在 Yb^{3+} 单掺石英玻璃中,除两桥连硅氧四面体的 Si—O—Si 键角增大以外,它们的 O—O—O 键角越大、Si—Si 距离越大,使得玻璃的结构疏松度增大,进而导致 Yb^{3+} 单掺石英玻璃的密度和折射率降低,如图 2-42d 所示。

2.3.1.2　热历史对镱铝和镱铝硼共掺石英玻璃折射率的影响机理

郭梦婷等[92]采用低温退火结合空气淬冷方式改变玻璃热历史,并基于 FTIR、拉曼和 NMR,系统研究了热历史对 Yb/Al(YbAP0)、Yb/Al/B(SYAB8)和 Y/Al/B(SYAB8 - $\mathrm{Y_2O_3}$)共掺石英玻璃网络结构的影响,解析热历史改变引起折射率变化的机理。玻璃详细组分见表 2-12。

表 2-12　YbAP0、SYAB8 和 SYAB8 - $\mathrm{Y_2O_3}$ 玻璃的组分[92-93]　　　　单位:mol%

样品	$\mathrm{Yb_2O_3}$	$\mathrm{Al_2O_3}$	$\mathrm{SiO_2}$	$\mathrm{B_2O_3}$	$\mathrm{Y_2O_3}$
YbAP0	0.1	4	95.9		
SYAB8	0.1	6	85.9	8	
SYAB8 - $\mathrm{Y_2O_3}$		6	85.9	8	0.1

图 2-43a 为 900℃退火时间对 YbAP0 玻璃在 $2\,260\ \mathrm{cm}^{-1}$ 处红外吸收峰峰位和半高宽的影响,红外光谱的具体分峰方法详见图 2-34d。退火使得 YbAP0 玻璃的红外吸收峰发生明显蓝移和窄化,说明 Si—O—Si 的平均键角变大,结构混乱度降低。而且随着退火时间延长,红外吸收峰的波数和半高宽趋于稳定。

图 2-43b 为 900℃退火时间对 YbAP0 玻璃的拉曼光谱的影响。$483\ \mathrm{cm}^{-1}$ 和 $603\ \mathrm{cm}^{-1}$ 处的拉曼峰分别对应 Si—O—Si 平面 4 元环($\mathrm{D_1}$)和 Si—O—Si 平面 3 元环($\mathrm{D_2}$)[88]。表 2-13 汇总了 YbAP0 玻璃 $\mathrm{D_2}$ 峰面积与退火时间的关系。退火使得 $\mathrm{D_1}$ 和 $\mathrm{D_2}$ 的峰面积降低,且随着退火时间的延长,$\mathrm{D_2}$ 峰面积降低趋势变缓,峰面积逐渐趋于稳定。

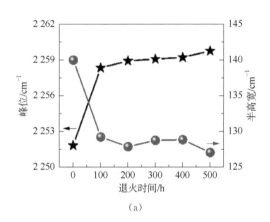

(a)

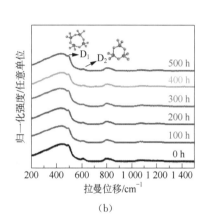

(b)

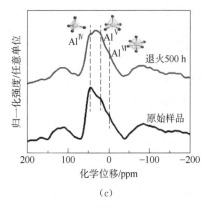 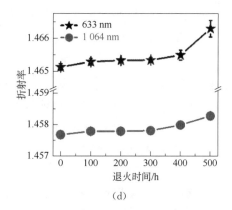

（c）　　　　　　　　　　　　　　　　　（d）

图 2 - 43　900℃退火时间与 YbAPO 玻璃在 2 260 cm⁻¹ 处红外吸收峰的峰位和
半高宽（a）、拉曼光谱（b）、²⁷Al MAS NMR 谱（c）和折射率（d）的关系[92]

表 2 - 13　YbAPO 玻璃在 2 260 cm⁻¹ 处红外吸收峰的峰位和半高宽、603 cm⁻¹
拉曼峰（D₂）面积和折射率与 900℃退火时间的关系[92]

退火时间 /h	2 260 cm⁻¹ 高斯峰 峰位/cm⁻¹	2 260 cm⁻¹ 高斯峰 半高宽/cm⁻¹	D₂ 峰面积	633 nm 折射率	1 064 nm 折射率
0	2 251.9	140	16.7	1.465 14	1.457 7
100	2 258.4	129.3	8.6	1.465 3	1.457 81
200	2 258.9	127.9	8.1	1.465 34	1.457 81
300	2 259.1	128.8	9.8	1.465 35	1.457 83
400	2 259.2	127.1	7.1	1.465 5	1.458 01
500	2 259.8	127.1	8.7	1.466 3	1.458 3

　　图 2 - 43c 为原始和 900℃退火 500 h 的 YbAPO 玻璃的 ²⁷Al MAS NMR 谱。位于 45 ppm、20 ppm 和 0 ppm 处的信号分别对应四配位 Al（Alᴵⱽ）、五配位 Al（Alⱽ）和六配位 Al（Alⱽᴵ）[36,94]。在原始 YbAPO 玻璃中，Al 主要以 Alᴵⱽ 存在。退火使得 Al 谱变宽，Alᴵⱽ 向 Alⱽᴵ 转变。高温²⁷Al MAS NMR 测试结果表明，Al 在熔体或者快冷玻璃中主要以 Alⱽ 和 Alⱽᴵ 存在[95-98]。

　　图 2 - 43d 为 900℃退火时间对 YbAPO 玻璃折射率的影响。随着退火时间的增加，YbAPO 玻璃的折射率增大。该现象与 Yb³⁺单掺和纯石英玻璃相反[75]。此外，当退火时间低于 400 h 时，YbAPO 玻璃的密度约为 2.24 g/cm³，而当退火时间高于 400 h 后，密度增大至 2.25 g/cm³，该结果与 Pauli 等的报道一致[86]。由图 2 - 43a、b 可知，随着退火时间的延长，YbAPO 玻璃中两桥连硅氧四面体的 Si—O—Si 键角增大，即 Si—O—Si 玻璃网络结构疏松度增大，这会引起玻璃的密度和折射率降低。据报道，Alⱽᴵ 在石英玻璃中填充于玻璃网络间隙，增大玻璃密度和折射率[14]。在 YbAPO 玻璃退火过程中，Alᴵⱽ 向 Alⱽᴵ 的转变是引起 YbAPO 玻璃折射率和密度升高的重要原因。

　　图 2 - 44a、b 分别为 800℃退火前后 SYAB8 和 SYAB8 - Y₂O₃ 玻璃的²⁷Al MAS NMR 谱。化学位移为 45 ppm、25 ppm 和 0 ppm 的信号峰分别归属于 Alᴵⱽ、Alⱽ 和 Alⱽᴵ。与 YbAPO 玻璃类似，退火使得四配位 Alᴵⱽ 向六配位 Alⱽᴵ 转变。

　　图 2 - 44c、d 分别为 800℃退火前后 SYAB8 和 SYAB8 - Y₂O₃ 玻璃的¹¹B MAS NMR 谱。由本章 2.2.4.4 节可知，在原始 YbAB80 玻璃中，多数 B 以 Bᴵᴵᴵ 形式存在，少量 B 以 Bᴵⱽ 形式存在。800℃退火对¹¹B MAS NMR 谱无明显影响，即该退火条件下 B 的配位数不会发生明

显变化。但在硼酸盐或硼硅酸盐玻璃中，B 的配位数受假想温度的影响，随着假想温度升高，B^{IV} 向 B^{III} 和非桥氧（NBO^-）转变，即 $BO_4^- \longrightarrow BO_3 + NBO^-$ [99-101]。

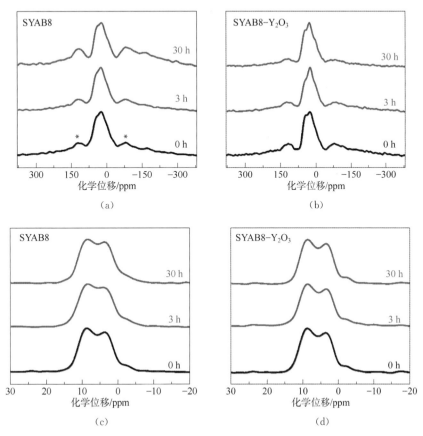

图 2-44　800℃ 退火前后 SYAB8 玻璃的 ^{27}Al（a）和 ^{11}B MAS NMR（c）谱，以及 800℃ 退火前后 SYAB8 - Y_2O_3 玻璃的 ^{27}Al（b）和 ^{11}B（d）MAS NMR 谱[93]

　　图 2-45a 为 800℃ 退火时间对 SYAB8 玻璃在 $2\,260\ cm^{-1}$ 处红外吸收峰峰位和半高宽的影响，具体数据见表 2-14。红外光谱的具体分峰方法详见图 2-34d。随着退火时间延长，SYAB8 玻璃的红外吸收峰发生明显蓝移和窄化。退火使得 Si—O—Si 的平均键角变大，结构混乱度降低。

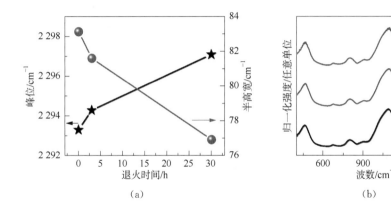

（a）　　　　　　　　　　　　　　（b）

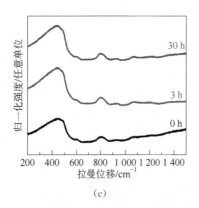
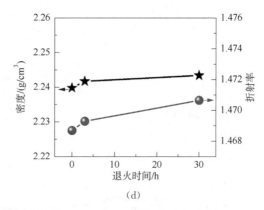

（c）　　　　　　　　　　　　　　（d）

图 2-45　800℃退火时间与 SYAB8 玻璃在 2 260 cm⁻¹ 处红外吸收峰的峰位和
半高宽（a）、红外（b）和拉曼（c）光谱、密度和折射率（d）的关系[93]

表 2-14　SYAB8 玻璃在 2 260 cm⁻¹ 处红外吸收峰的峰位和半高宽、
1 064 nm 处折射率、密度与 800℃退火时间的关系[93]

退火时间 /h	$2\,260\,cm^{-1}$ 高斯峰 峰位/cm^{-1}	$2\,260\,cm^{-1}$ 高斯峰 半高宽/cm^{-1}	$1\,064\,nm$ 折射率	密度
0	2 293	83.1	1.468 71	2.239 9
3	2 294	81.6	1.469 31	2.241 8
30	2 297	76.9	1.470 67	2.243 5

　　图 2-45b、c 分别为 800℃退火时间对 SYAB8 玻璃 FTIR 和拉曼光谱的影响。800℃退火处理后，SYAB8 玻璃的 FTIR 和拉曼谱均无明显变化。

　　图 2-45d 为 SYAB8 玻璃在 1 064 nm 处折射率和密度与 800℃退火时间的关系，具体数值见表 2-14。随着退火时间的增加，SYAB8 玻璃的密度和折射率增大。该结果与 Yb/Al 共掺石英玻璃一致。由图 2-45a～c 可知，随着退火时间的延长，SYAB8 玻璃中两桥连硅氧四面体的 Si—O—Si 键角增大，即 Si—O—Si 玻璃网络结构疏松度增大，这会引起玻璃的密度和折射率降低。需要说明的是，原始 SYAB8 玻璃中硅氧平面 3 元环和平面 4 元环的拉曼振动峰较弱，因此难以通过拉曼光谱监测 800℃退火对环结构的影响。但由图 2-44 可知，800℃退火会引起四配位 Al^{IV} 向六配位 Al^{VI} 转变。与 Yb/Al 共掺石英玻璃类似，退火前后 Al 配位数的变化是引起 Yb/Al/B 共掺石英玻璃折射率和密度升高的重要原因。

2.3.1.3　热历史对镱铝磷共掺石英玻璃折射率的影响机理

　　Guo 等[102]采用氩气气氛中退火方式改变 Yb/Al/P 共掺石英玻璃热历史，系统研究了 850℃退火时间对该玻璃网络结构的影响，并解析热历史改变引起折射率变化的机理。该玻璃组分为 $0.1Yb_2O_3 - 4Al_2O_3 - 6P_2O_5 - 89.9SiO_2$（mol%，YbAP1.5）。

　　图 2-46a 为 YbAP1.5 玻璃在 2 260 cm⁻¹ 红外吸收峰峰位和半高宽随 850℃退火时间的变化关系，具体数值见表 2-15。随着 850℃退火时间延长，YbAP1.5 玻璃在 2 260 cm⁻¹ 附近红外吸收峰蓝移且窄化，变化规律与 Yb³⁺单掺、Yb/Al 和 Yb/Al/B 共掺石英玻璃一致。说明退火使得 Si—O—Si 的平均键角变大，结构混乱度降低。

　　图 2-46b 为 YbAP1.5 玻璃拉曼光谱随退火时间的变化关系。在低波数范围内，Yb/Al/P 共掺石英玻璃的拉曼峰与 Yb³⁺单掺和 Yb/Al 共掺石英玻璃的类似，但它们在 1 000～1 350 cm⁻¹

范围内的拉曼峰有所不同。其中，$1\,000\sim1\,200\,cm^{-1}$ 处的宽峰主要来源于 Al—O—P 的伸缩振动，$1\,330\,cm^{-1}$ 处的拉曼振动峰来源于 P═O 伸缩振动[103-104]。退火后 YbAP1.5 玻璃在 $483\,cm^{-1}$ 和 $603\,cm^{-1}$ 处的拉曼峰峰强明显减弱，D_1 和 D_2 减少，变化规律与 Yb^{3+} 单掺和 Yb/Al 共掺石英玻璃类似。此外，YbAP1.5 玻璃在 $1\,000\sim1\,200\,cm^{-1}$ 处的宽峰强度升高，而在 $1\,330\,cm^{-1}$ 处的拉曼峰强度降低。退火 75 h 后，$200\,cm^{-1}$ 和 $300\,cm^{-1}$ 附近出现尖峰。其中，$200\,cm^{-1}$ 峰可在 α-$AlPO_4$ 晶体的拉曼谱中观察到，$300\,cm^{-1}$ 峰归属于 Al—O—P 键的弯曲振动[105-106]。退火会使得 YbAP1.5 玻璃中 P═O 含量降低，Al—O—P 连接增多，甚至析出 $AlPO_4$ 晶体。

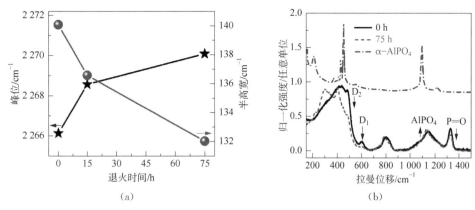

图 2-46　YbAP1.5 玻璃在 $2\,260\,cm^{-1}$ 处红外吸收峰的峰位和半高宽(a)和拉曼光谱(b)与退火时间的关系[102]

表 2-15　YbAP1.5 玻璃在 $2\,260\,cm^{-1}$ 处红外吸收峰的峰位和半高宽、$1\,064\,nm$ 处折射率、密度与 $850\,℃$ 退火时间的关系[102]

退火时间 /h	$2\,260\,cm^{-1}$ 高斯 峰峰位/cm^{-1}	$2\,260\,cm^{-1}$ 高斯峰 半高宽/cm^{-1}	$633\,nm$ 折射率	密度
0 h	2 266	140.1	1.456 8	2.250 8
15 h	2 269	136.6	1.456 1	2.245 9
75 h	2 270	132	1.455 75	2.243 2

图 2-47a 为原始和退火 75 h YbAP1.5 玻璃的 ^{29}Si MAS NMR 谱。位于 $-110\,ppm$ 的信号归属于 Q^4 基团[33]。YbAP1.5 玻璃中 Si 主要以 Q^4 基团存在，其玻璃结构与 SiO_2 玻璃结构类似。退火后，该信号峰明显变窄，玻璃硅氧网络结构变得高度有序。

图 2-47b 为原始和退火 75 h YbAP1.5 玻璃的 ^{27}Al MAS NMR 谱。位于 $42.0\,ppm$、$7.4\,ppm$ 和 $-15.6\,ppm$ 的信号峰分别属于四配位 Al(Al^{IV})、五配位 Al(Al^{V})和六配位 Al(Al^{VI})[36,107]。退火处理使得 ^{27}Al MAS 谱明显窄化，导致 Al^{V} 和 Al^{VI} 向 Al^{IV} 转变，该趋势与 Yb/Al 和 Yb/Al/B 共掺石英玻璃相反。同时，退火后 YbAP1.5 玻璃的 ^{27}Al MAS NMR 谱在 $-53\,ppm$ 化学位移处出现旋转侧带，说明退火后 Al 周围的顺磁性增强。

图 2-47c 为原始和退火 75 h YbAP1.5 玻璃的 ^{31}P 静止 NMR 谱。退火处理使得 ^{31}P NMR 谱明显窄化。表 2-16 汇总了退火前后 YbAP1.5 玻璃中 $P^{(n)}$ 单元的变化。由图 2-47c 可知，原始 YbAP1.5 玻璃的 ^{31}P NMR 可分成四个峰。$-30.8\,ppm$ 处高斯峰归属于 $P^{(4)}$ 单元，

其极易与 Al^{IV} 形成[$AlPO_4$]基团[108-109]。位于 -45.8 ppm 的轴向对称信号归属于 $P^{(3)}$ 单元，如 $O=P(OSi)_3$[110]。剩余两个非轴对称信号分别来源于 $P^{(1)}$ 和 $P^{(2)}$ 单元，这两个结构单元倾向于与高配位 Al 成键[107-108]。由表 2-16 可知，退火后 $P^{(4)}$ 含量明显增多，而 $P^{(1)}$ 和 $P^{(3)}$ 含量明显降低。同时，退火处理还增加了 Al^{IV} 含量，降低了高配位 Al 含量，见图 2-47b。$P^{(4)}$ 结构倾向于与 Al^{IV} 成键，由此推测退火处理使得[$AlPO_4$]基团含量增多，甚至形成纳米级团聚。

图 2-47d 为退火时间对 YbAP1.5 玻璃密度和折射率的影响，从中发现退火后 YbAP1.5 玻璃的密度和折射率降低。变化规律与 Yb/Al 和 Yb/Al/B 共掺石英玻璃相反，见本章 2.3.1.2 节。可见，Yb/Al 共掺石英玻璃中掺杂 P 改变了玻璃折射率对热历史的依从性：一方面，基于 FTIR、拉曼和 ^{29}Si MAS NMR 的结果，退火处理改善了硅氧网络结构的对称性，增大了 Si—O—Si 的平均键角，即 Si—O—Si 玻璃网络结构疏松度增大，这会引起玻璃的密度和折射率降低。另一方面，根据 ^{27}Al MAS 和 ^{21}P 静止 NMR（表 2-16）的结果，YbAP1.5 玻璃退火处理使得高配位 Al 向 Al^{IV} 转变，$P^{(1)}$、$P^{(3)}$ 向 $P^{(4)}$ 结构转变，Al^{IV} 和 $P^{(4)}$ 结构倾向于形成[$AlPO_4$]结构。[$AlPO_4$]结构单元等效于 2 个[$SiO_{4/2}$]结构单元，1 mol%[$AlPO_4$]对石英玻璃折射率的贡献为 -1.1×10^{-4}[18]。退火后，Si—O—Si 平均键角的增大和[$AlPO_4$]结构的形成，使得 YbAP1.5 玻璃的密度和折射率降低。

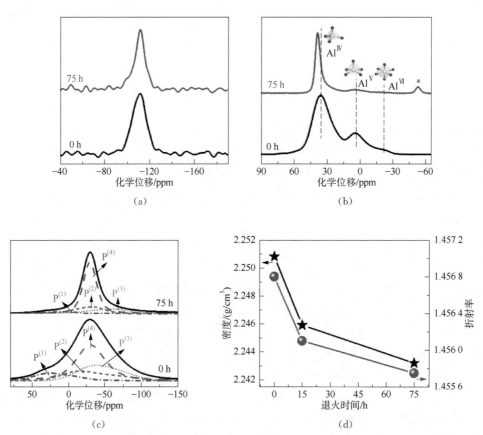

(a)

(b)

(c)

(d)

图 2-47 原始和 850℃ 退火 75 h 的 YbAP1.5 玻璃的 ^{29}Si(a)、^{27}Al(b) 和 ^{31}P(c) 核磁谱，以及 YbAP1.5 玻璃密度和折射率与退火时间的关系(d)[102]

表 2-16　退火前后 YbAP1.5 玻璃的 ^{31}P 静止谱的分峰情况[102]

退火时间	参数	P$^{(1)}$	P$^{(2)}$	P$^{(3)}$	P$^{(4)}$
0 h	化学位移/(ppm,±0.5)	18.0	−33.0	−45.8	−30.8
	含量/(%,±3%)	12.0	17.8	24.9	45.4
75 h	化学位移/(ppm,±0.5)	15.5	−28.4	−55.0	−30.2
	含量/(%,±3%)	4.8	16.5	14.6	64.1

磷铝比越高,Yb^{3+} 的吸收和发射截面越低[17,36]。当 P/Al=1 时,Yb/Al/P 共掺石英玻璃的折射率最低[17]。因此,通常选用磷铝比接近 1 的 Yb/Al/P 共掺石英玻璃作为大模场低数值孔径光纤的纤芯玻璃。表 2-17 汇总了 P/Al=1 的 Yb/Al/P 共掺石英玻璃高温退火前后在 1064 nm 波长处的折射率,相应玻璃组分为 $0.1Yb_2O_3 - xAl_2O_3 - xP_2O_5 - (99.9-2x)SiO_2$(mol%, x=3、4、5),根据 x 值,将玻璃简称 YbAP1−x;表中 P/Al 值根据 ICP-OES 得出。

表 2-17　1000℃ 退火前后 P/Al=1 的 Yb/Al/P 共掺石英玻璃在 1064 nm 处的折射率[93]

| 样品 | x 值 | P/Al | 1064 nm 折射率 | | 折射率差 |
			原始样品	退火样品	退火样品-原始样品
YbAP1-3	3	0.94	1.451 42	1.451 22	-2×10^{-4}
YbAP1-4	4	1.02	1.451 25	1.450 94	-3.1×10^{-4}
YbAP1-5	5	0.97	1.451 24	1.450 70	-5.4×10^{-4}

原始玻璃中 x 值越大,$AlPO_4$ 的绝对含量越高,玻璃折射率越低。该结果与 Wang 等的报道结果相符[18]。退火后 YbAP1−x 玻璃的折射率降低,且随着 $AlPO_4$ 绝对含量的增大,折射率降低幅度增大。当 P/Al=1 时,Al 和 P 基本以 Al^{IV} 和 $P^{(4)}_{(mAl, hSi)}$($m+h=4$, $m\leqslant4$)存在,这两种结构单元倾向于相互连接形成类 $AlPO_4$ 结构[36]。需要说明的是,$P^{(n)}_{(mAl, hSi)}$ 结构中,上标 n 是指与中心原子 P 相连的桥氧数目,下标 m 和 h 分别指与每个 P 原子成键的 Al 和 Si 的数目。上述折射率变化可能与 $P^{(4)}_{(mAl, hSi)}$ 结构单元的增减有关。

2.3.1.4　热历史对镱铝磷氟共掺石英玻璃折射率的影响机理

Guo 等[111]采用退火和火焰抛光两种方式改变纤芯 Yb/Al/P/F 共掺石英玻璃和商用石英包层玻璃的热历史,并基于拉曼和 NMR 结构分析结果解析了热历史改变引起折射率变化的机理。纤芯玻璃组分为 $0.12Yb_2O_3 - 3.2Al_2O_3 - 2.7P_2O_5 - 93.98SiO_2 - F$(mol%, YbAPF0.85),其中 P/Al=0.85(摩尔比)、F/Si=1%(质量比)。

图 2-48a 详细说明了不同热历史 YbAPF0.85 玻璃的处理工艺。首先将 YbAPF0.85 玻璃切割成四块,根据其热历史情况,分别命名为原始(pristine)、退火(An)、氢氧焰加热(FireP)和氢氧焰加热-退火(FireP-An)的 YbAPF0.85 玻璃。其中,原始 YbAPF0.85 玻璃指未改变其热历史的玻璃。图 2-48b 为原始 YbAPF0.85 玻璃的差示扫描量热(DSC)曲线,升温速率为 15 K/min。原始 YbAPF0.85 玻璃的玻璃转变温度(T_g)、玻璃析晶温度(T_{x1} 和 T_{x2})分别为 800、1148 和 1362℃。选用低于 T_x 的退火温度(1000℃)可有效避免玻璃析晶。将原始 YbAPF0.85 玻璃放入已加热至 1000℃ 的管式退火炉中退火 3 h,同时采用氩气气氛保护。待退火至设定时间后,在高温将样品取出并淬冷至室温,得到退火的 YbAPF0.85 玻璃。退火后

YbAPF0.85 玻璃的透明性较好,见图 2-48b 中插图。这一退火过程称为预退火过程。采用 1 800℃左右的氢氧焰抛光退火的 YbAPF0.85 玻璃,然后淬冷至室温,以此模拟光纤拉丝过程,得到火焰抛光的 YbAPF0.85 玻璃。将火焰抛光的 YbAPF0.85 玻璃进行退火处理,退火条件与预退火过程一致,这一过程简称后退火过程。为监测不同过程中光纤数值孔径(NA)的变化,Guo 等[111]选用商用纯石英玻璃(F300,Heraeus)为包层玻璃,并采用与 YbAPF0.85 玻璃相同的处理工艺改变 F300 玻璃的热历史。

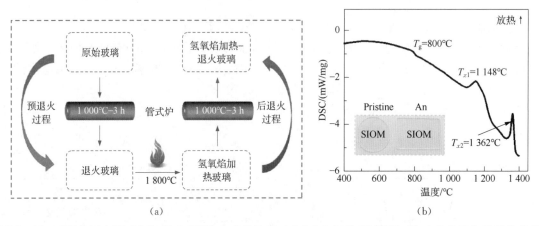

图 2-48 不同热历史 YbAPF0.85 和 F300 玻璃的处理工艺(a)和原始 YbAPF0.85 玻璃差示扫描量热曲线(b);(b)中插图表示原始和退火 YbAPF0.85 玻璃的图片[111]

图 2-49a、b 分别为不同热历史 YbAPF0.85 和 F300 玻璃的拉曼光谱,所有拉曼光谱均对 800 cm^{-1} 处的拉曼峰强度进行归一化处理。F300 玻璃中,440 cm^{-1} 和 1 000～1 300 cm^{-1} 处的宽峰以及 485 cm^{-1}、604 cm^{-1} 和 800 cm^{-1} 处的拉曼峰均来自[SiO$_{4/2}$]四面体的振动。其中,485 cm^{-1} 和 604 cm^{-1} 处的拉曼峰分别对应硅氧平面 4 元环(D$_1$)和平面 3 元环(D$_2$)。YbAPF0.85 玻璃的拉曼光谱与 F300 玻璃的类似,但 300 cm^{-1} 和 1 000～1 300 cm^{-1} 处的拉曼峰不同于 F300 玻璃。300 cm^{-1} 处的拉曼峰归属于 Al—O—P 键的弯曲振动,只有当该键含量较高时其峰强才较为明显[105-106]。1 000～1 300 cm^{-1} 处的宽峰来源于 Al—O—P、Al—O—Si、Si—O—Si 和 P—O—Si 键的伸缩振动[33,103]。与纯石英相比,YbAPF0.85 玻璃 D$_1$ 和 D$_2$

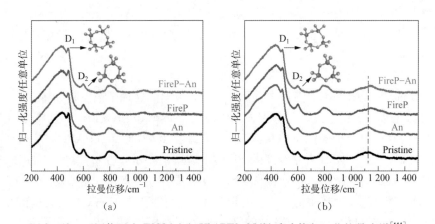

图 2-49 不同热历史 F300(a)和 YbAPF0.85(b)玻璃的归一化拉曼光谱[111]

峰峰强均较弱,Yb、Al、P 和 F 的加入会导致 Si—O—Si 键的断裂,并形成 Si—O—Al、Si—O—P 和 Si—F 键等。

表 2-18 总结了 D_2 峰的峰面积与热历史的关系。YbAPF0.85 和 F300 玻璃经退火处理后 D_1 和 D_2 的峰面积均减小,经火焰抛光后峰面积增大,再经后退火处理后峰面积减小。除 D_1 和 D_2 峰外,300 cm^{-1} 处的拉曼峰和 1000~1300 cm^{-1} 处的宽峰也与热历史有关。退火后,300 cm^{-1} 处的拉曼峰变强,火焰抛光后,该峰减弱至与 Si—O—Si 弯曲振动峰完全重合,1000~1300 cm^{-1} 处的宽峰蓝移,火焰抛光后 YbAPF0.85 玻璃中的 P—O—Si 含量高于原始和退火样品。

表 2-18　不同热历史 F300 和 YbAPF0.85 玻璃的 D_2 峰面积,YbAPF0.85 玻璃在 1000~1300 cm^{-1} 范围的拉曼峰对应波数[111]

样品	D_2 峰面积		波数 /cm^{-1}
	F300	YbAPF0.85	
Pristine	29.0	18.9	1128
An	24.9	17.3	1132
FireP	32.3	26.0	1145
FireP-An	22.6	17.0	1135

图 2-50a 为不同热历史 YbAPF0.85 玻璃的 ^{19}F MAS NMR 谱,其中 Heraeus 的掺 F 石英管的 NMR 也被加入图 2-50a 中作为对比。所有样品的 ^{19}F MAS NMR 谱均由一个位于约 −145 ppm 的信号组成,该信号对应 F—Si 键[49]。当改变 YbAPF0.85 玻璃的热历史时,样品的 ^{19}F MAS NMR 谱无明显变化。即当 F 掺杂量较低时,F 的配位环境与热历史无关。

图 2-50b 为不同热历史 YbAPF0.85 玻璃的 ^{27}Al MAS NMR 谱及分峰情况,拟合模型为 Czjzek 模型。根据不同配位 ^{27}Al 各向同性化学位移值,可得到玻璃中不同配位 Al 的大致含量,数据列于表 2-19 中[36,107]。由表可知,Al 的配位数与热历史密切相关。原始 YbAPF0.85 玻璃中 Al 主要以 Al^{IV} 存在。火焰抛光后,Al^{IV} 向 Al^{V} 转变。退火后,Al^{V} 向 Al^{IV} 转变,甚至析出相应晶体。

图 2-50c 为不同热历史 YbAPF0.85 玻璃的 ^{31}P MAS NMR 谱。热历史变化会明显改变 ^{31}P MAS NMR 谱的峰位和谱形。原始 YbAPF0.85 玻璃的 ^{31}P MAS NMR 谱主要由一个位于约 −30 ppm 的相对对称的信号峰组成。该信号的化学位移与 $P^{(4)}_{(4Al, 0Si)}$ 结构的(−26 ppm)接近,这一信号归属于 $P^{(4)}_{(4Al, 0Si)}$ 结构[108-109]。需要说明的是,$P^{(n)}_{(mAl, hSi)}$ 中,上标 n 表示桥氧的数目,下标 m 和 h 分别表示与每个 P 原子成键的 Al 和 Si 的数目。退火后 YbAPF0.85 的 ^{31}P MAS NMR 谱明显窄化,与 ^{27}Al MAS NMR 谱变化一致,Guo 等[111]推测退火后玻璃中析出了 AlPO$_4$ 纳米晶或形成高度对称的 AlPO$_4$ 团簇。经过火焰抛光后,样品位于 −30 ppm 化学位移处的信号峰强度降低,并出现了两个位于约 −36 ppm 和 −47 ppm 的信号峰,分别归属于 $P^{(4)}_{(3Al, 1Si)}$ 和 $P^{(4)}_{(2Al, 2Si)}$ 结构。火焰抛光后,玻璃中的 P—O—Al 键被破坏,并断键形成 P—O—Si 和 Al—O—Si 键。对火焰抛光的 YbAPF0.85 玻璃进行后退火处理,发现其 ^{31}P MAS NMR 谱朝着原始 YbAPF0.85 玻璃的 ^{31}P MAS NMR 谱转变。

图 2-50d 为不同热历史 YbAPF0.85 玻璃的 ^{29}Si MAS NMR 谱。原始 YbAPF0.85 玻璃的 ^{29}Si MAS NMR 谱由一个位于约 −110 ppm 的信号组成,该信号归属于 Q^4 结构[33]。退火

处理后样品的 ^{29}Si MAS NMR 谱无明显变化，证明析出的纳米晶是 AlPO$_4$ 晶体。经火焰抛光后，该信号向高频方向移动，可能形成少量 Q$^3_{1Al}$ 结构，见表 2 - 19。即火焰抛光后样品中的 Si—O—Si 键被破坏，并形成 Si—O—Al 键，使得火焰抛光的 YbAPF0.85 玻璃中含有较多的 Al^V。

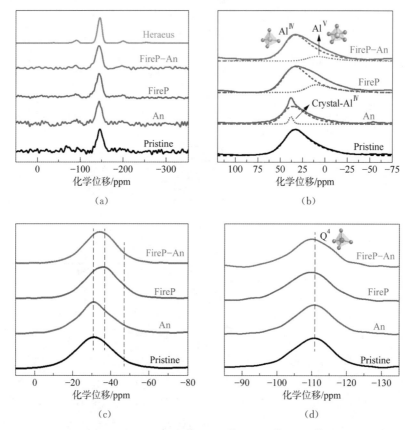

图 2 - 50　不同热历史 YbAPF0.85 玻璃的 ^{19}F(a)、^{27}Al(b)、^{31}P(c) 和 ^{29}Si(d)MAS NMR 谱[111]

表 2 - 19　不同热历史 YbAPF0.85 玻璃中 ^{27}Al 的平均化学位移、不同配位 ^{27}Al 的相对含量、四极耦合常数(C_q) 和 ^{29}Si 的平均化学位移（重心）[111]

样品	种类	化学位移/ (ppm，±0.5)	含量/ (%，±3%)	C_q/ (MHz，±0.3)
Pristine	^{29}Si	−110.1		
	Al^{IV}	40.4	100	6.6
An	^{29}Si	−110.5		
	Al^{IV}	43.5	92.8	5.8
	Crystal - Al^{IV}	41.3	7.2	2.9
FireP	^{29}Si	−109.0		
	Al^{IV}	43.0	78.9	6.6
	Al^V	17.7	21.1	6.8
FireP - An	^{29}Si	−109.7		
	Al^{IV}	41.0	88.5	6.5
	Al^V	17.4	11.5	6.5

图 2-51 为 ^{31}P MAS NMR 谱的去卷积结果，具体参数见表 2-20。原始 YbAPF0.85 玻璃中，位于 -14 ppm、-30 ppm、-39 ppm 和 -47 ppm 化学位移处的信号分别归属于 $P_{(2Al,1Si)}^{(3)}$、$P_{(4Al,0Si)}^{(4)}$、$P_{(3Al,1Si)}^{(4)}$ 和 $P_{(2Al,2Si)}^{(4)}$ 结构。$P_{(4Al,0Si)}^{(4)}$ 结构的相对含量与热历史密切相关。退火处理后，玻璃中 $P_{(4Al,0Si)}^{(4)}$ 结构的相对含量增多，甚至形成相应晶体。同时，$P_{(3Al,1Si)}^{(4)}$ 和 $P_{(2Al,2Si)}^{(4)}$ 结构的相对含量减少。火焰抛光后，$P_{(3Al,1Si)}^{(4)}$ 和 $P_{(2Al,2Si)}^{(4)}$ 结构的相对含量增多，而 $P_{(4Al,0Si)}^{(4)}$ 结构

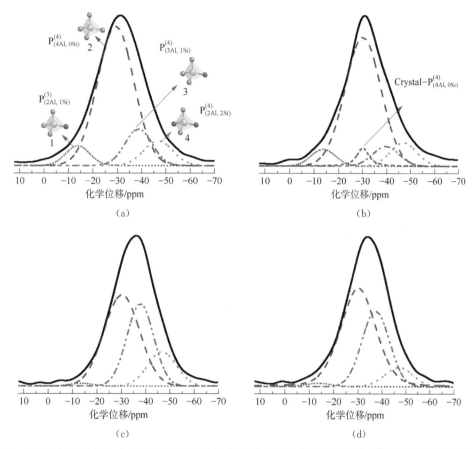

图 2-51　原始（a）、退火（b）、火焰抛光（c）和火焰抛光-退火（d）YbAPF0.85 玻璃的 ^{31}P MAS NMR 谱的去卷积结果；编号为 1、2、3、4 的虚线分别代表 $P_{(2Al,1Si)}^{(3)}$、$P_{(4Al,0Si)}^{(4)}$、$P_{(3Al,1Si)}^{(4)}$ 和 $P_{(2Al,2Si)}^{(4)}$ 结构[111]

表 2-20　^{31}P MAS NMR 谱的去卷积结果[111]

样品	种类	化学位移/(ppm，±0.5)	含量/(%，±3%)
Pristine	$P_{(2Al,1Si)}^{(3)}$	-14.0	6.5
	$P_{(4Al,0Si)}^{(4)}$	-29.5	70.0
	$P_{(3Al,1Si)}^{(4)}$	-38.9	13.6
	$P_{(2Al,2Si)}^{(4)}$	-47.0	9.9
An	$P_{(2Al,1Si)}^{(3)}$	-14.0	6.1
	$P_{(4Al,0Si)}^{(4)}$	-30.4	71.6
	$Crystal-P_{(4Al,0Si)}^{(4)}$	-30.4	4.6
	$P_{(3Al,1Si)}^{(4)}$	-40.0	8.1
	$P_{(2Al,2Si)}^{(4)}$	-47.4	9.7

样品	种类	化学位移/(ppm, ±0.5)	含量/(%, ±3%)
FireP	$P^{(3)}_{(2Al, 1Si)}$	−14.0	1.1
	$P^{(4)}_{(4Al, 0Si)}$	−30.4	49.8
	$P^{(4)}_{(3Al, 1Si)}$	−38.0	34.0
	$P^{(4)}_{(2Al, 2Si)}$	−47.0	15.1
FireP－An	$P^{(3)}_{(2Al, 1Si)}$	−14.0	1.3
	$P^{(4)}_{(4Al, 0Si)}$	−30.4	57.9
	$P^{(4)}_{(3Al, 1Si)}$	−37.7	32.3
	$P^{(4)}_{(2Al, 2Si)}$	−47.4	8.5

的相对含量减少。对火焰抛光样品进行后退火处理，发现 $P^{(4)}_{(4Al, 0Si)}$ 结构的相对含量增多，并朝着原始 YbAPF0.85 玻璃的结构演变。

为了验证 ^{31}P MAS NMR 谱分峰的合理性，Guo 等[111]进一步测试了 ^{27}Al$\{^{31}$P$\}$ REDOR、^{31}P$\{^{27}$Al$\}$ 旋转回波绝热通道双共振(rotational echo adiabatic passage double resonance, REAPDOR)和 ^{31}P DQ－DRENAR(dipolar recoupling effects nuclear alignment reduction)核磁共振谱。图 2－52a 为不同热历史 YbAPF0.85 玻璃的 ^{27}Al$\{^{31}$P$\}$ REDOR 结果，图中实线表示 $\Delta S/S_0 \leqslant 0.2$ 范围内的抛物线拟合结果。表 2－21 总结了不同热历史的 YbAPF0.85 玻璃中与单个 P 相连的 Al 核的数目(N_{Al-P})。原始 YbAPF0.85 玻璃的平均 N_{Al-P} 为 2.9，低于 AlPO$_4$ 玻璃的值($N_{Al-P}=4$)[109,112]。即原始 YbAPF0.85 玻璃中，大部分 Al 与四个 P 相连形成 $P^{(4)}_{(4Al, 0Si)}$ 结构，少部分 Al 与 Si 成键，该结果与 ^{27}Al MAS NMR 结果一致。退火处理后，样品的 N_{Al-P} 值从 2.9 增至 3.0，火焰抛光后该值降至 2.3。这说明退火处理使得 Al—O—P 连接增多，火焰抛光使得 Al—O—Si 和 P—O—Si 键增多。此外，火焰抛光 YbAPF0.85 玻璃中 Al^{V} 的存在也暗示了 Al—O—Si 键的存在。对火焰抛光 YbAPF0.85 玻璃进行后退火处理，发现其 N_{Al-P} 值增大。^{27}Al$\{^{31}$P$\}$ REDOR 结果证实 Al 和 P 的相互作用与热历史密切相关，火焰抛光的 YbAPF0.85 玻璃中 Al 和 P 相互作用相对较弱，Al—O—Si 含量较高。

图 2－52b 为不同热历史 YbAPF0.85 玻璃的 ^{31}P$\{^{27}$Al$\}$ REAPDOR 结果。在 ^{27}Al 的 CQ 值为 6.6 MHz 的条件下，采用 SIMPSON 模型拟合 ^{31}P$\{^{27}$Al$\}$ REAPDOR 谱[113]。^{31}P 与 1 个或 2 个 ^{27}Al 成键的模拟结果见图 2－52b。由原始和火焰抛光 YbAPF0.85 玻璃的 ^{31}P MAS NMR 去卷积结果可知，^{31}P 分别平均与接近 4 个和大于 3 个 ^{27}Al 相连，但模拟 ^{31}P$\{^{27}$Al$\}$ REAPDOR 谱反映的结果略微偏离此分峰情况。这种偏离现象也存在于类似的玻璃系统，相应玻璃组分为 xAl$_2$O$_3$－$(30-x)$P$_2$O$_5$－70SiO$_2$[107]。这种偏离现象可能源自模拟所用 C_q 值与实际值的偏差，在 YbAPF0.85 玻璃中，大部分 Al 原子与 P 相连形成 AlPO$_4$ 结构，少部分 Al 与 Si 原子成键，Al 的不同连接方式对应不同 C_q 值，因此 YbAPF0.85 玻璃中 ^{27}Al 的 C_q 分布较宽。但在模拟 ^{31}P$\{^{27}$Al$\}$ REAPDOR 谱时，只能采用确定的 C_q 值，因此模拟结果会出现一定偏差。虽然利用 SIMPSON 模拟难以准确获取 ^{27}Al 原子的数量，但可从 ^{31}P-^{27}Al 偶极相互作用衰减曲线中获取其随热历史的变化趋势。与 ^{27}Al$\{^{31}$P$\}$ REDOR 谱类似，退火后的 ^{31}P-^{27}Al 偶极相互作用增强，火焰抛光后其作用减弱。该结果说明不同热历史 YbAPF0.85 玻璃中 P—O—Al 的数目呈现如下规律：An＞Pristine＞FireP－An＞FireP。

图 2‐52c 为在偶极演化时间为 1 ms 的情况下,火焰抛光 YbAPF0.85 玻璃在加载(S')和不加载(S_0)^{31}P‐^{27}Al 偶极相互作用时获得的^{31}P 谱。整个宽谱在^{27}Al 影响下急剧衰减,且高频信号的衰减程度较大。一方面,该结果证明了火焰抛光 YbAPF0.85 玻璃中所有 P 均与 Al 原子成键;另一方面,高频方向的信号源自$P^{(4)}_{(4Al, 0Si)}$结构,低频方向的信号源自$P^{(4)}_{(mAl, hSi)}$结构($m+h=4$,$m<4$)。

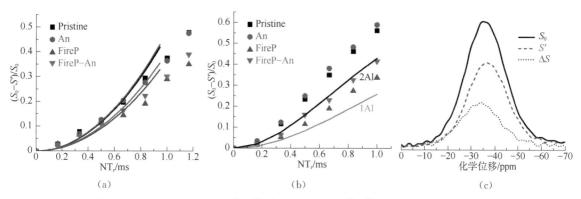

图 2‐52　不同热历史 YbAPF0.85 玻璃的^{27}Al$\{^{31}$P$\}$ REDOR(a)、^{31}P$\{^{27}$Al$\}$ REAPDOR(b)结果;固定偶极演化时间为 1 ms,火焰抛光 YbAPF0.85 玻璃加载(S')和不加载(S_0)^{31}P‐^{27}Al 偶极相互作用获得的^{31}P 谱及它们的差谱(ΔS)(c)[111]

表 2‐21　不同热历史 YbAPF0.85 玻璃的$M_2^{Al\text{-}P}$值、与单个 P 相连的 Al 核的数目$N_{Al\text{-}P}$[111]

样品	$M_2^{Al\text{-}P}/10^6(\text{rad}^2 \cdot \text{s}^{-2}, \pm 10\%)$	$N_{Al\text{-}P}(\pm 10\%)$
Pristine	3.5[a]	2.9[a]
An	3.6[a]	3.0[a]
FireP	2.7[a]	2.3[a]
FireP‐An	2.9[a]	2.5[a]
AlPO$_4$	4.7	4

注:上标 a 表示平均值。

图 2‐53a 为不同热历史 YbAPF0.85 玻璃的 CT‐DRENAR‐POST‐C7 衰减曲线,相应$\sum\limits_j b_{jk}^2$值见图 2‐53a。原始和退火 YbAPF0.85 玻璃的$\sum\limits_j b_{jk}^2$值约为 AlPO$_4$玻璃的一半,AlPO$_4$玻璃的$\sum\limits_j b_{jk}^2$值为3.3×10^5 Hz,AlPO$_4$玻璃中每个 P 与 4 个 Al 成键[114]。一方面,该结果证实了所有 YbAPF0.85 玻璃中均不存在 P—O—P 连接,说明 P 仅以 P$^{(4)}$形式存在,P$^{(4)}$结构的多样性仅来自其次近邻原子,进一步验证了 P$^{(4)}_{(mAl, hSi)}$结构归属的合理性;另一方面,退火 YbAPF0.85 玻璃的^{31}P‐^{31}P 偶极‐偶极相互作用强度与 AlPO$_4$玻璃相当,推测退火的 YbAPF0.85 样品中可能析出 AlPO$_4$纳米晶。虽然所用退火温度(1000℃)低于玻璃析晶温度(1148℃),但长时间退火可能会导致玻璃析出晶体。火焰抛光后,样品的$\sum\limits_j b_{jk}^2$值减小,说明 P 聚集程度变小。由此推断火焰抛光会导致玻璃中 AlPO$_4$团簇解聚,并且提高[AlPO$_4$]结构与硅氧网络的相互作用,因此火焰抛光 YbAPF0.85 玻璃中 P$^{(4)}_{(3Al, 1Si)}$和 P$^{(4)}_{(2Al, 2Si)}$结构的相对含量较高。后退火处理可使 YbAPF0.85 玻璃的$\sum\limits_j b_{jk}^2$值朝着其原始值转变,故 FireP‐An

YbAPF0.85 玻璃中 $P^{(4)}_{(3Al, 1Si)}$ 和 $P^{(4)}_{(2Al, 2Si)}$ 结构的相对含量减少。

图 2-53b 为火焰抛光 YbAPF0.85 玻璃在加载 (S') 和不加载 $(S_0)^{31}P-^{31}P$ 偶极相互作用时获得的 ^{31}P 谱。在 ^{31}P 的影响下,高频方向的 ^{31}P 谱衰减程度高于低频方向。这是因为高频方向的 $P^{(4)}_{(4Al, 0Si)}$ 结构存在于 $AlPO_4$ 团簇中,$^{31}P-^{31}P$ 偶极相互作用较强,而低频方向的 $P^{(4)}_{(3Al, 1Si)}$ 和 $P^{(4)}_{(2Al, 2Si)}$ 结构主要位于 $AlPO_4$ 结构与硅氧四面体的交界处,因此它们的 $^{31}P-^{31}P$ 偶极相互作用相对较弱。该结果进一步证明了 ^{31}P 结构归属的有效性。

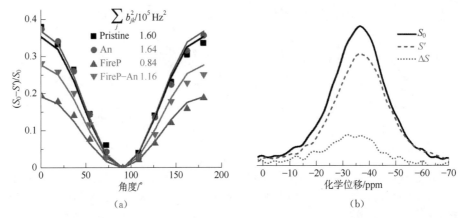

图 2-53　不同热历史 YbAPF0.85 玻璃的 CT-DRENAR-POST-C7 衰减曲线 (a),(a) 中实线代表模拟结果;火焰抛光 YbAPF0.85 玻璃在加载 (S') 和不加载 (S_0) $^{31}P-^{31}P$ 偶极相互作用时获得的 ^{31}P 谱及它们的差谱 (ΔS) (b)[111]

所有样品的 NMR 结果均表明,Al 倾向于与 PO_4 结构相连形成被硅氧网络包裹的 $AlPO_4$ 团聚,$AlPO_4$ 团聚通过 Al—O—Si 和 P—O—Si 键与硅氧网络相连。在 $AlPO_4$ 团聚中,每个 Al 与四个 P 成键,Al 以四配位形式存在。而在 $AlPO_4$ 团聚与硅氧网络的边界处,Al 与 Si 成键,Al 以五配位形式存在。退火处理主要导致 $AlPO_4$ 团聚在长程范围内向有序方向转变,火焰抛光会解聚 $AlPO_4$,形成 Al—O—Si 和 P—O—Si 键,并且促进 $AlPO_4$ 团聚与硅氧网络的连接。对火焰抛光 YbAPF0.85 样品进行后退火处理,发现 Al—O—Si 和 P—O—Si 键断裂形成 $AlPO_4$,即玻璃的结构朝着原始玻璃的结构转变。

图 2-54a 为不同热历史的纤芯玻璃 YbAPF0.85 和包层玻璃 F300 在 1064 nm 波长处的折射率,图中误差棒表示标准差,具体数值见表 2-22。1 000℃ 下退火处理会导致 YbAPF0.85 和 F300 玻璃的折射率降低,且两者折射率差值 (Δn) 也降低。但火焰抛光后,两种玻璃的折射率和折射率差值均明显升高。对火焰抛光的样品进行退火处理,发现其折射率和 Δn 明显降低。

图 2-54b 为不同热历史下 YbAPF0.85 光纤的 NA,光纤纤芯为 YbAPF0.85 玻璃,包层为 F300 玻璃。NA 采用下式计算:

$$NA = \sqrt{n^2_{YbAPF0.85} - n^2_{F300}} \qquad (2-14)$$

1000℃ 退火 3h 后,YbAPF0.85 光纤的 NA 降低了 7%。由图 2-54a 可知,NA 降低是因为在相同处理条件下,纤芯玻璃 YbAPF0.85 的折射率降低量高于包层玻璃 F300。对 YbAPF0.85 和 F300 玻璃组成的预制棒进行拉丝处理后,光纤 NA 数值急剧升高。后退火处理使得火焰抛光过样品的 NA 数值进一步降低。在相同退火条件下,后退火处理方式降低折射率的能力远高于预退火处理方式。YbAPF0.85 和 F300 玻璃的结构和折射率与热历史密切相关。不同热历史玻璃折射率的变化主要与 SiO_4、AlO_x、PO_4 结构和 $AlPO_4$ 含量变化有关。

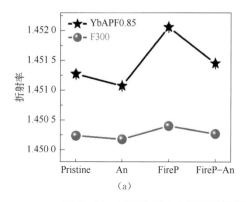
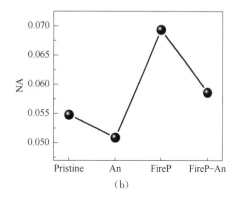

图 2-54　不同热历史的纤芯玻璃 YbAPF0.85 和包层玻璃 F300 在 1 064 nm
波长处的折射率(a)和 NA(b)[111]

表 2-22　不同热历史的纤芯玻璃 YbAPF0.85 和包层玻璃 F300 在 1 064 nm
波长处的折射率,以及两者折射率差值(Δn)和数值孔径(NA)[111]

样品	1 064 nm 折射率		Δn(YbAPF0.85 - F300)	NA
	F300	YbAPF0.85		
Pristine	1.450 24	1.451 27	10×10^{-4}	0.055
An	1.450 18	1.451 07	8.9×10^{-4}	0.051
FireP	1.450 4	1.452 06	17×10^{-4}	0.069
FireP - An	1.450 27	1.451 45	12×10^{-4}	0.059

由表 2-17 可知,退火后 YbAPF0.85 和 F300 玻璃的 D_1、D_2 峰峰面积减小,火焰抛光后峰面积增大,后退火处理后峰面积减小。F300 玻璃的 D_2 峰峰面积随热历史的变化与其在 1 064 nm 波长处折射率随热历史的变化趋势一致。该结果与文献报道结果一致[115-117]。纯石英玻璃折射率随热历史的变化主要与 Si—O—Si 环结构的存在形式(主要为平面 3 元环和平面 4 元环)有关,详见本书第 1 章 1.2 节。

YbAPF0.85 玻璃在 1 064 nm 波长处折射率随热历史的变化关系与 F300 玻璃一致,但 YbAPF0.85 玻璃折射率对热历史的依赖性更强,并且相同处理条件下 YbAPF0.85 玻璃的折射率变化更大。除 D_1 和 D_2 环结构外,AlO_x 和 PO_4 结构的变化也与热历史密切相关。火焰抛光后玻璃中 Al^V 急剧增多,该结构可填充玻璃结构网络间隙位,其含量越高,玻璃的密度和折射率越高。

$P^{(4)}_{(4Al, 0Si)}$ 结构含量与折射率呈负相关关系。$P^{(4)}_{(4Al, 0Si)}$ 倾向于与 Al^{IV} 成键形成[$AlPO_4$]结构。这种结构与[$SiO_{4/2}$]四面体结构类似,可增加玻璃网络的疏松程度。据报道,每增加 1 mol% 的[$AlPO_4$]结构,玻璃的折射率将降低 $1.100 5 \times 10^{-4}$[18]。经退火处理后,YbAPF0.85 玻璃中的 $P^{(4)}_{(4Al, 0Si)}$ 含量降低,且后退火处理导致的折射率降低量(16.3%)高于预退火处理导致的降低量(8.9%)。也即,与预退火处理相比,后退火处理过程中玻璃折射率降低更多。

热历史会导致纯石英和 Yb/Al/P/F 共掺石英玻璃发生可逆的结构变化,进而导致折射率变化。对于 F300 玻璃，其折射率对热历史的依赖性主要与 Si—O—Si 环结构有关。而 YbAPF0.85 玻璃的折射率对热历史的依赖性来源于 Si—O—Si 环结构、Al 的配位数和 $P^{(4)}_{(4Al, 0Si)}$ 结构的变化，且以 Al 的配位数和 $P^{(4)}_{(4Al, 0Si)}$ 含量变化为主。因此，在相同处理条件下，YbAPF0.85 玻璃的折射率变化程度大于 F300 玻璃，从而导致 NA 随热历史改变。

基于热历史改变引起 YbAPF 纤芯玻璃和 F300 包层玻璃折射率变化的机理，Guo 等[111] 采用后退火处理工艺调控 Yb/Al/P/F 共掺光子晶体光纤（photonic crystal fiber, PCF）的 NA，进而调控光纤光束质量。原始 YbAPF PCF 的 NA 为 0.065，1 000℃ 退火使 NA 降至 0.035，如图 2-55a、b 所示。图 2-55c、d 分别为原始和退火 YbAPF PCF 的远场光斑，发现退火处理可明显改善光纤的光束质量。原始光纤的光斑是非高斯对称的，含有高阶模，退火后光纤的光斑质量明显变好，其对应的光束质量因子 M^2 为 1.9。

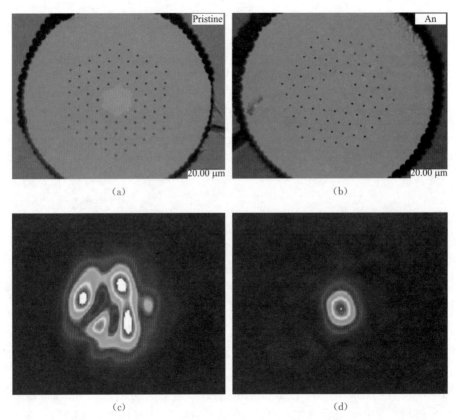

图 2-55 原始 YbAPF PCF 截面图（a）和远场光斑（c）；退火 YbAPF PCF 截面图（b）和远场光斑（d）[111]

图 2-56a～c 分别总结了热历史引起纯石英和 Yb^{3+} 单掺、Yb/Al 和 Yb/Al/B 共掺、Yb/Al/P 和 Yb/Al/P/F（F 含量低）共掺石英玻璃折射率变化的影响机理。当假想温度降低时，纯石英和 Yb^{3+} 单掺石英玻璃折射率降低。该变化主要与硅氧环结构有关，具体表现为环结构向 6～8 环转变，偏离 6～8 环的环结构则会被打断重排，同时 Si—Si 距离变大，如图 2-56a 所示。但当假想温度降低时，Yb/Al 和 Yb/Al/B 共掺石英玻璃折射率升高，该变化主要与 Al 的配位数升高有关，如图 2-56b 所示。在 Yb/Al 共掺石英玻璃中掺入 P_2O_5 后，Yb/Al/P 或 Yb/Al/P/F（F 掺杂量低）共掺石英玻璃的折射率随着假想温度降低而降低，该变化主要与 $AlPO_4$ 的形成有关，如图 2-56c 所示。

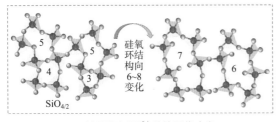
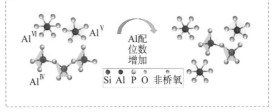

（a）纯石英和 Yb^{3+} 单掺石英玻璃　　　　　　（b）Yb/Al 和 Yb/Al/B 共掺石英玻璃

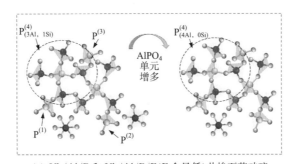

（c）Yb/Al/P 和 Yb/Al/P/F（F 含量低）共掺石英玻璃

图 2-56　假想温度降低对石英玻璃结构的影响

2.3.2　热历史对掺镱石英玻璃光谱性质的影响

掺 Yb^{3+} 石英光纤是高功率光纤激光器的增益介质，Yb^{3+} 掺杂石英玻璃是该光纤的核心材料，因此 Yb^{3+} 的光谱性质对掺镱石英光纤的激光性能有重要影响。研究表明，热历史会影响 Yb^{3+} 的吸收系数和吸收峰位置[75,92,102]。为揭示热历史对 Yb^{3+} 光谱性质的影响，郭梦婷等[92,102]以 Yb^{3+} 单掺、Yb/Al、Yb/Al/B 和 Yb/Al/P 共掺石英玻璃为研究对象，采用 EPR 技术解析 Yb^{3+} 局域环境，建立了退火过程中 Yb^{3+} 局域环境和光谱性质的关系。

图 2-57 汇总了退火温度对 Yb^{3+} 单掺石英玻璃光谱性质的影响，玻璃组分为 0.05Yb$_2$O$_3$ - 99.95SiO$_2$（mol%）。玻璃的主要光谱参数详见表 2-23。

从图 2-57a 可以看出，随着退火温度降低，Yb^{3+} 单掺石英玻璃的紫外吸收边出现蓝移，Yb^{3+} 的吸收系数降低且 915 nm 处的肩峰出现红移，但主吸收峰峰位基本不变。

从图 2-57b 可以看出，随着退火温度降低，Yb^{3+} 的发光强度降低且 1 035 nm 处的肩峰出现蓝移，但主发射峰峰位基本不变。

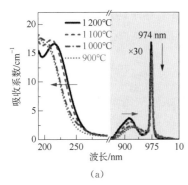
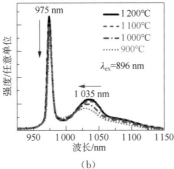
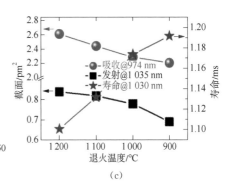

（a）　　　　　　　　　　　　　　　（b）　　　　　　　　　　　　　　　（c）

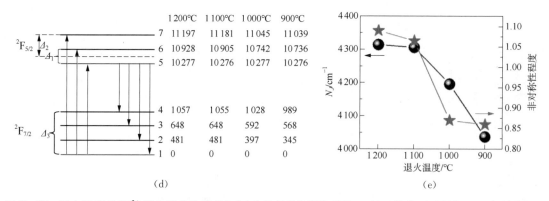

(d)　　　　　　　　　　　　　　(e)

图 2-57　退火温度对 Yb^{3+} 单掺石英玻璃吸收(a)和发射(b)光谱,974 nm 处吸收截面、1 035 nm 处发射截面和 1 030 nm 处荧光寿命(c),Stark 劈裂能级和各能级能量值 $E_i(i=1\sim7,cm^{-1})$ (d),局域晶体场强度参数和非对称性程度(e)的影响[34]

表 2-23　退火温度对 Yb^{3+} 单掺石英玻璃主要光谱参数的影响[34]

退火温度/℃	荧光寿命/ms	吸收截面/pm²	发射截面/pm²
1 200	1.1	2.62	0.84
1 100	1.13	2.45	0.82
1 000	1.17	2.29	0.78
900	1.19	2.21	0.69

从图 2-57c 和表 2-23 可以看出,随着退火温度降低,Yb^{3+} 的吸收和发射截面降低,上述参数的降低与 Yb^{3+} 局域晶体场的强度和非对称性程度下降有关(图 2-57e)。

图 2-57d 给出 Yb^{3+} 的 Stark 劈裂能级。根据图 2-57d 数据,可以计算出 Yb^{3+} 局域晶体场强度参数和非对称性程度,如图 2-57e 所示。Yb^{3+} 局域晶体场强度参数和 Yb^{3+} 局域晶体场的非对称程度与退火温度呈正相关性。

郭梦婷等[92]研究了 900℃ 退火时间对 Yb/Al 共掺石英玻璃光谱性质的影响,如图 2-58 所示。玻璃组分为 $0.1Yb_2O_3 - 4Al_2O_3 - 95.9SiO_2$ (mol%),玻璃的主要光谱参数详见表 2-24。

与 Yb^{3+} 单掺石英玻璃类似,随着退火时间延长,Yb/Al 共掺石英玻璃的紫外吸收边、次吸收峰和次发射峰均出现频移现象,同时 Yb^{3+} 吸收和发射截面降低,见图 2-58a~c。

从图 2-58c 和表 2-24 可以看出,900℃ 退火使得 Yb^{3+} 的激发态寿命增加。原始 YbAP0 玻璃的寿命衰减曲线为单指数衰减,退火 200 h 后的 Yb^{3+} 出现了两个寿命,分别对应 0.13~0.16 ms 的快衰减过程和 1.15~1.18 ms 的慢衰减过程。推测退火后 YbAP0 玻璃中 Yb^{3+} 存在两种格位。

图 2-58d 给出 Yb^{3+} 的 Stark 劈裂能级。Yb^{3+} 局域晶体场强度参数和非对称性程度如图 2-58e 所示。退火后,Yb^{3+} 局域晶体场强度参数和非对称性程度降低。当退火时间不长于 200 h 时,N_J 和非对称性程度随着退火时间的延长显著降低,继续延长退火时间,N_J 和非对称性程度降低趋势变缓。当退火时间为 500 h 时,YbAP0 玻璃的晶体场强度参数和 Yb^{3+} 局域非对称性程度分别降低了 8.6% 和 15%。

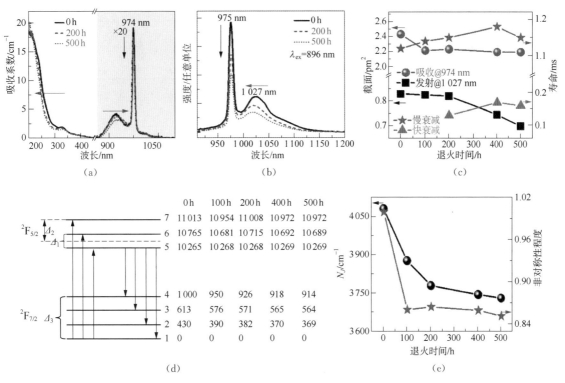

图 2-58　900℃退火时间对 Yb/Al 共掺石英玻璃吸收（a）和发射（b）光谱，974 nm 处吸收截面、1 027 nm 处发射截面和 1 030 nm 处荧光寿命（c），Stark 劈裂能级和各能级能量值 E_i（$i=1\sim7$，cm^{-1}）（d），局域晶体场强度参数和非对称性程度（e）的影响[92]

表 2-24　900℃退火时间对 Yb/Al 共掺石英玻璃主要光谱参数的影响[92]

退火时间/h	荧光寿命/ms	吸收截面/pm²	发射截面/pm²
0	1.12	2.436	0.829
100	1.14	2.217	0.825
200	1.15/0.13	2.234	0.82
400	1.18/0.17	2.196	0.744
500	1.15/0.16	2.196	0.699

　　图 2-59 汇总了 800℃退火时间对 Yb/Al/B 共掺石英玻璃光谱性质的影响，玻璃组分为 $0.1Yb_2O_3-6Al_2O_3-8B_2O_3-85.9SiO_2$（mol%，SYAB8）。玻璃的主要光谱参数详见表 2-25。

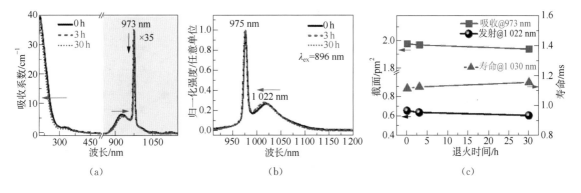

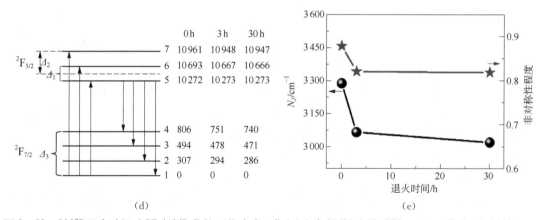

(d)   (e)

图 2-59　800℃退火时间对 Yb/Al/B 共掺石英玻璃吸收（a）和发射（b）光谱，973 nm 处吸收截面、1 022 nm 处
　　　　　发射截面和 1 030 nm 处荧光寿命（c），Stark 劈裂能级和各能级能量值 E_i（$i = 1 \sim 7$, cm^{-1}）（d），局域
　　　　　晶体场强度参数和非对称性程度（e）的影响

表 2-25　800℃退火时间对 Yb/Al/B 共掺石英玻璃主要光谱参数的影响

退火时间/h	荧光寿命/ms	吸收截面/pm^2	发射截面/pm^2
0	1.12	1.98	0.66
3	1.13	1.97	0.64
30	1.16	1.94	0.61

　　与 Yb^{3+} 单掺石英玻璃类似，随着 800℃退火时间延长，SYAB8 玻璃的紫外吸收边、次吸收峰和次发射峰均出现频移现象，同时 Yb^{3+} 截面、局域晶体场强度参数和非对称性程度线性降低，而 Yb^{3+} 的激发态寿命线性升高，见图 2-59。

　　Guo 等[102]研究了 850℃退火时间对 Yb/Al/P 共掺石英玻璃光谱性质的影响，如图 2-60所示。玻璃组分为 $0.1\text{Yb}_2\text{O}_3 - 4\text{Al}_2\text{O}_3 - 6\text{P}_2\text{O}_5 - 89.9\text{SiO}_2$（mol%，YbAP1.5）。玻璃的主要光谱参数详见表 2-26。

　　与 Yb^{3+} 单掺和 Yb/Al/B 共掺石英玻璃类似，随着 850℃退火时间延长，YbAP1.5 玻璃的紫外吸收边、次吸收峰和次发射峰均出现频移现象。同时 Yb^{3+} 截面、局域晶体场强度参数和非对称性程度线性降低，如图 2-59 所示。与 Yb/Al 共掺石英玻璃类似，退火使得 Yb^{3+} 的激发态寿命增加。原始 YbAP1.5 玻璃的寿命衰减曲线符合单指数衰减，退火 15 h 后符合双指数衰减，即 $I(t) = \sum A_i \mathrm{e}^{-t/t_i} +$ 常数（$i = 1, 2$），分别对应 $0.41 \sim 0.51$ ms 的快衰减过程和 $1.42 \sim 1.59$ ms 的慢衰减过程。

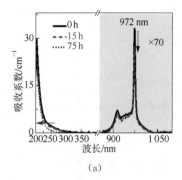

(a)

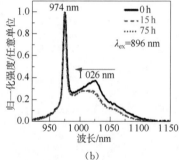

(b)

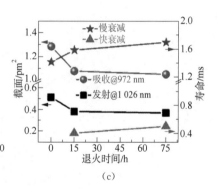

(c)

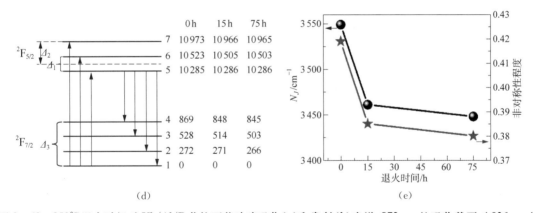

图 2 - 60　850℃退火时间对 Yb/Al/P 共掺石英玻璃吸收（a）和发射（b）光谱，972 nm 处吸收截面、1 026 nm 处发射截面和 1 030 nm 处荧光寿命（c），Stark 劈裂能级和各能级能量值 E_i（$i = 1 \sim 7$，cm^{-1}）（d），局域晶体场强度参数和非对称性程度（e）的影响[102]

表 2 - 26　850℃退火时间对 Yb/Al/P 共掺石英玻璃主要光谱参数的影响

退火时间/h	荧光寿命/ms	吸收截面/pm^2	发射截面/pm^2
0	1.42	1.29	0.52
15	1.59/0.41	1.08	0.38
75	1.70/0.51	1.05	0.37

图 2 - 61 汇总了 1 000℃退火前后不同 P/Al 的 Yb/Al/P 共掺石英玻璃的吸收光谱。玻璃组分和主要光谱参数详见表 2 - 27。

从图 2 - 61a～d 可以看出，1 000℃退火 4 h 不会改变 0.25Yb、SYbAP0、SYbAP1 和 SYbAP2 玻璃的吸收谱谱形，但会使得玻璃的吸收系数出现不同程度的降低，且引起 915 nm 吸收肩峰出现不同程度的红移。

图 2 - 61e、f 分别为 1 000℃退火前后 0.25Yb、SYbAP0、SYbAP1 和 SYbAP2 玻璃中 Yb^{3+}（1→7）（1→6）和（1→5）能级跃迁对应的吸收峰峰位。从图 2 - 61e 可以看出，退火会使 Yb^{3+}（1→7）和（1→6）跃迁对应的吸收峰红移。随着 P/Al 比增大，峰位红移量减小，当 P/Al≥1 时，SYbAP2 玻璃的次峰位置基本不变。但从图 2 - 61f 可以看出，Yb^{3+}（1→5）跃迁对应的主吸收峰峰位基本不随退火时间改变。

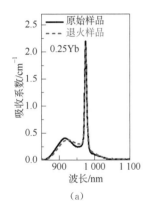

（a）

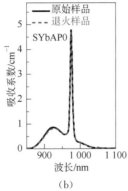

（b）

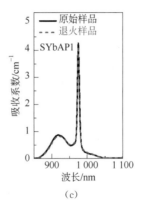

（c）

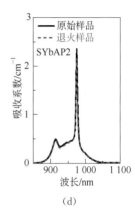

（d）

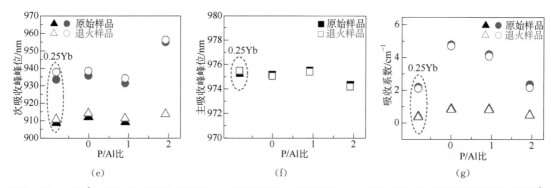

图 2-61　1000℃退火 4 h 前后 0.25Yb(a)、SYbAP0(b)、SYbAP1(c)和 SYbAP2(d)玻璃的吸收光谱，1000℃退火 4 h 前后 0.25Yb、SYbAP0、SYbAP1 和 SYbAP2 玻璃主吸收峰峰位(e)、次吸收峰位(f)和主次吸收峰对应吸收系数(g)

表 2-27　高掺 Yb^{3+} 石英玻璃成分、退火前后 Yb^{3+} (1→7)、(1→6)和(1→5)跃迁对应波长，主次吸收峰吸收系数

参数	0.25Yb		SYbAP0		SYbAP1		SYbAP2	
	原始	退火	原始	退火	原始	退火	原始	退火
Yb_2O_3/mol%	0.25		0.50		0.50		0.50	
Al_2O_3/mol%	0.00		10.00		5.00		5.00	
P_2O_5/mol%	0.00		0.00		5.00		10.00	
实测 P/Al	—		0.00		0.93		1.94	
(1→7)波长/nm	908.7	910.7	912.0	914.0	909.2	911.1	913.6	913.7
(1→6)波长/nm	933.5	937.8	935.8	938.4	931.3	934.2	954.9	956.2
(1→5)波长/nm	975.3	975.5	975.2	975.0	975.5	975.4	974.3	974.2
主峰吸收系数/cm⁻¹	2.19	2.10	4.78	4.69	4.19	4.07	2.36	2.16
次峰吸收系数/cm⁻¹	0.40	0.34	0.85	0.80	0.84	0.80	0.49	0.47

　　图 2-61g 为 1000℃退火前后 0.25Yb、SYbAP0、SYbAP1 和 SYbAP2 玻璃主次吸收峰吸收系数。需要说明的是，此处主吸收峰峰位分别为 975 nm(0.25Yb)、975 nm(SYbAP0)、975 nm(SYbAP1)和 974 nm(SYbAP2)，次吸收峰峰位分别为 916 nm(0.25Yb)、924 nm(SYbAP0)、919 nm(SYbAP1)和 914 nm(SYbAP2)。1000℃退火 4 h 使得 0.25Yb、SYbAP0、SYbAP1 和 SYbAP2 玻璃主吸收峰吸收系数明显降低，次吸收峰吸收系数降低幅度相对较小，次吸收峰吸收系数的降低与次吸收峰红移有关。

　　Yb^{3+} 的电子组态为 $Xe+4f^{13}$，在晶体场的影响下，$^2F_{7/2}$ 和 $^2F_{5/2}$ 两个子能级劈裂成若干间隔较小的 Stark 能级，它们的能级间隔一般小于 $500\,cm^{-1}$，如图 2-1 所示。Yb^{3+} 次吸收峰红移说明 Yb^{3+} Stark 能级劈裂程度变小，Yb^{3+} 受晶体场影响减弱。退火后 Yb^{3+} 次吸收峰红移量与 P/Al 比有关，该现象可能与 Yb^{3+} 局域配位环境有关。当 Yb 掺杂浓度较高时，Yb^{3+} 单掺石英玻璃中 Yb^{3+} 次近邻原子主要为 Si 和 Yb；Yb/Al 共掺和 Yb/Al/P 共掺(P/Al≤1)石英玻璃中 Yb^{3+} 次近邻原子主要为 Si 和 Al；但在 Yb/Al/P 共掺(P/Al>1)石英玻璃中，Yb^{3+} 被 P 包裹，可在一定程度上屏蔽晶体场变化对 Yb^{3+} 光谱性质的影响，即其晶体场强度参数远低于 P/Al≤1 的 Yb/Al/P 共掺石英玻璃[17,36]。因此相同处理条件下，退火后 P/Al>1 的 Yb/Al/P 共掺石英玻璃中 Yb^{3+} 的 Stark 劈裂情况基本不变，Yb^{3+} 次吸收峰频移量相对较小。

　　Yb^{3+} 掺杂石英玻璃的发光主要来源于 Yb^{3+} $4f^n$ 组态内的电偶极跃迁，在静态情况下，其电偶极跃迁是禁戒的,此时仅存在较弱的磁偶极和电四极相互作用下的跃迁。但当 Yb^{3+} 位于非中心对称的晶体场时,电子态没有确定的宇称,将不符合宇称选择定则,电偶极跃迁就不再严格禁戒[92]。根据宇称选择定则,电偶极跃迁概率与配位场非对称性呈正相关性。可见,退火会影响 Yb^{3+} 局域非对称程度,进而影响其吸收和发射截面。

图 2-62 为 Eu^{3+} 的能级图。Eu^{3+} $^7F_0 \rightarrow {}^5D_2$ 和 $^5D_0 \rightarrow {}^7F_2$ 跃迁对应电偶极跃迁,$^7F_0 \rightarrow {}^5L_6$ 和 $^5D_0 \rightarrow {}^7F_1$ 跃迁对应磁偶极跃迁,因此可根据 $^7F_0 \rightarrow {}^5D_2$ 与 $^7F_0 \rightarrow {}^5L_6$ 的跃迁强度比和 $^5D_0 \rightarrow {}^7F_2$ 与 $^5D_0 \rightarrow {}^7F_1$ 的跃迁强度比来衡量 Eu^{3+} 配位场的非对称性程度,跃迁强度比值越大,非对称性越强[52,118-120]。Eu^{3+} 价态与玻璃组分密切相关,在石英玻璃中,当 P/Al>1 时,Eu 离子为三价。为表征退火对 Yb^{3+} 局域非对称程度的影响,Guo 等[102]以 Eu^{3+} 为探针,采用相同退火条件处理 Yb/Al/P 和 Eu/Al/P 共掺石英玻璃(P/Al>1),具体玻璃组分与为 $0.1Eu_2O_3/Yb_2O_3 - 4Al_2O_3 - 6P_2O_5 - 89.9SiO_2$(mol%,EuAP1.5/YbAP1.5),揭示了退火对 Yb^{3+} 局域非对称程度的影响,并采用 EPR 结构分析技术表征了退火对 Yb^{3+} 局域配位原子的影响。

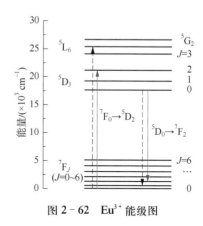

图 2-62　Eu^{3+} 能级图

图 2-63a 为 Eu^{3+} 的归一化发射光谱,所有发射光谱均在 591 nm 进行归一化处理。591 nm 处的发射峰对应磁偶极跃迁 $^5D_0 \rightarrow {}^7F_1$,611 nm 处的发射峰对应电偶极跃迁 $^5D_0 \rightarrow {}^7F_2$。图 2-63a 中插图为 $^5D_0 \rightarrow {}^7F_2$ 与 $^5D_0 \rightarrow {}^7F_1$ 跃迁强度比值(α_1)与退火时间的关系,退火后 α_1 降低。图 2-63b 为 Eu^{3+} 的归一化激发光谱,所有光谱均在 393 nm 进行归一化处理。393 nm 处的吸收峰对应磁偶极跃迁 $^5D_0 \rightarrow {}^7F_1$,464 nm 处的吸收峰对应电偶极跃迁 $^5D_0 \rightarrow {}^7F_2$。图 2-63b 插图为 $^5D_0 \rightarrow {}^7F_2$ 与 $^5D_0 \rightarrow {}^7F_1$ 跃迁强度比值(α_2)与退火时间的关系,发现退火后的 α_2 值减小。由此可见,退火后 Eu^{3+} 局域配位场的非对称性降低,即 Yb^{3+} 的配位场非对称性降低。根据 FTIR、拉曼和 NMR 的结果(见图 2-46、图 2-47),图 2-63c、d 给出 850℃ 退火 75 h 前后 YbAP1.5 玻璃的结构示意图。退火使得 YbAP1.5 玻璃中 Yb^{3+} 周围硅氧、铝氧、磷氧四面体

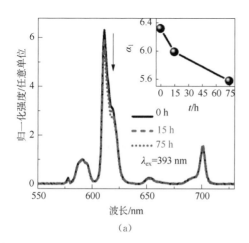

(a)

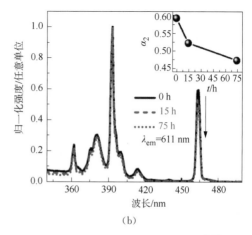

(b)

图 2-63　退火时间与 EuAP1.5 玻璃的归一化发射(a)和归一化激发(b)光谱的关系[102]

结构对称性升高,且局域玻璃网络环结构趋于一致,从而引起 Yb^{3+} 的配位场非对称性降低。由于 Yb^{3+} 跃迁概率与配位场非对称性呈正相关性,因此退火后 Yb^{3+} 的吸收和发射截面均降低。

图 2-64a、b 分别为 400 mT 磁场作用下原始和 850℃ 退火 75 h 的 YbAP1.5 玻璃的 HYSCORE 谱。退火前后样品的 HYSCORE 谱均在同一条件下测试得到,因此其共振信号的相对强度具有可比性。位于 4.5 MHz 的信号强度较弱且集中于对角线区域,位于 6.9 MHz 的信号强度较强且呈现延展态势,它们分别来自 ^{27}Al 核和 ^{31}P 核。850℃ 退火 75 h 后,^{31}P 核与 ^{27}Al 核信号强度之比减小,即 Yb^{3+} 周围 ^{27}Al 核的相对含量增大。由图 2-47 可知,退火后 YbAP1.5 玻璃中 Al^{IV} 和 P$^{(4)}$ 的含量同步增加,且它们倾向于相互连接形成[AlPO$_4$]结构。由此推断,退火后 Yb^{3+} 周围的[AlPO$_4$]结构增多。由于退火后 YbAP1.5 玻璃中仍存在少量 P$^{(3)}$ 结构,推断部分 Yb^{3+} 周围仍以 ^{31}P 核为主。RE^{3+} 在石英玻璃中的溶解度较低,易形成 RE^{3+} 团簇[121]。[AlPO$_4$]结构与纯石英结构类似,因此位于[AlPO$_4$]结构周围的 Yb^{3+} 荧光寿命较短。据报道,P 可完全占据 Yb^{3+} 的第二配位层,避免 Yb—O—Yb 和 Yb—O—Si 键的形成,因此 P 能大幅提高 Yb^{3+} 在石英基质中的溶解性[39]。由此推断位于 P$^{(3)}$ 结构周围的 Yb^{3+} 衰减较慢,荧光寿命相对较长。

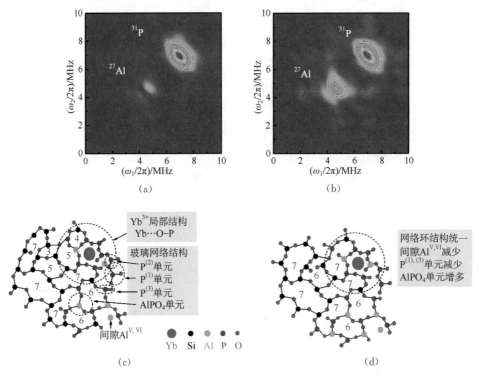

图 2-64 原始(a)和 850℃ 退火 75 h(b)的 YbAP1.5 玻璃的 HYSCORE 谱,以及 850℃ 退火前(c)和退火 75 h 后(d)YbAP1.5 玻璃的结构示意图[102]

综合上述,本章以掺镱石英玻璃的性质和结构为研究主线。采用溶胶凝胶法结合真空烧结工艺制备含不同共掺元素(Al、P、Ge、Ce、F、B)的掺镱石英玻璃。对掺镱石英玻璃进行热退火或火焰抛光处理,目的是改变掺镱石英玻璃的热历史(或者称为假想温度)。系统研究了玻璃成分和热历史对掺镱石英玻璃折射率和 Yb^{3+} 光谱性质的影响,并采用 NMR、拉曼、

FTIR、脉冲 EPR 等结构研究方法从原子级微观尺度揭示其影响机理。建立了掺镱石英玻璃成分-结构-性质之间的关系，以及掺镱石英玻璃热历史-结构-性质之间的关系。得出以下主要结论：

（1）揭示了不同元素对石英玻璃折射率的影响规律和机理。其中，Yb、P、Ge、Ce 掺杂会增加石英玻璃折射率；$AlPO_4$、F、B 掺杂会降低石英玻璃折射率。Al 掺杂对石英玻璃折射率的影响存在拐点：当 Al_2O_3 含量小于 $0.59\ mol\%$ 时，铝主要以四配位形式存在，这时共掺 Al 会降低石英玻璃折射率；当 Al_2O_3 含量大于 $0.59\ mol\%$ 时，四配位铝占比逐渐下降，五、六配位铝占比逐渐增加，这时共掺 Al 会增加石英玻璃折射率；Al/P 共掺对石英玻璃折射率的影响也存在拐点：随着 P/Al 比增加，石英玻璃折射率先下降后增加。当 P/Al＝1 时，折射率达到最小。其根本原因与铝的配位数和磷的 $P^{(n)}$ 基团变化有关。

（2）揭示了不同元素对 Yb^{3+} 光谱性质的影响规律和机理。在 Yb^{3+} 单掺石英玻璃中，当 Yb_2O_3 含量超过 $0.05\ mol\%$ 时，就会出现 Yb^{3+} 团簇，导致 Yb^{3+} 光谱性质恶化（吸收和发射截面，以及荧光寿命均下降）；共掺 Al 或 P 均可以有效抑制 Yb^{3+} 团簇。所不同的是，由于石英玻璃中不存在 Al—O—Al 连接（Al 避免规则），Al 不能对 Yb^{3+} 形成包裹，不会显著降低 Yb^{3+} 局域晶体场强度和非对称性，因此共掺 Al 可以有效提高 Yb^{3+} 的吸收和发射截面。由于石英玻璃中存在 P—O—P 连接，基于焓变效应 P 倾向于对 Yb^{3+} 形成包裹，显著降低 Yb^{3+} 局部晶体场强度和非对称性，因此共掺 P 通常会降低 Yb^{3+} 的吸收和发射截面；在 Yb/Al 共掺石英玻璃基础上，引入 Ge、F、B 对 Yb^{3+} 团簇程度和 Yb^{3+} 光谱性质的影响不大。其中，共掺 Ge 可以小幅度提升 Yb^{3+} 的吸收和发射截面，与 Yb^{2+} 被抑制以及 Yb^{3+} 周围声子能量降低有关。共掺 F 或 B 均会小幅度降低 Yb^{3+} 的吸收和发射截面，这与 F 或 B 掺杂促进石英玻璃结构弛豫、降低 Yb^{3+} 局域晶体场强度和非对称性有关。

（3）揭示了假想温度对不同成分掺镱石英玻璃折射率的影响规律和机理。对于 Yb^{3+} 单掺石英玻璃，玻璃折射率与假想温度呈正相关。其根本原因与环结构有关。具体表现为假想温度降低，环结构从 3～9 环向 6～8 环转变；对于 Yb/Al 和 Yb/Al/B 共掺石英玻璃，玻璃折射率与假想温度呈负相关。其根本原因与铝的配位数变化有关。具体表现为假想温度降低，铝的配位数由四配位向五、六配位转变；对于 Yb/Al/P 和 Yb/Al/P/F 共掺石英玻璃，玻璃折射率与假想温度呈正相关。其根本原因与铝的配位数和磷的 $P^{(n)}$ 基团变化有关。具体表现为假想温度降低，铝的配位数由五、六配位向四配位转变，磷的 $P^{(n)}$ 基团由 $P^{(2)}$ 和 $P^{(3)}$ 基团向 $P^{(4)}$ 基团转变，即 $AlPO_4$ 的绝对含量增加。

（4）揭示了假想温度对不同成分掺镱石英玻璃光谱性质的影响规律和机理。对于 Yb^{3+} 单掺和 Yb/Al、Yb/Al/B、Yb/Al/P、Yb/Al/P/F 共掺石英玻璃，假想温度对 Yb^{3+} 光谱参数的影响规律基本一致。假想温度降低，硅氧、铝氧、磷氧四面体结构对称性升高，导致 Yb^{3+} 的吸收和发射截面下降，荧光寿命增加。

共掺元素对掺镱石英光纤的数值孔径、热光系数、激光性能都会产生影响。从预制棒到光纤要经历一系列的加热和冷却过程，即光纤的假想温度和预制棒假想温度存在差异。掺镱石英玻璃是掺镱石英光纤的纤芯材料，掺镱石英玻璃的折射率和光谱参数与掺镱石英光纤的光束质量和激光性能密切相关。

参考文献

[1] Yang Binhua, Liu Xueqiang, Wang Xin, et al. Compositional dependence of room-temperature Stark

splitting of Yb³⁺ in several popular glass systems [J]. Optics Letters, 2014,39(7):1772 - 1774.

[2] Auzel F. On the maximum splitting of the ($^2F_{7/2}$) ground state in Yb³⁺-doped solid state laser materials [J]. Journal of Luminescence, 2001,93(2):129 - 135.

[3] Robinson C C, Fournier J T. Co-ordination of Yb³⁺ in phosphate, silicate, and germanate glasses [J]. Journal of Physics and Chemistry of Solids, 1970,31(5):895 - 904.

[4] Dai Nengli, Hu Lili, Yang Jianhu, et al. Spectroscopic properties of Yb³⁺-doped silicate glasses [J]. Journal of Alloys and Compounds, 2004,363(1 - 2):1 - 5.

[5] Ferhi M, Hassen N B, Bouzidi C, et al. Near-infrared luminescence properties of Yb³⁺ doped LiLa (PO₃)₄ powders [J]. Journal of Luminescence, 2016(170):174 - 179.

[6] Barua P, Sekiya E H, Saito K, et al. Influences of Yb³⁺ ion concentration on the spectroscopic properties of silica glass [J]. Journal of Non-Crystalline Solids, 2008,354(42 - 44):4760 - 4764.

[7] Zhang Liyan, Leng Yuxin, Zhang Junjie, et al. Yb³⁺-doped fluorophosphate glass with high cross section and lifetime [J]. Journal of Materials Science and Technology, 2010,26(10):921 - 924.

[8] Camy P, Doualan J L, Benayad A, et al. Comparative spectroscopic and laser properties of Yb³⁺-doped CaF₂, SrF₂ and BaF₂ single crystals [J]. Applied Physics B, 2007,89(4):539 - 542.

[9] Abitan H, Bohr H, Buchhave P. Correction to the beer-lambert-bouguer law for optical absorption [J]. Applied Optics, 2008,47(29):5354 - 5357.

[10] Gao Guojun, Peng Mingying, Wondraczek L. Temperature dependence and quantum efficiency of ultrabroad NIR photoluminescence from Ni²⁺ centers in nanocrystalline Ba-Al titanate glass ceramics [J]. Optics Letters, 2012,37(7):1166 - 1168.

[11] Pollnau M, Eichhorn M. Emission cross section, füchtbauer-ladenburg equation, and purcell factor [C]. Nano-Optics: Principles Enabling Basic Research and Applications, 2017:387 - 404.

[12] 胡丽丽,王世凯,楼风光,等. 掺 Yb 石英光纤预制棒芯棒的制备方法:中国,CN103373811B [P]. 2015 - 05 - 13.

[13] Wang Fan, Hu Lili, Xu Wenbin, et al. Manipulating refractive index, homogeneity and spectroscopy of Yb³⁺-doped silica-core glass towards high-power large mode area photonic crystal fiber lasers [J]. Optics Express, 2017,25(21):25960 - 25969.

[14] Liu Xuefeng, Gu Zhen'an, Ouli H. Study of the aluminium anomaly in Al-doped silica glasses [J]. Journal of Non-Crystalline Solids, 1989,112(1 - 3):169 - 172.

[15] Sen S, Youngman R E. High-resolution multinuclear NMR structural study of binary aluminosilicate and other related glasses [J]. The Journal of Physical Chemistry B, 2004,108(23):7557 - 7564.

[16] Jiao Yan, Guo Mengting, Wang Renle, et al. Influence of Al/Er ratio on the optical properties and structures of Er³⁺/Al³⁺ co-doped silica glasses [J]. Journal of Applied Physics, 2021,129(5):053104.

[17] Xu Wenbin, Ren Jinjun, Shao Chongyun, et al. Effect of P⁵⁺ on spectroscopy and structure of Yb³⁺/Al³⁺/P⁵⁺ co-doped silica glass [J]. Journal of Luminescence, 2015(167):8 - 15.

[18] Wang Fan, Shao Changyun, Yu Chunlei, et al. Effect of AlPO₄ join concentration on optical properties and radiation hardening performance of Yb-doped Al₂O₃ - P₂O₅ - SiO₂ glass [J]. Journal of Applied Physics, 2019,125(17):173104.

[19] Kirchhof J, Unger S, Schwuchow A. Fiber lasers: materials, structures and technologies [C]. Optical Fibers and Sensors for Medical Applications Ⅲ, 2003(4957):1-15.

[20] Guo Mengting, Shao Chong yun, Zhang Yang, et al. Effect of B₂O₃ addition on structure and properties of Yb³⁺/Al³⁺/B³⁺-co-doped silica glasses [J]. Journal of the American Ceramic Society, 2020,103(8): 4275 - 4285.

[21] Bubnov M M, Vechkanov V N, Gur'Yanov A N, et al. Fabrication and optical properties of fibers with an Al₂O₃ - P₂O₅ - SiO₂ glass core [J]. Inorganic Materials, 2009,45(4):444 - 449.

[22] 王璠,董贺贺,郭梦婷,等. 掺镱石英玻璃的光学光谱和结构特性[J]. 硅酸盐学报,2022,50(4):991 -

1005.

[23] Hawkins T W. The materials science and engineering of advanced YB-doped glasses and fibers for high-power lasers [D]. Clemson：Clemson University，2020.

[24] Dragic P D，Cavillon M，Ballato A，et al. A unified materials approach to mitigating optical nonlinearities in optical fiber. II. B. The optical fiber，material additivity and the nonlinear coefficients [J]. International Journal of Applied Glass Science，2018,9(3)：307－318.

[25] Sen S. Atomic environment of high-field strength Nd and Al cations as dopants and major components in silicate glasses：a Nd LIII-edge and Al K-edge X-ray absorption spectroscopic study [J]. Journal of Non-Crystalline Solids，2000,261(1－3)：226－236.

[26] Sen S，Orlinskii S B，Rakhmatullin R M. Spatial distribution of Nd^{3+} dopant ions in vitreous silica：a pulsed electron paramagnetic resonance spectroscopic study [J]. Journal of Applied Physics，2001,89 (4)：2304－2308.

[27] Dong Hehe，Wang Zhongyue，Shao Chongyun，et al. Effect of co-dopants on the spectral property of Yb^{3+} doped silica glasses at 1018 nm [J]. Optical Materials，2021(122)：111761.

[28] Zhu Yiming，Jiao Yan，Cheng Yue，et al. Influence of GeO_2 content on the spectral and radiation-resistant properties of Yb/Al/Ge co-doped silica fiber core glasses [J]. Materials，2022,15(6)：2235.

[29] Shao Chongyun，Xu Wenbin，Ollier N，et al. Suppression mechanism of radiation-induced darkening by Ce doping in Al/Yb/Ce-doped silica glasses：Evidence from optical spectroscopy，EPR and XPS analyses [J]. Journal of Applied Physics，2016,120(15)：153101.

[30] Shao Chongyun，Wang Fan，Guo Mengting，et al. Structure-property relations in $Yb^{3+}/Al^{3+}/Ce^{3+}/F^-$-doped silica glasses [J]. Journal of the Chinese Ceramic Society，2019,47(1)：120－131.

[31] Xu Wenbin，Yu Chunlei，Wang Shikai，et al. Effects of F^- on the optical and spectroscopic properties of Yb^{3+}/Al^{3+}-co-doped silica glass [J]. Optical Materials，2015(42)：245－250.

[32] Saito K，Ikushima A J. Effects of fluorine on structure，structural relaxation，and absorption edge in silica glass [J]. Journal of Applied Physics，2002,91(8)：4886－4890.

[33] De Oliveira Jr M，Aitken B，Eckert H. Structure of $P_2O_5－SiO_2$ pure network former glasses studied by solid state NMR spectroscopy [J]. The Journal of Physical Chemistry C，2018,122(34)：19807－19815.

[34] 邵冲云. 掺 Yb^{3+} 石英玻璃的结构、光谱与耐辐照性能及辐致暗化机理研究[D].北京：中国科学院大学,2019.

[35] Sen S，Rakhmatullin R，Gubaydullin R，et al. A pulsed EPR study of clustering of Yb^{3+} ions incorporated in GeO_2 glass [J]. Journal of Non-Crystalline Solids，2004,333(1)：22－27.

[36] Shao Chongyun，Ren Jinjun，Wang Fan，et al. Origin of radiation-induced darkening in $Yb^{3+}/Al^{3+}/P^{5+}$-doped silica glasses：effect of the P/Al ratio [J]. The Journal of Physical Chemistry B，2018,122 (10)：2809－2820.

[37] Saitoh A，Matsuishi S，Se-Weon C，et al. Elucidation of codoping effects on the solubility enhancement of Er^{3+} in SiO_2 glass：striking difference between Al and P codoping [J]. The Journal of Physical Chemistry B，2006,110(15)：7617－7620.

[38] Sen S，Rakhmatullin R，Gubaidullin R，et al. Direct spectroscopic observation of the atomic-scale mechanisms of clustering and homogenization of rare-earth dopant ions in vitreous silica [J]. Physical Review B，2006,74(10)：100201.

[39] Deschamps T，Ollier N，Vezin H，et al. Clusters dissolution of Yb^{3+} in codoped $SiO_2－Al_2O_3－P_2O_5$ glass fiber and its relevance to photodarkening [J]. The Journal of Chemical Physics，2012,136(1)：014503.

[40] Funabiki F，Kajihara K，Kaneko K，et al. Characteristic coordination structure around Nd ions in sol-gel-derived Nd-Al-codoped silica glasses [J]. Journal of Physical Chemistry B，2014,118(29)：8792－8797.

[41] Schweiger A, Jeschke G. Principles of pulse electron paramagnetic resonance [M]. New York: Oxford University Press, 2001.

[42] Chiesa M, Mattsson K, Taccheo S, et al. Defects induced in Yb^{3+}/Ce^{3+} co-doped aluminosilicate fiber glass preforms under UV and γ-ray irradiation [J]. Journal of Non-Crystalline Solids, 2014, 403: 97 – 101.

[43] Funabiki F, Kamiya T, Hosono H. Doping effects in amorphous oxides [J]. Journal of the Ceramic Society of Japan, 2012, 120(1407): 447 – 457.

[44] Monteil A, Chaussedent S, Alombert-Goget G, et al. Clustering of rare earth in glasses, aluminum effect: experiments and modeling [J]. Journal of Non-Crystalline Solids, 2004(348): 44 – 50.

[45] Lægsgaard J. Dissolution of rare-earth clusters in SiO_2 by Al codoping: a microscopic model [J]. Physical Review B, 2002, 65(17): 174114.

[46] Wang Xue, Zhang Ruili, Ren Jinjun, et al. Mechanism of cluster dissolution of Yb-doped high-silica lanthanum aluminosilicate glass: Investigation by spectroscopic and structural characterization [J]. Journal of Alloys and Compounds, 2017(695): 2339 – 2346.

[47] Shao Chongyun, Yu Chunlei, Jiao Yan, et al. Radiation-induced darkening and its suppression methods in Yb^{3+}-doped silica fiber core glasses [J]. International Journal of Applied Glass Science, 2022, 13(3): 457 – 475.

[48] Youngman R E, Sen S. Structural role of fluorine in amorphous silica [J]. Journal of Non-Crystalline Solids, 2004, 349(1): 10 – 15.

[49] Youngman R E, Sen S. The nature of fluorine in amorphous silica [J]. Journal of Non-Crystalline Solids, 2004, 337(2): 182 – 186.

[50] Zhang Long, de Araujo C C, Eckert H. Structural role of fluoride in aluminophosphate sol-gel glasses: high-resolution double-resonance NMR studies [J]. The Journal of Physical Chemistry B, 2007, 111 (35): 10402 – 10412.

[51] Agarwal A, Davis K M, Tomozawa M. A simple IR spectroscopic method for determining fictive temperature of silica glasses [J]. Journal of Non-Crystalline Solids, 1995, 185(1 – 2): 191 – 198.

[52] De Oliveira Jr M, Uesbeck T, Gonçalves T S, et al. Network structure and rare-earth ion local environments in fluoride phosphate photonic glasses studied by solid-state NMR and electron paramagnetic resonance spectroscopies [J]. The Journal of Physical Chemistry C, 2015, 119(43): 24574 – 24587.

[53] Zhang Ruili, de Oliveira M, Wang Zaiyang, et al. Structural studies of fluoroborate laser glasses by solid state NMR and EPR spectroscopies [J]. The Journal of Physical Chemistry C, 2017, 121(1): 741 – 752.

[54] Handke M, Sitarz M, Rokita M, et al. Vibrational spectra of phosphate-silicate biomaterials [J]. Journal of Molecular Structure, 2003(651): 39 – 54.

[55] Gaafar M S, Marzouk S Y. Structural investigation of $Na_2O - B_2O_3 - SiO_2$ glasses doped with NdF_3 [J]. International Journal of Materials and Metallurgical Engineering, 2016, 9(10): 1249 – 1257.

[56] Möncke D, Kamitsos E I, Palles D, et al. Transition and post-transition metal ions in borate glasses: borate ligand speciation, cluster formation, and their effect on glass transition and mechanical properties [J]. The Journal of Chemical Physics, 2016, 145(12): 124501.

[57] Tenney A S, Wong J. Vibrational spectra of vapor-deposited binary borosilicate glasses [J]. The Journal of Chemical Physics, 1972, 56(11): 5516 – 5523.

[58] Bell R J, Carnevale A, Kurkjian C R, et al. Structure and phonon spectra of SiO_2, B_2O_3 and mixed $SiO_2 - B_2O_3$ glasses [J]. Journal of Non-Crystalline Solids, 1980(35): 1185 – 1190.

[59] Pasquarello A, Car R. Identification of Raman defect lines as signatures of ring structures in vitreous silica [J]. Physical Review Letters, 1998, 80(23): 5145 – 5147.

[60] Deters H, de Camargo A S S, Santos C N, et al. Structural characterization of rare-earth doped yttrium

aluminoborate laser glasses using solid state NMR [J]. The Journal of Physical Chemistry C, 2009,113 (36):16216 - 16225.

[61] Deters H, de Camargo A S S, Santos C N, et al. Glass-to-vitroceramic transition in the yttrium aluminoborate system: structural studies by solid-state NMR [J]. The Journal of Physical Chemistry C, 2010,114(34):14618 - 14626.

[62] Lancry M, Régnier E, Poumellec B. Fictive temperature in silica-based glasses and its application to optical fiber manufacturing [J]. Progress in Materials Science, 2012,57(1):63 - 94.

[63] Lancry M, Régnier E, Poumellec B. Fictive temperature measurements in silicabased optical fibers and its application to Rayleigh loss reduction [M]. London: InTechopen, 2009:125 - 159.

[64] Tool A Q. Relation between inelastic deformability and thermal expansion of glass in its annealing range [J]. Journal of the American Ceramic Society, 1946,29(9):240 - 253.

[65] Hetherington G. The viscosity of vitreous silica [J]. Physics and Chemistry of Glasses, 1964,123(5): 130 - 136.

[66] Fraser D B. Factors influencing the acoustic properties of vitreous silica [J]. Journal of Applied Physics, 1968,39(13):5868 - 5878.

[67] Saito K, Ikushima A J, Kotani T, et al. Effects of preirradiation and thermal annealing on photoinduced defects creation in synthetic silica glass [J]. Journal of Applied Physics, 1999,86(7):3497 - 3501.

[68] Babu B H, Lancry M, Ollier N, et al. Radiation hardening of sol gel-derived silica fiber preforms through fictive temperature reduction [J]. Applied Optics, 2016,55(27):7455 - 7461.

[69] Lancry M, Babu B H, Ollier N, et al. Improving optical fiber preform radiation resistance through fictive temperature reduction [C]. Bragg Gratings, Photosensitivity, and Poling in Glass Waveguides, 2016: BW5B. 2.

[70] Agarwal A, Tomozawa M. Correlation of silica glass properties with the infrared spectra [J]. Journal of Non-Crystalline Solids, 1997,209(1 - 2):166 - 174.

[71] Saito K, Ikushima A J. Structural relaxation of the frozen-in density fluctuations in silica glass [J]. Progress of Theoretical Physics Supplement, 1997(126):277 - 280.

[72] Watanabe T, Saito K, Ikushima A J. Fictive temperature dependence of density fluctuation in SiO_2 glass [J]. Journal of Applied Physics, 2003,94(8):4824 - 4827.

[73] Watanabe T, Saito K, Ikushima A J. Density and concentration fluctuations in F-doped SiO_2 glass [J]. Journal of Applied Physics, 2004,95(5):2432 - 2435.

[74] Hong J. FTIR investigation of amorphous silica fibers and nanosize particles [M]. New York: Rensselaer Polytechnic Institute, 2003.

[75] Saito K, Yamamoto R, Kamiya N, et al. Fictive temperature dependences of optical properties in Yb-doped silica glass [C]. Solid State Lasers and Amplifiers Ⅲ, 2008(6998):368 - 375.

[76] Spinner S, Napolitano A. Further studies in the annealing of a borosilicate glass [J]. Journal of Research of the National Bureau of Standards Section A: Physics and Chemistry 1966,70(2):147 - 152.

[77] Haken U, Humbach O, Ortner S, et al. Refractive index of silica glass: influence of fictive temperature [J]. Journal of Non-Crystalline Solids, 2000,265(1 - 2):9 - 18.

[78] Brueckner. R. Properties and structure of vitreous silica: Ⅰ [J]. Journal of Non-Crystalline Solids, 1970,5(2):123 - 175.

[79] Brueckner. R. Properties and structure of vitreous silica: Ⅱ [J]. Journal of Non-Crystalline Solids, 1971,5(3):177 - 216.

[80] Hsich H S Y. A non-linear structural relaxation model for the refractive index of glass during annealing [J]. Journal of Materials Science, 1978,13(4):750 - 758.

[81] Haken U, Humbach O, Ortner S, et al. Refractive index of silica glass: Influence of fictive temperature [J]. Journal of Non-Crystalline Solids, 2000,265(1 - 2):9 - 18.

［82］ Gross T M, Tomozawa M. Fictive temperature of GeO$_2$ glass: its determination by IR method and its effects on density and refractive index ［J］. Journal of Non-Crystalline Solids, 2007,353(52 – 54):4762 – 4766.

［83］ Heili M, Poumellec B, Burov E, et al. The dependence of Raman defect bands in silica glasses on densification revisited ［J］. Journal of Materials Science, 2015,51(3):1659 – 1666.

［84］ Kakiuchida H, Shimodaira N, Sekiya E H, et al. Refractive index and density in F- and Cl-doped silica glasses ［J］. Applied Physics Letters, 2005,86(16):161907.

［85］ Kakiuchida H, Sekiya E H, Shimodaira N, et al. Refractive index and density changes in silica glass by halogen doping ［J］. Journal of Non-Crystalline Solids, 2007,353(5 – 7):568 – 572.

［86］ Kiiveri P, Koponen J, Harra J, et al. Stress-induced refractive index changes in laser fibers and preforms ［J］. IEEE Photonics Journal, 2019,11(6):1 – 10.

［87］ Kuhn S, Hein S, Hupel C, et al. High-power fiber laser materials: influence of fabrication methods and codopants on optical properties ［C］. Optical Components and Materials XVI, 2019(10914):27 – 39.

［88］ Geissberger A E, Galeener F L. Raman studies of vitreous SiO$_2$ versus fictive temperature ［J］. Physical Review B, 1983,28(6):3266 – 3271.

［89］ Uchino T, Kitagawa Y, Yoko T. Structure, energies, and vibrational properties of silica rings in SiO$_2$ glass ［J］. Physical Review B, 2000,61(1):234 – 240.

［90］ Awazu K, Kawazoe H. Strained Si—O—Si bonds in amorphous SiO$_2$ materials: A family member of active centers in radio, photo, and chemical responses ［J］. Journal of Applied Physics, 2003,94(10): 6243 – 6262.

［91］ Galeener F L. Planar rings in vitreous silica ［J］. Journal of Non-Crystalline Solids, 1982,49(1 – 3):53 – 62.

［92］ 郭梦婷,邵冲云,王璠,等. 结构弛豫对 Al^{3+}/Yb^{3+} 共掺石英玻璃结构和性能的影响［J］. 硅酸盐学报, 2018,46(11):1499 – 1506.

［93］ 郭梦婷. 热历史对掺 Yb^{3+} 石英玻璃及光纤性能的影响机理研究［D］. 北京:中国科学院大学,2021.

［94］ Poe B T, McMillan P F, Angell C A, et al. Al and Si coordination in SiO$_2$ – Al$_2$O$_3$ glasses and liquids: A study by NMR and IR spectroscopy and MD simulations ［J］. Chemical Geology, 1992,96(3 – 4): 333 – 349.

［95］ Kanehashi K, Stebbins J F. In situ high temperature ^{27}Al NMR study of structure and dynamics in a calcium aluminosilicate glass and melt ［J］. Journal of Non-Crystalline Solids, 2007,353(44 – 46):4001 – 4010.

［96］ Wang Min, You Jinglin, Sobol A, et al. In-situ studies of structure transformation and Al coordination of KAl(MoO$_4$)$_2$ during heating by high temperature Raman and ^{27}Al NMR spectroscopies ［J］. Materials, 2017,10(3):310.

［97］ Poe B T, McMillan P F, Coté B, et al. Magnesium and calcium aluminate liquids in situ high-temperature ^{27}Al NMR spectroscopy ［J］. Science, 1993(259): 786 – 788.

［98］ Poe B T, McMillan P F, Coté B, et al. Silica-alumina liquids: in-situ study by high-temperature ^{27}Al NMR spectroscopy and molecular dynamics simulation ［J］. Journal of Physical Chemistry, 2002,96 (21):8220 – 8224.

［99］ Greaves G N, Sen S. Inorganic glasses, glass-forming liquids and amorphizing solids ［J］. Advances in Physics, 2007,56(1):1 – 166.

［100］ Angeli F, Villain O, Schuller S, et al. Effect of temperature and thermal history on borosilicate glass structure ［J］. Physical Review B, 2012,85(5):054110.

［101］ Stebbins J F, Ellsworth S E. Temperature effects on structure and dynamics in borate and borosilicate liquids: high-resolution and high-temperature NMR results ［J］. Journal of the American Ceramic Society, 1996,79(9):2247 – 2256.

［102］ Guo Mengting, Shao Chongyun, Shi Feng, et al. Effect of thermal annealing on structures and properties of Yb^{3+}/Al^{3+}/P^{5+} co-doped silica glasses ［J］. Journal of Non-Crystalline Solids, 2019

（522）：119563.

[103] Deschamps T，Vezin H，Gonnet C，et al. Evidence of AlOHC responsible for the radiation-induced darkening in Yb doped fiber [J]. Optics Express，2013,21(7):8382 – 8392.

[104] Ding Jia，Chen Youkuo，Chen Wei，et al. Effect of P_2O_5 addition on the structural and spectroscopic properties of sodium aluminosilicate glass [J]. Chinese Optics Letters，2012,10(7):071602.

[105] Kosinski S G，Krol D M，Duncan T M，et al. Raman and NMR spectroscopy of SiO_2 glasses co-doped with Al_2O_3 and P_2O_5 [J]. Journal of Non-Crystalline Solids，1988,105(1 – 2):45 – 52.

[106] Handke M，Mozgawa W，Rokita M. Vibrational spectra of $AlPO_4$ as a structure model for silica [C]. Progress in Fourier Transform Spectroscopy，1997:511 – 513.

[107] Aitken B G，Youngman R E，Deshpande R R，et al. Structure-property relations in mixed-network glasses: multinuclear solid state NMR investigations of the system $xAl_2O_3:(30-x)P_2O_5:70SiO_2$ [J]. The Journal of Physical Chemistry C，2009,113(8):3322 – 3331.

[108] Zhang Long，Bögershausen A，Eckert H. Mesoporous $AlPO_4$ glass from a simple aqueous sol-gel route [J]. Journal of the American Ceramic Society，2005,88(4):897 – 902.

[109] De Araujo C C，Zhang Long，Eckert H. Sol-gel preparation of $AlPO_4 - SiO_2$ glasses with high surface mesoporous structure [J]. Journal of Materials Chemistry，2006,16(14):1323 – 1331.

[110] Douglass D C，Duncan T M，Walker K L，et al. A study of phosphorus in silicate glass with ^{31}P nuclear magnetic resonance spectroscopy [J]. Journal of Applied Physics，1985,58(1):197 – 203.

[111] Guo Mengting，Wang Shikai，Zhao Tongyao，et al. Structural origin of thermally-induced refractive index changes in $Yb^{3+}/Al^{3+}/P^{5+}/F^-$-co-doped silica glass [J]. Journal of the American Ceramic Society，2021,104(10):5016 – 5029.

[112] Zhang Long，Eckert H. Short- and medium-range order in sodium aluminophosphate glasses: new insights from high-resolution dipolar solid-state NMR spectroscopy [J]. The Journal of Physical Chemistry B，2006,110(18):8946 – 8958.

[113] Bak M，Rasmussen J T，Nielsen N C. SIMPSON: a general simulation program for solid-state NMR spectroscopy [J]. Journal of Magnetic Resonance，2011,213(2):366 – 400.

[114] Ren Jinjun，Eckert H. Applications of DQ-DRENAR for the structural analysis of phosphate glasses [J]. Solid State Nuclear Magnetic Resonance，2015(72):140 – 147.

[115] Micoulaut M，Cormier L，Henderson G S. The structure of amorphous，crystalline and liquid GeO_2 [J]. Journal of Physics: Condensed Matter，2006,18(45):R753 – R784.

[116] Shimodaira N，Saito K，Sekiya E H，et al. In-situ observation of relaxation process in F-doped silica glass by Raman spectroscopy [J]. Advances in Glass and Optical Materials，2006(173):79 – 86.

[117] Krol D M. Femtosecond laser modification of glass [J]. Journal of Non-Crystalline Solids，2008,354 (2 – 9):416 – 424.

[118] Ebendorff-Heidepriem H，Ehrt D. Spectroscopic properties of Eu^{3+} and Tb^{3+} ions for local structure investigations of fluoride phosphate and phosphate glasses [J]. Journal of Non-Crystalline Solids，1996,208(3):205 – 216.

[119] Zhang Qiang，Qiao Yanbo，Qian bin，et al. Luminescence properties of the Eu-doped porous glass and spontaneous reduction of Eu^{3+} to Eu^{2+} [J]. Journal of Luminescence，2009,129(11):1393 – 1397.

[120] Zhang Qiang，Liu Xiaofeng，Qiao Yanbo，et al. Reduction of Eu^{3+} to Eu^{2+} in Eu-doped high silica glass prepared in air atmosphere [J]. Optical Materials，2010,32(3):427 – 431.

[121] Galant E I，Kondrat'ev Y N，Przhevuskii A K，et al. Stimulated emission of neodymium ions in quartz glass [J]. Soviet Journal of Experimental and Theoretical Physics Letters，1973(18):372.

第3章

稀土掺杂石英光纤的制备及性能表征

稀土掺杂石英光纤制备的第一步是光纤预制棒的制备。然后须通过高温炉将预制棒加热软化,在牵引作用下将其拉制成一定直径的纤维,该过程称为光纤拉丝。为了保证光纤材料的质量,必须选择合适的检测手段和分析方法,对所制备的光纤进行性能表征。本章将从化学气相沉积法制备稀土掺杂石英光纤预制棒、非化学气相沉积法制备稀土掺杂石英光纤预制棒、稀土掺杂石英光纤的拉制和性能表征三个方面进行阐述。

3.1 化学气相沉积法制备稀土掺杂石英光纤预制棒

光纤的性能取决于内部结构及芯棒质量,因此预制棒制备是光纤制备工艺最重要的环节。激光光纤预制棒由稀土掺杂芯棒及用于束缚光的包层结构组成。常用制备预制棒的方法是改进的化学气相沉积(modified chemical vapor deposition,MCVD)结合液相掺杂技术。该技术主要用于制备双包层光纤,目前在激光光纤制备中广泛使用。随着高功率激光技术的发展,传统的小芯径双包层光纤激光功率的提高受制于激光端面损伤及非线性效应,需要改进或开发新的预制棒制备技术。此外,不同公司为了克服技术壁垒,也开发出各自的预制棒制备技术。本节主要介绍基于化学气相沉积法的稀土掺杂光纤预制棒制备技术。

3.1.1 改进的化学气相沉积法

改进的化学气相沉积(MCVD)工艺[1]由美国贝尔实验室于 1973 年发明,工艺过程见图 3-1:将一根沉积管安装在玻璃车床中间,沉积管左端与进料系统连接,右端与废气处理系统相连。进料系统通过氧气鼓泡的方式将 $SiCl_4$、$GeCl_4$、$POCl_3$ 的蒸气带入沉积管中,沉积管下方的氢氧焰喷灯以可控的速度和火焰对沉积管进行加热,化学原料在加热区发生高温化学反应,形成

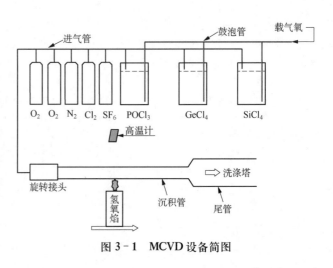

图 3-1 MCVD 设备简图

所需掺杂剂的二氧化硅玻璃,喷灯平移到沉积管的出气端就高速返回进气端,开始第二次沉积。重复上述沉积步骤,可以进行多次沉积。在沉积完成后,接着以更高的温度(2 000℃以上)把沉积的高纯材料连同沉积管一起熔缩成一根实心玻璃棒,即为芯棒。然后,再通过各种外包层技术制成预制棒。

MCVD 工艺反应机理如下:

$$SiCl_4 + O_2 \xrightarrow{\triangle} SiO_2 + 2Cl_2 \tag{3-1}$$

$$GeCl_4 + O_2 \xrightarrow{\triangle} GeO_2 + 2Cl_2 \tag{3-2}$$

$$4POCl_3 + 3O_2 \xrightarrow{\triangle} 2P_2O_5 + 6Cl_2 \tag{3-3}$$

$$4BCl_3 + 3O_2 \xrightarrow{\triangle} 2B_2O_3 + 6Cl_2 \tag{3-4}$$

$$9SiO_2 + SF_6 \xrightarrow{\triangle} 6Si_{1.5}F + SO_2 + 8O_2 \tag{3-5}$$

$$H_2O + Cl_2 \xrightarrow{\triangle} 2HCl + HClO \tag{3-6}$$

式中,$SiCl_4$ 是光纤沉积的基底材料,$GeCl_4$ 和 $POCl_3$ 可以提高折射率,而 BCl_3 和 SF_6 则用以降低折射率,Cl_2 用于去除光纤中的羟基。上述反应都需要在高温下才能进行,这些化学反应之间存在相互竞争,反应进行的程度、化学反应速率、反应进行的方向以及平衡常数等都受到反应温度、压力、沉积管内气体组成的影响。

MCVD 技术由于是管内沉积 SiO_2,不易受环境影响,因此可以制得低损耗、高光学质量的光纤预制棒。同时,因其简便性和灵活性被广泛用于制备有源光纤预制棒。与通信光纤不同的是,制备有源光纤预制棒需要进行稀土及其他元素的掺杂,从而对 MCVD 设备在掺杂技术上提出了更高要求。

二氧化硅结构致密,而稀土离子又大多具有大的离子半径,因此稀土离子很难直接进入二氧化硅结构间隙中。其次二氧化硅是难熔氧化物,在高温下黏度很大,稀土离子扩散距离受到限制,因此很难获得均匀性好的稀土掺杂石英玻璃。为了克服以上困难,需要在熔融前将稀土离子和二氧化硅充分混合。同时需要加入 Al_2O_3、P_2O_5 等共掺剂来破坏二氧化硅的致密结构,提高稀土离子在石英玻璃中的溶解度、均匀性和光谱性能。稀土掺杂光纤预制棒主要有 MCVD 结合溶液浸泡法和 MCVD 结合气相掺杂法。以下分别进行详细介绍。

3.1.1.1　MCVD 结合溶液浸泡法

MCVD 结合溶液浸泡法是制备稀土掺杂光纤预制棒的经典方法[2-5],以美国 Nufern 公司为代表的稀土光纤制造商就是采用该方法制备商用光纤。其主要工艺流程见图 3-2。在开始沉积前,通常需要用 SF_6 对石英管内壁进行清洁。以下将分别从管内疏松体沉积、稀土溶液浸泡及后处理、MCVD 车床烧结、MCVD 车床缩棒等四道工艺过程展开,阐述稀土掺杂预制棒的制备。

1)管内疏松体沉积

在石英套管内沉积疏松体时,$SiCl_4$、$GeCl_4$、$POCl_3$ 与 O_2 在约 1 300~1 650℃反应生成亚微米颗粒,通过热迁移沉积在较冷的管壁上。但由于烧结温度不够高,烧结并不完全,从而形成多孔的结构,称之为疏松体。疏松体的厚度约为几十微米,主要由各反应物流速和沉积温度

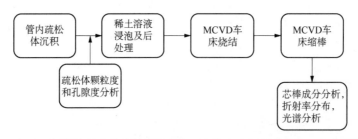

图 3-2 MCVD 结合溶液浸泡法制备稀土掺杂光纤预制棒的工艺流程图

决定。虽然在低至 1200℃时也能形成疏松体,但获得的疏松体较容易从管壁脱落。在工艺过程中,根据沉积物的挥发性不同,疏松体沉积可分为正向沉积和逆向沉积两种,逆向沉积工艺适用于高挥发性疏松体的沉积。

正向沉积[2-3]是指反应气流和氢氧焰移动方向相同,反应物在高温区发生氧化反应生成 SiO_2、GeO_2、P_2O_5 等氧化物后通过热泳过程迁移到管壁上,随后被移动的氢氧焰烧结固定,疏松体沉积和烧结在同一次氢氧焰移动过程中完成,如图 3-3a 所示。

逆向沉积[6-7]是指反应气流和氢氧焰移动方向相反,由于氢氧焰移动方向相反,氧化物生成后并没有经历高温,只是简单附着在管壁上,等沉积结束后,再次移动氢氧焰,以低于沉积温度 200~300℃的温度将第一步生成的疏松体固定在管壁上,避免其在浸泡过程中脱落,如图 3-3b 所示。由于逆向沉积过程沉积温度较高,有利于氯化物高效反应生成氧化物,但烧结温度较低,有利于易挥发物质保留在疏松体中,适用于高掺 P、Ge 等易挥发的疏松体制备。

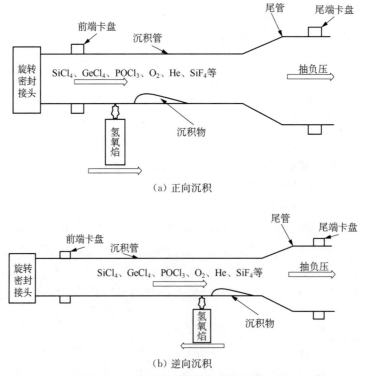

图 3-3 MCVD 管内沉积工艺示意图(根据文献[2-3,6-7]绘制)

疏松体孔隙度与烧结温度有关,对于正向沉积而言,沉积温度即为烧结温度,而逆向沉积过程疏松体孔隙度主要取决于二次烧结温度。烧结温度过低,疏松体在溶液浸泡过程中容易脱落,烧结温度过高,疏松体则过于致密化,不利于溶液中的掺杂离子进入。图 3－4 是逆向沉积 SiO_2－P_2O_5 疏松体二次烧结前后的扫描电镜照片对比,二次烧结后的颗粒相互黏连,比烧结前更加致密化。

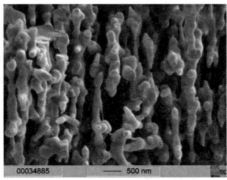

(a) 烧结前　　　　　　　　　　　　(b) 烧结后

图 3－4　逆向沉积SiO_2－P_2O_5疏松体二次烧结前后的扫描电镜照片对比[6]

表 3－1 列出不同烧结温度下的逆向沉积疏松体参数,其中φ_{rel}为疏松体玻璃化前后的密度比,用以表征疏松体的致密程度。φ_{rel}越小,表明疏松体孔隙率越高,越有利于稀土离子进入。可以看到较低的二次烧结温度下制备的疏松体,孔隙度更高,易挥发物 P_2O_5 的含量也越高。这主要是由于较高烧结温度下疏松体的烧结致密化程度更高,P_2O_5 在烧结过程挥发引起的。

表 3－1　不同烧结温度下的逆向沉积疏松体参数[6]

样品编号	二次烧结温度/℃	φ_{rel}	P_2O_5/mol%
A	未烧结	0.05	9.9
B	950	0.06	8.1
C	1050	0.12	7.8
D	1100	0.23	7.2
E	1135	0.36	7.1
F	1175	0.75	6.0

在正向沉积工艺过程中,颗粒越小的疏松体,其沉积位置离管壁越近,如图 3－5 所示。但由于较小颗粒比较大颗粒具有更大的比表面积,因此烧结得更快,使得靠近管壁处疏松体的致密度反而更高。

对于纯硅或者掺杂少量 $GeO_2/P_2O_5/F$ 的疏松体,烧结温度需要为 1450~1600℃,温度过低容易导致疏松体从管壁脱落。而对于沉积过程共掺大量 $GeO_2/P_2O_5/F$ 疏松体,根据掺杂元素含量的不同,可以大幅降低疏松体的沉积温度。例如,图 3－6 为反应物中

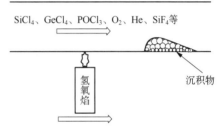

SiCl_4、GeCl_4、POCl_3、O_2、He、SiF_4等

沉积物

氢氧焰

图 3－5　不同尺寸疏松体颗粒的分布示意图
（根据文献[2]绘制）

$GeCl_4/SiCl_4$ 流量比等于 0.86、沉积温度为 1 220℃和 1 295℃正向沉积得到的疏松体扫描电镜照片；图 3－7 为 $POCl_3/SiCl_4$ 流量比等于 0.48、沉积温度为 1 100℃正向沉积得到的疏松体扫描电镜照片。从图 3－6 和图 3－7 中可以看到，在低于 1 300℃的条件下，疏松体颗粒已经发生了相互黏连，这是由于 $GeO_2/P_2O_5/F$ 可以大幅降低 SiO_2 的熔点所致。

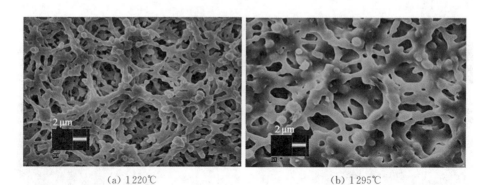

(a) 1 220℃   (b) 1 295℃

图 3－6　不同沉积温度下的 SiO_2－GeO_2 疏松体[8]

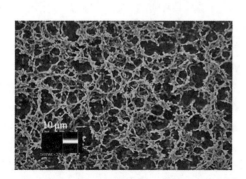

图 3－7　1 100℃沉积的 SiO_2－P_2O_5 疏松体[8]

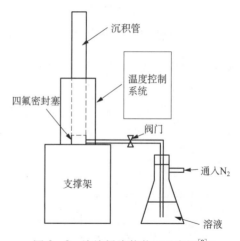

图 3－8　溶液浸泡的装置示意图[9]

2) 溶液掺杂

通常将沉积好疏松体的石英管垂直浸泡在配制好的溶液中，浸泡时间约 60 min，使掺杂离子吸附在疏松体表面或孔隙中，其装置如图 3－8 所示，操作步骤如下：

（1）将沉积管安装在四氟密封塞上。

（2）打开阀门，用 N_2 将溶液压入沉积管中。

（3）关闭阀门，静置 60 min，让疏松体充分吸收溶液。

（4）打开阀门，让沉积管中的溶液回流到锥形瓶中。

（5）关闭阀门，将沉积管重新安装在车床上。

溶液掺杂的效果主要由疏松体孔隙率以及疏松体的吸附效率两个因素决定。孔隙率取决于疏松体的沉积工艺，而疏松体的吸附效率则可以用毛细管模型[9]描述。如图 3－9 所示，把疏松体的孔隙抽象为毛细管，吸附高度符合方程（3－7）和方程（3－8）的关系：

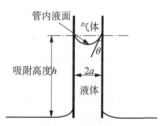

图 3－9　毛细管模型示意图[9]

$$h = \frac{F}{\pi a^2 g \rho} \tag{3-7}$$

$$F = 2\pi a \gamma \cos\theta \tag{3-8}$$

式中,h 为吸附高度;F 为毛细管力;γ 为液体的表面张力;θ 为凹液面切线与管壁的夹角;g 为重力常数;ρ 为液体密度;a 为毛细管半径。h 越大,说明单位面积疏松体吸附的溶液越多,掺杂的稀土离子也会越多。由方程(3-7)和方程(3-8),h 与毛细管力成正比,而毛细管力又与表面张力成正比。液体的表面张力一方面跟液体本身的属性有关,同时它又是一个与温度有关的函数。随着温度升高,表面张力减小。因此,理论上溶剂表面张力越大、浸泡温度越低,更容易获得高浓度掺杂的疏松体。

溶剂选择考虑如下:首先要考虑掺杂离子在溶剂中的溶解度,其次要考虑该溶剂的吸附效率,最后还要考虑溶剂的挥发性。由于 Al^{3+} 具有提高稀土离子在石英玻璃中的掺杂浓度,以及降低稀土离子团簇、改善稀土离子发光性能等作用,因此,溶剂选择需要考虑 Al^{3+} 和稀土离子在其中的溶解度,常用的溶剂为水、乙醇或甲醇等。表 3-2 为四种溶剂在室温下的表面张力,可见水溶液的表面张力最大。根据前述毛细管模型,可以吸附更多溶剂,同时 Al^{3+} 和稀土离子在水中的溶解度更大,有利于实现高掺杂。与水溶剂相比,乙醇或甲醇等溶剂的优点则是挥发性较好,带来的羟基损耗较低。

表 3-2 室温下(20℃)各溶剂的表面张力[9]

溶剂	表面张力/(mN/m)
水	72
甲醇	22.7
乙醇	22.4
正丙醇	21.3

表 3-3 不同温度溶液浸泡制备的预制棒中 Al^{3+} 和 Er^{3+} 的掺杂浓度[9]

溶液组分	浸泡温度/℃	Er^{3+} 浓度/wt%	Al^{3+} 浓度/wt%
0.6 mol/L AlCl₃ + 0.06 mol/L ErCl₃	65	0.33	0.32
	13	0.34	0.4
	−20	0.58	0.78

表 3-3 是不同温度溶液浸泡制备的预制棒中 Al^{3+} 和 Er^{3+} 的掺杂浓度。实验证明,在其他条件相同的情况下,低温浸泡更容易获得高掺杂。这是由于低温下溶液的表面张力较大,疏松体孔隙吸附力较强,吸附高度更大,跟毛细管理论的预期一致。

表 3-4 是不同沉积条件下疏松体制备的光纤参数。Er^{3+} 在 980 nm 处的吸收可以直接反映光纤中的 Er^{3+} 浓度,由表中数据可知,沉积温度升高,疏松体孔隙率降低,在相同的浸泡溶液条件下 Er^{3+} 浓度与疏松体孔隙率近似成正比。

表 3-4 疏松体制备工艺参数和光纤性能[8]

反应物组分	浸泡液浓度	沉积温度/℃	疏松体孔隙率	Er^{3+} 吸收@980 nm
GeCl₄/SiCl₄=0.86	0.3 mol/L AlCl₃ + 0.01 mol/L ErCl₃	1 255	32%	3.12
GeCl₄/SiCl₄=0.86	0.3 mol/L AlCl₃ + 0.01 mol/L ErCl₃	1 295	24%	2.265
POCl₃/SiCl₄=0.48	0.3 mol/L AlCl₃ + 0.01 mol/L ErCl₃	1 100	50%	4.990

此外,可以通过多次重复溶液浸泡、干燥、除水过程进一步提高离子的掺杂浓度,采用不同浓度的 $AlCl_3$ 溶液多次浸泡疏松体,得到的结果见表 3 - 5。由于 Al_2O_3 在石英玻璃中可提升折射率,因此可以用折射率差来间接表征玻璃中 Al_2O_3 的含量。随着浸泡次数的增多,芯棒玻璃中掺杂浓度逐渐提高,但每次浸泡折射率提升的百分比呈现降低趋势,说明随着浸泡次数的增多,玻璃中的 Al_2O_3 浓度会逐渐趋于饱和,即多次浸泡法提高掺杂浓度也是有限度的。

表 3 - 5 多次浸泡 $AlCl_3$ 溶液芯棒玻璃折射率变化[10]

浸泡液浓度	芯棒玻璃与纯石英的折射率差/($\times 10^{-3}$)			折射率提升百分比	
	第一次浸泡	第二次浸泡	第三次浸泡	第一次到第二次	第二次到第三次
$0.3\,mol/L\ AlCl_3$	1.44	1.97	2.2	37	17
$0.7\,mol/L\ AlCl_3$	2.7	4.5	6.0	67	33
$1.2\,mol/L\ AlCl_3$	5.4	8.1	10.0	50	23.5

3) 烧结与缩棒

经过除水的沉积石英管在 $1\,800 \sim 2\,100\,℃$ 下烧结形成透明的石英玻璃,在约 $2\,200 \sim 2\,300\,℃$ 完成缩棒。由于缩棒过程温度较高,容易引起挥发形成折射率中心凹陷。对于掺镱光纤而言,中心凹陷的形成容易产生更多的激光模式,不利于光纤在高功率下保持单模或准单模运转,尤其是对于铝磷共掺体系的掺镱光纤,由于五氧化二磷的挥发性较强,中心凹陷的问题往往非常严重。文献[11]中通过两种工艺手段的联合使用避免了掺镱光纤中心凹陷:①在塌缩过程中通入一定流量的 $POCl_3$;②采用$-500\,Pa$ 的低温塌缩工艺。图 3 - 10 为不同工艺条件下铝磷共掺体系的掺镱光纤预制棒折射率分布图,从中可以看到,图(a)为正常塌缩工艺得到的折射率图,中间有明显的折射率凹陷;图(b)为塌缩过程中通入一定流量的 $POCl_3$,折射率凹陷有一定改善;图(c)为塌缩过程通入一定流量的 $POCl_3$,并在最后一步塌缩过程采用$-500\,Pa$ 的超高负压,并采用低于常规塌缩温度 $400 \sim 500\,℃$ 的塌缩温度,可以完全避免折射率凹陷。

3.1.1.2 MCVD 结合原位溶液浸泡掺杂法

上述 MCVD 结合溶液浸泡工艺存在的主要问题在于,需要多次将沉积石英管从车床上取下和安装,这将带来沉积石英管可用长度的损耗,同时有可能引入污染物。这些问题在需要沉积多层疏松体如制备大芯径光纤预制棒时

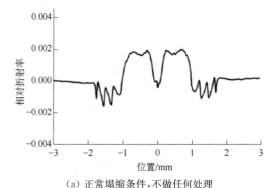

(a) 正常塌缩条件,不做任何处理

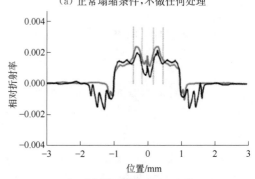

(b) 在塌缩过程中通入 $POCl_3$

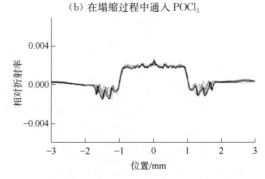

(c) 在塌缩过程中通入 $POCl_3$ 并采用$-500\,Pa$ 低温塌缩

图 3 - 10 不同塌缩条件下铝磷共掺体系掺镱光纤预制棒的折射率分布图[11]

更为严重。英国南安普敦大学[12]发展了原位溶液浸泡技术,其流程如图 3-11 所示。将一根细玻璃管通过车床的尾座插入沉积石英管内,细玻璃管尖部具有特定的结构,以防止损伤疏松体层。该细玻璃管与蠕动泵连接,氯化物甲醇溶液以 7~15 ml/min 的速度被送入沉积石英管内。当一层薄的溶液在长度方向浸没疏松体层后就可以把细玻璃管抽出,而不是像垂直溶液浸泡时需要将沉积石英管内完全充满溶液。随后将溶剂蒸发,掺杂离子留在疏松体中。在整个工艺步骤中沉积石英管一直保持转动。将疏松体干燥、除水、烧结后,再进行下一层疏松体的沉积。

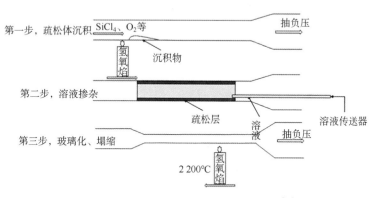

图 3-11　原位溶液浸泡技术流程示意图[12]

采用原位溶液浸泡技术,制备了具有 10 层 Yb^{3+}/Al^{3+} 共掺层的大模场光纤预制棒(疏松体制备参数:$SiCl_4$ 流速 100 ml/min,沉积温度 1475℃),该工艺过程耗时约 8 h,即单层疏松体沉积、溶液浸泡、干燥、除水、玻璃化的一套工艺流程约需 50 min。该光纤预制棒的折射率分布(PK2600 测量)如图 3-12 所示,折射率波动约为 0.001,10 个波动峰也正好区分出各沉积层。该预制棒的平均 NA 为 0.07,芯径为 2.6 mm。拉制成光纤后,折射率波动降至小于 0.0001(S14 测量)。

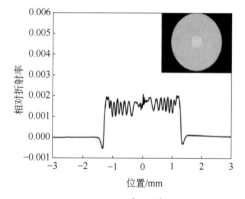

图 3-12　具有 10 层 Yb^{3+}/Al^{3+} 共掺层的大模场光纤预制棒的折射率分布图[12]

为了比较原位溶液浸泡技术与常规竖直浸泡技术的离子掺杂效果,他们采用相同沉积工艺制备了单疏松体层(疏松体沉积温度 1550℃),并采用相同的 Yb^{3+}/Al^{3+} 共掺溶液分别进行了原位溶液浸泡(A)和常规竖直浸泡(B)。光纤预制棒的折射率分布(PK2600 测量)如图 3-13 所示,从中可以看到原位溶液浸泡制备的预制棒折射率较高,这是由于竖直浸泡的"沥干"过程导致很多掺杂离子从疏松体中流失,而原位溶液浸泡法采用"蒸发"过程将溶剂从疏松体中去除,从而使更多的掺杂离子保留在疏松体中。

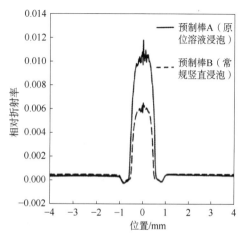

图 3-13　原位掺杂和常规溶液浸泡技术制备光纤预制棒的折射率分布图[12]

3.1.1.3 MCVD 结合溶胶液浸泡掺杂法

除了上述两种溶液浸泡掺杂方法,中国科学院上海光学机械机械研究所(简称"上海光机所")胡丽丽等发明了一种新的稀土掺杂石英光纤预制棒的制备方式——溶胶液浸泡掺杂[13]。不同于原位溶液浸泡和常规竖直浸泡使用稀土氯化物溶解的有机醇溶液,溶胶液浸泡掺杂是将 Yb、Al 等掺杂物的氯化物等原料与适量的正硅酸乙酯、乙醇、水等按一定比例配置成溶胶液,使得 Yb^{3+} 与共掺剂 Al^{3+} 可以预先均匀分散在氧化硅悬浮液中,然后采用竖直浸泡方式进行溶胶液浸泡掺杂。该方法是 MCVD 技术与溶胶-凝胶技术的结合,既保留了溶胶液分子级均匀性掺杂特点,又具有 MCVD 技术的低损耗优势,提高了预制棒纤芯掺杂的均匀性,大大降低了 Yb^{3+} 团簇程度,有效缓解了掺镱光纤的光暗化效应。利用该方法制备的预制棒的折射率及光纤损耗如图 3-14 所示,预制棒中间折射率凹陷得到有效填补,均匀性提高,同时保持了 MCVD 光纤的低损耗特点。利用该方法制备的预制棒拉制的掺镱石英光纤,测试其光暗化,结果表明光纤可在 1 000 W 泵浦条件下工作 500 h,功率降低在 5% 以内,满足掺镱光纤长期稳定运行的要求[13]。Yang[14]利用该方法制备了高浓度 Er^{3+} 掺杂的石英光纤,Er^{3+} 掺杂浓度高达 15 000 ppm,并在石英玻璃中均匀分散,利用该预制棒拉制成纤芯 8 μm 的包层光纤,测试了该光纤不同长度下的宽带增益系数与噪声指数,如图 3-15 所示。从中可以看出,25 cm 长度

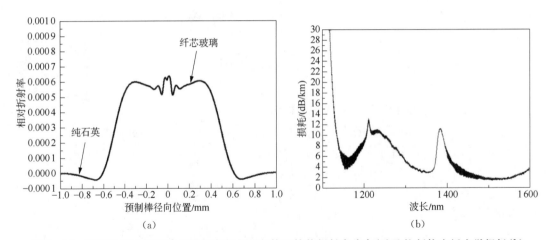

(a)   (b)

图 3-14　MCVD 结合溶胶液浸泡掺杂制备预制棒芯棒的折射率分布(a)及拉制的光纤光学损耗(b)

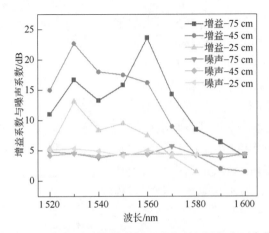

图 3-15　MCVD 结合溶胶液浸泡掺杂制备的掺铒石英光纤不同长度下宽带增益系数与噪声指数

的光纤在 1 530 nm 波长处最高增益为 23 dB，75 cm 长度的光纤在 1 560 nm 波段增益最高，大于 23 dB。噪声指数控制在 5 dB 左右。该光纤最大优势在于 Er^{3+} 掺杂浓度高，可大大缩短光纤使用长度来实现单位长度上高增益放大性能。

3.1.1.4　MCVD 气相掺杂法

为克服溶液掺杂法制备预制棒芯棒尺寸的限制，气相掺杂技术得到迅速发展。2009 年 Lenardic 等报道了稀土和铝的螯合物蒸气掺杂技术[15]。稀土螯合物在 200℃ 左右就有较高的蒸气压，可实现与 $SiCl_4$ 的共沉积。该工艺具有好的重复性且能有效控制掺杂浓度，但是整个送料系统需要保持在约 200℃，对设备要求较为苛刻，由于螯合物中的有机物难以完全去除，使得制得的材料羟基含量较高，且易于掺入杂质。

印度中央玻璃与陶瓷研究所的 Saha 等采用芬兰 Nextrom 公司的含有气相掺杂输送单元的 MCVD 工艺设备制备掺杂石英光纤预制棒[16]，如图 3 - 16 所示。该设备以氦气为输送单元，将加热成气体的掺杂螯合物带至反应区，与从另一管道输送过来的 $SiCl_4$ 气体同时反应沉积到基管内壁，实现掺杂。该工艺最为关键的是对沉积管头部带状燃烧器温度的控制，避免温度过热导致稀土螯合物在到达反应区前分解，以及避免温度过低导致稀土螯合物在未到达燃烧器前发生冷凝、重结晶等。该工艺通过优化，可沉积 30 多层芯层，用于制备直径 10.5～11.1 mm、长度 400 mm、Yb^{3+} 浓度为 1.5 mol% 的均匀掺杂芯棒。

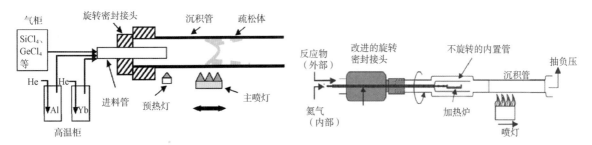

图 3 - 16　带有气相输送单元的 MCVD 装置[16]　　图 3 - 17　MCVD 结合化学坩埚法制备预制棒装置

英国南安普顿大学提出另一种气相掺杂工艺——化学坩埚沉积法[17]，工艺流程如图 3 - 17 所示。MCVD 沉积管内部安装有与加热源相连接的坩埚，可对沉积管内装有螯合物的坩埚加热，控温误差 ±1℃，能够保证螯合物挥发的均匀及稳定。气相螯合物以氩气作为载气传输至反应区，与 $SiCl_4$ 同时沉积在玻璃基质管内壁，实现掺杂。整个掺杂过程保持沉积管旋转。最后进行干燥、烧结、缩棒等处理，得到稀土掺杂预制棒。掺杂螯合物直接在沉积管内部加热，有利于提高预制棒的纵向均匀性。该方法制备的 $Yb^{3+}/Al^{3+}/P^{5+}$ 共掺石英光纤在 1 285 nm 的损耗在 30～70 dB/km。

MCVD 技术现已被广泛用于光纤预制棒制备，比较著名的用户有 IPG、Nufern、SPI 等公司。中国自制的稀土掺杂光纤预制棒基本采用 MCVD 技术获得，尤其是商业化的 MCVD 技术结合液相掺杂。但对于高功率大模场光纤领域，通常需要大的芯包比及复杂的光纤结构，因此对预制棒提出更高的要求，如大尺寸高均匀芯棒、高浓度稀土离子掺杂及低纤芯 NA 等。受限于芯棒尺寸、均匀性及纤芯数值孔径，MCVD 液相掺杂技术在大模场光纤预制棒制备上遇到瓶颈。相对而言，得益于大尺寸及高光学均匀性的特点，MCVD 技术结合气相掺杂在大模场光纤预制棒制备方面更受青睐，但目前该技术在工艺控制上还不够稳定，并且在实现低

NA 预制棒制备方面仍存在难度。

3.1.2 外部气相沉积法和轴向气相沉积法

外部气相沉积(outer tube vapor deposition，OVD)法是 1970 年美国 Corning 公司研发的简捷工艺，流程见图 3-18a。该工艺以氧气为载体，将含有 Si^{4+}、Yb^{3+}、Al^{3+} 的气相前驱体输送至氢氧焰或甲烷焰喷灯，使其发生水解形成粉尘颗粒，并沉积在石英、石墨或氧化铝材料制作的基棒外表面；经多次沉积后去除基棒，再将带有中心孔的疏松预制棒放入高温炉进行纯化和烧结，最终得到无气泡的芯棒。棒的直径、移动速度及氢气氧气流量是 OVD 工艺的三个主要参数：大直径增加粉尘被捕获的概率；提高移动速度增加单位时间内热边界层的面积，但移动速度过快会导致密度过低；氢气和氧气的流量越大则粉尘温度提高，有利于粉尘运动，但温度过高会使得粉尘颗粒过小不易捕获，同时疏松体受热过多变致密。该方法生产的预制棒效率高，且其尺寸不受母棒限制，可以用于制备大尺寸预制棒。为避免与 Corning 公司的 OVD 专利纠纷，日本电报电话公司(NTT)于 1977 年提出轴向气相沉积(vapor axial deposition，VAD)制备预制棒工艺[18]，见图 3-18b。该工艺与 OVD 工艺相同点是采用火焰水解；区别在于 VAD 方法制备的预制棒是由下向上垂直轴向生长，烧结和沉积在同一设备不同空间同时完成。目前暂无 VAD 法制备掺 Yb^{3+} 光纤预制棒的报道。

OVD 工艺所有过程不涉及非人工合成物料，制成的预制棒杂质含量低、损耗低。采用 OVD 工艺制备的高包层数值孔径(≥0.3)的"全玻璃"双包层光纤获得 110 W 的激光输出，斜率效率 80%，光纤在 1 310 nm 的光纤损耗约 3 dB/km[17]。但是采用石墨或氧化铝作基棒，在移除过程会引起预制棒中心层折射率分布紊乱，影响光纤的传输性能。

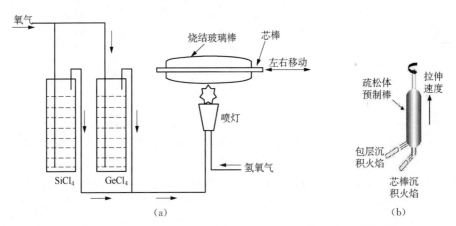

图 3-18　OVD(a)及 VAD(b)芯棒制备工艺(根据文献[18-19]绘制)

3.1.3 直接的纳米颗粒沉积法

芬兰 Liekki 公司(现已被美国 nLight 公司并购)的 Tammela 等研发了类似于 OVD 技术的纳米颗粒直接掺杂(direct nano particle deposition，DND)技术[20-22]，工艺流程如图 3-19 所示。带有掺杂离子的溶液及 $SiCl_4$ 物料在计算机控制流速下，分别被输送到氢氧焰喷嘴，形成 $10\sim100$ nm 的掺杂 SiO_2 颗粒，然后直接沉积在基棒上。待沉积完成，移除基棒，高温下干燥，烧结，缩棒，得到掺杂石英芯棒。与 MCVD 技术相比，DND 技术一步完成掺杂过程，同时纳米尺度上的掺杂具有更高的均匀性。影响芯棒质量的因素主要是物料流速及掺杂颗粒尺寸。窄

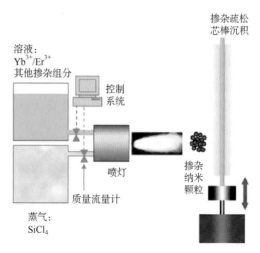

图 3 - 19 DND 芯棒制备工艺(根据文献[20 - 22]绘制)

的颗粒分布有助于实现更高的均匀性。目前,DND 技术制备的 Yb1200 - 20/400DC 光纤在 920 nm 激光泵浦下,实现 450 W 激光输出。耦合泵浦光-激光斜率效率达 69%。

3.2 非化学气相沉积法制备稀土掺杂石英光纤预制棒

对于稀土掺杂的光纤激光器,光纤纤芯是决定光纤激光器性能优劣的核心部分。因此纤芯预制棒的制备一直是光纤激光器最为重要的技术。如前所述,大多数商业掺杂光纤主要利用改进的化学气相沉积(MCVD)法结合溶液掺杂法生产制备[23]。从工艺上来说,MCVD 结合溶液掺杂法,对于制备常规包层结构掺杂光纤具有损耗低的明显优势。但是在超大模场包层结构激光光纤和稀土掺杂大模场光子晶体光纤(large mode area photonic crystal fiber, LMA PCF)制备方面,该方法存在如折射率分布不均匀、难以制备成大芯径、掺杂种类少等缺点[24]。目前,MCVD 结合溶液掺杂法制备的掺杂光纤芯径一般在 $10\sim40\ \mu m$,掺杂的最大浓度一般在 20 000 ppm 以下。基于 Yb^{3+} 掺杂的大模场石英 PCF 和超高功率光纤激光器对大尺寸和高掺杂均匀性纤芯的需求,近年来国内外发展了一系列非 MCVD 的稀土掺杂纤芯及预制棒制备技术,主要包括上海光机所与华中科技大学的多孔玻璃分相法、德国 Heraeus 公司的活性粉末烧结法、上海光机所的溶胶凝胶法结合高温烧结技术以及华南师范大学的激光烧结稀土掺杂石英粉体技术等。以下对这几种非气相沉积制备稀土掺杂石英光纤预制棒的方法及掺镱光纤进行详细介绍。

3.2.1 多孔玻璃分相法

多孔玻璃是将分相处理过的玻璃进行酸浸析处理,沥去可溶于酸的相之后,得到的多孔结构材料。多孔玻璃最初只是生产高硅氧玻璃的中间产品[25]。高硅氧玻璃是指 SiO_2 含量高于 96% 以上的玻璃。区别于石英玻璃,高硅氧玻璃通常是由多孔玻璃烧结制得。1934 年,美国 Corning 公司研究人员在研究硼硅玻璃分相时发明了高硅氧玻璃,并于 1939 年以 Vycor® 的商品名称生产出产品出售[26]。多孔玻璃现在已经发展成在稀土发光材料、生物医药以及化学和工业催化等领域不可或缺的一种功能材料。

多孔玻璃具有比表面积大、微孔孔径可控、形状规则和化学性质稳定等特点,这种材料的孔径可以通过制备工艺进行调制。根据国际纯粹和应用化学委员会(International Pure Union of Pure and Applied Chemistry,IUPAC)推荐的专业用语,将孔径<2 nm 的多孔材料称为微孔材料(micropore),如活性炭等;将孔径 2~50 nm 的多孔材料称为介孔材料(mescopore),如介孔玻璃等;将孔径>50 nm 的多孔材料称为宏孔材料(macropore),如气凝胶和多孔陶瓷等[25]。应用于发光材料的多孔玻璃孔径通常在 1~100 nm;对照纳米材料的定义,这种多孔玻璃可以被称为纳米多孔玻璃。

对发光材料而言,解决掺杂离子在基质材料中的浓度猝灭问题非常关键。得益于纳米多孔玻璃高比表面积的特点,研究人员提出利用纳米多孔玻璃作为掺杂离子的基质材料,从而达到将掺杂离子分散于玻璃中的目的[27-28]。

2005 年,陈丹平等[28]利用多孔玻璃高比表面积的特性分散发光活性离子,抑制稀土离子的自发团簇,从而增强活性离子的发光强度。具体过程是:将具有连通纳米级孔(孔径为 2~10 nm)和高比表面积的多孔玻璃,浸渍在一定浓度的稀土或过渡金属离子等发光活性离子的溶液中。待干燥处理后,发光活性离子均匀地分散和吸附在纳米孔。经过高温烧结,即可得到无孔透明的发光高硅氧玻璃。图 3-20 是制备多孔玻璃的工艺流程图[29]。高温熔融制备碱硼硅玻璃,再热处理实现分相。然后将玻璃粉碎进行酸处理及去离子水清洗,获得含纳米孔的玻璃颗粒。该多孔玻璃通过稀土溶液浸泡及高温烧结即可制备稀土掺杂芯棒。该工艺制备的芯棒尺寸不受块体多孔玻璃本身尺寸限制,能够实现大尺寸稀土掺杂芯棒。陈丹平等用该法制备的芯棒拉制纤芯 38 μm 的掺 Yb^{3+} 光子晶体光纤,实现了 34.8 W 激光输出,泵浦光吸收-激光输出的斜率效率为 71.3%。结果如图 3-21 所示[30]。

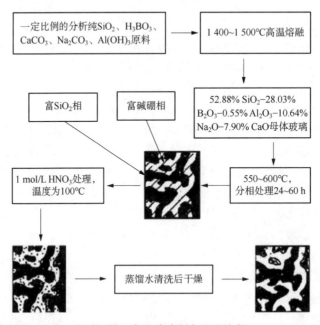

图 3-20　多孔玻璃制备工艺流程

华中科技大学杨旅云、褚应波等采用分相法制备稀土掺杂玻璃芯棒,工艺流程如图 3-22所示。具体过程是:先将母体玻璃加工成圆柱细棒,分相处理后进行腐蚀,再将细棒浸泡在稀

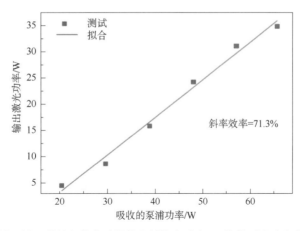

图 3‑21　所制备的光子晶体光纤输出功率‑吸收的泵浦功率曲线

土离子溶液中进行掺杂,最后干燥除杂,高温塌缩制备成预制棒。其与陈丹平等的工艺差异在于:直接用圆柱细棒进行掺杂,而不是将块体玻璃研磨成粉,避免了芯棒的二次烧结,因此极大避免了杂质的二次引入。另外,增加了通 Cl_2 除杂过程,能够有效降低光纤背景损耗,据报道该方法制备的光纤背景损耗为 20 dB/km。Chu 等利用该方法在 2.3 m 的包层光纤中获得了18 W 的激光输出,相对于吸收泵浦光的斜率效率为 72.8%[31]。采用同样掺镱芯棒制备方法,在 1 m 长的光子晶体纤维(photonic crystal fiber,PCF)中获得了 12.8 W 的激光输出,相对于吸收泵浦光的斜率效率为 64.5%[30]。由于采用溶液浸泡法进行掺杂,受到离子扩散的影响,因此只有在芯棒尺寸小 3 mm 的情况下才能保证掺杂浓度和均匀性。此外,该方法制备的光纤还存在羟基含量偏高、杂质难以去除等问题。

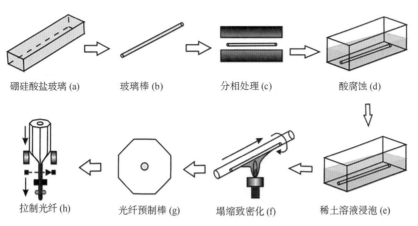

图 3‑22　华中科技大学分相法制备稀土掺杂光纤工艺流程[31]

3.2.2　活性粉末烧结法

自 2008 年开始,德国 Heraeus 公司的 Langner 等联合 Jena 大学[33-36]发展了活性粉末烧结(REPUSIL)法,该技术将稀土等元素掺杂到纳米多孔高纯 SiO_2 颗粒,形成掺杂粉体,通过烧结该粉体制备大尺寸稀土掺杂石英玻璃芯棒,其制备工艺如图 3‑23 所示。具体过程是:

首先,将 $SiCl_4$ 水解制得的高纯多孔 SiO_2 纳米颗粒分散在溶液中,得到触变性的悬浮溶液。接着,向悬浮溶液中加入含稀土离子和共掺离子的溶液。然后,经过脱水、纯化及一些后续处理,由掺杂 SiO_2 悬浮溶液制得含有掺杂离子的 SiO_2 颗粒。该步骤中多孔 SiO_2 颗粒的大小至关重要。Langner 等认为初始颗粒的大小应该在 $10\sim50\,nm$,烧结处理前含有开口气孔的颗粒大小应该在 $10\sim50\,\mu m$。然后,将掺杂颗粒通过等静压成型得到密实的棒状坯体,并采用 Cl_2 气氛加热等方式除去其中的羟基等杂质。最后,棒状坯体经过高温烧结和玻璃化处理,得到均匀、无气泡的 Yb 掺杂石英玻璃。REPUSIL 工艺制备的玻璃质量最大可达 $50\,g$[37]。

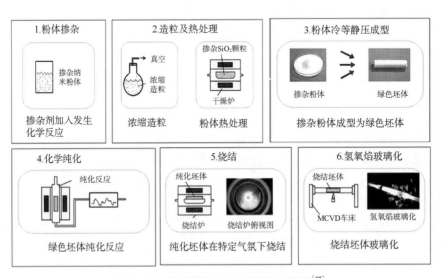

图 3‑23　REPUSIL 法工艺流程示意图[37]

图 3‑24 为含有掺杂离子的 SiO_2 颗粒和最终制得的 Yb 掺杂石英芯棒。Heraeus 公司利用该芯棒制备了芯径 $45\sim150\,\mu m$ 的大模场及超大模场包层光纤,并联合 Jena 大学对该类光纤的激光性能、光纤泵浦端面的热处理做了持续研究改进,发表了一系列报道[33-36]。其中,2008 年报道[33]称制备了纤芯 $150\,\mu m$ 的超大模场圆形包层光纤,通过侧面泵浦获得了 $490\,W$ 的连续激光输出,光-光效率 30%。2010 年报道[34]称制备了 4D 型包层光纤,减少了圆形包层光纤的螺旋光损失,纤芯尺寸为 $50\,\mu m$。该光纤实现了 $650\,W$ 激光功率输出,但研究人员指出功率进一步提高受限于光纤端面热破坏,随后开始研究光纤端帽。2012 年[35],研发人员在纤

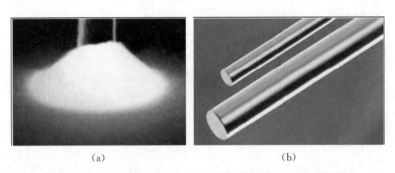

　　　　　　　　(a)　　　　　　　　　　　　　　　　(b)

图 3‑24　掺杂 SiO_2 颗粒(a)和最终制得的掺杂石英芯棒(b)

芯 50 μm 的大模场 4D 型包层光纤端面焊接了光纤端帽来降低热效应,实现了 4 kW 激光输出,光-光效率 56%。通过进一步优化,2013 年[36]从同类型单根光纤中获得最大输出功率超过 5 kW。图 3 - 25 为该光纤的功率输入-输出曲线与光纤端面照片(插图);光纤端面照片中,(a)为掺 Yb 纤芯,(b)为 Heraeus 纯石英玻璃,型号 F300,为加工好的 4D 型内包层,(c)为高 F 低折射率圆形石英外包层,(d)为光纤涂覆层。该光纤通过光纤端帽熔接结合光纤冷却装置,最高功率超过 5 kW,插电效率 26%。

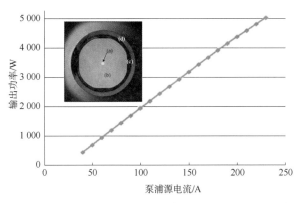

图 3 - 25　掺镱大模场 4D 型包层光纤激光输入-输出
曲线与光纤端面照片(插图)[37]

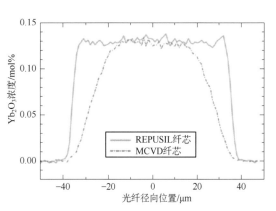

图 3 - 26　粉末烧结工艺和 MCVD 工艺制备
光纤 Yb₂O₃ 浓度分布图

　　不同于 MCVD 等直接沉积工艺,REPUSIL 工艺制备的 SiO₂ 颗粒是均匀地分散在悬浮液中的,并未直接在管内进行沉积,因而最终制得的掺杂石英棒不受外部包层管限制,可以直接用作有源纤芯,且能够方便地加工成各种形状的芯棒,如正方形、六角形、八边形等,可以满足单/双/多包层光纤、多芯光纤、光子晶体光纤等诸多复杂光纤设计的制备要求。采用 REPUSIL 工艺可以制得 Yb₂O₃ 浓度高达 0.25 mol%(～15 000 ppm Yb)的芯棒,并可实现对掺杂浓度的精确控制(图 3 - 26),因而制得的掺杂石英玻璃棒具有非常好的可重复性。高度均匀的掺杂又保证了芯棒折射率的均匀性,易于实现严格的阶跃型折射率分布。REPUSIL 工艺过程中的物料均为人工化学合成,严格控制了过程中的污染源,制得的掺杂石英棒具有很高的纯净度,有利于获得较低的背景损耗。如图 3 - 27 所示,采用该方法制备的掺镱石英光纤 1 200 nm 处的损耗低于 20 dB/km。

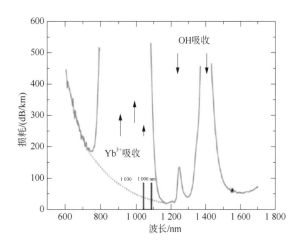

图 3 - 27　粉末烧结法制备的光纤纤芯损耗谱[35]

　　通过对烧结过程的优化,REPUSIL 工艺可以获得具有低 Yb²⁺ 含量、低缺陷率、气泡少的大尺寸芯棒(直径≥15 mm,长度≥150 mm)。这使得超大模场(extra large mode area,XLMA)掺镱石英光纤设计制备成为可能。对 XLMA 设计而言,在激活离子数量一定的情况,掺杂芯径越大,所需掺杂浓度就越低,从而与掺杂浓度相关的光致暗化效应可以得到明显改善,也有利于高功率激光输出下的热管理。这对光纤激光器获得稳定、高质量、高功率的激光输出十分有利。另外，粉末烧结法结合等离子体外部沉积技术（plasma outside deposition，POD），先在 Yb 掺杂石英芯棒外表面沉积一层石英玻璃，然后再沉积一层低折射率的掺氟石英玻璃，即可制得全玻璃结构的双包层光纤预制棒，这种方法克服了传统聚合物外包层难以承受高功率激光运转时光纤热效应的弊端，在制备高功率激光光纤预制棒尤其是一些特殊形状预制棒的制备方面独具优势。REPUSIL 工艺的缺点是较难实现 P、F 等易挥发性元素的共掺。

3.2.3　溶胶凝胶法结合高温烧结技术

溶胶凝胶法是指将金属有机化合物或无机化合物经过水解缩聚过程逐渐凝胶化以及经过必要的热处理，最终得到氧化物或其他固体化合物的工艺方法。传统的溶胶凝胶法制备稀土掺杂预制棒的工艺，一般是先采用浸渍提拉法在玻璃管的内壁形成一层含稀土掺杂离子的溶胶膜，经后续热处理等步骤最终制得稀土掺杂预制棒[38]。这种工艺最初多用于制备 Nd^{3+} 掺杂的玻璃[39]。

2007 年，瑞士 Bern 大学的 Pedrazza 等[40]发表了将溶胶凝胶法用于制备 Yb/Al 共掺石英光纤并实现激光输出的结果。其具体制备工艺是先将正硅酸乙酯（TEOS）、$Al(NO_3)_3$、$Yb(NO_3)_3 \cdot 5H_2O$、去离子水及无水乙醇混合得到掺杂溶胶。将掺杂溶胶倒入经过氢氟酸清洗和酒精清洁处理并用氮气吹干的石英管里，石英管里的溶胶以 200 cm/min 的速度倒出，然后向石英管内吹 20 min 的氮气形成凝胶，优化溶胶的黏度和倒出的速度能够保证在石英管内壁上形成透明无裂纹的较厚凝胶。将石英管安放在自动车床上，加热炉以 5 cm/min 的速度移动加热石英管两次，加热温度（$1\,800 \pm 100$）℃使凝胶玻璃化，完成一次涂覆过程，一次涂覆得到玻璃层厚度为 2.7 μm。经过三次这样的涂覆过程，将此石英管缩棒得到 Yb/Al 掺杂的石英玻璃棒。溶胶凝胶法制备稀土掺杂石英预制棒的工艺过程中，掺杂离子是以液相的形式掺入，因而可以实现多种掺杂离子、高浓度、分子水平均匀的掺杂。另外，溶胶凝胶法工艺使得在较低温度下（远低于一般工艺所要求的 $2\,000$℃甚至更高）制备掺杂石英玻璃棒成为可能，从而降低了制备成本。

2012 年，Bern 大学的研究者[41]提出另外一种溶胶凝胶法制备稀土掺杂石英预制棒的工艺。这种工艺的第一步仍然采用与传统溶胶凝胶法类似的工艺，制备含有稀土离子的 SiO_2 溶胶。与传统溶胶凝胶工艺不同的是，制备的掺杂溶胶直接在 70～150℃下凝胶化，经过干燥、去除残留有机物、烧结等若干热处理步骤后得到多孔的掺杂凝胶材料。将制备的掺杂凝胶材料球磨后，用 CO_2 激光器熔融制成透明的掺杂小球（粒径约 250 μm）。最后，将制备的掺杂小球放在一端封闭的石英管中，烧结得到稀土掺杂石英预制棒。相比传统溶胶凝胶法，这种工艺由于多孔的掺杂凝胶材料极易吸附空气中的水分等杂质，因而最终制得的掺杂石英预制棒的背景损耗较高（350 dB/km）。另外，溶胶凝胶工艺中引入的有机物不易彻底除去，若在制得的预制棒中残留碳元素，则有可能会使部分 Yb 元素还原成 Yb^{2+}，而 Yb^{2+} 会导致光致暗化效应显著增加并影响最终成品激光运转的长期稳定性。

2013 年，法国里昂一大的 Baz 等[42]将通过溶胶凝胶法制得的透明多孔二氧化硅棒体在掺 Yb 的乙醇溶液中浸泡，以实现稀土掺杂，并制得直径 1.5 cm、长度 7 cm 的 Yb 掺杂石英玻璃棒。在制得的掺杂玻璃棒中心直径 14 mm 的区域测得 Yb 的浓度为（0.25 ± 0.03）wt%，折射率波动低于 1.1×10^{-4}，1 200 nm 处测得的芯部损耗约为 40 dB/km。采用堆拉法制备的光子晶体光纤获得最大为 230 mW 的 1 034 nm 激光输出功率，对应的斜率效率为 73.5%。该方法能够制备 Yb 均匀掺杂的较大尺寸石英玻璃棒,但输出的激光功率低。这可能是因为该工艺未能较好地除去块体玻璃中残留的碳所致。因而,这种方法成熟应用于制备稀土掺杂石英玻璃棒及光子晶体光纤预制棒,尚有待进一步的优化。

上海光机所胡丽丽等[43]于 2013 年发明了溶胶凝胶法结合高温烧结技术制备掺镱石英玻璃芯棒的方法,以满足大模场掺杂石英光纤对大尺寸芯棒的需求。该方法的芯棒制备流程如图 3 - 28 所示。具体以掺 Yb 石英玻璃芯棒组分 $0.05Yb_2O_3 - 2Al_2O_3 - P_2O_5 - 96.95SiO_2$（mol％）制备大模场光子晶体光纤为例,其制备工艺如下:

在溶胶的制备阶段,按照设计的玻璃组分 $0.05Yb_2O_3 - 2Al_2O_3 - P_2O_5 - 96.95SiO_2$（mol％）,将不同配比的正硅酸乙酯(TEOS)、无水乙醇(C_2H_5OH)、H_3PO_4、$AlCl_3 \cdot 6H_2O$、$YbCl_3 \cdot 6H_2O$ 混合在一起作为前驱体,加入一定量去离子水以维持水解反应的进行。在石英玻璃中,Al_2O_3 是一种有效的稀土离子分散剂,可以显著提高 Yb^{3+} 在石英玻璃中的掺杂浓度,防止 Yb^{3+} 聚集引发的浓度猝灭甚至更为严重的玻璃析晶的发生。P_2O_5 除了具有与 Al_2O_3 相似的分散稀土离子的作用外,还可以与共掺杂的 Al_2O_3 一起形成[$AlPO_4$]结构,降低掺杂石英玻璃的折射率。更重要的是,P_2O_5 的引入可以阻止或者缓解 Yb^{3+} 掺杂石英光纤在激光运行过程中出现的光致暗化现象(photo darkening, PD)。将上述混合液充分混合搅拌 20 h,得到均匀的透明溶胶。然后将透明溶胶进行聚合反应和脱水脱碳热处理,热处理温度从 20℃到 800℃,得到干燥的凝胶粉末。凝胶粉末经高温真空炉(真空度 10^{-4} Torr,1 Torr ≈ 133 Pa) 1 750℃熔融 3 h 变成透明块体石英玻璃。块体石英玻璃经过高温氢氧焰成棒及后续加工抛光成为 $\phi2.5$ mm×50 mm 的芯棒,作为光纤预制棒的芯棒。采用管棒法制备大模场包层光纤预制棒,堆垛法制备大模场光子晶体光纤(LMA PCF)预制棒,然后在 2 000℃拉制成大模场包层光纤或 LMA PCF。

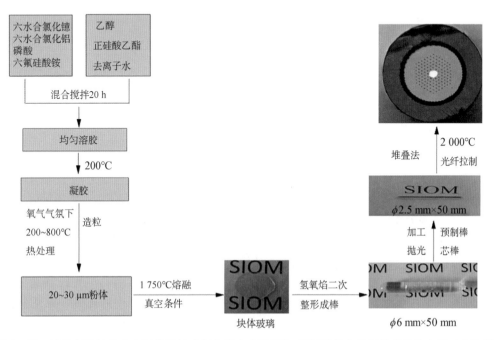

图 3 - 28　溶胶凝胶法结合高温烧结技术制备稀土离子(Yb、Nd 等)掺杂的石英玻璃及光纤工艺流程

该方法的优点是可以在厘米级尺寸范围实现稀土离子的均匀掺杂,同时能实现 Al、P、F 等元素的共掺,可有效抑制镱离子的光暗化和调控芯棒折射率。此外,该方法可以较充分地去除羟基和残留的有机碳。缺点是其制备流程耗时较长,一般需要 7～10 天时间完成芯棒制备。此外,相比 MCVD 技术,该方法在敞开的大气环境中操作,光纤损耗较高,在 1 200 nm 波段通常为 300～1 000 dB/km。针对该难题,引入氯气纯化过程,使光学损耗降低到 30～50 dB/km。利用这种方法可以实现较低光学损耗、高均匀性掺镱石英芯棒及光纤的制备、掺铒石英芯棒及光纤的制备、掺铥石英玻璃及光纤以及掺钕石英玻璃及光纤的制备。

在掺镱石英玻璃芯棒及大模场光纤的研制方面,Wang 等[43]于 2013 年制备了 Al/Yb 共掺杂的石英芯棒,评估了其光学、光谱性能,并利用该芯棒制备了纤细 30 μm 的光子晶体光纤 (PCF),该光纤纤芯折射率波动均匀性 Δn 约为 1×10^{-3},1200 nm 波段处光纤损耗 1200 dB/km。初步获得 6.8 W 的激光功率,斜率效率 48%。同年,该团队进一步制备了 Al/P/Yb 共掺杂的石英玻璃及纤芯 35 μm 的大模场 PCF[44],纤芯折射率波动均匀性 Δn 约为 8×10^{-4},掺杂均匀性有所提高。该光纤在 1040 nm 波段实现了 34.6 W 的连续激光输出,斜率效率 62%。同年,Wang 等还制备了纤芯 35 μm 的 Al/Yb 共掺大模场 PCF[45],纤芯折射率波动小于 2×10^{-4},1 200 nm 波段处光纤损耗 410 dB/km。由该光纤获得了 81 W 的连续激光输出,斜率效率 70.8%。激光波长为 1 040～1 070 nm,为多模光纤,如图 3-29 所示。

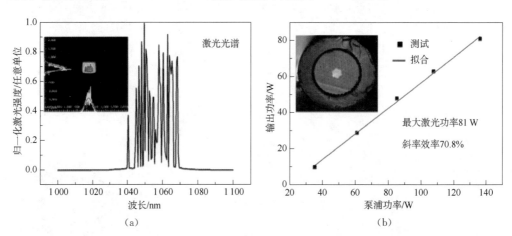

图 3-29　**Al/Yb 共掺大模场 PCF 激光光谱、激光模式(a)与激光输入-输出曲线、PCF 光纤端面照片(b)**

2016 年,Xu 等[46]制备了 Al/F/Yb 共掺杂的石英棒及纤芯尺寸 50 μm 的大模场 PCF,F 的引入大大降低了 Al/Yb 掺杂石英芯棒的折射率,使得纤芯 NA 降低到 0.02,但 F 在高温下不稳定,芯棒在高温拉丝时容易出现 F 的挥发,导致光纤在径向、长度方向上均匀性有所降低。最终通过光纤弯曲获得最高功率 8 W、斜率效率 43.3% 的激光输出,光束质量因子 M^2 小于 1.1,激光结果如图 3-30 所示,激光模式如图 3-31 所示。

如本书第 2 章所述,在 Al/Yb 共掺石英芯棒玻璃及光纤中掺杂 P_2O_5,一方面与 Al 形成跟 SiO_2 结构相似、折射率相近的[$AlPO_4$]结构,可降低芯棒的折射率,另一方面可以有效缓解掺镱光纤在高功率运转时的光暗化问题。传统 MCVD 法制备共掺磷石英光纤预制棒容易在塌缩阶段造成 P 的大量挥发,从而在纤芯中间出现"凹坑",不能实现易挥发性元素磷的均匀掺杂。Wang 等采用溶胶凝胶法结合高温烧结法制备了 Al/P/Yb 掺杂石英芯棒玻璃及光纤[47],掺杂石英芯棒中各个掺杂元素的均匀性分布可用电子探针显微分析仪(electron probe micro analysis,EPMA)来表征,如图 3-32 所示。从中可以发现,各掺杂元素分布均匀,克服

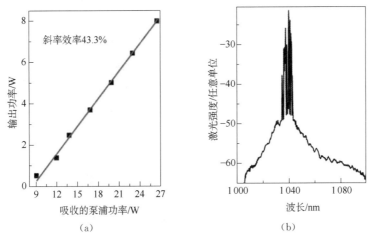

图 3-30　Al/F/Yb 掺杂石英 PCF 激光输出-输出曲线（a）及激光光谱（b）

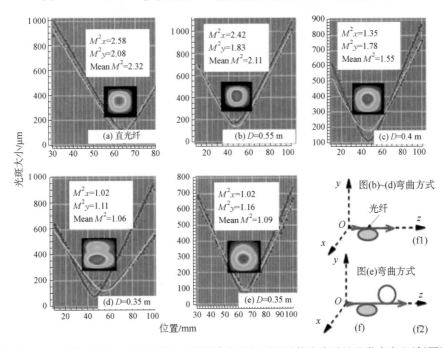

图 3-31　Al/F/Yb 掺杂石英 PCF 在不同弯曲直径下测试的光束质量及激光光斑（插图）

　　了常规 MCVD 法制备预制棒带来的 P 的大量挥发问题。由此芯棒制备了相对应大模场包层光纤与 PCF 光纤，光纤在 1 200 nm 的损耗降低到 240 dB/km，并从大模场（纤芯 35 μm）包层光纤中获得了 M^2 1.3 的准单模激光输出，从大模场（纤芯 50 μm）PCF 中获得最高功率 46 W、斜率效率 61% 的连续激光输出。大模场（纤芯 35 μm）包层光纤激光模式如图 3-33 所示。

　　2017 年，Wang 等采用溶胶凝胶法结合高温烧结法制备了 Al/P/F/Yb 掺杂的石英芯棒[48-49]，使得芯棒折射率大大降低，纤芯 NA 为 0.027，芯棒折射率分布如图 3-34 所示。从中可以看出，芯棒在径向和轴向长度方向上的折射率起伏均匀性均小于 $2×10^{-4}$。相比 Al/F/Yb 掺杂的芯棒，其芯棒轴向长度方向上均匀性、可重复性均得到很大程度的提高。利用该芯棒制备的纤芯 50 μm 的大模场掺镱 PCF，获得了平均功率 97 W 的脉冲激光输出，放大光-光效率为 54%，光束质量因子 M^2 为 1.4，为准单模激光，如图 3-35 所示。

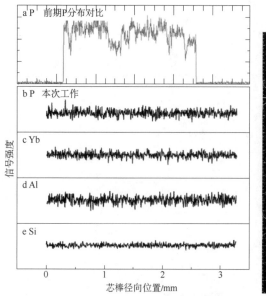

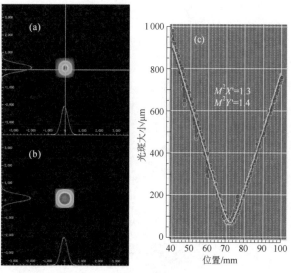

图 3－32　Al/P/Yb 掺杂石英芯棒端面的 EPMA 线扫描及与前期 P 元素掺杂均匀性对比

图 3－33　Al/P/Yb 掺杂大模场包层光纤激光模式

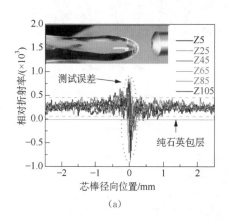

（a）

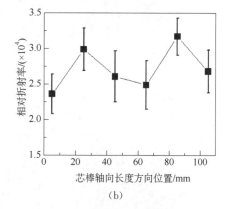

（b）

图 3－34　Al/P/F/Yb 掺杂石英芯棒在不同长度为主的径向折射率分布（a）及芯棒轴向不同长度方向折射率变化分布（b）

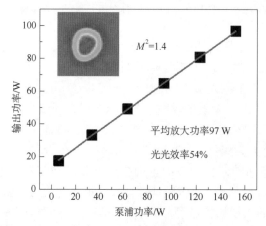

图 3－35　Al/P/F/Yb 掺杂石英大模场 PCF（纤芯 50 μm）激光放大曲线及光束质量（插图）

2017 年，Wang 等报道[49]，通过纯化技术，大大提高了掺镱石英芯棒的纯度，使得光纤损耗降低至 50 dB/km，结果如图 3-36 所示。使用该芯棒制备 Al/Yb 共掺超大模场(纤芯 100 μm) PCF，实现了激光斜率效率高达 83.3% 的连续激光输出。在脉冲放大实验中获得峰值功率 1.5 MW、平均功率 310 W 的激光性能。激光结果如图 3-37 所示。

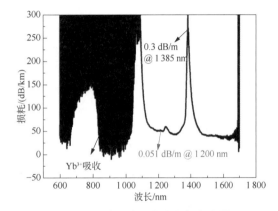

图 3-36　掺 Yb 石英光纤损耗光谱

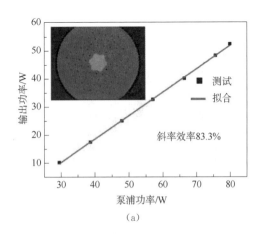

(a)

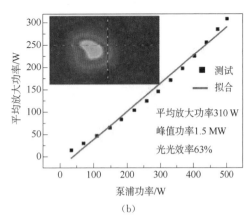

(b)

图 3-37　Al/Yb 共掺超大模场(纤芯 100 μm)PCF 连续激光(a)与脉冲放大激光性能(b)

利用溶胶凝胶法结合高温烧结技术可以实现不同稀土离子掺杂石英预制棒及光纤的制备，除了掺镱石英玻璃及光纤，课题组还研制了掺铥、掺铒、铒-镱共掺、掺钕石英玻璃及各类光纤，图 3-38 为利用该技术制备的各类稀土及其他元素掺杂的石英玻璃图片。具体结果在本书第 6~8 章有详细介绍。

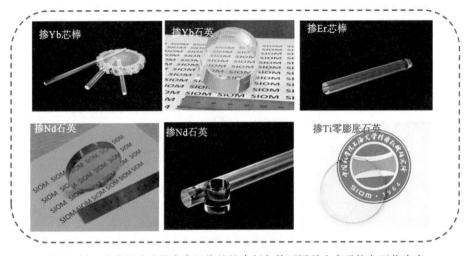

图 3-38　溶胶凝胶法结合高温烧结技术制备的不同稀土离子掺杂石英玻璃

3.2.4 其他非 MCVD 制备技术

华南师范大学周桂耀等报道了激光烧结稀土掺杂石英粉体的方法[50]。具体过程是：首先将稀土离子和共掺剂的前驱体溶于水中，形成掺杂溶液。将 $SiCl_4$ 通入该溶液中进行水解、混合掺杂。通过后续脱水热处理得到稀土掺杂的石英粉体。将石英粉体在搭建的激光烧结装置中高温熔融成稀土掺杂石英玻璃。制备过程如图 3-39 所示。利用 O_2 将掺杂石英粉体吹送到母棒顶部，用二氧化碳激光使其熔化形成玻璃态。在此过程中，随着温度升高，玻璃液的黏度下降，玻璃液中气泡的直径逐渐增大并不断上升，最后从玻璃液中脱除。与此同时，母棒一边旋转一边下降，玻璃液逐步脱离熔炼区，温度降低使玻璃液逐步冷却成玻璃棒，最终得到掺杂均匀的石英玻璃棒。掺杂的石英玻璃棒根据拉制光纤的需求进行不同尺寸的冷加工抛光，用于制备光纤预制棒。利用该技术制备的光纤最低光学损耗 $0.25\,dB/m$，制备的纤芯 $105\,\mu m$ 的光子晶体光纤，斜率效率 70.2%，激光功率 $6\,W$，如图 3-40 所示[48]。

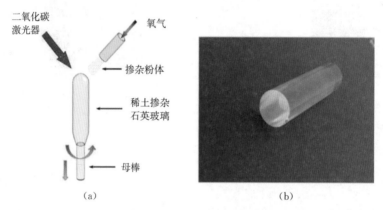

（a） （b）

图 3-39 激光烧结稀土掺杂石英粉体示意图（a）和制备的掺 Yb 石英玻璃（b）

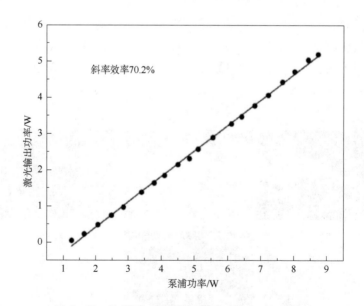

图 3-40 掺 Yb 大模场 PCF 的激光输入-输出曲线

2009 年，法国的 Devautour 等[51]开发了石英砂烧结法（granulatedsilica method）制备稀土掺杂石英预制棒的工艺，如图 3-41 所示。具体过程是：首先，在纯石英玻璃管中填充由溶液掺杂法制得的 Yb/Al 共掺杂石英砂(石英砂大小~0.125 μm^3)(图 3-41a)。将这一石英管(内层管)置于更大的石英管(外层管)中,两者之间的空隙用大小约 $3.4×106$ μm^3 的大颗粒石英砂填充(图 3-41b)。移除内层管后,将整个结构在清洁气流中加热到 1950℃使石英砂玻璃化(图 3-41c),最终得到致密的预制棒(图 3-41d)。石英颗粒玻璃化工艺可以很方便地调整各部分材料的化学组分,以获得期望的纤芯与包层的折射率差,加之结构排布的灵活性,该工艺尤其适宜制备复杂结构的光纤,如多芯光纤、微结构光纤等。与 MCVD 工艺需要多层沉积制备大芯径预制棒不同,石英砂烧结法的简单性使其可以克服 MCVD 工艺多层沉积带来的折射率均匀性差的问题。另外,采用该工艺制备大芯径预制棒所需时间与最终制得的掺杂芯部的尺寸无关,因而可以快速制得大芯径预制棒。但由于石英砂烧结法尚无法有效消除杂质,尤其是在高浓度稀土掺杂情况下,这些杂质可能会导致预制棒芯部在光纤拉制过程中发生析晶,故最终制得的光纤背景损耗较高(约 800 dB/km)。

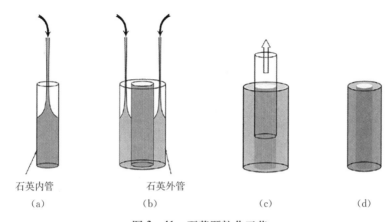

石英内管	石英外管		
(a)	(b)	(c)	(d)

图 3-41　石英颗粒化工艺

目前国内外几家主流的非 MCVD 技术制备稀土掺杂的石英玻璃及光纤的情况对比见表 3-6。

表 3-6　国内外非 MCVD 技术在制备掺 Yb 大模场石英光纤方面的技术水平对比

性能参数	德国 Heraeus 公司 REPUSIL 技术	瑞士 Bern 大学 Sol-Gel	中国中科院上海光机所 + 华中科技大学 多孔玻璃分相法	中国中科院上海光机所 溶胶凝胶法结合高温 烧结技术
折射率 均匀性 波动 Δn	$2×10^{-4}$	$4×10^{-4}$	$(2\sim4)×10^{-4}$	$4.5×10^{-5}$
掺 P	否	是	是	是
掺 F	否	否	是	是
芯棒低折射率(接近纯石英)	否	否	是	是
损耗@1200 nm(dB/m)	$0.02\sim0.05$	0.35	$0.02\sim0.35$	$0.03\sim0.05$
光纤激光性能	超大模场单纤连续功率超过 4 kW	瓦级	38 μm PCF 34.8 W、71.3%	100 μm PCF 脉冲:310 W、1.5 MW 连续:83.3%斜率效率
应用	激光加工、激光清洗	无	无	超快激光、激光清洗

3.3　稀土掺杂石英光纤的拉制和性能表征

3.3.1　稀土掺杂石英光纤的拉制

由化学气相沉积法或者非化学气相沉积法制备得到稀土掺杂石英光纤预制棒后,需要通过高温炉将预制棒加热到石英玻璃软化状态,在牵引力的作用下将石英预制棒拉制成所需规格的稀土掺杂石英光纤。

稀土掺杂石英光纤其纤芯中虽然掺杂了稀土离子,但是其成分的绝大部分是石英玻璃,因此同样具备石英玻璃优良的物理和化学性能以及加工性能,比如石英玻璃的低损耗、低膨胀、高强度和高化学稳定性。

与通信光纤的拉制类似,稀土掺杂石英光纤的拉制是将预制棒玻璃通过高温拉丝炉加热至软化状态,在合适的温度范围内,通过牵引力克服玻璃的内摩擦力(即黏度)和表面张力,形成纤维状。

在温度变化不大的情况下,黏度与温度的关系可以用 Arrhenius 方程表示:

$$\eta = A_f \exp[E_a/(RT)] \tag{3-9}$$

式中,A_f 为常数;R 为气体常数;T 为绝对温度;E_a 为活化能。E_a 反映了熔体黏度对温度的敏感程度,E_a 越大,黏度对温度的变化越敏感。

将 Arrhenius 方程取对数,可得

$$\lg \eta = \lg A_f + \frac{E_a}{2.303RT} \tag{3-10}$$

令 $A = \lg A_f$, $B = \dfrac{E_a}{2.303R}$, 式(3-10)则变换为

$$\lg \eta = A + \frac{B}{T} \tag{3-11}$$

式中,η 表示单位接触面积单位速度梯度下两层液体间的内摩擦力。

石英玻璃黏度与温度关系经验公式可表示为

$$\lg \eta = -2.4 + \frac{19\,541}{T} \tag{3-12}$$

表 3-7 为石英玻璃黏度随温度变化过程中的若干特征温度,需要在稀土掺杂石英光纤拉制过程中重点关注。

表 3-7　石英玻璃黏度及对应的特征温度[52]

$\eta/(\text{Pa} \cdot \text{s})$	特征点	对应温度/℃
10	熔制与澄清温度	2 000
$<10^3$	熔化温度	1 713～1 756
$3\times10^6 \sim 1.5\times10^7$	软化温度	1 580～1 650
10^{12}	退火温度	1 084
$10^{13.5}$	应变点	956

稀土掺杂石英光纤与通信光纤在结构上也有较大区别。图 3-42 为传统通信光纤和稀土掺杂光纤的结构对比。

通信光纤主要用于传输信号,利用的是光纤的纤芯区域。因此如图 3-42a 所示,通信光纤的结构一般包括掺杂锗离子的纤芯、石英包层和高折射率有机涂覆层。而稀土掺杂石英光纤利用掺杂稀土离子的纤芯吸收泵浦光后发射或者放大激光,主要应用于光纤激光器或者放大器等器件。因此稀土掺杂石英光纤的结构一般包括掺杂稀土离子的纤芯、八边形形状的石英玻璃内包层、低折射率有机涂覆层和高折射率有机涂覆层,被称为双包层光纤,如图 3-42b 所示。稀土掺杂光纤的纤芯部分通过掺杂稀土离子吸收泵浦光,然后发射出激光或者对信号光进行放大。为了增加纤芯对泵浦光的吸收,将稀土掺杂光纤的内包层设计为八边形结构,可以有效降低泵浦光形成螺旋光,从而提高光纤对泵浦光的吸收系数。石英玻璃内包层外面为低折射率涂覆层,作为稀土掺杂光纤的第二内包层,通过有机涂层与石英玻璃之间较大的折射率差,形成大数值孔径的波导结构,有利于提高泵浦光的耦合效率。稀土掺杂光纤的最外面为高折射率涂覆层,其作用为保护光纤、提高光纤强度。图 3-43 为典型的 20/400 掺镱双包层光纤端面显微结构图。

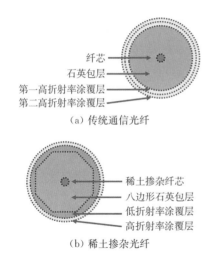

纤芯
石英包层
第一高折射率涂覆层
第二高折射率涂覆层

（a）传统通信光纤

稀土掺杂纤芯
八边形石英包层
低折射率涂覆层
高折射率涂覆层

（b）稀土掺杂光纤

图 3-42　传统通信光纤与掺镱激光光纤的结构对比

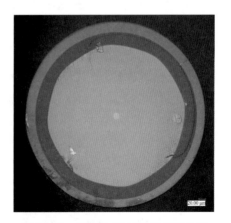

图 3-43　典型的 20/400 掺镱双包层
光纤端面显微结构图

稀土掺杂石英光纤的拉制工艺有其特殊性,在稀土掺杂石英光纤的拉制过程中,需要维持八边形的内包层结构和涂覆低折射率的第二包层结构。一般需要采用特种光纤拉丝塔制备。

图 3-44 是特种光纤拉丝塔的结构示意图。其主要功能部件包含预制棒夹持送料系统、高温拉丝炉、丝径测量系统、涂覆固化系统、张力检测系统、牵引系统和收丝系统。以下介绍各部分功能。

（1）预制棒夹持送料系统。将侧面加工成八边形的稀土掺杂光纤预制棒利用三爪卡盘夹持在送料系统上,根据设定好的拉丝工艺参数,缓慢地将预制棒送入高温拉丝炉。由于稀土掺杂光纤预制棒的直径较小、长度较短,受拉丝速度限制,送料速度一般小于 10 mm/min。

（2）高温拉丝炉。将光纤预制棒加热到 2 000℃以上,使得石英材料软化,通过牵引轮作用,将预制棒拉制成光纤。高温拉丝炉除了要提供 2 000℃以上的高温,还需要在拉丝区域维持稳定的温度场控制。在软化范围内,光纤的精度受温度场的稳定性影响,任何温度梯度的波

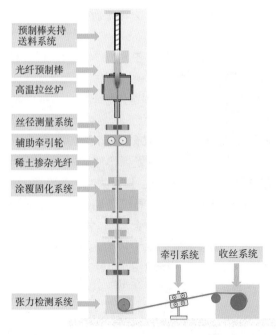

预制棒夹持
送料系统

光纤预制棒

高温拉丝炉

丝径测量系统

辅助牵引轮

稀土掺杂光纤

涂覆固化系统

牵引系统　收丝系统

张力检测系统

图 3‑44　典型的特种光纤拉丝塔的结构示意图

动都会引起光纤直径的波动。目前特种光纤拉丝塔较常见的高温拉丝炉有石墨电阻炉和石墨感应炉,均能维持小于 1℃的温度波动。

(3) 丝径测量系统。用于测量光纤的外径,以此为依据微调光纤拉制参数,从而获得符合要求的稀土掺杂光纤。因为稀土掺杂光纤为八边形等异形结构,以及有低折射率的内涂层和高折射率的外涂层结构,因此需要采用多套丝径测量系统,用于测量光纤裸纤直径、内涂层直径和外涂层直径等。

(4) 涂覆固化系统。稀土掺杂光纤需要以掺氟的丙烯酸酯涂覆胶作为内涂层,提供不小于 0.46 数值孔径的发散角,从而提高泵浦光的耦合效率;以高模量高强度的丙烯酸酯涂覆胶作为外涂层,保护光纤。因此,特种光纤拉丝塔的涂覆系统一般采用湿对干的两层涂覆,以及两套紫外固化系统。

(5) 张力检测系统。在光纤拉制过程中,为了判断拉丝温度、拉丝速度等工艺条件的合适性,需要对光纤所承受的拉力进行实时监测。通过在光纤拉丝塔的底部安装张力计,能实时检测光纤的张力。

(6) 牵引系统。通过牵引轮的转动,带动光纤从预制棒上抽离出来。拉丝速度的大小通过牵引轮的转速控制。

(7) 收丝系统。从牵引系统中拉制出来的光纤,通过收丝系统,收集于光纤盘。

稀土掺杂光纤的制备工艺过程具体包括:装夹预制棒,加热预制棒到拉丝温度,通过牵引将光纤预制棒拉细形成光纤。拉丝过程中通过调节预制棒的送棒速度和牵引速度控制光纤的几何尺寸。将合适尺寸的光纤通过拉丝塔涂覆模具,在光纤表面均匀地涂覆上内外涂层,通过紫外固化系统将液体涂覆胶固化,形成双包层光纤结构。将涂覆后的光纤通过卷丝系统收集到光纤盘上,得到光纤产品。

在制备光纤的过程中,工艺参数主要有拉丝温度、送棒速度、拉丝速度、拉丝张力、涂覆胶加热温度和压力、紫外固化炉功率。拉丝温度决定光纤预制棒的"熔化程度",是影响光纤尺寸参数的主要因素之一。在一定的送棒速度和拉丝速度下,拉丝温度越高,则拉丝张力越小,光纤应力越小,有利于提高光纤强度。但是,拉丝温度过高会导致光纤内包层八边形结构的严重圆化,从而影响稀土掺杂光纤的吸收系数。此外,过小的拉丝张力会加剧光纤尺寸的波动。拉丝温度越低,则拉丝张力越大,有利于控制光纤尺寸的稳定性以及保持内包层八边形结构,但是过于完整的八边形结构容易引入涂覆缺陷。此外,过大的拉丝张力会产生额外的表面微裂纹,影响光纤强度。因此,稀土掺杂光纤拉制备过程必须采用合适的拉丝温度。

送棒速度决定光纤预制棒进入拉丝炉的速度,拉丝速度决定光纤离开拉丝炉的速度。只有送棒速度和拉丝速度匹配,才能制备得到目标尺寸的光纤。

假设送棒速度为 V_r,拉丝速度为 V_f,光纤预制棒的外径为 D,目标光纤的外径为 d,根据熔化前的预制棒容积等于熔化后拉丝成光纤的容积,则有

$$V_r \times D^2 = V_f \times d^2 \qquad (3-13)$$

对于外径一定的光纤预制棒,如果目标光纤的直径确定,则送棒速度越快,拉丝速度也越快,在一定的拉丝温度下,光纤的拉丝张力越大。过大的拉丝张力会产生涂覆缺陷和额外微裂纹,影响光纤强度。送棒速度越慢,则拉丝速度也要越慢,拉丝张力会越小。过小的拉丝张力会影响内包层的结构和光纤尺寸的稳定性。因此光纤制备过程中必须采用合适的送棒速度和拉丝速度。

拉丝张力受预制棒成型区的黏度、预制棒的横截面积和拉丝速度梯度等因素影响,其相互关系可表示为

$$F = 2\eta S \frac{\partial_{v_z}}{\partial_z} \qquad (3-14)$$

式中,η 为成型区黏度;S 为光纤预制棒的横截面积;$\frac{\partial_{v_z}}{\partial_z}$ 为拉丝速度梯度。

在拉丝过程中,预制棒的直径确定,即横截面积确定,所以光纤的拉丝张力主要取决于黏度和速度梯度。如果保持拉丝温度不变,则黏度不变,拉丝张力受速度梯度影响。拉丝速度越快,速度梯度越大,则张力增加。同样,如果拉丝速度不变,拉丝温度越低,则黏度越大,拉丝张力也越大。过大或者过小的拉丝张力都不利于制备高质量的光纤,因此拉丝过程中必须确定合适的拉丝张力。涂覆胶加热温度和压力决定涂覆层的厚度和涂层缺陷。涂覆胶加热温度越高,则涂覆胶黏度越小,在一定压力下,涂层表面越光滑,涂层厚度越薄且均匀。但是黏度越小,涂覆胶内越容易产生气泡,带来涂层缺陷。加热温度越低,则涂覆胶黏度越大,在一定压力下,涂层厚度越大,但容易出现涂层厚薄不均匀现象。因此,拉丝过程中必须确定合适的涂覆胶加热温度和压力。

紫外固化炉功率决定涂覆层的固化度。功率过低,容易导致涂覆层的固化不足,影响光纤的环境耐受性。功率过高,容易导致涂覆层的过固化,引起涂层的老化,影响光纤强度。

针对上述稀土掺杂光纤制备过程中的影响因素,几种典型的稀土掺杂光纤拉制工艺参数列于表 3-8 中。

表 3-8　几种典型的稀土掺杂光纤拉丝工艺参数

光纤类型	拉丝温度 /(℃)	送棒速度/ (mm/min)	拉丝速度/ (m/min)	拉丝张力 (g)	涂覆胶加热 温度/℃	涂覆胶压力 /bar④	紫外固化炉 功率/W
20/400 掺镱双包层光纤①	2 120	4.96	15	40	36	0.3	240
8/125 掺铒双包层光纤②	2 140	3.05	50	80	40	0.4	350
10/130 掺铥双包层光纤③	2 130	1.69	40	60	40	0.4	350

注:①掺镱光纤预制棒直径为 30 mm;②掺铒光纤预制棒直径为 16 mm;③掺铥光纤制备直径为 20 mm;④1 bar=0.1 MPa。

3.3.2　稀土掺杂石英光纤的性能表征

稀土掺杂石英光纤的性能参数主要包括光纤几何尺寸、包层损耗、吸收系数、光纤强度和耐环境性等。这些性能参数会直接影响应用稀土掺杂石英光纤的光纤激光器和放大器的功

率、效率以及使用寿命等重要参数。以下将逐一展开介绍。

1）光纤几何尺寸参数

稀土掺杂石英光纤有很多规格，绝大部分会以掺杂离子和光纤芯径及包层直径来命名。比如 YDF - 20/400，即镱离子掺杂的 20/400 双包层光纤，芯径为 20 μm，八边形内包层的面对面直径为 400 μm。由此可以看出光纤几何尺寸参数的重要性。光纤的几何尺寸参数包括纤芯直径、内包层直径、涂覆层直径、纤芯/包层同心度及纤芯椭圆度等。稀土掺杂石英光纤应用于光纤激光器和放大器时，这些光纤几何尺寸参数将极大地影响有源光纤与系统中无源器件的匹配度。如果匹配度较差，会导致有源光纤与无源器件间的熔接点损耗变大，引起异常温升，使得有源光纤报废。因此，稀土掺杂石英光纤的几何尺寸是光纤拉制过程中首要控制的参数。

通常同一规格的有源光纤，几何尺寸会有一个允许的公差范围。比如 YDF - 20/400 有源光纤，芯径 20 μm，公差范围为 2 μm；内包层 400 μm，公差范围为 10 μm。而光纤尺寸控制得比较理想的，可以将尺寸控制在 (20±0.5) μm 和 (400±2) μm。通过拉丝速度、送料速度、拉丝温度精确控制以及丝径测量系统的检测反馈，可以制备几何尺寸波动小的稀土掺杂光纤。

制备的光纤可以通过高景深显微镜测试光纤的几何尺寸参数。

测试过程包括采用大芯径光纤切割刀对光纤样品进行端面切割，获得完整的测量端面。将光纤样品放置在测试平台，获取清晰的光纤端面，利用测量软件获取光纤几何尺寸。重复测量三次以上，将多次测量值进行平均，减小人为测试误差。

图 3 - 45、图 3 - 46 分别为典型的 20/400 掺镱双包层光纤的裸纤直径、涂覆层直径。

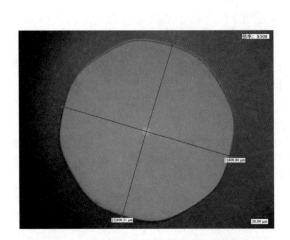 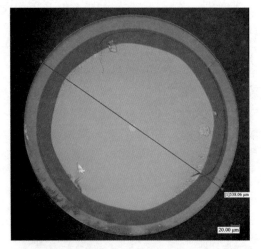

图 3 - 45　20/400 掺镱双包层光纤裸纤直径　　　图 3 - 46　20/400 掺镱双包层光纤涂覆层直径

此外，某些设备商也为稀土掺杂石英光纤开发了专门的光纤几何尺寸测试设备，可以快速地测定有源光纤的几何尺寸参数。

2）稀土掺杂石英光纤的包层损耗

应用稀土掺杂石英光纤获得激光过程中，泵浦光会被注入包层，在包层传输的过程中被纤芯的稀土离子吸收。因此稀土掺杂石英光纤的包层损耗会影响泵浦光的传输，从而影响激光效率。在稀土掺杂石英光纤的拉制过程中，拉丝张力不当会增加光纤裸纤表面微裂纹等缺陷，进而导致光纤的包层损耗增加。因此，需要对拉丝速度、拉丝温度等参数进行合理的设计优化,从而获得包层损耗小的高质量稀土掺杂光纤。

拉制的稀土掺杂光纤包层损耗可以通过截断法测试。测试原理如图3-47所示。测试过程如下:采用宽带非相干光源,充满整个待测试的包层,使其在光纤中形成稳定传输。反复切割端面获得稳定可靠的 $P_1(\lambda)$ 和 $P_2(\lambda)$。测量端面输出功率分别为 $P_1(\lambda)$ 和 $P_2(\lambda)$ 的光纤长度 L。根据式(3-15)计算得到光纤包层损耗数据。重复多次测量后,取平均值

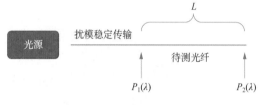

图3-47　截断法测试原理图

$$\alpha(\lambda) = \frac{10}{L} \lg \frac{P_1(\lambda)}{P_2(\lambda)} \qquad (3-15)$$

图3-48为典型的 20/400 掺镱双包层光纤包层损耗谱,其在 1 095 nm 波长的损耗为 2.2 dB/km。

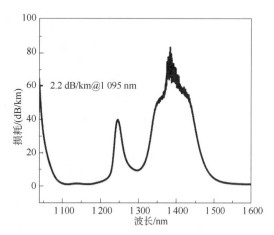

图3-48　20/400 掺镱双包层光纤包层损耗谱

3) 稀土掺杂光纤的吸收系数

稀土掺杂光纤的吸收系数是指在激光器系统中,泵浦光在内包层传输时,纤芯掺杂的稀土离子对泵浦光产生吸收;它决定了在光纤激光器中使用的光纤长度。吸收系数越大,光纤长度越短;吸收系数越小,光纤越长。但是总的吸收量是相当的。对于常规的 20/400 掺镱双包层光纤,正常标称的在 915 nm 波段吸收系数为 (0.4 ± 0.05) dB/m,那么激光器系统使用的光纤长度为 32~40 m 之间,具体长度根据激光器的需求确定。稀土掺杂光纤的吸收系数主要由预制棒制作过程中掺杂的稀土离子浓度决定,同时纤芯组分也会对吸收系数产生一定的影响。在光纤的拉制过程中,光纤的包层结构形状也会对吸收系数有一定的影响,而它较大程度上受拉丝温度和拉丝张力影响。

稀土掺杂光纤的吸收系数可以通过截断法测试。测试原理如图3-47的截断法原理图所示。测试过程如下:首先选取适当的光纤长度,截断的光纤长度包层吸收系数控制在 3~7 dB 以内。采用待测波长泵浦光源,将泵浦光充满整个待测包层,使其在光纤相应包层中形成稳定传输。反复切割端面获得稳定可靠的 $P_1(\lambda)$ 和 $P_2(\lambda)$。测量端面输出功率分别为 $P_1(\lambda)$ 和 $P_2(\lambda)$ 的光纤长度 L。根据式(3-15)计算得到光纤包层泵浦吸收系数。重复多次测量,取平均值。

图3-49为典型的 20/400 掺镱双包层光纤吸收系数测试图,图中红线表示截断前的测试光透过谱,黄线表示截断后的测试光透过谱,绿线表示红黄两条曲线差值。

4) 稀土掺杂光纤的强度

稀土掺杂光纤的强度是指光纤能承受多大的拉力而不会断,反映了光纤表面缺陷状态,在一定程度上反映了光纤的使用寿命。拉制光纤时,不合适的拉丝温度、拉丝速度和拉丝张力等参数,会带来额外的光纤表面微裂纹,从而会影响光纤的强度。另外涂覆胶压力和温度的不当设置,容易引起在涂覆层残留气泡,也会影响光纤的强度。因此,为了保证光纤具备足够的强度,需要优化拉丝过程中的拉丝温度、拉丝速度、拉丝张力以及涂覆胶的压力和温度等参数。

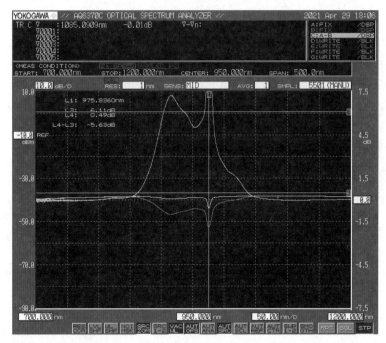

图 3 - 49　20/400 掺镱双包层光纤吸收系数测试图

　　测试稀土掺杂光纤的强度,一般方法是对光纤施加一定的拉力;光纤不发生断裂,表明光纤达到要求的强度。对于稀土掺杂光纤,目前较为常见的标准是要求光纤能满足 100 kpsi(每千磅对每平方英寸之比)的筛选张力强度,对于常规的 20/400 掺镱双包层光纤,要求光纤能承受约 87 N 拉力。光纤的张力筛选一般在光纤筛选机上进行。具体筛选过程如下:使用整段长度的光纤作为样品,去掉端头的一小段,约 20～50 m。将光纤按照规定方式绕在光纤筛选机上,设定筛选张力 100 kpsi(或 690 MPa)。开启设备,光纤以一定的速度通过光纤筛选机而不发生断裂,表示试样光纤满足 100 kpsi 的强度要求。如果在某个位置发生断裂,则表明此位置存在缺陷等影响强度的点,将此处光纤去除,继续筛选剩余的光纤,直至结束。

　　5) 涂层耐环境性

　　稀土掺杂光纤在长时间使用时,有机涂层会慢慢老化,直至失去束缚泵浦光的能力,导致光纤报废。因此稀土掺杂光纤的涂层耐环境性很大程度上决定了光纤的使用寿命。在光纤的拉制过程中,拉丝速度等制备参数的不当会引起光纤表面的微裂纹,涂覆胶压力和温度的不当会引起涂层内气泡,以及固化工艺不当会导致涂层固化效果不好,这些都会影响稀土掺杂光纤的涂层质量,影响涂层的耐环境性,从而缩短光纤的使用寿命。考核涂层耐环境性,一般通过高温高湿等极端环境加速光纤的老化速度来反映涂层质量,从而为优化拉丝工艺参数提供参考。

　　测试方法一般采用通过环境加速老化设备提供高温高湿的考核环境,在经过一定的老化时间后对比测试老化前后光纤包层的红光透过功率,来判断稀土掺杂光纤经过环境老化考核后涂层对红光的约束能力变化,从而反映光纤涂层耐环境性。

　　测试过程如下:将一定长度的稀土掺杂光纤缠绕成一定直径的圈。在耐环境处理前,将功率为 100 mW、波长为 633 nm 的红光通过熔接的方式耦合接入待测光纤涂覆层内,测试通过光纤后的尾端输出功率。然后对样品光纤进行高温高湿的加速老化处理，高温高湿条件可以为温度 120℃、相对湿度 100％、处理时间为 24 h。老化处理结束后，再将光纤接回上述红光测试系统，在同样的条件下，测试处理后光纤尾端红光输出功率。结果要求光纤表面无明显漏光点，通过的红光功率衰减符合要求。

综合上述，本章以掺镱石英光纤为主，系统阐述了稀土掺杂石英光纤制备的三个主要环节，包括光纤预制棒（芯棒）的制备、预制棒拉制成光纤、光纤基本性能参数筛选与检测。其中，预制棒制备技术是决定光纤激光性能的关键。本章介绍了目前基于改进化学气相沉积的常规商业化稀土掺杂石英光纤预制棒的制备技术，以及为适应各类大模场激光光纤研制而发展的非 MCVD 稀土掺杂预制棒制备技术。光纤拉制技术决定了最终光纤产品的尺寸、机械强度、耐候性等性能参数，对激光光纤是否符合产品要求，需要进行严格的筛选和检测。

参考文献

［1］ Nagel S R, Macchesney J B, Walker K L. An overview of the modified chemical vapor-deposition (MCVD) process and performance ［J］. Ieee Journal of Quantum Electronics，1982，18(4)：305 - 322.

［2］ Aljamimi S M, Anuar K M S, et al. On the fabrication of aluminum doped silica preform using MCVD and solution doping technique ［C］. 2012 IEEE 3rd International Conference on Photonics，2012.

［3］ Aljamimi S M, Yusoff Z, Abdul-Rashid H A, et al. Aluminum doped silica preform fabrication using MCVD and solution doping technique：effects of various aluminum solution concentrations ［M］// ABDULLAH F. 2013 Ieee 4th International Conference on Photonics，2013：268 - 271.

［4］ Halder A, Lin D, et al. Yb-doped large-mode-area Al-P-silicate laser fiber fabricated by MCVD ［M］. 2018 Conference on Lasers and Electro-Optics，2018.

［5］ Yi Yongqing, Pang Lu, Pan Rong, et al. Optimization of dehydration conditions for active optical fiber ［J］. Optical Communication Technology，2014，38(7)：58 - 59.

［6］ Yi Yongqing, Tian Haisheng, Ning Ding. Study of the influence of the deposition temperature by using the MCVD technique on the rare earth ion concentration of active fiber ［J］. Optical Communication Technology，2007，31(1)：60 - 61.

［7］ Lindner F, Kriltz A, et al. Influence of process parameters on the incorporation of phosphorus into silica soot material during MCVD process ［J］. Optical Materials Express，2020，10(3)：763 - 773.

［8］ Lindner F, Unger S, et al. Phosphorus incorporation into silica during modified chemical vapour deposition combined with solution doping ［J］. Physics and Chemistry of Glasses-European Journal of Glass Science and Technology：Part B，2015，56(6)：278 - 284.

［9］ Dhar A, Paul M C, et al. Characterization of porous core layer for controlling rare earth incorporation in optical fiber ［J］. Optics Express，2006，14(20)：9006 - 9015.

［10］ Kim Y H, Paek U C, et al. Effect of soaking temperature on concentrations of rare-earth ions in optical fiber core in solution doping process ［M］//Jiang S. Rare-Earth-Doped Materials and Devices V，2001：123 - 132.

［11］ Aljamimi S M, Anuar M S K, et al. Multiple soaking with different solution concentration in doped silica preform fabrication using modified chemical vapor deposition and solution doping ［J］. Fiber and Integrated Optics，2014，33(1 - 2)：105 - 119.

［12］ Webb A S, Boyland A J, et al. MCVD in-situ solution doping process for the fabrication of complex design large core rare-earth doped fibers ［J］. Journal of Non-Crystalline Solids，2010，356(18 - 19)：848 - 851.

［13］ 楼风光，胡丽丽，于春雷，等. 一种抗光子暗化的掺镱石英光纤及其制备方法：中国，ZL201810587237.2

[P/OL]. 2018.

[14] Yang Q, Jiao Y, et al. Gain and laser performance of heavily Er-doped silica fiber fabricated by MCVD combined with the sol-gel method [J]. Chinese Optics Letters, 2021,19(11):110603 -(1 - 5).

[15] Lenardic B, Kveder M, IEEE. Advanced vapor-phase doping method using chelate precursor for fabrication of rare earth-doped fibers [C]. 2009 Optical Fiber Communication Conference and National Fiber Optic Engineers Conference, 2009.

[16] Saha M, Pal A, et al. Vapor phase chelate delivery technique for fabrication of rare earth doped optical fiber [C]. 2012 International Conference on Fibre Optics and Photonics, 2012.

[17] Boyland A J, Webb A S, et al. Rare-earth doped optical fiber fabrication using novel gas phase deposition technique [C]. 2010 Conference on Lasers and Electro-Optics, 2010.

[18] Izawa T M T, Hanwa F. Continuous optical fiber preform fabrication method: United States, US4062665 [P]. 1977.

[19] Wang J, Walton D T, et al. All-glass high NA Yb-doped double-clad laser fibres made by outside-vapour deposition [J]. Electronics Letters, 2004,40(10):590 - 592.

[20] Tammela S, Soderfund M, et al. The potential of direct nanoparticle deposition for the next generation of optical fibers [M]//Digonnet M J F, Jiang S. Optical Components and Materials Ⅲ, 2006.

[21] Koponen J J, Petit L, et al. Progress in direct nanoparticle deposition for the development of the next generation fiber lasers [J]. Optical Engineering, 2011,50(11):111605 -(1 - 11).

[22] Ye C, Koponen J, et al. Characterization of chirally-coupled-core (3C (R)) fibers fabricated with direct nanoparticle deposition (DND) [M]//Ballato J. Fiber Lasers ⅩⅢ: Technology, Systems, and Applications, 2016.

[23] Poole S B, Payne D N, Mears R J, et al. Fabrication and characterization of low-loss optical fibers containing rare-earth ions [J]. Lightwave Technol, 1986,4(7):870 - 876.

[24] David M, Victor K, Upendra M, et al. Large-mode-area double-clad fibers for pulsed and CW lasers and amplifiers [J]. Proc. SPIE, 2004(5335):140 - 150.

[25] 龚凡涵. 纳米多孔玻璃基复合发光材料的研究[D]. 广州:华南理工大学,2011.

[26] 西北轻工业学院. 玻璃工艺学[M]. 北京:中国建材工业出版社,1994.

[27] Chen Danping, Masui H, Miyoshi H, et al. Extraction of heavy metal ions from waste colored glass through phase separation [J]. Waste Management, 2006,26(9):1017 - 1023.

[28] Chen Danping, Miyoshi H, Akai T, et al. Colorless transparent fluorescence material: sintered porous glass containing rare-earth and transition-metal ions [J]. Applied Physics Letters, 2005,86(23):231903 - 231908.

[29] Liu Shuang, Wangmeng, Zhou Qinling, et al. Ytterbium-doped silica photonic crystal fiber laser fabricated by the nanoporous glass sintering technique [J]. Laser Physics, 2014,24(6):065801 - 065801 - 5.

[30] 刘双. Yb 掺杂石英玻璃及大模场光纤的制备和性能研究[D]. 上海:中国科学院上海光学精密机械研究所,2015.

[31] Chu Yingbo, Ma Yunxiu, Yang Yu, et al. Yb^{3+}-doped large core silica fiber for fiber laser prepared by glass phase-separation technology [J]. Optics Letters, 2016(41):1225 - 1228.

[32] Chu Yingbo, Yang Yu, Hu Xiangwei, et al. Yb^{3+} heavily doped photonic crystal fiber lasers prepared by the glass phase-separation technology [J]. Optics Express, 2017(25):24061 - 24067.

[33] Langner A, Schötz G, Kayser T, et al. A new material for high power laser fibers [J]. Proc. of SPIE, 2008(6873):687311(1 - 9).

[34] Langner A, Such M, Schötz G, et al. Development, manufacturing and lasing behavior of Yb-doped ultra large mode area fibers based on Yb-doped fused bulk silica [J]. Proc. of SPIE, 2010(7580):75802X -(1 - 12).

[35] Langner A, Such M, Schötz G, et al. Multi-kW single fiber laser based on an extra large mode area fiber

design [J]. Proc. of SPIE, 2012(8237):82370F-(1-12).

[36] Langner A, Such M, Schötz G, et al. Design evolution, long term performance and application tests of extra large mode area (XLMA) fiber lasers [J]. Proc. of SPIE, 2013(8601):86010G(1-13).

[37] Schuster K, Unger S, Aichele C, et al. Material and technology trends in fiber optics [J]. Advanced Optical Technologies, 2014,3(4):447-468.

[38] D. Etissa, M. Neff, S. Pilz, et al. Rare earth doped optical fiber fabrication by standard and sol-gel derived granulated oxides [J]. SPIE, 2012(8426):84261l(1-6).

[39] Thomas I M, Payne S A, Wilke G D, et al. Optical properties and laser demonstration of Nd-doped sol-gel silica glasses [J]. Journal of Non-Crystalline Solids, 1992(151):183-194.

[40] Pedrazza U, Romano V, Luthy W, et al. Yb^{3+} : Al^{3+} : sol-gel silica glass fiber laser [J]. Optical Materials, 2007,29(7):905-907.

[41] Etissa D, Neff M, Pilz S, et al. Rare earth doped optical fiber fabrication by standard and sol-gel derived granulated oxides [J]. SPIE, 2012(8426):842611(1-6).

[42] Baz A, Hamzaoui H E, Fsaifes I, et al. A pure silica ytterbium-doped sol-gel-based fiber laser [J]. Laser Physics Letter, 2013(10):055106.

[43] Wang Shikai, Li Zhilan, Yu Chunlei, et al. Fabrication and laser behaviors of Yb^{3+} doped silica large mode area photonic crystal fiber prepared by sol-gel method [J]. Optical Materials, 2013,35(9):1752-1755.

[44] Wang Shikai, Feng Suya, Wang Meng, et al. Optical and laser properties of Yb^{3+}-doped $Al_2O_3 - P_2O_5 - SiO_2$ large-mode-area photonic crystal fiber prepared by the sol-gel method [J]. Laser Physics Letters, 2013,10(11):115802.

[45] Wang Shikai, Lou Fengguang, Wang Meng, et al. Characteristics and laser performance of Yb^{3+}-doped silica large mode area fibers prepared by Sol-Gel method [J]. Fibers, 2013,1(3):93-100.

[46] Xu Wenbin, Lin Zhiquan, Wang Meng, et al. 50 μm core diameter $Yb^{3+}/Al^{3+}/F$-codoped silica fiber with $M_2 < 1.1$ beam quality [J]. Optics Letters, 2016,41(3):504-507.

[47] Wang Shikai, Xu Wenbin, Lou Fengguang, et al. Spectroscopic and laser properties of Al-P co-doped Yb silica fiber core-glass rod and large mode area fiber prepared by sol-gel method [J]. Optical Materials Express, 2016,6(1):69-78.

[48] Wang Fan, Hu Lili, Xu Wenbin, et al. Manipulating refractive index, homogeneity and spectroscopy of Yb^{3+}-doped silica-core glass towards high-power large mode area photonic crystal fiber lasers [J]. Optics Express, 2017,25(21):25960-25969.

[49] Wang Shikai, Xu Wenbin, Wang Fan, et al. Yb^{3+}-doped silica glass rod with high optical quality and low optical attenuation prepared by modified sol-gel technology for large mode area fiber [J]. Optical Materials Express, 2017,7(6):2012-2022.

[50] Zhang Wei, Wu Jiale, Zhou Guiyao, et al. Yb-doped silica glass and photonic crystal fiber based on laser sintering technology [J]. Laser Physics, 2016(26):035801(1-5).

[51] Devautour M, Roy P, Férier S, et al. Nonchemical-vapor-deposition process for fabrication of highly efficient Yb-doped large core fibers [J]. Applied Optics, 2009,48(31):G139-G142.

第4章

掺镱大模场包层结构石英光纤及应用

高功率光纤激光器具有结构紧凑、转换效率高、光束质量好、易于散热等明显优势,在先进制造业、军事国防、科研、医疗等众多领域有着重要的应用前景,是国际上激光技术领域的研究热点。有源光纤是光纤激光器中的增益介质,其作用是将高数值孔径(例如纤芯数值孔径为0.22)的泵浦光转变为低数值孔径(例如纤芯数值孔径为0.06)、高亮度的激光。有源光纤的性能直接影响着输出激光的质量,尤其是激光器在激光功率、斜率效率、非线性效应、模式不稳定性以及光子暗化效应等方面的表现。有源光纤从早期的单包层变为双包层,同时从早期的小纤芯(纤芯直径通常低于 $10\,\mu m$)变为大纤芯(即大模场面积光纤),光纤端面折射率分布设计也得以优化,有效降低了光纤包层光比例。随着上述稀土掺杂光纤制备工艺水平的提升,有源光纤的大模场面积得以实现。目前,进口 $20/400\,\mu m$ 有源光纤的功率水平已突破 $3\,kW$,一些纤芯直径 $30\,\mu m$ 及以上的掺镱光纤可实现 $10\,kW$ 以上激光输出,美国IPG公司推出的高功率光纤激光器产品插头效率已超过 50%。

4.1 掺镱大模场包层光纤的结构和特性

早在1961年,美国科学家Snitzer提出在激光腔内使用稀土掺杂光纤可以得到稳定的单模激光输出[1],也实现了在掺镱玻璃中的激光振荡[2],但受限于光纤制作和抽运光源,此项研究工作未能得到快速发展,而且当时大家普遍关注的激活离子是 Nd^{3+},Yb^{3+} 更多被用作敏化离子。直到20世纪80年代末期,人们的注意力才开始重新回到掺 Yb^{3+} 单模石英光纤激光器上来[3-6]。

在中国,上海光机所较早开展了有关掺 Yb^{3+} 光纤激光器的研究工作。研究人员以 $860\sim980\,nm$ 波长可调谐的钛宝石激光器泵浦不同长度的 Yb^{3+} 光纤,分别获得了三能级与四能级的激光跃迁[7]。利用波分复用(wavelength division multiplexing, WDM)实现了最简单的环形腔结构[8],并对掺 Yb^{3+} 光纤激光器的发射波长随光纤长度、阈值的变化关系进行了实验和理论的探讨[8-9]。正是基于 Yb^{3+} 能级结构简单,可以在掺杂较高浓度时不出现激发态吸收、泵浦波长范围宽、发射波长具备很宽的调谐范围等优点,掺 Yb^{3+} 光纤成为高功率光纤激光器的首选材料。尤其是1988年双包层光纤的出现和激光二极管的发展,使得光纤激光器进入发展的快车道。

4.1.1　双包层结构光纤

20 世纪 80 年代后期,美国 Polaroid(宝丽来)公司[9]首先提出了在双包层光纤的基础上应用包层泵浦技术,图 4-1 是原理示意图。双包层光纤与传统单模光纤的区别在于:通过光纤结构设计和选择合适的材料,在掺杂稀土离子的纤芯外面形成一个可以用于多模泵浦光传输的内包层。因此,可用大功率多模激光器作为泵浦源,通过包层泵浦技术将多模泵浦光耦合进入内包层。泵浦光在沿着光纤内包层轴向传播时将多次穿越纤芯,并逐渐被纤芯中的稀土离子所吸收,从而在纤芯中产生激光增益。

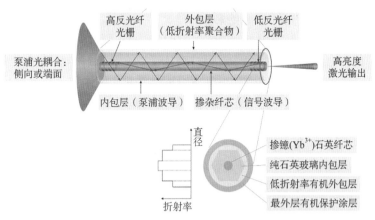

图 4-1　稀土掺杂双包层光纤工作原理图

对于双包层结构光纤,纤芯由掺稀土元素的二氧化硅构成,它作为激光介质成为激光振荡的通道;内包层由径向尺寸和数值孔径(numerical aperture, NA)都比纤芯大得多而折射率比纤芯小的纯石英玻璃构成,尺寸在数百微米量级,可以承受很高的泵浦功率;外包层由折射率比内包层小的有机涂覆层构成,通常是基于紫外固化的丙烯酸酯类材料;保护层也是一层有机材料,通常与低折射率外包层类型相同,为丙烯酸酯类材料,这样可以使得两个涂层之间有更好的结合特性。上述两个有机涂覆层的差异是保护层折射率和模量远高于内涂层(外包层)。有机材料有良好的弯曲特性,可以保护光纤,防止折断。目前市场常见的千瓦级 $20/400\,\mu m$ 掺镱双包层光纤,纤芯 NA 为~0.065,内包层尺寸为 $400\,\mu m$,代表八边形内包层结构面对面的距离是 $400\,\mu m$,其包层 NA 为 0.46。

在包层泵浦技术发展的初期,人们的注意力主要集中在掺钕(Nd^{3+})双包层光纤激光器的研究上。直到 20 世纪 90 年代得益于激光二极管的推广应用,掺镱(Yb^{3+})石英光纤激光器和放大器才取得较大进展。1994 年,由 Pask 等[10]首先在掺 Yb^{3+} 石英光纤中实现了包层泵浦,实验中在波长 1040 nm 处获得最高功率 0.5 W 的激光输出,斜率效率达到 80%。正是由于掺 Yb^{3+} 双包层光纤激光器比掺 Nd^{3+} 双包层光纤激光器具有更高的斜率效率,而且 Yb^{3+} 具有简单能级结构、宽的吸收带和较高量子效率,因而使得人们的注意力逐渐转向掺镱双包层光纤激光器的研究。1999 年,Dominic 等[11]报道了百瓦级掺镱双包层光纤激光器的研究结果,他们用四个 45 W 的激光二极管(laser diode, LD)阵列组成总功率为 180 W 的泵浦源,得到了 110 W 的 1120 nm 激光输出。2004 年,英国南安普敦大学 Jeong 等[12]在世界上首次实现了千瓦级光纤激光输出。千瓦级光纤激光器的出现使得高功率光纤激光真正走向应用市场,各研究单位、创业公司如雨后春笋般出现,呈现出欣欣向荣的景象。2012 年,IPG 公司报道了 20 kW 的准单模和 500 kW 的多模光纤激光器,代表了目前光纤激光器的单纤最大功率。在中国,2018 年前后数家单位采用国产化掺镱包层光纤实现了单纤万瓦级功率以上的激光输出,标志着国产化掺镱大模场光纤进入万瓦时代,其中上海光机所陈晓龙等[13]采用上海光机所胡丽丽团队研制的 30/600 μm 掺镱双包层光纤,以 976 nm LD 双端直接泵浦方式实现了效率高达 89% 的放大输出,表明国产激光光纤的性能得到了极大提升。2021 年,中国工程物理研究院林傲祥课题组与清华大学合作[14],采用同带泵浦方案成功实现基于 48/400 μm 国产双包层光纤的单纤 20 kW 激光输出,成为中国单纤输出功率的新的里程碑。

4.1.2　内包层形状对光纤性能的影响

在双包层光纤材料的发展历史上,初期的内包层结构是圆形对称的,部分泵浦光在内包层中会多次内反射而不向纤芯传播,这种光俗称"螺旋光",它导致纤芯吸收效率十分低。

在双包层光纤激光器性能研究方面,Liu 和 Ueda 针对光纤内包层截面的形状和纤芯对抽运光的吸收效率等开展了研究[15-16],结果表明:双包层光纤的泵浦效率随着纤芯直径的增加而提高,随着内包层直径的增加而减小。为了提高泵浦效率,他们提出了两种方案:①设计偏芯双包层光纤;②打破内包层的圆对称性。偏心双包层光纤有助于纤芯在更大角度范围内吸收入射泵浦光,提高泵浦效率。随着纤芯偏离位移的增加,泵浦吸收系数逐步提高,并且不同纤芯直径的偏心光纤,其吸收系数近乎相等。提高包层泵浦吸收系数的原则是打破内包层圆形对称性结构。

为了提高对泵浦光的吸收效率,优化内包层的边界条件,除圆形结构外,人们先后提出了 D 形、矩形、正方形、梅花形、单截矩形、双截矩形、双 D 形、4D 形和正八边形等内包层形状,并拉制出这些内包层形状的双包层光纤。图 4 -2 给出典型内包层结构光纤端面示意图。实验表明,这些内包层形状相对于圆形内包层光纤对泵浦光的吸收效率大幅提高。但 D 形、矩形和正方形也存在几种局域模式,光线稳定地在包层中反射而不能进入纤芯。因此,设计内包层形状新颖、工艺上可行的双包层光纤,尽可能地除去光纤的局域稳定模式,可以使得对泵浦光的吸收效率更高,而且在纤芯掺杂浓度不变的条件下所需的光纤更短。关于双包层光纤中光线在新型内包层形状光纤中传播的分析,楼祺洪在其编著的《高功率光纤激光器及其应

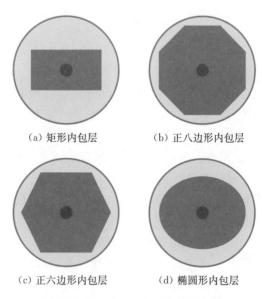

(a) 矩形内包层　　　(b) 正八边形内包层

(c) 正六边形内包层　　(d) 椭圆形内包层

图 4 - 2　典型内包层结构示意图

用》一书中采用二维光线追迹方法开展了泵浦吸收方面的计算和分析[17],从数学角度阐述了结构对包层泵浦吸收的影响效果。

总体而言,双包层光纤经过 30 余年的发展,其结构设计逐步趋于标准化,即在目前实际工程化应用中,从加工工艺难度以及考虑与圆形无源光纤的低损耗熔接角度出发,最为常见的内包层结构为正八边形结构,这是由于大的内包层截面可以有效收集泵浦光,而小的纤芯可以保持光纤激光良好的光束质量。同样地,脉冲光纤激光与连续光纤激光对光纤结构的要求是一

致的。

4.1.3　多包层光纤结构

随着双包层光纤激光技术的发展，为了更好地调控光纤的模场直径、弯曲损耗、色散、泵浦功率的耐受性以及光纤长期使用的可靠性等，人们考虑增加光纤包层的层数，从而为光纤结构设计引入额外的自由度。

光纤激光技术的最新进展将使许多激光应用受益。由于激光二极管和光纤领域的进步，紧凑可靠的光纤激光器现在可以在非偏振和偏振情况下提供近衍射极限的千瓦级功率连续波（continuous wave，CW）输出。产生如此高的功率需要约 $500\sim1\,000\,\mu m^2$ 的光纤有效模式面积防止出现不良非线性效应，如受激布里渊散射（stimulated Brillouin scattering，SBS）和受激拉曼散射（stimulated Raman scattering，SRS）。这可通过双包层大模场面积（large-mode area，LMA）光纤设计实现，诸如使用纤芯直径为 $20\sim30\,\mu m$、NA 约为 0.06 的光纤。然而，这一光纤波导结构原则上属于多模光波导，与维持近衍射极限输出的高光束质量要求存在矛盾。另外，低 NA 光纤会进一步减小纤芯对信号光的约束能力。为了避免这种情况，在实际的光纤放大器中通常利用弯曲滤模的方式，即利用基模与高阶模的弯曲损耗差异，来实现对高阶模的增益抑制。因此，目前在高功率光纤激光放大器中，光纤水冷盘中的光纤盘绕直径一般为十几厘米。需要指出的是，目前采用这一方法实现更高功率单模激光输出也面临以下瓶颈：为了减少非线性效应，需要扩大光纤直径降低纤芯激光功率密度；但是纤芯直径的增加会使基模与高阶模之间弯曲损耗的差异变小，这将导致弯曲滤模的允许窗口变小，即实现高阶模滤除而保证基模损耗无明显增加的方式对盘绕直径尺寸非常敏感，大幅提高了工程化应用难度。为此，2006 年，加拿大光学中心（National Optics Institute，INO）的 Croteau 等[18]提出弯曲不敏感掺镱大模场三包层光纤的概念，如图 4-3 所示，该光纤实现了高的稀土离子浓度掺杂（～4 wt%），因此具有高的吸收系数。为了降低高掺杂的纤芯 NA，采用掺 Ge 石英玻璃作为第一包层，实现了高浓度掺杂纤芯条件下的较低纤芯 NA。另外，为了降低弯曲对模式滤除的敏感性，纤芯部分采用了稀土离子部分掺杂技术[19]。在该研究中，首次测试了一种保偏 $22\,\mu m$ 纤芯掺镱三包层光纤，激光斜率效率高达 86%，偏振消光比超过 24 dB，输出光束质量因子 M^2 小于 1.1，适用于激光器和放大器。需要特别指出的是，将光纤卷绕至 12 cm 直径时，光束质量和输出功率没有受到显著影响。这一技术为制造紧凑型高功率光纤放大器和激光源提供了解决方案。

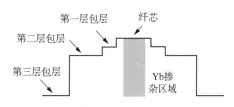

图 4-3　三包层光纤设计的折射率分布

2007 年，加拿大 INO 再次报道了优化的掺镱三包层光纤结构设计，如图 4-4 所示，图（b）与图（a）相比在第一包层内部设计了一个折射率凹陷[20]。根据理论模拟，通过在第一包层设置折射率下限，可以提高弯曲滤模下基模与高阶模之间的损耗差异，从而有利于实现工程化应用。

从上述光纤结构看，与传统双包层光纤相比，增加了一个包层，研究人员为了区分其与传统双包层结构，称之为三包层结构（甚至还可以增加更多的层数）。然而，由于增加的这一包层与掺杂纤芯、第二包层之间的 NA 差异都较小，其与传统双包层光纤定义的包层概念是不同的，并不具备作为独立包层承受半导体泵浦的条件，实际上仍属于双包层光纤结构范畴。

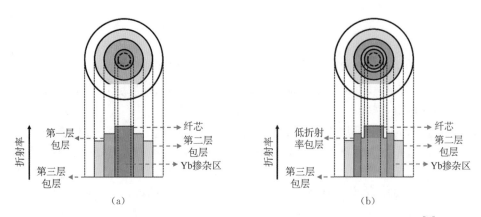

图 4-4　增加第一包层折射率下限设计的掺镱三包层光纤设计折射率分布[20]

目前,千瓦级光纤激光器普遍采用的有源光纤主要是掺镱双包层结构石英光纤。例如美国 Nufern 公司已经实现了多款双包层掺镱石英光纤(Yb^{3+}-doped silica fiber,YDF)的商用供货,也是中国高功率光纤激光器的主要供货商之一。图 4-5a 给出一款 20/400 μm 掺镱双包层结构光纤的端面显微照片,图中从中心向外依次是纤芯、内包层、低折射率有机外包层以及外部有机保护涂层。随着双包层光纤激光器输出功率的不断提升,内包层需要注入越来越高的功率,而外包层和内包层间的界面与泵浦光相互作用也越来越强,界面缺陷引起的温升必然会引起界面有机涂层承受更高的热负载。对于常规的紫外固化涂覆树脂而言,其玻璃化转变温度为 80℃ 左右,可耐受的工作温度只有几十摄氏度。这一特点导致现有低折射率有机涂层与更高功率泵浦需求之间存在突出矛盾。尽管光纤激光器在高功率运转时大多对光纤进行水冷处理,但是掺镱光纤在高功率泵浦下的上转换发光、倍频光对紫外固化有机涂层的持续作用仍会不可避免地加速有机涂层的老化。因此,掺镱光纤长时间高功率使用后,低折射率外包层束缚泵浦光的能力将会降低,甚至会出现缺陷,见图 4-5b 中的亮点,这就必然导致掺镱光纤激光性能出现衰退。由此可见,现有的双包层结构光纤很难实现在万瓦级高功率条件下的长期稳定运转。因此,对单纤万瓦级掺镱大模场光纤激光器而言,亟须从光纤结构本身出发,研发具有较高内包层数值孔径和更好耐热性能的三包层结构掺镱光纤。

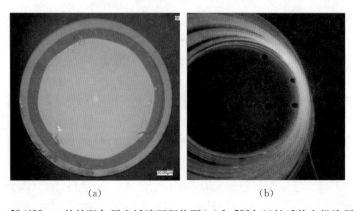

图 4-5　20/400 μm 掺镱双包层光纤端面照片图(a)和 500 h 运转后的有机涂层缺陷(b)

2017 年上海光机所韩帅、陈丹平率先申请一项多包层光纤的发明专利,提出采用高掺氟石英玻璃作为外包层结构的多包层光纤结构[21]。2019 年同课题组的胡丽丽等进一步申请"三包层掺镱石英光纤及高浓度氟层石英管套棒方法"发明专利[22],公开了基于高掺氟石英玻璃管制备高效低损耗掺镱三包层光纤的工艺技术。图 4-6 为上海光机所制备的掺镱三包层大模场光纤与掺镱双包层光纤端面结构示意图。该光纤中以高掺氟石英玻璃作为第二包层,纯石英玻璃内包层的 NA 为～0.22,可以满足

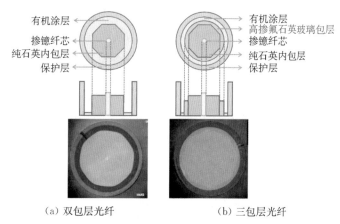

（a）双包层光纤　　　　（b）三包层光纤

图 4-6　掺镱包层结构光纤端面结构

现有 LD 泵浦注入条件。2019 年以来,中国工程物理研究院(简称"中物院")、武汉长飞光纤等科研机构和公司也相继报道了掺镱三包层光纤的制备及应用[23-24]。目前,掺镱三包层光纤已经在国内多家光纤激光器公司获得实验验证及工业化应用。2021 年,上海光机所已将掺镱三包层光纤的性能提升到可以满足国内工业激光领域单模块 12 kW 以上功率输出的水平,大幅提高了大功率光纤激光器长期工业化应用的可靠性。

4.1.4　新型结构掺镱大模场包层光纤

虽然高功率光纤激光器相关技术有了快速发展,但是随着输出功率的不断提升,诸多技术瓶颈逐渐显现。光纤激光器输出功率的受限因素主要包括泵浦功率、非线性效应(SRS 和 SBS 等)、模式不稳定性(transverse mode instability, TMI)以及光子暗化效应等。非线性效应会造成部分激光能量转变成波长更长的无用光,这些光的功率甚至可以超过激光,降低了激光器的有效输出功率。通常可以通过减小光纤长度以及增大纤芯尺寸来抑制光纤的非线性效应。TMI 是指在高功率运行时激光的基模与高阶模之间会以毫秒级的周期进行相互转换,严重降低光束质量。目前,较为广泛接受的模型是所谓热致模式不稳定性。模式不稳定效应的出现改变了高功率光纤激光器功率提升水平,在大模场光纤中出现基模到高阶模的能量耦合,最终劣化输出光斑、限制近衍射极限激光器的功率提升。此外,受到普遍关注的光子暗化效应也是重要影响因素,其与纤芯掺杂有极大关系;目前通过优化纤芯成分,光子暗化效应已在很大程度上得到改善。

正是为了应对上述光纤激光器的技术瓶颈,国际上相继推出了多种新型结构的掺镱大模场包层光纤。其应用目标在于实现更高的输出功率、光束质量和模式不稳定阈值。其种类主要包括低 NA 掺镱大模场包层光纤、GTWave 光纤、3C 光纤、锥形光纤和坑道型光纤,下面分别进行介绍。

1）低 NA 掺镱大模场包层光纤

自 2014 年以来,德国 Jena 和美国相干公司、麻省理工学院等机构开始陆续报道采用改进的化学气相沉积(MCVD)法制备低 NA 双包层光纤的研究结果[25-26],分别采用气相掺杂和液相掺杂工艺实现了 NA 为 0.04 甚至 0.025 的极低 NA 掺镱双包层光纤制备,在直接 LD 泵浦下实现了 3 000 W 的单模激光输出。由此开始,发展低 NA 掺镱大模场光纤及激光器成为研究热点。上述低 NA 光纤的制备在一定程度上是靠牺牲掺杂浓度获得的,通常掺杂 Yb³⁺ 的浓

度仅为 5 000 ppm,远低于常规 $20/400\,\mu m$ 掺镱双包层光纤的掺杂浓度(8 000 ppm 以上),这样使得主放大器使用的光纤长度增加,从而导致非线性效应,并不利于高功率激光的放大输出。较大掺杂浓度的低 NA 单模光纤制备,是当前高功率光纤激光领域的研究热点和难点。

与此同时,随着单模光纤激光特别是光纤组束技术所需的窄线宽光纤激光功率水平的提升,光纤的非线性 SBS 效应(主要影响激光线宽)及激光模式不稳定(影响激光光束质量)成为制约高亮度窄线宽光纤激光器的两个关键因素。国防科技大学许晓军、周朴课题组对传统掺杂石英光纤材料本征 SBS 阈值特性进行了研究,理论分析认为[27]:传统石英光纤单频激光功率较难突破 2 kW。

如前所述,光纤激光的模式不稳定性(TMI)已成为制约高功率光纤激光器亮度的重要科学问题,较为普遍的认识是它与热光性能有直接关系。材料学理解是:稀土掺杂二氧化硅玻璃纤芯的热光系数比纯石英玻璃包层大,随着激光功率的提升、光纤温度的提高,纤芯 NA 变大,模式将变差。通过在掺镱纤芯玻璃中引入热光系数为负值的磷、硼等元素,平衡稀土和铝元素掺杂带来的正热光系数,从材料角度看可以改善模式不稳定性。因此,一方面保持掺镱纤芯的低折射率,另一方面实现较低的热光系数,对于制备高模式不稳定阈值的掺镱大模场光纤是极为有利的。

众所周知,传统的 MCVD 稀土掺杂工艺包括液相掺杂工艺和气相掺杂工艺。液相工艺是将稀土氯化物和含共掺元素的氯化铝等按比例配制成溶液(通常为醇溶液),将 MCVD 制备的二氧化硅疏松体浸泡其中,完成稀土离子的掺杂,然后经玻璃化和缩棒工艺制备得到预制棒。气相掺杂工艺则是直接在管内将稀土螯合物或稀土氯化物蒸气与氧气高温反应生成的氧化物沉积到二氧化硅疏松体内部,然后经高温玻璃化和缩棒工艺制备得到预制棒。需要指出的是,采用气相掺杂各种金属元素螯合物或氯化物时,差异巨大的饱和蒸气压限制了多种元素的共掺杂;而对于常规的液相掺杂工艺,尽管可以将多种共掺杂元素配制成醇溶液,但其离子半径、电场强度的不同导致共掺杂元素在二氧化硅疏松体内部的吸附均匀性存在较大差异,容易引起离子团簇和增益不均匀性。

2016 年,上海光机所采用溶胶凝胶工艺,通过在溶胶中共掺 F 并控制磷铝等摩尔比掺杂,制备了极低 NA(~0.02)的光纤,Yb 离子浓度超过 5 000 ppm,在纤芯直径为 $50\,\mu m$ 时,仍获得了单模激光输出[28],这说明通过溶胶凝胶工艺可以制备较高氟含量的纤芯。同时,在溶胶配制时引入其他修饰体成分(Y、Mg、Ca 等)也极为方便。尤为重要的是,通过溶胶的分子级混合,多种配位修饰元素可以按照比例较均匀地分散在稀土离子周围,可经水解缩聚反应而生成较为稳定的稀土修饰胶体;进一步利用 MCVD 沉积的二氧化硅疏松体浸泡,则可以较好地实现稀土配体基团的按比例吸附掺杂,有利于稀土离子和修饰体元素在氧化硅基质中均匀分散掺杂,在沉积制备低折射率的掺镱大模场光纤特别是复杂组分的掺镱大模场光纤方面较为便捷。

2) GTWave 侧面泵浦结构光纤

高功率 GTWave 光纤激光器是目前光纤激光器研究的一个热点,国际上实现单模万瓦激光输出应用的光纤即为该种结构。GTWave 是一种侧面泵浦有源光纤的笼统名称。2021 年国防科技大学黄值河等[29]介绍了 GTWave 光纤的结构,并回顾了国内外高功率 GTWave 光纤激光器的研究成果。GTWave 光纤技术是一种侧面泵浦耦合技术。GTWave 光纤通常由一根有源信号光纤和至少一根无源泵浦光纤组成,它们被共同的外包层包裹着,如图 4-7 所示,其中 1 为泵浦光纤,2 为信号光纤,2a 为信号光纤纤芯,2b 为信号光纤内包层,3 为外包层。泵浦光被折射率较低的外包层限制在光纤中,通过倏逝波在泵浦光纤和信号光纤之间耦合,

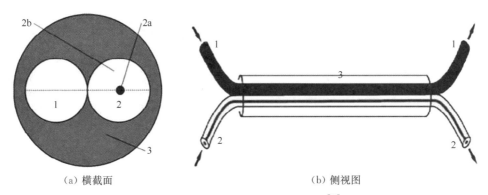

（a）横截面　　　　　　　　　　　　　（b）侧视图

图 4 - 7　GTWave 光纤结构示意图[29]

然后被有源纤芯吸收并产生激光。

国际上，英国南安普顿大学最早制作了 GTWave 光纤，初步展示了 GTWave 光纤强大的泵浦注入能力和功率扩展能力。2004 年，Norman 等[30]报道了 GTWave 光纤激光器的结构和原理，并用于百瓦级光纤激光器产品中。2011 年，德国耶拿大学 Zimer 等[31]与英国 SPI 公司合作报道了 1.1 kW 的 GTWave 光纤放大器。其后，美国 IPG 公司利用这一强大的侧面泵浦技术大幅提升了光纤激光器的输出功率水平。2009 年，IPG 公司通过官方网站宣布了当时震惊世界的高功率全光纤化单模激光器研究结果，获得了单纤单模 10 kW 的光纤激光输出[32]。如图 4 - 8 所示，在该单模万瓦激光系统中，由于采用 GTWave 光纤后向泵浦技术和 1 018 nm 光纤激光器级联泵浦方式，能够将高功率高亮度的泵浦光注入有源光纤中，同时还能隔离信号光对泵浦激光器的影响，级联泵浦的波长更接近激光波长，量子亏损变小，降低了 GTWave 光纤的热负荷。

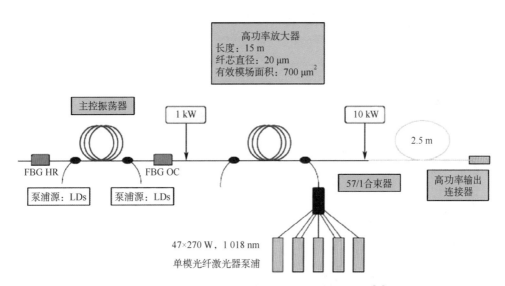

图 4 - 8　IPG 公司 10 kW 光纤激光器结构示意图[32]

中国开展 GTWave 光纤激光技术研究的单位主要是国防科技大学、中国电子科技集团公司第二十三研究所（简称"中电 23 所"）及中物院。2013 年国防科技大学与中电 23 所合作，研发成功可用的 GTWave 光纤，并实现百瓦光纤激光输出[33]。后续几年，进一步实现了千瓦级功率输出[34-37]。国防科技大学在中国率先开展 GTWave 光纤理论和实验研究,验证了国产千瓦级 GTWave 光纤激光器,并利用自制 GTWave 光纤开展了数千瓦双向泵浦多级级联放大器和多级级联泵浦振荡器的研究,取得了较好的结果。

　　2016 年,中物院 Zhan 等[38]首次报道了功率为 2 kW 的(2+1)GTWave 光纤激光器,如图 4-9 所示,其特点是发展了多根泵浦光纤 GTWave 技术。

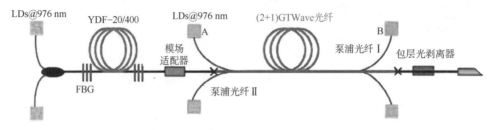

图 4-9　(2+1)GTWave 光纤激光器结构示意图[38]

　　在此基础上,林傲祥团队不断改进光纤制备技术水平并持续取得功率突破[39-42]。2018 年报道了 8.72 kW 的(8+1)GTWave 光纤放大器,如图 4-10 所示。他们采用功率为 79.8 W 的振荡器作为种子源,6 个后向泵浦端口均通过功率为 1.7 kW 的 976 nm LD 注入总共 10.66 kW 的泵浦光,获得了 8.72 kW 的放大功率输出,斜率效率为 81%。所采用的光纤结构如图 4-11 所示,8 根泵浦光纤与中间的信号光纤几乎完全融为一体,与泵浦的光纤合束器较为相似。通过改进方案和增加泵浦功率,同年他们利用同样的光纤又实现了 10.45 kW 的激光输出[41]。

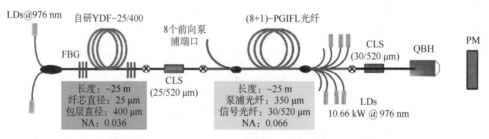

图 4-10　(8+1)GTWave 光纤放大器结构示意图[41]

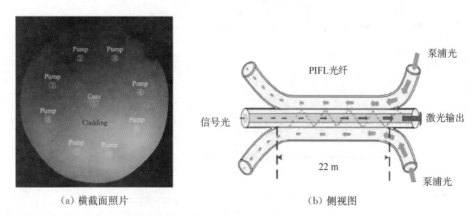

(a) 横截面照片　　　　　　　　　(b) 侧视图

Pump—泵浦;Core—纤芯;Cladding—包层

图 4-11　(8+1)GTWave 光纤结构图[41]

据文献介绍,该团队可以根据现有泵浦源的参数灵活设计 GTWave 光纤的结构,而不必局限于商用产品的参数。

国防科技大学黄值河等[29]分析认为,从 GTWave 光纤激光器研究的过程来看,其发展思路主要集中在两个方面:一是通过在纵向进行级联放大实现功率扩展,只需对现成的 GTWave 光纤激光器进行级联,就能够较容易地实现功率的成倍扩展,但光纤长度的增加使激光功率易受到 SRS 效应的限制;二是通过研制在 GTWave 光纤横向具有较多泵浦光纤的结构实现功率扩展,能够成倍地增加激光器的泵浦注入能力从而实现功率扩展,但由于结构更复杂、光纤更粗、工艺要求更高,泵浦光纤数量的进一步扩展也会受限。随着光纤激光技术快速发展,GTWave 光纤制备技术必然也会不断进步;随着从业人员关注度的提高,相关的基础性和应用性研究必然会取得新的突破。

3) 手性波导结构(chirally-coupled-core,3C)光纤

近年来,3C 手性耦合芯光纤被越来越多地提及,成为光纤激光器件家族中被关注的对象。手性波导(即包含手性介质的波导结构)的概念是由 N. Engheta 和 P. Pelet 在 1989 年首先提出的[43]。它是通过在一般的柱形波导中填充各向同性的手性介质构成,即芯层是手性的而包层由常规材料构成。手性光波导不能独立支持 TEM、TE 和 TM 模式,其模式是以 TE 和 TM 耦合孪生形式存在的。这与传统的光波导不同,引起中外学者的广泛关注主要是因为其有望克服传统大模场面积光纤或光子晶体光纤(photonic crystal fiber,PCF)激光器在高功率输出时高阶模传输、特殊激励或弯曲盘绕等模式控制方法所带来的基模损耗增大等不利因素。2007 年,美国密歇根大学超快光学研究中心[44]提出手性耦合纤芯 3C 光纤的新型光纤结构,它能够突破传统单模光纤 $V=2.405$ 归一化截止频率的限制,在大纤芯尺寸(大于 30 μm)情况下实现稳定的单模输出,且无需任何模式控制技术。这样既可达到提升光纤激光器输出功率的目的,又可以很方便地将光纤置于复杂系统中、实现光纤激光系统的集成化。3C 光纤拉制原理如图 4 - 12 所示,它为实现高峰值功率与高能量的光纤激光器系统提供了一种新的途径。

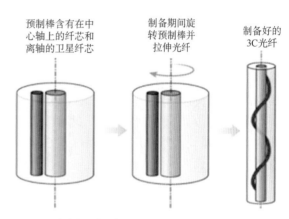

图 4 - 12　3C 光纤拉制原理示意图

普通光纤通常由包层和沿轴向分布的纤芯构成,而 3C 手性耦合纤芯光纤的结构如图 4 - 13 所示:石英包层内有两条纤芯,一条是沿轴向分布的中央纤芯,芯径较大,一般在 30 μm 以上,用于信号光的传输;另一条是偏离中心轴、围绕中央纤芯螺旋分布的侧芯,芯径比中央纤芯小得多,只有十几微米,主要作用是控制中央纤芯的模式,将高阶模耦合进侧芯并对其产生高损耗(大于 100 dB/m),使得中央纤芯中的基模可以极低损耗地传输(小于 0.1 dB/m)。3C 光纤的主要参数包含稀土掺杂纤芯及损耗伴芯尺寸、伴芯偏移量(R)和螺旋周期(Λ)(图 4 - 13b),合理的 R 和 Λ 值可使侧芯对中央纤芯的模式进行控制与选择[45]。

3C 光纤之所以能够在大芯径情况下实现稳定的单模传输,是因为其侧芯特殊的螺旋结构。这种新型光纤中侧芯围绕中央纤芯螺旋的复合结构可以实现以下三方面功能:

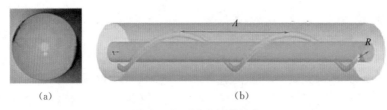

（a）　　　　　　　　　　　　（b）

图 4 - 13　3C 光纤的结构

（1）实现中央纤芯基模和侧芯中模式的相速度匹配，能够进行模式耦合。通常两个波导之间的模式耦合要满足相速度匹配条件（$\beta^{(1)} = \beta^{(2)}$）[46]，但在 3C 结构中，由于螺旋因素的存在，两芯中模式的传输常数不再相等，这会导致额外的相位差，因此其匹配条件变为[47]

$$\beta^{(\text{side mode})} + \Delta\beta_{\text{helix}} = \beta^{(\text{central mode})} \tag{4 - 1}$$

$$\Delta\beta_{\text{helix}} = \frac{2\pi n}{\lambda \sqrt{(2\pi R/\Lambda)^2 + 1} - 1} \tag{4 - 2}$$

式中，$\beta^{(\text{central mode})}$ 和 $\beta^{(\text{side mode})}$ 分别为中央纤芯和侧芯中模式的传播常数；$\Delta\beta_{\text{helix}}$ 为侧芯因螺旋产生的额外相速度，可通过 R 和 Λ 来控制，从而达到匹配条件。

（2）通过满足准相位匹配（quasi phase match，QPM）条件，可提供中央纤芯和侧芯之间有效的高阶模式的对称选择性耦合。该 QPM 条件为[48]

$$\beta_{l_1 m_1} - \beta_{l_2 m_2} \sqrt{1 + K^2 R^2} - \Delta m K = 0 \tag{4 - 3}$$

式中，$\beta_{l_1 m_1}$ 为主芯中 LP_{11m_1} 模的传播常数；$\beta_{l_2 m_2}$ 为侧芯中 LP_{12m_2} 模的传播常数；$\sqrt{1 + K^2 R^2}$ 为侧芯的螺旋修正因子。由于 QPM 条件要求侧芯传输常数为投射到中心轴的值，因此须对其进行修正。$K = 2\pi/\Lambda$，表示侧芯螺旋率。$\Delta m = \Delta l + \Delta s$，其中 Δl 有四种可能的组合构成即 $\Delta l = \pm l_1 \pm l_2$，而 Δs 的可能取值为 -2、-1、0、$+1$、$+2$。式（4 - 3）表明，两模式之间由于螺旋因素所产生的相位差被螺旋率 K 所弥补时，便可相互作用。只有满足该 QPM 条件的两芯中模式才能发生耦合，使中央纤芯的高阶模耦合进侧芯。

（3）合理选择侧芯尺寸、偏移量 R 及螺旋周期 Λ，实现侧芯中高阶模式的高损耗特性。通过满足 QPM 条件和侧芯高损耗特性，可以将中央纤芯的高阶模式耦合到侧芯从而被损耗掉，只留下基模在中央纤芯中稳定传输。而利用特性（1），使中央纤芯基模与侧芯模式发生部分耦合，可方便地控制基模的相速度与色散特性，如图 4 - 14 所示。

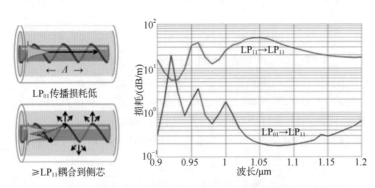

图 4 - 14　33 μm 的 nLight 公司 3C 光纤和数值模拟模式损耗

　　密歇根大学超快光学研究中心研究团队开展了系列实验,有效验证了 3C 光纤的单模传输特性实验,还发现该光纤具有很好的保偏特性[48]。2009 年以双包层掺镱 3C 光纤搭建放大系统探究其放大特性[48]。得到了 250 W 的连续波功率输出和 150 W 的脉冲输出(脉冲宽度 10 ns,脉冲能量 0.6 mJ,峰值功率 60 kW),放大斜率效率达到 74%;同时,在所有功率水平下,系统输出光斑均为单模。2010 年,该团队将 3C 光纤应用于主振荡功率放大(master oscillator power-amplifier, MOPA)结构中提升系统输出功率[49],以 2.7 m 长的空气包层掺镱 3C 光纤为功率放大器的增益介质,用 2.2 W 信号光激励该光纤,实现了 511 W 的功率输出,放大器斜率效率为 70%,同时观测到了输出光束为单频单横模的线偏振光,具有大于 15 dB 的消光比。2012 年,该团队 Sosnowski 等[50]通过 33/250 μm 3C 光纤实现了 257 W、200 kHz、8.5 ns、1.3 mJ 的重频脉冲激光输出;利用 55 μm 的 3C 光纤实现了平均功率 41 W、脉冲能量 8.3 mJ、峰值功率 640 kW 的大能量脉冲激光输出。进一步验证了 3C 光纤的优越性。说明该光纤可以像普通光纤一样作为激光器的增益介质使用,所构成的光纤激光器具有高斜率效率和低阈值功率的优点,且输出的光束质量得到了较大的改善。以 nLight 公司出品的 3C 手性耦合芯光纤为例,中央芯 33 μm,侧芯 3 μm,包层 250 μm,泵浦吸收率 1.8 dB/m@920 nm,可实现能量 2 mJ、峰值功率 300 kW、光束质量因子 $M^2 < 1.15$ 的脉冲激光输出,在 25 W 平均功率和 15 μJ 脉冲能量下系统可连续工作 1.75 年以上。光纤模式变化情况如图 4 - 15 所示[51]。

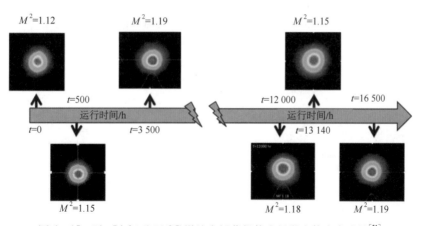

图 4 - 15　以 nLight 公司 3C 增益光纤获得的光纤激光的光束质量[51]

　　3C 光纤除了能够实现稳定的单模传输外,根据其特殊结构,我们预测该光纤还能够抑制某些非线性效应。例如,利用中央纤芯基模与侧芯模式选择性耦合的特点,使基模某一偏振态耦合进侧芯,这样经反射回来的偏振态便与原偏振态相反,从而有效抑制 SBS;经过特殊结构设计的 3C 光纤,其透射谱具有一定范围的波长抑制区域,将该抑制区与斯托克斯 SRS 增益谱的峰值区相重合,便能有效抑制 SRS 效应[52]。同时改变波长抑制区的范围,还能实现对掺镱光纤激光器和放大器的波长选择。对 3C 光纤的理论分析还表明其输出光束携带有角动量,因此可以预见 3C 光纤能够实现颗粒俘获与操纵、量子通信、量子计算和多维量子空间中的信息编码等新型应用[53]。

　　综上所述,3C 光纤具有无须弯曲损耗即可保持良好的基模和偏振态输出、能够有效抑制脉冲功率放大过程中的非线性效应、实现高能量和高峰值功率脉冲激光输出等特性。基于以上特性,脉冲光纤激光器的诸多光学指标可以得到较大提升,进而满足现今科研与工业应用对高品质光源提出的多方面要求[48]。

3C 光纤虽然具有上述诸多应用优势，但其制备是极富挑战性的。由于其侧芯较小，在实际加工时面临很大的难度，加工引起的误差直接决定光纤制备的成败。为了降低制备难度，清华大学 Zhang 等[54]提出了一种新型光纤结构，定义为环形手性耦合纤芯（ACCC）光纤，用较大的侧环代替小侧芯，并论证了这种新型结构的可行性及其与传统 3C 光纤的相似单模特性；应用将螺旋坐标系引入系统中分析光纤模式场的有限元法和光束传播法，研究了光纤参数对模式损耗的影响，并得出以下结果：为实现高效的单模传输，对光纤结构进行理论模拟优化，当纤芯直径为 35 μm 时，光束质量因子 M^2 值为 1.04，光-光效率为 84%。在这种光纤中，基模（fundamental mode，FM）以可接受的损耗传播，而高阶模（high-order modes，HOMs）衰减迅速。

4）锥形结构光纤

锥形光纤具有独特的几何结构特征，从而引起归一化频率、有效横截面积、光强密度、群速度色散及非线性系数等许多光学性质的变化。锥形结构在光纤激光技术中已获得大量应用。近年来，随着高峰值功率超快光纤激光器成为工业上的重要工具，研究人员对掺镱激光光纤提出了苛刻要求。常规包层结构掺镱光纤具有较低的非线性阈值，这限制了可达到的最大峰值功率。因此，针对脉冲光纤激光器的可能应用，设计了不同类型的大模面积光纤以克服这一限制，它们包括光子晶体光纤、泄漏通道光纤、具有抑制高阶模式的微结构包层的阶跃折射率光纤、螺旋芯光纤、手性耦合芯光纤、光子带隙光纤等。其中，以光子晶体光纤作为代表，已经在工业用超快加工激光器方面获得较大量的应用，NKT 公司推出的商用光子晶体光纤也已获得大量应用。但是由于该型光纤制备困难、售价较高，而且由于其空气孔微结构导致其在全光纤化方面存在较大难度，在实际工程化应用时对操作人员要求较高。为此俄罗斯科学院光纤研究中心持续研发的长锥区光纤获得了较大的应用进展[55-58]，并已推出了商品化的锥形光纤，其光纤端面如图 4-16 所示；该光纤的特点是具有三包层结构，而且带有熊猫型掺硼应力区，因此使得该光纤具备保偏功能。该光纤产品的参数信息在表 4-1 中列出，分别对应给出信号输

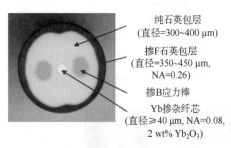

纯石英包层
（直径=300~400 μm）

掺F石英包层
（直径=350~450 μm，
NA=0.26）

掺B应力棒

Yb掺杂纤芯
（直径≥40 μm，NA=0.08，
2 wt% Yb$_2$O$_3$）

图 4-16　俄罗斯光纤研究中心推出的锥形光纤端面图[55]

表 4-1　俄罗斯光纤研究中心锥形光纤产品信息

光纤规格	YDF - DC - 40/400 - PM - TPR	
	信号输入端	信号输出/泵浦输入端
纤芯直径/μm	9±1	>40
包层直径/μm	90±10	400±50
截止波长/μm	<1.0	
MFD	10.0±2.0	>20(25 或 30 典型)
包层类型	以掺 F 石英为第二包层的熊猫型	
纤芯 NA	0.085±0.01	
包层 NA	>0.26	
915 nm 包层吸收系数/(dB/m)	>4	
976 nm 包层吸收系数/(dB/m)	>15	
1150 nm 纤芯损耗/(dB/km)	<50	
抗光暗化性能	为 Yb^{3+} 掺杂 Al$_2$O$_3$ - SiO$_2$ 光纤的 20 多倍	

入端(细径)和信号输出端(粗径)对应的纤芯、包层等几何尺寸以及各光谱参数情况。

　　俄罗斯科学院光纤研究中心推出的锥形光纤产品型号主要为 YDF‑DC‑40/400‑PM‑TPR 系列,其专为在极高峰值功率包层泵浦放大器中运行而设计。该型锥形光纤设计具有用于信号输入的单模端(典型尺寸为 8/80 μm)以及非常大的模面积端(典型尺寸为 40/400 μm)用于信号输出和泵浦输入,其光纤几何尺寸变化关系如图 4‑17a 所示。从图中可以看出,该光纤的几何尺寸并非简单地按照光纤包层几何尺寸进行线性渐变,而是存在几个变化相对平缓的区域,即在信号输入端(细径)锥度变化更为显著,而在信号输出端则变化相对平缓。该光纤产品属于模块化产品,固定了长度和几何尺寸,该模块的吸收系数如图 4‑17b 所示。对应 915 nm 和 976 nm 波长吸收系数分别为 6.5 dB/m 和 24 dB/m。需要特别指出的是,该图中给出的光纤包层吸收系数数据与产品参数表中的数据并非完全一致,但仍在表格提供的数值范围内,这也表明该光纤产品在实际制备时存在一定的性能参数波动,因此具体产品信息保留了一定的波动空间。该光纤产品的特点是全玻璃双包层光纤设计(基于典型 NA=0.26 的高掺 F 第二包层)允许对厚 400 μm 光纤端部进行简单抛光。由于高的 Yb 浓度和短的锥形光纤长度,基于该光纤的放大器在市场上具有最高的非线性阈值(高达 0.5 MW),同时在输出端具有衍射受限的光束质量。

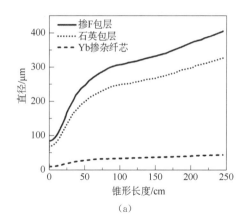
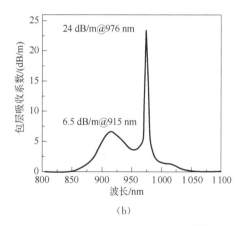

图 4‑17　俄罗斯锥形光纤的轴向几何尺寸变化示意图(a)和光纤模块吸收系数(b)[55]

　　实际进行光纤激光放大应用时,锥形放大器的参数应适当调整,以达到实现最大峰值功率和平均输出功率。首先,使用反向泵浦方案是很自然的,因为光纤第一包层直径在这一侧具有最大直径。此外,在这种情况下,与正向泵浦相比,非线性效应的阈值通常会变得更高。该光纤研究中心的研究[56]表明,信号和泵浦波长的选择也非常重要。非线性效应的最大阈值可以在 1064 nm 附近信号和 976 nm 波长稳定的泵浦下实现。需要注意的是,在这种情况下,非线性效应的阈值随着锥形光纤长度的增加而增加[56,58];与短锥形光纤(~1.5 m)相比,2~2.5 m 的锥形光纤长度更可取。根据现有光纤产品规格和实验数据,标准锥形的长度为 200～300 cm;之所以将其长度控制在这个范围内,是因为经过多次检验,这是实现最大峰值功率和平均功率激光输出最合适的长度。对于上述结果的理解,研究人员特别指出[56],上述情况对于 1030 nm 附近的信号放大并不适用。在这种情况下,一阶拉曼增益(1030 nm 信号对应的拉曼峰约位于 1 080 nm 处)位于 Yb 掺杂光纤放大波长范围中,该波长的放大自发辐射(amplified spontaneous emission,ASE)信号充当拉曼放大的种子。因此,锥形光纤放大器越长,产生的种子光功率越大,SRS 阈值越低。

需要指出的是,长锥形光纤可以允许在非常高的平均功率下工作。在锥形光纤中影响功率提升的主要因素是随着光纤由粗变细产生的光晕效应。光晕源于沿锥形光纤从粗端向下传播到细端的波导束缚变低导致的光泄露。锥形光纤某些点的辐射泄漏会引起局部变热,从而导致聚合物涂层的降解并造成损坏。对于较长的锥形光纤,这一不利效应则可以得到极大的抑制。2017 年,俄罗斯科研人员已经采用双包层掺镱锥形光纤(4 m 长),在皮秒主振荡功率放大器(master oscillator power-amplifier,MOPA)中实现了 5 MW 的峰值功率和完美的光束质量[56]。但实际应用时,仍然可能面对两个严重的问题:显著的 ASE 和拉曼非线性效应。

德国 Jena 大学的研究人员[59]指出,在上述俄罗斯课题组关于锥形光纤的研究中,锥区有几米长,这种长锥度是在光纤拉制过程中通过快速改变光纤拉丝工艺参数实现的。通常在制备锥形光纤时很难精确控制锥度拉伸条件和锥形比。为此,他们提出了局部短锥度方法,着重对锥形和拼接过程中的减少扩散进行了优化。图 4 - 18 显示了具有高掺氟石英玻璃包层结构的锥形 LMA 光纤放大器的主要特征:①种子传输光纤与锥腰之间的熔接非常重要,其决定了功率耦合效率。锥形有源光纤的腰部需要在熔接处严格维持单模,以避免高阶模激励。②绝热锥度是在 LMA 光纤中维持单模运行的关键部件。绝热锥度意味着锥度的几何形状变化足够平滑,因此在基模和高阶模之间没有功率耦合。该方法的本质是利用局部绝热锥度在多模光纤中提供选择性激发基模的传输路径。③LMA 光纤纤芯的均匀折射率分布是实现近高斯模场分布的重要基础,因为任何折射率扰动都会导致模式扭曲从而影响光束质量。

图 4 - 18　利用双包层光纤拉制的锥形光纤示意图[59]

在上述分析基础上,Jena 大学的研究人员采用一种新设计的高 Yb、Al 掺杂浓度的石英光纤[59],通过降低光纤纤芯和包层中的 Al^{3+} 浓度并额外应用高掺氟石英玻璃包层管来降低光纤的黏度,从而降低拉丝温度和扩散来实现短锥光纤的制备。该光纤的端面显微照片如图 4 - 19a 所示,图中专门标注了降低 Al^{3+} 掺杂浓度从而抑制高温扩散的说明。图 4 - 19b 则给出了光纤的折射率分布图,从图中可以看出纤芯和内包层及外包层之间的折射率变化情况。对比图 4 - 19a、b,可以清楚地看到制备光纤预制棒时套棒产生的界面处折射率变化。光纤设计也必须适应对 MOPA 系统的绝热变细和熔接的要求。绝热锥度意味着锥度的几何形状变化足够平滑,因此在基模和高阶模之间没有功率耦合。

此外,加拿大 INO 也有成熟锥形光纤产品在售。中国市场常用的加拿大 INO 某款锥形光纤输入端纤芯直径为 $35\,\mu m$,而俄罗斯产品仅有 $8\sim9\,\mu m$。较大的信号输入端芯径对获得良好的光束质量可能带来较大挑战,更易导致模式不稳定。

中国以国防科技大学等单位为代表,近年也开展了系列新型锥形光纤的研制及其在高功率连续激光方面的应用研究,包括传统的芯包比不变的马鞍形结构、纺锤形结构以及芯包比渐变的包层几何尺寸不变的新型光纤[60-61]等。基于传统掺镱光纤的功率放大受到光学非线性

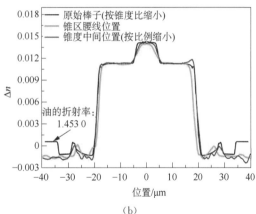

图 4 - 19　LMA 光纤截面图（a）和折射率分布曲线（b）[59]

效应和模式不稳定效应的限制,他们提出恒定包层直径的新型长锥形光纤以及沿其轴向的锥形纤芯。光纤的锥形纤芯区域旨在增强受激拉曼散射阈值和抑制激光腔内的高阶模式共振。该结构光纤由国防科技大学与华中科技大学李进延团队合作制备。图 4 - 20 给出光纤制备工艺过程:其基本方法是对制备的掺镱光纤预制棒进行局部拉细,然后以细径预制棒尺寸为基准进行光学加工,预制棒未进行拉细的部分因此具有更大的芯包比结构,最终实现纤芯几何尺寸的变化,但是包层外部几何尺寸可以保持不变,其优点是可以较为方便地与无源光纤器件进行熔接。他们采用 MCVD 结合溶液法成功制备了掺镱光纤(YDF),包层直径为 $400\,\mu m$,两端直径约为 $24\,\mu m$ 而中间的纤芯直径为 $31\,\mu m$。根据

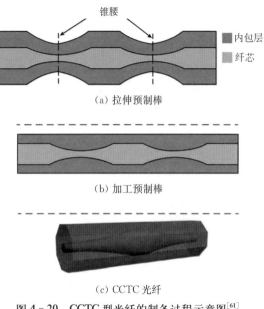

图 4 - 20　CCTC 型光纤的制备过程示意图[61]

国防科技大学的研究结果,CCTC 在同时缓解受激拉曼散射(SRS)和横向模式不稳定(transverse mode instability, TMI)效应方面具有巨大潜力,通过优化 YDF 结构有望实现功率的进一步提升。

综上所述,面向未来更高功率激光器的研制,从工程化应用角度出发,需要抑制光纤的非线性效应、端面损伤以及提高输出功率水平,研制大芯径的锥形结构全玻璃包层光纤是重要的发展方向。同时,为了提高内包层泵浦功率注入水平,采用诸如 $1\,018\,nm$ 同带激光泵浦的方式是目前较为可行的方案。然而,常规掺镱双包层光纤在 $1\,018\,nm$ 的吸收系数极低,很难在不产生非线性拉曼效应的前提下获得足够增益,即很难采用较短光纤实现足够的泵浦吸收。理论上,光纤包层吸收系数的提高可以通过提高稀土离子的掺杂浓度和提高芯包比的方式实现,但掺杂浓度的过高既会导致纤芯玻璃分相、析晶从而大幅提高光纤的本底损耗,也会导致掺杂离子的分散性降低、产生团簇从而容易产生光致暗化效应,不利于数万瓦级功率激光的稳定输出。可见,研制具有更大芯包比的掺镱包层光纤成为重要的选择。因此,如何克服纤芯直

径增大导致的激光模式劣化以及与前端预放大模块的光纤熔接耦合难度增加,成为关键技术问题。同时,在数万瓦功率的激光包层泵浦条件下,传统双包层光纤有机涂层的功率和温度耐受性也大幅增加了激光系统的工程化难度。研制芯包比渐变型的包层光纤,利用芯包比较小的有源光纤端面与现有无源光纤元器件熔接,可减小全光纤化熔接难度;利用逐渐提高的芯包比,提高模式适配特性,逐渐提升包层的泵浦吸收系数,将有利于平衡光纤泵浦端与中间段光纤的温度场分布,同时也有利于控制激光模式。

总之,为了解决上述问题,可以采用高掺氟的低折射率石英玻璃作为外包层,制备全玻璃化的包层几何尺寸不变、芯包比渐变型多包层掺镱光纤,从而既方便与现有无源光纤器件匹配,又能够通过内部芯包比调控包层吸收系数,抑制非线性拉曼效应,有利于平衡光纤的温场分布,也能适当克服纤芯直径增大导致的激光模式劣化及模式不稳定性,提高光纤激光器系统的总体稳定性。

5) 坑道结构型光纤

坑道型光纤的结构特点是,在纤芯周围环绕着低折射率的坑道以及接近纤芯折射率的环形层结构。根据纤芯与内包层的折射率差异,坑道型光纤可分为两类:从导光原理上分为泄露型和限制型,从应用上分为增益型和传能型。纤芯折射率高于包层的限制型结构比较适合稀土掺杂增益光纤的情况,如图4-21a所示,类似于在普通稀土掺杂光纤外引入谐振环结构,辅助高阶模谐振到环中,提高其损耗。对于纤芯折射率与包层折射率一致的泄露型结构,所有芯模均为泄露模(即薄薄一层的坑道很难将光限制在纤芯内);为了降低基模的限制损耗并提高基模和高阶模之间的损耗比,泄露型的坑道光纤通常具有多坑道结构[62-63],如图4-21b所示,这种光纤主要用于传能。

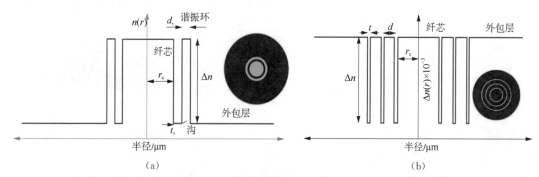

图4-21 单坑道光纤(限制型坑道光纤、增益光纤)(a)和多坑道光纤(泄露型坑道光纤、传能光纤)(b)结构示意图

PCF以及泄露通道光纤(leakage channel fiber,LCF)等微结构光纤的缺点在于,其复杂的堆垛工艺使制备难度增大,且空气孔结构使得熔接困难,难以保证激光系统的稳定性。相比之下,坑道光纤制备工艺简单,用MCVD结合管棒法即可制备,且为全固态结构。另外,如图4-22所示,相比阶跃折射率光纤,单坑道光纤中的谐振环结构可以提高基模和高阶模在弯曲情况下的损耗比,增强对高阶模的抑制作用[64]。坑道光纤主要靠谐振环结构起到高阶模滤波的作用,从而实现单模运转。

坑道结构光纤预制棒可以通过将MCVD工艺和管棒法结合起来制备得到[65-66]。具体制备工艺流程如下:首先利用MCVD法将低折射率的坑道结构以及高折射率的谐振环结构沉积在Heraeus F300石英管内,随后将该石英管部分塌缩、形成类似空心的不封闭结构,再将尺寸

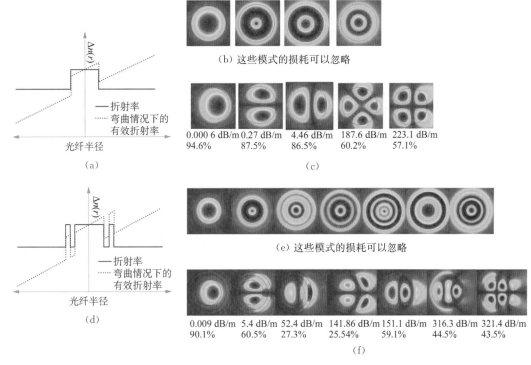

图 4-22　坑道光纤与常规阶跃型光纤的高阶模过滤效果模拟图

匹配的 F300 石英棒插入上述预制棒并最终将两者塌缩为一体。值得注意的是,在文献[65]中是将芯棒和坑道包层管套棒后直接拉丝,两者在拉丝过程中融合到一起,结果损耗较高;而在文献[66]中提到的改进方案则是在两者套棒完成后,先在 MCVD 车床上塌缩,然后再拉丝。单坑道光纤则直接采用 MCVD 结合液相掺杂(纤芯掺稀土、谐振环中掺锗)实现。

从应用效果看,2015 年 Jain 等[67]报道了芯径 30 μm 的单坑道光纤(超低的 NA 为 0.038),利用该光纤进行了皮秒脉冲放大,最终获得平均功率 52 W、最高峰值功率超过 160 kW、输出光束质量因子 M^2 小于 1.15。需要注意的是,该放大器中的其他光纤均为保偏结构,但单坑道光纤并不是保偏结构,而最终输出激光仍然保持 15 dB 的偏振消光比,这表明较大的弯曲直径(~32 cm)使其对信号光的偏振态影响较低。

综上所述,通过对光纤激光器系统进行调整(比如改变泵浦方式、泵浦波长、泵浦功率分布,提升泵浦亮度,优化增益光纤盘绕方式等),可以很大程度上提升光纤激光系统输出功率,但从本质上来看,限制光纤激光输出功率进一步提升的不利因素是激光与材料相互作用。每一次光纤激光性能的改善,都是针对掺镱光纤进行纤芯材料性能和光纤结构设计优化的结果。纤芯材料性能和光纤结构的设计优化,也是实现高功率光纤激光系统输出功率进一步提升的有效途径。

4.2　影响掺镱大模场包层光纤性能的主要因素

4.2.1　纤芯组分

掺镱光纤的石英玻璃基质保障了光纤的高损伤阈值特性,但石英玻璃对镱离子(Yb^{3+})的溶解度低,高浓度掺杂时易出现团簇、析晶等现象。Al^{3+}、P^{5+}、Ge^{4+}、F^-、B^{3+}、Ce^{3+}等共掺离子的引入极大提升了Yb^{3+}溶解度,但同时也会改变Yb^{3+}的吸收和发射谱以及纤芯的折射率。

1) 共掺元素对Yb^{3+}吸收和发射截面的影响

图4-23揭示了常见共掺元素Al^{3+}、P^{5+}、Ge^{4+}等对Yb^{3+}吸收截面和发射荧光谱的影响,从图中可见,在石英玻璃中引入不同的共掺剂,Yb^{3+}的吸收和发射截面变化较大;与Al^{3+}相比,P^{5+}和Ge^{4+}的加入会显著降低Yb^{3+}的吸收截面。

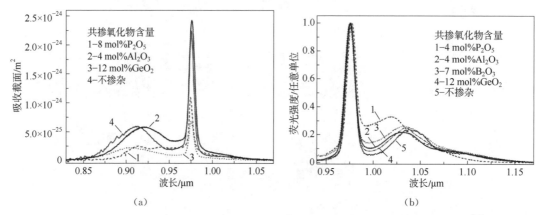

图4-23 石英光纤中常见纤芯共掺元素对Yb^{3+}吸收截面(a)和发射截面(b)的影响[68]

在Yb/Al/P共掺的光纤中,保持Yb^{3+}、Al^{3+}不变,增加P^{5+}的含量,Yb^{3+}的吸收截面会逐渐下降。尤其是当P/Al比超过1时,Yb^{3+}的吸收截面会明显下降,如图4-24所示。

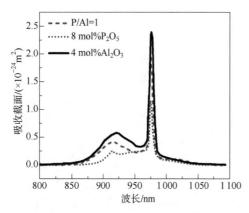

图4-24 铝和磷含量变化对Yb^{3+}在石英玻璃中吸收截面的影响[69]

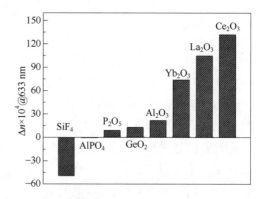

图4-25 每摩尔共掺剂和稀土氧化物对石英光纤纤芯和包层折射率差(Δn)的贡献

2) 组分对纤芯折射率的影响

关于纤芯组分对稀土掺杂玻璃光学与光谱性能的影响,在前面章节已做过系统性介绍。此处简要汇总代表性结果,阐述纤芯折射率随组分的变化规律。图4-25为常见共掺剂和稀土氧化物对石英光纤在633 nm处纤芯折射率的贡献。由图可见,有三种常见共掺剂可以降低石英玻璃的折射率,其中,SiF_4可以显著降低石英玻璃的折射率,其次是B_2O_3,再次是$AlPO_4$;几种稀土氧化物中,Ce_2O_3对石英玻璃折射率增加幅度的贡献最大。

4.2.2　非线性效应

光纤的特殊波导结构使激光能量都被约束在数十微米级的光纤纤芯内；随着光纤激光功率的提升，纤芯内的极高激光功率密度会引起各种有害的非线性效应，从而阻止激光功率的进一步提升。光纤激光器中的非线性效应主要包括受激拉曼散射、受激布里渊散射、自相位调制和四波混频效应。图 4-26 所示为掺镱光纤激光器中典型的受激拉曼散射效应。

增大光纤纤芯尺寸（降低纤芯内的激光功率密度）和提高掺镱光纤的吸收系数（缩短光纤的使用长度）是避免非线性效应产生的两种有效手段。

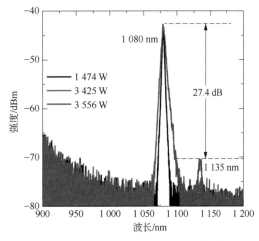

图 4-26　光纤激光器中受激拉曼散射效应

4.2.3　光子暗化效应

光子暗化效应是指高功率掺镱光纤激光器在长时间工作条件下出现的功率下降、阈值功率和光纤损耗增加的现象。图 4-27a 给出 Yb/P、Yb/Al、Yb/Al/P 共掺石英光纤输出激光功率随时间的变化情况，从图中可见，Yb/P 共掺光纤的激光输出激光功率随时间下降最为缓慢，其光子暗化程度最低；Yb/Al 共掺光纤的光子暗化最显著；Yb/Al/P 共掺光纤的光子暗化效应介于两者之间。目前，对掺镱光纤激光器光子暗化效应普遍接受的解释是：泵浦光子诱导掺镱光纤形成吸收峰位于紫外、可见波段的色心；色心的吸收带很宽，一直延伸到近红外 $1\,\mu m$ 掺镱光纤激光器的工作波段，如图 4-27b 所示，色心引起损耗增加，从而导致激光器输出功率的下降，即劣化了光纤激光器的输出性能。

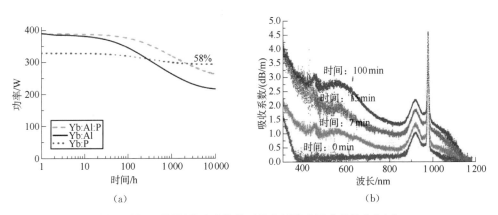

(a)　　　　　　　　　　　　(b)

图 4-27　不同纤芯成分掺镱石英光纤的光子暗化效应(a)和掺镱光纤色心引起的附加损耗随泵浦时间的变化(b)[69]

目前人们普遍认为，在掺镱光纤激光器中，由于泵浦光子在近红外 $1\,\mu m$ 波段，而泵浦诱导附加损耗主要在紫外、可见光波段，光子暗化过程的发生必然是多个泵浦光子共同作用的效果。因此，通过掺杂共掺剂提高 Yb 离子分散性、减少团簇，可以提升光纤的抗暗化性能。

在前述 Yb/Al/P 共掺石英玻璃体系的色心缺陷形成机制中，铝氧空穴缺陷是对光子暗化影响最大的色心缺陷。共掺 P 能使 Yb^{3+} 的电荷转移吸收带移至更高能带，从而降低铝氧缺陷密度、改善光子暗化。随着磷铝比的增加，当 P/Al 比达到 1 时，铝氧缺陷显著减少，光纤的抗光子暗化性能显著提升。

Ce 离子的可变价特性使得其两种价态 Ce^{3+}、Ce^{4+} 共存并在一定条件下相互转换，在 Yb^{3+} 掺杂光纤中加入 Ce^{3+} 可以显著改善光纤的抗光子暗化性能，原因在于：一方面，Ce^{3+} 通过捕获空穴形成 Ce^{4+} 的方式可以抑制空穴型色心的产生；另一方面，Ce^{4+} 通过捕获电子形成 Ce^{3+} 的方式可以有效抑制电子型色心的产生。但是，实验中发现掺 Ce^{3+} 光纤的吸收系数会略有增大，而输出激光的光-光效率与不含 Ce^{3+} 的光纤相比并没有明显增大；其原因可能是 Ce^{3+} 的加入会增加光纤的热负载。

4.2.4　模式不稳定性

增大纤芯尺寸、降低纤芯内的激光功率密度，是避免非线性效应产生的有效方法之一。但是，增大纤芯尺寸不可避免地会使光纤支持多个模式。如果增益光纤支持多个模式，则会产生另一种现象——模式不稳定现象。如图 4-28 所示，当输出激光功率达到某个阈值后，光纤激光的输出模式由稳定的基模变为基模和高阶模相对成分随时间迅速随机变化的非稳态模式。模式不稳定性会导致激光光束质量急剧退化、严重制约光纤激光的应用，这已经成为大模场掺镱光纤激光功率和光束质量提升的最大限制因素。

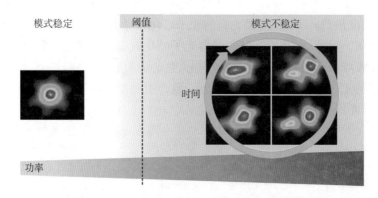

图 4-28　光纤激光器中的模式不稳定现象[70]

目前，研究人员普遍认为，模式不稳定性与光纤中量子亏损所引起的热效应有关。为了抑制 SBS 和 SRS 等非线性效应的产生，高功率光纤激光采用掺镱大模场光纤，而大模场面积的光纤通常情况下本身就支持多个激光模式。当信号光注入增益光纤时，虽然主要能量集中在基模，但是不可避免地会激发少量的高阶模式，基模与高阶模相互干涉、在纤芯中形成周期性的光强分布，其周期与两个模式的有效折射率差成反比。当抽运光注入、信号光开始被放大后，纤芯掺杂区会形成周期性的抽运光提取，而量子亏损的产热与抽运光的吸收相关，因此会形成以周期性光强分布为主要特征的准周期性振荡的热负荷分布。温度的上升不是瞬时的，纤芯在热负荷产生一定时间后才会形成周期性的温度分布。由于上述热效应的存在，纤芯中的周期性信号光分布和量子亏损引起的周期性温度分布最终会形成长周期折射率光栅；该光栅具有使能量在低阶模和高阶模之间耦合的能力，是导致高功率光纤激光中产生模式不稳定现象的根源。

4.2.5 光纤涂覆层可靠性

前文已指出,双包层光纤结构的出现使得光纤激光器的输出功率得以快速提升。普通双包层光纤的结构如图 4-29 所示,泵浦光主要约束在低折射率涂覆层即外包层以内传输。涂覆层的性能、涂覆工艺等对高功率泵浦条件下泵浦光束缚、光纤表面温度、涂覆层材料的长期使用可靠性等有重要影响。

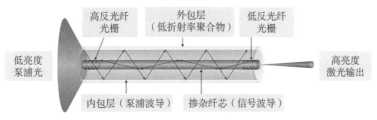

图 4-29 普通双包层光纤结构示意图

拉制普通双包层光纤,须进行二次涂覆:一层柔软的低折射率内涂层紫外光固化涂料,一层坚硬的高折射率外涂层紫外光固化涂料。低折射率涂层以聚丙烯酸酯为主,一般工作温度不超过 80℃。随着单纤输出激光功率的不断提升,高功率泵浦激光必将对低折射率涂层造成巨大压力,使之成为影响高功率掺镱双包层光纤激光器工程化应用可靠性的重要因素。图 4-30 展示了双包层光纤激光器长期老化考核过程中发生的涂层老化漏光现象。

三包层光纤是在双包层光纤的纯石英包层和低折射率涂覆层之间加入低折射率的含氟石英玻璃层,使绝大部分的泵浦激光束缚在含氟

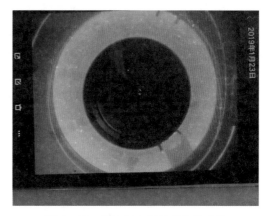

图 4-30 双包层光纤长期老化后的涂覆层漏光现象

石英玻璃层里面传输,这可以大大减轻高功率泵浦光对低折射率涂层的冲击,从而增强高功率光纤激光器的长期运行可靠性。

4.2.6 温升对掺镱光纤的影响

光纤激光器在高功率运转时的一部分泵浦能量会以热能的形式散失,导致有源光纤纤芯温度显著升高,这对高功率光纤激光放大器的稳定运行提出了重大挑战。有源光纤中不可避免的热效应主要来源于以下几个方面:

(1) 泵浦光和信号光之间的量子亏损。稀土离子的基态电子吸收泵浦能量后,在多声子辅助下无辐射弛豫至亚稳态或基态,该过程产生的热量沉积到光纤中导致光纤温升。

(2) 上转换发光过程中损失的一部分泵浦能量以热的形式沉积到光纤中。

(3) 泵浦光中包含的紫外和中红外波段的光可以被基质吸收而产生热量。

(4) 有源光纤内部的损耗吸收泵浦能量转换为热能。

（5）有源光纤在制备和加工中产生的工艺损耗（如熔接点）导致温升。

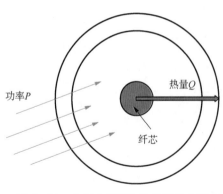

图 4-31　有源光纤径向热传导示意图

相比固体激光器，由于光纤具有较大的表面积/体积比，因此拥有更优异的散热性能。但是，随着泵浦功率逐渐提高，光纤热负荷也随之加重，仅仅通过自然散热已经难以抑制光纤温度的升高。通常高功率光纤激光器需要对光纤进行风冷或水冷处理。但是，不管哪种冷却方式，都需要使热量从纤芯传递到外包层，而纤芯和内包层、玻璃包层和有机涂覆层之间的传热系数对该热传递过程影响较大，难以保证将热量快速传出。对于高功率的掺镱光纤，温升一直是限制其功率提高的关键因素。如图 4-31 所示，在 LD 泵浦下，Yb^{3+} 掺杂有源光纤纤芯产生的热量首先通过热传导逐渐传递到包层，包层中的热量通过热对流和热辐射的形式传递到空气中，最终产热和散热达到平衡，形成一个稳态的温度场。

目前，已经有许多关于光纤激光放大器内部温度场分布的研究。如 Fan 等[71]将纤芯看作一个均匀产热的热源，在单向泵浦时，通过热传导理论模型得到有源光纤径向和轴向上的温度分布：泵浦功率为 1.25 kW 时，如图 4-32 所示，光纤前端热负载严重，温度沿轴向近似指数下降；对相同芯径的光纤，较高的对流传热系数（h）会导致较低的温度值；在径向上，温度峰值出现在纤芯中心处，涂覆层温度最低。

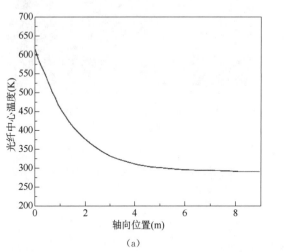

（a）

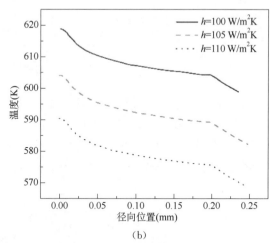

（b）

图 4-32　光纤轴向上纤芯温度分布（a）和径向上不同 h 值的温度分布（b）[71]

热效应对高功率光纤激光器具有多方面的影响，主要包括光纤温度、折射率、泵浦吸收、输出波长、激光效率、输出功率、光束质量、非线性效应和模式不稳定性等。

2004 年 Grukh 等[72]指出，温度升高会影响 Yb^{3+} 的各能级粒子数分布和光谱特性，导致激光输出效率下降、激光波长红移。2005 年，高雪松等[73]的实验结果表明，随着热负荷的加剧，有源光纤温度可能升至 150～200℃。常见双包层光纤的涂敷层为低折射率有机聚合物，高温会对涂覆层造成损伤、影响输出激光的稳定性。尽管高功率激光器通常采用循环冷却水对光纤进行降温冷却,但不可能绝对消除掺镱光纤纤芯内的温升。2011 年,Hansen 等[74]利用模型研究了大模场面积(LMA)单模光纤放大器中的热效应,指出较大的径向温度梯度会导致热透镜效应和模场面积降低,对光束质量产生不利影响。2015 年,Daniel 等[75]研究了温升对 Yb^{3+} 掺杂光纤激光器中放大自发辐射和激光发射波长的影响,在 25~400℃ 范围内实验观察到了温升会导致短波长(<1 050 nm)发射显著减弱而长波长(>1 100 nm)发射增强。

在 25~200℃ 温度范围内,通过对 Yb/Al/P 共掺石英玻璃纤芯的光谱特性进行对比分析,我们发现掺镱纤芯玻璃中 Yb^{3+} 光谱特性受 P/Al 比和温度的共同影响[76],其主要特征如下:

(1) ~915 nm 和 975 nm 处的吸收截面高度依赖于温度和 P/Al 比,~940 nm 吸收截面的温度依赖性远低于上述两个波长。由于 Yb^{3+} 子能级粒子数的重新排列和吸收峰的展宽,其吸收截面显著减小。随着温度从 25℃ 升至 200℃,在 975 nm 处的最高吸收峰会出现蓝移,峰值波长的吸收系数降低。

(2) 随着温度和 P/Al 比的升高,975 nm 与 915 nm 波长处吸收截面的比值减小,975 nm处吸收系数高的优势减弱。

上述特征表明,在掺镱光纤进行高功率激光运转时,纤芯内部温升会导致泵浦吸收系数的降低,其直接表现是激光器效率降低,而且不同波长的激光降低幅度会存在差异。

4.3　掺镱大模场包层光纤的组分设计原则

结合高功率光纤激光器功率提升过程中面临的各限制因素及影响机理,对掺镱大模场高功率激光光纤的组分设计需要从纤芯光谱及光学性质、非线性效应抑制、光子暗化效应抑制和模式不稳定阈值提升这四个主要方面进行综合优化。由于抑制非线性效应与模式不稳定的要求正好相反,因此在光纤组分设计时必须考虑两者平衡的问题。对于光子暗化效应抑制,则需要在满足光纤光学基本参数的前提下,尽可能减少 Yb^{3+} 等元素的掺杂量,同时提高 Yb^{3+} 的分散性,减少色心和团簇的产生。

1) 光谱性质和折射率的优化

根据光纤光学基本参数如吸收系数、数值孔径等要求,结合共掺元素 Al^{3+}、P^{5+}、F^- 等对 Yb^{3+} 吸收截面、发射截面和纤芯折射率的影响规律,制定以下纤芯组分设计原则:

(1) 在满足光纤吸收系数要求的前提下,Yb^{3+} 含量尽可能低。

(2) Al^{3+}、P^{5+} 等作为主要分散剂元素的含量,满足减少乃至消除 Yb^{3+} 团簇的要求。

(3) 根据纤芯折射率的要求,加入适当含量 F 元素。

(4) 其他共掺元素则根据需求少量加入或不加。

2) 非线性效应的抑制

非线性效应的产生源于高的激光功率密度和足够的非线性增益系数。要从根本上抑制光纤激光器的非线性效应,可以采取的手段包括:①采用大模场光纤,降低纤芯中的激光功率密度;②提高光纤的吸收系数,缩短光纤激光器腔长,减小非线性增益系数。

为此,在组分设计上要提高稀土离子掺杂浓度,在光学设计上要增大模场面积。

3) 光子暗化效应的抑制

掺镱光纤光子暗化的产生机理虽然还不明确,但一个普遍的认识是:与掺铒无源光纤和纯石英光纤相比,稀土掺杂光纤的光子暗化诱导附加损耗或辐射诱导损耗要高得多;其原因在于,无论是稀土元素还是共掺剂均与硅、锗元素的价态不同,这破坏了石英玻璃网络结构,导致稀土掺杂光纤在使用过程中会产生大量诱导色心缺陷和附加吸收损耗,从而劣化激光光纤的性能。

与 Al/Yb 共掺光纤相比,虽然提高 P^{5+} 含量可以改善光子暗化效应,但要从根本上提高掺镱光纤的抗光子暗化性能,仍需要在满足光纤参数设计要求的前提下尽可能降低 Yb^{3+}、Al^{3+}、P^{5+} 等的掺杂量。

4) 模式不稳定性阈值的提升

模式不稳定性产生的原因在于:光纤不止支持一个模式;掺镱光纤的量子亏损等产生热效应。要从根本上抑制光纤激光器中的模式不稳定性现象,可以采取的手段包括:①采用绝对单模光纤;②降低稀土离子的掺杂浓度,降低单位长度纤芯的热负载。

以上两个手段会导致掺镱包层光纤的纤芯面积适当减小。另外,由于掺镱离子浓度下降,实际使用的光纤长度可能增加,这两个结果都与抑制光纤中非线性效应的要求正好相反。

4.4 掺镱大模场包层光纤的光学设计

众所周知,阶跃折射率光纤中的归一化频率为

$$V = \frac{2\pi a_{core}}{\lambda} NA \approx \frac{2\pi a_{core}}{\lambda} \sqrt{2 n_{core} \Delta n} \tag{4-4}$$

式中,a_{core} 为纤芯半径;λ 为工作波长;n_{core} 为纤芯折射率;Δn 为纤芯和包层的折射率差。

图 4-33 给出 V 值对不同模式下色散效应和光束质量的影响。当光纤中 $V=2.405$ 时,二阶模截止,光纤中只能容纳基模传输,即 LP_{01} 模,如图 4-34 所示。从式(4-4)可以发现,要在大模场阶跃折射率光纤中获得单模输出,就必须在增大纤芯直径的同时降低纤芯 NA。但纤芯 NA 不可能无限制降低,而光纤芯径的增加则会不可避免地增加光纤支持传播光的模式。

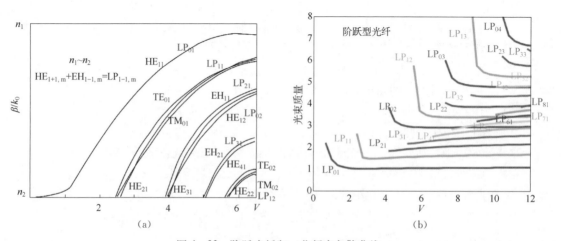

图 4-33　阶跃光纤归一化频率色散曲线

图 4-34 是阶跃光纤中不同阶次线偏振模
（linearly polarized modes，LP）的场强分布图，通
常简称 LP_{mn} 模，其中，m 表示圆周方向上极值的
个数，n 表示半径方向上极值的个数。

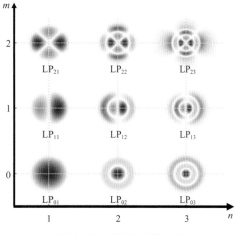

图 4-34　LP 的模场分布

传统的光纤波导理论通常以阶跃型光纤结构
作为分析对象，而在实际有源光纤制备时，受限于
各种工艺条件，几乎无法制备绝对的阶跃型光纤：
通常得到的是具有一定渐变折射率分布的几何结
构。显而易见，不同的掺镱纤芯折射率分布形状
必然带来不同模式的有效折射率，不同阶模场在
纤芯中的分布及占比也会带来关键性的影响。目
前，市场上存在的常见掺镱大模场光纤通常以少
模为主，其波导结构仍允许一定的高阶模存在和
传输。采用这类少模结构光纤，要实现准单模激光放大，则必须通过弯曲或其他手段来增大高
阶模损耗、保持基模损耗几乎不变的方式抑制高阶模的比例，从而提高光纤激光的光束质量。
但是，随着激光功率的提高，仍将会产生高阶模，从而出现基模与高阶模动态耦合并导致模式
不稳定的现象。前面介绍的低 NA 光纤及其他新型结构光纤即以提高单模输出功率为目标而
设计的。

需要特别指出的是，光纤波导结构设计应以满足实际应用需求为目标。当前工业激光器
市场在激光切割等应用领域对光纤激光模式的要求相对较低，主要是希望获得更高的输出功
率和激光效率，并允许存在一定的高阶模（对实际应用更为有利）；这就要求在开展掺镱大模场
光纤设计时与用户交流，从而针对性地提出可以满足应用需求且能够获得高效激光输出的波
导结构。下面以工业光纤激光器市场应用最为广泛的千瓦级及万瓦级掺镱大模场光纤为例，
对纤芯折射率分布设计做一介绍。

4.4.1　千瓦级掺镱大模场光纤纤芯折射率分布设计

此处以 NA 为 0.06 的常见 20/400 μm 掺镱光纤为例，分析如何通过调控纤芯折射率分
布、增大高阶模与基模的有效折射率差、抑制高阶模来提高模式不稳定阈值。

在 MCVD 法制备掺镱大模场光纤的过程中，通过工艺过程调控，可以得到不同纤芯折射
率分布。图 4-35 给出两种光纤折射率分布的示例。

光纤最大 NA 值由折射率分布的最高点与石英玻璃折射率的差值进行计算（纯石英玻璃
的折射率约为 1.446 92），且一般仅考虑光纤的传输性能而不考虑其增益性能、色散、非线性效
应等。在考察不同折射率分布时，一般关注各模式的有效折射率及其在 1 080 nm 处的传输性
能，包括各模式弯曲损耗、模场直径等。

在图 4-35 中，纤芯折射率分布 1 和分布 2 最高点折射率所对应的 NA 均为 0.065。计算
分析表明，这两种折射率分布均包含基模 $LP_{(0,1)}$ 和高阶模 $LP_{(1,1)}$ 两个模式。

1）有效折射率

对折射率分布 1，$LP_{(0,1)}$ 有效折射率为 1.447 81，$LP_{(1,1)}$ 有效折射率为 1.447 27，差值为
0.000 54；对折射率分布 2，$LP_{(0,1)}$ 为 1.447 97，$LP_{(1,1)}$ 为 1.447 49，差值为 0.000 48。可见，折
射率分布 1 的基模和高阶模有效折射率差值要大一些，更容易区分基模和高阶模，有利于提高

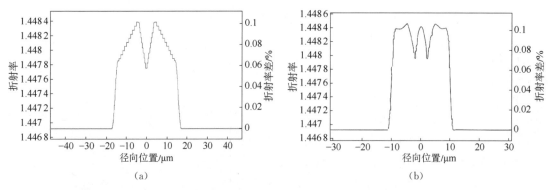

图 4－35　光纤纤芯折射率分布 1(a)和折射率分布 2(b)

光纤的模式不稳定阈值。

2）模场直径

对折射率分布 1，$LP_{(0,1)}$ 模场直径为 $17.35\ \mu m$，$LP_{(1,1)}$ 模场直径为 $24.06\ \mu m$，差值为 $6.71\ \mu m$；对折射率分布 2，$LP_{(0,1)}$ 为 $18.75\ \mu m$，$LP_{(1,1)}$ 为 $22.51\ \mu m$，差值为 $3.76\ nm$。两相比较，折射率分布 1 的两模式空间分布距离更远、相互耦合难度更大，有利于提高光纤的模式不稳定阈值。

3）弯曲损耗

从表 4－2 可以看出，不论是基模还是高阶模，折射率分布 1 的弯曲损耗均要大于分布 2；尤其是高阶模，折射率分布 1 的弯曲损耗要比分布 2 高一个数量级，有利于提高光纤的模式不稳定阈值。

表 4－2　纤芯折射率分布的计算分析及光纤激光 TMI 阈值测试结果

纤芯折射率	模式	有效折射率	模场直径 /μm	弯曲损耗 dB/km@10 cm	弯曲损耗 dB/km@14 cm	TMI 阈值 /W
折射率分布 1	$LP_{(0,1)}$	1.447 81	17.35	155	0.98	>3 000
	$LP_{(1,1)}$	1.447 27	24.06	366 438	97 195	
折射率分布 2	$LP_{(0,1)}$	1.447 97	18.75	6.47	0	～900～1 100
	$LP_{(1,1)}$	1.447 49	22.51	24 233	1 739	

4）光纤激光模式不稳定阈值测试情况

分别制作上述两种纤芯折射率分布的光纤，其吸收系数约为 1.2 dB/m@976 nm，损耗系数相当；然后各取 25 m 置于相同的光纤激光器振荡系统中进行测试，发现：对于按纤芯折射率分布 1 制作的光纤，直到输出功率＞3 kW 时仍未出现模式不稳定性现象；对于按纤芯折射率分布 2 制作的光纤，当输出功率达到约 900～1 100 W 时出现模式不稳定现象，基模向高阶模耦合，输出功率无法进一步增大。

以上设计分析与实验结果表明，掺镱大模场光纤的纤芯折射率采用分布 1 的方式，可以大幅提升光纤的模式不稳定阈值。

4.4.2　万瓦级高亮度光纤纤芯折射率分布设计

根据上述纤芯折射率分布对单模或准单模光纤模式不稳定阈值影响的研究结果，采用折射率分布 1 的方式设计了用于万瓦级单模激光的 $30/600\,\mu\mathrm{m}$ 掺镱大模场光纤,其折射率分布如图 4-36 所示,纤芯最大理论 NA 约 0.065。

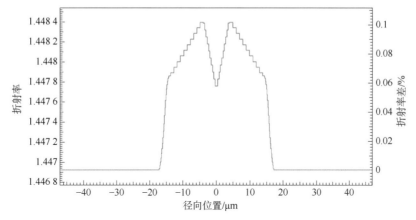

图 4-36　用于万瓦级单模激光的 $30/600\,\mu\mathrm{m}$ 光纤纤芯设计(NA~0.065)

该光纤的 V 值在 1 080 nm 处约为 5.6。计算分析表明,该折射率分布包含基模 $\mathrm{LP}_{(0,1)}$ 和高阶模 $\mathrm{LP}_{(1,1)}$、$\mathrm{LP}_{(0,2)}$、$\mathrm{LP}_{(2,1)}$ 等 4 个模式。对各模式下有效折射率、模场直径及弯曲损耗的计算结果见表 4-3。从表中可见,基模 $\mathrm{LP}_{(0,1)}$ 与高阶模 $\mathrm{LP}_{(0,2)}$、$\mathrm{LP}_{(2,1)}$ 之间的有效折射率差较大,且 $\mathrm{LP}_{(0,2)}$ 和 $\mathrm{LP}_{(2,1)}$ 在 10 cm、15 cm 时的弯曲损耗较大,实际使用时基本可以不考虑这两个高阶模式。

此外,结合表 4-2、表 4-3 结果可见,随着纤芯直径的增大,$\mathrm{LP}_{(1,1)}$ 与 $\mathrm{LP}_{(0,1)}$ 模的有效折射率差与 $20/400\,\mu\mathrm{m}$ 光纤相比明显变小了;表现在模式的弯曲损耗上,$\mathrm{LP}_{(1,1)}$ 的弯曲损耗也比 $20/400\,\mu\mathrm{m}$ 光纤要明显减小,此时的 $\mathrm{LP}_{(1,1)}$ 模式极有可能导致较低的模式不稳定阈值。

表 4-3　$30/600\,\mu\mathrm{m}$ 光纤纤芯折射率分布的计算分析(NA~0.065)

模式	有效折射率	模场直径 /μm	弯曲损耗 dB/km@10 cm	弯曲损耗 dB/km@15 cm
$\mathrm{LP}_{(0,1)}$	1.448 00	22.36	4.21	0.001
$\mathrm{LP}_{(1,1)}$	1.447 66	28.9	3 675	30.26
$\mathrm{LP}_{(0,2)}$	1.447 22	29.13	838 717	220 810
$\mathrm{LP}_{(2,1)}$	1.447 27	32.59	102 070	18 724

为进一步控制光纤的 $\mathrm{LP}_{(1,1)}$ 模式,在上述折射率分布基础上进一步减小 NA。如图 4-37 所示,纤芯最大理论 NA 约为 0.060,光纤 V 值在 1 080 nm 处约为 5.2。对各模式有效折射率、模场直径及弯曲损耗的计算结果见表 4-4。从表中可见,与图 4-36 的折射率分布相比,在 $\mathrm{LP}_{(0,1)}$ 与 $\mathrm{LP}_{(1,1)}$ 之间的有效折射率差(Δn)基本相当的情况下(图 4-36 的 Δn 约 3.4×10^{-4},图 4-37 的 Δn 约 3.3×10^{-4}),图 4-37 中 $\mathrm{LP}_{(1,1)}$ 模式的弯曲损耗大幅增加,而基模的弯曲损耗仍在可接受的范围内,这将使得光纤实际使用时的模式不稳定阈值大幅增加,因而该纤芯折射率分布设计适用于万瓦级高亮度大模场光纤。

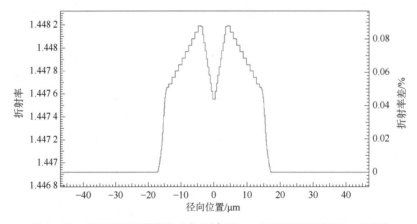

图 4-37 用于万瓦级单模激光的 30/600 μm 光纤纤芯设计(NA～0.06)

表 4-4 30/600 μm 光纤纤芯折射率分布的计算分析(NA～0.06)

模式	有效折射率	模场直径 /μm	弯曲损耗 dB/km@10 cm	弯曲损耗 dB/km@15 cm
$LP_{(0,1)}$	1.447 80	22.5	201	0.42
$LP_{(1,1)}$	1.447 47	28.9	62 701	2 743
$LP_{(0,2)}$	1.447 06	32.82	2 025 710	1 195 730
$LP_{(2,1)}$	1.447 10	34.58	208 580	102 810

4.4.3 万瓦级多模光纤纤芯折射率分布设计

万瓦级掺镱多模光纤设计的重点是:尽量避免与基模邻近的几个高阶模弯曲损耗过大,否则会导致光纤激光效率偏低。

因此,采用折射率分布 2 的方式设计了纤芯～35 μm、用于多模万瓦级激光输出的光纤,如图 4-38 所示,纤芯的最大理论 NA 约为 0.09。

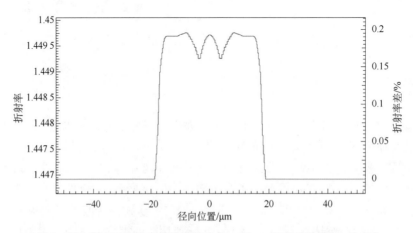

图 4-38 用于万瓦级多模激光输出的～35 μm 纤芯设计(NA～0.09)

该光纤在 1 080 nm 处的 V 值约为 8.9。计算分析表明:该光纤支持 $LP_{(0,1)}$、$LP_{(0,2)}$、$LP_{(0,3)}$、$LP_{(1,1)}$、$LP_{(1,2)}$、$LP_{(1,3)}$、$LP_{(2,1)}$、$LP_{(2,2)}$、$LP_{(3,1)}$、$LP_{(3,2)}$、$LP_{(4,1)}$、$LP_{(5,1)}$、

$LP_{(6, 1)}$ 等 13 个模式，各模式的有效折射率见表 4 - 5。以 $LP_{(5, 1)}$ 和 $LP_{(3, 2)}$ 两模式为例，分别计算其弯曲损耗得到：$LP_{(5, 1)}$ 模式有效折射率为 1.447 58（与纯石英的折射率 1.446 92 相比差值较大），在 1 080 nm 处的弯曲损耗为 0.94 dB/km@10 cm，在实际使用中几乎不受弯曲的影响，可以被激发和传输。$LP_{(3, 2)}$ 有效折射率为 1.447 18（非常接近纯石英的折射率），在 1 080 nm 处的弯曲损耗为 15 217 dB/km@10 cm，在实际使用中该模式已无法被激发和传输。

表 4 - 5　纤芯～35 μm 折射率分布的计算分析（NA～0.09）

模式	有效折射率	模式	有效折射率	模式	有效折射率
$LP_{(0, 1)}$	1.449 47	$LP_{(1, 2)}$	1.448 27	$LP_{(3, 2)}$	1.447 18
$LP_{(1, 1)}$	1.449 27	$LP_{(4, 1)}$	1.448 10	$LP_{(6, 1)}$	1.447 01
$LP_{(2, 1)}$	1.448 96	$LP_{(2, 2)}$	1.447 76	$LP_{(1, 3)}$	1.446 98
$LP_{(0, 2)}$	1.448 74	$LP_{(0, 3)}$	1.447 64		
$LP_{(3, 1)}$	1.448 56	$LP_{(5, 1)}$	1.447 58		

表 4 - 5 分析结果表明，该万瓦级掺镱多模光纤设计在传输中支持 $LP_{(0, 1)}$、$LP_{(1, 1)}$、$LP_{(2, 1)}$、$LP_{(0, 2)}$、$LP_{(3, 1)}$、$LP_{(1, 2)}$、$LP_{(4, 1)}$、$LP_{(2, 2)}$、$LP_{(0, 3)}$ 和 $LP_{(5, 1)}$ 等 10 个模式。

4.5　掺镱大模场包层光纤的重要应用

目前由于工业和科学技术的进步，高功率光纤激光器已开始被应用到激光打标、激光切割、激光医疗以及军事国防等众多领域。掺镱大模场光纤是用于大功率光纤激光主放大器的主流增益介质。激光器的不同应用指标需求，对于掺镱大模场光纤的性能要求也存在一定的差异。总体而言，激光打标、切割、清洗等领域的工业市场应用对于光纤激光器光束质量的指标要求一般较低，只要满足功率、效率及长期可靠性指标即可；而用于国防军事领域等特殊场景的掺镱大模场光纤激光器则需要同时具备很高的功率和光束质量，因此对光纤的非线性效应阈值、模式不稳定阈值等要求极高。掺镱大模场包层光纤已应用于多种高功率光纤激光器并获得了极大的商业成功，下面分别对近年来关注度较高且具有一定代表性的应用进行介绍，主要包括窄线宽光纤激光器、1 018 nm 光纤激光器、980 nm 光纤激光器、工业用光纤激光器等四类。

4.5.1　掺镱大模场光纤在高功率窄线宽光纤激光器方面的应用

近年来，线宽窄于 0.1 nm 的光纤激光器，因其在多路光束合成、引力波探测等领域的重要应用而引起了国内外研究者的广泛关注。然而，受激布里渊散射（SBS）、模式不稳定性（TMI）严重限制了窄线宽光纤激光功率的进一步提升。目前，提升窄线宽光纤激光输出功率的方法主要集中于对光纤激光器系统层面的改进和优化。下面从光纤材料和结构两个方向简要介绍近年来用于窄线宽光纤激光放大器的掺镱石英玻璃光纤取得的相关研究成果，并对窄线宽光纤激光技术的未来发展趋势进行展望。

研究表明，窄线宽光纤激光器的输出功率提升主要受限于 SBS 和 TMI 效应[77]。当纤芯中激光功率达到 SBS 阈值后，所产生的后向传输斯托克斯光将对光纤激光系统造成严重损害，因而被视为限制窄线宽光纤激光器输出功率的首要因素[78]。TMI 效应导致光纤激光系统的输出光斑从稳定的基模转变为基模和高阶模间迅速动态耦合的非稳态模式,因而限制单模激光的输出功率提升,并增加包层光剥除器等器件的热负载[79]。当前研究人员主要通过增大光纤有效模场面积[80-81]、提高吸收系数、展宽种子光线宽、弯曲限模、优化泵浦方式等手段抑制 SBS 和 TMI,已将线宽百 GHz 量级光纤激光放大器的单模输出功率提升至 5 kW 以上[82-84]。不过,增大芯径、提高吸收系数虽能提高 SBS 阈值,但也会增强光纤热效应、增加纤芯中高阶模成分,从而降低 TMI 阈值。正是因为这两者之间存在这样的"矛盾性",获得窄线宽光纤激光器更高输出功率的关键就在于如何平衡 SBS 和 TMI[85]。

从物理机制来说,SBS 来自光纤中光场与声场间的相互作用,而 TMI 效应来源于激光能量转换过程中废热所致的热光效应,两者均可归结于光与物质的相互作用。因此,从光纤材料自身出发研究并调控其内部声学及热光性质,是从根本上突破窄线宽光纤激光器功率提升瓶颈的重中之重。下面将从玻璃光纤材料的组分调控和结构设计出发,以抑制 SBS 和 TMI 效应为重点,简要介绍用于高功率窄线宽激光放大器的掺镱石英光纤相关研究进展。

1)纤芯组分调控

增益光纤纤芯玻璃组分对光纤性质起着决定作用。稀土掺杂石英光纤通常需要在二氧化硅基质中掺入铝、磷、氟、硼等掺杂剂对玻璃进行改性,使其能够更加有利于高功率光纤激光的获得和应用。这些元素的引入除了会影响纤芯玻璃的光学折射率之外,还会改变玻璃内部声速、声子寿命等声学参数,并且会对其热光性质造成影响。因此,对纤芯掺杂离子组分进行合理调控,能够有效抑制光纤中的 SBS 效应和 TMI 效应。除了稀土元素本身以外,铝元素毫无疑问是大模场掺镱石英光纤中最重要的掺杂元素[86-87]。铝离子能减少稀土离子团簇,提高稀土离子在石英玻璃中的掺杂浓度。除此之外,Al_2O_3 具有提高 SiO_2 玻璃光学折射率并降低其声学折射率的独特性质[88],如图 4 – 39 所示。因此,掺铝的纤芯声速将高于纯石英包层,使得声波在该纤芯内具有损耗较高的泄露模,从而降低了光场与声场之间的相互作用。研究人员使用熔芯法制备了高铝含量的晶体衍生物光纤[89-92]并对比研究了光纤的布里渊增益系数,结果表明,高掺铝的玻璃光纤在抑制布里渊增益方面效果显著。然而,熔芯法制备的光纤其数值孔径和背景损耗通常较高,仍主要只是用于机理研究,距离高功率光纤激光实际应用还有很长的路要走。

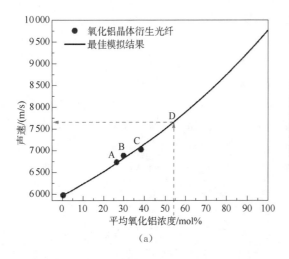

（a）

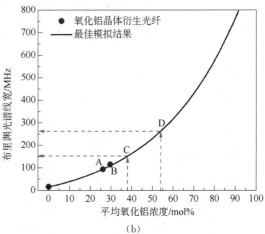

（b）

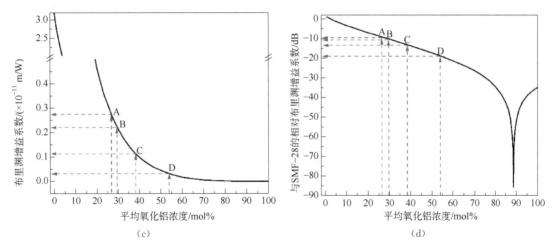

图 4 - 39　Al₂O₃ 晶体衍生物光纤中铝元素含量对声速(a)、布里渊线宽(b)、绝对布里渊增益系数(c) 以及与 SMF - 28 光纤的相对布里渊增益系数(d)的影响[92]

TMI 效应与光纤在高功率运转下的热光效应密不可分,可以通过降低纤芯材料的热光系数来提高 TMI 阈值[93]。在常见的石英光纤掺杂剂中,SiO_2、GeO_2、Al_2O_3 具有正热光系数,而 P_2O_3、B_2O_3 则是负热光系数,因此可以通过控制纤芯中 P、B 元素的比例来实现低热光效应甚至“零”热光效应光纤[94]。由于 P_2O_5 具有负的热光系数,磷元素的引入能够降低石英玻璃光纤的热光系数,有利于维持高功率运转下的光束质量。总之,铝磷硅三元体系玻璃具有低 NA、低暗化效应、低热光系数的特点,此三者均能在一定程度上提高 TMI 阈值。2019 年,Yu 等还通过制备铝磷共掺光纤系统研究了[$AlPO_4$]结合体的引入对石英光纤光学以及声学性质的影响[95]。他们的研究结果表明,[$AlPO_4$]的引入尽管会轻微降低石英玻璃的声速,但能通过增加其内部声子寿命来增大布里渊增益带宽。此外,[$AlPO_4$]还可降低布里渊散射对温度变化的响应程度,并通过减少电致伸缩常量来降低声场与光场之间的相互作用。正是因为上述特点,目前高功率窄线宽光纤激光器大多是基于铝磷硅三元体系玻璃光纤。

美国 Clemson 大学 John Ballato 课题组在研制负热光效应光纤领域做了许多研究。2020年,其课题组 Hawkins 等利用环形腔激光器自由光谱范围的温度特性测量了掺 B_2O_3 石英光纤的热光系数,确定了 B_2O_3 与 SiO_2 热光系数分别为 $-24.4\ K^{-1}$ 与 $9.96 \times 10^{-6}\ K^{-1}$。2021年,他们报道了基于 $Al_2O_3 - P_2O_5 - B_2O_3 - SiO_2$ 体系的低布里渊增益系数、低热光系数的掺镱光纤,并实验表征了其热光系数、布里渊增益谱(Brillouin gain spectrum, BGS)以及光暗化附加损耗[96]。他们利用 MCVD 法分别制备了掺杂 $14.6\ mol\%$ 和 $6.8\ mol\%$ B_2O_3 的掺镱光纤预制棒,将后者拉制成 $21/400\ \mu m$ 的低 NA 光纤,以便与商用光纤进行对比。通过测试表明,其热光系数为 $6.8 \times 10^{-6}\ K^{-1}$,低于商用掺镱光纤的 $9.0 \times 10^{-6}\ K^{-1}$。该 Yb/Al/P/B 光纤与 Nufern 公司 YDF - 15/130 型光纤的 BGS 如图 4 - 40a 所示,商用光纤为满足洛伦兹线型的单峰结构(11 GHz 附近的小峰来自测试中所使用的 SMF - 28 型单模光纤)。然而,掺 B 光纤的 BSG 由于高掺杂 P、B 等元素降低了纤芯玻璃声速而具有多个声场模式,所以具有更宽的增益带宽以及更低的增益系数。同时,由于高掺了 P 元素,该光纤具有优异的抗光暗化性能,如图 4 - 40b 所示。研究人员使用该光纤对 10 GHz 线宽的信号进行放大实验,在激光输出功率 1099 W 时达到 TMI 阈值,但此时放大器的后向散射光功率比例仍低于 0.01%,并未观察到 SBS 现象。

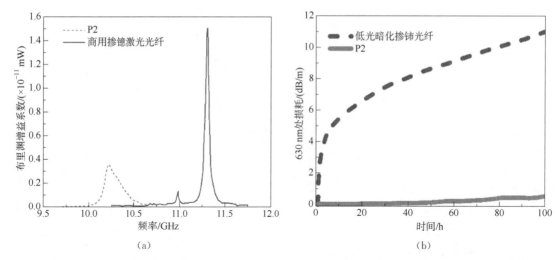

图 4-40　铝-磷-硼-硅四元玻璃体系光纤与商用光纤的布里渊增益谱(a)及光暗化附加损耗(b)[96]

虽然铝-磷-硼-硅四元玻璃体系在石英光纤的热、声性质剪裁方面具有较大优势,但该组分光纤对光纤预制棒制备的技术要求很高,仍须注意控制具体组分以避免出现折射率过低和玻璃结晶分相等问题。因此,该种光纤目前实际工程化应用极少。

2) 利用不同光纤结构提高窄线宽激光性能

纤芯组分调控的目的是从优化材料本征声光、热光性能的角度提高光纤 SBS 和 TMI 阈值,光纤结构设计则是对光、声甚至热场在光纤中的分布进行调控。下面对抑制 SBS 或 TMI 效应的几种特种光纤设计方案做一介绍。

为了应对传统大模场包层结构光纤在芯径增加与模式劣化之间的矛盾,国际上提出多个通过制备微结构光纤改善大模场光纤输出光束质量的方案,诸如光子晶体光纤、光子带隙型光纤、手性耦合纤芯光纤等。上述几种微结构光纤在单频和窄线宽激光放大方面分别取得了系列标志性结果。2019 年,NKT Photonics 报道了一款 30/250 μm 全固态保偏 PCF,其单频激光放大功率为数十瓦[97]。2015 年,Clemson 大学 Liang Dong 教授课题组与美国空军研究实验室合作,利用芯径 50 μm 全固态光子带隙光纤实现了 400 W 单频激光输出[98]。2021 年,Pulford 等基于 25/400 μm 全固态光子带隙型光纤(all-solid photonic bandgap fiber, AS-PBF)实现了 1.37 kW、8 GHz 窄线宽光纤放大输出[99]。2022 年,Matniyaz 等于优化的全固态光子带隙结构光纤 500 W 单频激光放大输出结构,利用外差法测量确定最高功率输出时激光线宽为 6.2 kHz;此外,还使用更小芯径 AS-PBF 作为 GHz 量级窄线宽激光放大器的增益介质来提高 TMI 阈值,以获得 kW 量级平均功率输出[100]。近年来,德国 Hannover 大学联合美国 nLight 公司致力于挖掘 3C 光纤在全光纤化高功率窄线宽激光系统中的应用。2022 年,Hannover 大学 Hochheim 等将模场适配器、包层光剥除器、隔离器、合束器等器件全部集成在一根掺镱 3C 光纤上,并以侧泵方式将泵浦光耦合到增益光纤的包层中,最终将单频激光放大输出功率提升至 336 W[101]。

上述三类微结构大模场光纤虽然在高阶模抑制方面都有独特优势,但因结构复杂而具有较大的制备难度,且激光器系统的全光纤化还须具备适配有源光纤的特制无源器件(包括合束器、模场适配器、包层光剥除器等)。这些均是制约微结构大模场光纤大规模实际应用的关键因素。

整根光纤的有效布里渊增益系数是纵向上各个位置处布里渊增益系数的积分。因此,可以通过在光纤纵向上引入不同的布里渊频移量来展宽布里渊增益谱,从而降低布里渊增益系数[102]。因为斯托克斯光的频移量与光纤材料的声速相关,所以通常会在光纤纵向上施加不同的温度梯度[103-104]、应力梯度[105-107]来提高 SBS 阈值。同时,不同芯径光纤中的声波场频率不同,对应于不同的布里渊频移量[108]。因此,长锥形光纤相比传统均匀光纤具有更宽的布里渊增益谱。正因为长锥形光纤具有抑制 SBS 效应方面的优势,近年来在单频光纤放大器领域中取得了一些代表性进展。在中国,国防科技大学在锥形光纤的高功率激光应用方面开展了系列研究工作[60,109-110]。2020 年,国防科技大学 Lai 等利用保偏锥形掺镱光纤搭建了一台全光纤单频光纤放大器,最终实现了 550 W 单频激光输出,为目前基于全光纤结构的最高单频激光输出功率记录[111]。在该实验中所使用的锥形增益光纤输入端和输出端纤芯包层尺寸分别为 36.1/249.3 μm 和 57.8/397.3 μm,较大的纤芯包层比保证了足够的吸收系数,使光纤使用长度缩减为 1.27 m,其中锥区长度为 0.74 m。

3) 组分和结构复合调控改善窄线宽激光性能

SBS 效应归根结底是光场与声场相互作用的结果。因此,可以通过对声波导结构进行特殊设计,以降低声场与光场的重叠、提高 SBS 阈值。比如,可以在纤芯外圈设置掺有 Ge、F、P 等元素的具有较低声速的区域作为导声层,使得大部分声波能量集中在纤芯外圈、基模光能量集中在纤芯中,从而实现声波场与光波场的分离。2007 年,康宁公司的 Li 等提出一种 Al/Ge 掺杂的声场裁剪光纤,如图 4-41a 所示,在纤芯中合理地控制两种元素的掺杂浓度梯度,保证纤芯折射率的一致性[112]。这种结构大大降低了声场与光场之间的重叠,使得该光纤相比传统光纤 SBS 阈值提高了 6 dB。使用这种特殊设计的声场裁剪光纤,研究人员获得了 502 W 的单频光激光放大结果[113]。2014 年,美国空军研究实验室的 Robin 等使用声场裁剪光子晶体光纤实现了 811 W 单频光纤激光输出,该结果为目前已报道的单频光纤激光最高功率输出[114]。该光子晶体光纤的纤芯由七个不同掺杂区域构成,如图 4-41b 所示,ν_1 和 ν_2 为 Yb 掺杂区域,但通过掺杂 Ge、Al 和 F 元素调控使得两者声速不同,ν_3 为非掺杂的纯石英区域,最终形成三种不同的声速区域以展宽布里渊增益谱。

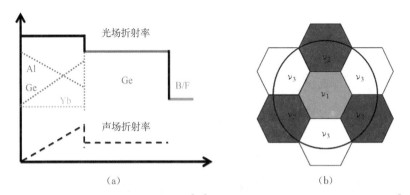

图 4-41 Al/Ge 共掺掺镱光纤设计(a)[112]和声场裁剪光子晶体光纤纤芯结构(b)[114]

此外,降低光纤中高阶模成分占比是提高 TMI 阈值的一项重要手段。美国罗切斯特大学 Marciante 等分别从理论和实验角度证明,可通过区域掺杂降低光纤中高阶模式的增益系数,并利用基模和高阶模之间的增益竞争"净化"输出激光模式[115-116]。2016 年,日本藤仓公司通过优化光纤设计及激光系统来抑制非线性效应,连续报道了 3 kW[117]、5 kW[118]、8 kW[119] 的振荡器输出结果。近年来,中国一些研究单位也对区域掺杂光纤开展了研究,主要包括华中科技大学、国防科技大学、中国工程物理研究院等。2019 年,华中科技大学 Zhang 等制备了区域掺杂比例为 70% 的掺镱石英光纤,与传统光纤相比,其 TMI 阈值从 717 W 提高至 1.25 kW[120]。该光纤的具体参数如图 4 - 42 所示,纤芯中心 70% 的区域为 Yb/Al/Ce/F 共掺,而外围 30% 的区域仅掺杂 Al/F 元素。2021 年,中物院激光聚变研究中心 Huang 等利用国产区域掺杂光纤实现了 3.5 kW 窄线宽(0.32 nm)激光放大,光束质量因子 $M^2 = 1.86$,最高功率输出时未观察到 TMI 现象[121];所用光纤的掺杂区域比例为 60%,在 976 nm 泵浦下 TMI 阈值比传统光纤提高了 2.2 倍。同年,国防科技大学 Wu 等报道了基于 30/40/250 μm 区域掺杂光纤的 1018 nm 级联泵浦光纤放大器,最大输出功率为 6.2 kW[122];该光纤在 1018 nm 泵浦条件下的 TMI 阈值为 4.74 kW,比全掺杂光纤提升了 170%。2022 年,吴函烁等使用白噪声相位调制的单频激光作为种子光源,经预放后使用级联泵浦的区域掺杂光纤进行主振荡功率放大,最终获得最高功率 5.96 kW、3 dB 线宽 0.42 nm 的窄线宽激光输出;由于 TMI 阈值约为 5.01 kW,最高功率输出时的光束质量已恶化为 $M^2 = 2.0$,而在未达到 TMI 阈值、输出功率为 4.97 kW 时的光束质量因子 $M^2 = 1.64$[123]。

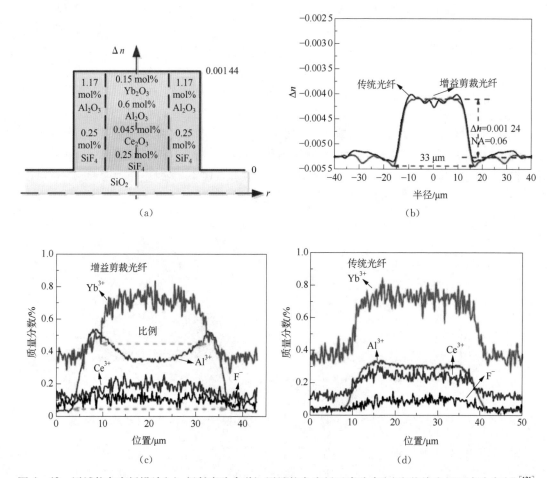

图 4 - 42 区域掺杂光纤设计(a)、折射率分布(b)、区域掺杂光纤元素分布(c)和传统光纤元素分布(d)[121]

在区域掺杂光纤的非稀土掺杂区域,一般都会引入 Ge、Al、P 等元素以提高折射率,在整个纤芯区域保持平坦的折射率剖面。然而,这些元素的引入会影响材料的声学性质,进而改变纤芯内的声场分布。2022 年,美国中佛罗里达大学的 Cooper 等从理论角度研究了 Ge 环区域掺杂光纤中的 SBS 性质,并从实验角度实现了基于区域掺杂光纤的 123 W 单频激光放大输出,光束质量因子 $M^2 = 1.11$[124]。其理论研究表明,区域掺杂结构将有效展宽光纤的布里渊增益带宽,并提高声波模式的损耗,从而抑制 SBS 效应;相比传统全掺杂光纤,区域掺杂光纤能通过提高 SBS 阈值而将单频激光输出功率提升 2.4 倍。

区域掺杂光纤在高功率窄线宽光纤激光领域具有较大潜力,但仍须注意的是:区域掺杂后光纤的吸收系数较传统光纤低,往往需要更长的光纤来提供足够的泵浦吸收率,这将不利于非线性效应的抑制;此外,由于区域掺杂光纤中存在不同掺杂元素组成的分界面,可能导致应力以及扩散等现象,对折射率剖面造成影响。因此,在光纤制备时,需要精心设计光纤的稀土掺杂比例以及掺杂元素和浓度等参数,并对预制棒的制备工艺提出了较高要求。

另外,传统双包层光纤通常是在纯石英内包层外涂覆一层低折射率的含氟聚丙烯酸酯作为外包层来维持泵浦光在内包层中的传输。有机涂层的热导率较低,不利于散热。因此,采用金属涂覆掺镱包层光纤,对于提高 TMI 阈值也有一定效果。

SBS 和 TMI 效应的抑制仍将是未来高功率窄线宽光纤激光器的研究重点;利用玻璃光纤材料和结构来对光纤本征性质进行调控,有望在窄线宽光纤激光领域实现突破。

另外,放大器末端的无源传能光纤也是高功率光纤激光系统中十分重要的组成部分。然而,在相同的使用长度下,相比增益光纤,传能光纤具有更长的非线性作用距离。因此,在高功率窄线宽光纤放大器中,传能光纤或许比增益光纤更需要特殊的声场裁剪设计来抑制其中的 SBS 效应。2021 年俄罗斯科学院的 Tsvetkov 等通过在纤芯中非均匀掺杂磷和氟元素,制备了一款具有特殊多模声场波导结构的无源光纤,其能将 SBS 阈值功率提高 8 dB[125]。这一结果对于研制固态高功率传能光纤有很好的启示。

4.5.2　掺镱大模场光纤在 1018 nm 激光器方面的应用

热效应对于平均功率千瓦级以上的激光器而言至关重要。其中,由量子缺陷加热驱动的 TMI 是主要挑战之一。由于激光二极管亮度较低,加之量子缺陷引起的热效应,中国激光二极管泵浦掺镱光纤激光器(ytterbium doped fiber laser, YDFL)的功率被限制在 10 kW 水平。降低量子缺陷加热是另一种减轻 TMI 的方法。量子缺陷定义为 $\eta = 1 - h\nu_1/(h\nu_2)$,其中 ν_1 和 ν_2 分别为激光频率和泵浦频率,h 为普朗克常数。同带泵浦使用 1018 nm 光纤激光器,用于实现高亮度和低量子缺陷的激光输出。以实现 1070 nm 激光输出为例,976 nm LD 泵浦 YDFL 时的量子缺陷约为 9%,而 1018 nm 光纤激光器泵浦 YDFL 时的量子缺陷仅为 5%。同时,光纤激光器的亮度比 LD 要高一个数量级以上,因而可以更容易地耦合到增益光纤中。采用输出波长低于 1020 nm 的高效高功率光纤激光器串联泵浦的方案,可以提高泵浦亮度并降低热负载,对于实现大于 10 kW 输出的光纤激光器至关重要。众所周知,美国 IPG 公司在 2009 年报道的单模 YDFL 已达到 10 kW,其实现依赖于 1018 nm 光纤激光的同带泵浦。然而,Yb^{3+} 在 1018 nm 处的发射截面远小于 1030 nm(Yb^{3+} 的发射峰),以例如 1018 nm 这样的短波长工作会导致激光与放大自发辐射(ASE)之间的增益竞争,从而降低激光功率、很难实现 1018 nm 高效输出。因此,在这一领域的报道并不多,IPG 公司于 2009 年实现了 270 W 输出的 1018 nm 光纤激光器。

2014年,中国中物院Wang等从理论上分析了增益光纤参数对短波长YDFL设计的影响[126]。在此基础上,他们构建了一个1 018 nm的YDFL系统,并对具有不同增益光纤长度和纤芯/包层比的1 018 nm激光器输出特性进行了实验研究。结果表明:缩短增益光纤的长度、降低Yb³⁺掺杂浓度、提高纤芯与包层面积比,是抑制放大自发发射ASE增益、保证激光在1 018 nm处工作的有效方法。另外,掺镱纤芯的成分也有较大影响。美国克莱姆森大学Gu等[127]的研究结果表明,磷硅酸盐玻璃体系比铝硅酸盐玻璃体系更有利于1 000~1 030 nm波长激光的输出,如图4-43所示,可以在仅有20%离子数反转条件下实现净增益;他们提出了结合泄露通道(LCF)结构设计进一步抑制1 030 nm以上波长放大自发辐射(ASE)的方式,制备50/420 μm芯包比的磷硅玻璃光纤并开展了1 018 nm波长等短波长激光的性能对比研究,可以实现73%效率的1 018 nm激光振荡。

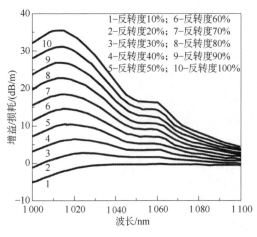

图4-43　掺镱磷硅酸盐玻璃的增益随波长变化特性

4.5.3　掺镱大模场光纤在980 nm光纤激光器方面的应用

Yb³⁺在1 018 nm附近的吸收截面比976 nm附近要低1~2个量级,这对掺镱光纤设计和抽运方案选取提出了极高要求。而以980 nm波段(974~980 nm,以下简称980 nm)光纤激光抽运掺镱光纤,在提高抽运光亮度的同时又有利于掺镱光纤的吸收,这对实现高功率激光输出有潜在应用价值。此外,980 nm光纤激光器可通过非线性晶体等进行频率转换获得新波长的激光输出,其中倍频产生的480~490 nm激光可以代替氩离子激光器作为蓝光激光源。可见,980 nm光纤激光器具有很高研究价值。

2012年,国防科技大学刘莹等[128]指出,980 nm激光输出会与四能级系统(1 020~1 100 nm)的ASE产生增益竞争。在掺镱光纤激光器中实现980 nm信号光输出,要求增益介质中有50%以上的下能级粒子数反转到上能级,而ASE产生仅需5%左右。另外,980 nm处的发射截面远大于ASE波段处,所以在满足粒子数反转条件时980 nm处的发射更占优势。因此,要实现980 nm激光输出,须提高增益介质的抽运吸收、增加反转粒子数以抑制ASE自激振荡。研究表明,实现980 nm激光输出、抑制ASE自激振荡的核心,在于对增益光纤结构与参数的合理设计。尽管可以采用光子晶体光纤等多种微结构调控的方式抑制ASE、采用磷酸盐玻璃光纤等实现瓦级单频激光输出,但是,从高亮度光纤激光泵浦源的角度出发,微结构光纤和多组分玻璃光纤都很难与常规无源光纤进行低损耗熔接。因此,对于全光纤化系统和泵浦合束等应用而言,采用传统双包层光纤实现980 nm激光输出显然更为便捷。综合来看,采用以高磷、低浓度掺杂、大芯包比、W型掺镱双包层光纤作为研究目标并进一步结合拉锥处理进行滤波等方式,可能是未来研制980 nm高效输出光纤激光的方向。

4.5.4　掺镱大模场光纤在工业激光器领域的应用

自2010年以来,工业领域以千瓦级光纤激光器的快速发展最具代表性,主要用于金属切割、焊接等方向。中国前期使用的增益光纤以美国Nufern公司的20/400 μm掺镱双包层光纤为主,占据大部分市场。2015 年后,中国国产 $20/400\,\mu m$ 掺镱双包层光纤陆续推广应用,并实现了 $1\sim 2\,kW$ 激光器国产化。激光器厂商对 $20/400\,\mu m$ 掺镱双包层光纤产品的要求主要包括基本参数指标(尺寸、光学性能与机械性能)和基本使用性能参数(激光振荡效率、涂层环境适应性和光子暗化性能等)。以上海光机所生产的 $20/400\,\mu m$ 掺镱双包层光纤为例,主要性能参数见表 4-6。其中,关于纤芯 NA,须做以下说明:由于如图 4-44 所示掺镱纤芯折射率分布并非阶跃型,因此只能算是一种等效 NA,而光纤激光器为了实现全光纤化应用而需要与匹配的无源光纤器件进行熔接并按照一定的直径进行盘绕弯曲,因此易导致一定的包层模泄露,这会极大地影响光纤激光器的激光效率。由于以往中国激光器的光纤水冷盘绕直径、所采用的无源器件均是按照国外公司光纤的标准进行设计和订制,因此,中国在研制有源光纤时,为了获得理想的包层光滤除后的激光效率,需要着重关注纤芯的折射率分布。

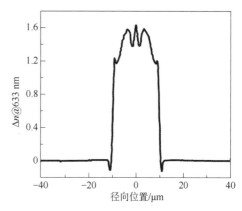

图 4-44　上海光机所 YDF-20/400 双包层大模场掺镱光纤纤芯折射率分布

表 4-6　YDF-20/400-DC 20/400 μm 双包层大模场掺镱光纤基本参数和使用性能指标

序号	技术指标	单位	指标要求	
			客户需求	内控
1	包层泵浦吸收(@915 nm)	dB/m	0.40±0.05	0.39±0.04
2	纤芯数值孔径 NA	/	0.065±0.005	0.063±0.003
3	包层数值孔径	/	≥0.46	≥0.46
4	纤芯损耗(@1 200 nm)	dB/km	≤15.0	≤10.0
	纤芯损耗(@1 300 nm)	dB/km	≤30.0	≤20.0
5	包层损耗(@1 095 nm)	dB/km	≤15.0	≤10.0
6	纤芯直径	μm	20.0±1.5	20.0±1.2
	包层直径(面对面)	μm	400.0±10.0	400.0±5.0
	纤芯包层同心度	μm	≤2.0	≤1.5
7	涂覆层直径	μm	550.0±15.0	545.0±10.0
8	张力筛选测试	kpsi	≥100	≥100
9	激光振荡效率@915 nm 泵浦吸收	/	≥70%	≥70%
10	涂层加速老化红光功率衰减	/	≤5%	≤5%
11	光子暗化饱和附加损耗@633 nm	dB/m	/	<80

注:"/",表示客户无要求。

为了进一步提高光纤的非线性阈值,上海光机所进一步推出了 $25/400\,\mu m$ 掺镱双包层光纤(YDF),以应用于 $3\,kW$ 以上功率的光纤激光器。目前,根据光纤激光器应用的实际效果,$25/400\,\mu m$ YDF 由于芯径更大,不同模式间的有效折射率差别更小,对折射率分布控制提出了更高要求。从实际应用来看,目前用 976 nm LD 替换 915 nm LD 作为泵浦源后,$20/400\,\mu m$

YDF 也已大量用于 $3\,kW$ 连续光纤激光器的生产;$25/400\,\mu m$ YDF 虽然可以承受更高功率,但受限于双包层结构,更高激光功率对低折射率有机外包层的长期应用可靠性带来了极大挑战。因此,$25/400\,\mu m$ YDF 目前在中国工业激光市场的应用相对较少。

2018 年以来,上海光机所、长飞光纤等机构开始推出掺镱三包层光纤,用于满足 $3\,kW$ 以上功率、长期可靠运行的工业激光器应用需求。截至目前,上海光机所已研制成功可以批量装备工业用单模块 $6\,kW$、$10\,kW$ 及以上功率激光器的掺镱三包层光纤,并获得理想的应用效果。关于该型光纤的具体参数此处不再赘述,仅将一款芯径 $34\,\mu m$ 掺镱三包层光纤的基本参数列于表 4-7 中供参考。该光纤可以满足工业用单模块 $5\,kW$ 以上功率光纤激光器的应用需求。

表 4-7　TYDF-34/460/530-TC 34/460/530 μm 三包层大模场掺镱光纤的基本参数和使用性能指标

序号	技术指标	单位	指标要求	
			客户需求	内控
1	包层泵浦吸收(@915 nm)	dB/m	0.9 ± 0.2	0.9 ± 0.2
	内包层泵浦吸收(@915 nm)	dB/m	1.2 ± 0.2	1.2 ± 0.2
2	纤芯数值孔径 NA	/	0.09 ± 0.005	0.09 ± 0.005
3	内包层数值孔径(50%)	/	0.21 ± 0.02	0.21 ± 0.02
	包层数值孔径(5%)	/	$\geqslant0.46$	$\geqslant0.46$
4	纤芯损耗(@1 200 nm)	dB/km	$\leqslant15.0$	$\leqslant15.0$
	纤芯损耗(@1 300 nm)	dB/km	$\leqslant30.0$	$\leqslant30.0$
5	包层损耗(@1 095 nm)	dB/km	$\leqslant20.0$	$\leqslant20.0$
6	纤芯直径	μm	34.0 ± 2	34.0 ± 2
	内包层直径(面对面)	μm	460.0 ± 10.0	460.0 ± 10.0
	外包层直径	μm	530 ± 10.0	530 ± 10.0
	纤芯包层同心度	μm	$\leqslant2.0$	$\leqslant2.0$
7	涂覆层直径	μm	635.0 ± 15.0	635.0 ± 5.0
8	筛选测试	kpsi	$\geqslant100$	$\geqslant100$
9	激光振荡效率@971 nm 泵浦吸收	/	/	$\geqslant80\%$
10	涂层加速老化红光功率衰减	/	$\leqslant2\%$	$\leqslant2\%$

根据 Laser Focus World 发布的信息,2020 年中国光纤激光器市场规模约为 13.8 亿美元,其中国产比例约 56%,达 7.73 亿美元。中国光纤激光器市场起步于 2006 年左右,在过去 10 多年中孕育出以锐科激光、杰普特、创鑫激光为代表的众多光纤激光器企业,已逐步实现了中低功率领域的国产替代,并在高功率领域打破了国外垄断的局面,极大地缓解了工业激光领域"缺芯"的窘境。从技术发展来看,中国光纤激光产业基本上也是延续着国外成熟经验,通过泵浦源改进、掺杂光纤、光束合成技术等不断提升激光器的功率和生产能力,以满足打标、切割等领域的市场需求。随着中国厂商完成部分高功率光纤激光器产品的自主研发并投入市场使用,国产化率稳步提升,2021 年国产高功率光纤激光器的市场占有率已超过 50%,预计在不久的未来中高功率光纤激光器将快速实现进口替代。伴随着中国激光制造厂商制造技术的创新与提升,国产高功率激光器的能效显著提升,在高功率光纤激光器市场将逐步与国外产品开展竞争。

根据智研咨询发布的《2019—2025 年中国工业激光器行业市场供需预测及发展前景预测报告》，随着光纤激光器在工业加工领域的应用范围不断扩展，未来几年内光纤激光器行业发展将呈现五大发展趋势：

（1）向更高功率方向发展。在船舶、航天等高新技术领域需求和增材制造技术广泛应用的推动下，更高输出功率成为光纤激光器的主要发展趋势之一。光纤激光器的输出功率正在从百瓦级、千瓦级向万瓦级发展。配置千瓦至数万瓦大功率光纤激光器的工业装备，将会成为高端制造业的主流设备。

（2）向高平均功率、高峰值功率的脉冲光纤激光器发展。在激光的许多应用中，需要高平均功率、高峰值功率的脉冲光纤激光器。将高光束质量、小功率的激光器作为种子光源，以双包层光纤作为放大器，容易获得高平均功率、大脉冲能量的脉冲激光输出，这也是目前行业发展的热点和难点。

（3）向超短脉冲光纤激光器方向发展。在激光精细加工领域，例如脆性材料打孔、蓝宝石玻璃切割等，需要超快超短脉冲光纤激光器。目前，中高功率的超短脉冲光纤激光器是研发的热点。

（4）向更高亮度方向发展。高光束质量的高功率光纤激光器在科研和军事领域需求旺盛。目前，发达国家将高光束质量的大功率光纤激光器作为战术激光武器的首选光源，军事等特殊需求将促使光纤激光器在向更高功率发展的同时向更高亮度方向发展，即在提升输出功率的同时保持光纤激光器输出的高光束质量。

（5）向模块化、智能化方向发展。为了适应市场上对于激光器的多种需求，光纤激光器将逐渐走向系列化、组合化、标准化和通用化。利用有限的规格和品种，通过组合和搭配不同模块，缩短新产品开发周期，提高产品的稳定性和可靠性。同时，通过采用先进的通信技术和设计理念，实现光纤激光器的远程诊断、远程维修、远程控制以及数据统计；通过对光纤激光器运行状态的实时监控，提前发现和处理产品潜在的故障。

综合上述，本章以掺镱大模场包层光纤及应用为主线。首先，从掺镱大模场包层光纤的结构和特性出发，分别介绍了双包层结构光纤、多包层结构光纤以及其他新型结构掺镱大模场光纤的基本特点。其次，阐述了影响掺镱大模场包层光纤性能的主要因素，分别从纤芯组分、非线性效应、光子暗化效应、模式不稳定效应、光纤涂覆层的可靠性以及温升对掺镱大模场光纤的影响等因素进行了解析。进而针对性提出了掺镱大模场包层光纤纤芯组分设计和光学设计的优化原则，分别以用于千瓦级光纤激光器的 $20/400\,\mu m$ 掺镱双包层光纤、用于万瓦级单模及多模光纤激光器的 $30/600\,\mu m$ 双包层结构及一款三包层结构掺镱大模场光纤的波导结构设计为例进行了举例说明。最后，对掺镱大模场包层光纤的重要应用包括窄线宽激光、同带泵浦用 $1\,018\,nm$ 光纤激光、$980\,nm$ 光纤激光器以及工业领域光纤激光器的应用进行了简要介绍。

总之，掺镱大模场包层光纤是高功率光纤激光器的核心增益材料。近年来，中国在高功率光纤激光器技术领域进展迅速，在关键技术上取得了一系列突破。这些进步与掺镱大模场光纤的材料制备关键技术突破密不可分。中国已经从"十二五"期间的掺镱光纤主要依赖进口，快速发展到今天的国产掺镱光纤占领超半数市场。从掺镱大模场光纤的应用功率水平看，也已进入"万瓦时代"，特别是上海光机所单模块万瓦级工业化激光器所应用的掺镱大模场三包层光纤已经在性能指标上达到甚至部分超过国外水平，这表明中国对于高功率掺镱激光光纤的理解达到了新的高度。但与此同时，我们也仍须看到，在万瓦单模输出的掺镱大模场光纤制备技术方面,中国仍与国外存在着一定的差距,而且在新型波导结构的光纤设计方面也需要付出更多的努力。

参考文献

[1] Snitzer E. Proposed fiber cavities for optical masers [J]. Journal of Applied Physics,1961,32(1):36 - 39.

[2] Etzel H,Gandy H,Ginther R. Stimulated emission of infrared radiation from ytterbium activated silicate glass [J]. Applied Optics,1962,1(4):534 - 536.

[3] Hanna D,Percival R,Perry I,et al. Continuous-wave oscillation of a monomode ytterbium-doped fibre laser [J]. Electronics Letters,1988,24(17):1111 - 1113.

[4] 华仁忠,尹红兵. 钛宝石激光泵浦的掺 Yb 光纤激光器[J]. 中国激光,1999,26(9):781 - 784.

[5] Paschotta R,Hanna D,de Natale P,et al. Power amplifier for 1 083 nm using ytterbium doped fibre [J]. Optics Communications,1997,136(3 - 4):243 - 246.

[6] Armitage J,Wyatt R,Ainslie B,et al. Efficient 980 - nm operation of a Yb^{3+}-doped silica fiber laser [C]//Proceedings of The Advanced Solid State Lasers. Optical Society of America,1989.

[7] 陈柏,陈兰荣,林尊琪,等. LD 抽运运行在 1 041 nm 的掺 Yb 环形腔光纤激光器[J]. 中国激光,1999,26 (11):965 - 968.

[8] 陈柏,林尊琪. 掺 Yb 光纤激光器激射波长与阈值关系研究[J]. 光学学报,2000,20(6):750 - 754.

[9] Snitzer E,Po H,Hakimi F,et al. Double clad,offset core Nd fiber laser [C]//Proceedings of The Optical Fiber Sensors. Optical Society of America,1988.

[10] Pask H M,Archambault J,Hanna D. Operating of cladding pumped Yb^{3+} doped silica fibre lasers in 1 μm region [J]. Electron Lett. ,1994,30(11):863 - 865.

[11] Dominic V A,Maccormack S,Waarts R,et al. 110 W fibre laser [J]. Electronics Letters,1999,35 (14):1158 - 1160.

[12] Jeong Y,Sahu J,Payne D,et al. Ytterbium-doped large-core fiber laser with 1 kW continuous-wave output power [C]//Proceedings of The Advanced Solid-State Photonics. Optical Society of America, 2004.

[13] 陈晓龙,楼风光,何宇,等. 高效率全国产化 10 kW 光纤激光器[J]. 光学学报,2019(3):423 - 425.

[14] 林傲祥,倪力,彭昆,等. 国产 YDF 有源光纤实现单纤 20 kW 激光输出[J]. 中国激光,2021,48(9):1.

[15] Ueda K I. Optical cavity and future style of high-power fiber lasers [C]//Proceedings of The Laser Resonators. SPIE,1998.

[16] Liu Anping,Song Jie,Kamatani K,et al. Effective absorption and pump loss of double-clad fiber lasers [C]. Solid State Lasers Ⅵ,Photonics West '97,Proceedings Volume 2986,1997.

[17] 楼祺洪. 高功率光纤激光器及其应用[M]. 合肥:中国科学技术大学出版社,2010.

[18] Croteau A,Paré C,Zheng H,et al. Bending insensitive,highly Yb-Doped LMA triple-clad fiber for nearly diffraction-limited laser output [C]//Proceedings of SPIE — The International Society for Optical Engineering,2006(6101):88 - 97.

[19] Sousa J,Okhotnikov O. Multimode Er-doped fiber for single-transverse-mode amplification [J]. Applied Physics Letters,1999,74(11):1528 - 1530.

[20] Laperle P,Paré C,Zheng H,et al. Yb-doped LMA triple-clad fiber for power amplifiers [C]. SPIE. Proceedings Volume 6453,Fiber Lasers Ⅳ:Technology,Systems,and Applications:645308,2007.

[21] 韩帅,陈丹平. 一种多包层石英光纤的结构:中国,CN201710359327.1 [P]. 2017 - 08 - 18.

[22] 胡丽丽,王孟,张磊,等. 三包层掺镱石英光纤及高浓度氟层石英管套棒方法:中国,CN201911382514.7 [P]. 2020 - 04 - 17.

[23] Liu Shuang,Zhan Huan,Peng Kun,et al. Yb-doped aluminophosphosilicate triple-clad laser fiber with

high efficiency and excellent laser stability [J]. IEEE Photonics Journal，2019，11(2)：1 - 10.

[24] Meng Yue，Tong Weijun，Zheng Wei，et al. Special active fiber for high power lasers [C]//Proceedings Volume 11763，Seventh Symposium on Novel Photoelectronic Detection Technology and Applications：117639R，2021.

[25] Beier F，Hupel C，Nold J，et al. Narrow linewidth，single mode 3 kW average power from a directly diode pumped ytterbium-doped low NA fiber amplifier [J]. Optics Express，2016，24(6)：6011 - 6020.

[26] Petit V，Tumminelli R P，Minelly J D，et al. Extremely low NA Yb doped preforms (＜0.03) fabricated by MCVD [C]//Proceedings of the Fiber Lasers XIII：Technology，Systems，and Applications，F，2016.

[27] 张汉伟，周朴，王小林，等.不同基质掺 Yb^{3+} 光纤的单频极限输出功率[J].光学学报，2014(1)：140 - 145.

[28] Xu Wenbin，Yu Chunlei，Wang Shikai，et al. Effects of F^- on the optical and spectroscopic properties of Yb^{3+}/Al^{3+}-co-doped silica glass [J]. Optical Materials，2015(42)：245 - 250.

[29] 黄值河，曹涧秋，陈金宝.高功率 GTWave 光纤激光器研究进展[J].中国激光，2021，48(4)：0401010.

[30] Norman S，Zervas M N，Appleyard A，et al. Latest development of high-power fiber lasers in SPI [C]//Proceedings of The Fiber Lasers：Technology，Systems，and Applications. SPIE，2004.

[31] Zimer H，Kozak M，Liem A，et al. Fibers and fiber-optic components for high-power fiber lasers [J]. Fiber Lasers Ⅷ：Technology，Systems，and Applications，2011(7914)：236 - 252.

[32] Stiles E. New developments in IPG fiber laser technology [C]//Proceedings of the 5th International Workshop on Fiber Lasers，2009.

[33] 余宇，黄值河，曹涧秋，等.双向分布式侧面抽运单模光纤放大器的实验研究[J].激光与光电子学进展，2016，53(7)：108 - 112.

[34] Huang Zhihe，Cao Jianqiu，An Yingye，et al. A kilowatt all-fiber cascaded amplifier [J]. IEEE Photonics Technology Letters，2015，27(16)：1683 - 1686.

[35] 陈金宝，曹涧秋，潘志勇，等.基于国产光纤的多级级联分布式侧面抽运光纤振荡器实现 2 kW 的功率输出[J].中国激光，2017，44(4)：264.

[36] 陈金宝，曹涧秋，黄值河，等.基于国产光纤的多级级联分布式侧面抽运光纤振荡器实现强拉曼抑制的 3 kW 量级功率输出[J].中国激光，2018，45(3)：330.

[37] Chen Heng，Cao Jianqiu，Huang Zhihe，et al. Experimental investigations on multi-kilowatt all-fiber distributed side-pumped oscillators [J]. Laser Physics，2019，29(7)：075103.

[38] Zhan Huan，Wang Yuying，Peng Kun，et al. 2 kW (2+1) GT Wave fiber amplifier [J]. Laser Physics Letters，2016，13(4)：045103.

[39] Zhan Huan，Liu Qinyong，Wang Yuying，et al. 5 kW GTWave fiber amplifier directly pumped by commercial 976 nm laser diodes [J]. Optics Express，2016，24(24)：27087 - 27095.

[40] Zhan Huan，Peng Kun，Wang Yuying，et al. 6 kW GTWave fiber amplifier [C]//Proceedings of The Asia Communications and Photonics Conference. Optical Society of America，2017.

[41] Zhan Huan，Peng Kun，Liu Shuang，et al. Pump-gain integrated functional laser fiber towards 10 kW-level high-power applications [J]. Laser Physics Letters，2018，15(9)：095107.

[42] 林傲祥，湛欢，彭昆，等.国产复合功能光纤实现万瓦激光输出[J].强激光与粒子束，2018，30(6)：7.

[43] Engheta N，Pelet P. Modes in chirowaveguides [J]. Optics Letters，1989，14(11)：593 - 595.

[44] Swan M C，Liu Chihung，Guertin D，et al. 33 μm core effectively single-mode chirally-coupled-core fiber laser at 1 064 - nm [C]//Proceedings of the Optical Fiber Communication Conference，2008.

[45] 赵楠，李进延.手性耦合纤芯光纤简介及研究进展[J].激光与光电子学进展，2014，51(4)：040003.

[46] Liu Chihung，Chang Guoqing，Litchinitser N，et al. Effectively single-mode chirally-coupled core fiber [C]//Proceedings of The Advanced Solid-State Photonics. Optical Society of America，2007.

[47] Liu Chihung，Chang Guoqing，Litchinitser N，et al. Chirally coupled core fibers at 1 550 - nm and 1 064 - nm for effectively single-mode core size scaling [C]//Proceedings of The 2007 Conference on Lasers and

Electro-Optics (CLEO). IEEE, 2007.

［48］ Ma Xiuquan, Liu Chihung, Chang Guoqing, et al. Angular-momentum coupled optical waves in chirally-coupled-core fibers [J]. Optics Express, 2011,19(27):26515 – 26528.

［49］ Zhu Cheng, Hu I-Ning, Ma Xiuquan, et al. Single-frequency and single-transverse mode Yb-doped CCC fiber MOPA with robust polarization SBS-free 511 W output [C]//Proceedings of The Advanced Solid-State Photonics. Optical Society of America, 2011.

［50］ Sosnowski T, Kuznetsov A, Maynard R, et al. 3C Yb-doped fiber based high energy and power pulsed fiber lasers [C]//Proceedings of The Fiber Lasers X: Technology, Systems, and Applications. International Society for Optics and Photonics, 2013.

［51］ Željudevičius J, Danilevičius R, Viskontas K, et al. Femtosecond fiber CPA system based on picosecond master oscillator and power amplifier with CCC fiber [J]. Optics Express, 2013,21(5):5338 – 5345.

［52］ Mccomb T S, Mccal D, Farrow R, et al. High-peak power, flexible-pulse parameter, chirally coupled core (3C) fiber-based picosecond MOPA systems [C]//Proceedings of The Fiber Lasers Ⅺ: Technology, Systems, and Applications. International Society for Optics and Photonics, F, 2014.

［53］ Hu I-Ning, Ma Xiuquan, Zhu Cheng, et al. Experimental demonstration of SRS suppression in chirally-coupled-core fibers [C]//Proceedings of The Advanced Solid-State Photonics. Optical Society of America, 2012.

［54］ Zhang Haitao, He Hao, He Linlu, et al. Single-mode annular chirally-coupled core fibers for fiber lasers [J]. Optics Communications, 2018(410):297 – 304.

［55］ Filippov V, Chamorovskii Y, Kerttula J, et al. Double clad tapered fiber for high power applications [J]. Optics Express, 2008,16(3):1929 – 1944.

［56］ Bobkov K, Andrianov A, Koptev M, et al. Sub-MW peak power diffraction-limited chirped-pulse monolithic Yb-doped tapered fiber amplifier [J]. Optics Express, 2017,25(22):26958 – 26972.

［57］ Bobkov K K, Aleshkina S S, Khudyakov M M, et al. Active tapered fibers for high peak power fiber lasers [C]//Proceedings of The Micro-structured and Specialty Optical Fibres Ⅶ. International Society for Optics and Photonics, 2021.

［58］ Bobkov K, Levchenko A, Kashaykina T, et al. Scaling of average power in sub-MW peak power Yb-doped tapered fiber picosecond pulse amplifiers [J]. Optics Express, 2021,29(2):1722 – 1735.

［59］ Zhu Yuan, Leich M, Lorenz M, et al. Yb-doped large mode area fiber for beam quality improvement using local adiabatic tapers with reduced dopant diffusion [J]. Optics Express, 2018,26(13):17034 – 17043.

［60］ Ye Yun, Lin Xianfeng, Xi Xiaoming, et al. Novel constant-cladding tapered-core ytterbium-doped fiber for high-power fiber laser oscillator [J]. High Power Laser Science and Engineering, 2021,9(2):142 – 148.

［61］ Lin Xianfeng, Zhang Zhilun, Chu Yingbo, et al. Fabrication and laser performance of cladding uniform core tapered fiber [J]. Optical Fiber Technology, 2021(64):102561.

［62］ Jain D, Baskiotis C, Sahu J K. Mode area scaling with multi-trench rod-type fibers [J]. Optics Express, 2013,21(2):1448 – 1455.

［63］ Jain D, Baskiotis C, Sahu J K. Bending performance of large mode area multi-trench fibers [J]. Optics Express, 2013,21(22):26663 – 26670.

［64］ Jain D, Jung Y, Nunez-Velazquez M, et al. Extending single mode performance of all-solid large-mode-area single trench fiber [J]. Optics Express, 2014,22(25):31078 – 31091.

［65］ Jain D, Baskiotis C, May-Smith T C, et al. Large mode area multi-trench fiber with delocalization of higher order modes [J]. IEEE Journal of Selected Topics in Quantum Electronics, 2014,20(5):0902909.

［66］ Jain D, Jung Y, Kim J, et al. Robust single-mode all-solid multi-trench fiber with large effective mode area [J]. Optics Letters, 2014,39(17):5200 – 5203.

[67] Jain D, Alam S, Codemard C, et al. High power, compact, picosecond MOPA based on single trench fiber with single polarized diffraction-limited output [J]. Optics Letters, 2015,40(17):4150 - 4153.

[68] Kirchhof J, Unger S, Schwuchow A, et al. Dopant interactions in high-power laser fibers [C]. Optical Components and Materials Ⅱ, 2005(5723):261 - 272.

[69] Manek-Hönninger I, Boullet J, Cardinal T, et al. Photodarkening and photobleaching of an ytterbium-doped silica double-clad LMA fiber [J]. Optics Express, 2007,15(4):1606 - 1611.

[70] Jauregui C, Limpert J, Tünnermann A. High-power fibre lasers [J]. Nature Photonics, 2013,7(11): 861 - 867.

[71] Fan Yuanyuan, He Bing, Zhou Jun, et al. Thermal effects in kilowatt all-fiber MOPA [J]. Optics Express, 2011,19(16):15162 - 15172.

[72] Grukh D A, Kurkov A S, Paramonov V M, et al. Effect of heating on the optical properties of Yb^{3+}-doped fibres and fibre lasers [J]. Quantum Electron, 2004(34):579 - 582.

[73] 高雪松,高春清,林志锋,等. 高功率双包层光纤激光器温度分布的数值分析[J]. 北京理工大学学报, 2005,25(11):998 - 1002.

[74] Hansen K R, Alkeskjold T T, Broeng J, et al. Thermo-optical effects in high-power Ytterbium-doped fiber amplifiers [J]. Optics Express, 2011,19(24):23965 - 23980.

[75] Daniel J M O, Simakov N, Hemming A, et al. A double clad ytterbium fibre laser operating at 400℃ [C]. Fiber Lasers Ⅻ: Technology, Systems, and Applications, 2015(9344):934414.

[76] Cheng Yue, Yang Qiubai, Yu Chunlei, et al. Temperature dependence of the spectral properties of $Yb^{3+}/P^{5+}/Al^{3+}$ co-doped silica fiber core glasses [J]. Optical Materials Express, 2021,11(8):2459 - 2467.

[77] 来文昌,马鹏飞,肖虎,等. 高功率窄线宽光纤激光技术[J]. 强激光与粒子束,2020,32(12):121001.

[78] 冉阳,王小林,粟荣涛,等. 窄线宽光纤放大器中受激布里渊散射抑制研究进展[J]. 激光与光电子学进展,2015,52(4):040003.

[79] 王建军,刘玙,李敏,等. 光纤激光模式不稳定研究十年回顾与展望[J]. 强激光与粒子束,2020,32 (12):121003.

[80] Jeong Y, Nilsson J, Sahu J K, et al. Single-frequency, single-mode, plane-polarized ytterbium-doped fiber master oscillator power amplifier source with 264 W of output power [J]. Optics Letters, 2005,30 (5):459 - 461.

[81] Jeong Y, Nilsson J, Sahu J K, et al. Power scaling of single-frequency ytterbium-doped fiber master-oscillator power-amplifier sources up to 500 W [J]. IEEE Journal of Selected Topics in Quantum Electronics, 2007,13(3):546 - 551.

[82] Huang Zhi Meng, Shu Qiang, Tao Rumao, et al. >5 kW record high power narrow linewidth laser from traditional step-index monolithic fiber amplifier [J]. IEEE Photonics Technology Letters, 2021,33(21): 1181 - 1184.

[83] Ma Pengfei, Hu Xiao, Wei Liu, et al. All-fiberized and narrow-linewidth 5 kW power-level fiber amplifier based on bidirectional pumping configuration [J]. High Power Laser Science and Engineering, 2021,9(3):87 - 93.

[84] 马鹏飞,宋家鑫,王广建,等. 高功率窄线宽光纤激光突破 6 kW 级近单模输出[J]. 中国激光,2022,49 (9):0916002.

[85] Ward B G. Maximizing power output from continuous-wave single-frequency fiber amplifiers [J]. Optics Letters, 2015,40(4):542 - 545.

[86] Webb A S, Boyland A J, Standish R J, et al. MCVD in-situ solution doping process for the fabrication of complex design large core rare-earth doped fibers [J]. Journal of Non-Crystalline Solids, 2010,356 (18 - 19):848 - 851.

[87] Jeong Y E, Sahu J, Payne D A, et al. Ytterbium-doped large-core fiber laser with 1.36 kW continuous-wave output power [J]. Optics Express, 2004,12(25):6088 - 6092.

[88] Jen C K, Neron C, Shang A, et al. Acoustic characterization of silica glasses [J]. Journal of The American Ceramic Society, 1993,76(3):712 - 716.

[89] Ballato J, Hawkins T, Foy P, et al. On the fabrication of all-glass optical fibers from crystals [J]. Journal of Applied Physics, 2009(105):053110.

[90] Dragic P, Law P C, Ballato J, et al. Brillouin spectroscopy of YAG-derived optical fibers [J]. Optics Express, 2010,18(10):10055 - 10067.

[91] Dragic P D, Liu Y S, Ballato J, et al. YAG-derived fiber for high-power narrow-linewidth fiber lasers [C]. Fiber Lasers IX: Technology, Systems, and Applications, 2012(8237):82371E.

[92] Dong L. Stimulated thermal Rayleigh scattering in optical fibers [J]. Optics Express, 2013,21(3): 2642 - 2656.

[93] Zervas M N. Transverse mode instability, thermal lensing and power scaling in Yb^{3+}-doped high-power fiber amplifiers [J]. Optics Express, 2019,27(13):19019 - 19041.

[94] Ballato J, Cavillon M, Dragic P. A unified materials approach to mitigating optical nonlinearities in optical fiber. I. Thermodynamics of optical scattering [J]. International Journal of Applied Glass Science, 2018,9(2):263 - 277.

[95] Yu Nanjie, Hawkins T W, Bui T V, et al. $AlPO_4$ in silica glass optical fibers: deduction of additional material properties [J]. IEEE Photonics Journal, 2019,11(5):1 - 13.

[96] Hawkins T, Dragic P, Yu Nanjie, et al. Kilowatt power scaling of an intrinsically low Brillouin and thermo-optic Yb-doped silica fiber [J]. Journal of the Optical Society of America B, 2021,38(12): F38 - F49.

[97] Hauge J M, Papior S R, Pedersen J E, et al. Narrow-linewidth all-solid large-mode-area photonic crystal fiber amplifier [C]. Fiber Lasers XVI: Technology and Systems, 2019(10897):1089728.

[98] Pulford B, Ehrenreich T, Holten R, et al. 400 - W near diffraction-limited single-frequency all-solid photonic bandgap fiber amplifier [J]. Optics Letters, 2015,40(10):2297 - 2300.

[99] Pulford B, Holten R, Matniyaz T, et al. kW-level monolithic single-mode narrow-linewidth all-solid photonic bandgap fiber amplifier [J]. Optics Letters, 2021,46(18):4458 - 4461.

[100] Matniyaz T, Bingham S P, Kalichevsky-Dong M T, et al. High-power single-frequency single-mode all-solid photonic bandgap fiber laser with kHz linewidth [J]. Optics Letters, 2022,47(2):377 - 380.

[101] Hochheim S, Brockmüller E, Wessels P, et al. Single-frequency 336 W spliceless all-fiber amplifier based on a chirally-coupled-core fiber for the next generation of gravitational wave detectors [J]. Journal of Lightwave Technology, 2022,40(7):2136 - 2143.

[102] Shiraki K, Ohashi M, Tateda M. SBS threshold of a fiber with a Brillouin frequency shift distribution [J]. Journal of Lightwave Technology, 1996,14(1):50 - 57.

[103] Hansryd J, Dross F, Westlund M, et al. Increase of the SBS threshold in a short highly nonlinear fiber by applying a temperature distribution [J]. Journal of Lightwave Technology, 2001,19(11):1691 - 2001.

[104] Wellmann F, Steinke M, Wessels P, et al. Performance study of a high-power single-frequency fiber amplifier architecture for gravitational wave detectors [J]. Applied Optics, 2020,59(26):7945 - 7950.

[105] Yoshizawa N, Imai T. Stimulated Brillouin scattering suppression by means of applying strain distribution to fiber with cabling [J]. Journal of Lightwave Technology, 1993,11(10):1518 - 1522.

[106] Zhang Lei, Cui Shuzhen, Liu Chi, et al. 170 W, single-frequency, single-mode, linearly-polarized, Yb-doped all-fiber amplifier [J]. Optics Express, 2013,21(5):5456 - 5462.

[107] Huang Long, Wu Hanshuo, Li Ruixian, et al. 414 W near-diffraction-limited all-fiberized single-frequency polarization-maintained fiber amplifier [J]. Optics Letters, 2017,42(1):1 - 4.

[108] Shiraki K, Ohashi M, Tateda M. Suppression of stimulated Brillouin scattering in a fibre by changing the core radius [J]. Electronics Letters, 1995,31(8):668 - 669.

[109] Huang Long, Ma Pengfei, Su Rongtao, et al. Comprehensive investigation on the power scaling of a

tapered Yb-doped fiber-based monolithic linearly polarized high-peak-power near-transform-limited nanosecond fiber laser [J]. Optics Express, 2021, 29(2):761 - 782.

[110] Ye Yun, Lin Xianfeng, Yang Baolai, et al. Tapered Yb-doped fiber enabled a 4 kW near-single-mode monolithic fiber amplifier [J]. Optics Letters, 2022, 47(9):2162 - 2165.

[111] Lai Wenchang, Ma Pengfei, Liu Wei, et al. 550 W single frequency fiber amplifiers emitting at 1 030 nm based on a tapered Yb-doped fiber [J]. Optics Express, 2020, 28(14):20908 - 20919.

[112] Li Mingjun, Chen Xin, Wang Ji, et al. Al/Ge co-doped large mode area fiber with high SBS threshold [J]. Optics Express, 2007, 15(13):8290 - 8299.

[113] Gray S, Liu Anping, Walton D T, et al. 502 Watt, single transverse mode, narrow linewidth, bidirectionally pumped Yb-doped fiber amplifier [J]. Optics Express, 2007, 15(25):17044 - 17050.

[114] Robin C, Dajani I, Pulford B. Modal instability-suppressing, single-frequency photonic crystal fiber amplifier with 811 W output power [J]. Optics Letters, 2014, 39(3):666 - 669.

[115] Marciante J R. Gain filtering for single-spatial-mode operation of large-mode-area fiber amplifiers [J]. IEEE Journal of Selected Topics in Quantum Electronics, 2009, 15(1):30 - 36.

[116] John R, Marciante R G R, Vladimir V, et al. Near-diffraction-limited operation of step-index large-mode-area fiber lasers via gain filtering [J]. Optics Letters, 2010, 35(11):1828 - 1830.

[117] Ikoma S, Nguyen H K, Kashiwagi M, et al. 3 kW single stage all-fiber Yb-doped single-mode fiber laser for highly reflective and highly thermal conductive materials processing [C]. Fiber Lasers ⅩⅣ: Technology and Systems, 2017(10083):100830Y.

[118] Shima K, Ikoma S, Uchiyama K, et al. 5 kW single stage all-fiber Yb-doped single-mode fiber laser for materials processing [C]. Fiber Lasers ⅩⅤ: Technology and Systems, 2018(10512):105120C.

[119] Wang Y, Kitahara R, Kiyoyama W, et al. 8 kW single-stage all-fiber Yb-doped fiber laser with a BPP of 0.50 mm-mrad [C]. Fiber Lasers ⅩⅦ: Technology and Systems, 2020(11260):1126022.

[120] Zhang Fangfang, Wang Yibo, Lin Xianfeng, et al. Gain-tailored Yb/Ce codoped aluminosilicate fiber for laser stability improvement at high output power [J]. Optics Express, 2019, 27(15):20824 - 20836.

[121] Huang Z, Shu Q, Luo Y, et al. 3.5 kW narrow-linewidth monolithic fiber amplifier at 1 064 nm by employing a confined doping fiber [J]. Journal of the Optical Society of America B, 2021, 38(10):2945 - 2952.

[122] Wu Hanshuo, Li Ruixian, Xiao Hu, et al. High-power tandem-pumped fiber amplifier with beam quality maintenance enabled by the confined-doped fiber [J]. Optics Express, 2021, 29(20):31337 - 31347.

[123] 吴函烁, 宋家鑫, 马鹏飞, 等. 高光束质量 6 kW 级窄线宽光纤激光[J]. 红外与激光工程, 2022, 51(3):527 - 528.

[124] Cooper M A, Gausmann S, Antonio-Lopez J E, et al. Confined doping LMA fibers for high power single frequency lasers [C]. Fiber Lasers ⅩⅨ: Technology and Systems, 2022(11981):1198106.

[125] Tsvetkov S V, Khudyakov M M, Lobanov A S, et al. SBS gain suppression in a passive single-mode optical fiber by the multi-mode acoustic waveguide design [J]. Journal of Lightwave Technology, 2020, 39(2):592 - 599.

[126] Wang Yanshan, Ke Weiwei, Sun Yinghong, et al. Research of high brightness 1 018 nm ytterbium doped fiber laser [C]. International Symposium on High-Power Laser Systems and Applications, 2015(9255):92550K.

[127] Gu Guancheng, Liu Zhengyong, Kong Fanting, et al. Efficient ytterbium-doped phosphosilicate double-clad leakage-channel-fiber laser at 1 008 - 1 020 nm [C]. Fiber Lasers ⅩⅢ: Technology, Systems, and Applications, 2016(9728):97282Q.

[128] 刘莹, 曹涧秋, 肖虎, 等. 980 nm 光纤激光器发展现状与展望[J]. 激光与光电子学进展, 2012, 49(8):080007.

第 5 章

掺镱大模场石英光子晶体光纤及应用

随着超快激光器在精细加工领域的应用开发，如何克服非线性效应、进一步提升超快激光器的性能，成为研究的热点。光纤的模场面积越大，则其非线性阈值越高[1]。因此，使用大模场光纤是克服非线性效应最直接有效途径之一[2-5]。相比传统的双包层光纤，光子晶体光纤可具有无截止单模、色散可调、大模场面积等许多独特的光学性质[6-7]，可以克服传统光纤激光器所面临的诸多难题。英国巴斯大学、德国耶拿大学、丹麦 NKT Photonics 等国外研究机构和公司对大模场光子晶体光纤的设计、制备以及应用等关键技术进行了大量的研究[8-9]。2000年，英国巴斯大学 Russell 课题组[10]首次在 Yb³⁺ 掺杂光子晶体光纤中实现了激光输出。目前Yb³⁺ 掺杂大模场光子晶体光纤最大芯径已经达到 135 μm[11]。中国武汉烽火公司、华中科技大学、燕山大学、天津大学、南开大学、中电 46 所、上海光机所等单位相继开展了大模场光子晶体光纤相关研究，取得了一定的成果。

5.1 掺镱大模场石英光子晶体光纤分类及其研究进展

采用稀土掺杂大模场光纤对脉冲光进行放大，是实现高峰值功率、大脉冲能量的重要方式。增大光纤模场面积，可以通过增大纤芯直径和减小纤芯的数值孔径（NA）来实现。但在双包层阶跃光纤中，过低的纤芯数值孔径会引起弯曲损耗急剧增加，增大使用难度。因此，对于双包层阶跃光纤，为了保证良好的模式特性，纤芯直径一般小于 35 μm。而大模场光子晶体光纤通过特殊的结构设计，可以在大的纤芯直径实现高光束质量的激光输出。

5.1.1 掺镱大模场光子晶体光纤的分类

自 2000 年第一根掺镱石英光子晶体光纤问世以来，根据应用需求，研究人员已经相继研制出不同类型的掺镱大模场石英光子晶体光纤。根据导光原理的不同，可将其分为折射率导引型光子晶体光纤（index guidance photonic crystal fiber，IG - PCF）和光子带隙型光纤（photonic band gap fiber，PBGF）。

5.1.1.1 折射率导引型光子晶体光纤

镱掺杂的折射率导引型石英光子晶体光纤，纤芯为掺镱的石英，内包层通过空气孔或者不同折射率的介质进行折射率调控，纤芯的折射率大于包层的等效折射率，该类光纤对包层结构的周期性要求并不严格。目前折射率导引型光子晶体光纤主要有等效填充光子晶体光纤、大跨度光子晶体光纤、泄露模光子晶体光纤等。

1）等效填充光子晶体光纤

等效填充光子晶体光纤通常由稀土掺杂纤芯和周期性排列的空气孔组成。图 5-1 为典型稀土掺杂等效填充石英光子晶体光纤结构，纤芯为稀土掺杂区，六边形密排的空气孔作为内包层，大空气孔形成外包层，可以实现大的包层数值孔径。该光纤包层的有效折射率随波长变化，当纤芯的基模有效折射率大于包层折射率，而高阶模的折射率小于包层折射率时，实现单模传输。

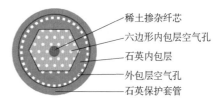

图 5-1　等效填充大模场光子晶体光纤结构

等效填充光子晶体光纤的单模传输条件可以由归一化频率(V)表示：

$$V = \frac{2\pi a \times \mathrm{NA}}{\lambda} \qquad (5-1)$$

$$\mathrm{NA} = \sqrt{n_{\mathrm{core}}^2 - n_{\mathrm{eff}}^2} \qquad (5-2)$$

式中，a 为光子晶体光纤的纤芯半径；λ 为激光波长；NA 为稀土掺杂纤芯的数值孔径；n_{core} 为纤芯的折射率；n_{eff} 为内包层的有效折射率。

和传统光纤相同，当 $V<2.405$ 时，纤芯激光可以保持单模传输。在传统双包层光纤中，由于受制备工艺的限制，很难将纤芯和内包层的折射率差控制在 5×10^{-4} 量级以内，即 $\mathrm{NA}<0.038$，使得其在 $1\,\mu\mathrm{m}$ 波段单模径无法超过 $21\,\mu\mathrm{m}$。即便应用一系列先进的激光技术，也只能在 $30\,\mu\mathrm{m}$ 纤芯的双包层光纤中实现准单模的 $1.08\,\mu\mathrm{m}$ 激光输出[12]。相比而言，光子晶体光纤可以通过调节空气孔的直径 d 和相邻空气孔之间的距离 Λ，精确控制内包层的有效折射率，从而获得极小的纤芯 NA。如果将纤芯 NA 控制在 0.01 左右，那么就可以在 $80\,\mu\mathrm{m}$ 芯径的超大模场光纤中实现单模激光输出。当然这种超低纤芯 NA 的光子晶体光纤对弯曲、振动等外部扰动非常敏感，因此需要将其制备成外径较大的棒状光纤来克服这些问题。

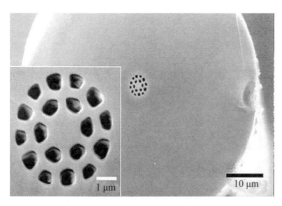

图 5-2　国际上首次制作的 Yb^{3+} 掺杂光子晶体光纤的端面[10]

2000 年，英国巴斯大学 Russell 课题组[10]首次在 Yb^{3+} 掺杂的等效填充光子晶体光纤中实现了 $14\,\mathrm{mW}$ 的激光输出，光纤端面如图 5-2 所示。2003 年德国耶拿大学 Limpert 等[8]在纤芯直径 $28\,\mu\mathrm{m}$ 的 Yb^{3+} 掺杂等效填充光子晶体光纤中首次实现了高功率激光输出。使用 $2.3\,\mathrm{m}$ 长的光纤获得 $80\,\mathrm{W}$ 的激光，斜率效率达到 78%，光束质量因子 M^2 约为 1.2。2006 年，Limpert 等[13]利用 $0.58\,\mathrm{m}$ 长的 Yb^{3+} 掺杂等效填充光子晶体光纤实现 $320\,\mathrm{W}$ 的连续激光输出，纤芯直径为 $60\,\mu\mathrm{m}$，对应的模场面积约为 $2\,000\,\mu\mathrm{m}^2$。2009 年，Limpert 课题组[14]采用 $80\,\mu\mathrm{m}$ 芯径 Yb^{3+} 掺杂等效填充光子晶体光纤并利用飞秒啁啾脉冲放大技术（chirped pulse amplification，CPA），获得了 $100\,\mathrm{W}$ 的平均功率激光输出，峰值功率达到 $1\,\mathrm{GW}$。

2) 大跨度光子晶体光纤

为了获得更大模场直径,德国耶拿大学的研究小组[15]首先提出了大跨度光子晶体光纤(large pitch fiber, LPF),光纤结构如图5-3所示。大跨度光纤利用空气孔结构对高阶模的离域作用实现基模和高阶模的区分。在有源光纤的模式研究中,很多学者[16-17]采用模场面积和纤芯面积的重叠部分大小来研究模式的增益大小,这个重叠部分相对于总模场面积的百分比定义为重叠因子(overlap factor, OF)。

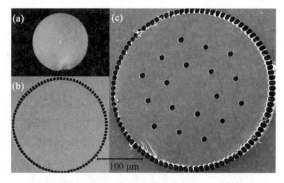

图5-3 耶拿大学提出的大跨度光纤端面图[15]

重叠因子(OF)的计算公式如下:

$$OF = \frac{\int I \, dA_{core}}{\int I \, dA_{clad}} \tag{5-3}$$

式中,dA_{core} 为纤芯面积元;dA_{clad} 为内包层面积元;I 为各阶模式的电磁场能量密度。因此,式(5-3)中分子计算的是各阶模式在光纤纤芯中所占的能量,分母计算的是各阶模式在内包层结构中所占的能量。在大跨度光纤中,通过设计空气孔的直径大小和间距,可以有效调节纤芯中各阶模式与纤芯的重叠面积,使得基模的重叠面积很高,而高阶模的重叠面积很低,从而促使基模在光纤纤芯中获得的增益远大于高阶模,实现超大模场光子晶体光纤的单模激光输出。

2011年Eidam等[15]报道采用108 μm纤芯直径的大跨度光纤,通过飞秒啁啾脉冲放大实现了3.8 GW的峰值功率输出,脉冲宽度为480 fs,平均功率为11 W,单脉冲能量为2.2 mJ。2012年,德国耶拿大学Stutzki等[11]利用135 μm纤芯直径的大跨度光纤获得了平均功率130 W、脉冲宽度小于60 ns、单脉冲能量26 mJ、光束质量因子M^2小于1.3的脉冲激光输出。2014年,德国耶拿大学Otto等[18]报道利用90 μm纤芯直径的大跨度光纤在主振荡功率放大器(MOPA)系统获得了2 kW的脉冲激光输出,单脉冲能量100 μJ,峰值功率0.8 MW,光束质量因子M^2小于3。

3) 泄露模光子晶体光纤

为了降低光子晶体光纤的弯曲损耗,Dong等[19]在2005年提出一种新型泄露模光子晶体光纤(leakage channel fiber, LCF)。泄露模光纤一般是由1~2个直径很大的空气孔周期排列形成结构。通过设计合适的空气孔直径和孔间距,能够实现基模的泄露损耗很小,一般小于0.1 dB/m,而高阶模的泄露损耗相对大很多,一般大于1 dB/m,从而使光纤纤芯中产生的高阶模传输一段距离之后逐渐被损耗,最后只保留基模,因此泄露模光纤可具有较好的抗弯曲性能。图5-4是Dong等[19]设计的泄露模光纤的基模和高阶模限制损耗的对比图。2007年,Dong等[20]报道了掺杂芯区40 μm的空气孔泄露模光纤,获得了4.3 W的激光输出,因子M^2约为1.3。2009年,Dong等[21]报道了全固态掺镱泄露模光子晶体光纤,利用4.8 m长、46 μm芯径的非保偏掺镱泄露模光纤实现了98 W的激光输出。

5.1.1.2 光子带隙型光纤

与折射率导引型光子晶体光纤不同,光子带隙型光纤的纤芯折射率比包层折射率低。其

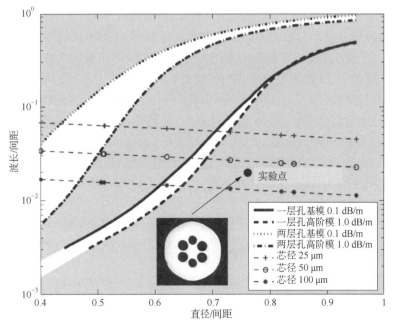

图 5 - 4　泄露模光纤的基模和高阶模限制损耗对比

导光机理是通过二维光子晶体结构的带隙效应,即当包层结构间距满足一定条件时,设计频率范围内的光波被禁止向包层方向传播,只在缺陷纤芯中进行传输。光子带隙型光纤的纤芯可以是空气,也可以是固体材料,对包层的结构周期性要求比较严格。镱掺杂的光子带隙型光纤,其纤芯为掺镱的石英,包层是通过在低折射率的背底玻璃中周期性排布高折射率棒形成,其结构如图 5 - 5 所示。

2006 年,Isomäki[23]等首次报道了镱掺杂的光子带隙光纤。2011 年,Laurila 等在模场直径为 $59\ \mu m$ 的单模掺镱光子带隙光纤中获得了近衍射极限的 110 W 激光输出。2015年,Pulford 等[24]使用 $50\ \mu m$ 芯径的掺镱光子带隙型光纤实

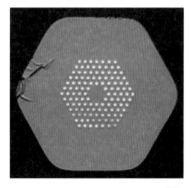

图 5 - 5　掺镱的光子带隙光纤[22]

现了 400 W 的激光输出,M^2 因子为 $1.2\sim1.3$。2017 年,Kong 等[25]报道了 $60\ \mu m$ 芯径的光子带隙光纤,采用 8 m 长的光纤实现了 1050 W 的激光输出。

5.1.2　掺镱大模场光子晶体光纤的研究进展

相比传统的双包层光纤,Yb^{3+} 掺杂光子晶体光纤具有更大的模场面积,一方面,可大幅提高光纤的非线性效应阈值,有利于获得大脉冲能量输出;另一方面,由于包层结构对泵浦光的散射效应,可降低光纤包层中螺旋光的比例,提高对泵浦光的吸收效率,可以采用较短的光纤降低非线性效应。

2000 年,英国巴斯大学 Russell 课题组的 Wadsworth 等[10]首次在 Yb^{3+} 掺杂的光子晶体光纤中实现了 14 mW 的激光输出,这标志着第一台光子晶体光纤激光器的问世。次年他们[26]采用 915 nm 的钛宝石激光器进行泵浦,获得了 1040 nm 输出波长的 315 mW 单模激光。

2003 年,该课题组[27]在 15 μm 芯径的光子晶体光纤中获得了 3.9 W 的激光输出,斜率效率为 30%。

2003 年,德国耶拿大学 Limpert 等[8]在纤芯直径 28 μm(模场面积约为 350 μm^2)的 Yb^{3+} 掺杂光子晶体光纤中首次实现了较高功率激光输出,利用 2.3 m 长的光纤中获得了 80 W 的激光,斜率效率达到 78%,光束质量因子 M^2 约为 1.2。

2005 年,德国耶拿大学 Bonati 等[28]采用纤芯直径 50 μm(模场面积约为 1589.6 μm^2)的大模场光子晶体光纤实现了 1.53 kW 的激光输出,光束质量因子 M^2 小于 3,并预计增大泵浦功率后,有望获得 4.6 kW 的激光输出。这是大模场光子晶体光纤的输出功率首次突破千瓦级。

2007 年,Teodoro 等[29]在主振荡器功率放大器(MOPA)系统中,利用 100 μm 芯径的棒状光子晶体光纤中进行 1 ns 脉冲宽度的激光放大,获得了 4.3 mJ 脉冲能量、4.5 MW 峰值功率、42 W 平均功率的激光输出,光束质量因子 M^2 约为 1.3。

2008 年,丹麦 Crystal Fiber 公司的 Hansen 等[30]利用 70 μm 芯径的棒状保偏光子晶体光纤通过空气包层合束器实现高效率的耦合泵浦,获得 350 W 的单模激光输出,光束质量因子 M^2 小于 1.1。

2009 年,德国耶拿大学的 Limpert 课题组[14]利用 80 μm 芯径、模场面积达到 4 000 μm^2 的棒状大模场光子晶体光纤并采用飞秒啁啾脉冲放大(CPA)技术,获得了 100 W 的平均功率输出,峰值功率达到 1 GW。

2011 年,德国耶拿大学的 Eidam 等[15]采用飞秒啁啾脉冲放大系统在 108 μm 芯径的大跨度光子晶体光纤中实现了 3.8 GW 的峰值功率输出,脉冲宽度为 480 fs,平均功率为 11 W,单脉冲能量为 2.2 mJ。

2012 年,德国耶拿大学的 Stutzki 等[11]采用调 Q 的 MOPA 系统,在 135 μm 芯径的大跨度光子晶体光纤中通过三级放大实现了单脉冲能量达到 26 mJ 激光输出,其平均功率为 130 W,脉冲宽度小于 60 ns,光束质量因子 M^2 小于 1.3。

2014 年,德国耶拿大学的 Otto 等[18]在 1 m 长、90 μm 芯径的大跨度光子晶体光纤中利用 MOPA 系统进行皮秒脉冲放大,获得了 2 kW 的脉冲激光输出,单脉冲能量 100 μJ,峰值功率 0.8 MW,光束质量因子 M^2 小于 3。

2015 年,法国 Limoges 大学[31]报道了 40 μm 芯径的 Yb^{3+} 掺杂石英全固态非周期性大跨度光纤(fully aperiodic large-pitch fiber,FA-LPF),实现了 230 W 连续激光输出,在 100 W 时光束质量因子 M^2 达到 1.3。

2017 年,美国 Clemson 大学 Kong 等[25]报道了输出近 1 kW 激光功率的全固态带隙型光纤。他们为了抑制模式不稳,设计了多重包层谐振结构,制备了 60 μm 芯径的全固态带隙型光纤,采用 9 m 的光纤在 60 cm 的弯曲直径下获得了最大 910 W 的激光输出,且未观察到模式不稳现象;另外采用 8 m 的光纤在 80 cm 的弯曲直径下获得了最大 1 050 W 的激光输出,激光效率达到 90%。

中国在大模场光子晶体光纤方面的研究起步较晚。经过近些年的努力,天津大学、南开大学、上海理工大学、华东师范大学、上海光机所等采用进口大模场光子晶体光纤,开展了高功率激光器、放大器等方面的研究。燕山大学、武汉烽火公司、华中科技大学和上海光机所等自 2010 年后陆续开展了 Yb^{3+} 掺杂大模场光子晶体光纤的设计和制备研究。

2009 年,华中科技大学陈伟等[32]采用 MCVD 法制备 Yb^{3+} 掺杂芯棒,拉制了 Yb^{3+} 掺杂的光子晶体光纤,纤芯 NA 为 0.06,有效模场面积约为 1 465.7 μm^2。

2012 年,华中科技大学陈瑰等[33]采用 MCVD 结合气相液相混合掺杂技术制备了大芯径的 Yb^{3+} 掺杂石英光纤预制棒,并以此为纤芯制备了芯径约为 90 μm 的光子晶体光纤,模场面积约为 1 330 μm^2,纤芯 NA 为 0.065,并首次实现了国产 Yb^{3+} 掺杂石英光子晶体光纤的高功率激光输出,在 1 m 长的光纤中获得了 102 W 连续激光(continuous wave, CW),斜率效率为 76%。但由于芯棒折射率调控困难,该光纤没有获得单模激光。

2013 年,燕山大学刘建涛等[34]采用粉末烧结技术制备 Yb^{3+} 掺杂的大模场光子晶体光纤,光纤的模场直径为 26 μm,模场面积为 550 μm^2,但是没有激光实验结果报道。

2016 年,上海光机所 Wang(王子薇)等[35]采用自研 105 μm 芯径的超大模场光子晶体光纤在 MOPA 系统中实现了 255 W 的平均功率激光输出,脉宽为 21 ps,重复频率为 10 MHz,峰值功率达到 1.2 MW。

2016 年,华中科技大学李进延课题组[36]研制了 50 μm 和 127 μm 芯径的全固态大模场光子晶体光纤,其中 50 μm 芯径的光纤在 1 064 nm 波段保持了准单模传输特性,光束质量因子 M^2 为 1.37,并获得了 8 W 的放大激光输出,种子激光脉宽为 100 ps,重复频率为 500 kHz;127 μm 芯径的光纤获得了 16 W 放大激光输出,但是光束质量不理想。

2017 年,上海光机所 Wang(王世凯)等[37]报道了通过溶胶凝胶法结合高温烧结法制备大尺寸的 Yb^{3+} 掺杂芯棒,并拉制了 100 μm 芯径的大模场光子晶体光纤,在 MOPA 放大系统中实现了平均功率为 310 W 的激光输出,峰值功率达到 1.5 MW。但由于纤芯折射率偏高,导致激光的光束质量不理想。

2017 年,上海光机所 Wang(王璠)等[38]报道了 50 μm 芯径的 Yb^{3+} 掺杂光子晶体光纤,在 MOPA 系统中实现了准单模的放大激光输出,平均功率为 97 W,M^2 因子为 1.4,种子脉宽为 21 ps,重复频率为 49.8 MHz,峰值功率为 93 kW。

2019 年,上海光机所 Wang(王孟)等[39]通过改进芯棒的均匀性,在 50 μm 芯径的光子晶体光纤中获得了平均功率 272 W 的激光输出,单脉冲能量为 5.6 μJ,峰值功率为 266 kW(种子光波长为 1030 nm,重复频率 48.7 MHz,脉冲宽度为 21 ps)。输出激光功率为 120 W 和 272 W 的 M^2 因子分别为 1.6 和 2.2。另外,在 75 μm 芯径的光子晶体光纤获得了平均功率为 102 W 的皮秒脉冲放大输出(重复频率 1 MHz,脉冲宽度为 100 ps),峰值功率超过 1 MW,斜率效率为 62.2%,M^2 因子为 2.1[40]。

2021 年,上海光机所王璠等[41]报道了通过高浓度 F 离子的掺杂,制备了 40 μm 芯径的保偏光子晶体光纤。在 2 m 长的光纤中,获得了平均功率为 103 W 的激光输出(重复频率 30 MHz,脉冲宽度为 30 ps),斜率效率为 52%,M^2 因子为 1.46。

表 5-1 汇总了国内外 Yb^{3+} 掺杂大模场光子晶体光纤的激光结果。从表中可以看出,国内外的研究机构在 Yb^{3+} 掺杂大模场光子晶体光纤的大芯径、高功率、大能量以及高光束质量等性能指标上取得了不错的进展。

表 5-1　国内外 Yb^{3+} 掺杂大模场光子晶体光纤的激光结果

芯径/μm	平均功率	脉冲能量	峰值功率	输出脉宽	重复频率	M^2	研究单位	参考文献
100	42 W	4.3 mJ	4.5 MW	~1 ns	9.6 kHz	1.3	阿克莱特公司	[29]
100	100 W	1 mJ	1 GW	800 fs	100 KHz	1.2	耶拿大学	[14]
108	11 W	2.2 mJ	3.8 GW	480 fs	78 MHz	1.8	耶拿大学	[15]
135	130 W	26 mJ	500 kW	<60 ns	5 kHz	1.3	耶拿大学	[11]

芯径/μm	平均功率	脉冲能量	峰值功率	输出脉宽	重复频率	M^2	研究单位	参考文献
90	2 000 W	100 μJ	0.8 MW	150 ps	20 MHz	<3	耶拿大学	[18]
60	1 050 W						克莱姆森大学	[25]
26							燕山大学	[34]
90	102 W						华中科技大学	[33]
105	255 W	25.5 μJ	1.2 MW	21 ps	10 MHz	较差	上海光机所	[35]
50	8 W	16 μJ	16 kW	100 ps	500 kHz	1.4	华中科技大学	[36]
100	310 W	31 μJ	1.48 MW	21 ps	10 MHz	较差	上海光机所	[37]
50	97 W	1.95 μJ	92.7 kW	21 ps	49.8 MHz	1.4	上海光机所	[38]
50	272 W	5.6 μJ	266 kW	21 ps	48.7 MHz	2.2	上海光机所	[39]
75	102 W	102 μJ	1 MW	100 ps	1 MHz	2.1	上海光机所	[40]
40	103 W	3.43 μJ	144 kW	30 ps	30 MHz	1.46	上海光机所	[41]

5.2 掺镱大模场光子晶体光纤的制备与性能

为了满足超快激光技术的需求,通过大模场光子晶体光纤获得的放大激光必须保持良好的光束质量。为达到这一应用目标,首先需要进行掺镱大模场光子晶体光纤的结构设计,其次需要制备出所设计的掺镱大模场光子晶体光纤。掺镱大模场光子晶体光纤的制备较普通包层结构掺镱光纤难度更高,尤其对纤芯的折射率分布以及均匀性提出了很高要求。常规用于制备双包层光纤预制棒的方法——MCVD 结合溶液掺杂法[42],在芯棒尺寸、均匀性、折射率大小及分布上难以满足高亮度大模场光子晶体光纤的制备要求。目前公开报道的可用于制备掺镱大模场光子晶体光纤芯棒的方法还有粉末烧结法[43]、多孔玻璃法[44]、溶胶凝胶法结合高温烧结法[45]。此外,由于含有特殊设计的微结构,掺镱大模场光子晶体光纤预制棒的制备及光纤拉制都与普通包层结构掺镱光纤有很大区别。以下分别就掺镱大模场光子晶体光纤的制备与性能进行详细介绍。

5.2.1 光纤制备

掺镱大模场光子晶体光纤的常规制备过程是:先采用堆垛法制备光子晶体光纤的预制棒,然后在特种光纤拉丝塔上拉制成光子晶体光纤。由于光子晶体光纤包层上分布有周期排列的结构,因此,其制备的重点和难点就在拉制过程中需要维持周期性的结构区与设计参数保持一致。本节针对光子晶体光纤包层结构区的材料不同,分为掺镱空气孔光子晶体光纤和掺镱全固态光子晶体光纤,下面分别介绍其制备过程。

5.2.1.1 掺镱空气孔光子晶体光纤

1) 掺镱空气孔光子晶体光纤预制棒的制备

根据结构设计要求,掺镱空气孔光子晶体光纤预制棒由 Yb^{3+} 掺杂的芯棒、内包层毛细管、内包层套管、外包层毛细管和外包层套管等 5 部分组成,其结构如图 5 - 6 所示。其中 Yb^{3+} 掺杂的芯棒是基于溶胶凝胶法结合高温烧结法制备得到的高均匀性的 Yb^{3+} 掺杂石英玻璃(具体制备方法和过程见本书第 3 章),然后通过机械研磨、抛光获得所需尺寸的芯棒;内、外包层套管可以采用合适规格的 F300 石英管;内、外包层毛细管由相应尺寸的 F300 石英管拉制得到。

通过高阶模离域模型[46]和限制损耗模型[47],可以仿真获得针对某一芯径的光子晶体光纤,其最佳的内包层毛细管的孔径和外径比(d/Λ)。假设对于 19 芯光子晶体光纤最佳的 d/Λ 为 0.125,内包层毛细管尺寸设计为外径 1.14 mm/内孔 143 μm。相应的 Yb^{3+} 掺杂芯棒外径为 4.9 mm,内包层套管尺寸为外径 19.5 mm/内孔 15 mm,外包层套管尺寸为外径 32 mm/内孔 21 mm,外包层毛细管尺寸为外径 750 μm/内孔 700 μm。构成预制棒的 5 个组成部分尺寸见表 5-2。因此,制备 19 芯光子晶体光纤预制棒需要 4 个规格的 Heraeus 公司

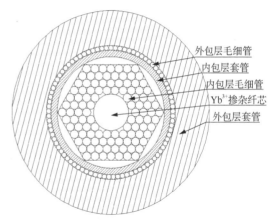

图 5-6　19 芯光子晶体光纤预制棒示意图

F300 石英管,分别是外径 30 mm/内孔 3.75 mm 的厚壁石英管用以拉制内包层毛细管,外径 30 mm/内孔 28 mm 的薄壁石英管用以拉制外包层毛细管,外径 19.5 mm/内孔 15 mm 的石英管用作内包层套管,以及外径 32 mm/内孔 21 mm 的石英管用作外包层套管。预制棒制备流程如图 5-7 所示。

表 5-2　19 芯光子晶体光纤预制棒组成部分尺寸

组成部分	外径	内孔直径	d/Λ	石英管外径	石英管内径
Yb^{3+} 掺杂芯棒	4.9 mm				
内包层毛细管	1.14 mm	～143 μm	0.125	30 mm	3.75 mm
内包层套管	19.5 mm	15 mm			
外包层毛细管	750 μm	700 μm	0.933	30 mm	28 mm
外包层套管	32 mm	21 mm			

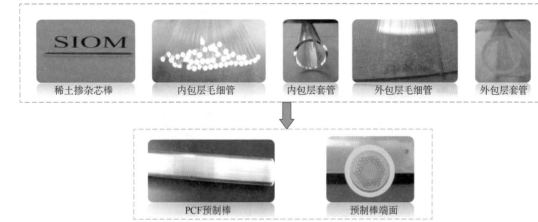

图 5-7　光子晶体光纤预制棒制备流程图

在预制棒的制作中,需要将 2 个规格的 F300 石英管拉制成内包层毛细管和外包层毛细管。在拉制毛细管的过程中,为了避免手动剪切毛细管带来的污染,在拉丝塔上设计了毛细管

自动剪切和收集装置,如图 5-8 所示。在制备毛细管时,拉制长度达到设定长度,自动剪切装置里的刀片在气动阀的带动下切割毛细管,然后通过移动导轮将毛细管折断,落入收集盒内,完成自动剪切和收集过程。

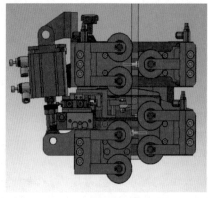

(a) 设计图　　　　　　　　　　(b) 实物图

图 5-8　石英毛细管自动剪切和收集装置

19 芯光子晶体光纤预制棒采用堆垛法制备,在堆垛过程中需要将 108 根内包层毛细管搭建成六边形密排结构,近 100 根外包层毛细管在内外包层套管之间搭建成圆形结构。为了方便毛细管搭建,设计制作了预制棒堆垛装置,如图 5-9 所示。采用聚四氟乙烯作为装置的主要部件材料,避免接触毛细管时带来杂质污染。将 4 片聚四氟乙烯构件组成六边形结构,通过调节固定位置获得不同尺寸的六边形结构,从而可以制备不同尺寸的预制棒。将聚四氟乙烯结构固定在滑块上,调节滑块在导轨上的位置可以制备不同长度的预制棒。

图 5-9　光子晶体光纤预制棒堆垛装置

2) 掺镱空气孔光子晶体光纤的拉制

完成光子晶体光纤预制棒制作后,将预制棒拉制成光子晶体光纤的过程中,最关键的是要在高温拉制过程中保持光纤的微结构不改变,消除毛细管间的间隙,维持空气孔的数量和尺寸。为消除毛细管间隙,需要对预制棒的各部分间隙抽负压,通过一定的真空度促使预制棒里的间隙在高温下闭合。保持空气孔的数量和直径,需要为每个空气孔提供一定的气压,通过精确的正压控制,保证每个空气孔在高温下能打开至设计的直径,并保持稳定。

为了提供精确控制的正压和负压条件,设计并制作了光子晶体光纤的气压控制装置,如图5-10所示。气压控制装置通过质量流量计提供流量可控的氮气,通过大容量的压力仓减小气压波动,通过高精度压力计监控精确的正压值。最后通过专门设计的预制棒夹头提供给各部分的毛细管。同时该装置通过隔膜泵和针阀提供稳定的真空度。利用高精度的真空度计监控压力仓的负压值,然后提供给预制棒。气压控制装置可以同时提供精确控制的正压和负压,满足光子晶体光纤的制备要求。

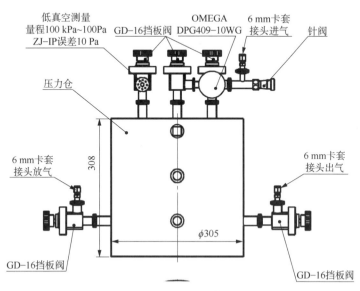

图5-10 制备光子晶体光纤的气压控制装置

为了将气压控制装置的正压和负压同时提供给预制棒的空气孔部分和间隙部分,设计了特殊的预制棒夹头,其示意图如图5-11a所示。通过该预制棒夹头,可以为预制棒的每个毛细管内孔提供正压,促使毛细管空气孔,特别是外包层毛细管空气孔,充分打开并维持在一定的尺寸。同时消除毛细管之间、毛细管和套管之间的间隙,促使预制棒的各部分充分闭合,形成一个整体,有利于提高光纤的强度。图5-11b为制备的光子晶体光纤外包层空气孔的局部图。通过精确控制正压条件,光纤的外包层空气孔从圆形被撑开至椭圆形,并且孔和孔之间的结合壁厚度小于$1\,\mu m$,能够实现0.5以上的内包层数值孔径,可以极大地提高光子晶体光纤泵浦光的耦合效率。

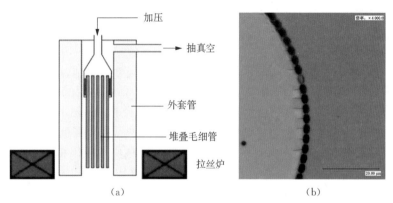

(a)   (b)

图5-11 光子晶体光纤的预制棒夹头结构(a)和所制备光纤的外包层空气孔(b)

(a) 石墨加热体　　　　(b) 拉丝炉结构

图 5-12　制备光子晶体光纤的拉丝炉

由于大模场光子晶体光纤结构复杂，一致性要求高，因此对拉丝炉的温度场做了特殊的设计。图 5-12 为设计的光子晶体光纤拉丝炉石墨加热体和炉腔结构。通过缩短石墨加热体加热区高度，减小高温区范围，并降低高温区对两端低温区的辐射影响，使得预制棒只被很小的高温区域加热，避免高温区以外的温场破坏预制棒结构。另外延长了拉丝炉的冷却管，在形成光子晶体光纤结构并离开高温区后，通过较长的冷却管，使得光纤获得相对较长的冷却时间，避免了急冷带来的应力，有利于提高光纤的强度。

通过上述气压控制装置、预制棒夹头、拉丝炉结构等方面的设计和应用，同时改进优化拉丝温度、拉丝速度、拉丝张力，以及预制棒气压和真空度的设定等拉丝工艺，获得完整、符合设计要求的大模场光子晶体光纤内外包层结构。

5.2.1.2　掺镱全固态光子晶体光纤

全固态光子晶体光纤和空气孔光子晶体光纤最大的区别在于，前者采用固态材料调节光子晶体结构。一般采用比内包层折射率低得多的固体材料替代空气孔，形成全固态光子晶体结构。相比空气孔大模场光子晶体光纤，全固态光子晶体光纤具有以下优势：一是不需要维持空气孔结构，拉丝过程相对简单；二是容易与商用泵浦源熔接，实现全光纤化；三是避免结构受污染，降低了保存难度和使用成本；四是避免因空气孔的存在而导致纤芯热积聚，在高功率运行时有利于光纤散热。

2003 年，英国南安普顿大学[48]采用两种不同折射率的硼硅酸盐玻璃制备了无源的全固态折射率导引型光子晶体光纤；2010 年，中国科学院西安光学精密机械研究所[49]在此基础上报道了无源的全固态折射率导引型保偏光子晶体光纤。2012 年，中国科学院上海光学精密机械研究所[50]进一步发展了这种光纤，在国际上首次研制成功了全固态折射率导引型有源光子晶体光纤，并应用于激光实验：在 Nd^{3+} 掺杂磷酸盐全固态光子晶体光纤中实现了功率为 7.9 W、斜率效率为 38.1% 的激光输出，随后又实现了 Yb、Yb/Er 掺杂等超过 10 W 的磷酸盐和硅酸盐全固态光子晶体光纤的近单模激光输出[51-53]，为高亮度光纤激光器开拓了一种新的有源光纤结构。2015 年，法国 Limoges 大学[31]报道了 40 μm 芯径的 Yb^{3+} 掺杂石英全固态非周期性大跨度光纤（FA-LPF），实现了 230 W 连续激光输出，在 100 W 时光束质量因子 M^2 达到 1.3。2016 年，中国华中科技大学[36]报道了 50 μm 和 127 μm 芯径的掺镱全固态光子晶体光纤，分别获得了 8 W 和 16 W 的脉冲放大激光输出，验证了 50 μm 芯径的光纤对 1 064 nm 的种子光传输模式没有大的影响，M^2 保持在 1.37，但是 127 μm 芯径的光纤已不能保持准单模传输。

如前所述，由于 Yb/Al 掺杂芯棒的折射率过高而导致空气孔掺镱大模场光子晶体光纤的光束质量不理想，因此，提高内包层材料的折射率，从而降低纤芯和内包层之间的折射率差、减小纤芯的数值孔径，可以实现高亮度的激光输出。另外，采用低折射率的材料替代空气孔，形成全固态光子晶体光纤结构，降低了与商用泵浦源的熔接难度，从而更容易实现全光纤化、更具器件化应用前景。

1) 掺镱全固态光子晶体光纤的结构

基于溶胶凝胶法制备的 Yb^{3+} 掺杂芯棒，上海光机所王孟[54] 设计制作了如图 5-13 所示的全固态掺镱大模场光子晶体光纤。该光纤结构由 4 部分组成，分别是：纤芯采用 Yb^{3+} 掺杂芯棒；内包层六边形结构采用高折射率的材料，如 Ge 或者 Al 掺杂的石英玻璃；内包层结构孔采用折射率比内包层材料低的材料，如 F 或者 B 掺杂的石英玻璃，或者纯石英玻璃；内包层外面采用 F300 套管作为保护层。初期研究的光纤内包层结构采用轴向气相沉积（VAD）法制备的大尺寸 Ge 掺杂石英玻璃，内包层结构孔采用纯石英材料，纤芯采用 7 芯取代结构，芯径约为 50 μm。

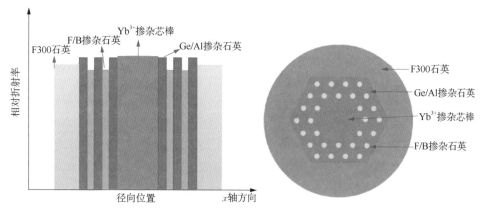

图 5-13　全固态掺镱大模场光子晶体光纤结构

在制备 50 μm 芯径光纤过程中，首先采用 VAD 法制备 Ge 掺杂的玻璃棒作为内包层材料，然后根据掺 Ge 玻璃棒的折射率、匹配 Yb^{3+} 掺杂的芯棒，使两者折射率差达到 $3×10^{-4}$，采用堆垛法制备光纤预制棒，最后拉制成全固态掺镱光子晶体光纤。

2) 掺镱全固态光子晶体光纤包层材料的制备

VAD 法最早由日本电报电话公司（NTT）提出[55]，目前主要用于通信光纤的掺 Ge 芯棒制备，流程如图 5-14a 所示。采用 VAD 法制备掺 Ge 的光纤预制棒，其纤芯剖面折射率通常不是平的，图 5-14b 为典型的纤芯剖面折射率分布图。但是作为全固态掺镱光子晶体光纤的内包层材料，折射率高低分布的内包层会影响激光的传输，因此需要采用高温均化的方法进一步处理掺 Ge 的玻璃棒。

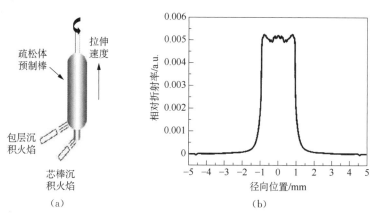

（a）　　　　　　　　　（b）

图 5-14　VAD 制备掺 Ge 光纤预制棒流程（a）和预制棒典型剖面折射率分布（b）

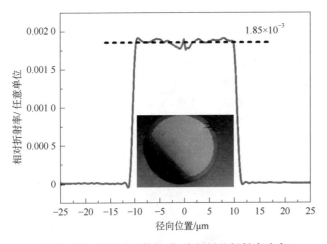

图 5-15 高温均化的掺 Ge 光纤纤芯折射率分布

利用 MCVD 车床对 VAD 制备的掺 Ge 玻璃棒进行高温均化。均化后的掺 Ge 细棒拉制成毛细棒,测试掺 Ge 毛细棒的均匀性。将掺 Ge 毛细棒拉制成光纤后,利用 IFA-100 光纤折射率分析仪测试掺 Ge 纤芯的折射率分布,如图 5-15 所示,其中内嵌图为毛细棒的显微端面照片。从图中可以发现,掺 Ge 玻璃棒经过高温均化后,相对平均折射率约为 1.85×10^{-3},折射率波动在 5×10^{-5} 之内。说明对于折射率高低分布的掺 Ge 玻璃棒,高温均化能够使折射率的分布平坦化。测试了掺 Ge 光纤的损耗,如图 5-16 所示。从图中可以发现,经过均化的掺 Ge 光纤在 1 200 nm 的损耗约为 19 dB/km。相比 VAD 制备的单模光纤,1 200 nm 的损耗值约为 0.5 dB/km,表明高温均化过程增加了十几 dB/km 的损耗,可能是因为均化过程中界面引入了杂质,造成吸收损耗的增加。利用堆垛法,将均化后的掺 Ge 毛细棒和 F300 石英棒以 d/Λ 为 0.41 的比例制作预制棒,然后拉制成外径 $\phi1.14$ mm 的 Ge-Si 细棒作为全固态掺镱光子晶体光纤内包层毛细棒,其端面显微照片如图 5-17 所示。

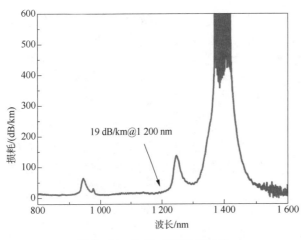

图 5-16 掺 Ge 光纤的损耗谱

图 5-17 全固态掺镱光子晶体光纤内包层毛细棒端面显微照片

3) 掺镱全固态光子晶体光纤的制备

经过高温均化后的掺 Ge 内包层毛细棒相对于纯石英的折射率差为 1.85×10^{-3},根据高亮度全固态光子晶体光纤的结构模拟计算结果,需要匹配纤芯相对折射率为 2.15×10^{-3} 的 Yb^{3+} 掺杂芯棒。根据 Xu 等[56]对 Yb^{3+} 和 Al^{3+} 掺杂量对石英玻璃折射率的影响规律研究,选择 0.095 mol% Yb_2O_3-0.95 mol% Al_2O_3 掺杂组分制备芯棒,编号为 YA-0.095-0.95。采用溶胶凝胶法结合高温烧结法制备 YA-0.095-0.95 芯棒,然后加工成 $\phi2.8 \times 90$ mm 的细棒。采用棒管法拉制光纤测试了 YA-0.095-0.95 芯棒经过高温拉丝后的纤芯折射率分布,测试结果如图 5 - 18 所示,内嵌图为 YA - 0.095 - 0.95 芯棒照片。从图中可以发现,YA - 0.095 - 0.95 芯棒经过高温拉丝后相对平均折射率为 $2.18×10^{-3}$,折射率波动在 $5×10^{-5}$ 之内。芯棒折射率比内包层大 $3.3×10^{-4}$,因此纤芯的相对 NA 为 0.031,基本符合高亮度全固态掺镱光子晶体光纤的结构设计对纤芯折射率的要求。

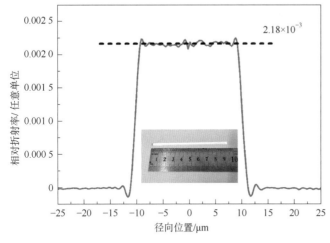

图 5 - 18 YA - 0.095 - 0.95 纤芯折射率分布

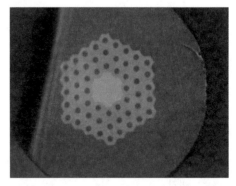

图 5 - 19 50 μm 芯径全固态掺镱大模场光子晶体光纤端面显微照片

以 54 根 Ge - Si 毛细棒作为内包层,YA - 0.095 - 0.95 芯棒作为纤芯,采用七芯取代的方式,堆垛成全固态掺镱光子晶体光纤预制棒。在 2 050℃ 高温下将预制棒拉制成全固态掺镱光子晶体光纤。区别于拉制空气孔掺镱光子晶体光纤时需要气压和真空度的精确控制以保持空气孔结构和消除毛细管间隙,全固态掺镱光子晶体光纤不存在空气孔结构,拉制光纤时只需维持真空环境以消除毛细棒间隙。因此,制备全固态掺镱光子晶体光纤的工艺过程得到极大简化,更容易制备结构均匀的光子晶体光纤。图 5 - 19 为制备的全固态掺镱大模场光子晶体光纤端面显微照片。光纤的芯径约为 50 μm,外径约为 310 μm,结构孔直径 d 约为 6.6 μm,孔间距 Λ 约为 16 μm,结构孔层数为 3 层。

采用 IFA - 100 光纤折射率分析仪,以面扫描的方式测试了 50 μm 芯径全固态掺镱大模场光子晶体光纤的二维折射率分布和一维折射率分布,结果如图 5 - 20 所示。其中,图(a)为 633 nm 波长处全固态掺镱光子晶体光纤二维折射率分布,可以从中分辨出纤芯、内包层和结构孔的折射率,其中纤芯的折射率分布较为均匀;图(b)为全固态掺镱光子晶体光纤的一维折射率分布,可以从中明显看出三层内包层结构孔的分布。计算纤芯的平均折射率与掺 Ge 内包层有效折射率的差值,约为 $3.6×10^{-4}$,纤芯相对 NA 为 0.032。

5.2.2 光纤性能

光子晶体光纤包层含有规则或无规则排列的结构,这使其具有与双包层光纤截然不同的光学性能,如无截止单模特性、超大包层数值孔径等。下面分别介绍光子晶体光纤在吸收、损耗、模式传导等方面的特性。

5.2.2.1 吸收特性

吸收特性是有源光纤的一个重要参数,它决定光纤对泵浦光的有效利用程度,影响激光效

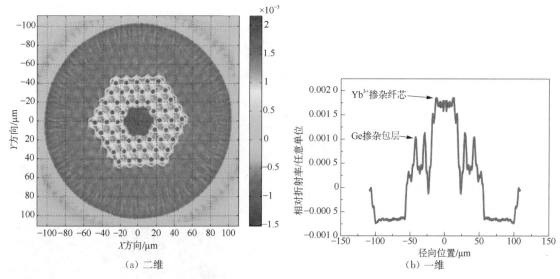

（a）二维　　　　　　　　　　　　　　（b）一维

图 5 - 20　50 μm 芯径全固态掺镱大模场光子晶体光纤折射率分布

率。对于包层光纤,采用八边形等非圆对称结构可以有效降低泵浦光中螺旋光的比例,提高泵浦光的吸收效率,但部分低数值孔径的泵浦光仍有可能不被吸收。光子晶体光纤中的结构区能够提供散射扰动,改变这部分光的传输方向,使其能穿过纤芯而被吸收,如图 5 - 21 所示。丹麦 NKT 公司在一次报告中对比了包层阶跃光纤以及光子晶体光纤在不同数值孔径下对环形强度分布泵浦光的吸收,如图 5 - 22 所示。从图中可以看出,光子晶体光纤在泵浦光具有不同数值孔径时,吸收变化并不大;而对于包层阶跃光纤来说,泵浦光的数值孔径对其吸收有较大影响。因此,在具有同样物理尺寸参数、同样稀土掺杂浓度时,光子晶体光纤比包层阶跃光纤对泵浦光的吸收更加充分。

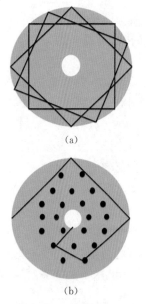

图 5 - 21　泵浦光在阶跃包层光纤(a)和
　　　　　光子晶体光纤(b)中的传输

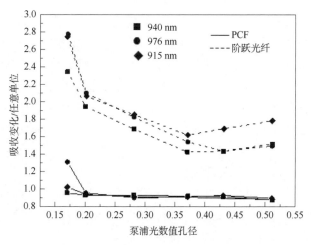

图 5 - 22　包层阶跃光纤和光子晶体光纤对不同
　　　　　发散角泵浦光的吸收

稀土掺杂大模场光子晶体光纤具有模场面积大(可大于 $30\,\mu m$)、单位长度增益高、模式好等特点,可直接用于脉冲放大系统,获得大脉冲能量(mJ 量级)、高峰值功率(MW 量级)以及高亮度激光输出。为了进一步降低非线性,使用长度通常较短,因此要求其吸收系数要大。对于 NKT 公司提供的掺镱光子晶体光纤产品,其 $40\,\mu m$ 纤芯尺寸的光纤吸收系数约 10 dB/m@975 nm,而 $85\,\mu m$ 纤芯尺寸的掺镱光纤吸收系数可以达到 15 dB/m@975 nm。光子晶体光纤的吸收系数可以采用截断法测试,但是测试时要注意:首先要保证测试光都在内包层传输,这可以通过在光纤外包层加上滤除来实现;其次,由于镱离子在 976 nm 处有大的吸收和发射截面,因此对于高镱离子掺杂的光纤,其测试长度的选择非常重要。对自研 40/260 型掺镱光子晶体光纤在不同波长处的吸收测试发现,当光纤长度超过一定值时,光纤对泵浦光的吸收不再是线性变化,尤其是具有大吸收截面的 976 nm 处,如图 5‑23 所示。这意味着在测量高镱掺杂浓度的光纤时,选择的长度不能过长,不同波长处选择的光纤长度也不相同。

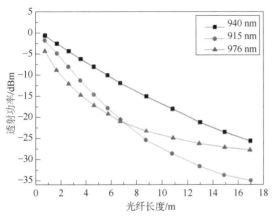

图 5‑23　掺镱光子晶体光纤在不同长度下的吸收

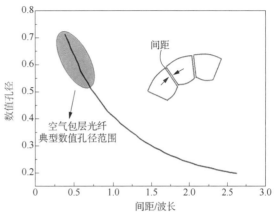

图 5‑24　空气孔包层光纤的数值孔径与孔间距之间的关系[57]

5.2.2.2　空气孔包层数值孔径

为了保证足够的耦合效率,要求光子晶体光纤内包层数值孔径(NA)尽可能大。利用空气孔包层可以获得较大的 NA,一般大于 0.5,甚至可以达到 0.8。这是目前常规光纤涂覆材料无法实现的(其通常为 0.46~0.48)。光子晶体光纤的 NA 由处于内外包层之间的空气孔决定。空气孔的间距(孔壁的厚度)决定了内包层 NA 的大小,空气孔的壁厚与 NA 的关系如图 5‑24 所示[57]。通常光子晶体光纤内包层的空气孔间距小于其传输波长的一半,因此其 NA 都大于 0.5。光子晶体光纤内包层 NA 的大小可采用远场扫描法测试。

5.2.2.3　模式特性

常用的纤芯材料为稀土掺杂的石英玻璃,包层为纯石英玻璃。这两种材料的色散曲线基本一致。因此,包层光纤的纤芯 NA 在不同波长处不会有大的变化。当光纤运行在比单模截止波长更长的波段时,只能激发出单一模式,为单模光纤;当光纤运行在比截止波长更短的波段时,可以激发出多个模式,为多模光纤。由于制备包层阶跃光纤的 MCVD 技术限制,目前商用掺镱包层光纤的纤芯 NA 约为 0.06,而文献报道最低数值孔径可以降低到 0.03 左右,但均匀性有待提高[58]。对于光子晶体光纤而言,包层有效折射率 n_{eff} 与结构有关,因此纤芯有效折射率由空气孔或者低折射率材料的填充率决定、随包层结构参数空气孔大小及空气孔间距而变化。图 5-25 给出纤芯 NA 随结构参数的变化,其中 d 代表空气孔的直径、Λ 代表两近邻空气孔中心的距离[59]。从图中可以看出,随着空间填充率的增大即 d/Λ 的增加,纤芯折射率逐渐增大。无论是固定空气孔尺寸还是固定孔间距,改变另一个尺寸,都可以在较大范围内改变纤芯的 NA,进而改变光纤的光学特性。

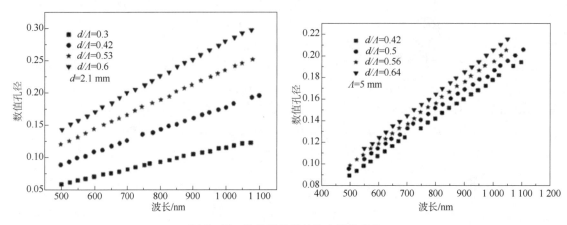

图 5-25　数值孔径随结构参数的变化

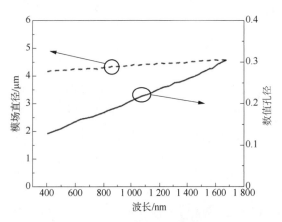

图 5-26　无截止单模光纤的模场直径和
数值孔径随波长的变化

由于光子晶体光纤的纤芯 NA 可以随结构、波长发生较大的改变,因此光子晶体光纤可以在一个较大的范围内保持单模特性。图 5-26 给出 NKT 公司对无截止单模(单模区域 400~1 700 nm)光子晶体光纤产品介绍。从图中可以看出,光子晶体光纤的纤芯 NA 随波长的增大而增大。当光纤运行在长波波段时,包层有效折射率会变小,纤芯 NA 变大;当光纤运行在短波波段时,包层有效折射率变大,纤芯 NA 变小。因此,光子晶体光纤可以在一个较大的波长范围内保持单模特性,这是阶跃光纤无法实现的。

与包层光纤类似,光子晶体光纤的纤芯尺寸越大,其纤芯 NA 也会相应减小。对于 40 μm 纤芯的光子晶体光纤来说,其纤芯 NA 在 0.03 左右;对于更大芯径的光纤,其纤芯 NA 更小。85 μm 纤芯的光子晶体光纤纤芯和包层的折射率差带来的数值孔径值已经非常小。

归一化频率 V 决定着光纤中传播的模式数量。对于阶跃型光纤,单模传输的条件如下:

$$V = \frac{2\pi a}{\lambda}\sqrt{n_{\text{core}}^2 - n_{\text{clad}}^2} < 2.405 \qquad (5-4)$$

式中,a 为纤芯半径;n_{core}、n_{clad} 分别为纤芯和包层折射率;λ 为输出波长。

光子晶体光纤的归一化常数可以定义为

$$v = \frac{2\pi a}{\lambda}\sqrt{n_{\text{core}}^2 - n_{\text{eff}}^2} \qquad (5-5)$$

可以用 n_{FSM} 代替 n_{clad}。FSM 定义为结构无限大的光子晶体光纤包层所传输的基本空间填充模,包层的有效折射率可以定义为

$$n_{eff} = \beta_{FSM} \cdot k \qquad (5-6)$$

纤芯的横向波矢 k 介于 0 到 $k_{max} = (k^2 n_{core}^2 - \beta_{FSM}^2)^{1/2}$ 之间才能有效传输。

光子晶体光纤的纤芯尺寸 a 可以有不同的定义,可以定义为 0.5Λ、0.625Λ、Λ 等不同的值[60-62],因此光子晶体光纤的归一化常数可以定义为不同值。通过以上公式可以看出,PCF 的归一化常数 V 不但与波长有关还与孔间距 Λ 有关。计算表明,当 Λ/λ 趋于无限大时,在给定的 d/Λ 下,就可以实现无截止单模传输。图 5-27 给出光子晶体光纤的 V 值与 Λ/λ 的曲线,当包层的填充率一定时,光子晶体光纤可以在很宽的波长范围内具有单模传输特性(被称为无截止单模光纤),这是包层光纤无法做到的。

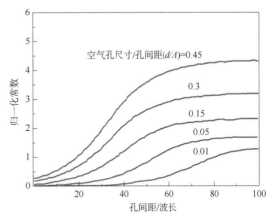

图 5-27　光子晶体光纤的归一化常数
随孔间距变化曲线[62]

对于纤芯直径较小的光子晶体光纤,可以在很宽的波长范围内实现单模传输。但对于大模场光子晶体来说,为了追求更大的模场面积,会将纤芯面积扩大,其单模波长范围将会缩小。图 5-28 给出相同结构参数下 7 芯光纤与 1 芯光纤的单模区域,从图中可以看出,7 芯光纤的单模区域远小于 1 芯光纤[63]。

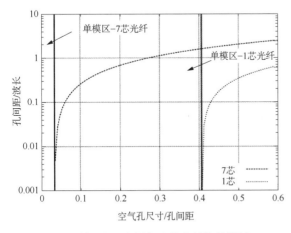

图 5-28　7 芯光纤与 1 芯光纤的单模区

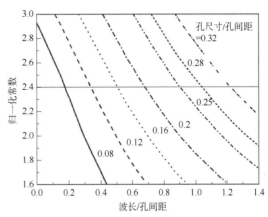

图 5-29　7 芯光纤的归一化常数结构参数的影响[63]

为了在更大纤芯尺寸的光子晶体光纤中获得单模传输,可以通过改变包层结构加以实现。图 5-29 给出在不同的空气孔及孔间距情况下 7 芯光子晶体光纤的归一化常数。从图中可以看出,在小的 d/Λ(即空气填充因子)下光纤具有较大的单模范围,但是小的空气填充因子可能会导致大的导波模限制损耗。因此,在光纤设计时要综合考虑各影响因素。

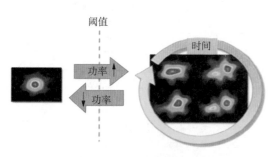

图 5-30　模式不稳定导致的光斑变化

5.2.2.4　模式不稳定效应

模式不稳定效应是指当光纤输出功率超过某一个特定的阈值后,激光模式会出现与时间相关的随机变化,主要表现为光纤的高阶模含量增加、光束质量劣化。2010 年德国耶拿大学 Eidam 在实验过程中观测到了模式不稳定现象,如图 5-30 所示[64],引起了各国研究者的广泛关注。目前认为模式不稳定现象产生的根源是,由于光纤中的高阶模和基模相互干涉,在纤芯中形成周期性的光强分布。因此,在放大过程中,会在纤芯掺杂区域形成周期性的增益提取、形成周期性的热分布;由于热光效应,纤芯中会形成长周期折射率光栅,该光栅使能量在低阶模式和高阶模式之间耦合。

了解模式不稳定的形成机理之后,研究者们提出了各种方法以提高光子晶体光纤的模式不稳定阈值。德国耶拿大学研究发现光子暗化与模式不稳定阈值有密切关系,其研究表明:量子亏损产热不是光纤中的唯一热源,光子暗化效应是可能的另一热源[65]。采用 976 nm 波长泵浦,对 1 030 nm 波长的信号进行放大时,光子暗化造成的光纤热负荷高于量子亏损导致的热负荷。光子暗化效应即便只导致了较小的功率损耗,它对模式不稳定阈值的影响巨大。因此,降低光纤中的光子暗化效应可以提高光纤的模式不稳定阈值。改善光纤结构,增大高阶模的损耗,也可以有效提高光纤中的模式不稳定阈值。耶拿大学的研究人员提出了大跨度光纤。由于该光纤具有开放的波导结构,对高阶模有很强的非定域作用,离域的高阶模增益大大减小。同时,非定域作用还可以抑制光纤中高阶模的激发。因此,大间距光纤可以使模式不稳定阈值功率提高,实验结果表明可以提高近 3 倍[66]。丹麦科技大学的研究人员提出了分布式模式过滤光纤[67],通过设计光纤的折射率分布,将高阶模耦合到高折射率的包层中,不在纤芯中传输,从而抑制高阶模。该结构可以提高基于大模场面积光纤的光纤放大器模式不稳定阈值功率,实验中提高 1.5 倍。耶拿大学的研究人员还提出了通过部分掺杂来调高模式不稳定现象出现的功率阈值[68]。部分掺杂即掺杂区域小于纤芯区域,这样的掺杂结构可以使基模和高阶模的增益不同,达到抑制高阶模的作用,从而提高模式不稳定现象出现的阈值功率。除了改变光纤本身的特性提高模式不稳定阈值,还可以通过控制热负载[69]、同带抽运[70]、提高种子激光功率[71]等方法来提高光纤的模式不稳定阈值。

5.2.2.5　光纤损耗

损耗是光纤最重要的指标之一。对于包层光纤,其纤芯的损耗主要取决于纤芯材料本身的损耗以及纤芯与包层的边界损耗。稀土掺杂光纤的损耗通常小于 10 dB/km@1 200 nm,而非掺杂包层光纤的损耗已经接近理论极限,在 1.5 μm 处约 0.2 dB/km。

对于光子晶体光纤来说,除了固有损耗还存在结构限制损耗。其固有损耗可用下式描述:

$$\alpha_{dB} = A/\lambda^4 + B + \alpha_{OH} + \alpha_{IR} + \alpha_{uv} \qquad (5-7)$$

式中,等号右端第一项代表瑞利散射带来的本征损耗,第二项代表光纤的波导缺陷带来的损耗,第三及第四项代表羟基以及红外吸收损耗,最后一项代表紫外吸收引起的损耗。目前商用光子晶体光纤中的固有损耗主要来源于羟基吸收、紫外吸收以及光纤的波导缺陷。

光子晶体光纤中的瑞利散射损耗和包层光纤中的瑞利散射损耗,都是由纤芯材料中的不均匀引起的。

光子晶体光纤中羟基吸收带来的损耗基本都超过 10 dB/km@1 380 nm,由此而引起的损耗大约是 0.1 dB/km@1 550 nm,这与光纤的本征损耗量级相当。因此对于工作在 1.5 μm 的光子晶体光纤而言,干燥脱羟基过程可有效减小羟基带来的损耗。羟基吸收带来的损耗对 1 μm 波长影响较小。但紫外吸收在 1 μm 波长处的拖尾对光子晶体光纤的损耗有较明显的影响,因此要尽可能减少光纤材料中的 Fe 离子等,进而减少紫外吸收对 1 μm 波长处损耗的影响。

光子晶体光纤的波导缺陷损耗是引起光纤损耗的一个重要原因,这种缺陷损耗主要由光子晶体光纤结构中毛细孔表面不光滑引起。在实际制备过程中,空气孔的表面会有微小裂痕以及污染,如果微裂纹以及污染的尺寸与导波模的波长相当,就会引起较大的散射损耗。在光子晶体光纤拉制过程中,光纤尺寸的起伏也带来附加损耗,尤其是在光纤中空气孔的尺寸以及间隔也有所改变时。

对于光子晶体光纤还必须考虑波导限制损耗(泄漏损耗)。限制损耗是光子晶体光纤中由于结构层数的有限性导致的。因此,对于实际的光子晶体光纤而言,所有的导波模式在沿着光纤传输时都是"泄漏"的。光子晶体光纤的设计,就是使得高阶模的泄漏损耗足够大、低阶模的泄漏损耗较小,来保证光纤的单模特性。纤芯尺寸越大,为了保持单模特性,其结构损耗也越大。对于大芯径的光子晶体光纤,其结构损耗可以达到 0.5 dB/m。因此,大芯径的光子晶体光纤的增益通常较大,使用长度较短。

对于空气孔型的光子晶体光纤,光被空气孔限制在芯区传输。当空气孔的限制作用不够时,光可以从纤芯逸散到包层。因此,设计合理的空气孔尺寸以及孔间距,以保证光子晶体光纤具有较低的限制损耗,是一项重要的工作。合理的设计可以将限制损耗降低到可忽略的水平。理论研究表明,限制损耗强烈依赖于空气孔的层数,具有大的空气填充因子设计的光纤尤其明显。因此实际制备中,可以适当增加空气孔的层数来降低限制损耗。图 5 - 31 给出 7 芯光子晶体光纤在 1.5 μm 处的限制损耗随空气孔尺寸以及空气孔间距的变化。从图(a)中可以看出,随着结构层数从 1 增加到 6,限制损耗明显降低。图(b)则表明,当空气孔间距一定时,限制损耗随空气孔尺寸的增大而减小。但随着空气填充因子的增加,有可能使高阶模的损耗也明显降低,劣化光纤的模式特性。

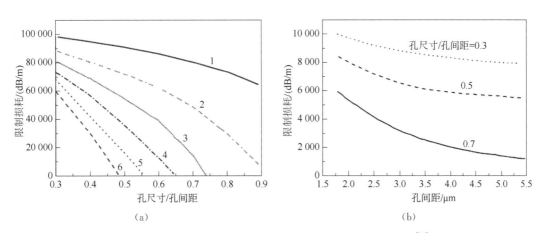

图 5 - 31　结构层数(a)以及结构参数(b)对限制损耗的影响[72]

光子晶体光纤的损耗仍然可以使用截断法测试。但由于其通常是三包层结构,因此采用常规的测试方法时,其包层内传输的光无法剥除,测试结果包含了纤芯和内包层两部分的损耗。可以采用在输出端熔接一段包层光纤的方式去除内包层的影响。而对于保偏光子晶体光纤,其不同偏振方向的损耗可能有所不同。针对此类光纤,可采用线偏振光入射到不同的偏振轴测试其损耗随偏振态的变化。

5.2.2.6 弯曲损耗

光纤的弯曲直径小于某一个值时,会带来明显的弯曲损耗。当使用波长大于某一个值时,弯曲可以导致光纤所有模式的损耗都显著增加,此时称为长波弯曲截止边。对于光子晶体光纤也存在同样的现象,甚至还存在短波截止边。这是由于当波长小于截止波长时,弯曲可导致基模向高阶模耦合,从而泄露到包层中。对于六边形结构的光子晶体光纤而言,大的空气填充因子(即大的 d/Λ)可以降低弯曲带来的损耗。但大模场光子晶体光纤通常需要在较大的模场直径下保持良好的模式特性,这就限制了空气孔不能随意增大,可以通过改变光纤结构形状以及纤芯排布降低弯曲损耗。

对于包层光纤的弯曲损耗,已经有很多文献报道。但这些方法是建立在光纤的圆对称纤芯分布基础上,不适用于光子晶体光纤。文献[73]报道了一种有效模拟光子晶体光纤弯曲损耗的理论方法,提出了影响弯曲损耗的两种机制:过渡损耗以及纯弯曲损耗。过渡损耗主要发生在弯曲开始以及结束的区域,过渡损耗可以认为是一种耦合损耗,主要是由于在光纤弯曲时与光纤拉直时的模场并不完全匹配。纯弯曲损耗发生在光纤的弯曲部分,是由于光纤模场的中间部分传输较快,而边缘部分不能与中间保持稳定的相位差导致的。文献[74]给出六边形光子晶体光纤弯曲损耗的表达式:

$$\alpha \approx \frac{1}{8\sqrt{6\pi}} \frac{1}{n_s} \frac{\Lambda}{A_{eff}} \frac{\lambda}{\Lambda} F\left[\frac{R}{6\pi^2 n_s^2 \Lambda}\left(\frac{\lambda}{\Lambda}\right)^2 V_{PCF}^3\right] \qquad (5-8)$$

$$F(x) = x^{-1/2}\exp(-x) \qquad (5-9)$$

功率衰减 $$P(z) = P(0)\exp(-2\alpha z) \qquad (5-10)$$

式中,n_s 为纤芯折射率;A_{eff} 为有效模场面积;λ 为使用波长;Λ 为空气孔跨度;V_{PCF} 为光子晶体光纤的归一化常数;R 为弯曲半径。实验证明,式(5-8)可以与实际测试结果很好地对应。

对于芯径较小的光子晶体光纤,其纤芯数值孔径较大,因此弯曲损耗较小。对于较大芯径的光子晶体光纤(纤芯尺寸大于 30 μm),其纤芯数值孔径在 0.03 左右,仍然可以在较小的弯曲直径下保持小的单模损耗。图 5-32 给出 NKT 公司对其 40 μm 芯径的掺镱光子晶体光纤产品的抗弯曲特性介绍。可以看出,在弯曲直径大于等于 30 cm 时,弯曲带

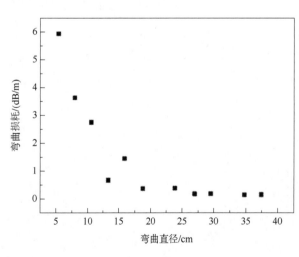

图 5-32 弯曲对光子晶体光纤基模损耗的影响

来的损耗很小。

5.2.2.7　双折射

理想单模光纤的横截面和折射率分布是对称的,基模 HE_{x11} 和 HE_{y11} 互相正交且具有相同传输常数是相互简并的,在没有外界扰动情况下可以保持线偏振光的偏振方向不变。但实际的光纤并不那么完美,或在外界扰动下,x、y 方向的两个模式相互耦合,降低传输光的偏振度。因此,可以人为加大两个方向传播常数的差值,降低耦合效率,制成双折射-保偏光纤;传播常数大的称为慢轴,传播常数小的称为快轴。双折射的值可以用模式双折射 B 表示:

$$B = \frac{\Delta\beta}{k_0} = \frac{|\beta_x - \beta_y|}{k_0} = \frac{|n_{\text{eff}}^x k_0 - n_{\text{eff}}^y k_0|}{k_0} = |n_{\text{eff}}^x - n_{\text{eff}}^y| \tag{5-11}$$

B 表示两个正交模式的有效折射率之差,差值越大保偏性能越好。光子晶体光纤中可以通过提高几何尺寸的非对称程度或者改变某一方向的应力获得高双折射。通过改变纤芯附近空气孔的形状、尺寸或者排列,实现对称性的改变。在纤芯周围填充各向异性材料,以提高某一偏振方向的应力。

通常采用掺硼的石英棒作为制备保偏光纤的填充材料。对于包层光纤,需要考虑硼棒的大小、位置对双折射的影响。而对于光子晶体光纤,需要考虑硼棒的数量、结构对双折射的影响。图 5-33 给出同样结构参数下硼棒数量对光子晶体光纤双折射的影响。硼棒直径为 14 μm 时,应力区分别引入 20 根硼棒和 32 根硼棒对纤芯双折射值的影响。从图中可以看出,20 根硼棒比 32 根硼棒应力双折射分布变化更大。在纤芯半径 25 μm 之内,32 根硼棒引起的双折射值高于 20 根硼棒。在半径超过 25 μm 之后,32 根硼棒引起的双折射值低于 20 根硼棒。由于光子晶体光纤对纤芯折射率的起伏有严格要求,因此对于光子晶体光纤而言,要选择适合数量的硼棒以获得理想的双折射值。

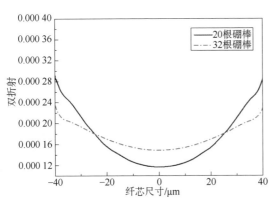
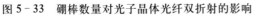

图 5-33　硼棒数量对光子晶体光纤双折射的影响

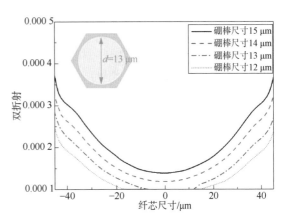

图 5-34　硼棒尺寸对光子晶体光纤双折射的影响

由于硼棒的应力很大,加工存在很大困难,很难将外层的纯石英沉积管去除完全。硼棒外残余石英层的厚度对光子晶体光纤的双折射也有影响,图 5-34 给出不同石英层厚度对光子晶体光纤双折射的影响(插图中浅色圆形区域代表硼棒,深色六边形区域代表石英壁,六边形直径固定为 15 μm)。从图中可以看出,硼棒外石英层的厚度从 0 变化到 3 μm 时,对光子晶体光纤双折射的影响较大。当石英层厚度较大时,光子晶体光纤可能无法获得足够的应力双折射。

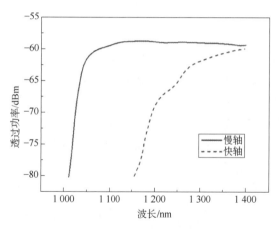

图 5-35　NKT 公司 DC-200/40-PZ-Yb 型光子晶体光纤在快、慢轴的损耗谱

由于大模场光子晶体光纤纤芯的有效折射率较小，因此双折射对其快、慢轴的影响可以导致其慢轴的限制损耗较大，从而形成起偏效果。NKT 公司对 DC-200/40-PZ-Yb 型光子晶体光纤产品的介绍中表明，在一定的使用条件下，其在光纤快、慢轴的损耗波段如图 5-35 所示。从图中可以看出，该光纤在 1 000～1 200 nm 的范围内，其快轴损耗大，而慢轴的损耗较小。当入射光在此波段范围内时，快轴方向的光强大幅衰减，而慢轴方向的光强衰减较小，大幅增强快、慢轴的光强比值，获得高的偏振消光比。

5.3　空气孔结构掺镱大模场光子晶体光纤的处理

空气孔结构光子晶体光纤可只用单一材料，通过调整空气孔的分布、大小等参数可以获得各种不同的光学特性，因此人们对于空气孔结构光子晶体光纤的研究最多。无论是熔接还是空间耦合使用，处理良好的端面可以降低熔接损耗、提高耦合效率，从而提高系统的稳定性。但空气孔的存在给光子晶体光纤的端面处理带来了新的挑战，容易发生撕裂、碎裂等现象，会引起耦合端面过热、熔接损耗高甚至端面损伤等问题，因此光子晶体光纤的端面处理非常关键。下面针对空气孔光子晶体光纤的端面处理，与包层的耦合、熔接以及端面问题进行具体分析。

5.3.1　端面处理

无论是空间耦合还是熔接应用，光子晶体光纤的端面都应洁净、平整或具有一定的角度。对于端面的处理，光子晶体光纤的处理方法与包层光纤并没有不同，都可以采用切割、研磨的方法。由于光子晶体光纤内部具有空气孔，其处理工艺比包层光纤相对复杂，难以获得理想的端面。非理想的端面在空间耦合使用时其温度会大幅升高，甚至发生破坏。在熔接时，非理想的端面会导致熔接点损耗过大，甚至熔接失败。以下分别介绍空气孔光子晶体光纤的切割和研磨这两种端面处理方法。

1）光子晶体光纤的切割

光纤切割时，在切割点振动波沿着垂直于光纤的方向前进，直至拉力把光纤拉断。对于带空气孔的光子晶体光纤，结构区的空气孔会阻止振动波的传输。因此振动波会分裂，沿着空气孔的边缘或者沿着偏离切割点的方向传输。从图 5-36 所示光纤端面可以清晰地看到这种现象，沿着空气孔的边缘有数条灰色的"拉丝"。当"拉丝"的损伤深度较小时，对光子晶体光纤的使用基本无影响；当"拉丝"的损伤深度较大时，在熔接时容易产生气泡，降低熔接质量。

较小尺寸光子晶体光纤（≤125 μm）的切割相对简单，可

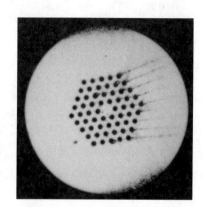

图 5-36　空气孔对光子晶体光纤切割端面的影响

以使用结构相对简单的切割刀（例如藤仓 CT 系列的切割刀）。此类切割刀在切割位置施加垂直力以打断光纤的方式进行切割，不需要调整切割参数。使用此类切割刀可以获得较小的切割角度、良好的切割端面，但在切割刀口位置有较大的破坏。采用可调节参数的切割刀（如 VytranLDC 系列的切割刀），不但可以调节切割张力，也可以调节切割次数等参数，获得良好的切割效果。对于光子晶体光纤，其切割张力相比同尺寸的包层光纤要低。切割张力降低的比例需要根据光子晶体的结构加以调整。整体来说，当光子晶体光纤的空气孔结构占整个光纤端面的比例较大时，切割张力要降低的比例较大。当光子晶体光纤的空气孔结构占比较小时，切割张力降低的比例较小，甚至可以不降低。采用切割参数可调的切割刀处理光子晶体光纤端面时，获得的切割端面平整，切割角度小于 1°，且除切割刀口外无其他损伤，可基本消除空气孔带来的影响。

对于光纤外径超过 $125\,\mu m$ 的光子晶体光纤，需要调整更多的参数获得良好的切割端面。尤其是对于具有"大而薄"空气包层的光子晶体光纤，其切割难度更高，空气包层可以有效阻断

图 5 - 37　优化工艺后获得 NKT 的 DC - 200/40 - PZ - Yb 型光纤切割端面

切割振动波的传输。使用小的切割张力，可能无法实现切割；使用大的切割张力，可能导致当切割振荡波还没有传到内包层时，内包层会承受较大的应力，导致内包层在大张力下被撕裂，形成大的切割角度，甚至导致端面出现类似"碎裂"的现象。当振荡波在切割点的另一面汇合时，由于其传输的距离及方向都有所不同，因此会产生大的"汇合点"。当光子晶体光纤还包含有应力区时，其切割难度进一步提升。光纤中的应力区通常具有较大的应力，以获得良好的保偏性能。对于切割来说，大的应力意味着"易碎裂"。因此对含有应力区的光纤，要使用更低的切割张力来避免应力区的"碎裂"。NKT 的 DC - 200/40 - PZ - Yb 型光纤优化的切割端面如图 5 - 37 所示。从图中可以看出，在外包层空气孔的周围有"拉丝"，且在内包层有较浅的"拉丝"。

当切割的端面被污染时，可以采用再次切割的方式获得干净的端面。当采用酒精进行清洗时，由于毛细管的虹吸效应，酒精会被吸进一定的深度，且酒精挥发时有可能吸附在端面，污染端面，如图 5 - 38 所示[75]。因此，需要采用进一步的处理保证光纤内无清洗剂，且端面无污染。

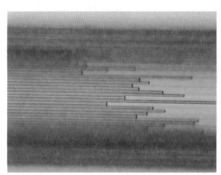

图 5 - 38　酒精清洗对光子晶体光纤的影响

2）光子晶体光纤的端面研磨

研磨光纤的方式可以获得无损伤的端面，且可以在较大范围内获得任意角度。对于空气孔光子晶体光纤而言，由于其端面存在空气孔，研磨时使用的抛光粉容易进入空气孔中，阻碍光纤下一步操作及使用。因此，对于光子晶体光纤的研磨，首先需要将光纤的空气孔进行封锁，然后进行研磨。而光子晶体光纤空气孔的特性决定了光纤的模式特性，使用时希望不破坏空气孔的结构。因此在封闭光纤的空气孔时，需要摸索合适的工艺满足实际使用需求。

光纤空气孔的封锁可以通过热源塌缩的方式实现。采用加热的方式使得光纤的空气孔在一定长度上闭合，然后在闭合的区域进行研磨操作。经过精确设计研磨长度可以使得最后端面仅保留微米级的塌缩长度，方便清洗研磨处理后的端面。如果保留一定长度的塌缩区域，可以作为光纤的端帽。

通过热源对光子晶体光纤进行塌缩时，不能大幅改变光纤的特性，也即，希望光纤未完全塌缩部分空气孔的变化长度尽可能短，且沿着直径范围的变化一致。图 5-39 给出采用不同塌缩工艺时获得的光纤空气孔的变化情况。从图（a）～图（c）可以看出，随着处理工艺的改进，空气孔塌缩的变化长度逐渐缩短，且空气孔的变化趋势一致；图（d）～图（f）给出优化处理研磨参数后获得的光子晶体光纤侧面及端面图像[75]，从中可以看出，光纤端面没有出现类似"刀口"以及内外包层的空气孔"拉丝"现象。相比直接切割，光纤塌缩、研磨的工艺相对复杂，需要的步骤及时间较长，可以根据实际使用要求对光子晶体光纤端面选择不同的处理工艺。

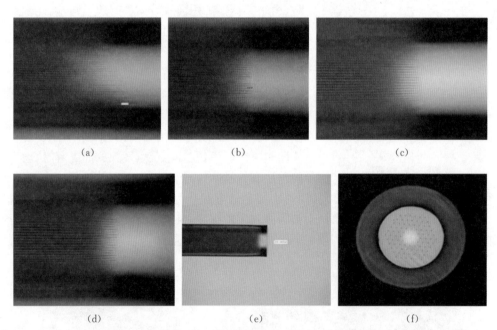

图 5-39　采用研磨方法获得的光子晶体光纤端面：（a）～（c）表示塌缩工艺优化时空气孔的变化；（d）～（f）表示在优化工艺下采用研磨法制备的光子晶体光纤的侧面及端面[75]

无论采取切割的方式还是研磨的方式处理光子晶体光纤，对光纤角度的要求取决于使用需求。当光纤的端面直接被用作激光腔的一个反射镜时，此时对光纤端面的要求较高，因为光子晶体光纤的纤芯 NA 通常较小，大的端面反射角度会使得反射光进入包层，相当于增大了激光腔的损耗、降低了激光效率。光纤的模场直径越大，端面反射角的影响越大。图 5-40 给出使用光子晶体光纤端面作为激光腔反射镜时，端面角度带来的反射损耗的变化趋势。从图中

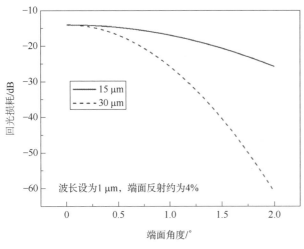

图 5 - 40　端面角度对回光损耗的影响

可以看到,对 30 μm 纤芯的光子晶体光纤其回光损耗对断面角度的敏感度远大于 15 μm 纤芯的情况。

当光子晶体光纤的端面被用来熔接时,端面的倾斜角度越小,同样熔接工艺下的熔接损耗越小,一般用于熔接的端面角度小于 1° 被认为是可接受的。当光子晶体光纤用于空间放大系统时,更加关注光纤的端面清洁及损坏情况,可以通过调整架消除大的端面倾斜角带来的影响。由于光子晶体光纤具有大的增益系数,为了避免两个端面之间的反馈出现自激振荡,需要对两个端面镀增透膜,或者使端面具有一定的倾斜角度。

5.3.2　光纤耦合

大模场光子晶体光纤具有大的模场面积,主要应用于脉冲放大系统。对于较小纤芯直径的光子晶体光纤,可以采用对接、熔接、空间耦合的方法将高斯光耦合到纤芯中。对于具有较大纤芯的光子晶体光纤,通常采用空间耦合的方式。

采用对接的方式进行光束耦合,光纤连接器可以选择常规的金属接头(FC/PC),也可以选择旋转微型接头(SMA)连接器。对于常规的 FC/PC 连接器,通常能够承受的平均激光功率为瓦级。对于 SMA 连接器,可以承受几十瓦的功率。带有剥除光窗的 SMA 连接器可以承受上百瓦的激光功率。不同的连接器如图 5 - 41 所示。

FC/PC 连接器　　　　　　SMA 连接器　　　　　带包层剥除的 SMA 连接器

图 5 - 41　不同类型的光子晶体光纤连接器

采用连接器进行耦合时(图 5 - 42),两个耦合光纤直接接触,此时影响耦合效率的因素有两根耦合光纤的模场直径 ω_1、ω_2,两根光纤的横向偏移 Δx,两根光纤之间缝隙导致的端面菲涅耳反射,以及切割角度 $\Delta\theta$(假设两根光纤都是平面切割)。

模式半径 ω_1　　　　　　　　模式半径 ω_2

图 5 - 42　连接器使用示意图

两根模式半径不同的光子晶体光纤的耦合效率为

$$\eta_1 = \frac{4\omega_1^2\omega_2^2}{\omega_1^2 + \omega_2^2} \qquad (5-12)$$

横向偏移 Δx 对耦合效率的影响如下：

$$\eta_2 = \exp\left[\frac{2(\Delta x)^2}{\omega_1^2 + \omega_2^2}\right] \qquad (5-13)$$

如果两根光纤之间存在间隙，则两耦合光纤端面的菲涅耳反射对耦合效率的影响如下：

$$\eta_3 = 1 - \left(\frac{n-1}{n+1}\right)^2 \qquad (5-14)$$

式中，n 为纤芯折射率。

两耦合光纤的端面角度对耦合效率的影响如下：

$$\eta_4 = \exp\left[-\left(\frac{\pi\Delta\theta\omega}{\lambda/n}\right)^2\right] \qquad (5-15)$$

综合上述影响因素，当两根光纤采用对接的方式进行耦合时，其耦合效率由 $\eta = \eta_1\eta_2\eta_3\eta_4$ 决定。因此，为获得高的耦合效率，需要尽量减小各个因素的影响。

采用空间耦合的方式将光耦合到光子晶体光纤中时，可以根据耦合需求选择合适的透镜组，对耦合光进行光场整形。如将 HI1060 输出的光耦合到 NKT 的 $40\sim200$ 光子晶体光纤的纤芯中。HI1060 光纤的模场直径约 $6\,\mu m$、数值孔径为 0.12，NKT40-20 光纤的 NA 为 0.03、模场直径约为 $30\,\mu m$。此时选择焦距 $\dfrac{f_1}{f_2} = \dfrac{\omega_{PCF}}{\omega_{HI}} = 5$ 的透镜组进行光场整形，可以将单模光纤输出光高效耦合到光子晶体光纤中。

光子晶体光纤放大器与包层光纤放大器结构上并没有明显差别，主要难点集中在光子晶体光纤与普通包层光纤的低损耗熔接工艺。法国 Alpha 公司与 NKT 公司合作，将 NKT 公司的 $40-200Yb^{3+}$ 掺杂光子晶体光纤制作成全光纤放大器，可以方便地与包层光纤熔接，增加了自研的模式匹配器，使得熔接损耗控制在 $0.5\,dB$ 左右，可获得 75% 的放大效率以及 $250\,W$ 的放大输出。目前中国针对光子晶体光纤与包层光纤的熔接研究较多。国防科技大学侯静课题组在光子晶体光纤的后处理方面做了很多工作，但主要集中在非线性光子晶体光纤的处理[76]。复旦大学肖力敏课题组针对单模光纤与 $25\,\mu m$ 纤芯光子晶体光纤的熔接工作获得了目前最小熔接损耗约 $0.25\,dB$[77]。

带空气孔的光子晶体光纤，由于其熔接温度较低，对熔接端面的角度要求更高，为获得良好的熔接端面，须根据光子晶体光纤外径尺寸的大小以及光纤结构占比，以及是否含有应力区等综合考虑切割工艺。光纤结构占比小时，切割工艺可以参考同尺寸的包层光纤进行微调。当光纤结构占比较大时，需要进行比较大的工艺调整，以获得理想的熔接端面。

为了保证光子晶体光纤结构的完整性，光子晶体光纤与包层光纤的熔接需要采用较低的熔接功率。熔接功率的降低程度根据光子晶体光纤自身结构以及需要熔接的包层光纤尺寸进行调整。如果光子晶体光纤的尺寸远大于包层光纤尺寸，需要根据包层光纤的校正功率进行调整；如果光子晶体光纤与包层光纤的尺寸相当或较小，需要根据光子晶体光纤的校正功率进行调整。熔接时间则遵循"短时"原则,可以选择多次间隔放电的方式加强熔接点强度。相比包层熔接强度,光子晶体光纤的熔接强度相对较弱,需要将熔接点放进金属槽或者石英管密封保护。

图 5-43 给出采用优化工艺熔接的光子晶体光纤与包层光纤的熔接图像。从图中可以看出,通过优化工艺基本可以保持光子晶体光纤的结构不塌缩。光子晶体光纤与包层光纤的熔接点,尤其是尺寸差别较大的熔接点强度较弱,因此需要额外加以保护。

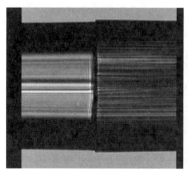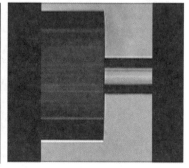

图 5-43　光子晶体光纤与包层光纤的熔接

图 5-44 给出以 $25/250\,\mu m$ 保偏光纤为信号和泵浦输入纤制备的 Yb^{3+} 掺杂 40-260 光子晶体光纤放大器的熔接点在无主动冷却条件下不同泵浦功率时的温度。当泵浦功率为 $100\,W@976\,nm$ 时,温度大约为 $45\,℃$。对 $100\,W$ 泵浦 $0.5\,h$ 内的温度监控表明,熔接点温度基本不变。

光子晶体光纤熔接时,由于所用的温度较低,因此当熔接光纤的熔接面角度过大或者熔接面有较大的"拉丝"时,熔接点容易出现气泡,此时产生的气泡无法采用多次放电消除。气泡的存在会降低耦合效率,出现温度升高点,影响正常使用。在不

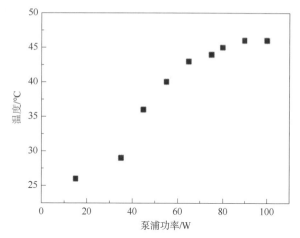

图 5-44　光子晶体光纤与包层光纤熔接点
在不同泵浦功率下的温度

考虑偏移、气泡等因素时,光子晶体光纤与包层光纤的熔接损耗主要来源于模场失配。大模场光子晶体光纤具有较大的模场直径。为了减小模场失配,可以采取扩大包层光纤模场直径或减小光子晶体光纤模场直径的方法。

扩大包层光纤模场直径,可以采取对包层光纤进行加热扩芯或者拉锥的方法。对包层光纤进行扩芯是指通过加热使得纤芯的掺杂离子扩散到包层,从而增大光纤模场直径。此方法对高浓度掺杂的光纤比较有效。改变包层光纤模场直径的更常用方法是对光纤进行拉锥,包括正向拉锥和反向拉锥。正向拉锥是指采用加热源将光纤加热至软化温度,然后沿着光纤轴向往两侧拉伸(从外观上看是将光纤某一处的原始尺寸变小,形成锥形化光纤)。在正向拉锥过程中,光纤基模的模场直径随纤芯尺寸先减小后增大,因此可以根据需要匹配的光纤模场直

径决定包层光纤的拉锥参数。正向拉锥可用于制备耦合器、模场适配器、光纤合束器等。反向拉锥是指用加热源将光纤加热至软化温度,然后沿光纤轴向方向压缩推进(从外观上看是将光纤某一处的原始尺寸增大,形成锥形化光纤)。图 5-45 给出正向和反向拉锥光纤的外观图。

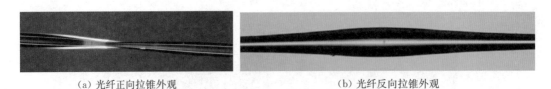

(a) 光纤正向拉锥外观　　　　　　　　(b) 光纤反向拉锥外观

图 5-45　正向及反向拉锥形状[77]

相比包层光纤,光子晶体光纤模场直径的改变更加灵活:可以采取在不改变光纤外径的情况下,对光纤加热的同时控制光纤内毛细管的气压改变空气孔的大小,从而达到改变光子晶体光纤模场面积的目的;也可以通过改变不同区域空气孔的大小获得需要的性能。如果需要空气孔在不同位置具有不同尺寸,需要对毛细管进行多次不同位置加热并相应改变气压。光子晶体光纤还可以像包层光纤一样拉制成尺寸逐渐变化的结构。当结构变化比例和光纤外径变化比例一致时,光子晶体光纤的模场可以逐渐变化,也可以保持不变。光子晶体光纤的后处理相对包层光纤更加灵活,但需要更精确的控制参数。可以根据实际需要,对包层光纤或者光子晶体光纤进行改变模场尺寸的操作。

5.3.3　端面损伤

大模场光子晶体光纤主要用于高峰值功率、大能量激光系统中,因此其发生损伤的概率较大。通常皮秒或纳秒激光引起的材料损伤是由于光场诱导的电子与光纤材料发生能量转移,释放的能量导致光纤熔化或碎裂,增大光纤出射光斑面积的方法可以提高光纤的端面损伤功率阈值。

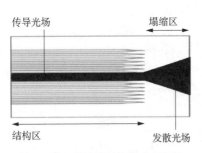

图 5-46　塌缩光子晶体光纤作为
输出端帽示意图

增大出射光斑需要给光纤制备端帽,最便捷的方法是直接在光子晶体光纤的出射端对光纤进行塌缩,将其出射端的一段变成无结构的自由传输区(通常光子晶体光纤的纤芯折射率等于或小于包层材料折射率)。当出射光在无结构区域传输时,没有波导结构的约束,光斑随传播距离逐渐变大,在出射端面的损伤功率阈值就会提高。其结构如图 5-46 所示。

另一种制备端帽的方法是给光纤熔接上一段纯石英作为端帽,纯石英的尺寸可以根据需要订制。如图 5-47a 所示,对于超大芯径的光子晶体光纤其输出端帽尺寸通常较大,以便获得更大的输出光斑,提高损伤阈值。对于纤芯尺寸较小的光子晶体光纤,如图 5-47b 所示可以熔接与其外径相同的端帽。熔接较大尺寸的端帽可以获得更高的损伤阈值,但其与光子晶体光纤的熔接相对较难;较小尺寸的端帽与光子晶体光纤的熔接相对容易。因此,可以根据实际情况选择需要的端帽,并且光纤端帽可以镀增透膜以降低反射损耗。

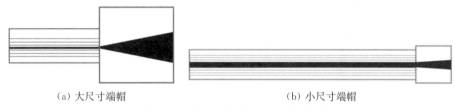

(a) 大尺寸端帽　　　　　　　　　　　　　　(b) 小尺寸端帽

图 5‐47　不同尺寸的石英端帽示意图

即使光纤端帽可以承受较大的能量,损伤也有可能发生,尤其是端帽有损伤或者不洁净时。因此,在使用端帽时要保持洁净,可以使用擦镜纸在显微镜下顺着一个方向轻轻擦拭。

除端帽损伤,还有一些损伤会发生在光纤内部,例如纤芯损伤。引起损伤的原因大致有以下几种:一是在激光系统中,由于增益过大而反馈过小导致自激引起的光纤损伤;二是在放大系统中,由于种子功率过低导致的自脉冲效应引起的光纤损伤;三是在纳秒激光系统中,由于布里渊效应引起的损伤。此外,如果光纤在制备过程中存在一些缺陷也容易引起光纤损伤,如图 5‐48 所示。

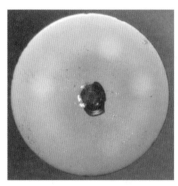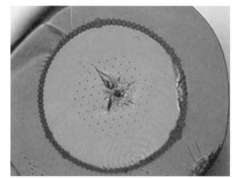

(a) 端帽损伤　　　　　　　　　　　　　　(b) 光纤损伤

图 5‐48　光子晶体光纤的损伤

5.4　掺镱大模场光子晶体光纤的激光性能及应用

Russell 课题组于 2000 年报道了第一根掺镱光子晶体光纤,空气孔间距为 $1.2\,\mu m$,孔大小为 $0.6\sim0.8\,\mu m$。纤芯 $1.6\,\mu m$,掺杂区 $0.9\,\mu m$。采用钛宝石激光器作为泵浦源,获得了 $14\,mW$、$1\,040\,nm$ 的激光输出[10]。此后掺镱光子晶体光纤的研究飞速发展,出现了双包层结构掺镱光子晶体光纤、大跨度掺镱光子晶体光纤、带隙型掺镱光子晶体光纤等。光纤的有效模场面积增大到百微米量级仍能保持良好的单模特性,极大地扩展了光纤在超短脉冲放大领域的应用。下面从空气孔结构、全固态结构掺镱光子晶体光纤两大分类来介绍光纤的激光性能及其在超短脉冲领域的应用。

5.4.1　空气孔结构大模场光子晶体光纤的激光性能

从 2003 年开始,德国耶拿大学开展了大量掺镱光子晶体光纤的研发工作。他们和当时的 Crystal Fiber A/S 公司即现在的 NKT 公司合作,研发了模场直径为 $21\,\mu m$ 双包层空气孔结

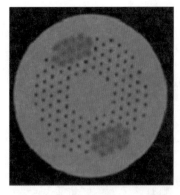

图 5-49 芯径 $100\,\mu m$ 偏振掺镱包层空气孔结构光子晶体光纤的端面[78]

构的掺镱光子晶体光纤。空气孔尺寸 $2\,\mu m$，孔间距 $11.5\,\mu m$。随后掺镱光子晶体光纤的纤芯直径不断增大。到 2006 年，报道了 $100\,\mu m$ 芯径的双包层空气孔掺镱光子晶体光纤，模场直径为 $75\,\mu m$，放大光束质量因子 $M^2=1.3$。2011 年，美国格鲁门公司在其航空航天系统中将 $85\,cm$ 长度、纤芯尺寸 $100\,\mu m$、包层为 $290\,\mu m$ 单偏振掺镱光子晶体光纤作为主放增益介质，如图 5-49 所示，放大效率达到 60%，取得了脉冲能量 $1.1\,mJ$、脉冲宽度 $780\,ps$、峰值功率 $1.35\,MW$ 的脉冲输出，光束质量因子 $M^2=1.1$，结果如图 5-50 所示[78]。

由于保偏结构对光纤快、慢轴折射率的影响，此光纤在平直状态下表现出了单偏振特性，如图 5-51 所示 $1064\,nm$ 波长的线偏振光在光纤慢轴可以传输，而在光纤快轴则被损耗掉。

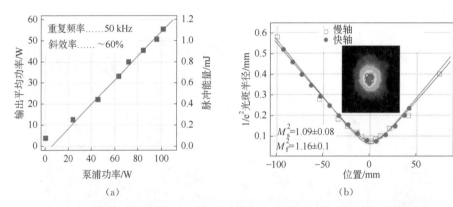

(a)

(b)

图 5-50 光子晶体光纤放大效率曲线(a)及输出光束质量因子(b)

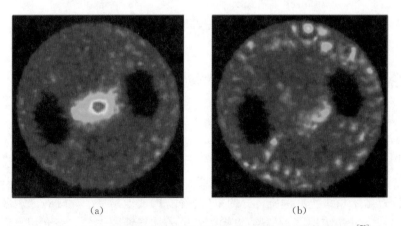

(a)

(b)

图 5-51 $1064\,nm$ 波长激光在光纤慢轴(a)和快轴(b)的传输特性[78]

虽然双包层空气孔结构光子晶体光纤的纤芯尺寸已经达到 $100\,\mu m$，但为了进一步增大纤芯尺寸，耶拿大学[11]提出了大跨度空气孔结构光子晶体光纤结构，并在 2012 年报道了纤芯尺寸达到 $135\,\mu m$、模场直径达到 $100\,\mu m$ 量级的大跨度掺镱光子晶体光纤，采用三级放大，获得了单脉冲能量 $26\,mJ$、平均功率 $130\,W$，近衍射极限输出。图 5-52 给出不同脉冲能量下的激光光斑表明,在低于 50 W 的平均功率下,由于反交叉效应,部分纤芯里的基模泄露到包层区,导致光束质量变差。当放大功率提升到 50 W 以上时,泄露到包层的基模减少,光束质量有所提升。

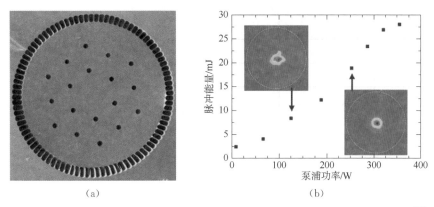

(a) (b)

图 5 - 52　135 µm 大跨度光纤电子扫描图像(a)及光束质量随脉冲能量的变化(b)[11]

测试结果表明,当单脉冲能量被放大到 28.5 mJ 时,在纤芯中传输的能量为 26 mJ。在采用小孔去除掉包层内的能量前,测试的光束质量因子为 1.6;加上小孔去除掉包层内的能量,光束质量因子为 1.3。此结果说明,包层内传输的信号能量会对输出脉冲的光束质量造成较大的劣化。同时还观测到热量对超大纤芯尺寸光子晶体光纤的影响:当放大能量小于 20 mJ 时,测试光纤的模场直径约 100 µm;当输出能量达到 26 mJ 时,测试光纤的模场直径减小到 90 µm。这主要是由于热光效应引起纤芯折射率变化所导致。

泄露模光纤的设计思想是基于设计有限的开放包层,让光从纤芯里泄露出去,通过结构调控不同模式的损耗,让基模的波导损耗最小,加大高阶模的损耗。2006 年报道了第一根镱离子掺杂的泄露模光子晶体光纤[79]。2007 年,报道了保偏掺镱泄露模光子晶体光纤,模场直径达到 42 µm。该光纤截面如图 5 - 53 所示,4 个孔尺寸约 37 µm,对称的两根硼棒间距约 57 µm,在 1 µm 波长处的应力双折射为 2.1×10^{-4},保证了放大输出具有 15 dB 的偏振消光比。该光纤具有很好的抗弯曲特性,弯曲半径大于 4 cm 时对导波损耗的影响较小。如图 5 - 54 所示采用 980 nm 泵浦光激发 3 m 长的该光纤,在 1 025 nm 处的放大效率达到 60%,其光场强度分布如其中插图所示,光束质量因子约 1.2[80]。

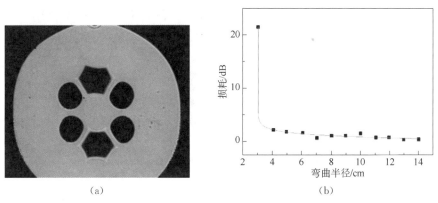

(a) (b)

图 5 - 53　泄露通道保偏光子晶体光纤端面(a)及弯曲损耗特性(b)[80]

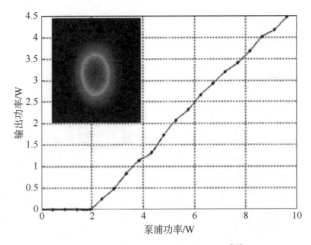

图 5‑54　光纤的激光效率曲线[80]

中国燕山大学较早开展了关于光子晶体光纤的研究工作。2009 年,燕山大学陈月娥等[81]报道了自行研制的 Yb^{3+} 掺杂双包层光子晶体光纤。华中科技大学李进延课题组和上海光机所胡丽丽课题组紧随其后,也开展了相应的 Yb^{3+} 掺杂石英光子晶体光纤的研究工作。华中科技大学李进延课题组[82]以多孔玻璃法制备光子晶体光纤的芯棒。上海光机所胡丽丽课题组[37‑41,83]以溶胶凝胶法制备 Yb^{3+} 掺杂光子晶体光纤的芯棒,同时制备了带空气孔的 Yb^{3+} 掺杂石英光子晶体光纤及全固态的 Yb^{3+} 掺杂石英光子晶体光纤。下面着重介绍华中科技大学及上海光机所在 Yb^{3+} 掺杂石英大模场光子晶体光纤方面取得的进展。

当光子晶体光纤的纤芯尺寸芯径在 $40\,\mu m$ 及以下时,还保留有光纤的"柔软"特性。因此 $40\,\mu m$ 左右芯径的 Yb^{3+} 掺杂石英光子晶体光纤的使用相对方便、广泛。上海光机所[41]基于溶胶凝胶法制备了 $40\sim260\,\mu m$ 的 Yb^{3+} 掺杂保偏石英光子晶体光纤,其结构如图 5‑55 所示。光纤的纤芯尺寸约 $40\,\mu m$,内包层为 $260\,\mu m$,采用 6 层小孔结构以保证低的限制损耗。无外包层大孔结构,采用低折射率涂敷树脂作为外包层,限制包层光。根据制备光纤结构对其进行理论模拟的结果表明,光纤中 L01 模与纤芯的重叠因子达到 77%,泄露损耗小,适合基模传输。表 5‑3 列出该光纤的基本参数。

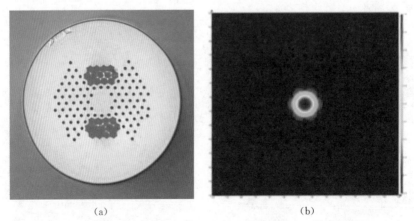

(a)　　　　　　　　　　　　　(b)

图 5‑55　Yb^{3+} 掺杂保偏石英光子晶体光纤@$40\,\mu m$ 端面(a)及理论模拟(b)[41]

表 5 - 3　Yb³⁺掺杂光子晶体光纤基本参数[41]

纤芯尺寸	包层尺寸	吸收系数@915 nm	吸收系数@976 nm	纤芯数值孔径@1 030 nm	包层数值孔径@976 nm	模场直径@1 030 nm	应力双折射 Δn@1 080 nm
≈40 μm	(260±10)μm	≈2 dB/m	≈6.5 dB/m	≈0.03	≈0.46	(29±2)μm	≥1×10⁻⁴

图 5 - 56 给出弯曲直径 $R=30$ cm 的情况下,1 μm 单模光沿着光纤慢轴移动激发不同区域时的近场光强分布。从图中可以看出,当激发光源移动时,光纤纤芯被激发出单一模式,只是强度随被激发位置的移动而变化。当单模光在纤芯中心位置时,此时的损耗最小,因此透过的光强也最大。当单模光移动到纤芯的边缘位置时,此时处于纤芯的高损耗区,因此透过的光强也最小。

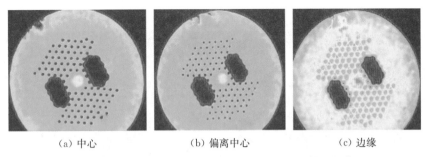

(a) 中心　　　　　　　(b) 偏离中心　　　　　　　(c) 边缘

图 5 - 56　1 μm 单模光沿光纤慢轴激发不同区域的近场光强

采用如图 5 - 57 所示放大系统测试光子晶体光纤的脉冲放大特性。种子光参数为:波长 1 030 nm,重复频率 30 MHz,脉冲 30 ps,功率 2.4 W。通过棱镜耦合的方式将泵浦光和种子光从不同光纤端面耦合到光纤中,此时光子晶体光纤的端面进行了斜面切割处理,弯曲直径为 30 cm。

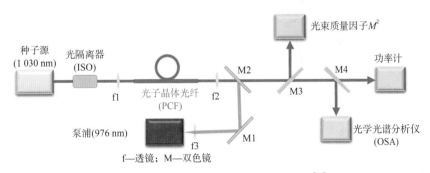

图 5 - 57　光子晶体光纤放大光路示意图[41]

图 5 - 58 给出采用 2 m 长 40~260 μm Yb³⁺掺杂光子晶体光纤的放大功率曲线。在 250 W 的泵浦功率下,获得 143 W 的放大输出,光光放大效率约 57%,其光斑随功率的变化如图 5 - 59 所示。从图中可以看出,光斑形状随功率增大会有所变化。当放大输出功率大于 100 W 时,光斑出现了"溢出"纤芯的趋势,但并没有发生明显的劣化。

图 5 - 60 给出不同放大功率下光束质量因子 M^2 的变化情况。在低于 60 W 放大功率时,光束质量因子变化不大,$M^2=1.1~1.2$。当放大功率高于 60 W 时,M^2 因子逐渐增大。这与观测的光斑随放大功率的变化趋势一致。放大功率提高光束质量因子劣化的原因有两个:一

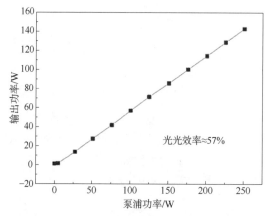

图 5 - 58 光子晶体光纤放大功率变化曲线[41]

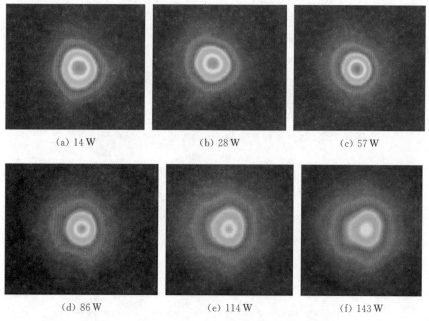

图 5 - 59 光子晶体光纤在不同功率下的光斑[41]

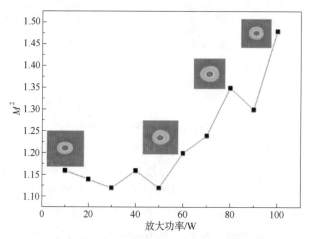

图 5 - 60 光束质量因子随放大功率的变化[41]

是随放大功率的增大，包层光比例增加；二是随放大功率增大，光纤的热累积也在逐渐增多。由于热光效应，光纤的纤芯折射率会随之变化，导致纤芯高阶模的增益变大，从而劣化光束质量。

Yb^{3+} 掺杂大模场光子晶体光纤由于吸收系数大，热累积效应明显，因此在较低泵浦功率下就需要主动冷却。对 40 - 260 Yb^{3+} 掺杂光子晶体光纤进行输出功率稳定性测试，当泵浦功率低于 100 W 时，在缺乏主动冷却的条件下，仍然可以保持较好的功率稳定性。当泵浦功率高于 100 W 时，需要进行主动冷却。图 5 - 61 给出泵浦功率在 100 W 时，无主动冷却条件下，1 h 内输出功率的波动。功率在 51.8～52.2 W 范围起伏，曲线后段的起伏是由于调整架不稳定导致的。当泵浦功率高于 100 W 时，短时间内功率没有明显起伏，但不能长时间运行。通过红外测温仪可以观测到泵浦端的温度持续升高，这会导致光纤涂覆层烧毁。

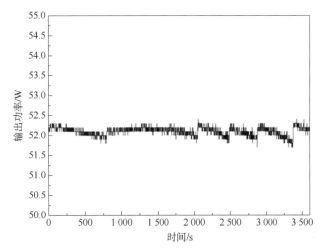

图 5 - 61　放大功率随时间的变化

光子晶体光纤保偏性能的实现方式比包层光纤更加灵活，既可以通过添加应力区实现，也可以通过结构的不对称实现。上海光机所[41]研制的保偏 40 - 260 型光子晶体光纤采用硼棒取代了部分空气孔。采用偏振宽带光测试了光纤拉直状态下快、慢轴在 1 μm 波段的透过特性，结果如图 5 - 62 所示。从图中可以看出，虽然在快、慢轴上其透过强度有所不同，但在光谱带通上没有不同，这说明光纤在此测试条件下只具有保偏性能，但不具有起偏特性。在不同偏振方向上的放大效果也证明了这一特性。采用干涉法测得其应力双折射差 $\Delta n \approx 1.4 \times 10^{-4}$。在不同放大功率下测得其偏振消光比 PER 均大于 12 dB，结果如图 5 - 63 所示。

为了减小温度的影响，将纤芯材料的 Yb^{3+} 掺杂浓度降低，制备了 50 μm 纤芯石英光子晶

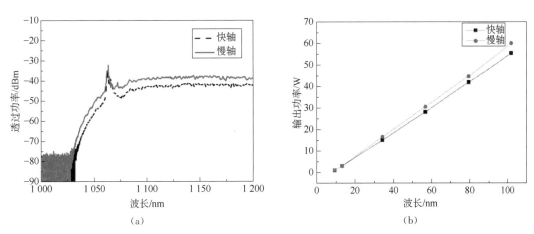

（a）　　　　　　　　　　　　　　　　　　　　（b）

图 5 - 62　保偏光子晶体光纤在不同应力轴的透过曲线（a）及放大效果（b）

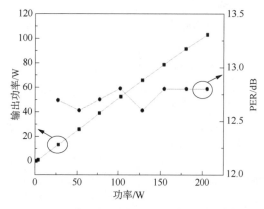

图 5-63　保偏掺 Yb 光子晶体光纤在不同功率下
的偏振消光比

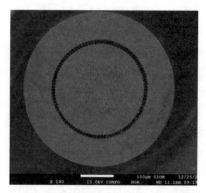

图 5-64　芯径 50 μm 大模场光子晶体光纤
端面电镜图像[39]

体光纤。此外,为了提高光纤对温度的耐受度,外包层采用空气孔实现对包层光的收集及约束。图 5-64 给出 50 μm 纤芯的 Yb^{3+} 掺杂光子晶体光纤端面扫描电镜图像。

该光纤的纤芯为 50 μm,包层直径约为 260 μm。由于 Yb^{3+} 掺杂浓度低,对泵浦光的吸收较低,因此需要采用较长的光纤进行放大。图 5-65 所示为使用 4.7 m 光纤,在弯曲半径 23.5 cm 下功率放大曲线以及在不同功率下的模式特性。在 520 W 的泵浦功率下,获得了 272 W 的放大输出,放大效率为 52%。对于上述不同弯曲直径下的放大效率,在更高的泵浦功率下,放大效率有所减小,这可能与热导致耦合效率降低有关。输出功率为 120 W 和 272 W 时的光束质量因子 M^2 分别为 1.6 和 2.2。随着功率的进一步增加,光束质量逐渐劣化,这主要是因为激光功率的增加导致了纤芯中的热积聚,从而引起纤芯的折射率增加幅度比石英包层更大,使得纤芯和包层的折射率差增大,最终影响了激光光束质量。在上述实验条件下,在 120 W 及以下的输出功率下,50 μm 纤芯尺寸的 Yb^{3+} 掺杂光子晶体光纤获得了准单模输出。在 120 W 输出功率水平下进行了考核,结果如图 5-66 所示:在近 2 h 考核时间内,输出功率没有下降,功率起伏均方根值为 1.3 W,稳定性为 1.1%。当输出功率进一步提升时,输出激光模式会有所劣化。

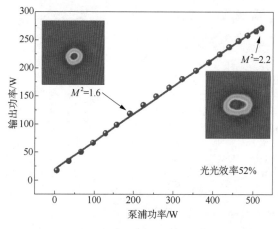

图 5-65　芯径 50 μm 的 Yb^{3+} 掺杂光子晶体
光纤输出特性[39]

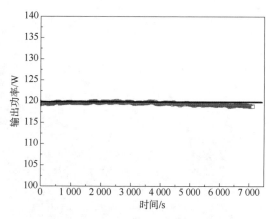

图 5-66　芯径 50 μm 的 Yb^{3+} 掺杂光子晶体光纤
输出功率@120 W 随时间波动曲线[39]

从上述结果可以看出,较低的 Yb^{3+} 掺杂浓度的确可以带来更好的抗热扰动性能,但同时降低了光纤的吸收系数,增大了使用长度,降低了非线性阈值。

更大纤芯的 Yb^{3+} 掺杂光子晶体光纤,其基模损耗相对较大,因此需要避免弯曲。上海光机所[40]采用溶胶凝胶制备高浓度 Yb^{3+} 掺杂石英玻璃芯棒,获得了纤芯直径约 $75\,\mu m$、内包层直径约 $260\,\mu m$、光纤外径约 $450\,\mu m$ 的掺镱光子晶体光纤。该光纤的外包层数值孔径约 0.55,吸收系数约 $15\,dB/m@976\,nm$,$1\,m$ 即可满足放大所需长度。采用 $1\,MHz$ 重频、$1\,030\,nm$ 波长、$100\,ps$ 脉宽、$5\,W$ 信号输入,$1\,m$ 光纤功率放大特性如图 $5-67$ 所示,放大效率约 61%。在 $166\,W$、$976\,nm$ 的泵浦功率下获得了 $102\,W$ 的放大输出,单脉冲能量达到 $102\,\mu J$,峰值功率超过 $1\,MW$,光束质量因子 M^2 约 2.1;此时输出功率并未出现饱和。继续增大泵浦功率,输出激光功率仍可进一步增加。图 $5-68$ 为放大输出为 $102\,W$ 时的激光光谱,没有明显的非线性效应,信噪比大于 $30\,dB$。

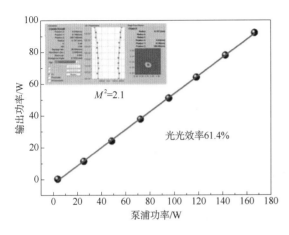

图 $5-67$　芯径 $75\,\mu m$ 的 Yb^{3+} 掺杂光子
晶体光纤的输出特性[40]

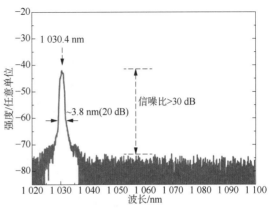

图 $5-68$　芯径 $75\,\mu m$ 的 Yb^{3+} 掺杂光子晶体
光纤@$102\,W$ 输出功率下的光谱[40]

北京工业大学王璞课题组[84]采用上海光机所研制的 $100\,\mu m$ 纤芯掺镱光子晶体光纤,利用 CPA 放大系统,在 $208\,W$ 泵浦功率下获得了重复频率 $1\,MHz$、平均功率 $103\,W$、脉冲宽度 $1\,ps$ 的超短脉冲输出。相比较小芯径,大芯径的光子晶体光纤对纤芯均匀性以及空气孔结构的一致性要求更高,制备难度更大。

5.4.2　全固态掺镱光子晶体光纤的激光特性

全固态光子晶体光纤和空气孔光子晶体光纤最大的区别在于,采用固态材料调节光子晶体结构。一般采用比内包层折射率低的材料替代空气孔,形成光子晶体结构。相比空气孔结构的光子晶体光纤,全固态光子晶体光纤具有以下优势:一是全固体结构易于处理及熔接,实现全光纤化;二是避免结构受污染,降低了保存难度和使用成本;三是降低了因空气孔而导致的纤芯热积聚,在高功率运行时有利于光纤散热。

美国克莱姆森大学董良课题组[85-86]在掺镱全固态光子晶体光纤方面做了大量工作,报道了不同结构类型的全固态光子晶体光纤。其中最典型的是如图 $5-69$ 所示的带隙型掺镱光子晶体光纤,纤芯直径约 $50\,\mu m$,光纤表现出超高的放大效率以及良好的模式特性。光纤在 $1\,025\sim 1\,040\,nm$ 波段表现出单模特性,激发纤芯不同的区域时只有强度的变化而无模式的变化[22]。

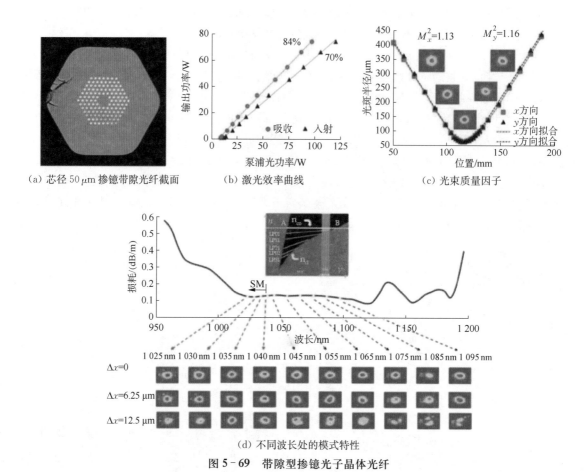

(a) 芯径 $50\,\mu m$ 掺镱带隙光纤截面　　(b) 激光效率曲线　　(c) 光束质量因子

(d) 不同波长处的模式特性

图 5 - 69　带隙型掺镱光子晶体光纤

2009 年董良等[21]报道了全固态掺镱泄露模光子晶体光纤，如图 5 - 70 所示。3.5 m 长的 $46\,\mu m$ 纤芯的非保偏掺镱泄露模光纤在 53 cm 弯曲直径下取得了 75% 的斜效率放大，单程增益可以达到 33 dB。

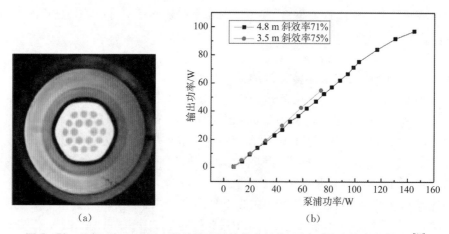

(a)　　　　　　　　　　　(b)

图 5 - 70　芯径 $46\,\mu m$ 全固态泄露模光子晶体光纤截面(a)及放大效率曲线(b)[21]

他们还报道了纤芯尺寸达到 $80\,\mu m$ 的保偏掺镱泄露模光子晶体光纤结构(图 5-71)[21],该光纤的模场直径达到 $62\,\mu m$。采用 $4\,m$ 长的光纤,在 $38\,cm$ 弯曲半径下,对 ps 级脉冲进行放大,取得了 75% 的斜效率放大。输出脉冲的光束质量因子约 1.35,偏振度约 15 dB。

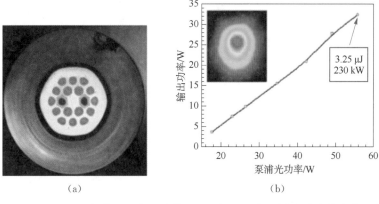

(a)　　　　　　　　　　　(b)

图 5-71　芯径 $80\,\mu m$ 保偏全固态泄露模光子晶体光纤截面(a)及放大效率曲线(b)[21]

NKT 公司于 2018 年推出了 $30\,\mu m$ 纤芯全固态石英光子晶体光纤,其结构端面及导波图像分别如图 5-72a、b 所示。如图中所示,结构中的空气孔被低折射率固体替代,空气孔外包层被常规涂敷树脂代替,这样的光纤易于端面处理和熔接。据 NKT[87] 报道,此光纤与 14/135 的光纤熔接损耗可以小于 0.3 dB,采用 $3.5\,m$ 长的光纤,在 $25\,cm$ 的弯曲直径下,放大效率可达 83%。对全光纤放大结构进行了长达 4 年的稳定性测试,10 000 h 功率波动小于 1.5%。

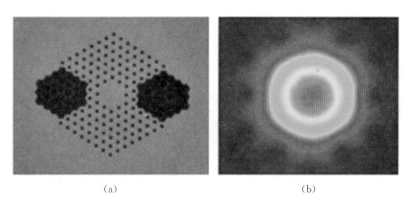

(a)　　　　　　　　　　　(b)

图 5-72　NKT 公司全固态光子晶体光纤结构(a)及导波近场图像(b)[87]

相比国外关于全固态光子晶体光纤的多样化研究报道,中国国内主要开展了折射率导引型全固态掺镱光子晶体光纤的研究。华中科技大学[36]采用气相掺杂 MCVD 技术制备了大模场光纤所需掺镱杂石英纤芯,并以 F 棒取代空气孔,制备了 $50\,\mu m$ 纤芯的全固态光子晶体光纤,图 5-73 给出光纤设计图及制备的光纤端面显微图像。

在其设计中,采用掺氟石英棒形成结构区,纤芯的折射率比纯石英稍高,纤芯数值孔径约 0.03。包层为 4 层结构设计,采用涂覆树脂提供包层全反射。图 5-74 给出采用 $100\,mW$ 的 1064 nm 单模光沿着光纤 x、y 方向(互相垂直)调整激发位置时光子晶体光纤近场光斑变化。从图中看出,当改变激发区域时,光纤并没有被激发出更高阶的模式,仍然保持单模特性,测试

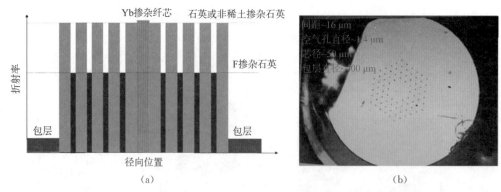

（a） （b）

图 5-73 华中科技大学 50 μm 纤芯全固态光纤设计图（a）及显微端面图像（b）[36]

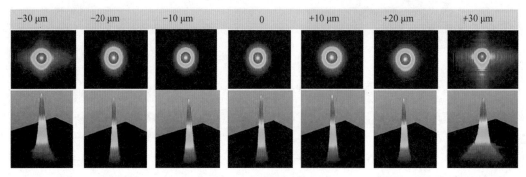

图 5-74 单模光激发华中科技大学 50 μm 芯径全固态光子晶体光纤纤芯不同位置的近场光斑[36]

的光束质量因子约为 1.37。

把 4 m 全固态光纤接入光纤放大系统中，在 100 ps 脉宽、500 kHz 重频、16.5 cm 弯曲半径条件下，获得斜效率 77%、功率约 8 W 的 1 064 nm 激光输出。图 5-75 给出放大输出的光斑图及光强分布。

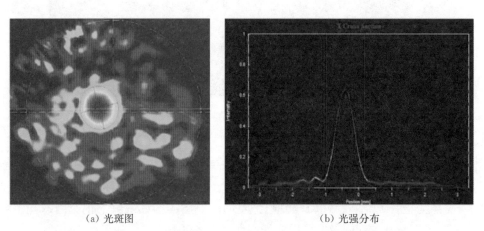

（a）光斑图 （b）光强分布

图 5-75 华中科技大学 50 μm 芯径掺镱全固态光子晶体光纤近场光强分布[36]

在 50 μm 全固态掺镱光子晶体光纤的基础上，华中科技大学[36]等比例制备了纤芯为 127 μm 的全固态光子晶体光纤。图 5-76 给出其在 1 064 nm 波长处的近场光强分布，从图中可以看出，光纤运行在非单模区。

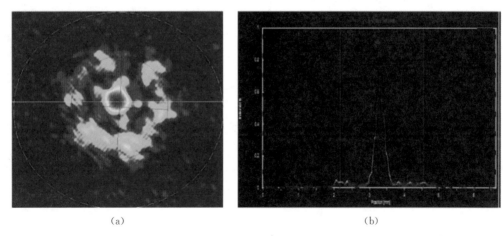

(a)　　　　　　　　　　　　　　　　(b)

图 5‑76　华中科技大学 **127 μm** 掺镱全固态光子晶体光纤近场光强分布[36]

与华中科技大学的全固态光子晶体光纤不同,上海光机所[54]采用提高包层折射率的方法制备全固态光子晶体光纤。图 5‑77 给出光纤设计图以及制备的 50 μm 纤芯全固态光子晶体光纤的端面图。该设计中光纤纤芯的折射率远高于纯石英,因此周围采用掺锗或者掺铝的石英玻璃棒以降低包层与纤芯的折射率差,采用掺氟或者掺硼的石英玻璃棒代替空气孔形成结构区,外层采用 Heraeus 的 F300 型石英玻璃管以增大包层区。芯径约 50 μm,光纤外径约为 310 μm,结构孔层数为 3 层。

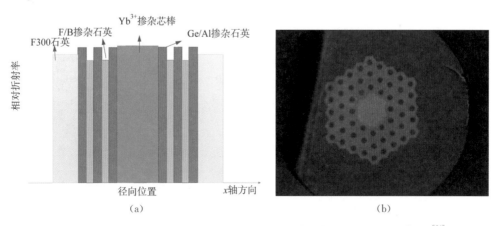

(a)　　　　　　　　　　　　　　　　(b)

图 5‑77　上海光机所 **50 μm** 纤芯全固态光纤设计图(a)及显微端面图像(b)[54]

采用截断法测试了 50 μm 芯径全固态掺镱大模场光子晶体光纤的吸收系数,在 976 nm 波长处约为 4 dB/m,因此光纤的长度选择为 3 m。对比了不同重复频率信号光输入情况下该全固态掺镱光子晶体光纤脉冲放大性能:信号光的中心波长为 1 030 nm,脉冲宽度为 100 ps,重复频率分别为 1 MHz、10 MHz 和 30 MHz,功率为 1.6 W,结果如图 5‑78 所示。当输入信号光的重复频率为 1 MHz 时,输入 62 W 的泵浦光,获得 28 W 的放大输出;当进一步提升泵浦功率时,放大功率不再提升,放大功率曲线效率大幅下降。

放大激光的光谱图如图 5‑79 所示。从图中可见,在 1 MHz 重复频率时,当泵浦光达到

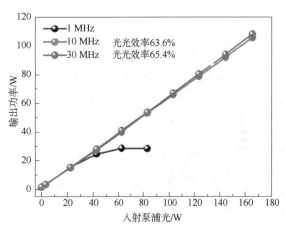

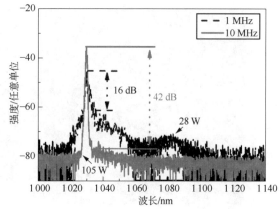

图 5-78　上海光机所芯径 **50 μm** 全固态大模场光子晶　图 5-79　上海光机所芯径 **50 μm** 全固态大模场光子晶
体光纤在不同重复频率下的放大特性[54]　　　　　体光纤在不同重复频率下的放大输出光谱[54]

62 W 后,出现了受激拉曼散射(SRS)效应,并且放大信号和放大自发辐射(ASE)的强度比小于 16 dB;而当泵浦光再增加时,ASE 强度明显增加,与放大波长的强度差值进一步减小,说明增加的泵浦光功率不再转化为信号波长,而是被 ASE 或者 SRS 消耗。将种子信号光的重复频率提高到 10 MHz 和 30 MHz,在耦合入 165 W 泵浦光时,分别获得 105 W 和 108 W 的激光输出,光-光效率分别为 63.6% 和 65.4%。在此过程中没有出现放大效率下降现象。图 5-79 中也给出了 10 MHz 重复频率、105 W 放大输出时的光谱,没有出现 SRS 现象,激光的信噪比大于 42 dB,说明此时的光子晶体光纤更适用于高重复频率脉冲放大。对上述 105 W 功率时的光束质量因子 M^2 测试结果如图 5-80 所示,M^2 为 1.53,实现了高亮度的准单模激光输出。

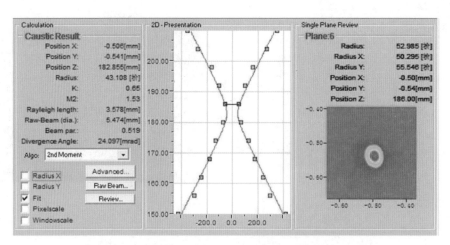

图 5-80　上海光机所芯径 **50 μm** 全固态大掺镱模场光子晶体
光纤放大输出@105 W 的光束质量因子[54]

5.4.3　掺镱大模场光子晶体光纤的应用

掺镱大模场光子晶体光纤主要用于脉冲放大系统,以获得高功率、大脉冲能量、高光束质量输出。由于光纤自身的结构特性,当高功率的超短脉冲在光纤中传播时,极高的峰值功率必然会激起诸多非线性效应,导致脉冲波形畸变。所以,在光纤结构的超短脉冲系统中,为实现大能量高功率的飞秒激光输出,需要合理控制系统的非线性,并进行有效的色散管理。随着光子晶体光纤的出现,光纤模场直径不断增大,目前增益光纤的芯径已经达到百微米量级,极大地降低了光纤飞秒放大系统的非线性积累,从而有利于在光纤中产生高能飞秒激光。诺贝尔物理学奖获得者 Mourou[88] 提出了相干网络放大计划,其利用光纤分束放大和相干合成技术,产生大脉冲能量、高峰值功率激光,可用于激光离子加速器、激光驱动核废料处理、地球轨道碎片清理以及激光驱动聚变能源等方面。德国 Jena 大学[89] 利用 $72\,\mu m$ 芯径掺镱光子晶体光纤作为预放增益光纤,$81\,\mu m$ 芯径光子晶体光纤作为主放大级增益光纤,通过 4 路空间合成(图 5-81a),在 $1032\,nm$ 波段获得平均功率 $700\,W$、脉冲宽度 $262\,fs$、脉冲能量 $12\,mJ$ 的近衍射极限脉冲输出,如图 5-81b 所示。通过增大合成路数下一步目标是获得百毫焦甚至焦耳级输出。

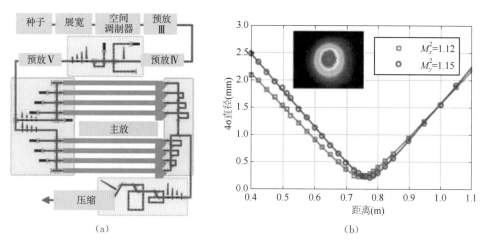

(a)　　　　　　　　　　　　(b)

图 5-81　4 路光束相干合成光路示意图(a)及输出模式、光束质量因子(b)[89]

除了脉冲合成技术之外,Eidam 等[15] 采用纤芯直径为 $108\,\mu m$ 的掺镱大跨度光子晶体光纤作为主放大级增益光纤,利用空间光调制器对脉冲进行预补偿,以抑制放大器中非线性相移、高阶色散等负面影响,最终在 $1030\,nm$ 波段获得平均功率 $11\,W$、脉冲宽度 $480\,fs$、脉冲能量 $2.2\,mJ$、峰值功率 $3.8\,GW$ 的近衍射极限脉冲输出,放大器直接输出脉冲的峰值功率约为 $1\,MW$,其实验装置如图 5-82 所示。$2.2\,mJ$ 也是目前基于 CPA 的单路掺镱光子晶体光纤放大器最大脉冲能量。

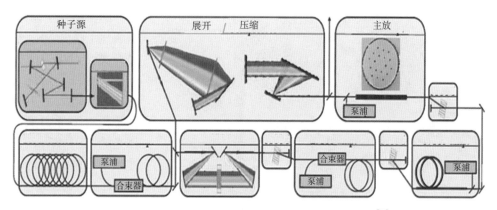

图 5-82　大跨度光子晶体光纤啁啾脉冲放大示意图[15]

Röser 等[90]使用两级大模场光子晶体光纤作为放大器以提升输出激光能量,在光纤 CPA 系统中获得了单脉冲能量 1.45 mJ、脉宽 800 fs 的大能量飞秒激光输出。在该领域的研究中,中国天津大学 Liu 等[91]报道了微焦耳量级、百飞秒光子晶体光纤飞秒激光放大器,获得了重复频率 1 MHz、脉宽 124 fs,单脉冲能量 1.56 μJ 的输出。天津大学 Huang 等[92]利用全光子晶体光纤系统获得了 110 W、83 fs 的脉冲输出。西安光机所李峰等[93]利用 NKT 公司 85 μm 芯径棒状掺镱光子晶体光纤,获得了单脉冲能量 124 μJ,脉宽 887 fs,光纤结构的百微焦级飞秒激光输出。清华大学张海涛等[94]利用 NKT 公司 85 μm 芯径掺镱光子晶体光纤棒作为主放级的增益光纤,获得了重频 1 kHz、脉冲能量 1 mJ、脉冲宽度 231 fs、峰值功率 3.8 GW 的飞秒激光输出,光束质量因子 M^2 约 1.2,放大光路示意图及模式特性如图 5-83 所示。

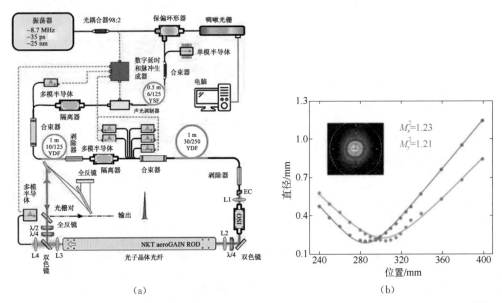

（a） （b）

图 5-83 使用 NKT 掺镱光子晶体光纤的啁啾脉冲放大系统示意图（a）及光束质量因子（b）[94]

经历了数十年的发展,掺镱光子晶体光纤已经形成多种不同机制、不同结构、不同性能的类型。对比国内外的报道,多种结构掺镱光子晶体光纤都已被国外研究者用于超短脉冲放大;而国内使用的大模场掺镱光子光纤相对单一,基本都是采用 NKT 公司的掺镱光子晶体光纤作为主放级的增益介质。这是由于 NKT 的掺镱光子晶体光纤目前已经商品化,可提供不同尺寸的掺镱光子晶体光纤。图 5-84 给出 NKT 公司的光纤类型,NKT 的掺镱光子晶体光纤产品纤芯直径从 14 μm 增大至 85 μm,都属于折射率导引型光子晶体光纤,其中 85 μm 纤芯尺寸光子晶体光纤的结构区采用了空气孔及高折射率棒两种材料,进一步对模式

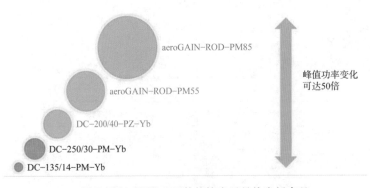

图 5-84 NKT 公司的掺镱光子晶体光纤产品

进行了优化。表 5-4 列出 NKT 公司掺镱光子晶体光纤推荐适用范围。

表 5-4　NKT 公司掺镱光子晶体光纤推荐适用范围

光纤型号	适用范围
DC-135/14-PM-Yb	飞秒脉冲：(200～400 fs 脉宽，10～20 W 平均功率) 皮秒脉冲：(10～20 kW 峰值功率，10～20 W 平均功率) 适用波长：1 030～1 064 nm
DC-200/40-PZ-Yb	飞秒脉冲：(150～400 fs 脉宽，20～50 W 平均功率) 皮秒脉冲：(100～200 kW 峰值功率，40～100 W 平均功率) 纳秒脉冲：(100～1 000 μJ 脉冲能量，40～100 W 平均功率) 适用波长：1 030～1 064 nm
GAIN-ROD-PMx5-Yb	飞秒脉冲：(约 400 fs 脉宽，100～400 μJ，20～100 W) 皮秒脉冲：(MW 量级峰值功率，50～100 W 平均功率) 纳秒脉冲：(mJ 量级脉冲能量，50～100 W 平均功率) 适用波长：1 030～1 045 nm

　　超短激光器具有窄脉冲、大能量、高峰值功率等输出特性，随着啁啾放大技术的应用，超短光纤激光器的研究获得了快速发展。在超快非线性光学、太赫兹波产生、飞秒化学等基础研究领域，其已经得到了广泛的应用。特别是大能量高功率的飞秒激光，由于其与物质相互作用时热效应小，成功应用于超精细加工、微光子器件制造、医学精密手术、纳米医学和国防激光武器等领域。国外以 IPG Photonics 公司为代表，在超快光纤激光器领域投入越来越多的产品，中国的众多超快激光器公司也正在迎头赶上。掺镱大模场光子晶体光纤正逐渐应用到超快光纤激光系统，进入工业应用阶段。相比超快光纤激光器的迅速发展，可作为其核心增益介质的掺镱光子晶体光纤产品的发展却相对滞后，目前只有丹麦 NKT 公司能够提供产品，且价格非常昂贵。近些年，中国在掺镱杂石英大模场光子晶体光纤方面已经取得了较大的进展，但相比国外的研究结果，仍处于落后状态，还没有产品。研制可实用化、商品化的大模场石英光子晶体光纤，仍是今后努力的方向。

　　由于大模场光子晶体光纤对纤芯材料的折射率以及均匀性都有较高的要求，因此 3C 光纤以及锥形光纤也引起了广泛的关注，是大模场掺镱光纤近年来的研究热点。3C 光纤在纤芯数值孔径处于 0.06 附近时仍可以在较大尺寸的纤芯内保持单模特性，目前已经报道的纤芯直径达到 85 μm。多家研究团体报道了应用美国 nLight 公司的 33 μm 纤芯直径 3C 光纤产品在超快领域取得的成果。加拿大光学研究中心以及俄罗斯科学院都推出了保偏锥形光纤产品，纤芯折射率达到 0.12 时仍能保持良好的模式特性。随着应用需求的发展，会有更多掺镱大模场光纤加入"竞技"行列。

　　本章综述了国内外不同机制、不同种类掺镱大模场光子晶体光纤的研究进展，介绍了掺镱光子晶体光纤的制备方法和光子晶体光纤的独特性能；详细分析了空气孔结构光子晶体光纤的处理及使用的优化解决方案，详细介绍了空气孔结构和全固态结构掺镱光子晶体光纤的性能；简要介绍了掺镱大模场光子晶体光纤的应用趋势。可以预见，由于光子晶体光纤自身的独特性，必将推动其在超快激光等更多领域的应用。

参考文献

[1] Mortensen N A. Effective area of photonic crystal fibers [J]. Optics Express，2002，10(7)：341-348.

［2］ Limpert J，Schreiber T，Liem A，et al. Thermo-optical properties of air-clad photonic crystal fiber lasers in high power operation ［J］. Optics Express，2003，11(22)：2982 - 2990.

［3］ Knight J，Birks T，Cregan R，et al. Large mode area photonic crystal fibre ［J］. Electronics Letters，1998，34(13)：1347 - 1348.

［4］ Limpert J，Liem A，Reich M，et al. Low-nonlinearity single-transverse-mode ytterbium-doped photonic crystal fiber amplifier ［J］. Optics Express，2004，12(7)：1313 - 1319.

［5］ Mortensen N，Nielsen M D，Folkenberg J R，et al. Improved large-mode-area endlessly single-mode photonic crystal fibers ［J］. Optics Letters，2003，28(6)：393 - 395.

［6］ Russell P. Photonic crystal fibers ［J］. Sciences，2003，299(5605)：358 - 362.

［7］ Wang Wei. Present situation and future development in photonic crystal fibers ［J］. Laser Optoelectronics Progress，2008，45(2)：43 - 58.

［8］ Limpert J，Schreiber T，Nolte S，et al. High-power air-clad large-mode-area photonic crystal fiber laser ［J］. Optics Express，2003，11(7)：818 - 823.

［9］ Eidam T，Hanf S，Seise E，et al. Femtosecond fiber CPA system emitting 830 W average output power ［J］. Optics Letters，2010，35(2)：94 - 96.

［10］ Wadsworth W，Knight J，Reeves W，et al. Yb^{3+}-doped photonic crystal fibre laser ［J］. Electronics Letters，2000，36(17)：1452 - 1454.

［11］ Stutzki F，Jansen F，Liem A，et al. 26 mJ，130 W Q-switched fiber-laser system with near-diffraction-limited beam quality ［J］. Optics Letters，2012，37(6)：1073 - 1075.

［12］ Beier F，Hupel C，Kuhn S，et al. Single mode 4. 3 kW output power from a diode-pumped Yb-doped fiber amplifier ［J］. Optics Express，2017，25(13)：14892 - 14899.

［13］ Limpert J，Schmidt O，Rothhardt J，et al. Extended single-mode photonic crystal fiber lasers ［J］. Optics Express，2006，14(7)：2715 - 2720.

［14］ Limpert J，Roser F，Schimpf D N，et al. High repetition rate gigawatt peak power fiber laser systems：challenges，design，and experiment ［J］. IEEE Journal of Selected Topics in Quantum Electronics，2009，15(1)：159 - 169.

［15］ Eidam T，Rothhardt J，Stutzki F，et al. Fiber chirped-pulse amplification system emitting 3. 8 GW peak power ［J］. Optics Express，2011，19(1)：255 - 260.

［16］ Dauliat R，Gaponov D，Benoit A，et al. Inner cladding microstructuration based on symmetry reduction for improvement of singlemode robustness in VLMA fiber ［J］. Optics Express，2013，21(16)：18927 - 18936.

［17］ Stutzki F，Jansen F，Otto H J，et al. Designing advanced very-large-mode-area fibers for power scaling of fiber-laser systems ［J］. Optica，2014，1(4)：233 - 242.

［18］ Otto H J，Stutzki F，Modsching N，et al. 2 kW average power from a pulsed Yb-doped rod-type fiber amplifier ［J］. Optics Letters，2014，39(22)：6446 - 6449.

［19］ Wong W S，Peng X，McLaughlin J M，et al. Breaking the limit of maximum effective area for robust single-mode propagation in optical fibers ［J］. Optics Letters，2005，30(21)：2855 - 2857.

［20］ Dong Liang，Peng Xiang，Li Jun. Leakage channel optical fibers with large effective area ［J］. Journal of the Optical Society of America B，2007，24(8)：1689 - 1697.

［21］ Dong Liang，McKay H A，Fu Libin，et al. Ytterbium-doped all glass leakage channel fibers with highly fluorine-doped silica pump cladding ［J］. Optics Express，2009，17(11)：8962 - 8969.

［22］ Gu Guancheng，Kong F，Hawkins T，et al. Ytterbium-doped large-mode-area all-solid photonic bandgap fiber lasers ［J］. Optics Express，2014，22(11)：13962 - 13968.

［23］ Isomäki A，Okhotnikov O G. Femtosecond soliton mode-locked laser based on ytterbium-doped photonic bandgap fiber ［J］. Optics Express，2006，14(20)：9238 - 9243.

［24］ Pulford B，Ehrenreich T，Holten R，et al. 400 - W near diffraction-limited single-frequency all-solid photonic bandgap fiber amplifier [J]. Optics Letters，2015，40(10)：2297－2300.

[25] Kong F，Gu Guancheng，Hawkins T W，et al. ～1 kilowatt Ytterbium-doped all-solid photonic bandgap fiber laser [C]//Proceedings of the Fiber Lasers ⅩⅣ：Technology and Systems，F，2017.

[26] Wadsworth W，Knight J，Russell P S J. Large mode area photonic crystal fibre laser [C]//Proceedings of the Technical Digest Summaries of papers presented at the Conference on Lasers and Electro-Optics Postconference Technical Digest (IEEE Cat No 01CH37170)，F，2001.

[27] Wadsworth W，Percival R，Bouwmans G，et al. High power air-clad photonic crystal fibre laser [J]. Optics Express，2003，11(1)：48－53.

[28] Bonati G，Voelckel H，Gabler T，et al. 1.53 kW from a single Yb-doped photonic crystal fiber laser [C]//Proceedings of the Photonics West，San Jose，Late Breaking Developments，Session，F，2005.

[29] Teodoro D F，Brooks C D. Multi-MW peak power single-transverse mode operation of a 100 micron core diameter，Yb-doped photonic crystal rod amplifier [C]//Proceedings of the Fiber Lasers Ⅳ：Technology，Systems，and Applications，F，2007.

[30] Hansen K P，Olausson C B，Broeng J，et al. Airclad fiber laser technology [C]//Proceedings of the Fiber Lasers V：Technology，Systems，and Applications，F，2008.

[31] Roy P，Dauliat R，Benoît A，et al. Ultra large mode area fibers with aperiodic cladding structure for high power single mode lasers [C]//Proceedings of the Workshop on Specialty Optical Fibers and Their Applications，F，2015.

[32] 陈伟，李诗愈，王彦亮，等.国产化大模场掺镱光子晶体光纤的设计与制备[J].光通信研究，2009，35(2)：45－46.

[33] 陈瑰，蒋作文，彭景刚，等. 空气包层大模场面积掺镱光子晶体光纤研究[J]. 物理学报，2012，61(14)：144206－144206.

[34] 刘建涛，周桂耀，夏长明.基于粉末烧结技术制备镱铝共掺大模场光子晶体光纤[J].光子学报，2013，42(5)：552－554.

[35] Wang Ziwei，Li Qiurui，Wang Zhaokun，et al. 255 W picosecond MOPA laser based on self-made Yb-doped very-large-mode-area photonic crystal fiber [J]. Chinese Optics Letters，2016，14(8)：081401－081404.

[36] Wei Huifeng，Chen Kangkang，Yang Yucheng，et al. All-solid very large mode area ytterbium-doped silica microstructured fiber based on accurate control on cladding index [J]. Optics Express，2016，24(8)：8978－8987.

[37] Wang Shikai，Xu Wenbin，Wang Fan，et al. Yb^{3+}-doped silica glass rod with high optical quality and low optical attenuation prepared by modified sol-gel technology for large mode area fiber [J]. Optical Materials Express，2017，7(6)：2012－2022.

[38] Wang Fan，Hu Lili，Xu Wenbin，et al. Manipulating refractive index，homogeneity and spectroscopy of Yb^{3+}-doped silica-core glass towards high-power large mode area photonic crystal fiber lasers [J]. Optics Express，2017，25(21)：25960－25969.

[39] Wang Meng，Wang Fan，Feng Suya，et al. 272 W quasi-single-mode picosecond pulse laser of ytterbium-doped large-mode-area photonic crystal fiber [J]. Chinese Optics Letters，2019，17(7)：0714011－0714015.

[40] 王孟，王璠，于春雷，等.兆瓦峰功输出的超低纤芯 NA 大模场光子晶体光纤[J].光学学报，2019，39(05)：05360011－05360013.

[41] Wang Fan，Wang Meng，Shao Chongyun，et al. Highly fluorine and ytterbium doped polarization maintaining large mode area photonic crystal fiber via the sol-gel process [J]. Optics Express，2021，29(25)：41882－41893.

[42] Aljamimi S M，Anuar M S K，Muhd-Yasin S Z，et al. On the fabrication of aluminum doped silica preform using MCVD and solution doping technique [C]//Proceedings of the 2012 IEEE 3rd

International Conference on Photonics，F，2012.

[43] Langner A，Schotz G，Such M，et al. A new material for high power laser fibers [C]//Proceedings of the Fiber Lasers V：Technology，Systems，and Applications，F，2008.

[44] Liu Shuang，Wang Meng，Zhou Qinling，et al. Ytterbium-doped silica photonic crystal fiber laser fabricated by the nanoporous glass sintering technique [J]. Laser Physics，2014，24（6）：0658011 - 0658015.

[45] 胡丽丽，王世凯，楼风光，等. 掺 Yb 石英光纤预制棒芯棒的制备方法：中国，CN103373811B [P/OL]. 2015 - 05 - 13.

[46] Limpert J，Stutzki F，Jansen F，et al. Yb-doped large-pitch fibres：effective single-mode operation based on higher-order mode delocalisation [J]. Light：Science and Applications，2012，1（4）：1 - 5.

[47] White T，McPhedran R，de Sterke C M，et al. Confinement losses in microstructured optical fibers [J]. Optics Letters，2001，26（21）：1660 - 1662.

[48] Feng Xian，Monro T M，Petropoulos P，et al. Solid microstructured optical fiber [J]. Optics Express，2003，11（18）：2225 - 2230.

[49] 邹快盛，魏德亮，陆敏，等. 全玻璃实心保偏光子晶体光纤的研制[J]. 光子学报，2010，39（2）：251 - 254.

[50] Zhang Guang，Zhou Qinling，Yu Chunlei，et al. Neodymium-doped phosphate fiber lasers with an all-solid microstructured inner cladding [J]. Optics Letters，2012，37（12）：2259 - 2261.

[51] Wang Longfei，Li Wentao，Sheng Qiuchun，et al. All-solid silicate photonic crystal fiber laser with 13. 1 W output power and 64. 5% slope efficiency [J]. Journal of Lightwave Technology，2014，32（6）：1116 - 1119.

[52] Wang Longfei，He Dongbing，Feng Suya，et al. Yb/Er co-doped phosphate all-solid single-mode photonic crystal fiber [J]. Scientific Reports，2014，4（1）：61391 - 61393.

[53] Wang Longfei，He Dongbing，Feng Suya，et al. Heavily Yb-doped phosphate large-mode area all-solid photonic crystal fiber operating at 990 nm [J]. Laser Physics Letters，2015，12（7）：0751021 - 0751025.

[54] 王孟. 高亮度掺镱大模场光子晶体光纤制备及性能研究[D]. 北京：中国科学院大学，2019.

[55] Izawa T，Miyashita T，Hanawa F. Continuous optical fiber preform fabrication method：United States，US4062665A [P/OL]. 1977 - 12 - 13.

[56] Xu Wenbin，Wang Meng，Feng Suya，et al. Fabrication and laser amplification behavior of Yb^{3+}/Al^{3+} co-doped photonic crystal fiber [J]. IEEE Photonics Technology Letters，2016，28（4）：391 - 393.

[57] Wadsworth W J，Percival R M，Bouwmans G，et al. Very high numerical aperture fibers [J]. IEEE Photonics Technology Letters，2004，16（3）：843 - 845.

[58] Petit V，Tumminelli R P，Minelly J D，et al. Extremely low NA Yb doped preforms（＜ 0. 03）fabricated by MCVD [C]//Proceedings of the Fiber Lasers XⅢ：Technology，Systems，and Applications，F，2016.

[59] 郭艳艳，侯蓝田. 光子晶体光纤数值孔径的测量和数值研究[J]. 光谱学与光谱分析，2010，30（7）：1908 - 1912.

[60] Birkst T A，Mogilevtsev D，Knight J C，et al. The analogy between photonic crystal fibres and step index fibres [C]//Proceedings of the Optical Fiber Communication Conference，F，1999.

[61] Koshiba M. Full-vector analysis of photonic crystal fibers using the finite element method [C]// Proceedings of the IEICE Transactions on Electronics，F 04/01，2002.

[62] Ferrando A，Silvestre E，Miret J J，et al. Full-vector analysis of a realistic photonic crystal fiber [J]. Optics Letters，1999，24（5）：276 - 278.

[63] Foroni M，Poli F，Rosa L，et al. Cutoff properties of large-mode-area photonic crystal fibers [C]// Proceedings of the Proceedings of 2005 IEEE/LEOS Workshop on Fibres and Optical Passive Components，2005，F，2005.

[64] Smith A V，Smith J J. Overview of a Steady-Periodic Model of Modal Instability in Fiber Amplifiers

[J]. IEEE Journal of Selected Topics in Quantum Electronics, 2014, 20(5): 472 - 483.

[65] Otto H J, Modsching N, Jauregui C, et al. Impact of photodarkening on the mode instability threshold [J]. Optics Express, 2015, 23(12): 15265 - 15277.

[66] Jauregui C, Eidam T, Otto H J, et al. Physical origin of mode instabilities in high-power fiber laser systems [J]. Optics Express, 2012, 20(12): 12912 - 12925.

[67] Laurila M, Saby J, Alkeskjold T T, et al. Q-switching and efficient harmonic generation from a single-mode LMA photonic bandgap rod fiber laser [J]. Optics Express, 2011, 19(11): 10824 - 10811.

[68] Eidam T, Wirth C, Jauregui C, et al. Experimental observations of the threshold-like onset of mode instabilities in high power fiber amplifiers [J]. Optics Express, 2011, 19(14): 13218 - 13224.

[69] Robin C, Dajani I A, Zeringue C M, et al. Gain-tailored SBS suppressing photonic crystal fibers for high power applications [C]//Proceedings of the Fiber Lasers IX: Technology, Systems, and Applications, F, 2012.

[70] Richardson D J, Nilsson J, Clarkson W A. High power fiber lasers: current status and future perspectives [J]. Journal of the Optical Society of America B, 2010, 27(11): B63 - B92.

[71] Laurila M, Jørgensen M M, Hansen K R, et al. Distributed mode filtering rod fiber amplifier delivering 292 W with improved mode stability [J]. Optics Express, 2012, 20(5): 5742 - 5711.

[72] Ferrarini D, Vincetti L, Zoboli M, et al. Leakage properties of photonic crystal fibers [J]. Optics Express, 2002, 10(23): 1314 - 1319.

[73] Mortensen N A, Folkenberg J R. Low-loss criterion and effective area considerations for photonic crystal fibers [J]. Journal of Optics A: Pure and Applied Optics, 2003, 5(3): 163 - 164.

[74] Nielsen M, Mortensen N, Albertsen M, et al. Predicting macrobending loss for large-mode area photonic crystal fibers [J]. Optics Express, 2004, 12(8): 1775 - 1779.

[75] 张国栋. 大模场光子晶体光纤的端面塌缩工艺研究[D]. 北京:中国科学院大学, 2018.

[76] 陈子伦, 奚小明, 孙桂林, 等. 光子晶体光纤的空气膨胀和拉锥技术研究[J]. 国防科技大学学报, 2011, 33(2): 1 - 4.

[77] Yu Ruowei, Wang Caoyuan, Benabid F, et al. Robust mode matching between structurally dissimilar optical fiber waveguides [J]. ACS Photonics, 2021, 8(3): 857 - 863.

[78] Teodoro D F, Hemmat M K, Morais J, et al. High peak power operation of a 100 μm-core Yb-doped rod-type photonic crystal fiber amplifier [C]//Proceedings of the Fiber Lasers VII: Technology, Systems, and Applications, F, 2010.

[79] Dong Liang, Li Jun, Peng Xiang. Bend-resistant fundamental mode operation in ytterbium-doped leakage channel fibers with effective areas up to 3160 μm^2 [J]. Optics Express, 2006, 14(24): 11512 - 11519.

[80] Peng Xiang, Dong Liang. Fundamental-mode operation in polarization-maintaining ytterbium-doped fiber with an effective area of 1400 micro m^2 [J]. Optics Letters, 2007, 32(4): 358 - 360.

[81] 陈月娥, 侯蓝田. Yb^{3+} 掺杂双包层光子晶体光纤制备研究[J]. 光电工程, 2009, 36(2): 62 - 64.

[82] 褚应波, 刘永光, 刘长波, 等. 基于玻璃分相技术的大芯径掺镱光纤及其激光研究[J]. 中国激光, 2018, 45(12): 12010051 - 12010056.

[83] Liu Shaojun, Li Haiyuan, Tang Yongxing, et al. Fabrication and spectroscopic properties of Yb^{3+}-doped silica glasses using the sol-gel method [J]. Chinese Optics Letters, 2012, 10(8): 081601.

[84] 徐岩, 彭志刚, 程昭晨, 等. 掺镱光纤-固体高功率超短脉冲放大研究进展[J]. 中国激光, 2021, 48(5): 0501003.

[85] Jauregui C, Limpert J, Tünnermann A. High-power fibre lasers [J]. Nature Photonics, 2013, 7(11): 861 - 867.

[86] Dong Liang, Peng Xiang, Li Jun. Leakage channel optical fibers with large effective area [J]. J. Opt. Soc. Am. B, 2007, 24(8): 1689 - 1697.

［87］ Papior S R，Weirich J，Johansen M M，et al. Photonic crystal fiber technology for high-performance all-fiber monolithic ultrafast fiber amplifiers ［C］//Proceedings of the LASE，F，2018.

［88］ 李宏勋，张锐. 光纤放大网络及其应用研究进展［J］. 激光与光电子学进展，2017，54(1)：10002.

［89］ Kienel M，Müller M，Klenke A，et al. 12 mJ kW-class ultrafast fiber laser system using multidimensional coherent pulse addition ［J］. Optics Letters，2016，41(14)：3343 – 3346.

［90］ Röser F，Eidam T，Rothhardt J，et al. Millijoule pulse energy high repetition rate femtosecond fiber chirped-pulse amplification system ［J］. Optics Letters，2007，32(24)：3495 – 3497.

［91］ Liu Bowen，Hu Minglie，Song Youjian，et al. Photonic crystal fiber femtosecond laser amplifier with millijoules and 100 fs level output ［J］. Chinese Journal of Lasers，2010，37(9)：2415 – 2418.

［92］ Huang Lili，Hu Minglie，Fang Xiaohui，et al. Generation of 110 – W sub-100-fs Pulses at 100 MHz by nonlinear amplification based on multicore photonic crystal fiber ［J］. IEEE Photonics Journal，2016，8(3)：1 – 7.

［93］ 李峰，杨直，赵卫，等. 百微焦级飞秒光纤激光放大系统［J］. 中国激光，2015，42(12)：1202005.

［94］ Zhang Haitao，Zu Jiaqi，Deng Decai，et al. Yb-doped fiber chirped pulse amplification system delivering 1 mJ，231 fs at 1 kHz repetition rate ［J］. Photonics，2022，9(67)：9020067.

第 6 章

掺铒石英光纤及应用

1985 年,英国南安普顿大学报道了利用 MCVD 方法制作低损耗稀土掺杂石英光纤[1]。在随后两年内,Payne 等[2-3]首次报道了基于掺铒石英光纤的 $1.55\,\mu m$ 激光和 $1.54\,\mu m$ 附近的光纤放大器(EDFA)。掺铒石英光纤由于机械性能好、抗拉强度高、易于与通信光纤熔接等特点,可以满足光放大器的高可靠性要求,因此成为商用 EDFA 的首选增益介质。之后,掺铒光纤放大器经历了快速发展,研究工作不断取得重大进展,完美解决了通信光纤损耗对光传输距离的限制,使长距离光通信真正走向实用化。如今,EDFA 已经成为光通信系统中应用最广泛的光模块,主要用于器件插入损耗补偿、长距离传输中继以及用作功率放大器或者前置放大器,放大光发送机输出或者光接收机输入的信号能量。由于光通信领域强大的需求牵引,掺铒光纤作为 EDFA 的核心组件,是目前研究最为深入和应用最为广泛的稀土掺杂光纤。随着研究的逐步深入,掺铒石英光纤在高功率激光领域的研究也得到了较大的发展,以镱铒共掺双包层光纤为代表,在 $1.5\,\mu m$ 激光雷达等方面获得了重要应用。

本章将从铒离子(Er^{3+})能级、光谱性质及其在石英玻璃中的结构和增益放大性能等方面阐述掺铒石英玻璃和光纤材料的基本性质,并从光通信和高功率激光两大应用方向介绍不同类型掺铒光纤的基本特性。

6.1 铒离子能级结构

稀土离子由于受外层电子屏蔽,其能级结构主要取决于稀土离子本身,但也会受到基质材料的影响。分析 Er^{3+} 的能级结构特点,研究石英玻璃基质中不同掺杂元素和配位环境对光谱性质的影响,是研究掺铒石英光纤激光性能的基础。

6.1.1 铒离子能级结构与掺铒石英玻璃吸收光谱

目前,研究人员对 Er^{3+} 在各种基质中的能级结构和光谱性质已进行了广泛研究。图 6-1 为 Er^{3+} 能级结构

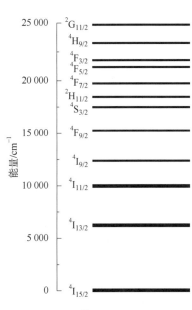

图 6-1 Er^{3+} 能级结构示意图

243

图[4]，从中可以看出 Er^{3+} 的能级结构十分复杂，从低到高包含 10 多个能级，最高能级超过 25 000 cm^{-1}。掺铒石英光纤的主要应用是利用 Er^{3+} 的亚稳态$^4I_{13/2}$ 能级向基态$^4I_{15/2}$ 能级的辐射跃迁，用作 1.5 μm 波段的光纤放大器或激光器。因此本节的主要讨论将围绕 Er^{3+} 的这一辐射跃迁过程以及可能对该过程产生影响的因素展开。

图 6-2 是掺铒石英玻璃的吸收光谱，图中标注了部分 Er^{3+} 的特征吸收峰对应的能级。Er^{3+} 的特征吸收峰位于 1 530 nm、976 nm、808 nm、650 nm、540 nm、521 nm、488 nm、451 nm、406 nm 及 379 nm，分别对应于 Er^{3+} 从基态$^4I_{15/2}$ 能级到激发态$^4I_{13/2}$、$^4I_{11/2}$、$^4I_{9/2}$、$^4F_{9/2}$、$^4S_{3/2}$、$^2H_{11/2}$、$^4F_{7/2}$、$^4F_{5/2}$、$^2H_{9/2}$ 和$^4G_{11/2}$ 能级的吸收跃迁过程。绝大多数吸收峰对应的泵浦源均可用来泵浦掺铒石英光纤产生 1.5 μm 波段发光。在早期的掺铒石英光纤研究中，受限于可用的泵浦源，研究人员主要使用 800 nm 的激光二极管（LD）对掺铒光纤进行研究。但由图 6-2 可知，Er^{3+} 在 800 nm 的吸收能力较弱，与 980 nm 或 1480 nm 相比，要达到同样的吸收系数，其所需的泵浦功率密度要大约一个数量级。此外，800 nm 泵浦时，激发态泵浦吸收严重，尤其是在高粒子反转度时。因此现在 EDFA 的主要泵浦波长为 980 nm 或 1480 nm。当 Er^{3+} 受到 980 nm LD 泵浦时，Er^{3+} 将首先从基态$^4I_{15/2}$ 能级被激发至$^4I_{11/2}$ 能级。由于$^4I_{11/2}$ 能级的寿命较短，Er^{3+} 迅速弛豫至$^4I_{13/2}$ 能级。在$^4I_{13/2}$ 能级进行粒子数积累和反转后，Er^{3+} 辐射跃迁至$^4I_{15/2}$ 能级产生 1.5 μm 波段的发光。

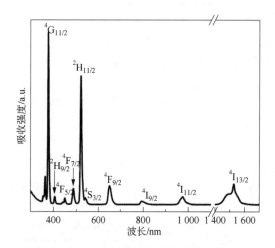

图 6-2　掺铒石英玻璃的吸收光谱

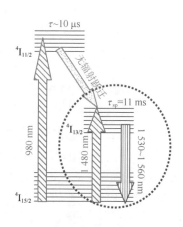

图 6-3　Er^{3+} $^4I_{13/2}$ 和$^4I_{15/2}$ 能级的斯塔克分裂

6.1.2　铒离子 1.5 μm 波段激光能级的斯塔克分裂

在基质材料中，稀土离子受到外部局域场的影响，产生斯塔克分裂。对特定的 LSJ 能级结构，当 J 为半整数时，其产生的最大斯塔克能级分裂数为 $J+1/2$。对于 Er^{3+}，如图 6-3 所示，其激发态能级$^4I_{13/2}$ 最多可以分裂成 7 个子能级，基态$^4I_{15/2}$ 最多可以分裂成 8 个子能级。在不同基质玻璃中，随着基质材料对称性的改变，其可能存在的斯塔克能级也会发生相应的改变。对称性越低，则斯塔克分裂数越多。因此，研究 Er^{3+} 能级的斯塔克分裂数可以推断未知基质材料局域场的对称性。此外，在不同的基质材料中，Er^{3+} 的 4f 组态内子能级的位置存在几十至几百 cm^{-1} 的差异，这是由于不同基质中 Er^{3+} 周围的电场分布不同所致。石英玻璃中 Er^{3+} 周围的电场分布对 Er—O 键的距离和 Er^{3+} 的配位数有显著影响。

图 6-4 为掺铒铝硅玻璃中 Er^{3+} 的斯塔克能级间的跃迁[5-6]。在该基质中，Er^{3+} 的上能级 $^4I_{13/2}$ 分裂为 4 个子能级，基态 $^4I_{15/2}$ 能级分裂为 5 个子能级，小于各能级可能产生的最大斯塔克分裂数。这表明该玻璃基质存在一定的对称性，并未完全解除 Er^{3+} 的子能级简并。图 6-5 为室温下该掺铒铝硅玻璃的吸收和发射截面谱[5-6]，其中标出了上述斯塔克能级间跃迁的位置。从图中可以看到，子能级间的吸收和发射跃迁位置非常接近。基态和激光上能级的斯塔克分裂能级最大宽度约 250 cm^{-1}。图 6-4 中平均每个子能级间的间隔约 50 cm^{-1}，如此小的能级间隔意味着室温条件下在斯塔克子能级间存在快速热平衡导致的布居数再分布过程。而激光上能级和基态间的间隔较大，非辐射跃迁概率随着能级间隔的增加呈指数衰减。因此，Er^{3+} 能级内各斯塔克子能级间的热弛豫速率要远大于上下能级间的非辐射跃迁过程。

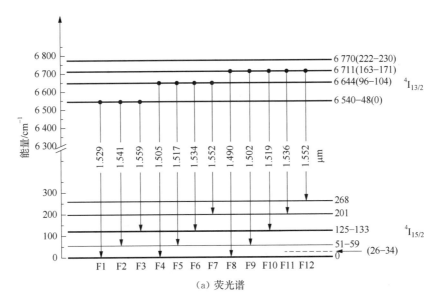

（a）荧光谱

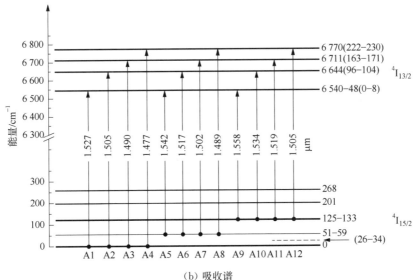

（b）吸收谱

图 6-4　铝硅玻璃中 Er^{3+} 的斯塔克分裂示意图

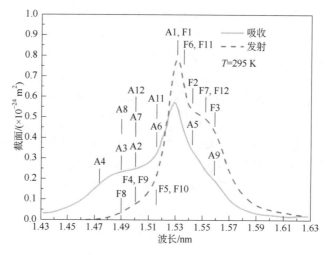

图 6 - 5　铝硅玻璃中 Er^{3+} 吸收和发射截面谱，对应于图 6 - 4 中斯塔克能级间跃迁

6.1.3　铒离子 1.5 μm 波段光谱特性

Er^{3+} 的能级寿命主要取决于其所在能级。在 Er^{3+} 的所有激发态中，$^4I_{13/2}$ 能级与下能级的间隔最大，能级寿命最长，一般可达 10 ms 量级，故 Er^{3+} 可用作 1.5 μm 波段发光的激活离子。与此相反，在常用的 980 nm 泵浦结构中，Er^{3+} 被泵浦到 $^4I_{11/2}$ 能级，其与 $^4I_{13/2}$ 的能级间隔较小，激发态离子会以无辐射跃迁的形式快速弛豫到 $^4I_{13/2}$ 能级，其在 $^4I_{11/2}$ 能级的寿命仅约 10 μs 量级，因此 1.5 μm 波段 EDFA 可用 980 nm LD 作泵源。

Er^{3+} 激发态的能级寿命、辐射跃迁和非辐射跃迁概率，与基质玻璃组成和 Er^{3+} 的掺杂浓度密切相关。表 6 - 1 为文献中报道的不同玻璃基质中 Er^{3+} 的 $^4I_{13/2}$ 能级寿命，从中可以看到，Er^{3+} $^4I_{13/2}$ 能级在硅酸盐玻璃中的寿命可高达 14 ms，在磷酸盐中其荧光寿命约为 8～10 ms，在碲酸盐玻璃中仅为 4 ms。这是由于碲酸盐玻璃基质的折射率高于磷酸盐，磷酸盐要高于硅酸盐，高折射率玻璃基质中 Er^{3+} 周围局域场使得其发射截面更大，因而 $^4I_{13/2}$ 能级荧光寿命减小。此外，在高浓度 Er^{3+} 掺杂时，易发生上转换或浓度猝灭效应，导致 Er^{3+} 激发态能级寿命减小，详见本章 6.3.4 节和 6.3.5 节所述。

表 6 - 1　不同玻璃基质中 Er^{3+} $^4I_{13/2}$ 能级的寿命

基质玻璃	寿命/ms	参考文献	基质玻璃	寿命/ms	参考文献
钠钾钡硅酸盐玻璃	14	[7]	LGS - E 磷酸盐玻璃	7.7	[7]
铝磷掺杂石英	10.8	[8]	磷酸盐玻璃	10.7	[10]
铝锗掺杂石英	9.5～10	[9]	碲酸盐玻璃	4	[11]

基质材料对 Er^{3+} 光谱特性的影响主要表现在两个方面：一方面是引起斯塔克分裂。由于电场非均匀分布的影响，原来存在的能级简并被解除。因此对给定的电子能级跃迁，光谱呈现精细结构，使光谱子结构变得明显。另一方面是引起能级展宽，由于基质作用使激活离子能级加宽的机制变得复杂，有多种因素可对其产生影响。一般认为玻璃的无序结构是导致稀土离子能级加宽的重要原因。一种是来自基质电场对稀土离子能级的微扰。这种微扰对于不同的离子是不同的，取决于周围的环境。这种由基质电场所引起的加宽是一种非均匀加宽，与温度

无关。另一种加宽机制为声子引起的光谱均匀展宽。当电子在能级之间发生跃迁时,除了吸收或发射光子之外,还能够与基质环境发生某种形式的能量交换,包括声子的产生和湮灭。声子能量主要取决于基质玻璃材料和温度,在给定的温度下,这将引起吸收光谱和发射光谱的均匀展宽。

在不同的玻璃基质中,受周围局域环境配位场的影响,Er^{3+} 的吸收和发射光谱将呈现不同的形态。图 6-6 为三种常见石英玻璃基质中 Er^{3+} 的吸收和发射谱[12],从中可以看到在 GeO_2-SiO_2 玻璃中,Er^{3+} 的吸收和发射截面峰值要大于 Al_2O_3-SiO_2 玻璃,但其吸收和发射谱的宽度则要较 Al_2O_3-SiO_2 玻璃小。在实际使用 EDFA 时,希望在一定的波长范围内能有较为平坦的增益系数,因此 Al_2O_3-SiO_2 玻璃比 GeO_2-SiO_2 玻璃更切合实际应用。此外,在石英玻璃中掺杂 Al 离子还有助于提高稀土离子的分散性,提高光纤的数值孔径,减小纤芯尺寸,有助于获得更高的泵浦功率密度,可以在有限泵浦功率条件下获得尽可能高的增益。Ge 元素的加入可以有效提高纤芯的数值孔径,因此在实际应用中,掺铒石英光纤的基质组成一般为 GeO_2-Al_2O_3-SiO_2 玻璃。

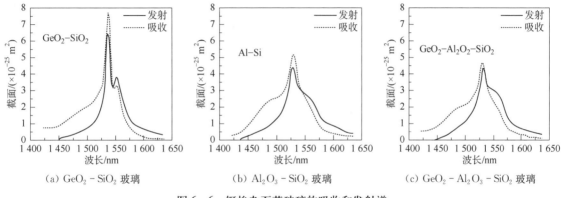

(a) GeO_2-SiO_2 玻璃　　　　(b) Al_2O_3-SiO_2 玻璃　　　　(c) GeO_2-Al_2O_3-SiO_2 玻璃

图 6-6　铒掺杂石英玻璃的吸收和发射谱

吸收截面和受激发射截面是表征激活离子光谱性质的重要参数。吸收截面反映了材料对泵浦光的吸收效率,受激发射截面则反映了激光输出能力。与 Yb^{3+} 相似,Er^{3+} 的吸收截面 $\sigma_{abs}(\lambda)$ 和发射截面 $\sigma_{emi}(\lambda)$ 也可以通过其测量吸收光谱计算得到,方法如本书 2.1.3 节所述。在不同的玻璃基质中,Er^{3+} 的光谱形态不同,相应地其吸收和发射截面也会发生变化。表 6-2 为文献报道的不同基质玻璃中 Er^{3+} $^4I_{15/2} \leftrightarrow {^4I_{13/2}}$ 能级跃迁的吸收和发射截面及对应的峰值波长。

表 6-2　不同基质玻璃中 Er^{3+} $^4I_{15/2} \leftrightarrow {^4I_{13/2}}$ 能级跃迁的吸收和发射截面及对应的峰值波长

基质玻璃	峰值波长 /nm	吸收截面 σ_{abs}/ ($\times 10^{-21}$ cm^2)	发射截面 σ_{em}/ ($\times 10^{-21}$ cm^2)	参考文献
铝磷掺杂石英	1 531	6.60	5.70	[8]
L-22 硅酸盐玻璃	1 536	5.80	7.27	[8]
L11 氟磷酸盐玻璃	1 533	6.99	7.16	[8]
掺锗石英	1 530	7.9±0.3	6.7±0.3	[12]
掺铝石英	1 530	5.1±0.6	4.4±0.6	[12]
锗铝掺杂石英	1 530	4.7±1.0	4.4±1.0	[12]

6.2 掺铒石英玻璃的性质和结构

在基质材料中,稀土离子的配位数较大,一般需要 7~8 个配位离子。石英玻璃的正四面体空间网络结构使得其中的非桥氧离子较少,容易导致多个稀土离子团聚在一起以共享非桥氧离子。因此在纯石英玻璃中,Er^{3+} 的溶解度非常低,一般不超过 100 ppm[13]。Er^{3+} 浓度的进一步增加,极易导致稀土离子的团簇效应,乃至出现分相的情况。

为了增加石英玻璃中 Er^{3+} 的掺杂量而不引起额外的团簇效应,需要添加共掺剂以提高稀土离子的溶解度。稀土掺杂石英玻璃中,最常见和有效的共掺剂为 Al_2O_3 和 P_2O_5。铝离子在石英玻璃网络结构中能够以四配位($[AlO_{4/2}]^-$,网络形成体)或八配位($[AlO_{6/2}]^-$,网络配位体)的形式存在。四配位的氧化铝可以与稀土离子共享非桥氧,因此相比缺少非桥氧的富硅环境,稀土离子能以较大的溶解度存在于富铝环境中。在石英玻璃中,磷元素与铝元素的作用类似,磷元素以正四面体结构 $[PO_{5/2}]^0$(包含 P═O 双键)或 $[PO_{4/2}]^+$(需阳离子以取得电荷平衡)存在,使得稀土离子能够以较大的溶解度存在于富磷环境中。

上述情况意味着不同的共掺剂(包括共掺剂的种类和浓度)会导致玻璃网络结构环境存在差异,从而导致稀土离子光谱性质存在差异,包括荧光寿命、吸收和发射截面、激发态吸收等。因此,研究掺铒石英玻璃的网络结构,分析 Er^{3+} 所处局域环境及其对 Er^{3+} 能级结构的影响,是研究掺铒石英玻璃发光性能的基础。

6.2.1 铝掺杂对掺铒石英玻璃结构和性质的影响

在掺铒石英玻璃及光纤中引入铝元素有以下好处[14-15]:①改进玻璃及光纤的折射率,以满足所需的数值孔径(NA)要求;②有利于提高 Er^{3+} 的溶解度,减少掺铒光纤中 Er^{3+} 团簇现象;③增加掺铒石英玻璃的荧光带宽,使掺铒石英光纤在 C+L 具有宽且平坦的增益。为了更清晰地表征 Al 元素的引入对石英玻璃网络结构和 Er^{3+} 发光性能的影响,在保持稀土离子含量不变的情况下,采用溶胶凝胶法结合高温熔融法制备了不同 Al 含量的系列掺 Er^{3+} 石英玻璃样品(AE0、AE10、AE50、AE100、AE150、AE200),玻璃组分详见表 6-3。

表 6-3 不同 Al/RE 比的掺 Er 及掺 Yb 石英玻璃的理论组成   单位:mol%

样品	Al_2O_3	Er_2O_3	Yb_2O_3	SiO_2	Al/RE 比
AE0	—a	0.05	—	99.95	0
AE10	0.5	0.05	—	99.45	10
AE50	2.5	0.05	—	97.45	50
AE100	5	0.05	—	94.95	100
AE150	7.5	0.05	—	92.45	150
AE200	10	0.05	—	89.95	200
AY10	0.5	—	0.05	99.45	10
AY50	2.5	—	0.05	97.45	50
AY100	5	—	0.05	94.45	100

a. "—"表示样品中未掺杂此种元素。

采用电子顺磁共振(EPR)测试探测 Al 元素含量对 Er^{3+} 局域环境的影响。由于 Er^{3+} 的脉冲 EPR 测试必须在极低温度条件下(<3 K)进行,因此,为了便于表征 Al 元素含量对稀土离

子局域环境的影响,采用同为稀土元素且更容易测试的 Yb^{3+} 取代 Er^{3+} 作为探针。利用相同方法制备了掺 Yb^{3+} 石英玻璃(AY10、AY50、AY100;组分见表 6-3)。图 6-7a 为掺 Yb^{3+} 石英玻璃的回波探测场扫描(echo detected field-swept, EDFS)电子顺磁共振谱。EDFS 谱在 150～1200 mT 磁场范围内呈现非常宽的非对称峰,这与玻璃的无序结构有关。随着铝含量的增加,最强的 EDFS 峰向更高磁场方向移动;这表明 Yb^{3+} 在玻璃中的局域环境发生了变化。通过二维超精细分段相关谱(2D-HYSCORE)可以探测顺磁离子与周围磁性核的相互作用,图 6-7b～d 为不同 Al 含量 Yb^{3+} 掺杂石英玻璃在 600 mT 磁场下的 2D-HYSCORE 光谱。在 HYSCORE 谱图中,磁性核的拉莫频率 υ_n 与核的旋磁比 γ_n 及外加磁场 B_0 成正比,即 $\upsilon_n = B_0\gamma_n/2\pi$。在 600 mT 磁场下,位于 5 MHz 和 6.7 MHz 的两个对角线峰值分别对应于核素 ^{29}Si(自然丰度 4.68%)和 ^{27}Al(自然丰度 100%)的拉莫尔频率。可以看到,随着 Al_2O_3 含量的增加,^{27}Al 的信号逐渐增强,而 ^{29}Si 的信号减弱,亦即在 AY100 玻璃中,Yb^{3+} 主要位于富 Al 环境中。这表明随着 Al_2O_3 含量的增加,Yb^{3+} 周围 Al 元素的比例增加。上述结果与 Saitoh 等[14-15]通过电子自旋回波包络调制光谱(electron spin echo envelope modulation, ESEEM)在 Er-Al 共掺石英玻璃中得到的结果一致。

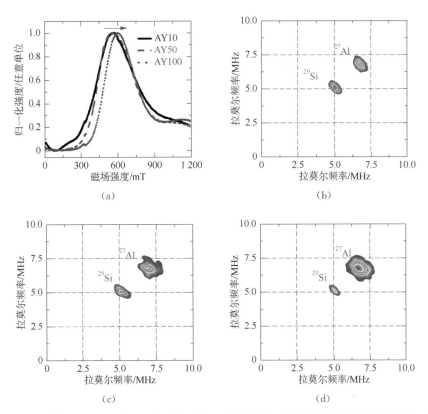

图 6-7　Yb^{3+} 在不同 Al 含量石英玻璃中的回波探测场扫描(EDFS)电子顺磁共振谱(a)和样品 AY10(b)、AY50(c)、AY100(d)的 2D-HYSCORE 谱图[16]

　　图 6-8a、b 分别为上述 AE 系列玻璃的拉曼光谱和傅里叶变换红外光谱(Fourier Transform Infrared spectroscopy, FTIR)。当 Al 含量比较低时,AE10 与 AE50 玻璃的拉曼和红外光谱基本与不掺 Al 的样品(AE0)结构相似。当 Al 含量高于 5 mol% 时,对应于

拉曼光谱中归属于 Si—O—Si 平面 4 元环（D_1）和平面 3 元环（D_2）的振动峰强度减弱，且在 1 150 cm^{-1} 出现一个新的对应于 Si—O—Al 的振动峰。但是，对于 Al 的配位数目前充满争议[17]。随着 Al_2O_3 含量增加，玻璃的 D_1 和 D_2 峰强降低；当 Al 含量增加至 10 mol％时，D_1 峰几乎消失，对应的红外光谱中出现一个位于 876 cm^{-1}、归属于 Si—O—Al 振动的新的振动峰。但是，由于 Al 含量较低，没有出现位于 556 cm^{-1} 以及 670 cm^{-1} 位置对应于 AlO_6 和 AlO_5 的红外振动峰[18]。

图 6-8c、d 分别为上述 AE 系列石英玻璃体系中 ^{29}Si 和 ^{27}Al 的魔角旋转核磁共振（MAS NMR）谱。由图可知，Si 以四配位的形式存在于玻璃网络结构中；随着 Al 含量的逐渐增加，光谱的重心逐渐向高频方向偏移。这意味着出现了 Q_{mAl}^4（m 代表每个 Si 原子周围的 Si—O—Al 的数量）结构，导致 Si—O—Al 结构增多[19]。通过对 ^{27}Al 的 MAS NMR 谱中三种不同铝配位环境（Al^{IV}、Al^V 和 Al^{VI}）的重叠组分进行反卷积，可以获得不同配位数铝的含量。结果表明，随着 Al_2O_3 含量的增加，Al^{IV} 的相对含量逐渐减小，而 Al^V 和 Al^{VI} 的比例在逐渐增加。这一观察结果与 Sen 等报道的研究结果一致[20]。

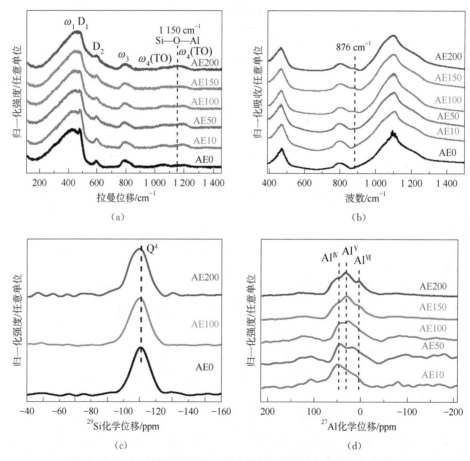

图 6-8　不同 **Al/Er** 比掺铒石英玻璃的拉曼谱（**a**）、**FT-IR** 谱（**b**）、
^{29}**Si MAS NMR** 谱（**c**）和 ^{27}**Al MAS NMR** 谱（**d**）[16]

Rocca 等[21]根据扩展 X 射线吸收精细结构（extended X-ray absorption fine structure，EXAFS）测量结果，证明 Er 与 Al 离子之间存在明显的择优键合，Al 含量越高，则 Er-Al 离

子的有序度越高。Haruna 等[22]通过 X 射线吸收精细结构测量，研究了 Er^{3+} 周围的局域结构，阐明了掺 Er^{3+} 光纤中玻璃网络和化学成分的关系。结果表明：Er^{3+} 以 Er—O 形式存在，Er^{3+} 周围的氧配位数随着 Al 浓度增加而变大，且 Er—O 键距离随着 Al 浓度的增加而显著改变。

图 6-9a 为 AE 系列玻璃的吸收光谱。相比 AE0 样品（不含铝），随着 Al_2O_3 含量的逐渐增加，Er^{3+} 的峰值吸收强度降低，位于 980 nm 和 1530 nm 的吸收带发生蓝移。这与 Er^{3+} 的局部结构变化有关。通过计算 J-O 参数可知[16]，随着 Al 含量的逐渐增加，Er^{3+} 周围的不对称增加而 Er—O 键共价性减弱。

图 6-9b 为 AE 系列玻璃的归一化发射光谱。Al^{3+} 共掺杂显著影响了 Er^{3+} 的荧光光谱。与不含 Al^{3+} 的 AE0 样品相比，随着玻璃中 Al_2O_3 含量的增加，主要观察到以下主要变化：荧光半高宽（FWHM）由 27.2 nm（AE0）增加至 54.3 nm（AE200），主峰位置移动到更短的波长（从 AE0 的 1535 nm 移动到 AE200 的 1528 nm），并且 1550 nm 处的肩峰仅存在于 AE0 和 AE10 样品中，在高浓度 Al_2O_3 的其他样品中这一肩峰消失。这是由于随着 Al^{3+} 含量逐渐增加，Er^{3+} 周围的 Al^{3+} 逐渐增多（如图 6-7a 结果所示），Al^{3+} 的三种配位共存（如图 6-8d 结果所示）。同时 Er—O 键长变长，Er—O 配位数增加，从而导致了 Er^{3+} 周围位点的多样性，使得掺 Er^{3+} 石英玻璃的光谱展宽。

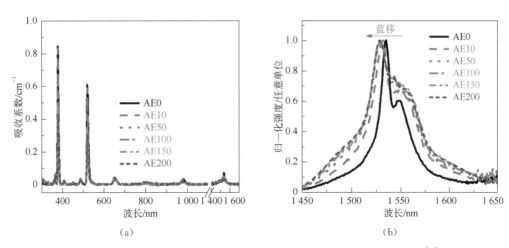

图 6-9　不同 Al/Er 比掺 Er^{3+} 石英玻璃的吸收光谱（a）和荧光光谱（b）[16]

表 6-4 列出了 AE 系列玻璃中 Er^{3+} 在 $^4I_{13/2}$ 和 $^4I_{15/2}$ 之间跃迁的峰值吸收和受激发射截面、发射谱的荧光半高宽（full width at half maxima，FWHM）和荧光寿命。随着 Al 含量的增加，玻璃样品在 980 nm 附近的吸收截面从 0.34×10^{-20} cm^2 减少到 0.20×10^{-20} cm^2。由于光谱展宽，1480 nm 处的吸收截面从 0.17×10^{-20} cm^2 增加到 0.28×10^{-20} cm^2。1530 nm 附近的峰值受激发射截面从 0.83×10^{-20} cm^2 减小到 0.55×10^{-20} cm^2，然后随着 Al/Er 比从 50 增加到 200 并几乎保持稳定。

增益带宽（FWHM 与受激发射截面 σ_{emi} 的乘积）是表征光放大器实现宽带高增益放大的重要参数。乘积值越大，代表宽带放大器性能越好。从表 6-4 可以看出，增益带宽随着 AE 玻璃中 Al_2O_3 含量的增加而增大。AE100 玻璃最大 FWHM$\times\sigma_{emi}$ 为 30.1 pm$^2 \times$nm，高于磷酸盐玻璃（~23.7 pm$^2 \times$nm）[23]，与锗酸盐玻璃（~30.1 pm$^2 \times$nm）相当[24]。

表 6-4　AE 系列玻璃荧光半高宽、1 530 nm 附近寿命、吸收发射截面以及增益带宽（FWHM × σ_{emi}）[16]

样品	荧光半高宽/nm	寿命@1 530 nm/ms	吸收截面			发射截面		增益带宽/(pm² × nm)
			峰值波长/nm	截面@976 nm/pm²	截面@1 480 nm/pm²	峰值波长/nm	截面/pm²	
AE0	27.2	13.25	983	0.34	0.17	1 535	0.83	22.6
AE10	45.0	11.77	978	0.34	0.18	1 532	0.63	28.3
AE50	50.0	11.17	978	0.27	0.20	1 529	0.58	29.0
AE100	51.9	10.93	977	0.26	0.24	1 528	0.58	30.1
AE150	53.2	10.67	976	0.22	0.26	1 528	0.56	29.8
AE200	54.3	10.07	974	0.20	0.28	1 528	0.55	29.8

6.2.2　磷掺杂对掺铒石英玻璃结构和性质的影响

为实现掺铒光纤 1.5 μm 波段宽带高功率低噪声放大，一般使用 980 nm LD 作为商用铒光纤激光器的泵浦源。由于 Er^{3+} 在 980 nm 附近的吸收截面比较小，限制了 Er^{3+} 对泵浦光的吸收效率；而较长的光纤虽然可以吸收足够的泵浦光，但同时也会降低高功率运转时光纤的非线性阈值[25-26]，严重制约了输出激光功率的提升。

由于 Er^{3+} 和 Yb^{3+} 在 980 nm 处有较大的吸收重叠，如图 6-10 所示，并且 Yb^{3+} 在 980 nm 有较强吸收，因此通过共掺 Yb^{3+} 吸收泵浦光再将能量传递给 Er^{3+}，可以有效提高掺铒光纤对 980 nm 泵浦激光的吸收。该方法可以大幅缩短掺铒光纤的长度，是实现 1.5 μm 高功率激光输出的重要手段。为了提高 $Yb^{3+}\,^2F_{5/2} \rightarrow Er^{3+}\,^4I_{11/2}$ 的能量传递效率，常常在 Yb/Er 共掺石英光纤中引入大量磷元素。

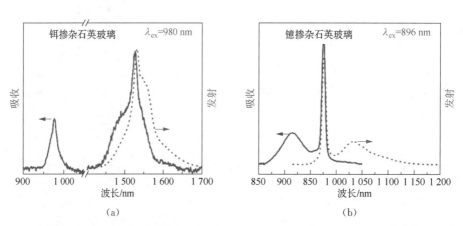

图 6-10　Er^{3+}（a）和 Yb^{3+}（b）在石英玻璃中近红外区的吸收和发射光谱[27]

Saitoh 等[14]通过用电子自旋回波包络调制光谱（ESEEM）证明了 P 对 Er^{3+} 在石英玻璃中溶解度增强的共掺杂作用机理。结果发现，类似于磷酸盐玻璃，掺杂的 P 元素优先与 Er^{3+} 配位形成"溶剂化壳层结构"，从而对 Er^{3+} 形成"包裹"。为探究 P 掺杂石英玻璃中稀土离子周围局域环境，Shao 等[27]通过电子顺磁共振报道了 Er/Yb 共掺石英玻璃 2D-HYSCORE 光谱随 P/Al 比的变化特性，如图 6-11 所示，发现当 P/Al 比小于 1 时，稀土离子周围的次近邻离子分别是 Si 和 Al；随着 P 含量逐渐增加，当 P/Al 比大于 1 时，稀土离子趋向于富 P 环境，被 P 离子"包裹"，从而达到分散稀土离子、减少其团簇的目的。这说明 P/Al 比的变化直接改变了

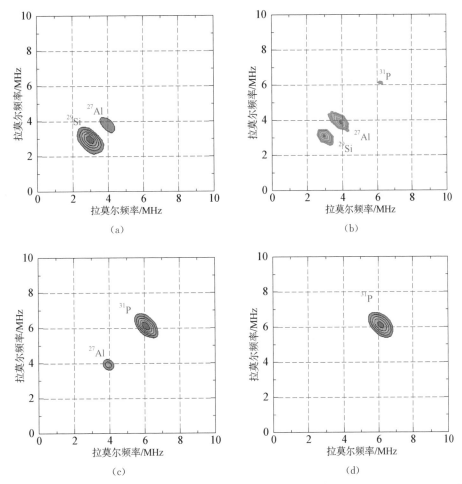

图 6 - 11　Al 单掺（a）、P/Al＜1（b）、P/Al＝1（c）和 P/Al＞1（d）石英玻璃的 2D - HYSCORE 谱[27]

稀土离子周围的局域环境；随着 P/Al 比的增加，稀土周围由 Si 和 Al 的环境逐渐转变为富 P 环境。

De Oliveira 等[28]通过 NMR 谱对二元 SiO_2 - P_2O_5 玻璃进行了结构研究，结果表明这些玻璃由随机互连的 $P^{(3)}$ 和 Si^{IV} 单元组成（图 6 - 12）。当 P_2O_5 含量介于 0～25 mol％时，随着 P_2O_5 含量增加，由于平均网络配位数的降低（即聚合度和堆积密度降低），玻璃化温度也随之降低。在高 P 含量（P_2O_5＞30 mol％）的磷硅玻璃中，出现高配位数硅（Si^V 和 Si^{VI}）。由 ^{31}P 静态 NMR 可知，当 P_2O_5＞25 mol％时，出现一个额外的各向同性成分 $P^{(0)}$；这可能与高配位数硅的出现有关，这也同时导致了玻璃化转变温度的升高。Li 等[29]采用 EXAFS 证明，随着 P_2O_5 含量的逐渐增加，Si—O—Si 连接逐渐被 Si—O—P 所取代（如图 6 - 13 给出的拉曼谱所示）。当 P_2O_5≤5 mol％时，P 主要以正磷酸盐和焦磷酸盐基团存在；当 P_2O_5＞10 mol％时，磷主要以不同链长的偏磷酸盐单元存在。

为了更好地表征 Yb^{3+} 与 Er^{3+} 间的能量传递效率，采用溶胶凝胶法结合高温烧结法制备了 Er - Yb - Al - P（EYAPS）系列玻璃样品，它们的理论组成见表 6 - 5。

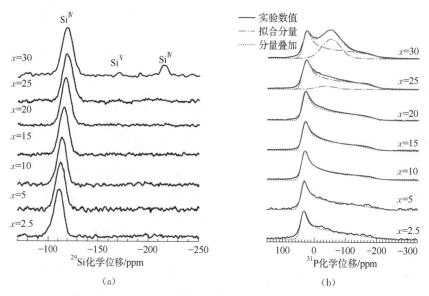

图 6-12　不同 P 含量 $(100-x)SiO_2 - xP_2O_5$ 石英玻璃的 ^{29}Si MAS(a)和 ^{31}P 静态(b)NMR 谱[28]

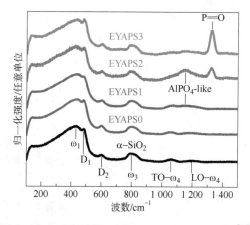

图 6-13　不同 Al/Er 比掺铒石英玻璃的拉曼谱[27]

表 6-5　EYAPS 系列样品的理论组分　　　　　　　　　　单位:mol%

样品	Er₂O₃	Yb₂O₃	Al₂O₃	P₂O₅	SiO₂	P/Al 比
EYAPS0	0.1	0.5	4	0	95.4	0
EYAPS1	0.1	0.5	4	1	94.4	0.25
EYAPS2	0.1	0.5	4	8	87.4	2
EYAPS3	0.1	0.5	0	12	87.4	∞

　　图 6-13 为 EYAPS 系列样品的拉曼谱。由图可知,对于 P/Al<1 的样品,其拉曼谱与纯石英相似,其最大声子能量约为 1 200 cm^{-1};对于 EYAP2 和 EYAP3 样品,在 1 145 cm^{-1} 处观察到一个宽峰,证明存在 AlO₄ 结构单元[30];对于 P/Al>1 的样品,在 1 326 cm^{-1} 附近观察到一个窄而尖的振动峰,该峰对应于 P(3)单元中 P=O 键的拉伸振动[31]。声子能量的增大会加

快 $Er^{3+}\,{}^4I_{11/2}$ 能级向 ${}^4I_{13/2}$ 能级的无辐射跃迁速率[32]，使得 ${}^4I_{11/2}$ 能级的寿命缩短，减少了 ${}^4I_{11/2}$ 能级的离子数，从而抑制了 $Er^{3+}\,{}^4I_{11/2}$ 能级向 $Yb^{3+}\,{}^2F_{5/2}$ 能级的反向能量传递，提高了 Yb^{3+} 向 Er^{3+} 的能量传递效率。

图 6-14 为 EYAPS 系列样品在紫外-可见波段的吸收光谱。早期研究结果表明，330 nm 处的吸收峰是由 Yb^{2+} 引起的[33]。可以看出，不掺 P 样品（EYAPS0）中，Yb^{2+} 的吸收峰最强，随着 P/Al 比的增加，Yb^{2+} 的吸收峰逐渐减弱；当 P>Al 时，EYAPS3 和 EYAPS4 样品中几乎看不到 Yb^{2+} 的吸收峰，说明 P 的加入能有效减少 Yb^{2+} 的含量。

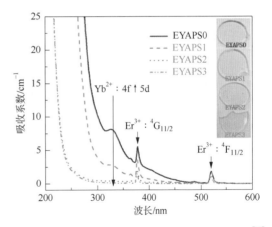

图 6-14　EYAPS 样品的紫外-可见波段吸收光谱[27]

图 6-15a 为 EYAPS 样品在 $1\,\mu m$ 附近的吸收光谱，光谱呈现典型的 Yb^{3+} 吸收峰型。由于 Er^{3+} 掺杂浓度低，在此波段 Er 的吸收峰很弱，被 Yb 的吸收峰完全覆盖。可以看出，Yb^{3+} 的吸收光谱在 P<Al 和 P>Al 时呈现两种不同的峰型：P<Al 时，EYAPS0 和 EYAPS1 样品在 915 nm 处的吸收峰宽，较为饱满；P>Al 时，EYAPS2 和 EYAPS3 样品在 915 nm 处的吸收峰强度明显减弱，峰宽变窄但较为平坦。同样在 975 nm 处的吸收峰强度也明显减弱；这是由于 Yb^{3+} 局域环境发生了改变，导致吸收光谱发生变化，与 Yb^{3+} 单掺石英玻璃中的结论一致[34]。

图 6-15b 为 EYAPS 在 $1.5\,\mu m$ 附近 Er^{3+} 的吸收光谱，可以看出在 P<Al 和 P>Al 时吸收峰也呈现两种不同的峰型。相比 EYAPS0 和 EYAPS1 样品，EYAPS2 和 EYAPS3 样品在 1480 nm 的吸收峰强度显著降低，在 1530 nm 附近的最强吸收峰出现红移。P<Al 时，最强吸收峰位于 1528 nm 处，半高宽约为 40 nm；P>Al 时，最强吸收峰位于 1532 nm 处，半高宽约为 18 nm。这说明 P/Al 比例的变化导致 Er^{3+} 周围局域环境的改变，对其光谱产生了较大影响。

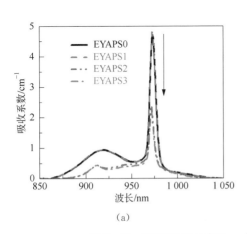

(a)

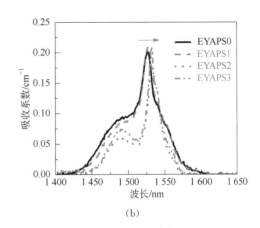

(b)

图 6-15　EYAPS 样品在 $1\,\mu m$(a) 和 $1.5\,\mu m$(b) 附近的吸收光谱[27]

图 6-16a 是 EYAPS 样品在 896 nm Xe 灯激发下的归一化荧光光谱。在 $1\,\mu m$ 和 $1.5\,\mu m$ 附近的荧光光谱为典型的 Yb^{3+} 和 Er^{3+} 发光谱型。随着磷铝比的增加，$1\,\mu m$ 处的光致发光强

度明显降低。与 P/Al＜1 样品（EYAPS0 和 EYAPS1）相比，P/Al＞1 样品（EYAPS2 和 EYAPS3）的 $1.5\,\mu m$ 荧光带宽明显变窄，同时，最强的光致发光峰出现红移。对于 P/Al＜1 的样品（EYAPS0 和 EYAPS1），最强的荧光峰位于 $1530\,nm$，其 FWHM 约为 46 nm。对于 P/Al＞1 的样品（EYAPS2 和 EYAPS3），最强的光致发光峰红移至 $1535\,nm$，$1.5\,\mu m$ 光致发光带的 FWHM 变窄至 21 nm（表 6-6），这意味着 P/Al＞1 的掺铒石英光纤不适合在 C 波段（$1530\sim1565\,nm$）进行宽带放大。在 P/Al＞1 的样品中，1580 nm 以上的 L 波段相对平坦，有利于提高 L 波段（$1565\sim1625\,nm$）掺铒光纤的增益平坦度[35-36]。

图 6-16b 显示了 Er^{3+}：$^4I_{13/2}\rightarrow{}^4I_{15/2}$ 的最强荧光强度（$1530\,nm$）与 Yb^{3+}：$^2F_{5/2}\rightarrow{}^2F_{7/2}$ 的最强荧光强度（975 nm）之比（表示为 I_{1530}/I_{975}）。将 P/Al 比从 0 增加到无穷大，I_{1530}/I_{975} 比从 4 增加到 14。这表明 P 的加入极大抑制了 Yb^{3+} 的发光，提高了 Yb→Er 能量传递效率。

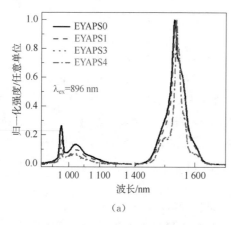

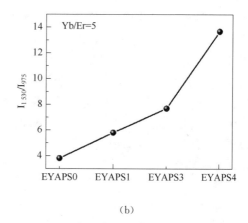

(a)　　　　　　　　　　　　　　　(b)

图 6-16　（a）EYAPS 样品的归一化荧光光谱和（b）Er^{3+} 1 530 nm 处与 Yb^{3+} 975 nm 处的荧光强度之比[27]

表 6-6　EYAPS 系列玻璃 Er^{3+} 荧光半高宽和 1 530 nm 附近的荧光峰、吸收和发射截面[27]

样品	吸收			发射		
	峰值波长 /nm	吸收半高宽 /nm	截面 /pm²	峰值波长 /nm	荧光半高宽 /nm	截面 /pm²
EYAPS0	1526	43.26	0.52	1530	46.10	0.58
EYAPS1	1528	37.31	0.53	1532	45.62	0.59
EYAPS2	1532	18.41	0.59	1535	21.49	0.64
EYAPS3	1532	18.40	0.60	1535	21.39	0.66

表 6-7 为 EYAPS 样品中 Yb^{3+} $^2F_{5/2}$ 能级的荧光寿命 τ_{Yb} 和 Er^{3+} $^4I_{13/2}$ 能级的荧光寿命 τ_{Er}，以及同样条件下去除样品中 Er^{3+}（即在上述 EYAPS 样品中仅掺 Yb^{3+}、不掺 Er^{3+}，组分中的 Er_2O_3 由 SiO_2 取代）后 Yb^{3+} $^2F_{5/2}$ 能级的荧光寿命 τ_{Yb}^0，并通过下式计算能量传递效率[37]：

$$\eta = 1 - \frac{\tau_{Yb}}{\tau_{Yb}^0} \tag{6-1}$$

表 6-7　EYAPS 玻璃 Er^{3+} : $^4I_{13/2}$ 和 Yb^{3+} : $^2F_{5/2}$ 能级寿命 τ_{Er} 和 τ_{Yb}

样品	Er^{3+} 寿命 τ_{Er}/ms	Yb^{3+} 寿命 τ_{Yb}/μs	Yb^{3+} 寿命 τ_{Yb}^0/μs	传递效率 η/%
EYAPS0	11.98	172	1 253	86.3
EYAPS1	11.9	128	1 267	89.9
EYAPS2	11.84	183	1 842	90.1
EYAPS3	10.6	158	2 011	92.1

注:τ_{Yb}^0 为上述样品中 Er_2O_3 由 SiO_2 取代后 Yb^{3+} : $^2F_{5/2}$ 能级寿命[27]。

随着 P/Al 比的增加,EYAPS 样品中 Er^{3+} : $^4I_{13/2}$ 能级的荧光寿命变化不大,在 11 ms 左右。不掺 P 样品(EYAPS0)的能量传递效率最低,只有 86.3%;P 单掺样品(EYAPS4)的能量传递效率最高,为 92.1%。随着 P/Al 比的增加,Yb 向 Er 的能量传递效率从 86.3%(EYAPS0)逐渐增加到 92.1%(EYAPS3)。这说明 P 的引入有助于提高石英玻璃中 Yb 向 Er 的能量传递效率:一方面,如第 2 章所述,P 的引入提高了稀土离子的溶解度,使 Yb 离子处于富 P 环境中,形成 P—O—Yb 键的连接,P—O 键的共价性较强,O 原子对 Yb 离子的影响较弱,使得 Yb 离子配位场对称性破坏较少,削弱了 Yb^{3+} 上下能级之间的 f→f 跃迁(在对称性环境下属于禁戒跃迁),降低了处于激发态的 Yb^{3+} 向下辐射跃迁概率,抑制了 Yb^{3+} 的 1 μm 波段发光;另一方面,P 的引入提高了玻璃基体的声子能量,加速了 Er^{3+} 从 $^4I_{11/2}$ 能级到 $^4I_{13/2}$ 能级的非辐射跃迁速率[38],减少了 Er^{3+} $^4I_{11/2}$ 能级的布居数,从而抑制了从 Er^{3+} $^4I_{11/2}$ 能级到 Yb^{3+} $^2F_{5/2}$ 能级的反向能量传递,最终提高了从 Yb^{3+} $^2F_{5/2}$ 能级到 Er^{3+} $^4I_{11/2}$ 能级的正向能量转移效率。

6.3　掺铒石英光纤的增益放大特性

本节将讨论和建立用于模拟分析 1.5 μm 波段掺铒石英光纤放大器的三能级速率方程,结合光传输方程初步给出小信号增益与饱和区增益的特点。在此基础上,进一步从光纤材料的角度出发,分析非均匀展宽、激发态吸收、上转换和团簇效应、温度变化及重叠因子等对掺铒石英光纤放大器性能的影响。

6.3.1　三能级近似下的速率方程

Er^{3+} 能级结构十分复杂(图 6-1),因而难以得到其准确的理论模型,不利于分析掺铒光纤的特性。因此,一般分析中通常结合实际应用场景将其能级近似简化,便于理论分析和数值模拟。常见的掺铒光纤放大器是采用 980 nm 激光二极管作为泵浦源,经受激辐射放大产生 1.5 μm 波段的信号光,可近似为三能级系统,如图 6-17 所示。

下面简要讨论三能级近似下的速率方程和各能级粒子数的变化。图 6-17 中,能级 $^4I_{15/2}$ 是基态能级、命名为能级 1,能级 $^4I_{13/2}$ 是激光上能级、命名为能级 2,能级 $^4I_{11/2}$ 为泵浦能级、命名为能级 3;能级 1、2、3 的粒

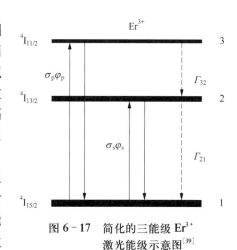

图 6-17　简化的三能级 Er^{3+} 激光能级示意图[39]

子数密度分别表示为 N_1、N_2、N_3。泵浦光子通量表示为 φ_p，即单位时间通过单位面积的光子数；信号光子通量表示为 φ_s。对于处于泵浦能级 3 的粒子，有辐射跃迁和无辐射跃迁两种方式回到下能级，包括能级 3 到能级 2 的辐射跃迁 A_{32}^R、能级 3 到能级 1 的辐射跃迁 A_{31}^R 以及从能级 3 到能级 2 的无辐射跃迁 A_{32}^{NR}。在掺铒石英玻璃中，处于能级 3 粒子的无辐射跃迁速率远大于辐射跃迁速率；这是由于能级 3 与能级 2 之间的能量差小，约为 $3\,670\ \mathrm{cm^{-1}}$，石英玻璃的最大声子能量约为 $1\,100\ \mathrm{cm^{-1}}$，只需要 3 个声子辅助即可发生无辐射跃迁。据文献[6]报道，能级 3 到能级 2 的无辐射跃迁速率 $A_{32}^{NR}=5.53\times10^4\ \mathrm{s^{-1}}$，而 $^4\mathrm{I}_{11/2}$ 能级总的辐射跃迁速率 $A_{31}^R+A_{32}^R\approx125\ \mathrm{s^{-1}}$。因此可以近似认为处于能级 3 的粒子主要通过无辐射跃迁弛豫到能级 2，且无辐射跃迁速率远大于能级 2 到能级 1 的辐射跃迁速率，即能级 3 的粒子数密度接近 0。由于能级 1 和 2 之间的能量差较大，能级 2 到能级 1 的跃迁主要是辐射跃迁。从能级 3 到能级 2 和从能级 2 到能级 1 的跃迁速率分别表示为 Γ_{32} 和 Γ_{21}，定义 $\Gamma_{21}=1/\tau_2$（τ_2 表示为能级 2 的寿命）。能级 1 到能级 3 的泵浦光吸收截面为 σ_p、能级 2 到能级 1 的信号光发射截面为 σ_s，则各能级的粒子数密度变化可以用以下速率方程表示：

$$\frac{\mathrm{d}N_3}{\mathrm{d}t}=-\Gamma_{32}N_3+(N_1-N_3)\sigma_p\varphi_p \tag{6-2}$$

$$\frac{\mathrm{d}N_2}{\mathrm{d}t}=-\Gamma_{21}N_2+\Gamma_{32}N_3-(N_2-N_1)\sigma_s\varphi_s \tag{6-3}$$

$$\frac{\mathrm{d}N_1}{\mathrm{d}t}=\Gamma_{21}N_2-(N_1-N_3)\sigma_p\varphi_p+(N_2-N_1)\sigma_s\varphi_s \tag{6-4}$$

在稳态情况下，各能级粒子数随时间的变化为 0，即

$$\frac{\mathrm{d}N_1}{\mathrm{d}t}=\frac{\mathrm{d}N_2}{\mathrm{d}t}=\frac{\mathrm{d}N_3}{\mathrm{d}t}=0 \tag{6-5}$$

总的粒子数密度为 N（即稀土离子掺杂浓度），则有

$$N=N_1+N_2+N_3 \tag{6-6}$$

计算可得如下结果：

$$N_2-N_1=\frac{\varphi_p\sigma_p-\Gamma_{21}}{\Gamma_{21}+2\varphi_s\sigma_s+\varphi_p\sigma_p}N \tag{6-7}$$

在不考虑其他损耗的理想情况下，当能级 2 和能级 1 的粒子数相等即 $N_1=N_2$ 时，上下能级粒子反转度为 0，此时达到光放大阈值，所需的泵浦光通量阈值 φ_{th} 表示为

$$\varphi_{th}=\frac{\Gamma_{21}}{\sigma_p}=\frac{1}{\tau_2\sigma_p} \tag{6-8}$$

在泵浦光通量大于 φ_{th} 时，此时上下能级粒子反转度大于 0，即 $N_2>N_1$，信号光经过增益介质后能量变大，表现为放大效应。在泵浦光通量小于 φ_{th} 时，此时上下能级粒子反转度小于 0，即 $N_2<N_1$，光经过增益介质能量减小，表现为吸收效应。泵浦光强度（即单位时间单位面积内泵浦光的能量）为 $I_p=h\nu_p\varphi_p$，其阈值 I_{th} 可以表示为

$$I_{th}=\frac{h\nu_p}{\tau_2\sigma_p} \tag{6-9}$$

根据上式,为降低泵浦光强度阈值,可以增大 Er^{3+} 的泵浦吸收截面或提高能级 2 的寿命。更大的吸收截面意味着泵浦光子被吸收的概率更高,更长的上能级寿命意味着单位时间内上能级储存的能量更多。

6.3.2　小信号增益与饱和区增益

为便于分析光纤纵向的放大特性,可以将掺铒光纤看作一维波导,只考虑 Er^{3+} 和光场沿光纤纵向的分布。在光纤位置 z 处的光场强度可以表示为

$$I(z) = \frac{P(z)\Gamma}{A_{\text{eff}}} \tag{6-10}$$

式中,$P(z)$ 为光场功率;Γ 为光场与纤芯中 Er^{3+} 的重叠因子;A_{eff} 为 Er^{3+} 分布的有效面积。泵浦光和信号光经过掺 Er^{3+} 光纤后,光子通量变化可以表示为

$$\frac{\mathrm{d}\varphi_s}{\mathrm{d}z} = (N_2 - N_1)\sigma_s\varphi_s \tag{6-11}$$

$$\frac{\mathrm{d}\varphi_p}{\mathrm{d}z} = (N_2 - N_1)\sigma_p\varphi_p \tag{6-12}$$

则信号光和泵浦光强度沿光纤 z 方向变化可以表示为

$$\frac{\mathrm{d}I_s(z)}{\mathrm{d}z} = (N_2 - N_1)\sigma_s I_s(z) = \frac{\sigma_p\dfrac{I_p}{h\nu_p} - \Gamma_{21}}{\Gamma_{21} + 2\sigma_s\dfrac{I_s}{h\nu_s} + \sigma_p\dfrac{I_p}{h\nu_p}} N\sigma_s I_s(z) \tag{6-13}$$

$$\frac{\mathrm{d}I_p(z)}{\mathrm{d}z} = (N_3 - N_1)\sigma_p I_p(z) = -\frac{\sigma_s\dfrac{I_s}{h\nu_s} + \Gamma_{21}}{\Gamma_{21} + 2\sigma_s\dfrac{I_s}{h\nu_s} + \sigma_p\dfrac{I_p}{h\nu_p}} N\sigma_p I_p(z) \tag{6-14}$$

信号光被放大的条件为

$$I_p \geqslant I_{\text{th}} = \frac{h\nu_p}{\tau_2\sigma_p} \tag{6-15}$$

定义粒子反转度 $D = (N_2 - N_1)/N = (2N_2 - N)/N$,则当 $D = -1$ 时表明所有的粒子处于基态能级,当 $D = 1$ 时所有粒子处于激发态能级。在小信号增益区,信号光强度很小,信号光强度远小于阈值。极限情况可以近似认为光纤中的全部粒子反转度接近 1,泵浦光强度沿光纤方向几乎不变,上能级粒子数 $N_2 \approx N$、$N_1 \approx 0$,此时有

$$\frac{\mathrm{d}I_s(z)}{\mathrm{d}z} = N\sigma_s I_s(z) \tag{6-16}$$

则

$$I_s(z) = I_s(0)\exp(N\sigma_s z) \tag{6-17}$$

增益系数 $\alpha = N\sigma_s$,是一个常数。因此,在泵浦功率远大于信号光、光纤的粒子反转度接近 1 时,增益系数保持恒定,只与 Er^{3+} 掺杂浓度和发射截面相关。但是当信号光功率增大到一定程度,粒子反转度下降、不再接近 1 时,上述情况就不再适用。

定义饱和光强为

$$I_{sat}(z) = \frac{1 + I_p / I_{th}}{2\eta} = \frac{1}{2}\frac{h\nu_s}{h\nu_p}\frac{\sigma_p}{\sigma_s}\left(1 + I_p\frac{\sigma_p \tau_p}{h\nu_p}\right)\tag{6-18}$$

饱和光强I_{sat}随泵浦光强度的增加而上升,随信号光发射截面增加而降低。在泵浦光保持不变时,信号光强度随光纤长度近似线性增加,单位长度的增益系数逐渐降低。3 dB饱和输出功率定义为相比小信号增益下降3 dB时的信号输出功率,是EDFA的一个重要参数。在输入信号光比较小的时候,EDFA增益系数大。随着信号光功率增大,EDFA进入饱和区后,增益反而降低。图6-18表示在泵浦功率一定时信号光增益随输出功率变化情况。在信号光功率较小时,输出功率较小,掺铒光纤工作在线性区,输出功率随信号光增大快速提高。随着信号光功率增大到一定程度,输出功率较大,掺铒光纤进入饱和区,增益迅速下降,输出功率增加变得缓慢,逐渐逼近饱和输出功率。此时输出功率不再随信号光功率增大而变化,需要进一步提升泵浦功率才能进一步提高。

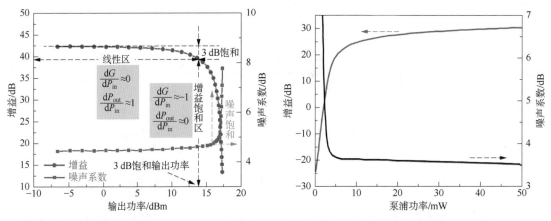

图6-18　增益和噪声系数随输出功率变化[40]　　　　图6-19　增益、NF随泵浦功率的变化[39]

图6-19表示输入信号光功率一定时增益随泵浦功率的变化情况。在泵浦光较小时,较大的信号光大幅消耗上能级粒子数,此时掺铒光纤工作在深饱和区,增益较小。随着泵浦光功率增加,粒子反转度快速变大,增益随泵浦增大线性增加。当泵浦光增加到很大时,粒子反转度接近100%,此时掺铒光纤工作在小信号区,增益恒定。如要进一步提升输出功率,则只能提升信号光功率。准确理解掺铒光纤增益的小信号区和饱和区特性并在实际应用中选择合适的工作区间,就可以充分发挥掺铒光纤的特性,达到最佳性能。在实际光通信应用中为了提高输出功率,EDFA大多工作在饱和区,但须注意的是在过饱和区会带来噪声系数(noise figure, NF)性能的劣化。

6.3.3　谱线展宽与光谱烧孔效应

稀土离子能级间跃迁的谱线展宽一般分为均匀展宽和非均匀展宽。非均匀展宽主要源于稀土离子局域环境的变化。这种谱线的非均匀展宽可以看作由几个子均匀展宽的叠加,每一个子均匀展宽代表一种可能的稀土离子局域配位环境。此外,稀土离子的另一种可能的谱线展宽机制来自稀土离子能级的斯塔克分裂。由于局域环境的影响,稀土离子能级产生斯塔克分裂,不同斯塔克能级间的辐射跃迁中心能量接近,彼此交叠在一起。一般来说,能级斯塔克分裂数越多,能级展宽越宽,两个能级间辐射跃迁的线宽展宽就越宽。如果稀土离子斯塔克能级间的离子再平衡分布过程足够快,即再平衡分布的过程快于信号光与稀土离子相互作用的过程,那么由于斯塔克分裂导致的辐射跃迁谱线展宽将呈现均匀展宽的特征。

具体到 Er^{3+} 掺杂的石英玻璃光纤,考虑到激光上下能级较大的斯塔克分裂数和室温时声子能量较大,Er^{3+} 1.5 μm 波段辐射谱线将呈现较强的均匀展宽特性。在上述三能级系统的讨论中,均默认能级是均匀展宽的,在基质中每个 Er^{3+} 的性质是完全相同的,它们都具有相同的中心频率、线宽、峰值截面、荧光寿命,这些假设在掺铒光纤放大器的小信号增益区域是成立的。

但是,由于玻璃的网络结构是无序的,Er^{3+} 在其中占据的格点位置杂乱无章,不同位置 Er^{3+} 的配位环境不同。玻璃中 Er^{3+} 可能占据几类不同的配位环境,同一类 Er^{3+} 性质相似,不同类 Er^{3+} 性质不同。因此还必须考虑 Er^{3+} 辐射跃迁谱线的非均匀展宽特性,尤其是在饱和增益区域。对于非均匀展宽的辐射跃迁谱线,基质中某类 Er^{3+} 仅对光谱中某一特定频率有贡献、对其他频率无贡献,可以将光谱上某一特定频率与基质中某类特定 Er^{3+} 相联系。因此,当掺铒光纤放大器工作在饱和增益区域时,增益曲线将有较大的可能呈现出辐射跃迁谱线非均匀展宽特性,即出现光谱烧孔(spectral hole burning, SHB)效应,如图 6-20 所示[40];图中虚线饱和波长为 1 531 nm,实线饱和波长为 1 553 nm,插图为两曲线的差值。在进行增益放大时,特定频率的饱和信号光入射到光纤中,由于掺铒石英光纤的强非均匀展宽特性,信号光只与纤芯中特定频率的一小部分 Er^{3+} 发生强的相互作用,使这部分离子发生受激跃迁,粒子反转度急剧减少,从而在特定频率处造成局部增益饱和、增益系数下降,在小信号增益曲线上出现"烧孔",此被称为光谱烧孔效应。由于掺铒石英光纤中同时存在均匀展宽,烧孔存在一定的宽度,因而信号光强度越大,光谱烧孔越深。

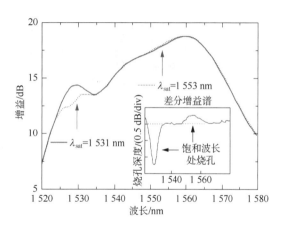

图 6-20　掺铒光纤增益谱的烧孔效应

在密集波分复用系统中,实际增减信道过程通常会出现少波放大的情况,即信号光集中于少数几个通道。这时会发生明显的光谱烧孔效应,造成局部增益降低,使得对增益谱型的准确模拟变得十分困难。尤其在经过多级级联之后,这个效应会逐渐累加,造成系统性能下降,因此需要减弱光谱烧孔带来的影响。

光谱烧孔是由于掺铒石英玻璃中 Er^{3+} 配位场的复杂性所致。有报道指出[41-43],改变 Er、Al、Ge 的掺杂浓度对光谱烧孔有一定的影响。商用掺铒石英光纤的掺杂种类和浓度相对固定,所以要通过优化掺 Er^{3+} 石英光纤的组分抑制光谱烧孔效应是十分困难的。研究表明,光谱烧孔的深度和宽度,受信号光和泵浦光波长以及功率、温度等因素影响[44-47];光谱烧孔在 1 530 nm 附近最为明显,980 nm 泵浦比 1 480 nm 泵浦烧孔现象更为严重;温度升高有助于减弱光谱烧孔效应。为此研究者提出了一系列光谱烧孔的改进方向[48-51],比如降低饱和深度,少波情况下使各通道的波长间隔均匀分布,通过快速增益控制补偿烧孔效应带来的增益下降,假波填充避免信号光功率突然下降并集中在少数通道上,波长相关的路径分配,等等。但是,当前还面临着复杂度高、实现困难、与实际使用场景不匹配及成本高等问题,需要探索更为简单经济的解决方案。

6.3.4 激发态吸收

上述讨论中将 Er^{3+} 的能级结构简化成三能级系统,为便于分析掺铒光纤的增益特性而忽略了 $1.5\,\mu m$ 波段激光上能级在泵浦或信号光作用下可能跃迁到其他更高能级的可能性。然而,简单的三能级系统并不能描述掺铒光纤中发生的全部跃迁过程,在某些特殊情况下需要进一步将 Er^{3+} 复杂的上能级考虑进来。比如在采用 $980\,nm$ LD 对掺铒光纤进行纤芯泵浦时,通常可以观察到掺铒光纤发出绿色荧光。这是由于在泵浦功率密度较大时,掺铒光纤的粒子反转度接近 100%。虽然 $^4I_{11/2}$ 能级寿命很短,但是少量存在的 $^4I_{11/2}$ 能级上的粒子数可以进一步吸收 $980\,nm$ 泵浦光跃迁到更高的能级 $^4F_{7/2}$,这一过程称为激发态吸收(excited state absorption,ESA)。在能级 $^4F_{7/2}$ 上的粒子通过无辐射跃迁到 $^2H_{11/2}$ 和 $^4S_{3/2}$ 能级,再通过辐射跃迁发射绿光,对应的波长 $\sim530\,nm$ 和 $\sim550\,nm$,如图 6-21 所示[52]。随着泵浦功率的提升,这种发光会逐渐增强。

(a) 低功率泵浦　　　　　　　　(b) 高功率泵浦

图 6-21　980 nm 泵浦时掺铒石英光纤中的绿光

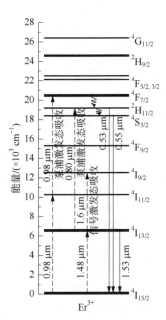

图 6-22　不同泵浦条件下 Er^{3+} 可能发生的能量转移过程

与上转换过程和团簇效应不同的是,即使在掺杂浓度很低的 Er^{3+} 均匀分布时,只要泵浦光功率足够大仍然可以观察到掺铒光纤中明显的绿色发光。这一现象表明,除正常的 $1.5\,\mu m$ 波段发光外,Er^{3+} 在 $980\,nm$ LD 泵浦时还伴随有其他的能量转移过程,如图 6-22 所示。$^4I_{11/2}$ 能级上的粒子吸收 $980\,nm$ 泵浦光跃迁到更高能级这一过程又称为泵浦光激发态吸收(pump ESA);在高功率泵浦时,这一过程会加速消耗泵浦光能量、降低掺铒光纤泵浦效率。在采用 $800\,nm$ 泵浦时,$^4I_{13/2}$ 能级上的粒子可以吸收 $800\,nm$ 泵浦光跃迁到 $^2H_{11/2}$ 能级上。由于 $^4I_{13/2}$ 的能级寿命远大于 $^4I_{11/2}$ 的能级寿命[52-55],这一激发态吸收过程会更加严重。同样,在 $^4I_{13/2}$ 能级上的粒子还可以吸收信号光跃迁到 $^4I_{9/2}$ 能级上,称为信号光激发态吸收(signal ESA)。此时信号光激发态吸收额外消耗了 $^4I_{13/2}$ 的粒子数,降低了粒子反转度,相当于增加了信号光损耗。在波长大于 $1600\,nm$ 时,Er^{3+} 发射截面很小,激发态吸收使得光纤增益系数大幅下降、噪声系数增加,会严重降低扩展 L 波段 EDFA 的性能。

根据 Giles 模型[56],光纤实际增益系数 g 可以表示为

$$g(\lambda)=g^*(\lambda)N_2-\alpha(\lambda)N_1 \tag{6-19}$$

式中，N_1 和 N_2 分别为 $^4I_{15/2}$ 和 $^4I_{13/2}$ 能级的粒子布居数，$N_1 + N_2 = 1$；$\alpha(\lambda)$ 为吸收系数；$g^*(\lambda)$ 为 Er^{3+} 完全反转时的增益系数，可通过测试粒子反转度接近 100% 的掺 Er^{3+} 光纤的小信号增益、再除以光纤长度得到。Bolshtyansky 等[57] 基于 Giles 模型提出了模拟和测试 L 波段掺铒光纤激发态吸收谱的方法。在速率方程中引入激发态吸收系数 g_{ESA}，则增益系数 g^* 可以表示为

$$g^*(\lambda) = g_{21}(\lambda) - g_{ESA}(\lambda) \tag{6-20}$$

式中，$g_{21}(\lambda)$ 表示没有激发态吸收时的增益系数，只与 $^4I_{13/2}$ 到 $^4I_{15/2}$ 的发射过程相关，可以通过对光纤中自发辐射的描述得到：

$$\frac{\partial P_{ASE}}{\partial z} = (g^*(\lambda)N_2 - \alpha(\lambda)N_1)P_{ASE} + \frac{2hc^2}{\lambda^3}\Delta\lambda g_{21}(\lambda)N_2 \tag{6-21}$$

式中，P_{ASE} 为放大自发辐射（amplified spontaneous emission，ASE）的功率；$\Delta\lambda$ 为线宽。

$g_{21}(\lambda)$ 可以通过以下两种方法得到：

第一种方法是直接测量 980 nm LD 泵浦并具有高粒子反转度的短光纤自发辐射谱。由于需要采集到一定功率的输出光谱，光纤不可能非常短，因此要得到准确的自发辐射谱几乎是不可能的。为解决这一问题，可以测试一定长度光纤（~20 cm）的 ASE 谱，自发辐射在光纤中得到部分放大，则通过解方程可以得到 ASE 输出：

$$S_{out}(\lambda) = \frac{hc^2}{\lambda^3}N_2\Delta\lambda\frac{g_{21}(\lambda)}{\gamma(\lambda)} \tag{6-22}$$

$$\gamma(\lambda) \equiv g^*(\lambda)N_2 - \alpha(\lambda)N_1 \tag{6-23}$$

则

$$P_{ASE} = AS_{out}(\lambda)\frac{\lambda^3\gamma(\lambda)}{e^{\gamma(\lambda)L} - 1} \tag{6-24}$$

式中，A 为与波长无关的常数；L 为光纤长度。在波长小于 1580 nm 时，信号光激发态吸收不存在，可以令 $g_{21}(\lambda) = g^*(\lambda)$ 先计算常数 A，再计算大于 1580 nm 波段的 $g_{21}(\lambda)$ 谱，则

$$g_{ESA}(\lambda) = g_{21}(\lambda) - g^*(\lambda) \tag{6-25}$$

这个方法可以有效减小光纤长度和粒子反转度带来的误差。

第二种方法是根据 McCumber 理论[58-59] 计算得到 $g_{21}(\lambda)$，其准确度不如上述"直接法"，这里不做具体介绍。

6.3.5　上转换与团簇效应

众所周知，大量掺铒光纤放大器中有源光纤的使用长度在约 $1 \sim 100$ m 之间，而且低浓度掺杂的铒光纤放大器整体性能更好。这是因为随着稀土离子掺杂浓度升高，相邻离子之间的平均间距减小，相邻稀土离子间发生相互作用的概率变大，导致激发态粒子上转换效应增强。图 6-23 给出两个 Er^{3+} 之间的能量传递和上转换过程，其中一个 Er^{3+} 失去能量从激发态 $^4I_{13/2}$ 跃迁到基态 $^4I_{15/2}$，将能量传递给另一个处于激发态 $^4I_{13/2}$ 的 Er^{3+}，使其跃迁到更高能级 $^4I_{9/2}$。上转换效应与粒子反转度相关，粒子反转度越高，则上转换效应越明显。相邻稀土离子间的距

离进一步减少到一定程度时（即有 2 个或 2 个以上的稀土离子占据同一个格位），会导致光纤效率急剧下降，此称为浓度猝灭效应。

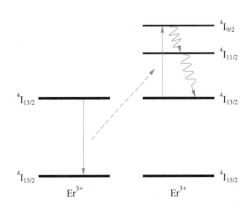
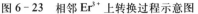
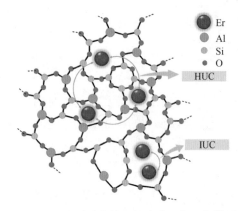

图 6-23　相邻 Er^{3+} 上转换过程示意图　　　　图 6-24　Er/Al 共掺石英玻璃二维网络模型

Er^{3+} 在纯石英玻璃中的溶解度很小，超过 100 ppm 就会产生团簇；然而，即使 Er^{3+} 均匀分布不发生团簇效应，仍会有上转换过程发生。研究人员报道了掺铒石英光纤中 Er^{3+} 浓度变化对其发光性能影响的理论模型[60-61]，如图 6-24 所示。石英玻璃网络结构由硅氧四面体作为网络主体构成。基质的开放结构导致原子之间存在相对较大的间隙，其中可以掺入 Er^{3+}。均匀上转换（homogeneous up conversion，HUC）源于两个或三个 Er^{3+} 协同的能量转移过程，其前提是假定 Er^{3+} 随机分布在玻璃网络中。均匀上转换是所有 Er^{3+} 间平均距离的反映。事实上，在石英玻璃网络中 Er^{3+} 分布并不是完全随机的，而是由于局部电荷补偿等残余相互作用，易形成离子团簇。团簇结构中至少有两个 Er^{3+} 占据同一个格位。由团簇引起的非均匀上转换过程（inhomogeneous up conversion，IUC）使得非饱和吸收增强，从而导致激光和放大器效率下降。相互作用速率强烈依赖于 Er^{3+} 间距，因此 Er^{3+} 非均匀上转换（亚微秒）过程比均匀上转换（毫秒）快[62]。针对这两种在高浓度 Er^{3+} 掺杂时可能发生的情况，结合速率方程模拟分析它们对掺铒光纤放大器性能的影响。在 6.3.1 节的三能级速率方程中，已提到 Er^{3+} 的 $^4I_{11/2}$ 能级寿命非常短，其主要以无辐射跃迁到 $^4I_{13/2}$ 能级，因此可以近似认为 $^4I_{11/2}$ 能级的粒子数密度为 0，这种情况下三能级的速率方程变为两能级的速率方程。

具体分析上转换过程对掺铒石英光纤放大器性能的影响。考虑最简单也是可能的情况，如图 6-23 所示，在上转换过程中彼此相邻的两个处于激发态 $^4I_{13/2}$ 的 Er^{3+}，一个失去能量跃迁到基态，另一个获得能量跃迁到 $^4I_{9/2}$ 能级。跃迁到 $^4I_{9/2}$ 能级的离子由于其寿命较短而通过无辐射跃迁过程快速回到 $^4I_{13/2}$ 能级，因此，即使考虑该上转换过程，仍可采用两能级的速率方程。此外，如上所述，上转换过程主要发生在均匀掺杂的掺 Er^{3+} 光纤中，则该相邻且同处于激发态的 Er^{3+} 之间彼此独立不关联，即一个 Er^{3+} 所处的状态与其相邻的 Er^{3+} 无关。只有当这两个离子同时处于激发态时，上转换过程才能发生。这种情况下，由于上转换效应导致的激发态离子数变动为 $-CN_2^2$，其中 N_2 为 $^4I_{13/2}$ 能级离子数、C 为与上转换效应相关的参数。此时速率方程改写为

$$\frac{dN_2}{dt} = -\frac{N_2}{\tau} + (\sigma_p^{(a)}N_1 - \sigma_p^{(e)}N_2)\varphi_p + (\sigma_s^{(a)}N_1 - \sigma_s^{(e)}N_2)\varphi_s - CN_2^2 \qquad (6-26)$$

$$\frac{dN_2}{dt} = -\frac{dN_1}{dt} \qquad\qquad (6-27)$$

式中，N_1 为下能级离子数；φ_p 和 φ_s 分别为泵浦光和信号光强度；τ 为上能级寿命；$\sigma_p^{(a)}$、$\sigma_p^{(e)}$、$\sigma_s^{(a)}$ 和 $\sigma_s^{(e)}$ 分别为泵浦光和信号光的吸收和发射截面。与 6.3.1 节中的速率方程相比，仅添加一项 $-CN_2^2$ 用来描述上转换过程导致的上能级粒子数减少。1989 年，Blixt 等[63] 采用 1 480 nm 激光泵浦掺 Er^{3+} 光纤，在低功率泵浦时，观察到 980 nm 的上转换发光与泵浦光功率的平方成正比；这表明，在上能级粒子数变化的速率方程中引入 $-CN_2^2$ 描述上转换过程是合理的。当然，在强泵浦或者当 $^4I_{13/2}$ 能级粒子数饱和时，上转换过程与泵浦功率将不再保持二次方的关系。在弱泵浦条件下，通过计算可得上转换系数 C 约为 10^{-22} m^3/s，每 10 000 个被激发到 $^4I_{11/2}$ 能级的离子仅有一个通过辐射跃迁放出 980 nm 光子，其余则通过非辐射跃迁过程回到 $^4I_{13/2}$ 能级[63]，从而进一步证实了上述速率方程假设的合理性。此外，在实验中 Blixt 等[63] 观察到，在合适的光纤长度条件下（不同光纤稀土离子浓度不同），随着上转换发光强度增强，光纤的最佳放大性能明显下降。

虽然上转换模型可以用于部分分析和解释 Er^{3+} 浓度增加对光纤放大性能的影响，但随着 Er^{3+} 浓度的进一步增加，无法分析和解释实验中观察到的即使在非常高泵浦功率条件下仍存在的非饱和吸收现象。为了解释这一现象，基于实验观察的稀土离子团簇效应，研究人员[15] 提出了离子对猝灭（pair-induced quenching）模型：两个 Er^{3+} 占据同一格位，紧密地结合在一起而形成离子对；两者间的能量转移时间约 $5\sim50\ \mu s$，远快于实际可获得的泵浦速率。因此，该离子对中的两个 Er^{3+} 不可能同时被泵浦到激发态，无论多强的泵浦功率都有一个离子始终处于基态。该模型与上转换效应的不同之处在于：后者相邻的两个离子是彼此独立的，即一个离子处于基态或激发态不会影响相邻离子的状态；而在离子对猝灭模型中当一个离子处于激发态时，另一个离子必须处于基态。因此，这种情况下，在应用速度方程分析掺 Er^{3+} 光纤放大性能之前，必须将其中的 Er^{3+} 分为两类：独立的单个 Er^{3+} 和成对的 Er^{3+} 对。采用 980 nm 激光泵浦，$N_1^{(s)}$ 和 $N_2^{(s)}$ 分别为激光下能级 1 和上能级 2 的独立 Er^{3+} 布居数，$N_1^{(p)}$ 和 $N_2^{(p)}$ 分别为激光下能级 1 和上能级 2 中成对的 Er^{3+} 布居数。在仅考虑泵浦吸收的条件下，上下能级的粒子数变化满足

$$\frac{dN_2^{(s)}}{dt} = -\frac{N_2^{(s)}}{\tau} + \sigma_p^{(a)}\varphi_p N_1^{(s)} - C(N_2^{(s)})^2 \qquad\qquad (6-28)$$

$$\frac{dN_2^{(p)}}{dt} = -\frac{N_2^{(p)}}{\tau} + 2\sigma_p^{(a)}\varphi_p N_1^{(p)} \qquad\qquad (6-29)$$

$$\frac{dN_2^{(s)}}{dt} = -\frac{dN_1^{(s)}}{dt} \qquad\qquad (6-30)$$

$$\frac{dN_2^{(p)}}{dt} = -\frac{dN_1^{(p)}}{dt} \qquad\qquad (6-31)$$

式（6-29）中右边第二项中的 2，表示处于基态的 Er^{3+} 对的吸收概率是单个 Er^{3+} 的 2 倍。假设掺杂的 Er^{3+} 浓度为 N，其中处于离子对状态的比例为 $2k$，则有

$$N_1^{(s)} + N_2^{(s)} = (1-2k)N \qquad\qquad (6-32)$$

$$N_1^{(p)} + N_2^{(p)} = kN \qquad (6-33)$$

实验中观察到的信号、泵浦吸收及放大自发辐射等均为两类 Er^{3+}（独立的 Er^{3+} 和 Er^{3+} 对）产生的效果之和。据此可知含有 Er^{3+} 对的掺 Er^{3+} 光纤放大器的泵浦吸收率为

$$\frac{dP(z)}{dz} = -\sigma_p^{(a)}(N_1^{(s)} + 2N_1^{(p)} + N_2^{(p)})P(z) \qquad (6-34)$$

式中，$P(z)$ 为沿着光纤 z 位置的泵浦功率。在强泵浦功率条件下，所有的单独 Er^{3+} 均被泵浦到激发态，即 $N_1^{(s)}$ 约等于 0。因此式（6-29）中 Er^{3+} 对的吸收可用来表示光纤的非饱和吸收系数。研究人员[15]应用上述模型分析了掺 Er^{3+} 浓度为 $350\sim2\,000$ ppm 的石英光纤放大器，分析表明：随着 Er^{3+} 浓度的增大，光纤中耦合成对的 Er^{3+} 百分比从 0 增加到 20%。980 nm 泵浦时掺 Er^{3+} 石英光纤的绿色发光现象也证实了上述 Er^{3+} 对模型[64]。光纤中的绿色荧光主要来自 Er^{3+} 的 $^4S_{3/2}$ 能级。在 980 nm 泵浦条件下为使 Er^{3+} 被激发到上述能级，需要 Er^{3+} 首先吸收一个泵浦光子到达 $^4I_{11/2}$ 能级，然后再吸收一个 980 nm 光子达到 $^4F_{7/2}$ 能级，通过无辐射跃迁回到 $^4S_{3/2}$ 能级，发出绿色荧光。假设掺 Er^{3+} 光纤中所有 Er^{3+} 彼此独立存在，计算表明随着泵浦光增强，当 Er^{3+} 的 $^4I_{13/2}$ 能级达到饱和条件时，绿光功率应与泵浦功率呈线性关系；而实验却观察到，绿光功率与泵浦光功率的平方成正比。这是因为，当存在上述 Er^{3+} 对或团簇现象时，即使在强泵浦条件下也始终有部分 Er^{3+} 处于基态。利用该离子对猝灭模型，研究人员成功解释了上述现象[64]。

6.3.6　增益谱随温度的变化

掺铒石英玻璃的吸收和发射截面随温度的变化而改变，这导致光纤的增益谱型也随温度变化。通过测试 Er/Al 掺杂石英玻璃在不同温度下的吸收光谱，可以计算出 Er^{3+} 吸收截面随温度的变化[65]。图 6-25 列出 980 nm 波段和 1 480 nm 等处的吸收截面随温度的变化。随着温度从 20℃ 升高至 140℃，980 nm 波段吸收截面从 0.226×10^{-20} cm^2 减小至 0.196×10^{-20} cm^2，同时，整个 980 nm 吸收峰有红移的趋势；1 480 nm 波段吸收截面从 0.21×10^{-20} cm^2 减小至 0.18×10^{-20} cm^2。可见，对于高功率掺铒光纤激光器，不论泵浦波长是采用 980 nm 还是 1 480 nm，在温度升高条件下光纤激光器对泵浦光的吸收效率都会明显下降。从图 6-25 还可以看出，随着温度从 20℃ 升高至 140℃，1 528 nm 处的吸收截面从 0.52×10^{-20} cm^2 减小至 0.47×10^{-20} cm^2，但 1 558 nm 处的吸收截面却从 0.17×10^{-20} cm^2 增大至 0.22×10^{-20} cm^2，这表明 Er^{3+} 在 $1.5\,\mu$m 波段的吸收谱随温度升高，同时也呈现出红移趋势。

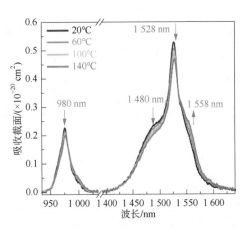

图 6-25　Er/Al 掺杂石英玻璃吸收截面
随温度的变化[65]

图 6-26 列出 Er^{3+} 掺杂石英基质中 Er^{3+} 受激发射截面随温度变化的情况。随着温度升高，在短波区 1 480 nm 处的发射截面逐渐增大，从 20℃ 升至 140℃ 的过程中，发射截面从 0.065×10^{-20} cm^2 增至 0.082×10^{-20} cm^2。对于零声子线，1 530 nm 处其发射截面从 0.46×10^{-20} cm^2 减至 0.44×10^{-20} cm^2，1 558 nm 处其发射截面从 0.45×10^{-20} 增至 $0.52\times$

$10^{-20}\,\mathrm{cm}^2$。图 6-27 是不同温度下掺铒石英玻璃 $1400\sim1700\,\mathrm{nm}$ 的荧光光谱,主要有四个荧光发射波段,即 $1530\,\mathrm{nm}$ 处的窄带荧光峰和 $1480\,\mathrm{nm}$、$1550\,\mathrm{nm}$、$1600\,\mathrm{nm}$ 附近的宽带荧光峰。其中,$1480\,\mathrm{nm}$ 宽带荧光峰值随温度升高略有增强,而 $1530\,\mathrm{nm}$ 窄带荧光峰和 $1550\,\mathrm{nm}$、$1600\,\mathrm{nm}$ 宽带荧光峰强度均随温度升高而降低。图 6-28 为石英玻璃基质中 Er^{3+} 在 $1.56\,\mu\mathrm{m}$ 处的荧光寿命。常温 $20\,^{\circ}\mathrm{C}$ 条件下 Er^{3+} 在 $1.56\,\mu\mathrm{m}$ 处的荧光寿命达到 $11.63\,\mathrm{ms}$,当温度达到 $140\,^{\circ}\mathrm{C}$ 时寿命缩短至 $11.2\,\mathrm{ms}$。在该温度范围内,并未发生温度猝灭;通过线性拟合可知,荧光寿命随温度的变化率约为 $-0.003\,\mathrm{ms}/^{\circ}\mathrm{C}$。

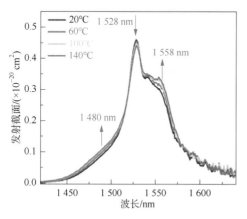

图 6-26　不同温度下石英基质中 $\mathbf{Er}^{3+}$
的发射截面[65]

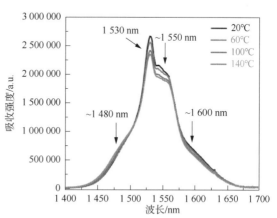

图 6-27　不同温度下石英基质中 $\mathbf{Er}^{3+}$
的荧光光谱[65]

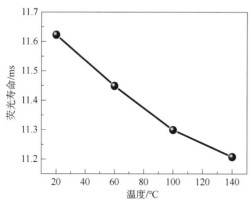

图 6-28　$\mathbf{Er}^{3+}$ 在 $\mathbf{1.56\,\mu m}$ 处的
变温荧光寿命[65]

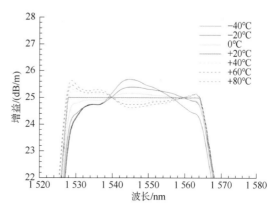

图 6-29　平均增益 25 dB、$20\,^{\circ}\mathrm{C}$ 时增益平坦的掺铒
光纤增益谱随温度的变化[57]

文献[57]模拟了平均增益 $25\,\mathrm{dB}$、$20\,^{\circ}\mathrm{C}$ 时增益平坦的 EDFA 在温度从 $-40\,^{\circ}\mathrm{C}$ 增加到 $80\,^{\circ}\mathrm{C}$ 过程中的增益谱型变化,如图 6-29 所示。可以看到,随着温度的变化,增益谱型不再平坦。在 $1528\sim1540\,\mathrm{nm}$ 波段,增益随温度升高而增加,在 $1540\sim1558\,\mathrm{nm}$ 波段增益随温度升高而降低,在 $1558\sim1563\,\mathrm{nm}$ 波段增益随温度升高而降低。研究表明[66],Sb-Er 共掺光纤具有与 Al-Er 共掺光纤不同的温度相关性,将 Sb-Er 共掺光纤与 Al-Er 共掺光纤组合使用,有助于减少掺 Er^{3+} 光纤随温度变化导致的增益谱型波动。在 EDFA 的实际应用场景中,环境温度的变化会导致增益平坦度的劣化,通常采用内置温控装置来保证掺 Er^{3+} 光纤的使用温度处于

一个相对恒定的范围,或者采用温度补偿增益平坦滤波器降低输出谱型的波动。

6.3.7 重叠因子与部分掺杂效应

在 6.3.1 节中,为便于分析,将掺 Er^{3+} 光纤看作一维波导,仅考虑其光场与 Er^{3+} 在纵向上的相互作用。但是在掺 Er^{3+} 光纤的横截面上,光场的分布也同样影响掺 Er^{3+} 光纤的性能。下面简要讨论在掺 Er^{3+} 光纤中横向光场分布对光纤性能的影响。

在单包层掺 Er^{3+} 光纤中,纤芯掺杂 Er^{3+}、Al^{3+} 等提高折射率,对包层采用折射率低的纯石英玻璃,形成阶跃型波导结构。由于在拉丝过程中纤芯元素会发生扩散,因此实际掺 Er^{3+} 光纤并不是严格的阶梯状折射率分布,但这并不影响我们采用阶跃型折射率分布来简单分析光纤特性。为了减小泵浦光阈值、提高泵浦光功率密度,纤芯直径一般较小。常用的通信掺 Er^{3+} 光纤截止波长大多小于 980 nm,980 nm 波段泵浦光和 1 550 nm 波段信号光的光场分布均可近似看作高斯分布,也即,在实际使用中光纤中的光波并不是全部束缚在纤芯,还有部分光波在包层传输,这部分在包层中传输的光波被称为倏逝波。

在光纤横截面上,泵浦光和信号光强度分布与模场分布成正比,可以将光场强度表示为

$$I(r, \phi) = P\varphi(r, \phi) \tag{6-35}$$

式中,P 为模场的总功率;r 为光场到光纤截面中心的距离;ϕ 为角度;$\varphi(r, \phi)$ 为归一化模场强度分布。因此,有

$$\int_0^{2\pi} \int_0^{\infty} \varphi(r, \phi) r \mathrm{d}r \mathrm{d}\phi = 1 \tag{6-36}$$

假设纤芯中的 Er^{3+} 浓度分布为 $n(r, \phi)$,一般认为 Er^{3+} 浓度在相同半径上是相等的,因此可以将 Er^{3+} 浓度分布转换为在纤芯半径 R 内以平均浓度 N 均匀分布,则

$$N = \frac{2\int_0^{\infty} n(r, \phi) r \mathrm{d}r}{R^2} \tag{6-37}$$

重叠因子(overlap factor)表示横向光场与纤芯 Er^{3+} 浓度分布的重叠程度,可表示为

$$\Gamma = \int_0^{2\pi} \int_0^{\infty} \varphi(r, \phi) \frac{n(r, \phi)}{N} r \mathrm{d}r \mathrm{d}\phi \tag{6-38}$$

在阶跃型单模光纤中,基模的分布遵循贝塞尔函数。在截止波长附近,基模的分布近似为高斯分布。在实际应用中高斯函数比贝塞尔函数更为简便,表示如下:

$$\varphi(r, \phi) = \frac{2}{\pi\omega^2} e^{-\frac{2r^2}{\omega^2}} \tag{6-39}$$

式中,ω 为模场半径,根据经验公式将其近似表达如下:

$$\omega = R\left(0.65 + \frac{1.619}{V^{1.5}} + \frac{2.879}{V^6}\right) \tag{6-40}$$

式中,$V = \frac{2\pi R \cdot NA}{\lambda}$。泵浦光和信号光只有与 Er^{3+} 浓度分布重叠部分才能发生相互作用,重

叠程度可以用重叠因子表示为

$$\Gamma = 1 - \mathrm{e}^{-\frac{2R^2}{\omega^2}} \qquad (6-41)$$

Er^{3+} 由于不同的掺杂工艺，可以全部充满纤芯，如图 6-30a 所示，称之为均匀掺杂；也可以部分占据纤芯，如图 6-30b 所示，称之为部分掺杂。从图 6-30 中可以看出，部分掺杂时，Er^{3+} 更集中于光场的中心，所"感受"到的泵浦光强度更高，因此能够获得更高的粒子反转度，有利于降低泵浦光阈值、提高单位泵浦功率下的增益、降低噪声系数。图 6-31 对比了纤芯 $2\,\mu\mathrm{m}$ 均匀掺杂和 $1\,\mu\mathrm{m}$ 部分掺杂光纤的噪声系数[4]，从中可以看出部分掺杂光纤的噪声系数更小。但是部分掺杂会降低重叠因子，使得光纤吸收系数降低，导致光纤长度增加；此时如要保持吸收系数不变，则需要提高掺杂浓度，这又可能带来团簇效应，降低光纤效率。值得注意的是，当泵浦功率很大时，光场边缘的 Er^{3+} 反转度也很高，部分掺杂的效果不再明显，因此，需要根据实际场景设计最佳的光纤参数。光通信用的单模激光二极管（LD）由于其高可靠性要求而导致功率受限，尤其是在输入信号光功率较大时掺铒光纤将处于深饱和区，部分掺杂可以有效提高粒子反转度、减小噪声系数。在海底等特殊应用场景下，采用遥泵技术的光放大器其泵浦功率十分宝贵，部分掺杂铒纤有利于降低泵浦阈值、提高信号增益效率。

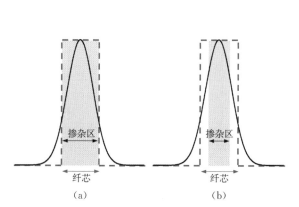

图 6-30　纤芯全部掺杂（a）和部分掺杂（b）的分布示意图[4]

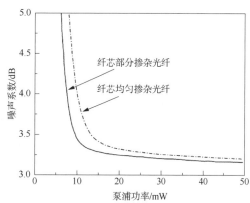

图 6-31　部分掺杂和均匀掺杂铒纤中噪声系数随泵浦功率变化的模拟曲线[4]

6.4　掺铒光纤在光通信中的应用

6.4.1　掺铒石英光纤放大器的增益和噪声特性

增益和噪声系数是光纤放大器最重要的两个参数。在不考虑增益效率、光纤损耗、偏振模色散及增益动力学等其他因素的情况下，当信号注入增益光纤时，计算模式中光子数变化情况。光和稀土离子间的相互作用可以用以下方程表述[67]：

$$\mathrm{d}N_\mathrm{m} = [N_2 B_{21} g_{21}(\nu)\rho(\nu) - N_1 B_{12} g_{12}(\nu)\rho(\nu) + h\nu N_2 B_{21} g_{21}(\nu)]\mathrm{d}z \qquad (6-42)$$

式中，ν 为光子频率；N_m 为模式中的光子通量；N_2、N_1 分别为激光上、下能级粒子数；B_{21} 和 B_{12} 分别为受激辐射和受激吸收爱因斯坦系数；$g_{ij}(\nu)$ 为能级间跃迁的归一化线型；$\rho(\nu)$ 为辐射密度（单位频率、单位体积的能量）。式（6-42）右边第一项为受激辐射，第二项为受激吸收,第三项为自发辐射。辐射密度等于光子数密度乘以光子能量,即 $\rho(\nu) = N_m h\nu$,在不考虑能级简并的情况下 $B_{21} = B_{12}$,式(6-42)可改写为

$$\frac{dN_m}{N_m + n_{sp}} = B_{21} h\nu (N_2 - N_1) g(\nu) dz \qquad (6-43)$$

式中,n_{sp} 为反转参数(inversion parameter)或自发辐射因子(spontaneous factor):

$$n_{sp} = \frac{N_2}{N_2 - N_1} \qquad (6-44)$$

但是,实际的吸收和发射截面会随波长变化,且由于能级展宽,粒子所在能级呈现一定的热分布。故在式(6-42)中,受激发射应改写为 $\sigma_e(\lambda) N_2$,受激吸收应改写为 $\sigma_a(\lambda) N_1$,其中 $\sigma_e(\lambda)$ 和 $\sigma_a(\lambda)$ 分别为受激发射和吸收截面、λ 为跃迁波长。此时反转参数为

$$n_{sp} = \frac{\sigma_e(\lambda) N_2}{\sigma_e(\lambda) N_2 - \sigma_a(\lambda) N_1} \qquad (6-45)$$

对式(6-43)两边进行积分,右边的积分范围为光纤长度从 0 至 L,左边的积分范围为从 $N_m(0)$ 注入光子数至 $N_m(L)$ 输出光子数,可解得输入、输出光子数之间的关系为

$$N_m(L) = G N_m(0) + n_{sp}(G-1) \qquad (6-46)$$

其中
$$G = e^{gL} = e^{B_{21} h\nu (N_2 - N_1) g(\nu) L} \qquad (6-47)$$

式中,g 为放大器增益系数;G 为总的增益。方程(6-46)中包含了放大器的重要参数:增益和噪声。其中右边第一项是放大的信号,第二项是放大的自发辐射输出。在放大器增益为 G 的频率附近,$\Delta\nu$ 带宽范围内的噪声输出功率为

$$P_{ASE} = n_{sp}(G-1) h\nu \Delta\nu \qquad (6-48)$$

式(6-48)是掺铒光纤放大器噪声的基础表达式,表示放大器单位空间单偏振态噪声功率。单模光纤有 2 个偏振态,故单模光纤的总噪声功率输出还须在式(6-48)的基础上乘以 2。多模光纤放大器有很多模式,其总噪声功率输出较大。

方程(6-46)表明,当信号经过光纤放大器时,会得到放大的信号和放大的自发辐射输出。与信号一起输出的放大自发辐射作为噪声,会降低输出信号的信噪比。表示信噪比降低的品质因素为噪声系数,其定义为输入信号与输出信号信噪比的比率:

$$NF = \frac{SNR_{in}}{SNR_{out}} \qquad (6-49)$$

掺铒光纤放大器中的主要噪声来源包括散粒噪声、热噪声、信号-自发辐射拍频噪声以及自发辐射-自发辐射拍频噪声。可以证明光纤放大的噪声系数主要来源是信号-自发辐射拍频噪声。根据式(6-64),可推导出单模光纤的噪声系数表达式为

$$NF \approx 2n_{sp} \frac{G-1}{G} + \frac{1}{G} \qquad (6-50)$$

式中,G 为线性增益系数。实际使用时,噪声系数用 $NF = \log_{10}\left(2n_{sp} \dfrac{G-1}{G} + \dfrac{1}{G}\right)$ 表示,单位

为 dB。在小信号高增益、粒子充分反转的条件下，$NF \approx 2n_{sp}$，$n_{sp} = 1$。此时噪声系数为 3 dB，因此在掺铒光纤放大器中噪声系数最低是 3 dB。

增益和噪声系数的测量是掺铒光纤放大器实际使用中常见的工作。下面以光谱仪测量的信号输入谱和输出谱（图 6 - 32）为例，给出增益和噪声系数的测量步骤和方法[4]。

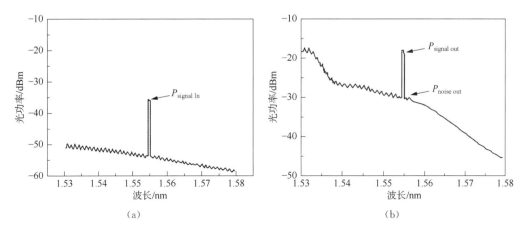

图 6 - 32　光谱仪测试的掺铒光纤放大器输入（a）输出（b）谱

根据增益系数的定义：

$$G(\text{dB}) = 10\lg\left(\frac{P_{\text{signal-out}}}{P_{\text{signal-in}}}\right) \qquad (6-51)$$

在采用光谱仪测量时，$P_{\text{signal-out}}$ 实际也包含了一部分 ASE 噪声信号，所以在计算增益系数时需要将其扣除。ASE 噪声包含在信号中，无法直接测量，但由于信号的宽度一般很窄，常用的办法是采用插值法确定，也即，在没有信号的情况下，认为 ASE 噪声谱是一条平滑的曲线，所以可用相邻 $P_{\text{signal-out}}$ 的 $P_{\text{noise-out}}$ 通过简单的线性拟合确定信号处的 ASE 噪声功率，则增益系数的表达式改写为

$$G(\text{dB}) = 10\lg\left[\frac{(P_{\text{signal-out}} + P_{\text{noise-out}}) - P_{\text{noise-out}}}{P_{\text{signal-in}}}\right] \qquad (6-52)$$

结合式（6 - 48）和式（6 - 50），噪声系数有如下表达形式：

$$NF(\text{dB}) \approx 10\lg\left(\frac{P_{\text{ASE}}}{h\nu\Delta\nu G} + \frac{1}{G}\right) \qquad (6-53)$$

式中，P_{ASE} 为频率间隔 $\Delta\nu$ 内的 ASE 功率；h 为普朗克常数；ν 为信号光子频率；G 为线性增益系数（非 dB 单位，即此时 $G = \dfrac{P_{\text{signal-out}}}{P_{\text{signal-in}}}$）。在光谱仪测试时常用波长间隔 $\Delta\lambda$，其与频率间隔 $\Delta\nu$ 之间的关系为

$$\Delta\nu = \frac{c}{\lambda}\left[\frac{\Delta\lambda}{\lambda}\right] \qquad (6-54)$$

因此，准确测试增益系数和放大的自发辐射噪声功率 P_{ASE}，就可得出噪声系数。以图 6 - 32 为例，按照上述测量方法和操作步骤，可得增益系数为 14.34 dB，线性增益系数为 26.96，

$P_{\text{ASE}} = 0.7 \times 10^{-6}$ W，通过式(6-53)可知其噪声系数为 3.56 dB。

6.4.2 掺铒石英光纤放大器

掺铒石英光纤最广泛的应用是制作 EDFA 光放大器件。典型的 EDFA 包括掺铒石英光纤、波分复用器、半导体泵浦源、光隔离器以及光滤波器等。波分复用器用于将信号光和泵浦源合在一起进入掺铒石英光纤。光隔离器用于抑制器件熔接点反射或其他可能带来杂散光的因素，保证器件稳定工作。光滤波器用于滤除放大器中产生的放大自发辐射（ASE）噪声和保证工作波段范围内增益平坦。

按照在通信系统中的功能和使用位置分类，EDFA 主要有以下三种：

（1）功率放大器（power-amplifier）。处于发射机之后，用于对合波以后的多个波长信号进行功率提升，再进行传输。由于合波后的信号功率一般都比较大，因此对于功率放大器的噪声指数、增益要求并不是很高，但要求放大后有比较大的输出功率。

（2）在线（或中继）放大器（in-line-amplifier）。处于功率放大器之后的传输系统中，用于周期性地补偿线路传输损耗，一般要求有比较小的噪声指数和较大的输出光功率。

（3）前置放大器（pre-amplifier）。处于光接收机之前、线路放大器之后，用于信号放大、提高接收机的灵敏度。在光信噪比（optical signal to noise ratio，OSNR）满足要求的情况下，较大的输入功率可以抑制接收机本身的噪声、提高接收灵敏度，要求噪声指数尽可能小，对于输出功率没有太高的要求。

按照泵浦方式分类，EDFA 有同向泵浦、反向泵浦和双向泵浦三种工作方式（图 6-33）。同向泵浦方式下，信号光和泵浦光经波分复用器在同一方向注入掺铒石英光纤输入端，放大后的信号先后经光隔离器和滤波器输出。反向泵浦方式下，信号光和泵浦光分别注入掺铒石英光纤的两端。双向泵浦则是结合了同向和反向泵浦两种方式，在掺铒石英光纤的输入端注入信号光，泵浦光则在掺铒石英光纤的两端同时注入。

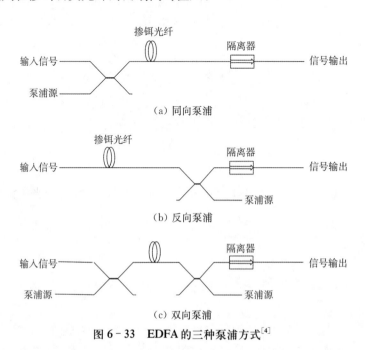

图 6-33　EDFA 的三种泵浦方式[4]

在小信号增益区域,即当注入信号功率低于 $-30\,\mathrm{dBm}$ 时,采用同向或反向泵浦方式,两者几乎没有差别,均可获得相同的增益系数。这是因为很小的注入信号功率,不足以影响 $\mathrm{Er^{3+}}$ 的布居数反转分布。正反泵时光纤的上能级粒子数彼此对称呈镜像分布,则相应产生的 ASE 也彼此对称呈镜像分布,即正向泵浦产生的正向 ASE 与反向泵浦产生的反向 ASE 是一致的。双向泵浦则不同,此时上能级粒子数的分布与单端泵浦完全不同,因而其产生的 ASE 谱型也不同。尤其是当光纤足够长时,同样泵浦功率条件下双向泵浦比单端泵浦能产生更高的增益。此外,当光纤中 $\mathrm{Er^{3+}}$ 存在泵浦激发态吸收或者上转换发光时,双向泵浦比单端泵浦能产生更高的增益。这主要是因为双向泵浦可以使上能级粒子数分布更均匀,可降低局部泵浦功率密度,从而减小上述激发态吸收和上转换发光的发生概率。

随着信号功率上升,当输入信号功率与 ASE 谱功率相当时,不同泵浦方式对放大器的增益系数会有较大影响。以信号输入功率一般在 $-20\sim-10\,\mathrm{dBm}$ 之间的在线(或中继)放大器为例,选择反向或双向泵浦方式明显可以获得比同向泵浦方式更大的增益系数,尤其是当光纤比较长的时候。如图 6-34a 所示,注入信号功率为 $-20\,\mathrm{dBm}$、980 nm 泵源功率约为 50 mW时,可以看到:随着光纤长度的增加,与同向泵浦相比,反向泵浦方式明显可以获得更大的信号输出功率。这主要是因为,反向泵浦方式下上能级粒子数分布更有利于信号功率放大。信号功率越大,泵浦功率也越大,有利于抑制 ASE 的产生,从而使得更多的能量从泵浦波长向信号波长转换。图 6-34a 还显示出,随着有源光纤长度不断加长,与单端泵浦方式相比,双向泵浦方式获得的信号输出功率最大。但当光纤长度比较短的时候,不论采用何种泵浦方式,光纤中的上能级粒子数分布差别不大,此时 ASE 也比较弱,因而泵浦方式对信号增益系数的影响几乎可以忽略不计。

当注入信号功率较大,一般来说大于 0 dBm 时,在整根光纤中信号光与 ASE 相比要强得多,因而不论采用何种泵浦方式都不会对输出功率产生太大的影响,如图 6-34b 所示。

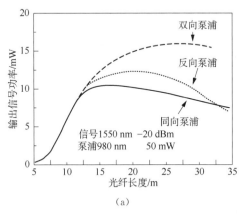
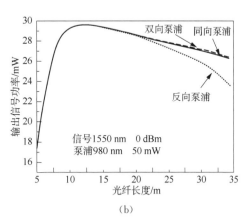

(a)　　　　　　　　　　　　　　(b)

图 6-34　50 mW 泵浦、信号注入功率分别为 $-20\,\mathrm{dBm}$(a)和 0 dBm(b)时,
信号输出功率在不同泵浦方式下随光纤长度的变化[4]

除了增益系数外,噪声系数也是 EDFA 设计和使用过程中必须要考虑的问题。考虑小信号增益时,采用 980 nm 泵浦源、光纤长度分别为 8 m 和 12 m 的放大器在同向和反向泵浦方式条件下噪声系数随泵浦功率的变化,如图 6-35 所示,可以看到:同样条件下,同向泵浦的噪声系数要比反向泵浦低得多。定性来看,产生上述情况的原因仍然与不同泵浦方式下光纤中上能级粒子数分布有关。同向泵浦条件下,信号注入端上能级粒子数多,输出端少,则信号在注

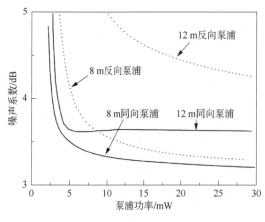

图 6-35　同向和反向泵浦方式下小信号增益放大器噪声系数随泵浦功率的变化[4]

入端获得的增益系数要远大于输出端。反向泵浦条件下，情况正好相反，信号在注入端获得的增益系数要小于输出端。信号在输入端增益系数小这一情况等同于信号在进入增益光纤之前产生了某种程度的损耗，任何形式的损耗均会使得信号的噪声系数劣化。因此小信号增益区域内，在不考虑其他因素影响的情况下，同向泵浦的噪声系数要优于反向泵浦。但是，上述情况不适用于增益光纤相对较短的情况，其原因是：光纤较短等同于泵浦源充足，在泵浦源功率足够大的条件下整根光纤中的 Er^{3+} 反转情况均足够强，此时同向和反向泵浦放大的信号均可获得较低的噪声系数。

6.4.3　L 波段掺铒光纤

随着计算机网络和数据业务的飞速发展，人们对通信系统容量的需求快速增长，因而提高现有光纤通信系统的容量已成为光通信领域的研究重点。目前，实现系统扩容的途径主要有三条：①提高单信道传输率；②减小信道间隔，增加信道数量；③充分利用光纤宽带传输潜力，将传输波段由 C 波段（1530～1565 nm）向 L 波段（1565～1610 nm）延伸，实现 C+L 波段同时传输信号。提高单信道传输率会增大色散对系统的影响，从而增大对系统色散管理和补偿的要求，使系统成本上升。增加信道数量会导致非线性效应增强，对系统器件的波长稳定性要求也更加严格，同样会使系统成本上升。拓展传输带宽则不存在前两种方法所必须面对的技术问题，可以充分挖掘光纤的潜在带宽资源，因此是解决问题更直接、更根本性的措施。

早在 2002 年日本 NTT 公司[68]就在掺铒碲酸盐多组分玻璃光纤中实现了 1 581～1 616 nm 的 L 波段光放大，并推出了相关产品。但是，所用的碲酸盐光纤在大于 1 620 nm 的波段同样存在激发态吸收[69]，这限制了增益带宽的进一步扩展。此外，多组分玻璃光纤的缺点是机械性能极差、光纤容易断裂、长期可靠性不高，而且与现有的通信石英光纤系统匹配度差、熔接困难，阻碍了其商业应用。因此，目前最有可能的扩展增益带宽方案是在现有掺铒石英光纤的基础上调整共掺元素的组分和比例。

长期以来，掺铒石英光纤材料的相关研究主要集中在 C 波段，关于进一步扩展 L 波段的光放大研究相对较少。一般认为，在扩展 L 波段，只有当 Er^{3+} 激发态受激吸收截面（$^4I_{13/2} \rightarrow {}^4I_{9/2}$）不大于受激发射截面（$^4I_{13/2} \rightarrow {}^4I_{15/2}$）时，才有可能实现净增益。文献[70]报道了在掺铒石英光纤中共掺元素比例对信号光激发态吸收截面的影响：三种掺铒光纤 a、b、c 的共掺元素分别为 a-铝单掺、b-磷铝共掺 P/Al=2.18、c-磷铝共掺 P/Al=23.2，如图 6-36 所示，光纤 a 的受激发射截面和激发态吸收截面交叉点在 1628 nm，光纤 b 的交叉点波长移动到 1632 nm 处，光纤 c 的交叉点波长进一步移动到 1635 nm 处。上述结果表明，磷的加入有助于使掺铒光纤净增益截止点向长波移动，从而扩展掺铒石英光纤在 L 波段的增益带宽。

近年来，由于市场应用需求的推动，国内外研究机构如英国南安普顿大学、美国 OFS 公司、加拿大拉瓦尔大学、中国华中科技大学等相继开展了 L 波段掺铒石英光纤材料的研究与开发[71-72]。日本住友电气的研究[73]表明,通过提高石英光纤中 P 元素的掺杂浓度,可以扩展 L 波段的增益带宽;但是,由于改进的化学气相沉积制备工艺的限制,石英光纤中 P 的掺杂浓度难以超过 12 wt%,并且光纤的背景损耗也会随着 P 掺杂浓度的提高而逐渐增加。华中科技大学的研究[72]表明,通过共掺 Ce 离子增加能量传递过程,可以使掺 P 石英光纤中 Er^{3+} 激发态吸收边红移,但该光纤在大于 1 620 nm 波段仍然出现了明显的增益下降;此外,过高的共掺 Ce 含量,会导致光纤增益性能劣化。加拿大拉瓦尔大学通过优化光放大系统的泵浦波长提高 L 波段增益带宽[71];基于 1 480 nm 和 1 545 nm 两个波长泵浦的二级光放大系统,在 1570~

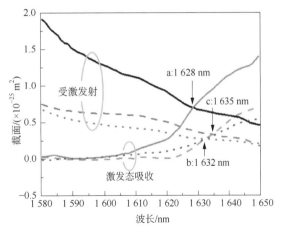

a—单掺 Al;b—磷铝共掺 P/Al=2.18;
c—磷铝共掺 P/Al=23.2

图 6-36 共掺剂对掺铒石英光纤信号光
激发态吸收截面的影响[70]

1 620 nm 获得了 20 dB 增益;该方案显著增加了系统复杂度,不利于小型化和降低成本,同时因受限于掺铒石英光纤的带宽,在大于 1 620 nm 波段时增益也明显降低。

以上研究表明,掺铒石英光纤在扩展 L 波段的增益带宽极限在 1 620 nm 左右[35-36,74-75]。这主要是由于两个方面的原因所致:一是在大于 1 620 nm 处已经位于掺 Er 石英玻璃荧光光谱的长波边界,Er^{3+} 的发射截面极低,导致增益系数很低;二是掺铒石英光纤在大于 1 620 nm 处存在较强的激发态吸收,导致光纤净增益急剧下降。因此,为提高掺铒光纤在 1 620 nm 附近的增益性能,需要从提高 Er^{3+} 在长波段的发射截面和降低 ESA 效应两方面着手。

6.5 掺铒高功率激光光纤和激光器

高功率 1.5 μm 波段激光器可以广泛应用于激光雷达、遥感、自由空间光通信、材料加工等领域。大气有一个透过窗口位于 1.5~1.75 μm 之间,Er^{3+} 激光具有良好的大气透过率。1.5 μm Er^{3+} 激光是人眼安全激光,人眼角膜对波长大于 1.4 μm 的激光有很强的吸收能力,仅少量的光可以到达视网膜,在一些复杂环境中这可以避免杂散光对人眼造成永久性伤害。在一些材料加工领域,由于待加工材料的特殊吸收性,1.5 μm Er^{3+} 激光具有更高的效率。

随着 EDFA 的发展和双包层光纤结构[76]的提出,以及相关光纤器件、半导体泵浦源、光纤激光技术的发展稀土掺杂光纤激光器的输出功率迅速提升。目前掺镱石英光纤激光器已实现商品化 100 kW 量级的激光输出[77],而作为最先研究的稀土掺杂光纤,掺铒光纤虽然在光通信中得到了广泛应用,但作为高功率光纤激光器,目前仅实现了百瓦量级的激光输出[78-79],远低于掺镱光纤激光器的输出能力。这主要是因为 Er^{3+} 在 9xx nm 泵浦波长的吸收截面远小于 Yb^{3+},导致同样长度包层结构的单掺 Er^{3+} 光纤无法获得对泵浦功率的足够吸收以实现高功率激光输出。而使用更长光纤增加吸收又会导致光纤的背底损耗增大,影响光纤的激光效率。此外,光纤长度增加还易导致非线性效应,同样会影响光纤的激光输出性能。

解决上述问题的一个办法是采用铒镱共掺的光纤,通过 Yb^{3+} 敏化 Er^{3+},利用 Yb^{3+} 在 $1\,\mu m$ 波段大得多的吸收截面和宽的吸收带,以间接提高 Er^{3+} 对泵浦功率的吸收。此外,共掺镱离子还可以提高 Er^{3+} 的分散性,减少 Er^{3+} 因掺杂浓度提升而导致的浓度猝灭问题。虽然铒镱共掺光纤可以提高泵浦吸收率,但仍面临光纤激光输出效率有限(受限于泵浦光与信号光波长之间量子亏损)、Yb^{3+} 激光自激[80]以及高功率激光输出时发生的光纤熔丝(fiber fuse)[79]等问题。

本节围绕 $1.5\,\mu m$ 掺铒光纤激光器的不同实现方案,包括利用铒镱共掺光纤、单掺铒光纤和 9xx nm 泵浦、同带泵浦等,介绍掺铒光纤和掺铒光纤激光器的研究进展,并着重从光纤材料的角度阐述制约 $1.5\,\mu m$ 波段掺铒光纤激光输出功率进一步提升的瓶颈及未来发展方向。

6.5.1　高功率铒镱共掺光纤

以铒镱共掺光纤为增益介质,采用 9xx nm 的激光二极管作为泵源,实现 $1.5\,\mu m$ 波段激光输出,是目前最成熟的方案,并且已有许多商品化的光纤和光纤激光器产品。之所以选择铒镱共掺光纤实现 $1.5\,\mu m$ 激光输出,主要是由 Er^{3+} 自身的吸收和发光特性决定的。大量研究表明,Er^{3+} 在石英玻璃中极易发生团簇从而导致浓度猝灭。在 Er^{3+} 掺杂的石英光纤中,即使可以共掺 Al 或 P 提高 Er^{3+} 的掺杂浓度,其最大掺杂量也不过 $\sim 1000\,ppm$[39]。根据图 6-2 所示 Er^{3+} 的吸收谱,所有的泵浦吸收带都可以用来泵浦 Er^{3+} 实现 $1.5\,\mu m$ 激光输出,但到目前为止发展最成熟、输出功率最大的主要是 9xx nm 的激光二极管。因此,$1.5\,\mu m$ Er^{3+} 激光输出主要采用 9xx nm 激光二极管作为泵浦源来实现。此外,虽然随着共掺剂的不同(Al、P、Ge),稀土离子的吸收和发射截面会有所变化,但无论怎样,Er^{3+} 在 9xx nm 波段的吸收截面远小于 Yb^{3+},这就导致低掺杂浓度、低吸收截面的掺铒双包层光纤若要充分吸收泵浦光通常就需要百米以上的光纤长度。虽然普通掺锗通信光纤的背底损耗已低至 $0.15\,dB/km@1550\,nm$,但掺铒石英光纤的背底损耗仍一般在约 $10\,dB/km$ 量级,百米以上掺铒增益光纤的背底损耗将会大大降低光纤激光的输出效率,且容易导致非线性效应。Yb^{3+} 发光与 Er^{3+} 吸收之间有较大的光谱重叠范围,在铒镱共掺系统中能量可以从 Yb^{3+} 传递给 Er^{3+},利用铒镱共掺可以有效地解决包层泵浦条件下 Er^{3+} 吸收系数偏小的问题。不仅如此,由于 Yb^{3+} 为两能级系统,在石英光纤中基本不存在团簇问题,Yb^{3+} 的大量引入可以从一定程度上将 Er^{3+} 分开,解决高浓度 Er^{3+} 掺杂时易出现的浓度猝灭问题。因此,利用 9xx nm 激光二极管泵浦铒镱共掺光纤成为当前实现 $1.5\,\mu m$ 波段光纤激光输出的最佳选择。

使用 9xx nm 泵浦铒镱共掺光纤实现 $1.5\,\mu m$ 波段激光输出的能级如图 6-37 所示。主要能量传递过程如下:基态的 Yb^{3+} ($^2F_{7/2}$) 吸收泵浦能量后被激发到上能级 ($^2F_{5/2}$),处于激发态 $^2F_{5/2}$ 能级的 Yb^{3+} 可以通过共振转移方式将能量传递给 Er^{3+},使其从基态被激发到 $^4I_{11/2}$ 能级,Yb^{3+} 则回落到基态;处于

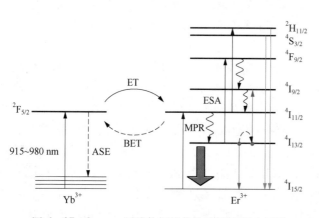

图 6-37　9xx nm 泵浦的铒镱共掺光纤能级示意图

激发态$^4I_{11/2}$的Er^{3+}能级寿命较短，大约$10\,\mu s$，迅速通过无辐射跃迁弛豫到$^4I_{13/2}$能级；Er^{3+}的$^4I_{13/2}$能级寿命较长$\sim 10\,ms$，持续的泵浦在Er^{3+}的$^4I_{13/2}$和$^4I_{15/2}$能级之间形成粒子数反转，加入适当的谐振腔形成正反馈或者当有$1.5\,\mu m$信号光注入时，发生受激辐射产生$1.5\,\mu m$激光输出。

除正常的$1.5\,\mu m$波段激光产生过程外，在铒镱共掺的光纤中还会发生如下能量传递或转移过程，对光纤的激光效率造成影响：首先是Er^{3+}的$^4I_{11/2}$能级向$Yb^{3+\,2}F_{5/2}$能级的能量反向传递过程，这会减弱或者限制光纤对泵浦的吸收率。其次是铒镱共掺光纤中可能发生的激发态吸收过程和上转换过程。激发态吸收包括处于$^2F_{5/2}$激发态Yb^{3+}将能量传递给处于$^4I_{11/2}$和$^4I_{13/2}$能级的Er^{3+}，其中，前者使得Er^{3+}被激发到$^2H_{11/2}$和$^4S_{3/2}$能级，这可能与铒镱共掺光纤中常见的绿色发光有关[81-82]（从$^2H_{11/2}$和$^4S_{3/2}$能级向基态$^4I_{15/2}$辐射跃迁，产生波长为$540\,nm$或$520\,nm$的绿光）；后者则使得Er^{3+}被激发到$^2F_{9/2}$能级，然后通过无辐射跃迁经$^4I_{9/2}$、$^4I_{11/2}$能级回到$^4I_{13/2}$能级。可能发生的合作上转换过程主要指处于$^4I_{13/2}$能级的Er^{3+}将能量传递给另一个处于$^4I_{13/2}$能级的Er^{3+}，给出能量的Er^{3+}回到基态$^4I_{15/2}$，获得能量的Er^{3+}则被激发到$^4I_{9/2}$能级，然后通过无辐射跃迁回到$^4I_{13/2}$能级。

促进激光产生过程、抑制不希望发生的能量传递或转移过程，是提高铒镱共掺光纤$1.5\,\mu m$波段激光效率的关键。这也是铒镱共掺光纤基质玻璃选择的依据。包括Er^{3+}产生$1.5\,\mu m$波段激光的过程在内，铒镱共掺光纤中可能发生的能量转移过程包括铒镱离子之间、Er^{3+}内部的合作上转换过程。

铒镱离子之间的能量传递主要是提高Yb^{3+}向Er^{3+}的能量传递效率，抑制Er^{3+}向Yb^{3+}的反向能量传递过程。如6.2.2节所述，在基质玻璃中加入P元素，一方面抑制了处于激发态的Yb^{3+}向其下能级的直接跃迁，另一方面P元素的加入在基质玻璃中引入$P{=}O$双键，使基质玻璃的最大声子能量提高到$1\,300\,cm^{-1}$（石英玻璃中的最大声子能量约为$1\,100\,cm^{-1}$）[83]，可以促进$^4I_{11/2}$能级的Er^{3+}通过无辐射跃迁向$^4I_{13/2}$能级转移，从而抑制Er^{3+}向Yb^{3+}的反向能量传递过程[38]，可以大大提高Yb^{3+}向Er^{3+}的能量传递效率。处于激发态$^2F_{5/2}$的Yb^{3+}将能量传递给处于$^4I_{11/2}$和$^4I_{13/2}$能级的Er^{3+}，则是铒镱共掺光纤中伴随Yb^{3+}将能量传递给Er^{3+}过程中不可避免的。提高Er^{3+}的分散性，有利于抑制处于$^4I_{13/2}$能级的Er^{3+}的上转换过程。研究表明，铒镱共掺可以减少Er^{3+}的团簇，提高分散性。图6-38给出铒镱共掺光纤和单掺铒光纤$1535\,nm$吸收系数随着泵浦功率变化的情况[81]。除Yb^{3+}掺杂外，两款光纤中Er^{3+}的掺杂浓度、制备工艺和测试吸收时使用的光纤长度均一致。可以看到，铒镱共掺光纤在约$100\,mW$泵浦时达到饱和，不再继续吸收泵浦光能量，而单掺铒光纤则仍可继续吸收泵浦光。这表明光纤中Yb^{3+}的存在可以减少Er^{3+}的团簇，原因可能在于Yb^{3+}分布在Er^{3+}周围，可以屏蔽Er^{3+}之间的相互作用。因此，铒镱共掺石英光纤应是高掺P元素且掺入大量Yb^{3+}，有较高的

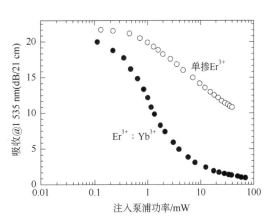

图6-38　磷硅光纤中单掺铒和铒镱共掺（铒含量相同）在$1535\,nm$吸收系数随泵浦功率的变化

Yb/Er 比。

伴随铒镱共掺光纤基质玻璃的研究发展和大功率激光二极管的逐渐成熟,Er^{3+} 的 1.5 μm 波段高功率激光输出成为研究热点。2001 年,研究人员[32]首次在实验中演示了包层泵浦结构的铒镱共掺光纤激光输出。实验中用到了两款铒镱共掺光纤:光纤 A 和光纤 B。两者均为单模光纤,纤芯尺寸 6～7 μm,数值孔径≤0.17,内包层直径 300 μm,稀土离子的掺杂比例为 Yb:Er=5.2:0.43;不同的是,光纤 A 中 P 元素的掺杂量仅为光纤 B 的 1/5。采用 976 nm LD 泵浦,以 1.6 μm 高反镜片作输入、以和垂直切割光纤端面作输出,搭建了空间光路进行光纤激光实验。结果表明,光纤 A 在仅约 2 W 的泵浦激光条件下,就开始输出 Er^{3+}～1.6 μm 和 Yb^{3+}～1.08 μm 双波长激光;随着泵浦的进一步增加,1.6 μm 激光输出呈现饱和状态,而

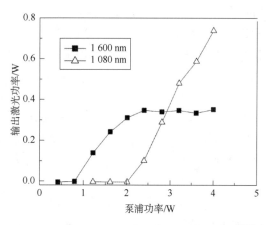

图 6-39　光纤 A 激光随着泵浦增加输出情况[32]

Yb^{3+}～1.08 μm 激光输出功率随着泵浦不断增加,如图 6-39 所示。与之相反,在光纤 B 中,始终没有看到 Yb^{3+}～1.08 μm 的激光信号;受限于进一步提升泵浦功率可能会出现光纤端面损坏的情况,在 20 m 长的光纤 B 中输出 1.6 μm 激光最大功率约 2 W。仅考虑吸收的泵浦光,输出激光的斜率效率约 56%,接近 976 nm 泵浦时输出激光效率的理论极限($\lambda_{pump}/\lambda_{laser}$=976/1600=61%)。上述结果证实,在铒镱共掺光纤中,高掺 P 元素有利于提高 Yb^{3+} 向 Er^{3+} 的能量传递过程、抑制 Yb^{3+} 自激、促进铒镱共掺光纤中 Er^{3+} 激光的输出。

英国南安普顿大学光电研究中心(Optoelectronics Research Centre,ORC)在高功率铒镱共掺光纤及光纤激光输出性能等方面开展了较多研究工作[80, 84-88]。2001—2003 年 ORC 报道了其第一款铒镱共掺双包层光纤的激光输出[84-85],该光纤尺寸为 12/125 μm,采用圆形包层,纤芯数值孔径为 0.175,纤芯吸收系数约为 60 dB/m@1530 nm,在包层模式扰动的条件下光纤的包层泵浦吸收系数最大约为 13 dB/m@980 nm。该光纤在 915 nm 和 980 nm 泵浦条件下自由振荡激光输出情况为:915 nm 泵浦时,光纤最佳使用长度为 2 m,光纤激光的斜率效率约 50%(仅考虑吸收的泵浦功率,后同);980 nm 泵浦时,光纤的最佳使用长度为 1.4 m,光纤激光的斜率效率约 38%;采用 915 nm 双端泵浦时,使用长度约 4 m 的该光纤,获得 1.5 μm 波段激光输出最大功率约为 16.8 W。

2003 年,通过增大稀土掺杂光纤的纤芯和包层尺寸,ORC 首次报道了超过 100 W 的铒镱共掺光纤激光输出[80],使用的光纤纤芯尺寸为 24 μm,数值孔径为 0.2,泵浦包层为 D 型,长边和短边的尺寸为 400/360 μm,包层数值孔径 0.48,光纤包层吸收系数约为 2.5 dB/m@975 nm。使用 5 m 长的该光纤进行高功率光纤激光实验,在 975 nm 单端泵浦的条件下实现了低功率激光输出条件下 40%、高功率激光输出条件下 30% 的斜率效率。高功率输出时斜率效率下降的原因在于:随着泵浦功率的增加,Yb^{3+} 的 1.06 μm 激光开始出现自激,如图 6-40 所示。在获得最大 103 W 的 1.56 μm 激光输出时,该光纤 Yb^{3+} 1.06 μm 激光输出也达到了百瓦量级。

为了抑制高功率激光输出时 Yb^{3+} 的自激,2005 年,基于改进的稀土掺杂光纤设计,ORC 在相同的光纤激光泵浦条件下实现了 120 W 的 1.5 μm 激光输出,且最大输出功率时的 Yb^{3+} 自激输出功率仅 1.5 W[86]。使用的光纤纤芯尺寸为 30 μm,数值孔径 0.2,泵浦包层为 D 型,

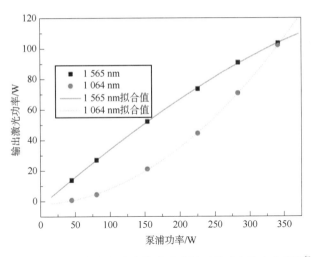

图 6－40　铒镱共掺光纤激光输出功率随泵浦功率的变化情况[80]

长边和短边的尺寸为 $400/360\,\mu m$，包层数值孔径 0.48。相比之前，增大的纤芯尺寸使光纤包层的小信号吸收系数提高到 $4.5\,dB/m@975\,nm$，缩短了所需增益光纤的长度。使用长度约 $4\,m$ 的该铒镱共掺光纤，在最大 $310\,W$ 的 $976\,nm$ LD 泵浦条件下，实现了约 $120\,W$ 的 Er^{3+} 激光输出，斜率效率约 40%。研究人员认为，增大纤芯尺寸、缩短光纤的使用长度、采用更高效的铒镱共掺光纤基质，有利于抑制 Yb^{3+} 自激。同年，通过进一步提高光纤的吸收系数，该研究组实现了更高功率的铒镱共掺光纤激光输出[87]。所使用的光纤芯径仍为 $30\,\mu m$，数值孔径 0.22，泵浦包层为 D 型，长边和短边的尺寸为 $400/360\,\mu m$，包层数值孔径为 0.44，但包层小信号吸收系数增大到 $6.9\,dB/m@975\,nm$，使所需的光纤长度进一步缩短到 $3\,m$。采用 $976\,nm$ 双端泵浦，最大输出功率约 $188\,W$，输出激光的斜率效率在低功率时约 43.1%，在高功率时由于 Yb^{3+} 的自激而下降到 36.8%，在获得最高 $188\,W$ 的 $1.5\,\mu m$ 波段激光输出时 $1\,\mu m$ 波段的输出功率小于 $20\,W$。

2007 年，ORC 报道了最高输出功率的铒镱共掺光纤激光实验结果[88]。增益光纤的纤芯直径为 $30\,\mu m$，数值孔径为 0.21，采用直径约 $600\,\mu m$ 的 D 型内包层，包层数值孔径为 0.48。由于扩大了包层直径以便注入更多的泵浦光，光纤的包层吸收系数降低至 $3.8\,dB/m@976\,nm$。使用 $6\,m$ 长的该光纤进行激光实验，采用 $976\,nm$ LD 双端泵浦，并对光纤泵浦端进行主动冷却，获得 $1.5\,\mu m$ 波段激光最大输出功率 $297\,W$。输出激光的斜率效率在低功率输出时约 40%，在高功率输出时由于 Yb^{3+} 的自激而降低至 19%。在最大泵浦功率时，输出的 Yb^{3+} 自激激光功率超过了 $1.5\,\mu m$ 波段激光输出，达 $338\,W$。研究人员尝试增加腔内损耗以抑制 Yb^{3+} 的寄生振荡，虽然可以减少 $1\,\mu m$ 波段激光输出，但会影响 $1.5\,\mu m$ 波段激光输出的稳定性，甚至会导致光纤烧毁。

上述结果表明，通过提高稀土离子的掺杂浓度或者铒镱光纤的芯包比、增加光纤的吸收系数、缩短光纤的使用长度，可以从一定程度上抑制 Yb^{3+} 的寄生振荡、提升光纤的 $1.5\,\mu m$ 波段激光输出能力。但是存在以下两方面问题：一方面，随着泵浦功率的不断增加，$976\,nm$ 泵浦的铒镱共掺光纤不可避免地会出现 Yb^{3+} 的寄生振荡（这是因为受限于 $Er^{3+}\,{}^{4}I_{11/2}$ 的能级寿命，Yb^{3+} 向 Er^{3+} 的能量传递速率是有限的。对于特定的光纤，随着泵浦功率的不断增加，当 Yb^{3+}

的反转度积累到一定程度就会引发 Yb^{3+} 的 ASE 乃至自激发射);另一方面,为了提高 Yb^{3+} 向 Er^{3+} 的能量传递速率,铒镱共掺光纤掺杂了大量 P 元素,这导致光纤的纤芯数值孔径(NA)非常大,约为 0.2 左右(以常见的 $25\,\mu m$ 芯径光纤为例,其归一化频率常数 V 值约 10.1,可容纳的模式高达 14 个),成为典型的多模光纤,这不利于提高输出激光的光束质量。

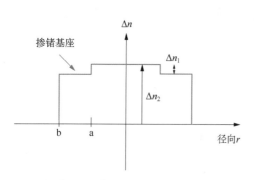

掺锗基座

Δn

Δn_1

Δn_2

b a

径向 r

图 6-41 带掺锗基座的铒镱共掺
光纤的折射率分布[89]

为了从根本上提高铒镱共掺光纤激光输出光束质量,美国 Nufern 公司[89]提出如图 6-41 所示带掺锗基座的铒镱共掺石英光纤结构。在稀土掺杂纤芯和纯石英包层之间加入一层掺锗石英层,通过调节掺锗石英层的厚度,使得其对纤芯中的模式(尤其是基模)不会产生影响。此时掺锗石英层成为稀土掺杂纤芯的真正包层,再通过调节掺锗石英层的折射率使得纤芯的数值孔径达到 0.1 附近,光纤 V 值大幅减小,变成少模光纤,这就有利于从根本上提高光纤输出激光的光束质量。另一方面,也可以通过在纤芯中掺杂其他元素降低纤芯数值孔径。2019 年,通过在传统铒镱共掺光纤中掺杂大量的 F 元素,俄罗斯研究人员[90]成功地使光纤的纤芯数值孔径降到了 0.07。

针对高功率激光条件下 Yb^{3+} 自激的问题,除了通过光纤材料的设计和制作加以抑制,研究人员还尝试改进光纤激光器或放大器的设计,包括引入特殊结构来增加 Yb^{3+} 激光波段的传输损耗以抑制 Yb^{3+} 的发射;让 Yb^{3+} 主动激射,形成激光二次泵浦 Er^{3+},从而可以提高系统的稳定性和斜率效率。在这些方案中,最有效、最简洁的是采用非峰值泵浦方案,包括采用 915 nm 或 940 nm 泵浦。2016 年之前,研究人员为了降低 Yb^{3+} 的自激,均是尽可能减小铒镱共掺光纤的使用长度、采用使 Yb^{3+} 吸收最大的 976 nm 泵浦方案。采用 915 nm 或 940 nm 泵浦时,由于 Yb^{3+} 在这两个波长的吸收系数比 976 nm 低 3~5 倍,可以降低 Yb^{3+} 反转度从而提高 Yb^{3+} 的自激阈值。2016 年,研究人员[91]实验对比了 940 nm 和 976 nm 泵浦铒镱共掺光纤的 $1.5\,\mu m$ 波段激光的输出情况。实验采用"种子光+两级放大"的方案,主放增益介质采用美国 Nufern 公司设计制作的带掺锗基座的 $25/300\,\mu m$ 铒镱共掺光纤,其纤芯数值孔径约为 0.1、包层为正八边形。在 940 nm 泵浦时,增益光纤长度为 5 m,泵浦吸收率约为 12 dB;在最大泵浦 390 W 时,输出激光功率 207 W,斜率效率 50.5%,光-光效率 49.3%。在 976 nm 泵浦时,缩短了光纤的长度,但保证了与 940 nm 同样的泵浦吸收率;在最大泵浦 250 W 时,输出激光功率 97.6 W,斜率效率 40.2%,光-光效率 35.6%。可以看到在同样的条件下,940 nm 泵浦的输出激光效率比 976 nm 泵浦高。不仅如此,光谱测试结果还表明,采用 940 nm 泵浦时,在最高输出功率 207 W 时 Er^{3+} $1.5\,\mu m$ 波段信号与 Yb^{3+} $1\,\mu m$ 波段信号的信噪比高达 50 dB,基本实现了无 Yb^{3+} 激射。其原因在于:940 nm 泵浦时,Yb^{3+} 的反转度相对较低,抑制了 Yb^{3+} 自激;而采用 976 nm 泵浦时,由于吸收系数更大,量子亏损导致光纤的单位长度热负载更高,从而进一步降低了光纤的效率。图 6-42 为该光纤在最大 207 W 激光输出时的光束质量测试结果,光束质量因子 M^2 为 1.05;这表明,采用 Nufern 公司的该型铒镱共掺光纤结构设计,可以有效提高输出激光的光束质量。

2020 年,美国 Matniyaz 等[79]报道了迄今为止最高功率的铒镱共掺光纤激光输出。实验采用"种子光+放大"的方案和 Nufern 公司的上述 $25/300\,\mu m$ 铒镱共掺光纤,光纤长度为

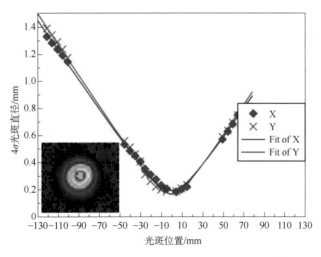

图 6‑42　带掺锗基座铒镱共掺光纤 207 W 激光输出时的 M^2 测试结果[91]

6.4 m,采用 915 nm LD 泵浦。随着泵浦功率的增加,该光纤的输出激光功率线性增加,最大功率为 302 W,光‑光效率为 56%(接近理论极限 58.6%)。最大输出功率时的光谱测试结果表明,无论是 1 μm 还是 1.5 μm 波段的 ASE 均可忽略不计。进一步分析认为,光纤激光效率接近理论极限这一结果,不仅与采用 915 nm 非峰值吸收泵浦方案有关,还可能得益于 Nufern 公司的铒镱共掺光纤具有更高的稀土离子掺杂浓度[92]、能更好抑制 Yb^{3+} 自激。该光纤最大输出功率的进一步提升,受限于量子亏损热效应导致的涂覆层损坏以及由此引发的光纤熔丝现象。

6.5.2　同带泵浦的掺铒光纤激光器或放大器

2000 年以来,受制于可用的商业化泵浦源、Er^{3+} 吸收截面较小及其在石英玻璃中易团簇的特性,掺铒 1.5 μm 波段高功率激光光纤的研究主要集中在铒镱共掺光纤,但其最高输出功率目前也仅为 300 W,随泵浦功率增加其必然会面临 Yb^{3+} 自激的问题。更重要的是采用 9xx nm 泵浦铒镱共掺光纤激光器的理论量子亏损高达 40% 左右,大量的热负载也限制了其输出功率进一步提升的可能。因此,研究人员又开始将目标转向单掺铒的光纤,希望采用同带泵浦方案降低光纤热负载,以期实现更高的光光转换效率和光纤激光输出功率。

2009—2011 年,研究人员[93-94]先后实现了 1 532.5 nm InGaAsP/InP 激光二极管同带泵浦的单掺铒双包层光纤激光输出。实验采用最简单的振荡器结构,利用高反光纤光栅和光纤垂直切割端面构成光纤激光器谐振腔,有源光纤为芬兰 Likkie 公司的 Er60‑20/125 μm 双包层光纤。通过优化有源光纤长度,实现了最大约 88 W 的 1 590 nm 激光输出,其光‑光效率为 69%,远高于铒镱共掺光纤的激光输出效率,但仍远低于约 90% 的理论量子效率。分析认为,影响输出效率的主要原因在于未采用优化的光纤设计和制作,而且光纤中可能存在部分 Er^{3+} 团簇、上转换发光以及残留的羟基。

随后加拿大 Jebali 等[95-96]通过优化光纤设计,实现了输出功率和效率更高的同带泵浦掺铒光纤激光输出。实验方案如图 6‑43 所示,首先采用铒镱共掺光纤实现 1 535 nm 光纤激光输出,然后将多个铒镱共掺光纤激光器合束对铒镱光纤进行泵浦实现 1 585 nm 光纤激光输出。在实现 1535 nm 光纤激光输出时，Yb^{3+} 是敏化离子，负责将能量传递给 Er^{3+}。但是，在 1535 nm 泵浦实现 1585 nm 光纤激光输出时，虽然有源光纤仍是铒镱掺杂光纤，但此时 Yb^{3+} 不再参与能量传递过程，仅仅起到分散 Er^{3+} 的作用。因此用于 1535 nm 激光输出的是高掺 P 的铒镱共掺光纤，其纤芯数值孔径~0.22；而用于 1585 nm 光纤激光输出的铒镱掺杂光纤为了降低纤芯数值孔径，是 Al/P 共掺的，其纤芯数值孔径仅约 0.08。在最大泵浦功率时，该光纤激光器最终获得约 264 W 的光纤激光输出，斜率效率约为 74%。

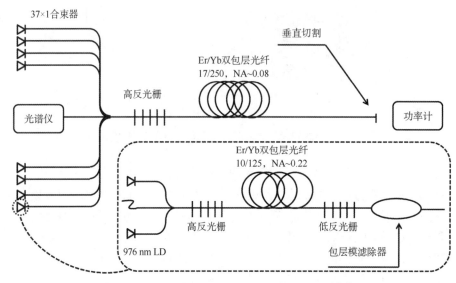

图 6-43 同带泵浦掺铒光纤高功率激光输出[96]

在利用同带泵浦提高掺铒光纤激光器效率时，除了掺铒光纤本身可能存在的团簇、损耗等因素之外，另一个值得注意的因素是双包层光纤的低折射率涂覆树脂对 1530 nm 泵浦光的损耗。图 6-44 分别给出低折射率涂覆树脂和含氟石英玻璃作为外包层时的包层损耗系数随波长的变化，从中可以看到：在 1535 nm 波段，前者的损耗系数约 20 dB/km，后者的损耗系数约 5 dB/km。考虑到 Er^{3+} 的吸收截面和掺杂浓度，用于同带泵浦的掺铒光纤长度一般为 15~20 m，因此包层损耗系数也是光纤输出效率的重要影响因素（这是目前用于同带泵浦的掺铒双

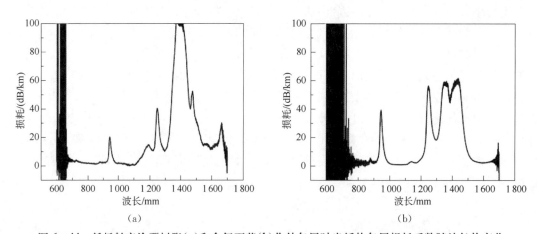

图 6-44 低折射率涂覆树脂(a)和含氟石英(b)作外包层时光纤的包层损耗系数随波长的变化

包层光纤尚未考虑的）。未来为了进一步提高同带泵浦掺铒光纤的激光输出功率和效率,可采用含氟石英玻璃作为外包层,以降低泵浦光传输损耗系数。

6.5.3　980 nm 泵浦的掺铒光纤激光器

9xx nm 泵浦的铒镱共掺光纤激光始终面临 Yb^{3+} 自激的问题。同带泵浦方案虽然可以大幅提高掺铒光纤的效率,但存在高功率的 1530 nm 半导体泵浦源不仅电光转换效率低而且价格昂贵、成熟度远不如 9xx nm 半导体泵浦源等问题;而采用 1535 nm 光纤激光器作同带泵浦源时,又存在系统复杂昂贵、未从根本上提升激光器系统的电光效率等问题。因此,作为最简洁、经济的方案,采用 980 nm 激光二极管直接泵浦单掺铒光纤实现 1.5 μm 激光波段输出仍是重要研究方向。

研究人员很早就开始了 976 nm 泵浦单掺铒光纤激光器的技术研究,但是,直到 2014 年俄罗斯科学院(RAS)光纤光学研究中心(Fiber Optics Research Center)才首次实现了 100 W 以上的激光输出[97]。实验采用"种子＋放大"方案,有源光纤为自研 Er - Al - F 共掺光纤,纤芯尺寸为 34 μm,数值孔径(NA)约为 0.06,截止波长为 1700 nm。由于 Er^{3+} 吸收截面小且掺杂浓度有限,为了增加吸收系数,包层采用正方形 110 μm×110 μm 结构,其小信号吸收系数约为 0.6 dB/m@980 nm。使用长度为 40 m 的该光纤进行放大器实验,在 980 nm 泵浦下,实现了最高功率 103 W 的激光输出,斜率效率为 37%。进一步分析对比该方案与同带泵浦方案之间的电光效率差异发现:一般情况下,LD 的电光效率约 50%,采用 980 nm 半导体直接泵浦方案实现 Er^{3+} 激光输出的电光效率约为 19%;而采用同带泵浦方案,以上述 1535 nm 铒镱共掺光纤激光器作泵源实现 1585 nm 输出为例,976 nm LD 电光效率为 50%,1535 nm 光纤激光器的效率约为 40%,实现 1 585 nm 激光输出的效率约为 74%,则该方案总的电光效率约为 14.8%,明显低于 980 nm 直接泵浦方案。

2018 年,英国 ORC[78]采用上述直接泵浦方案实现了迄今为止最大功率输出的 Er^{3+} 1.5 μm 波段光纤激光输出。图 6-45 给出实验所用掺铒光纤的折射率分布和光纤端面照片,纤芯为 Er - Al 共掺石英玻璃,数值孔径约为 0.08,为了提高光纤包层泵浦吸收系数,设计纤芯尺寸为 146 μm、内包层采用 D 型结构、长边直径约为 700 μm、短边直径约为 660 μm,包层的小信号吸收系数约为 0.45 dB/m@980 nm。使用长度为 35 m 的该光纤进行实验,采用空间耦合的双向泵浦方式,在最大泵浦功率约为 1.91 kW 的条件下,实现了最高输出功率达 656 W 的 1.601 μm 激光输出,其斜率效率为 35.6%。由于采用了超大芯径,其在 1.6 μm 的归一化频率常数 V 值高达 23,是典型的多模光纤,而且由于纤芯数值孔径较低,产生的激光中约 25% 泄漏到光纤内包层。

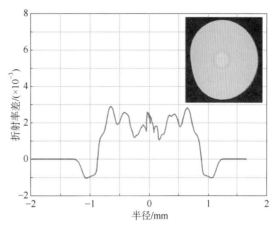

图 6-45　ORC 实现 1.5 μm 波段激光 656 W 输出的光纤预制棒折射率分布及光纤截面[78]

从以上研究结果看,一方面,虽然 980 nm 直接泵浦的单掺铒光纤是目前实现 1.5 μm 波段激光输出的最经济方案,但较低的泵浦吸收系数严重制约了掺铒光纤的设计和制作,需要采用较大的芯径以提高泵浦吸收系数,但是这也限制了输出激光亮度的提高;另一方面,如前所述,

Er^{3+} 980 nm 泵浦吸收系数随温度上升有红移和减小的趋势,较大的量子亏损带来的热效应会导致高功率激光输出时光纤泵浦吸收率下降,这又不利于光纤激光输出功率的进一步提升。

6.5.4 掺铒1.5 μm 波段光纤激光面临的挑战

在过去 20 年中,Er^{3+} 1.5 μm 波段高功率光纤激光取得了系列重要进展,输出功率从数瓦级提高了数百瓦量级,但仍面临许多重要的挑战。

对 9xx nm 泵浦的铒镱共掺或铒单掺光纤激光而言,其面临的主要挑战是随泵浦功率提升不可避免地产生的 Yb^{3+} 自激、巨大量子亏损导致的热效应,这从根本上限制了光纤激光输出功率的进一步提升。此外,铒单掺光纤还面临泵浦吸收系数低的问题,以至于不得不通过缩小包层直径或扩大纤芯直径方式来提升光纤吸收系数,前者限制了泵浦注入,后者则又会降低光纤激光输出的光束质量。

对同带泵浦的 Er^{3+} 光纤激光而言,由于其较低的量子亏损几乎可以忽略,因而在不考虑其他因素的前提下,本应是实现高功率激光输出的最佳选择。但是,该方案仍面临以下两方面的问题:一方面是大功率 1530 nm 泵浦源的获得,该波长半导体泵浦源的技术研究虽已取得较大进展但目前价格昂贵,而 1530 nm 铒镱光纤激光器作为泵浦源虽然亮度较高但又会使得系统复杂且昂贵,更重要的是由于 1530 nm 处于 Er^{3+} 激光发射波段的短波边缘、难以实现大功率的 1530 nm 铒镱光纤激光输出;另一方面是同带泵浦也面临的光纤吸收系数偏低的问题,虽然通过扩大芯径或减小包层直径可以在一定程度上加以缓解,但是,要进一步提升光纤激光的输出功率和亮度,就必须要在避免团簇的前提下尽可能地提高 Er^{3+} 的掺杂浓度,同时还要想办法实现较低的纤芯数值孔径。

本章介绍了 Er^{3+} 1.5 μm 波段激光的能级特点、掺铒石英玻璃的网络结构和光谱性质变化、掺铒光纤在通信和高功率激光两大领域产生放大和激光的基本原理及主要应用。自 1985 年研究人员获得第一根低损耗掺铒石英光纤以来,经过不到 40 年的时间,以掺铒光纤放大器为基础的光通信网络已经成为全球主干通信网络,极大地提高了信息传输的速度和效率。另一方面,随着信息量、信息传播速度、信息交互处理等以几何级数的方式增长,光通信对传输带宽提出了更多的需求,这促使研究人员尝试进一步拓宽掺铒光纤放大器的增益带宽。不仅如此,现有地面通信网络已无法满足人类需求,太空光通信网络也提上议程并已开始付诸实施,例如美国太空探索技术公司的星链计划。复杂、恶劣的使用环境对于掺铒光纤的性能也提出了更高的要求,比如耐辐射、更长的使用寿命(复杂环境替换成本高)以及更高的功率等。而在高功率激光领域,与掺镱光纤可获得单纤 10 kW 量级的功率输出相比,受限于 Er^{3+} 复杂的能级结构和较小的吸收截面,掺铒光纤目前可获得的最大输出功率仍停留在数百瓦量级。相信随着技术研究的不断深入,未来掺铒光纤的输出能力和稳定性会有大幅提高,其在激光雷达、自由空间光通信、材料加工、生物医学等领域的应用范围必将进一步扩大。

参考文献

[1] Poole S B, Payne D N, Fermann M E. Fabrication of low-loss optical fibres containing rare-earth ions [J]. Electronics Letters, 1985, 21(17): 737 - 738.

[2] Poole S, Payne D, Mears R, et al. Fabrication and characterization of low-loss optical fibers containing rare-earth ions [J]. Journal of Lightwave Technology, 1986, 4(7): 870 - 876.

［ 3 ］ Mears R J, Reekie L, Jauncey I M, et al. Low-noise erbium-doped fibre amplifier operating at 1.54 μm [J]. Electronics Letters, 1987,23(19):1026 - 1028.

［ 4 ］ Becker P C, Olsson N A, Simpson J R. Erbium-doped fiber amplifiers: fundamentals and technology [M]. San Diego: Academic Press, 1999.

［ 5 ］ Desurvire E, Simpson J R. Evaluation of ^{4}I$_{15/2}$ and ^{4}I$_{13/2}$ Stark-level energies in erbium-doped aluminosilicate glass fibers [J]. Optics Letters, 1990,15(10):547 - 549.

［ 6 ］ Jacquier B. Rare earth-doped fiber lasers and amplifiers [M]. Boston: Springer, 1997.

［ 7 ］ Gapontsev V P, Matitsin S M, Isineev A A, et al. Erbium glass lasers and their applications [J]. Optics and Laser Technology, 1982,14(4):189 - 196.

［ 8 ］ Miniscalco W J. Erbium-doped glasses for fiber amplifiers at 1 500 nm [J]. Journal of Lightwave Technology, 1991,9(2):234 - 250.

［ 9 ］ Nykolak G, Becker P C, Shmulovich J, et al. Concentration-dependent ^{4}I$_{13/2}$ lifetimes in Er^{3+}-doped fibers and Er^{3+}-doped planar waveguides [J]. IEEE Photonics Technology Letters, 1993,5(9):1014 - 1016.

［10］ Nishi T, Nakagawa K, Ohishi Y, et al. The amplification properties of a highly Er^{3+}-doped phosphate fiber [J]. Japanese Journal of Applied Physics, 1992,31(Part 2, No. 2B):L177 - L179.

［11］ Mori A, Ohishi Y, Yamada M, et al. 1.5 μm broadband amplification by tellurite-based EDFAs [C]// Proceedings of the Conference on Optical Fiber Communications, Optical Society of America, Dallas, Texas, 1997.

［12］ Barnes W L, Laming R I, Tarbox E J, et al. Absorption and emission cross section of Er^{3+} doped silica fibers [J]. IEEE Journal of Quantum Electronics, 1991,27(4):1004 - 1010.

［13］ Shimizu M, Yamada M, Horiguchi M, et al. Concentration effect on optical amplification characteristics of Er-doped silica single-mode fibers [J]. IEEE Photonics Technology Letters, 1990,2(1):43 - 45.

［14］ Saitoh A, Matsuishi S, Se-weon C, et al. Elucidation of codoping effects on the solubility enhancement of Er^{3+} in SiO$_2$ glass: striking difference between Al and P codoping [J]. The Journal of Physical Chemistry B, 2006,110(15):7617 - 7620.

［15］ Delevaque E, Georges T, Monerie M, et al. Modeling of pair-induced quenching in erbium-doped silicate fibers [J]. IEEE Photonics Technology Letters, 1993,5(1):73 - 75.

［16］ Jiao Yan, Guo Mengting, Wang Renle, et al. Influence of Al/Er ratio on the optical properties and structures of Er^{3+}/Al^{3+} co-doped silica glasses [J]. Journal of Applied Physics, 2021,129(5):053104.

［17］ Matson D W, Sharma S K, Philpotts J A. The structure of high-silica alkali-silicate glasses. A Raman spectroscopic investigation [J]. Journal of Non-Crystalline Solids, 1983,58(2):323 - 352.

［18］ Poe B T, Mcmillan P F, Angell C A, et al. Al and Si coordination in SiO$_2$ - Al$_2$O$_3$ glasses and liquids: A study by NMR and IR spectroscopy and MD simulations [J]. Chemical Geology, 1992,96(3):333 - 349.

［19］ Ren Jinjun, Zhang Long, Eckert H. Medium-range order in sol-gel prepared Al$_2$O$_3$ - SiO$_2$ glasses: new results from solid-state NMR [J]. The Journal of Physical Chemistry C, 2014,118(9):4906 - 4917.

［20］ Sen S, Youngman R E. High-resolution multinuclear NMR structural study of binary aluminosilicate and other related glasses [J]. The Journal of Physical Chemistry B, 2004,108(23):7557 - 7564.

［21］ Rocca F, Ferrari M, Kuzmin A, et al. EXAFS studies of the local structure of Er^{3+} ions in silica xerogels co-doped with aluminium [J]. Journal of Non-Crystalline Solids, 2001(293 - 295):112 - 117.

［22］ Haruna T, Iihara J, Yamaguchi K, et al. Local structure analyses around Er^{3+} in Er-doped fiber with Al co-doping [J]. Optics Express, 2006,14(23):11036 - 11042.

［23］ Jiang Shibin, Luo Tao, Hwang B-C, et al. Er^{3+}-doped phosphate glasses for fiber amplifiers with high gain per unit length [J]. Journal of Non-Crystalline Solids, 2000(263 - 264):364 - 368.

［24］ Lin H, Pun E Y B, Man S Q, et al. Optical transitions and frequency upconversion of Er^{3+} ions in

$Na_2O \cdot Ca_3Al_2Ge_3O_{12}$ glasses [J]. Journal of the Optical Society of America B，2001，18(5)：602-609.

[25] 刘东峰，陈国夫，王贤华. 自起振被动锁模掺 Er^{3+} 光纤环形腔孤子激光器的实验研究[J].中国科学：A 辑，1999，29(7)：656-661.

[26] 王璠. Yb^{3+} 和 Er^{3+} 掺杂石英玻璃结构和光谱及其光纤激光性能的研究[D].上海：中国科学院上海光学精密机械研究所，2019.

[27] Shao Chongyun，Wang Fan，Jiao Yan，et al. Relationship between glass structure and spectroscopic properties in $Er^{3+}/Yb^{3+}/Al^{3+}/P^{5+}$ doped silica glasses [J]. Optical Materials Express，2020，10(5)：1169-1181.

[28] De Oliveira Jr M，Aitken B，Eckert H. Structure of $P_2O_5-SiO_2$ pure network former glasses studied by solid state NMR spectroscopy [J]. The Journal of Physical Chemistry C，2018，122(34)：19807-19815.

[29] Li D，Fleet M E，Bancroft G M，et al. Local structure of Si and P in $SiO_2-P_2O_5$ and $Na_2O-SiO_2-P_2O_5$ glasses：a XANES study [J]. Journal of Non-Crystalline Solids，1995，188(1-2)：181-189.

[30] Wang Fan，Shao Chongyun，Yu Chunlei，et al. Effect of $AlPO_4$ join concentration on optical properties and radiation hardening performance of Yb-doped $Al_2O_3-P_2O_5-SiO_2$ glass [J]. Journal of Applied Physics 2019，125(17)：173104.

[31] Aitken B G，Youngman R E，Deshpande R R，et al. Structure-property relations in mixed-network glasses：multinuclear solid state NMR investigations of the system x Al_2O_3：$(30-x)$ P_2O_5：$70SiO_2$[J]. The Journal of Physical Chemistry C，2009，113(8)：3322-3331.

[32] Cheo P K，King G G. Clad-pumped Yb：Er codoped fiber lasers [J]. IEEE Photonics Technology Letters，2001，13(3)：188-190.

[33] Shao Chongyun，Xie Fenghou，Wang Fan，et al. UV absorption bands and its relevance to local structures of ytterbium ions in $Yb^{3+}/Al^{3+}/P^{5+}$-doped silica glasses [J]. Journal of Non-Crystalline Solids，2019(512)：53-59.

[34] Xu Wenbin，Ren Jinjun，Shao Chongyun，et al. Effect of P^{5+} on spectroscopy and structure of $Yb^{3+}/Al^{3+}/P^{5+}$ co-doped silica glass [J]. Journal of Luminescence，2015(167)：8-15.

[35] Qian L，Gupta S，Bolen R. Low-noise，efficient erbium-doped phosphosilicate fiber amplifiers extending to 1 620 nm [C]//Proceedings of the Conference on Lasers and Electro-Optics/Quantum Electronics and Laser Science and Photonic Applications Systems Technologies，Optical Society of America，Baltimore，Maryland，2005.

[36] Byriel I P，Palsdottir B，Andrejco M，et al. Silica based erbium doped fiber extending the L-band to 1 620+ nm [C]//Proceedings of the Proceedings 27th European Conference on Optical Communication，Amsterdam，Netherlands，2001.

[37] Hwang B C，Jiang S，Luo T，et al. Characterization of cooperative upconversion and energy transfer of Er^{3+} and Yb^{3+}/Er^{3+} doped phosphate glasses [C]//Proceeding of SPIE，1999(3622)：10-18.

[38] Artem'ev E，Murzin A，Fedorov Y，et al. Some characteristics of population inversion of the $^4I_{13/2}$ level of erbium ions in ytterbium-erbium glasses [J]. Soviet Journal of Quantum Electronics，1981，11(9)：1266-1268.

[39] Dong Liang，Samson B. Fiber lasers：basics，technology，and applications [M]. New York：CRC Press，2016.

[40] Zyskind J. Erbium-doped fiber：amplifiers：what everyone needs to know [C]//Proceedings of the 2016 Optical Fiber Communications Conference and Exhibition (OFC)，Anaheim，CA，USA，2016.

[41] Ono S，Tanabe S，Nishihara M，et al. Effect of erbium ion concentration on gain spectral hole burning in silica-based erbium-doped fiber [C]//Proceedings of the Optical Fiber Communication Conference，Optical Society of America，Anaheim，California，USA，2005.

[42] Aizawa T，Sakai T，Wada A，et al. Effect of spectral-hole burning on multi-channel EDFA gain profile [C]//Proceedings of the Optical Fiber Communication Conference，Optical Society of America，San

Diego，California，USA，1999.

[43] Zyskind J L, Desurvire E, Sulhoff J W, et al. Determination of homogeneous linewidth by spectral gain hole-burning in an erbium-doped fiber amplifier with $GeO_2：SiO_2$ core [J]. IEEE Photonics Technology Letters，2002，2(12)：869－871.

[44] Sarmani A R, Sheih S J, Adikan F, et al. Spectral hole burning effects initiated by uniform signal intensities in a gain-flattened EDFA [J]. Chinese Optics Letters，2011，9(2)：020603.

[45] Ferreira J O M, Rapp L. Dynamics of spectral hole burning in EDFAs：dependence on temperature [J]. IEEE Photonics Technology Letters，2012，24(1)：67－69.

[46] Rapp L, Ferreira J. Dynamics of spectral hole burning in EDFAs：dependency on pump wavelength and pump power [J]. IEEE Photonics Technology Letters，2010，22(16)：1256－1258.

[47] Yadlowsky M J. Pump wavelength-dependent spectral-hole burning in EDFAs [J]. Lightwave Technology Journal of，1999，17(9)：1643－1648.

[48] Pilipetskii A, Abbott S, Kovsh D, et al. Spectral hole burning simulation and experimental verification in long-haul WDM systems [C]//Proceedings of the Optical Fiber Communication Conference，Optical Society of America，Atlanta，Georgia，USA，2003.

[49] Oliveira J, Herbster A F, Oliveira J R, et al. Minimization of gain error due to spectral hole burning using HGC－EDFA with generalized dynamic gain range [C]//Proceedings of Frontiers in Optics 2009/ Laser Science XXV/Fall 2009 OSA Optics & Photonics Technical Digest，Optical Society of America，San Jose，California，USA，2009.

[50] Bolshtyansky M, Cowle G. Spectral hole burning in EDFA under various channel load conditions [C]// Proceeding of Optical Fiber Communication Conference，Optica Publishing Group，San Diego，California USA，2009，OTuH5.

[51] Elbers J, Fürst C. Spectral power fluctuations in DWDM networks caused by spectral-hole burning and stimulated Raman scattering，optically amplified WDM networks [M]. Oxford：Academic Press，2011：201－219.

[52] Barmenkov Y O, Kir'yanov A V, Guzman-chavez A D, et al. Excited-state absorption in erbium-doped silica fiber with simultaneous excitation at 977 and 1 531 nm [J]. Journal of Applied Physics，2009，106 (8)：083108.

[53] Delevaque E, Georges T, Monerie M, et al. Modeling of pair-induced quenching in erbium-doped silicate fibers [J]. Photonics Technology Letters IEEE，1993，5(1)：73－75.

[54] Townsend J E, Barnes W L, Jedrzejewski K P, et al. Yb^{3+} sensitised Er^{3+} doped silica optical fibre with ultrahigh transfer efficiency and gain [J]. MRS Online Proceedings Library，1991，244(1)：143－147.

[55] Quimby R S, Minis Ca Lco W J, Thompson B. Clustering in erbium-doped silica glass fibers analyzed using 980 nm excited-state absorption [J]. Journal of Applied Physics，1994，76(8)：4472－4478.

[56] Giles C R, Desurvire E. Modeling erbium-doped fiber amplifiers [J]. Journal of Lightwave Technology，1991，9(2)：271－283.

[57] Bolshtyansky M, Wysocki P, Conti N. Model of temperature dependence for gain shape of erbium-doped fiber amplifier [J]. Journal of Lightwave Technology，2000，18(11)：1533－1540.

[58] Payne S A, Chase L L, Smith L K, et al. Infrared cross-section measurements for crystals doped with Er^{3+}，Tm^{3+}，and Ho^{3+} [J]. IEEE Journal of Quantum Electronics，1992，28(11)：2619－2630.

[59] Mccumber D E. Einstein Relations Connecting Broadband Emission and Absorption Spectra [J]. Physical Review，1964，136(4A)：A954－A957.

[60] Kir'yanov A V, Barmenkov Y O, Sandoval-Romero G E, et al. Er^{3+} concentration effects in commercial erbium-doped silica fibers fabricated through the MCVD and DND technologies [J]. IEEE Journal of Quantum Electronics，2013，49(6)：511－521.

[61] Myslinski P, Nguyen D, Chrostowski J. Effects of concentration on the performance of erbium-doped

fiber amplifiers [J]. Journal of Lightwave Technology, 1997,15(1):112 - 120.

[62] Myslinski P, Fraser J, Chrostowski J. Nanosecond kinetics of upconversion process in EDF and its effect on EDFA performance [C]//Proceedings of the Optical Amplifiers and Their Applications, Optical Society of America, Davos, USA 1995,18: ThE3.

[63] Blixt P, Nilsson J, Carlnas T, et al. Concentration-dependent upconversion in Er^{3+}-doped fiber amplifiers: Experiments and modeling [J]. IEEE Photonics Technology Letters, 1991,3(11):996 - 998.

[64] Richard S Q, William J M, Barbara A T. Upconversion and 980 nm excited-state absorption in erbium-doped glass [C]//Proceeding of SPIE, 1993(1789): 50 - 57.

[65] He Qiang, Wang Fan, Lin Zhiquan, et al. Temperature dependence of spectral and laser properties of Er^{3+}/Al^{3+} co-doped aluminosilicate fiber [J]. Chinese Optics Letters, 2019,17(10):101401.

[66] Ryu U, Im Y, Han W, et al. Suppression of temperature dependence in EDFA gain by hybrid concatenation of antimony-doped silica EDF [C]//Proceedings of the Optical Fiber Communications Conference, Atlanta, GA, USA, 2003,2: 600 - 601.

[67] 干福熹,等. 光子学玻璃及应用[M].上海:上海科学技术出版社,2011.

[68] Ono H, Sakamoto T, Mori A, et al. An erbium-doped tellurite fiber amplifier for WDM systems with dispersion-shifted fibers [J]. IEEE Photonics Technology Letters, 2002,14(8):1070 - 1072.

[69] Sakamoto T, Mori A, Masuda H, et al. Wide band rare-earth-doped fiber amplification tech nologies — gain bandwidth expansion in the C and L bands special feature [J]. NTT Technical Review, 2004,2 (12):38 - 43.

[70] Kakui M, Kashiwada T, Onishi M, et al. Optical amplification characteristics around 1.58 μm of silica-based erbium-doped fibers containing phosphorous/alumina as codopants [C]//Proceedings of the Optical Amplifiers and Their Applications, Optica Publishing Group, Vail, Colorado, 1998,25.

[71] Lei Chengmin, Feng Hanlin, Wang Lixian, et al. An extended L-band EDFA using C-band pump wavelength [C]//Proceedings of the Optical Fiber Communication Conference, Optical Society of America, San Diego, California, USA, 2020.

[72] Lou Yang, Chen Yang, Gu Zhimu, et al. Er^{3+}/Ce^{3+} Co-doped phosphosilicate fiber for extend the L-band amplification [J]. Journal of Lightwave Technology, 2021,39(18):5933 - 5938.

[73] Haruna T. Optical fiber for amplification and optical fiber amplifier: United States, US008023181B2 [P]. 2011.

[74] Qian Li, Fortusini D, Benjamin S D, et al. Gain-flattened, extended L-band (1 570 - 1 620 nm), high power, low noise erbium-doped fiber amplifiers [C]//Proceedings of the Optical Fiber Communications Conference, Optical Society of America, Anaheim, California, 2002.

[75] Sano A, Masuda H, Yoshida E, et al. 55 × 86 Gb/s CSRZ-DQPSK transmission over 375 km using extended L-band erbium-doped fiber amplifiers [C]//Proceedings of the 2006 European Conference on Optical Communications, Cannes, France, 2006.

[76] Snitzer E, Po H, Hakimi F, et al. Double clad, offset core Nd fiber laser [C]//Proceedings of the Optical Fiber Sensors, Optical Society of America, New Orleans, Louisiana, 1988.

[77] https://www.ipgphotonics.com/en/products/lasers/high-power-cw-fiber-lasers#[1-micron].

[78] Lin Huaiqin, Feng Yujun, Feng Yutong, et al. 656 W Er-doped, Yb-free large-core fiber laser [J]. Optics Letter, 2018,43(13):3080 - 3083.

[79] Matniyaz T, Kong F, Kalichevsky-dong M T, et al. 302 W single-mode power from an Er/Yb fiber MOPA [J]. Optics Letter, 2020,45(10):2910 - 2913.

[80] Sahu J K, Jeong Y, Richardson D J, et al. A 103 W erbium-ytterbium co-doped large-core fiber laser [J]. Optics Communications, 2003,227(1):159 - 163.

[81] Vienne G G, Caplen J E, Liang D, et al. Fabrication and characterization of Yb^{3+} : Er^{3+} phosphosilicate

fibers for lasers [J]. Journal of Lightwave Technology, 1998,16(11):1990 − 2001.

[82] Maurice E, Monnom G, Dussardier B, et al. Clustering effects on double energy transfer in heavily ytterbium-erbium-codoped silica fibers [J]. Journal of the Optical Society of America B, 1996,13(4): 693 − 701.

[83] Vienne G G, Brocklesby W S, Brown R S, et al. Role of aluminum in ytterbium-erbium codoped phosphoaluminosilicate optical fibers [J]. Optical Fiber Technology, 1996,2(4):387 − 393.

[84] Alam S U, Turner P W, Grudinin A B, et al. High-power cladding pumped erbium-ytterbium co-doped fiber laser [C]//Proceedings of the Optical Fiber Communication Conference and International Conference on Quantum Information, Optical Society of America, Anaheim, California, 2001.

[85] Nilsson J, Alam S, Alvarez-chavez J A, et al. High-power and tunable operation of erbium-ytterbium Co-doped cladding-pumped fiber lasers [J]. IEEE Journal of Quantum Electronics, 2003,39(8):987 − 994.

[86] Sahu J K, Jeong Y, Richardson D J, et al. Highly efficient high-power erbium-ytterbium co-doped large core fiber laser [C]//Proceedings of the Advanced Solid-State Photonics, Optical Society of America, Vienna, 2005.

[87] Shen Deyuan, Sahu J K, Clarkson W A. Highly efficient Er, Yb-doped fiber laser with 188 W free-running and >100 W tunable output power [J]. Optics Express, 2005,13(13):4916 − 4921.

[88] Jeong Y, Yoo S, Codemard C A, et al. Erbium:ytterbium codoped large-core fiber laser with 297 − W continuous-wave output power [J]. IEEE Journal of Selected Topics in Quantum Electronics, 2007,13 (3):573 − 579.

[89] Tankala K, Samson B, Carter A, et al. New developments in high power eye-safe LMA fibers [C]// Proceeding of SPIE, 2006(6102):610206.

[90] Khudyakov M M, Lobanov A S, Lipatov D S, et al. Single-mode large-mode-area Er-Yb fibers with core based on phosphorosilicate glass highly doped with fluorine [J]. Laser Physics Letters, 2019,16(2): 025105.

[91] Creeden D, Pretorius H, Limongelli J, et al. Single frequency 1 560 nm Er:Yb fiber amplifier with 207 W output power and 50.5% slope efficiency [C]//Proceeding of SPIE, 2016(9728):97282L.

[92] Matniyaz T, Kong F, Kalichevsky-dong M, et al. Single-mode Er/Yb fiber MOPA at 1562 nm with 302 W power and 56% optical efficiency [C]//Proceeding of SPIE, 2021(11665): 116650M.

[93] Dubinskii M, Zhang J, Ter-mikirtychev V. Highly scalable, resonantly cladding-pumped, Er-doped fiber laser with record efficiency [J]. Optics Letter, 2009,34(10):1507 − 1509.

[94] Zhang J, Fromzel V, Dubinskii M. Resonantly cladding-pumped Yb-free Er-doped LMA fiber laser with record high power and efficiency [J]. Optics Express, 2011,19(6):5574 − 5578.

[95] Jebali M A, Maran J N, Larochelle S, et al. A 103 W high efficiency in-band cladding-pumped 1 593 nm all-fiber erbium-doped fiber laser [C]//Proceedings of the Conference on Lasers and Electro-Optics, Optical Society of America, San Jose, California, 2012.

[96] Jebali M A, Maran J N, Larochelle S. 264 W output power at 1 585 nm in Er-Yb codoped fiber laser using in-band pumping [J]. Optics Letter, 2014,39(13):3974 − 3977.

[97] Kotov L, Likhachev M, Bubnov M, et al. Yb-free Er-doped all-fiber amplifier cladding-pumped at 976 nm with output power in excess of 100 W [C]//Proceeding of SPIE, 2014(8961):89610X.

第7章

2 μm 波段稀土掺杂石英光纤及应用

2 μm 波段激光由于独特的波长吸收特性,在众多领域具有广泛的应用前景。水分子在 1.94 μm 附近有较强的吸收峰,使得 2 μm 波段激光对人眼安全,可以应用于遥感探测、激光雷达等领域,对大气环境中的水蒸气、风速等进行探测。同时,2 μm 波段激光对人体组织的穿透深度浅,是一把精准的"手术刀",并且具有良好的凝血效果,已在激光碎石、软组织切割、泌尿系统治疗等医疗领域取得应用。2 μm 波段激光处于大气高透过率窗口,散射损耗较低,对烟雾等穿透能力强,适合用于空间通信。2 μm 波段激光器还是 3～5 μm 波段中红外光学参量振荡器的重要泵浦源,在中红外有源探测、安防与光电对抗领域具有重要应用前景。大部分的透明有机材料在中红外 2 μm 波段有较强的吸收,2 μm 激光对塑料的切割、焊接、打标等具有较高的加工效率。

常用的 2 μm 波段发光稀土离子主要有铥离子(Tm^{3+})(~ 1.95 μm)与钬离子(Ho^{3+})(~ 2.1 μm),Tm^{3+} 能级间的交叉弛豫过程使其在 790 nm 半导体激光泵浦下的理论量子效率可达 200%,理论光-光效率可达 80% 以上。与 Tm^{3+} 相比,利用 Ho^{3+} 获得的激光波长可达 2.1 μm,激光波长略长一些,大气透过率更高。相比掺铥、钬固体激光器,掺铥、钬光纤激光器具有光束质量好、效率高、结构紧凑、热管理较为容易等特点,一直以来都是光纤激光领域的研究热点。本章首先阐述掺铥和掺钬石英玻璃的结构和光谱性质,介绍 2 μm 波段稀土掺杂石英光纤的最新研究进展,在此基础上总结 2 μm 激光光纤制备面临的一些挑战,综述国内外 2 μm 光纤激光器的发展历程,并展望其应用前景和发展趋势。

7.1 铥离子和钬离子在石英玻璃中的能级结构

Ho 和 Tm 属于镧系元素,原子序数分别为 67 和 69,相对原子质量分别为 164.9 和 168.9。Ho 原子的外层电子排布为 $4f^{11}6s^2$,Tm 原子则为 $4f^{13}6s^2$,离子的常见价态为 +3 价。下面分析 Tm^{3+} 和 Ho^{3+} 的能级结构,揭示其基本的发光性质。

7.1.1 铥离子的能级结构

Tm^{3+} 的电子构型为 $4f^{12}$,表现出丰富的可跃迁电子能级。与 Yb^{3+} 简单的二能级结构相比,Tm^{3+} 的能级结构十分复杂,其主要能级结构如图 7 - 1 所示,其中 $^3H_6$ 是基态能级、$^3F_4$ 是第一激发态能级，1 700～2 100 nm 波段的发光是第一激发态能级到基态能级跃迁产生的。一方面，Tm³⁺ 复杂的能级结构提供了多种不同途径实现粒子数反转的可能，可以在不同波长实现激光输出；另一方面，复杂的能级结构也会带来一些"副作用"，例如激发态吸收、上转换过程等，劣化激光输出性能。

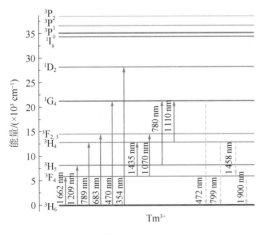

图 7-1　Tm³⁺ 主要能级结构示意图

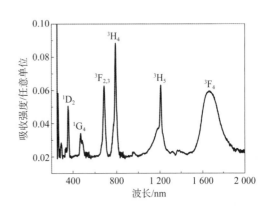

图 7-2　掺铥石英玻璃的吸收谱

众多的上能级使 Tm³⁺ 在很多波段都存在吸收带，图 7-2 是掺铥石英玻璃的吸收谱，从中可以看出其吸收峰分别位于 1 662 nm、1 209 nm、789 nm、683 nm、470 nm、354 nm 等，这提供了多种泵浦波长选择的可能性。获得 2 μm 波段的激光主要有三种泵浦方式：$^3H_6 \rightarrow {}^3F_4$（泵浦中心在～1.6 μm）；$^3H_6 \rightarrow {}^3H_5$（泵浦中心在～1.2 μm）；$^3H_6 \rightarrow {}^3H_4$（泵浦中心在～0.8 μm）。

1.6 μm 泵浦方式是将 $^3H_6$ 能级上的 Tm³⁺ 泵浦到 $^3F_4$ 能级，然后 $^3F_4$ 能级上的离子跃迁至基态 $^3H_6$ 能级，从而发出 2 μm 波段的光子。此泵浦方式属于同带泵浦，量子亏损小，对泵浦光的利用率高，是获得 2 μm 波段激光的高效泵浦方式。但是目前尚缺乏高功率、实用化的 1.6 μm 波长半导体泵浦源，一般是选用长波长的掺铒激光器或者拉曼激光器作为同带泵浦源，这又增加了系统复杂程度、降低了整机的电光转化效率。

1.2 μm 泵浦方式是将 $^3H_6$ 能级上的 Tm³⁺ 泵浦到 $^3H_5$ 能级，然后经无辐射弛豫到 $^3F_4$ 能级，从 $^3F_4$ 能级跃迁到基态 $^3H_6$ 能级，从而发出 2 μm 波段的光子。在此过程中，由于 $^3F_4$ 激发态能级的荧光寿命较长，因此处于 $^3F_4$ 能级的离子可以再吸收泵浦光子跃迁到 $^3F_{2,3}$ 能级。因此，采用 1.2 μm 波长泵浦存在严重的激发态吸收，从而容易产生上转换发光，使得泵浦光的利用率降低。但是此波段的泵浦源非常丰富且较为成熟，例如掺镱光纤激光器和 Nd:YAG 固体激光器。

下面介绍 0.8 μm 即 790 nm 泵浦方式。如图 7-3 所示，790 nm 泵浦将 Tm³⁺ 从 $^3H_6$ 能级泵浦到 $^3H_4$ 能级，$^3H_4$ 能级上的 Tm³⁺ 跃迁到 $^3F_4$ 能级，$^3H_4$ 与 $^3F_4$ 能级之间的能量差和 $^3H_6$ 与 $^3F_4$ 能级之间的能量差相近。因此，$^3H_4$ 能级上的 Tm³⁺ 跃迁到 $^3F_4$ 能级时，将释放出的能量传递给附近另一个处于基态的 Tm³⁺，使其从基态 $^3H_6$ 能级跃迁至 $^3F_4$ 能级，此能量传递过程就是交叉弛豫过程。Tm³⁺ 间的交叉弛豫过程使一个 790 nm 光子产生两个 2 μm 光子，理论量子效率可达 200%。在 790 nm 泵浦下，没有对应的能级使得 $^3H_4$ 能级与 $^3F_4$ 能级的粒子被激

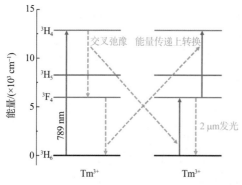

图 7-3 Tm³⁺ 间的交叉弛豫过程和能量传递上转换过程

发到更高的能级。虽然 $^3H_5$ 能级上的 Tm^{3+} 可以被激发到 $^1G_4$ 能级，发出上转换蓝光，但是 $^3H_5$ 能级的荧光寿命很短，$^3H_5$ 能级的 Tm^{3+} 很快跃迁到 $^3F_4$ 能级，所以 790 nm 泵浦产生的上转换蓝光很弱。由于商用～790 nm 激光二极管较为成熟，使得这种泵浦方式成为高功率铥掺杂激光器的首选泵浦方式，理论光光转换效率可达 80% 以上。$^3H_4$ 与 $^3F_4$ 能级之间的能量差和 $^3H_6$ 与 $^3F_4$ 能级之间的能量差相近导致 Tm^{3+} 之间发生能量传递上转换过程，$^3F_4$ 能级上的 Tm^{3+} 跃迁到 $^3H_6$ 能级，将能量传递给处于 $^3F_4$ 能级上的邻近 Tm^{3+}，使其跃迁到更高的 $^3H_4$ 能级。Tm^{3+} 间的能量传递上转换过程消耗了上能级 $^3F_4$ 粒子数，降低了 $2\,\mu m$ 波段的能量转换效率。对于 $2\,\mu m$ 激光而言，上转换发光抑制了交叉弛豫过程，造成了能量转换效率的降低，这对于高功率激光输出是不利的。

7.1.2 钬离子的能级结构

Ho^{3+} 的电子构型为 $4f^{10}$，其具有比 Tm^{3+} 更加复杂的能级结构。图 7-4 是 Ho^{3+} 主要能级结构示意图，其中 $^5I_8$ 是基态能级、$^5I_7$ 是第一激发态能级，第一激发态能级到基态能级的跃迁产生 $2\,\mu m$ 波段的光子。图 7-5 是掺钬石英玻璃的吸收谱，从中可以看出主要吸收峰分别位于 1 945 nm、1 145 nm、640 nm、537 nm、450 nm、360 nm 等。$^5I_5$ 能级和 $^5I_4$ 能级到基态能级 $^5I_8$ 的吸收峰位于 700～900 nm，虽然处于激光二极管的波长范围内，但是其吸收强度非常弱，不适合用作泵浦波长。其他短波长的泵源导致量子亏损很大，使得能量转换效率和输出功率不高。常见的泵浦波长有 1 945 nm 和 1 150 nm，这两个波长的泵源可以分别通过掺铥激光器和掺镱激光器获得。与 $1.1\,\mu m$ 左右的掺镱激光泵浦相比，采用 $1.9\,\mu m$ 左右的掺铥激光同带泵浦 Ho^{3+} 可以大幅降低量子亏损，减少光纤热负荷，提高激光斜率效率和输出功率。

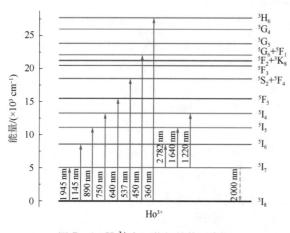

图 7-4 Ho³⁺ 主要能级结构示意图

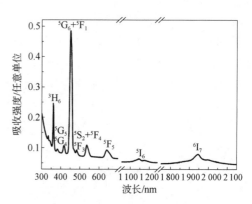

图 7-5 掺钬石英玻璃的吸收谱

7.2　掺铥石英玻璃的光谱性质和结构

目前用于实现 2 μm 波段激光输出的激光玻璃材料有石英玻璃、硅酸盐玻璃、碲酸盐玻璃、锗酸盐玻璃、硫系玻璃、氟化物玻璃和氟磷酸盐玻璃等。与其他多组分玻璃基质相比,石英玻璃具有网络结构致密、机械强度好、背景损耗低、损伤阈值高等特点和优势。短波红外石英光纤激光器在 2 μm 激光输出功率大于 1 000 W[1],比其他基质短波红外激光器的最大输出功率高一个数量级。因此,稀土掺杂石英玻璃是 2 μm 波段光纤材料的理想增益介质。

7.2.1　Tm^{3+}/Al^{3+} 掺杂石英玻璃的 2 μm 波段光谱性质

与其他稀土离子相比,790 nm 泵浦时 Tm^{3+} 的交叉弛豫过程允许 2 μm 波段激光的量子效率达到 200%[2],这远远超出了它的斯托克斯(Stokes)效率。高浓度掺杂有利于减小 Tm^{3+} 间的平均间距,促进交叉弛豫过程的发生。同时,高浓度 Tm^{3+} 掺杂可以提高光纤的泵浦吸收系数,减短光纤的使用长度,有利于激光器的小型化。因此,为实现 2 μm 激光高效输出,高浓度的 Tm^{3+} 掺杂是十分必要的。如何制备 Tm^{3+} 掺杂浓度高且分布均匀的石英玻璃,是制备 2 μm 波段石英光纤的关键所在。铝是石英光纤中最常见的掺杂元素,可以提高稀土离子在石英网络中的溶解度和掺杂浓度。本节介绍用溶胶凝胶法制备的一系列不同 Tm^{3+} 浓度的 Tm^{3+}/Al^{3+} 共掺石英玻璃,系统分析它们的物理与光谱性质。

根据文献[3]可知,Al^{3+}/Tm^{3+} 比为 15∶1 时,Tm^{3+}/Al^{3+} 掺杂石英玻璃可以获得较好的光谱性质。据此,Wang 等[4]用溶胶凝胶法结合高温粉末烧结法制备了 5 个不同 Tm^{3+} 浓度的石英玻璃,记为 TAS 系列玻璃,具体组分为 $x Tm_2O_3$ - $15x Al_2O_3$ -$(100-16x) SiO_2$(mol%,$x=$0.1, 0.3, 0.5, 0.8, 1.0;记为 TAS1, TAS2, TAS3, TAS4, TAS5)。表 7 - 1 列出 Tm^{3+} 的理论掺杂浓度与实际测试的掺杂浓度。在此系列玻璃中,Tm^{3+} 的最高掺杂浓度达到 $4.26×10^{20}$ cm^{-3},这与 Tm^{3+} 在碲酸盐玻璃[5]和锗酸盐玻璃[6]中的掺杂浓度相当。表 7 - 1 也列出了 TAS 系列玻璃样品的密度与折射率,从中可以看出玻璃的密度与折射率均随 Al_2O_3 与 Tm_2O_3 浓度的提高而增加。

表 7 - 1　TAS 系列玻璃样品的 Tm^{3+} 掺杂浓度、密度与折射率[4]

样品	理论 Tm^{3+} 浓度 /($×10^{20}$ cm^{-3})	实际 Tm^{3+} 浓度 /($×10^{20}$ cm^{-3})	密度/ (g·cm^{-3})	折射率 @1 800 nm
TAS1	0.44	0.439	2.22	1.447 54
TAS2	1.29	1.286	2.25	1.454 73
TAS3	2.16	2.160	2.33	1.462 39
TAS4	3.40	3.382	2.39	1.475 42
TAS5	4.28	4.264	2.42	1.479 82

根据 Judd-Ofelt 理论,利用 Tm^{3+} 的吸收光谱和表 7 - 1 列出的 Tm^{3+} 浓度、密度与折射率等数据,可计算得出 TAS 系列玻璃的 J - O 参数 Ω_t($t=$2, 4, 6),在 3 个强度参数中,Ω_2 反映了超灵敏跃迁的强度,而 Ω_4 和 Ω_6 反映了光谱跃迁的总体强度[7]。表 7 - 2 列出 Tm^{3+} 在石英玻璃与其他基质玻璃中的 J - O 参数[5-6, 8-11]。从表中数据可以看出,对于大多数基质玻璃,J - O 参数符合 $\Omega_2 > \Omega_4 > \Omega_6$ 的规律;TAS 系列玻璃的 J - O 参数也符合这个规律。表 7 - 2 数

据表明,用溶胶凝胶法制备的 Tm^{3+} 掺杂石英玻璃的 J－O 参数与 MCVD 法接近[8]。J－O 参数中的 Ω_2 与玻璃结构中稀土离子周围的结构变化有关,而 Ω_6 与玻璃的刚性有关[12-13]。通过比较表 7-2 中各种基质玻璃参数发现,TAS4 玻璃有较高的 Ω_2,这表明 Tm^{3+} 在石英玻璃中处于较低对称性的环境。Ω_4/Ω_6 代表了材料的光谱性质[14],从表 7-2 中可以看出 TAS4 玻璃的 Ω_4/Ω_6 值是 1.35,这个值大于碲酸盐玻璃[5]、ZBLAN[8] 和 $PbO-Bi_2O_3-Ga_2O$[11] 玻璃。

表 7-2 Tm^{3+} 在不同基质玻璃中的 J－O 参数

玻璃种类	$\Omega_2 (\times 10^{-20}\ cm^2)$	$\Omega_4 (\times 10^{-20}\ cm^2)$	$\Omega_6 (\times 10^{-20}\ cm^2)$	Ω_4/Ω_6
碲酸盐玻璃[5]	3.79	1.10	0.98	1.12
锗酸盐玻璃[6]	5.55	2.03	1.26	1.61
ZBLAN[8]	1.96	1.36	1.16	1.17
石英玻璃[8]	6.23	1.81	1.36	1.40
氟磷酸盐玻璃[9]	3.01	2.56	1.54	1.66
硅酸盐玻璃[10]	3.36	1.25	0.75	1.67
$PbO-Bi_2O_3-Ga_2O$[11]	3.59	0.76	1.27	0.60
TAS4[4]	6.94	1.80	1.33	1.35

为研究 Tm^{3+} 浓度对 Tm^{3+}/Al^{3+} 掺杂石英玻璃 $2\,\mu m$ 波段发光性质的影响,采用中心波长为 808 nm 的激光二极管激发,测试范围为 1300~2200 nm,测得 TAS 系列玻璃的荧光光谱如图 7-6 所示。从图中可以看到两个荧光峰:一个峰是 $Tm^{3+}:{}^3H_4 \to {}^3F_4$ 跃迁产生的,中心在 1460 nm 处,它的强度较弱,放大的荧光谱如图 7-6b 所示;另一个峰是 $Tm^{3+}:{}^3F_4 \to {}^3H_6$ 跃迁产生的,中心在 1800 nm 处。1800 nm 处荧光峰的强度远大于 1460 nm 处的峰,且 TAS4 样品的两峰相对强度之比为 90.3。对于 TAS 系列,1800 nm 的荧光强度随着 Tm_2O_3 掺杂浓度的增加先增加后下降,并且当 Tm_2O_3 掺杂浓度为 0.8 mol%(TAS4)时荧光强度达到最高。随着 Tm_2O_3 浓度增加,Tm^{3+} 发生交叉弛豫(${}^3H_4+{}^3H_6 \longrightarrow {}^3F_4+{}^3F_4$)的可能性增大,从而使得 ${}^3F_4$ 能级的粒子数增加,导致 1800 nm 处的荧光强度增加。但是过多的稀土离子容易引起浓度猝灭,因此当 Tm_2O_3 掺杂浓度高于 0.8 mol% 时,荧光强度开始下降。

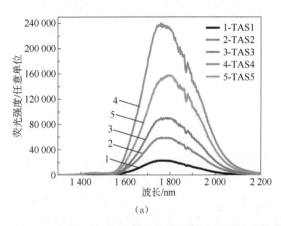
(a)

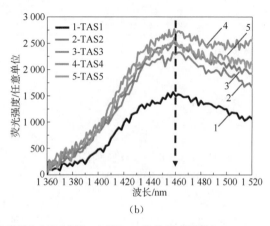
(b)

图 7-6 不同 Tm_2O_3 浓度掺杂石英玻璃的荧光光谱(a)及 1360~1520 nm 处的放大谱(b)

图 7-7a 给出 TAS 系列石英玻璃在 1800 nm 与 1460 nm 处归一化荧光强度随 $\mathrm{Tm_2O_3}$ 掺杂浓度的变化。从中可以看出,1800 nm 与 1460 nm 处的归一化强度均在 $\mathrm{Tm_2O_3}$ 掺杂浓度为 0.8 mol% 时达到最大。图 7-7b 给出 1800 nm 与 1460 nm 荧光强度的比值随 $\mathrm{Tm_2O_3}$ 掺杂浓度的变化。从中可以看出,随着 $\mathrm{Tm_2O_3}$ 掺杂浓度增加,两者的荧光强度比值先增加,在 0.8 mol% 时达到最大,然后下降。$\mathrm{Tm_2O_3}$ 浓度为 1.0 mol% 时 1800 nm 与 1460 nm 荧光强度比值的下降是由浓度猝灭引起的。

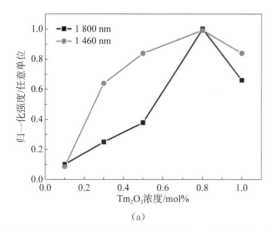

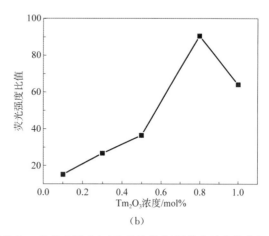

(a)　　　　　　　　　　　(b)

图 7-7　TAS 系列石英玻璃在 1800 nm 与 1460 nm 处的归一化荧光强度(a)及其比值(b)随掺杂浓度的变化

图 7-8 是计算得到 0.8 mol% $\mathrm{Tm_2O_3}$ 掺杂石英玻璃(TAS4)的吸收与受激发射截面。在 1812 nm 处的最大受激发射截面是 $6.00 \times 10^{-21}\ \mathrm{cm^2}$,在 1668 nm 处的最大吸收截面是 $4.65 \times 10^{-21}\ \mathrm{cm^2}$(大的吸收截面表明对泵浦光的吸收效率高)。表 7-3 列出 $\mathrm{Tm^{3+}}$ 掺杂石英玻璃以及多组分玻璃对应于 $1.8\,\mu\mathrm{m}$ 发光跃迁 $^3\mathrm{F_4} \rightarrow {}^3\mathrm{H_6}$ 的受激发射截面 σ_{ems}、辐射寿命 τ_{rad} 和 $\sigma_{\mathrm{ems}} \times \tau_{\mathrm{rad}}$ 值。$\sigma_{\mathrm{ems}} \times \tau_{\mathrm{rad}}$ 常用于衡量激光材料的增益性能[15]。从表中可以看出 TAS4 样品的受激发射截面大于氟磷酸盐玻璃[9]、碲酸盐玻璃[16]、硅酸盐玻璃[10]、

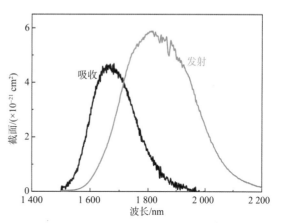

图 7-8　TAS4 玻璃在 $\sim 2\,\mu\mathrm{m}$ 波段的吸收与受激发射截面

表 7-3　不同掺铥玻璃基质 $^3\mathrm{F_4} \rightarrow {}^3\mathrm{H_6}$ 能级跃迁的受激发射截面 σ_{ems}、辐射寿命 τ_{rad} 和 $\sigma_{\mathrm{ems}} \times \tau_{\mathrm{rad}}$ 值

玻璃种类	$\sigma_{\mathrm{ems}}/(\times 10^{-21}\ \mathrm{cm^2})$	$\tau_{\mathrm{rad}}/\mathrm{ms}$	$\sigma_{\mathrm{ems}} \times \tau_{\mathrm{rad}}(\times 10^{-21}\ \mathrm{cm^2 \cdot ms})$
ZBLAN[8]	2.40	11.1	26.64
石英玻璃[8]	4.60	4.56	20.98
锗酸盐玻璃[6]	7.70	1.77	13.63
氟磷酸盐玻璃[9]	4.11	4.44	18.25
硅酸盐玻璃[10]	3.89	5.21	20.27
碲酸盐玻璃[16]	4.00	1.78	7.12
TAS4[4]	6.00	5.01	30.06

ZBLAN 玻璃[8]以及 MCVD 法制备的 Tm^{3+} 掺杂石英玻璃[8],但小于锗酸盐玻璃[6]。以 TAS4 为代表的 TAS 玻璃具有较大的 $\sigma_{ems} \times \tau_{rad}$ 值,这说明 TAS 玻璃是一种很有潜力的 $2\ \mu m$ 激光材料。

根据吸收截面与受激发射截面,可以利用式(7-1)计算稀土离子的 $2\ \mu m$ 增益系数 $G(\lambda)$ 和评估材料增益性能:

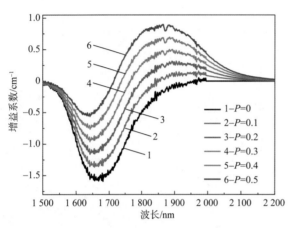

$$G(\lambda) = N\left[P\sigma_{ems}(\lambda) - (1-P)\sigma_{abs}(\lambda)\right] \tag{7-1}$$

式中,P 为 $^3F_4$ 能级的反转粒子数与总粒子数之比;N 为稀土离子总浓度。

图 7-9 给出当 P 的取值范围为 $0\sim 0.5$ 时计算得到的 TAS4 玻璃增益系数随波长的变化。从图中可以看出,随着上能级粒子比例增加,最大增益系数对应的波长蓝移,呈现典型的三能级激光系统特征。当玻璃中 $^3F_4$ 能级反转粒子数的比例达到 20% 时即能实现增益效果,这表明 TAS4 可能具有较低的激光阈值。

图 7-9 TAS4 玻璃样品的增益曲线

7.2.2　La^{3+}/Al^{3+} 比对高浓度掺铥石英玻璃结构和光谱性质的影响

不同镧系稀土离子有着相近的离子半径,其氧化物也有相近的晶体结构和晶格常数,因此它们之间可以相互取代[17]。不同种类的稀土离子共掺时,加入的稀土离子会部分取代石英玻璃中团簇的稀土离子,从而使得团簇的稀土离子间距变大,即分散性变好。不过,当不同的发光稀土离子共掺时,虽然可以改善稀土离子的团簇,但是由于发光稀土离子的能级结构比较丰富,不同离子之间会发生能量转移以及严重的上转换等[18-19],因而对光谱性质产生影响。将惰性稀土离子与发光稀土离子共掺入石英玻璃这一方法,虽然抑制了发光稀土离子的团簇,但是发光稀土离子的浓度从而不易达到高功率激光输出的要求。铝离子共掺可以提高石英玻璃中稀土离子的溶解度,将惰性稀土离子加入石英玻璃以部分取代铝离子,则不仅可以提高石英玻璃中稀土离子的溶解度,还可以保证热学、化学稳定性。因此,理论上通过惰性稀土与铝离子共掺来改性是获得高浓度稀土掺杂高质量光学玻璃的有效方法。

当 Tm^{3+} 浓度较高时,它们之间的距离很近,容易发生交叉弛豫过程,使得 $^3H_4$ 能级粒子数减少,而 $^3F_4$ 能级上的粒子数增加,从而增强了 Tm^{3+} $2\ \mu m$ 波段荧光强度[20]。但是,高浓度 Tm^{3+} 掺杂会导致石英玻璃析晶性能劣化。Wang 等[21]探索了 La^{3+}/Al^{3+} 共掺方式对高浓度 Tm^{3+} 掺杂石英玻璃结构与光谱性质的影响。采用溶胶凝胶法结合高温粉末烧结法制备了不同 La^{3+}/Al^{3+} 比的 TLAS 系列玻璃样品,组分为 $0.8Tm_2O_3 - (12-x)Al_2O_3 - xLa_2O_3 - 87.2SiO_2$($x = 0$, $1.2\ mol\%$, $4.5\ mol\%$),分别记为 TLAS1、TLAS2 和 TLAS3。

为了探究 La^{3+} 在石英玻璃中的作用,测试了 TLAS 系列样品的拉曼光谱与 FTIR 谱,结果分别见图 7-10a、b。拉曼光谱中,硅结构基团 Q_n^{Si}($n = 4, 3, 2, 1, 0$)的位置大约在 $1200\ cm^{-1}$、$1100\ cm^{-1}$、$950\ cm^{-1}$、$900\ cm^{-1}$ 和 $850\ cm^{-1}$ 处[22]。由于 Al—O 的场强较弱,随着 Si 被 Al 取代,Q_n^{Si} 基团位置将移向更低的波数处。对于 FTIR 光谱,$950\ cm^{-1}$ 处的峰是由

于 Si—O—基团的伸缩振动引起的[23]。Si—O—基团的产生是由于玻璃中引入网络修饰体使得 Si—O—Si 基团发生了断裂[24]。从图中可以看出,La³⁺/Al³⁺/Tm³⁺ 掺杂石英玻璃有一个宽的 Q_n^{Si} 基团分布,并且随着 La³⁺/Al³⁺ 比值的增加,硅的主要结构基团从 Q_3^{Si} 基团变为 Q_2^{Si} 基团。由于 La³⁺ 的加入使得 Si—O—Si 基团发生了断裂,Si—O—基团增加,因此 Tm³⁺ 掺杂石英玻璃随着 La³⁺/Al³⁺ 比的增加形成一个更疏松的网络结构。

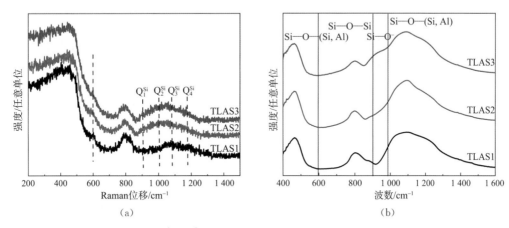

图 7 - 10   不同 La³⁺/Al³⁺ 比掺铥石英玻璃的拉曼光谱(a)和 FTIR 光谱(b)

为了研究 Tm³⁺ 在石英玻璃中的局域环境,测试了不同 La³⁺/Al³⁺ 比 TLAS 系列样品的 ²⁷Al MAS NMR 以及 ²⁹Si MAS NMR 谱,如图 7 - 11 所示。从图中可以看出,Al 在掺铥石英玻璃中主要以 AlO_4 的形式存在,并且 AlO_5 和 AlO_6 的量随着 La³⁺/Al³⁺ 比的增加而减小。含有顺磁性物质的单脉冲 ²⁷Al 和 ²⁹Si MAS NMR 谱展现出宽的旋转侧带,而不含有顺磁性物质的 NMR 谱则观察不到旋转侧带[25-27]。TLAS 系列样品中含有顺磁性元素 Tm,因此从图 7 - 11 中可以看到宽的旋转侧带,这些旋转侧带是各向异性体磁化率与偶极场的影响导致从 1/2 中心处跃迁到−1/2 引起的[28]。

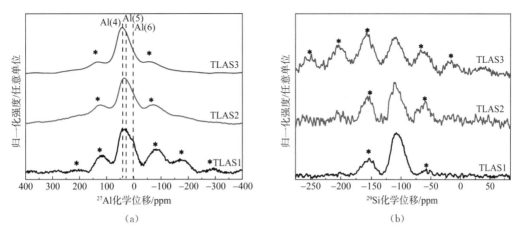

图 7 - 11   不同 La³⁺/Al³⁺ 比值掺铥石英玻璃的 ²⁷Al MAS NMR 谱(a)
和 ²⁹Si MAS NMR 谱(b)(＊代表旋转侧带)

为了进一步证实这些增宽的旋转侧带是由于顺磁性元素 Tm 引起的,用无顺磁性的 Y 替代等量 Tm,采用同样的制备方法制备了 YLAS 系列石英玻璃。具体的摩尔比组分为 $0.8Y_2O_3$-$(12-x)Al_2O_3$-xLa_2O_3-$87.2SiO_2$($x=0$, 1.2 mol%, 4.5 mol%),分别记为 YLAS1、YLAS2 和 YLAS3。图 7-12a 为 YLAS 系列样品的 ^{27}Al MAS NMR 谱,从图中可以看出 YLAS 系列样品的旋转侧带并没有增宽。事实上,在玻璃的 MAS NMR 谱中,由于超精细跃迁总能观察到各种旋转侧带,尽管在实验条件选择恰当时旋转侧带可能不太明显。由于 TLAS 系列样品中 Al_2O_3 的量比较少($7.5\sim12$ mol%),^{27}Al 的多量子魔角旋转(multiple quantum magic angle spinning, MQMAS)信号非常弱。尤其是当样品中加入顺磁性的 Tm^{3+} 后,将会使信号增宽甚至丢失,从而导致 MQMAS 信号出现差的信噪比。YLAS1 样品有最大的信噪比,所以作为例子,测试了 YLAS1 样品的二维 ^{27}Al MQMAS 光谱。图 7-12b 为 YLAS1 样品的 ^{27}Al MQMAS 谱。从图中可以在 F_1 维上明显看到 AlO_4、AlO_5 和 AlO_6 的存在,它们的化学位移分别在 65.5 ppm、35.8 ppm 以及 3.2 ppm 处,二阶四极效应参数分别为 5.8 MHz、4.4 MHz 以及 3.1 MHz。这些化学位移和二阶四极效应参数与 SiO_2-Al_2O_3 玻璃中的情况一致[29]。但是二阶四极效应参数与高铝掺杂 RE_2O_3-Al_2O_3-SiO_2(RE=Y, Lu)玻璃非常不同。这表明 Al^{3+} 在 TLAS 玻璃样品中的结构与高铝掺杂 RE_2O_3-Al_2O_3-SiO_2(RE=Y, Lu)玻璃不同[30-31]。研究表明,^{27}Al MAS NMR 谱中旋转侧带的强度和宽度均随 Al^{3+} 周围顺磁性 Tm^{3+} 数量的增加而增加[28, 32]。^{27}Al MAS NMR 以及 ^{29}Si MAS NMR 谱中旋转侧带相反的变化趋势表明:随着 La^{3+}/Al^{3+} 比的增加,在 Al^{3+} 周围的部分顺磁性 Tm^{3+} 转移到了 $[SiO_4]^{-4}$ 周围。

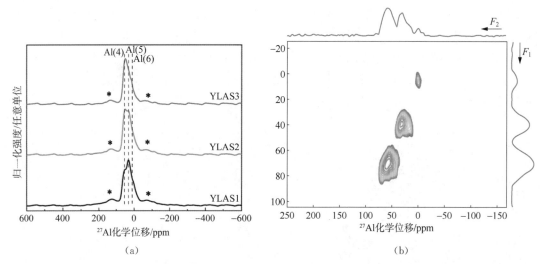

图 7-12 YLAS 系列样品的 ^{27}Al MAS NMR 谱(a)和 YLAS1 样品的二维 ^{27}Al MQMAS 谱(b)

通过 NMR、FTIR 以及拉曼谱,研究了不同的 La^{3+}/Al^{3+} 比对高浓度掺铥石英玻璃结构的影响。TLAS 系列样品中随着 La^{3+}/Al^{3+} 比的增加,硅氧四面体 Q_2 基团在增加,AlO_4 基团增加,AlO_5 和 AlO_6 基团减少,并且更多的 La^{3+} 和 Tm^{3+} 与 Si—O—基团相连,形成 LaO_6 或者 TmO_6 多聚体。在 TLAS1 玻璃中 Tm^{3+} 的第二配位是 Al^{3+},而 TLAS3 玻璃 Tm^{3+} 的第二配位是 Al^{3+} 或者 Si^{4+}。因此,相比 TLAS1 而言,TLAS3 中 Tm^{3+} 的空间分布更均一化。

为了研究 La^{3+}/Al^{3+} 比对 Tm^{3+} 2 μm 波段发射光谱的影响,在 808 nm 激光二极管泵浦下测试了 1 300～2 200 nm 荧光光谱,结果见图 7-13。从图中可以看到两个发射峰:一个强度较弱的峰中心在 1 460 nm 处,是由 $^3H_4 \rightarrow {}^3F_4$ 跃迁产生的,如图 7-13b 所示;另一个强度较强的峰中心在 1 800 nm 处,是由 $^3F_4 \rightarrow {}^3H_6$ 跃迁产生的。TLAS 系列样品 1.8 μm 的发射峰强度随着 La^{3+}/Al^{3+} 比的增加而减小。$^3H_4$ 能级上的 Tm^{3+} 有 2 个可能的去处:一个是 $^3H_4$ 能级上的 Tm^{3+} 通过自发辐射跃迁到 $^3F_4$ 能级上,产生 1.46 μm 荧光;另一个是 $^3H_4$ 能级上的 Tm^{3+} 通过交叉弛豫过程跃迁到 $^3F_4$ 能级,将释放的能量传给邻近的位于基态上的 Tm^{3+},产生 1.8 μm 荧光。因此,1.8 μm 与 1.46 μm 的荧光强度之比可以反映出交叉弛豫发生的效率[33]。图 7-13b 为放大的 1 350～1 550 nm 荧光光谱。图 7-14 所示为 TLAS 系列样品 1.8 μm 与 1.46 μm 荧光强度比随 La^{3+}/Al^{3+} 比的变化关系,从中可以看出 1.8 μm 与 1.46 μm 荧光强度比随着 La^{3+}/Al^{3+} 比的增加而减小。这表明 TLAS 系列样品随着 La^{3+}/Al^{3+} 比的增加而发生交叉弛豫的概率减小。图 7-13 中 Tm^{3+} 的发射光谱进一步证实:随着 La_2O_3 加入石英玻璃中,Tm^{3+} 在玻璃中的分散性变好,Tm^{3+} 间交叉弛豫的概率下降,因此,1.8 μm 发光强度随 La^{3+}/Al^{3+} 比的增加而下降。

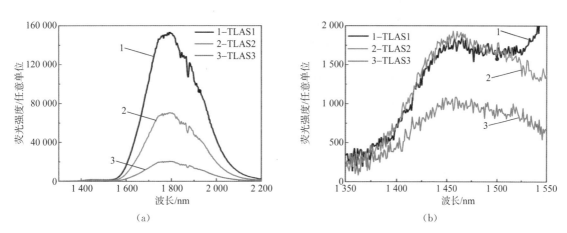

图 7-13　TLAS 玻璃在 1 300～2 200 nm 波段(a)和放大的 1 350～1 550 nm 荧光光谱(b)

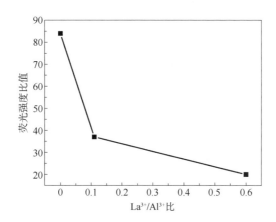

图 7-14　1.8 μm 与 1.46 μm 的荧光强度比与 La^{3+}/Al^{3+} 比之间的关系

TLAS 系列样品的受激发射截面可利用 F-L 公式计算得到,有效带宽($\Delta\lambda_{eff}$)可以利用下式计算:

$$\Delta\lambda_{eff} = \frac{\int I(\lambda)\mathrm{d}\lambda}{I_{max}} \tag{7-2}$$

式中,λ 为波长;$I(\lambda)$ 为荧光光谱强度;I_{max} 为荧光光谱最大强度。

对 TLAS 系列样品以及其他基质玻璃 Tm^{3+} 受激发射截面(σ_{ems})和有效带宽($\Delta\lambda_{eff}$)的计算结果列于表 7-4 中[16,34]。从表中的数据可以看出,受激发射截面、有效带宽随着 La^{3+}/Al^{3+} 比的增加而减小。通过 F-L 公式和式(7-2)可以看出,受激发射截面与有效带宽成反比关系。因此,TLAS 系列样品荧光强度与受激发射截面的变化趋势一致。从表 7-4 中的数据还可以看出,TLAS 系列样品 $1.8\,\mu m$ 处的受激发射截面大于碲酸盐玻璃[16]和氟化物[34],但小于硅酸盐、镓酸盐以及铝酸盐玻璃[34],而其荧光有效带宽则大于表中列出的其他基质玻璃。

表 7-4 Tm^{3+} 在不同基质玻璃中的 $1.8\,\mu m$ 处有效带宽和受激发射截面

玻璃种类	TLAS1	TLAS2	TLAS3	氟化物	硅酸盐	铝酸盐	镓酸盐	碲酸盐
$\Delta\lambda_{eff}/nm$	285.29	287.34	293.27	240.00	159.00	280.00	278.00	—
$\sigma_{ems}/(\times10^{-21}\,cm^2)$	6.00	5.78	5.14	3.20	6.10	5.90	6.30	4.00

7.2.3 La^{3+} 与 Y^{3+} 对高浓度掺铥石英玻璃结构和光谱性质的影响

Y^{3+} 和 La^{3+} 均是光学惰性稀土离子,但离子半径不同,因而对石英玻璃结构的影响有所不同。图 7-15 为 Y^{3+} 和 La^{3+} 分别与 Tm^{3+} 共掺杂石英玻璃的 FTIR 光谱,其中 TAS0、TLAS2、TYAS2 分别代表 $0.8Tm_2O_3 - (12-x)Al_2O_3 - xRe_2O_3 - 87.2SiO_2$(Re=La,Y;$x=0$,$4.5\,mol\%$)。可以看出,Si—O—基团 $950\,cm^{-1}$ 峰的相对强度随着 La_2O_3 或 Y_2O_3 浓度的增加而增大,这表明非桥氧 Si—O—LE(LE=Tm,La 或 Y)的量增加[23]。由于 TAS0 玻璃的析晶是微量的,TAS0 样品 FTIR 光谱显示的基本是玻璃相的信息,所以 TAS0 样品 FTIR 光谱展示的玻璃网络中桥氧最多;随着 La_2O_3 或 Y_2O_3 加入石英玻璃中,非桥氧增多。对于 TLAS 和 TYAS 系列样品,La^{3+} 或者 Y^{3+} 作为网络修饰体占据八面体位置,因此,La_2O_3 或 Y_2O_3 加入石英玻璃中就平衡了 AlO_4 基团的负电荷,从而改善了 Tm^{3+} 掺杂石英玻璃的析晶性能。从图 7-15 可以看出,TLAS2 样品中 Si—O—基团的强度大于 TYAS2 样品。因此,La^{3+} 或者 Y^{3+} 均能够解聚玻璃 Si—O—Si 键合,并且当 La_2O_3 和 Y_2O_3 含量相同时,La^{3+} 对玻璃 Si—O—Si 键合的解聚能力强于 Y^{3+}。

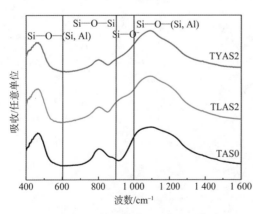

图 7-15 Y^{3+} 和 La^{3+} 分别与 Tm^{3+} 共掺杂石英玻璃的 FTIR 光谱

图 7 - 16 分别为 Y^{3+} 和 La^{3+} 与 Tm^{3+} 共掺杂石英玻璃的 ^{27}Al MAS NMR 谱。从中可以看出,在 Y^{3+} 和 La^{3+} 与 Tm^{3+} 共掺杂石英玻璃中, Al 元素主要以 AlO_4 的形式存在,并且 AlO_5 和 AlO_6 的量随着 La_2O_3 或者 Y_2O_3 含量增加而减小。对比 La_2O_3 掺杂玻璃, Y_2O_3 掺杂玻璃的 AlO_5 和 AlO_6 相对强度更大,这表明 La_2O_3 掺杂玻璃 Al—O 基团倾向于形成低配位的 AlO_4, 即 La_2O_3 比 Y_2O_3 对 AlO_4 多面体的电荷补偿能力更强。这些结果与以前的研究结果相一致[35]。这是由于 La、Y 与 Al 都是网络中间体, 形成玻璃网络的能力循序是 Al＞Y＞La,成为玻璃修饰体的能力正好相反。总之, ^{27}Al - NMR

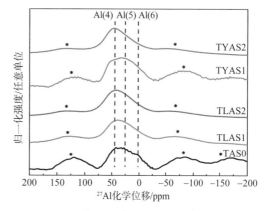

图 7 - 16　Y^{3+} 和 La^{3+} 分别与 Tm^{3+} 共掺杂石英玻璃的 ^{27}Al MAS NMR 谱(＊ 代表旋转侧带)

图谱表明了在 La_2O_3 掺杂的石英玻璃中 Al 原子更倾向于充当网络形成体。^{27}Al MAS NMR 谱旋转侧带强度与宽度的减小表明,随着 La_2O_3 或者 Y_2O_3 含量的增加, Al^{3+} 周围的 Tm^{3+} 数目减少。Y_2O_3 掺杂玻璃 ^{27}Al NMR 的旋转侧带强度比 La_2O_3 掺杂玻璃的更大,这表明当 La_2O_3 和 Y_2O_3 含量相同时, Y_2O_3 掺杂玻璃中 Al^{3+} 周围的 Tm^{3+} 数目多于 La_2O_3 掺杂玻璃。

通过对 TLAS 与 TYAS 系列样品的拉曼、FTIR 以及 NMR 谱分析, La^{3+} 和 Y^{3+} 对石英玻璃结构调整有重要作用。当 La_2O_3 或者 Y_2O_3 加入石英玻璃中时, La^{3+} 和 Y^{3+} 能够补偿作为网络形成体 AlO_4 的负电荷。Tm^{3+} 在 TAS0 玻璃中的第二配位大部分是 Al^{3+}, 因此石英玻璃中 Tm^{3+} 的团簇主要是 Tm—O—Tm 类型的连接。当 La_2O_3 或者 Y_2O_3 加入石英玻璃中时,一些 Tm^{3+} 与 La^{3+} 或 Y^{3+} 相连,从而形成 La/Y—O—Tm 形式的连接。因此,当 La_2O_3 或者 Y_2O_3 加入石英玻璃中时, Tm^{3+} 在玻璃中的分布更均匀,并且 La_2O_3 对 Tm^{3+} 的分散能力强于 Y_2O_3。

为研究 La^{3+}/Al^{3+} 与 Y^{3+}/Al^{3+} 的比值对 Tm^{3+} 2 μm 发射光谱的影响规律,测试了 808 nm 激光二极管泵浦下的 1 500～2 200 nm 荧光光谱,如图 7 - 17 所示。从中可以看出,荧光强度随着 La_2O_3 或者 Y_2O_3 含量的增加而减小。通过对 TLAS 与 TYAS 系列样品的结构研究,我们知道当 La_2O_3 或者 Y_2O_3 加入石英玻璃后, Tm^{3+} 在玻璃中的分散性提高, Tm^{3+} 之间的交叉弛豫效应发生概率降低,因此 2 μm 的荧光强度随着 La_2O_3 或者 Y_2O_3 含量的增加而减小。并且由于 La_2O_3 分散 Tm^{3+} 的能力强于 Y_2O_3, 当 La_2O_3 和 Y_2O_3 含量相同时, Y_2O_3 掺杂玻璃 Tm^{3+} 交叉弛豫过程发生概率大于 La_2O_3 掺杂玻璃。但是,图 7 - 17 展示的是当 La_2O_3 和 Y_2O_3 含量相同时 La_2O_3 掺杂

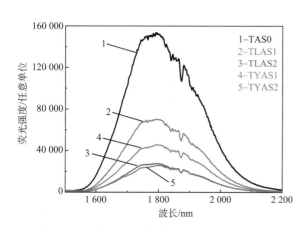

图 7 - 17　TLAS 与 TYAS 系列玻璃在 1 500～2 200 nm 波段的荧光光谱

玻璃的荧光强度大于 Y_2O_3 掺杂玻璃。前述结果表明当 La_2O_3 和 Y_2O_3 含量相同时，Y_2O_3 掺杂玻璃 Tm^{3+} 的对称性比 La_2O_3 掺杂玻璃的高。因此，La_2O_3 掺杂玻璃 Tm^{3+} 周围低的对称性很可能是获得较高光强度的主要原因。

7.3 掺钬石英玻璃的光谱性质和结构

7.3.1 不同 Al^{3+}/Ho^{3+} 比掺杂石英玻璃的结构和光谱性质

石英玻璃由硅氧四面体形成致密的三维网络结构，限制了稀土离子的掺杂浓度，尤其是稀土离子单掺石英玻璃容易引起稀土离子的团簇从而劣化光谱性质，因此，需要通过共掺其他离子的方式来改善石英玻璃中稀土离子的团簇问题。研究表明，在石英基质中掺入适量的 Al^{3+} 可以使稀土离子很好地溶解在石英玻璃中。尽管在石英玻璃中适当加入 Al^{3+} 可以有效增加 Ho^{3+} 的溶解度，从而抑制团簇效应、增强发射强度，但是过量的 Al^{3+} 可能又会引起 Ho^{3+} 发射强度的下降[36-37]。为了比较不同 Al^{3+} 含量对掺 Ho^{3+} 石英玻璃结构与光谱性质的影响，Wang 等[38]用溶胶凝胶法结合高温粉末烧结法制备了一系列不同 Al^{3+}/Ho^{3+} 比的石英玻璃样品，命名为 HA 系列，其中 Ho_2O_3 含量固定为 0.2 mol%，Al_2O_3 含量则不断增加，玻璃样品的组成见表 7-5。从表中可以看出，不掺杂 Al_2O_3 的 HA0 样品存在着严重的析晶，其余样品均为透明玻璃态，这表明石英玻璃中的 Al_2O_3 起到了分散 Ho^{3+}、阻止析晶的作用，所以对析晶的 HA0 样品不再研究。

表 7-5 Ho^{3+}/Al^{3+} 掺杂石英玻璃的组成

样品	Ho_2O_3/mol%	Al_2O_3/mol%	SiO_2/mol%	Al/Ho	样品的相与形态
HA0	0.20	0	99.8	0	方石英，不透明
HA1	0.20	1.0	98.8	5	玻璃，透明
HA2	0.20	2.0	97.8	10	玻璃，透明
HA3	0.20	3.0	96.8	15	玻璃，透明
HA4	0.20	4.0	95.8	20	玻璃，透明
HA5	0.20	5.0	94.8	25	玻璃，透明

为了研究 Al^{3+} 在石英玻璃中的存在形式，测试了 HA1、HA3 以及 HA5 样品的 ^{27}Al 固态核磁共振谱，结果列于图 7-18 中。根据不同配位 ^{27}Al 各向同性化学位移值，利用图 7-18a 的 ^{27}Al MAS NMR 谱去卷积得到玻璃中不同配位 Al 的大致含量，数据列在表 7-6 中。作为 HA 系列样品的一个例子，对 HA5 的 ^{27}Al MAS NMR 谱去卷积展示在图 7-18b 中。从图 7-18、表 7-6 可以看出，Al^{3+} 主要以 AlO_6 和 AlO_5 方式存在于 HA 系列玻璃中，表明铝离子在 HA 系列玻璃中主要是作为网络修饰体。从表中数据可以看出，随着 Al^{3+}/Ho^{3+} 比的增加，AlO_4 的量先增加后减少，而 AlO_6 的量先下降后增加，当 Al^{3+}/Ho^{3+} 比为 15 时 HA3 样品中 AlO_4 含量最高。镧和钇铝硅酸盐中不同配位 Al 含量随 Al^{3+}/Ho^{3+} 比的变化趋势与 HA 系列玻璃一致[39]。

根据 Judd-Ofelt 理论，利用测试的吸收光谱数据和文献中报道的 Ho^{3+} 约化矩阵元数据[40]，用最小二乘法拟合得到 J-O 强度参数 $\Omega_t(t=2,4,6)$，并列于表 7-7 中。Ω_2 对玻璃的组成与结构非常敏感，它反映了稀土离子与氧键合的共价性以及稀土离子周围的对称性，

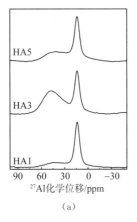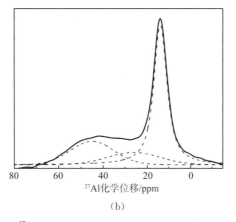

图 7-18 HA 系列玻璃的27Al MAS NMR 谱(a)和样品 HA5 的
27Al MAS NMR 谱用 Czjzek 模型去卷积结果(b)

表 7-6 不同 Al3+/Ho3+ 比掺杂石英玻璃的27Al 各向同性化学位移值与不同配位 Al 含量

样品	Al4/%	Al5/%	Al6/%	Al4/ppm	Al5/ppm	Al6/ppm
HA1	11.8	12.7	75.5	45.9	27.1	13.9
HA3	40.4	25.8	33.8	45.7	26.9	13.8
HA5	14.9	23.7	61.4	45.1	26.8	13.9

Ω_2 越大表示稀土离子环境对称性越低。从表中可以看出,HA 系列样品的 Ω_2 随着 Al^{3+}/Ho^{3+} 比的提高而先增大后减小。这表明 Ho^{3+} 在石英玻璃中的非对称性随 Al^{3+}/Ho^{3+} 比的提高而先增强后减弱。Ho^{3+} 在石英玻璃中非对称性最大的是样品 HA3,其 Al^{3+}/Ho^{3+} 比是 15。

表 7-7 掺 Ho^{3+} 石英玻璃的 Ω_λ($\lambda=2,4,6$)

样品	Ω_2/ ($\times 10^{-20}$ cm^2)	Ω_4/ ($\times 10^{-20}$ cm^2)	Ω_6/ ($\times 10^{-20}$ cm^2)
HA1	11.70	2.59	1.19
HA2	12.13	2.64	1.17
HA3	13.20	2.69	1.18
HA4	9.92	2.64	1.09
HA5	7.44	1.49	0.89

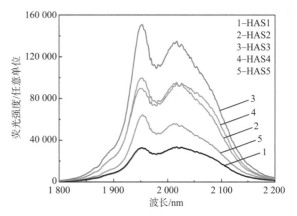

图 7-19 HA 系列样品在 640 nm 激发下的 1800~
2 200 nm 波段荧光光谱

为研究不同 Al^{3+}/Ho^{3+} 比对 2 μm 光谱的影响,测试了 HA 系列玻璃样品在 640 nm 激光二极管泵浦下 1 800~2 200 nm 波段的荧光光谱,结果列于图 7-19 中。从图中可以看出,所有样品的荧光峰值波长都没有明显变化,但是荧光强度随着 Al^{3+}/Ho^{3+} 比的提高先增大后减小,当 Al^{3+}/Ho^{3+} 比为 15 时,荧光强度达到最大值。Florian 等[39]的研究表明,稀土离子更倾向于在 AlO_4 的周围,由此可以推测:AlO_4 含量越高,稀土离子的分散性越好。因此,AlO_4 可以增加 Ho^{3+} 的溶解度并且防止团簇,从而减少荧光猝灭、增加荧光效率。通过

HA 系列样品的 ^{27}Al MAS NMR 谱分析可知，AlO$_4$ 的量随着 Al^{3+}/Ho^{3+} 比的提高先增加后减少，并在 Al^{3+}/Ho^{3+} 比为 15 的 HA3 样品中 AlO$_4$ 含量最高，因而 Ho^{3+} 的分散性较好。这与 HA 系列样品的荧光强度变化总体上一致。

Ho^{3+} ^{5}I$_7$ 能级的量子效率[41]可用下式计算得出：

$$\eta = \frac{\tau_m}{\tau_c} \times 100\% \qquad (7-3)$$

式中，τ_c 为用 J-O 理论计算得出的辐射寿命；τ_m 为 ^{5}I$_7$ 能级测试得到的寿命。表 7-8 列出 Ho^{3+} ^{5}I$_7$ 能级的辐射寿命(τ_c)、测试荧光寿命(τ_m)以及计算量子效率(η)。从表中可以看出，Ho^{3+} ^{5}I$_7$ 能级的量子效率随着 Al^{3+}/Ho^{3+} 比的提高先增加后减少，并且当 Al^{3+}/Ho^{3+} 比为 15 时，量子效率最高。计算所得 HA 系列样品的受激发射截面和品质因数也列于表 7-8 中。从中可以看出，HA3 玻璃的品质因数最大，这表明当 Al^{3+}/Ho^{3+} 比为 15 时样品可以获得增大的增益带宽。综上所述，对 HA 系列样品结构与光谱进行分析的结果表明，在 Ho$_2$O$_3$ 掺杂浓度为 0.2 mol% 时，Ho^{3+}/Al^{3+} 共掺石英玻璃 2 μm 光谱性能最优的 Al^{3+}/Ho^{3+} 比是 15。

表 7-8　Ho^{3+}/Al^{3+} 掺杂石英玻璃钬离子 2 μm 辐射寿命、荧光寿命、量子效率、发射截面及品质因数

样品	τ_c/ms	τ_m/ms	η/%	σ_{em}/($\times 10^{-21}$ cm^2)	$\sigma_{em} \times \tau_m$/($\times 10^{-21}$ cm$^2 \cdot$ ms)
HA1	13.60	0.91	6.69	3.57	3.25
HA2	13.87	1.04	7.50	3.63	3.77
HA3	13.63	1.19	8.73	3.64	4.33
HA4	14.62	1.23	8.41	3.44	4.23
HA5	17.05	1.33	7.80	2.91	3.87

固定 Al^{3+}/Ho^{3+} 比为 15，研究不同 Ho^{3+} 浓度的石英玻璃 2 μm 发光性质。制备 5 个样品的组分为 xHo$_2$O$_3$-15xAl$_2$O$_3$-(100-16x)SiO$_2$(mol%，x=0.14, 0.2, 0.3, 0.4, 0.5)，分别记为 HAS1、HAS2、HAS3、HAS4 和 HAS5。

图 7-20a 为 Ho^{3+}/Al^{3+} 共掺石英玻璃 200~2 200 nm 波长范围的吸收光谱，插图为 HAS3 样品在紫外区域的吸收光谱。Ho^{3+} 所对应各个跃迁的吸收能级都在图中进行了标注。

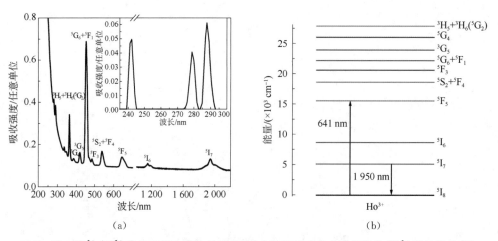

(a)　(b)

图 7-20　Ho^{3+}/Al^{3+} 共掺石英玻璃的吸收光谱(a)和通过吸收光谱获得的 Ho^{3+} 能级结构(b)

与其他基质玻璃相比,石英玻璃有高的紫外透过率,因此 Ho^{3+} 掺杂石英玻璃还可以观察到 Ho^{3+} 从基态跃迁到高于$^5G_2$ 的激发态吸收峰。

图 7-20b 为通过吸收光谱推导出的 Ho^{3+} 能级结构,需要注意的是$^5I_5$ 和$^5I_4$ 两个能级到基态能级跃迁产生的发光极弱,因此图中没有显示这两个能级。

采用 J-O 理论和吸收谱等参数计算得出 HAS3 玻璃 Ω_2、Ω_4、Ω_6 的值分别是 8.83×10^{-20} cm^2、2.45×10^{-20} cm^2、1.06×10^{-20} cm^2。表 7-9 列出 Ho^{3+}/Al^{3+} 共掺石英玻璃 HAS3 的 J-O 参数以及其他基质玻璃数据[34,42-45]。一般而言,Ω_2 值与材料结构的有序性和配位场的对称性有关,对材料成分的变化较为敏感。Ω_2 值依赖于稀土离子周围的配位场。Ω_2 越大,说明材料中稀土离子的配位场对称性越低,共价性越强。从表 7-9 中可以看出,Ho^{3+}/Al^{3+} 共掺石英玻璃的 Ω_2 值大于硅酸盐[34]、锗酸盐[34]、氟磷酸盐[43]、碲酸盐[44]和磷酸盐玻璃[45],这说明在 Ho^{3+}/Al^{3+} 共掺石英玻璃中 Ho^{3+} 所处环境具有较强的共价性和更低的对称性。

表 7-9　不同掺钬玻璃的 J-O 强度参数

样品	$\Omega_2/(\times 10^{-20}$ cm$^2)$	$\Omega_4/(\times 10^{-20}$ cm$^2)$	$\Omega_6/(\times 10^{-20}$ cm$^2)$
硅酸盐玻璃[34]	3.60	2.30	0.65
锗酸盐玻璃[34]	3.30	1.14	0.17
Zn-Al-Bi-B[42]	16.4	4.06	0.81
氟磷酸盐玻璃[43]	2.08	3.11	1.50
碲酸盐玻璃[44]	4.20	2.80	1.10
磷酸盐玻璃[45]	8.58	4.31	2.88
HAS3[38]	8.83	2.45	1.06

采用 640 nm 激光二极管激发测试了 HAS 系列玻璃在 1 800~2 200 nm 范围的荧光光谱,结果见图 7-21a,而图 7-21b 则为归一化的荧光光谱。从图 7-21a 中看出,荧光强度随着 Ho^{3+} 浓度的增加先增大后减小。当 Ho$_2$O$_3$ 浓度为 0.3 mol% 时,荧光强度达到最大值。换句话说,当 Ho$_2$O$_3$ 浓度超过 0.3 mol% 后,浓度猝灭变得很明显。这主要是因为当 Ho^{3+} 高浓度

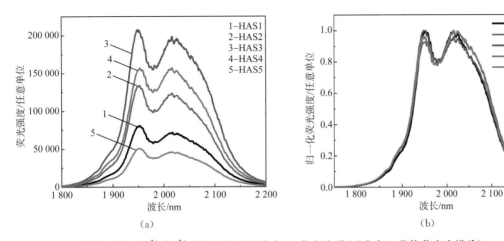

图 7-21　Ho^{3+}/Al^{3+} 共掺石英玻璃的 2 μm 荧光光谱(a)和归一化的荧光光谱(b)

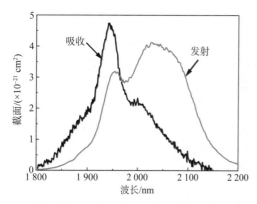

图 7-22 Ho^{3+}/Al^{3+} 共掺 HAS3 石英玻璃的 Ho^{3+}：$^5I_7 \rightarrow ^5I_8$ 吸收和受激发射截面

掺杂时，Ho^{3+} 之间交叉弛豫效应增强。从图 7-21b 中看出，荧光峰的位置以及峰的半高宽并没有随 Ho^{3+} 的浓度发生变化。Ho^{3+} 的 $^5I_7 \rightarrow ^5I_8$ 跃迁荧光峰半高宽大约为 175 nm，这明显大于文献中报道的锗酸盐、硅酸盐以及磷酸盐玻璃中 Ho^{3+}：$^5I_7 \rightarrow ^5I_8$ 跃迁的荧光半高宽[34]。

图 7-22 给出 HAS3 石英玻璃 2 μm 波段的吸收及受激发射截面，计算所得的最大吸收和受激发射截面在 1 668 nm 与 2 026 nm 处分别为 4.65×10^{-20} cm^2 和 4.12×10^{-20} cm^2。

放大器的增益带宽是由荧光光谱的带宽与受激发射截面决定的。样品 HAS3 与其他基质的增益带宽数据列于表 7-10 中。从表中可以看出，Ho^{3+} 掺杂石英玻璃的增益带宽大于锗酸盐[34]、硅酸盐[34]与磷酸盐玻璃[34]，这表明 Ho^{3+} 掺杂石英玻璃能提供较大的增益带宽。

表 7-10 不同掺钬玻璃的发射截面、荧光半高宽以及增益带宽

样品	σ_{ems}/($\times 10^{-21}$ cm^2)	$\Delta\lambda$/($\times 10^{-21}$ cm^2)	$\sigma_{ems} \times \Delta\lambda$/($\times 10^{-21}$ $cm^2 \cdot nm$)
锗酸盐玻璃[34]	4.0	84	336
硅酸盐玻璃[34]	7.0	82	574
磷酸盐玻璃[34]	6.2	78	484
氟磷酸盐玻璃[46]	5.5	150	825
HAS3[38]	4.12	175	721

通过以上计算所得的吸收和受激发射截面，可以根据式(7-1)计算出增益系数，以此评估材料的增益性能。图 7-23a 为 HAS3 玻璃的增益系数与波长的关系曲线，泵浦反转比例在 0~0.25。图 7-23b 为 2 020~2 140 nm 波段的增益系数放大图，从该图可以看出，激光上能级的粒子数超过 15% 即能实现 2.1 μm 的增益。

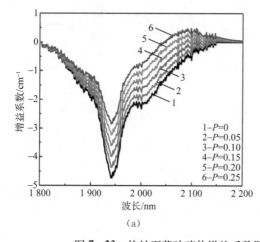

(a)

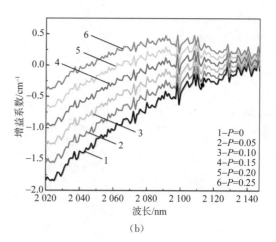

(b)

图 7-23 掺钬石英玻璃的增益系数图(a)和放大的 2.1 μm 处的增益系数图(b)

采用 J-O 理论计算得到的辐射寿命以及测量 Ho^{3+} 的 $^5I_7$ 能级荧光寿命，可以计算 $^5I_7$ 能级的量子效率。表 7-11 列出所有 HAS 系列样品 Ho^{3+} 的 $^5I_7$ 能级辐射寿命、测量荧光寿命以及量子效率。HAS 系列样品的测量荧光寿命与量子效率分别为 $1.022\sim1.231\,\mathrm{ms}$ 和 $6.52\%\sim9.38\%$。与文献报道的其他石英玻璃相比[47-48]，HAS 系列的玻璃在 $^5I_7$ 能级有较长的荧光寿命。石英玻璃的最大声子能量为 $1050\sim1\,100\,\mathrm{cm}^{-1}$，较高的声子能量导致了稀土激发态能级之间大的非辐射跃迁。大的非辐射跃迁和杂质（例如羟基和存在于原材料中的其他过渡金属杂质）使得 Ho^{3+} 的 $^5I_7\to{}^5I_8$ 跃迁量子效率偏低。

表 7-11　$\mathrm{Ho}^{3+}/\mathrm{Al}^{3+}$ 掺杂石英玻璃样品的 $^5I_7$ 能级辐射寿命、荧光寿命和量子效率

样品	HAS1	HAS2	HAS3	HAS4	HAS5
τ_c/ms	13.12	13.62	13.89	14.44	15.67
τ_m/ms	1.231	1.189	1.124	1.086	1.022
$\eta/\%$	9.38	8.73	8.09	7.52	6.52

7.3.2　高浓度 Ho^{3+} 与镧/钇铝共掺石英玻璃结构与光谱性质

为研究 $\mathrm{La}_2\mathrm{O}_3$ 与 $\mathrm{Y}_2\mathrm{O}_3$ 对高浓度 Ho^{3+} 掺杂石英玻璃结构和光谱性质的影响，Wang 等[49]采用溶胶凝胶法结合高温粉末烧结法制备了两个系列的 Ho^{3+} 掺杂石英玻璃样品：第一个系列被命名为 HLAS，其摩尔组成为 $0.8\mathrm{Ho}_2\mathrm{O}_3$-$(12-x)\mathrm{Al}_2\mathrm{O}_3$-$x\mathrm{La}_2\mathrm{O}_3$-$87.2\mathrm{SiO}_2$（$x=0$, $1.2\,\mathrm{mol}\%$, $4.5\,\mathrm{mol}\%$），分别记为 HAS0、HLAS1 和 HLAS2；第二个系列被命名为 HYAS，其摩尔组成为 $0.8\mathrm{Ho}_2\mathrm{O}_3$-$(12-x)\mathrm{Al}_2\mathrm{O}_3$-$x\mathrm{Y}_2\mathrm{O}_3$-$87.2\mathrm{SiO}_2$（$x=0$, $1.2\,\mathrm{mol}\%$, $4.5\,\mathrm{mol}\%$），分别记为 HAS0、HYAS1 和 HYAS2。

为从结构源头上研究 La^{3+} 或者 Y^{3+} 对掺 Ho^{3+} 石英玻璃光谱性质的影响，测试了上述两个系列玻璃的 FTIR 光谱和 NMR 谱。FTIR 谱的测试结果见图 7-24：位于 $950\,\mathrm{cm}^{-1}$ 处的肩峰归结为终端 Si—O—基团的非对称振动[23]；Si—O—基团的相对强度随着 $\mathrm{La}_2\mathrm{O}_3$ 或 $\mathrm{Y}_2\mathrm{O}_3$ 浓度的提高而增加，这表明 La^{3+} 以及 Y^{3+} 会解聚玻璃中 Si—O—Si 键，并且当 $\mathrm{La}_2\mathrm{O}_3$ 和 $\mathrm{Y}_2\mathrm{O}_3$ 含量相同时 La^{3+} 对玻璃网络的解聚能力大于 Y^{3+}。这与前述 TLAS 与 TYAS 系列样品中得出的结论相一致。

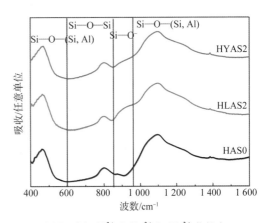

图 7-24　Y^{3+} 和 La^{3+} 与 Ho^{3+} 共掺杂石英玻璃的 FTIR 光谱

图 7-25 所示为 HLAS 与 HYAS 系列样品的 $^{27}\mathrm{Al}$ MAS NMR 谱。从图 7-25 可以看出 HLAS 与 HYAS 系列样品的 Al 主要是以 AlO_4 形式存在，表明 Al 在该玻璃中主要充当网络形成体，并且 AlO_5 和 AlO_6 含量随着 $\mathrm{La}_2\mathrm{O}_3$ 或者 $\mathrm{Y}_2\mathrm{O}_3$ 含量的增加而减小。对比 $\mathrm{La}_2\mathrm{O}_3$ 掺杂玻璃，$\mathrm{Y}_2\mathrm{O}_3$ 掺杂玻璃倾向于使 Al 处于更高的配位。这些结果与 TLAS 与 TYAS 系列样品中的研究结果相一致。图 7-25 中 HLAS 和 HYAS 系列样品 $^{27}\mathrm{Al}$ MAS NMR 谱旋转侧带的强度和宽度随着 $\mathrm{La}_2\mathrm{O}_3$ 或 $\mathrm{Y}_2\mathrm{O}_3$ 含量的增加而减小，表明 Al^{3+} 周围的 Ho^{3+} 数目减少。$\mathrm{Y}_2\mathrm{O}_3$

掺杂玻璃 ^{27}Al NMR 谱旋转侧带的强度高于 La_2O_3 掺杂玻璃,这表明:当 La_2O_3 和 Y_2O_3 含量相同时,Y_2O_3 掺杂玻璃 Al^{3+} 周围的 Ho^{3+} 数目多于 La_2O_3 掺杂玻璃。

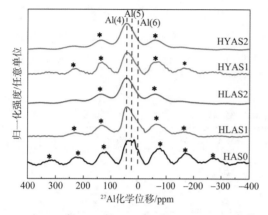

图 7 - 25　Y^{3+} 和 La^{3+} 与 Ho^{3+} 共掺杂石英玻璃的 ^{27}Al MAS NMR 谱(* 代表旋转侧带)

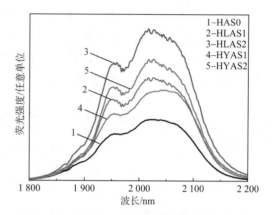

图 7 - 26　HLAS 与 HYAS 系列样品的荧光光谱

为研究 La^{3+}/Al^{3+} 比、Y^{3+}/Al^{3+} 比对 Ho^{3+} $2\,\mu m$ 波段发射光谱的影响,在 640 nm 激光二极管泵浦下测试了 1800~2200 nm 范围的荧光光谱,结果见图 7 - 26。从图中可以看出,荧光强度随着 La_2O_3 或者 Y_2O_3 含量的提高而增加,并且当 La_2O_3 和 Y_2O_3 含量相同时 La_2O_3 掺杂玻璃的荧光强度大于 Y_2O_3 掺杂玻璃。通过对 HLAS 与 HYAS 系列样品的结构研究得知,当 La_2O_3 或者 Y_2O_3 加入石英玻璃后,Ho^{3+} 在玻璃中的分散性提高,并且当 La_2O_3 和 Y_2O_3 含量相同时 La_2O_3 掺杂玻璃的对 Ho^{3+} 的分散性优于 Y_2O_3 掺杂玻璃。在上一节中通过讨论 Ho^{3+}/Al^{3+} 共掺石英玻璃的光谱性质已得知,当 Ho_2O_3 的掺杂浓度为 0.3 mol% 时会发生浓度猝灭。因此,在加入 La_2O_3 或 Y_2O_3 后,Ho^{3+} 的分散性得到提高,其光谱性质也得到改善,并且在分散性进一步提高后,荧光猝灭将得到抑制、光谱性质得到更好改善,所以当 La_2O_3 和 Y_2O_3 含量相同时 La_2O_3 掺杂玻璃的荧光强度优于 Y_2O_3 掺杂玻璃。

利用 F - L 公式计算得到 HLAS 与 HYAS 系列样品 $^5I_7 \rightarrow {}^5I_8$ 跃迁的受激发射截面,结果列于表 7 - 12 中。受激发射截面与荧光寿命的乘积被称为激光增益的品质因数,它是衡量激光材料的重要参数。表 7 - 12 中列出了 HLAS 与 HYAS 系列样品的品质因数。从表中可以看出,样品的品质因数随着 La^{3+}/Al^{3+} 或 Y^{3+}/Al^{3+} 比的增加而提高,并且当 La_2O_3 和 Y_2O_3 含量相同时 La_2O_3 掺杂玻璃的品质因数高于 Y_2O_3 掺杂玻璃。这表明在高浓度 Ho^{3+} 掺杂石英玻璃中引入 La^{3+} 或者 Y^{3+} 可以改善钬离子的光谱性质,有助于实现高的激光增益,并且 La^{3+} 比 Y^{3+} 更适合用于改善 Ho^{3+} 的分散性,从而提高其 $2\,\mu m$ 波段的发光性能。

表 7 - 12　HLAS 与 HYAS 样品 Ho^{3+} 受激发射截面与品质因数

样品	HAS0	HLAS1	HLAS2	HYAS1	HYAS2
τ_{mea}/ms	0.96	1.00	1.47	0.97	1.39
$\sigma_{ems}/(\times 10^{-21}\,cm^2)$	3.96	4.01	4.29	3.98	4.13
$\sigma_{ems} \times \tau_{mea}/(\times 10^{-21}\,cm^2 \cdot ms)$	3.80	4.01	6.31	3.86	5.74

7.4　掺铥石英光纤及光纤激光器

获得 2 μm 激光有两种有效方法：一种是以掺铥和钬激光材料为基础直接产生；另一种是采用 1 μm 激光通过光学参量振荡（optical parametric oscillation，OPO）技术产生，但该方法获得的激光光束质量较差、谱宽较大，因而较少采用。以掺铥和钬激光材料为基础直接产生 2 μm 激光的方法分为两类：一类为采用 Ho∶YAG、Tm∶Ho∶YLF 及 Tm∶Ho∶GdVO₄ 为激光介质的固体激光器，另一类为采用以掺铥光纤、掺钬光纤或铥钬共掺光纤为激光介质的光纤激光器。掺铥光纤激光器由于光纤介质散热面积大、冷却效果好、具有交叉弛豫特性，因而容易获得高斜率效率的激光输出，并且其输出激光波长可宽带调谐。随着双包层掺铥光纤制备技术的发展以及 790 nm 半导体泵浦源的日趋成熟，掺铥光纤激光器成为 2 μm 波段激光尤其是高功率激光的主要解决方案。下面详细介绍掺铥石英光纤和激光器的进展。

7.4.1　掺铥石英光纤的研究进展

作为增益介质，掺铥石英光纤对实现高性能的激光输出起到了决定性作用，这是 2 μm 高功率光纤激光领域的研究重点。对于掺铥光纤，提高掺杂浓度可以减小铥离子间的平均间距，有助于增强交叉弛豫过程，提高激光斜率效率，降低量子亏损和光纤发热，同时有利于提高长波激光输出效率。图 7-27 汇总了文献报道的不同掺铥浓度石英光纤的激光斜率效率[3, 8, 50-66]。不考虑交叉弛豫过程的斯托克斯理论极限效率约为 40%，考虑交叉弛豫过程后的理论极限效率可达 80%。从图中可以看出，随着掺铥浓度提升，光纤在 790 nm 波长泵浦下的斜率效率整体呈升高的趋势。目前报道的最高斜率效率为 74.5%，掺铥质量分数大于 7.4%。值得注意的是，由于斜率效率受到掺杂方式、背景损耗、团簇、光纤结构等多种复杂因素的影响，在同一掺杂浓度下的斜率效率也存在较大的差异。因此，在保证高浓度掺杂情况下，需要不断优化光纤制备工艺。

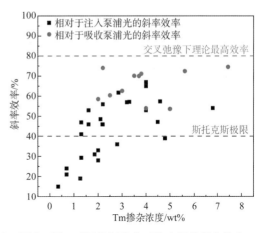

图 7-27　不同掺铥浓度石英光纤的斜率效率

2018 年，美国相干公司 Tumminelli 等和澳大利亚国家防务科学技术组织 Hemming 等[65]共同报道：采用全卤化物气相沉积工艺制备了纤芯 Tm₂O₃ 掺杂浓度大于 8.5 wt% 的双包层光纤，纤芯数值孔径为 0.26，所拉制的光纤尺寸为 6/125 μm。采用 793 nm 半导体泵浦掺铥光纤时，相对于吸收泵浦光的斜率效率高达 74.5%。该光纤不仅是目前已报道的铥掺杂浓度最高的石英光纤，也实现了 793 nm 半导体泵浦下的最高斜率效率。他们指出该光纤中的羟基含量极低，采用同种工艺制备的其他稀土掺杂光纤在 1380 nm 波长处的羟基吸收低于 5 dB/km。2019 年，英国南安普顿大学报道了采用气相液相混合掺杂工艺制备的高浓度掺铥石英光纤[67-68]。在高浓度掺铥石英光纤中，需要共掺 Al 元素提高 Tm³⁺ 在石英玻璃中的溶解度。而传统的液相掺杂工艺要实现 Al₂O₃ 掺杂浓度大于 4 mol% 是较为困难的[69]，因此，他们提出将 AlCl₃ 蒸气与 SiCl₄ 气体一起混合沉积为疏松体，再通过溶液浸泡的方式掺杂铥元素，这不仅使 Tm 和 Al 的掺杂浓度大幅提高,而且使纤芯中的元素分布也更为平坦。研究发现,随着铥掺杂浓度从 2 wt% 提高到 5.6 wt%,相对于吸收泵浦光的斜率效率从 58.5% 逐渐提高到 72.4%,见表 7-13。他们指出,3.5 wt% 的铥掺杂浓度已经可以获得大于 70% 的斜率效率,并且较低的掺杂浓度有利于短波长激光输出。

表 7-13　南安普顿大学采用气液相混合掺杂技术制备的掺铥光纤参数[67]

光纤编号	Tm 浓度/wt%	Al 浓度/wt%	光纤长度/m	激光波长/nm	斜率效率/%	最大输出功率/W
HGS-01	3.8	5.6	11	2 025	71.1	22.6
HGS-02	5.6	6.1	8	2 036	72.4	24.4
HGS-03	3.5	4.9	12	2 022	70.1	20.9
HGS-04	3.0	7.8	9	2 013	62.6	16.2
HGS-05	2.5	5.1	10	2 009	60.4	15.8
HGS-06	2.0	7.2	12	2 004	58.5	15.2

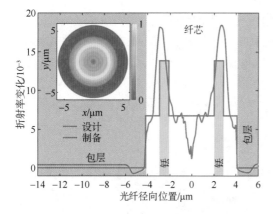

图 7-28　英国南安普顿大学嵌套环结构掺铥光纤的结构和折射率分布[70]

2020 年,英国南安普顿大学 Barber 等报道了嵌套环结构的掺铥石英光纤,其结构设计和实际折射率分布如图 7-28 所示[70]。该光纤的纤芯中心区域不掺杂铥元素,高浓度铥元素(>3.5 wt%)在外围呈环状分布。通过此种光纤设计可以降低 LP$_{01}$ 模与掺铥区域的重叠因子,降低了光纤中的泵浦吸收,从而降低了长波的增益系数,有利于短波长的激光输出。该光纤在功率为 101 W 的 793 nm 激光二极管泵浦下,于短波长 1 907 nm 处获得了 62 W 的单模激光输出,相对于吸收泵浦光的斜率效率为 70%。同年,他们将 1 907 nm 处的激光输出功率提高到了 131 W[71]。

2020 年,华中科技大学李进延课题组[72]采用 MCVD 工艺制备了尺寸为 25/400 μm 的双包层掺铥石英光纤,纤芯数值孔径为 0.1,Tm$_2$O$_3$ 和 Al$_2$O$_3$ 浓度分别为 2.6 wt% 和 1.01 wt%,793 nm 处的包层吸收系数为 3 dB/m,885 nm 处的包层背景损耗约为 43 dB/km。采用 8 m 自研掺铥光纤搭建了一级放大系统,实现了 530 W 的激光输出,斜率效率为 50%。

上海光机所胡丽丽课题组[33,73-74]从 2013 年起开始采用溶胶凝胶法结合高温粉末烧结法进行掺铥石英光纤研究,所制备的光纤参数见表 7-14。2013 年,Li 等[33]采用 0.3Tm$_2$O$_3$-4.5Al$_2$O$_3$-95.2SiO$_2$ 纤芯组分制备了 35/280 μm 双包层光纤(TDF1),在 1 592 nm 处获得了 1.23 W 激光输出,斜率效率 11.7%。2014 年,Lou 等[73]采用 0.1Tm$_2$O$_3$-1.0Al$_2$O$_3$-98.9SiO$_2$ 组分制备纤芯,纯石英管为内包层,低折射率紫外固化液为涂覆层,制备了两种尺寸的掺铥双包层石英光纤,芯径分别为 38 μm(TDF2)和 19 μm(TDF3)。在一段 140 cm 长 TDF2 光纤中获得了 1.11 W 的激光输出,斜率效率为 4.5%,光束质量因子 $M^2=1.99$;在一段 125 cm 长的 TDF3 光纤中获得了 0.24 W 激光输出,斜率效率为 4.3%,光束质量因子 $M^2=1.33$。2016 年,王雪[74]采用 0.3Tm$_2$O$_3$-4.5Al$_2$O$_3$-95.2SiO$_2$ 的纤芯组分制备了 45/450 μm 的双包层光纤(TDF4),纤芯 NA=0.17。在 50 cm 长的 TDF4 光纤中了获得了 2.4 W 激光输出,斜率效率为12.2%。受限于溶胶凝胶法制备工艺，早期制备的掺铥石英纤芯玻璃中羟基含量高，背景损耗很大，因此激光斜率效率很低；同时铥离子掺杂浓度偏低（小于2 wt%），铥离子交叉弛豫作用较弱，这也是导致斜率效率较低的原因。

表7-14 溶胶凝胶法制备的掺铥石英光纤参数和激光结果

光纤	纤芯直径/μm	内包层直径/μm	纤芯数值孔径	激光波长/nm	斜率效率	最大输出功率/W
TDF1	35	280	0.192	1952	11.7%	1.23
TDF2	38	350	0.102	1969	4.5%	1.11
TDF3	19	170	0.102	1969	4.3%	0.24
TDF4	45	450	0.17	1952	12.2%	2.4

溶胶凝胶法制备的光纤背景损耗高，相比之下，采用MCVD法能够有效降低纤芯中的杂质和羟基含量，大幅降低光纤背景损耗，提高激光斜率效率。2019年，胡丽丽课题组采用MCVD法结合液相掺杂技术制备了两款双包层掺铥光纤，光纤参数见表7-15。其中10/130 μm掺铥光纤在793 nm处的包层吸收系数为2.2 dB/m，激光斜率效率大于40%；25/400 μm的掺铥光纤在793 nm处的包层吸收系数为3.0 dB/m，激光斜率效率可达50%。孟佳等[75]分别采用自研10/130 μm双包层掺铥光纤（793 nm处包层吸收系数为～2.5 dB/m）与美国Nufern公司10/130 μm的掺铥双包层光纤（793 nm处包层吸收系数为～4.5 dB/m），搭建了1 918 nm、1 941 nm、2 013 nm掺铥光纤激光振荡器，同样条件下对比激光振荡输出结果发现：利用进口光纤，激光输出效率较自研光纤有明显提升，斜率效率相差6%～11%，但是进口光纤激光输出光斑能量分布不太理想，而自研光纤的激光输出光斑分布则较为理想。这主要是由于自研光纤铥离子掺杂浓度低于Nufern公司光纤，Tm^{3+}间交叉弛豫效率较低，能量转换效率低。同时，自研光纤的NA相比进口光纤更小，光束质量更为理想。

表7-15 胡丽丽课题组MCVD法制备的掺铥双包层石英光纤参数

掺铥包层光纤尺寸	纤芯直径	纤芯数值孔径	内包层数值孔径	内包层直径（边到边）	芯包同心度误差	包层吸收系数@793 nm	激光斜率效率
10/130 μm	(10±1) μm	0.14±0.01	≥0.46	(130±3) μm	≤1 μm	(2.2±0.2) dB/m	≥40%
25/400 μm	(25±2) μm	0.09±0.01	≥0.46	(400±10) μm	≤1.5 μm	(3.0±0.2) dB/m	≥50%

7.4.2 掺铥石英光纤面临的挑战

在石英光纤制备过程中，不可避免地会有少量的水汽或羟基进入石英玻璃网络，形成Si—O—H键。石英中的Si—O—H基频振动峰位于2.72 μm，二倍频振动峰位于1.38 μm，三倍频振动峰位于0.95 μm。Si—O—H羟基的振动峰和[SiO_4]四面体的振动峰组合形成一系列宽带吸收峰，称之为羟基混频峰。图7-29为干石英玻璃（羟基含量极低）和湿石英玻璃（羟基含量较高）的损耗谱[76]，其中ν_3是羟基的基频振动峰、ν_1是[SiO_4]四面体的振动峰。从图中可以看出，位

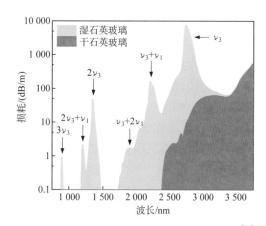

图7-29 湿石英玻璃和干石英玻璃的损耗谱[76]

于~1 894 nm 的羟基混频峰 $\nu_3+2\nu_1$ 和位于~2 212 nm 的羟基混频峰 $\nu_3+\nu_1$ 都会对 2 μm 波段带来额外的背景损耗。随着波长的增加,其影响会更严重。德国 Heraeus 公司测量了不同羟基含量石英玻璃和光纤中羟基在不同波长处的吸收系数,并与文献报道结果对比,见表 7-16[76-81]。羟基在 2 212 nm 波长附近的吸收系数约为(200 dB/km)/ppm(即 1 ppm 的羟基会额外带来高达 200 dB/km 的背景损耗);在 1 894 nm 波长附近的吸收系数约为(0.84 dB/km)/ppm。可见羟基含量对光纤在 2 μm 波段的背景损耗影响非常大,并且长波的吸收系数远大于短波。高的背景损耗会引起激光效率大幅下降、光纤热负荷增加等不良影响,严重劣化光纤激光性能。因此,降低纤芯中的羟基含量是制备高性能掺铥石英光纤的关键。

表 7-16 在不同羟基含量石英玻璃和光纤中测得的羟基吸收峰位和吸光系数

羟基振动峰	波长 /nm	直接烧结湿石英块体① α_{OH}/ [(dB/km)/ppm]	疏松体烧结湿石英块体② α_{OH}/ [(dB/km)/ppm]	湿石英光纤③ α_{OH}/ [(dB/km)/ppm]	干石英光纤④ α_{OH}/ [(dB/km)/ppm]	羟基吸收系数结果汇总 α_{OH}/ [(dB/km)/ppm]	实验误差
ν_3	2 722±1	10 000	10 000	—	—	10 000	—
$\nu_3+\nu_1$	2 212±1	199	202	—	—	201	±5
$\nu_3+2\nu_1$	1 894±1	0.91	0.77	—	—	0.84	±0.1
$2\nu_3$	1 383±1	62.1	63.3	62.7	62.7	62.7	±1
$2\nu_3+\nu_1$	1 246±1	2.62	2.69	2.7	2.9	2.7	±0.5
$2\nu_3+2\nu_1$	1 139±1	0.067	—	0.062	0.08	0.07	±0.01
$3\nu_3$	943±1	1.55	1.62	1.5	1.66	1.6	±0.1
$3\nu_3+\nu_1$	878±1	—	—	0.085	0.07	0.08	±0.02
$3\nu_3+2\nu_1$	825±1	—	—	0.003 8	—	0.003 8	±0.000 5
$4\nu_3$	724±1	—	—	0.078	—	0.078	±0.005
$4\nu_3+\nu_1$	685±1	—	—	0.004 4	—	0.004 4	±0.000 5
$4\nu_3+2\nu_1$	651±1	—	—	0.000 28	—	0.000 28	±0.000 05
$5\nu_3$	593±1	—	—	0.006 4	—	0.006 4	±0.000 5
$5\nu_3+\nu_1$	566±1	—	—	0.000 3	—	0.000 3	±0.000 1
$6\nu_3$	506±1	—	—	0.000 5	—	0.000 5	±0.000 2
$7\nu_3$	444±1	—	—	0.000 12	—	0.000 12	±0.000 05

注:① 为块体玻璃样品通过氢氧焰水解 $SiCl_4$ 加直接烧结法制备(F100),羟基含量约 700 ppm。
② 为块体玻璃样品通过氢氧焰水解 $SiCl_4$ 形成疏松体,再真空烧结制备(F310),羟基含量约 250 ppm。
③ 该光纤样品纤芯为块体玻璃样品①。
④ 该光纤样品纤芯为通过氢氧焰水解 $SiCl_4$ 形成疏松体,再经过脱水干燥、真空烧结制备的块体玻璃(F300),羟基含量约 0.2 ppm。

英国南安普顿大学 Shardlo 等[64]研究表明,光纤制备中的高温过程导致纤芯掺杂元素扩散,Tm^{3+} 在纤芯横截面上的浓度分布不同,在纤芯与包层界面附近的 Tm 和 Al 浓度低于纤芯中心区域,从而导致交叉弛豫过程减弱、斜率效率降低。通过计算激光模场与 Tm^{3+} 分布的重叠因子表明,上述浓度分布是激光效率低于 70% 的主要原因。因此,他们指出,如果保证 Tm^{3+} 掺杂浓度在 3.6 wt% 左右,通过优化制备工艺获得"平顶型"Tm^{3+} 浓度分布,并在掺杂纤芯外圈增加掺 Al 石英环以增大纤芯直径,实现部分区域掺杂,就有望使斜率效率接近理论极限。

对于掺铥光纤,除了需要提高 Tm^{3+} 掺杂浓度从而促进交叉弛豫,还需要共掺 Al 元素以提高 Tm^{3+} 在石英玻璃中的溶解度,降低团簇和散射损耗,通常 Al/Tm 比大于 10。然而,Tm 和 Al 高浓度掺杂都会使得纤芯石英玻璃的折射率大幅上升,进而导致纤芯与纯石英包层的折射率差增加、数值孔径增大、光束质量劣化,限制了其在高光束质量需求场景下的应用。因此,如何兼顾高能量转换效率和高光束质量的双重需求是掺铥光纤制备的难点。目前通常的做法是,在 Tm/Al 掺杂的纤芯外围掺锗,形成一圈高折射率的基座,降低纤芯的有效数值孔径从而获得好的光束质量,光纤结构如图 7-30 所示。但是,相关研究表明[82-83],掺锗基座也会带来一些问题,如图 7-31 所示。一方面,纤芯传输的一部分光由于熔接损耗、耦合损耗、模场失配和放大自发辐射(ASE)等因素会耦合进基座层,由于基座层与纤芯具有较高的重叠因子,可能导致其获得的增益较高,使得激光系统对熔接十分敏感(尤其是

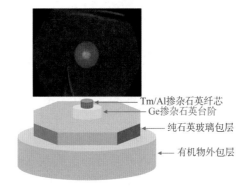

Tm/Al掺杂石英纤芯
Ge掺杂石英台阶
纯石英玻璃包层
有机物外包层

图 7-30　具有掺锗基座的掺铥光纤截面及结构

脉冲激光系统),同时也会导致很强的反向 ASE 在基座层中传输。另一方面,耦合进基座层的光将经过熔接点进入无源光纤的包层中,不仅带来激光性能的劣化,也可能对光栅、合束器、隔离器、激光二极管、包层光剥除器等无源器件造成损伤。并且,由于基座的数值孔径较大,缺乏有效的手段滤除耦合进基座层的寄生光。通过弯曲掺铥光纤抑制纤芯高阶模的方法则又会在基座层产生额外的寄生光,从而增加纤芯基模和基座层传输模式之间耦合的可能性,从而影响光束质量。因此,基座层设计对于掺铥光纤的激光性能影响很大,需要尽可能降低熔接损耗。Simakov 等[83]研究表明,增加基座的直径与纤芯直径的比例可以有效降低基座层传输的光与纤芯的重叠因子,从而降低激光性能受熔接质量的影响程度,使得激光输出更加稳定。如图 7-32 所示,在同一纤芯直径下,随着基座直径的增加,有效重叠因子逐渐降低;在同一基座直径下,纤芯直径越小的光纤,重叠因子越小。Jollivet 等[82]进一步研究发现,在 25/400 μm 大模场掺铥光纤中,将基座与纤芯直径比从 1.7 提高到 3,与匹配的无源光纤熔接后,纤芯的基模耦合效率得到明显提升,输出光束质量得到了改善。

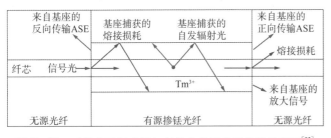

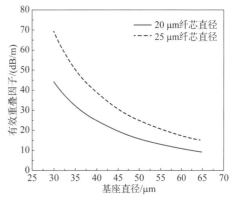

图 7-31　无基座无源光纤与有基座掺铥光纤熔接示意图[83]

图 7-32　不同纤芯直径下有效重叠因子随基座直径的变化[83]

7.4.3　掺铥光纤激光器的发展历程

掺铥光纤激光器最早报道于 1988 年,英国南安普顿大学的 Hanna 等[84]采用 797 nm 染料激光器泵浦 27 cm 长掺铥光纤,获得了 2.7 mW 的 1.94 μm 激光,斜率效率为 13%。得益于

790 nm 激光二极管的发展,自 1998 年起逐渐开始了 2 μm 高功率光纤激光技术发展的持续报道。Jackson 和 King[51] 采用 790 nm 激光二极管阵列对铥掺杂浓度为 1.85 wt% 的双包层石英光纤进行泵浦,获得的最大输出功率为 5.4 W,斜率效率为 31%。通过调节光纤长度,输出激光波长可在 1 880~2 033 nm 范围内调谐,在 1.94~2.01 μm 范围内的输出功率大于 4 W。2000 年,Hayward 等[52] 采用 787 nm 激光二极管双向泵浦铥掺杂浓度为 2.2 wt% 的双包层石英光纤,在 2 μm 处获得了 14 W 的单模激光输出功率和 46% 的斜率效率。2002 年,Clarkson 等[85] 报道了用 787 nm 激光二极管泵浦掺铥石英光纤,通过衍射光栅波长选择实现了 1 860~2 090 nm 范围内可调谐的连续激光输出,在 1 940 nm 处的最大输出功率为 7 W,在 1 860~2 090 nm 范围内的输出功率大于 5 W。

掺铥光纤激光的突破性进展出现在 2005 年,悉尼大学 Jackson 等[53] 采用 793 nm 激光二极管双向泵浦 1.8 m 长的 27/400 μm 掺铥石英光纤,铥掺杂浓度为 2.2 wt%,Al 与 Tm 的掺杂比为 10,在 2.04 μm 获得了 85 W 的激光输出,斜率效率达到 56%。同年,他们与南安普顿大学合作[86],采用 790 nm 激光二极管泵浦 2 m 长 18/300 μm 掺铥光纤,铥掺杂浓度为 2.2 wt%,Al 与 Tm 的掺杂比为 8,在 2 025 nm 处获得了 30.8 W 的输出,斜率效率达到 61%。2007 年他们采用 793 nm 激光二极管泵浦 4 m 长的 20/270 μm 掺铥光纤,铥掺杂浓度为 3.2 wt%,在中心波长 2 033 nm 处获得了 120 W 激光输出,斜率效率为 57%,在 10 W 输出时的光束质量因子 M^2 为 1.1[87]。2007 年,Q - Peak 公司 Evgueni Slobodtchikov、Moulton 与 Nufern 公司 Frith[88] 采用 2 个 350 W 的 795 nm 激光二极管双向泵浦 5 m 长的 25/400 μm 掺铥光纤,在 2 050~2 070 nm 波长范围内获得 263 W 激光输出,斜率效率为 59%。2007 年,IPG 公司 Meleshkevich 等[89] 采用 1 567 nm 掺铒光纤激光作为泵浦源,将 5 m 长 20 μm 芯径的掺铥光纤与光纤光栅熔接组成全光纤系统,在 1 908 nm 处获得了超过 400 W 输出,M^2 小于 1.1,线宽小于 1 nm,斜率效率为 60%。2009 年,Q - Peak 公司 Moulton 与 Nufern 公司 Frith 等[59] 再次报道采用 5 m 长的 25/400 μm 掺铥光纤在 2 040 nm 处获得了 300 W 激光输出,M^2 为 1.2,斜率效率为 61.8%;同时他们在 7 m 长的 35/625 μm 掺铥光纤中实现了 885 W 多模激光输出($M^2=6-10$),斜率效率为 49.2%。2009 年 Goodno 等[60] 采用 2 040 nm 的 DFB 种子源经三级预放大后注入 3.1 m 长的 25/400 μm 掺铥光纤中,实现了 608 W 的单频单模激光输出,线宽小于 5 MHz,M^2 为~1.05,斜率效率达到 54%。2010 年,Q - Peak 公司 Moulton 等报道了他们与 Nufern 公司合作的千瓦级掺铥光纤激光结果[1]:使用 6 个 150 W 的 790 nm 半导体泵浦和 10 m 长的 20/400 μm 的掺铥光纤,在一级主振荡功率放大(MOPA)中获得了超过 500 W 的激光输出,斜率效率为 61.6%;在两级 MOPA 放大中获得了超过 1 000 W 的激光输出,激光波长为 2 045 nm,斜率效率为 53.2%。

此后 10 年间,掺铥光纤激光功率增长停滞,大多数研究聚焦于优化激光系统和利用输出光谱带宽,输出功率大于百瓦的掺铥光纤激光可以覆盖 1 900~2 100 nm 波段[90-93]。2014 年,Creeden 等[94] 采用激光波长为 1 908 nm 的掺铥光纤激光器同带泵浦掺铥光纤,在 2 005 nm 波长处获得了 1.43 W 激光输出,相对于注入的泵浦光斜率效率为 90.2%。同年,他们采用相同的同带泵浦方式,通过纤芯泵浦在 1 993 nm 处获得了 41 W 激光输出,斜率效率 92.1%;通过包层泵浦在 1 993 nm 处获得了 123.1 W 激光输出,斜率效率 91.6%。这是目前已报道的掺铥光纤激光器获得的最高斜率效率[95]。采用短波长掺铥激光器同带泵浦掺铥光纤使得量子亏损不足 10%,光纤发热显著降低,具备实现高功率输出的潜力。2016 年,德国耶拿大学 Walbaum 等[96] 通过振荡结构的掺铥光纤激光器在 1 970 nm 波长处获得 567 W 的激光输出,相对于吸收泵浦光的斜率效率为 49.4%,光束质量因子 M^2 为 2.6。2018 年,耶拿大学 Limpert 课题组[97]采用啁啾脉冲放大技术在 6 m 长的 50/250 μm 光子晶体光纤中获得了平均功率高达 1 150 W 的脉冲激光输出(压缩前),刷新了掺铥光纤的平均功率记录;脉冲压缩后,输出波长 1 960 nm,脉冲宽度 256 fs,重复频率 80 MHz,单脉冲能量 13.2 μJ,峰值功率 50 MW, M^2 小于 1.1。2019 年,英国南安普顿大学 Burns 等[98]采用激光波长为 1 580 nm 的掺铒激光器纤芯同带泵浦掺铥光纤,在 1 726 nm 波长处获得了 47 W 激光功率输出,相对于吸收泵浦光的斜率效率达到 80%。2021 年,美国空军研究实验室 Anderson 等[99]采用 9 m 长的 20/400 μm 光纤实现了 1.1 kW 平均功率的窄线宽放大输出,线宽 5 GHz,输出波长 1.95 μm,斜率效率 51%, M^2 小于 1.1。

由于受到掺杂光纤、关键元器件和泵浦源的限制,中国掺铥双包层光纤激光器的研究起步较晚。1998 年,西安光机所刘东峰[100]在国内首次报道了近 2 μm 波段激光输出的实验结果。该实验采用输出波长为 1 053 nm 的 Nd^{3+}:YLF 激光器泵浦国产掺铥单模石英光纤。当增益光纤长度为 1 m,泵浦功率为 187 mW 时,在中心波长 1 871 nm 处获得最大激光输出功率为 153 μW,斜率效率为 0.32%。2006 年哈尔滨工业大学 Zhang 等[56]在 3.7 m 长的双包层掺铥光纤中获得了 2.2 W 的激光输出。2007 年,上海光机所利用掺铥石英双包层光纤获得了 70 W 连续激光输出[101]。2008 年,上海光机所 Xu 等[102]报道了一种波长可调谐的掺铥光纤激光器,获得了 1 866~2 107 nm 共 240 nm 范围可调谐激光输出,最高输出功率达 32 W,斜率效率高达 70%。哈尔滨工业大学夏林中等[103]报道了采用 5 m 长的 20/300 μm D 型光纤获得 6.1 W 的 2 μm 激光输出,斜率效率 55.6%;张云军等[104]报道了他们采用 2 m 长的 27.5/400 μm 掺铥光纤获得 3 W 的放大功率输出;2009 年,他们[105]报道了全光纤结构的掺铥光纤激光器,输出的最大连续激光功率为 39.4 W,斜率效率 34%;同年,哈尔滨工业大学 Zhang 等[106]采用 793 nm 激光二极管泵浦 3.2 m 长的 25/250 μm 国产光纤,产生功率为 2.4 W,谱宽 0.1 nm 的种子光,再经过 5.7 m 长的 Nufern 公司 25/400 μm 掺铥光纤放大获得 30.6 W 的窄线宽激光输出,斜率效率 39.1%,光谱宽度 0.2 nm,输出波长 1 947.6 nm。2010 年,上海光机所 Tang 等[107]以 793 nm 激光二极管为泵浦源,双端泵浦 4 m 长的 30 μm 芯径国产双包层掺铥光纤,在中心波长 2.04 μm 处获得了 150 W 的最高激光输出功率,斜率效率为 56.3%。同年,他们[108]采用增益开关和二级掺铥光纤放大系统,在中心波长 2 020 nm 处获得了 100 W 平均功率输出,斜率效率为 52%, M^2 为 1.01,当重复频率为 500 Hz 时,脉冲能量达到 10.4 mJ,峰值功率达到 138 kW。2011 年,上海光机所 Yu 等[109]报道了一个基于 Tm:Ho:LuLiF 主振荡种子源和掺铥光纤功率放大系统,重复频率 11.3 kHz,线宽 0.4 nm,功率 0.66 W 的种子光通过两级 25/400 μm 的保偏掺铥光纤放大获得 32.4 W 激光输出功率,线宽 0.4 nm,中心波长位于 2 058.5 nm 处。

2013 年,国防科技大学 Wang 等[110]报道了一个全光纤结构的高功率单频掺铥光纤放大器,他们采用 MOPA 结构对单频种子激光进行两级放大,第一级放大使用 2.5 m 长的 9/125 μm 单模光纤,第二级使用 8 m 长的 10/125 μm 双包层光纤,在中心波长 1 971 nm 处的最大激光输出功率为 102 W,相对于吸收泵浦光的斜率效率为 50%。2014 年,清华大学 Hu 等[111]采用全光纤化振荡结构,使用一对中心波长为 ~1 908 nm 的光纤布拉格光栅为激光谐振腔,以 7 个带尾纤输出的 790 nm 激光二极管为泵浦源,以 3 m 长的 25/400 μm 双包层掺铥光纤为增益介质,在 443 W 泵浦功率下,获得输出激光功率为 227 W,斜率效率为 54.3%,光光转换效率为 51.2%,光束质量因子 M^2 为 1.56。同年,北京工业大学 Liu 等[112]报道了一个 200 W 级的单频单偏振掺铥光纤激光器。该实验采用全保偏光纤及器件,搭建了四级全光纤 MOPA 系统,一个线宽小于 2 MHz、最大功率 3.5 mW 的稳定单频分布反馈式二极管激光器作为种子源,经两级 10/130 μm 保偏掺铥光纤预放大后功率达到 5 W,再经过 4.5 m 长的 25/400 μm 保偏掺铥双包层光纤进一步放大到 75 W,最后经过 25/400 μm 保偏掺铥双包层光纤放大到 210 W,斜率效率为 ~53%,M^2 为 1.6,中心波长为 2 000.92 nm,激光线宽小于 0.8 pm,偏振消光比大于 17 dB。2015 年,他们又报道了国内首个 300 W 量级的高功率、窄谱宽输出掺铥光纤激光器[113]。实验系统采用一级振荡加两级放大的全光纤 MOPA 结构,振荡器提供功率为 560 mW、中心波长为 2 000.3 nm 窄线宽种子光,经两级保偏掺铥放大器进行功率放大,最终获得了 342 W 最大功率输出,斜率效率为 56%,光谱 3 dB 带宽 90 pm,M^2 小于 1.15。

2016 年,国防科技大学 Yin 等[114]报道了一种波长可调谐的 2 μm 波段高功率掺铥光纤激光器。系统采用一级振荡加一级放大的全光纤 MOPA 结构,实现了 300 W 量级的激光输出。激光振荡器采用可调谐的带通滤波器进行波长选择。激光放大器将中心波长为 1 910 nm 的 5 W 单模种子激光功率放大到 327.5 W,斜率效率为 57.4%。该放大器在 1 910~2 050 nm 波段范围内均可获得大于 270 W 激光输出,系统在 20 min 运行考核时间内输出功率稳定性良好。在 1 910~1 930 nm 波段运转时,激光输出光谱有较为明显的 ASE 产生。

2017 年,复旦大学 Yao 等[115]采用 25/400 μm 掺铥包层光纤构建全光纤化的 MOPA 系统,在 1 941 nm 波长处实现了 400 W 的窄线宽激光输出,激光线宽为 67 pm,放大级斜率效率为 53%。2018 年,他们采用一个 3×1 信号光合束器,将 3 个掺铥光纤 MOPA 系统进行非相干合成,获得最高功率为 790 W 的激光输出[116],相对于注入的泵浦光斜率效率为 52.2%,光束质量因子 M^2 为 2.7。

2019 年,华中科技大学李进延课题组报道了自研 25/400 μm 掺铥双包层光纤,在 793 nm 处的包层吸收系数为 3 dB/m。采用 MOPA 结构获得了 406 W 的窄线宽激光输出,中心波长为 1 980.89 nm,3 dB 光谱宽度为 84 pm,放大级斜率效率为 54%[117]。2020 年,他们再次报道了利用该光纤通过一级放大将 57 W 的种子激光提升至 530 W,对应的放大级斜率效率为 50%[72]。

综上所述,近 10 多年来,随着高功率泵浦源的获得、光纤制备工艺的进步和激光器热管理等技术的提高,高功率掺铥光纤激光器技术发展迅速,输出功率不断提高。但是,与国外相比,中国还存在着明显的差距。高功率掺铥光纤激光器的波长目前主要集中在 1 940~2 050 nm 范围,但是,在更接近 1.9 μm 的波段范围,Tm^{3+} 再吸收比较严重,要实现高功率、高效率、窄谱宽输出则相对较难。

相比掺镱光纤激光器,掺铥光纤激光器具有更高的 SBS 和 SRS 阈值,同时在模式不稳定阈值上具有一定的优势。据报道,在达到模式不稳定阈值时,掺镱光纤的平均热负荷为 30~34 W/m,掺铥光纤可以达到 98 W/m[97]。理论上,掺铥光纤激光器可以实现更高功率的单模激光输出,所以,它在功率方面还有很大的提升空间。

对于掺铥光纤激光器来说,要实现高功率输出,主要须解决两个问题:第一是掺铥光纤的热管理,采用 ~790 nm 激光二极管泵浦的 ~2 μm 掺铥光纤激光器量子亏损大,高功率输出时光纤发热严重,使得光束质量发生劣化。同时有机涂层的热稳定性也是一个限制因素。第二是如何提高耦合到光纤中的泵浦功率,对于高功率光纤激光器而言,泵浦光的耦合始终是一个难题,提高激光二极管的亮度十分重要。采用 793 nm 激光二极管泵浦掺铥光纤,需要依赖 Tm^{3+} 的交叉弛豫过程,该方案有利于实现激光器的小型化。采用短波长掺铥激光器同带泵浦掺铥光纤，虽降低了光纤热管理难度，但增加了激光系统复杂度。目前，采用光谱特性好且光束质量高的小功率 2 μm 固体/半导体或光纤激光器作为信号种子源，再通过～790 nm 半导体泵浦或通过短波长掺铥激光器同带泵浦双包层大模场掺铥光纤，进行全光纤 MOPA 结构多级放大，是获得高功率高光束质量 2 μm 波段激光输出的优选方案。

7.5 掺钬石英光纤及光纤激光器

与 Tm^{3+} 激光相比，Ho^{3+} 激光的波长更长，大气透过率更高。图 7 - 33 给出 Tm^{3+} 激光与 Ho^{3+} 激光的大气透过率曲线[118]。由于 Tm^{3+} 发射波长与水的一个吸收峰重叠，这导致它在用于湿度较高的环境时会受到一定的限制，大气透过率不佳。此外，当 Tm^{3+} 光纤激光器功率在千瓦级时，其纤芯的热光振荡明显，很可能会导致光束质量变差。大气透过窗口在 2.1～2.3 μm 具有更高的透过率，这得益于长波在大气中具有更小的散射损耗；在 2.1～2.15 μm 波段，5 km 距离下的大气透过率约为 90%，23 km 距离下约为 55%[119]。采用掺铥激光同带泵浦掺钬光纤的量子效率很高，理论斜率效率可达 90%，这使得掺钬光纤在同带泵浦时的热负荷很低，同时掺铥光纤激光的高光束质量可以解决高功率泵浦光的耦合问题，这有利于实现掺钬石英光纤的高功率激光输出。

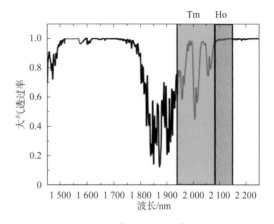

图 7 - 33 Tm^{3+} 激光与 Ho^{3+} 激光的大气透过率曲线

7.5.1 掺钬石英光纤的研究进展

2013 年，澳大利亚国家防务科学技术组织 Hemming 等[120-121]采用掺氟石英玻璃作为光纤外包层，替代传统低折射率有机物涂层，有效解决了有机涂层对 1.9 μm 波长泵浦光的吸收问题。所制备的光纤由 5 层结构组成，由内而外分别是掺钬纤芯、纯石英内包层、掺氟石英外包层、纯石英外包层和有机涂覆层，纤芯直径为 40 μm，数值孔径为 0.08，在 1.95 μm 掺铥光纤激光同带泵浦下获得了平均功率 140 W 的 2.1 μm 波段激光输出，相对于注入泵浦光的斜率效率为 55%。2014 年，美国海军实验室 Friebele 等[118]采用大气隔离液相掺杂技术制备了纤芯羟基含量低至 0.14 ppm 的掺钬光纤，在 1 940 nm 掺铥光纤激光器泵浦下的斜率效率为 62%。2016 年，Hemming 等[122]报道了 Ho^{3+} 掺杂浓度为 0.5wt% 的 6/125 μm 包层光纤，纤芯数值孔径 0.22，在 1.95 μm 掺铥光纤激光泵浦下的斜率效率高达 87%；这也是目前同带泵浦掺钬光纤实现的最高斜率效率。2018 年，美国海军实验室、澳大利亚国家防务科学技术组织以及美国 Clemson 大学[123]联合报道了通过大气隔离液相掺杂工艺结合氯气除水工艺可以制备羟基含量小于 0.5 ppm 的掺钬光纤，这对于实现高的能量转换效率十分重要。如图 7 - 34 所示，在羟基含量极低时，掺钬光纤的斜率效率可达 76% 以上。同期，美国海军实验室的 Baker 等[123-125]采用纳米颗粒掺杂技术将 Lu_2O_3 和 LaF_3 引入 Ho^{3+} 局域环境中，降低了 Ho^{3+} 周围局域环境的声子能量，降低了无辐射跃迁概率。所制备的高质量掺钬光纤羟基含量低于 0.5 ppm，背景损耗低至 0.02 dB/m，引入 Lu_2O_3 和 LaF_3 纳米颗粒的掺钬光纤在同带泵浦下的斜率效率分别为 85.2％ 和 82.3％，如图 7－35 所示。

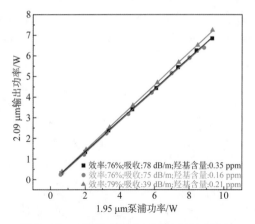

图 7－34　不同掺杂浓度下超低羟基含量的掺铥光纤的斜率效率[123]

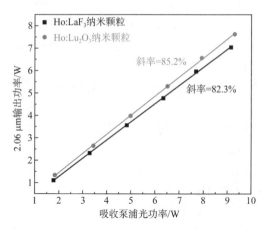

图 7－35　由 LaF₃ 和 Lu₂O₃ 纳米颗粒掺杂工艺制备的掺铥光纤的斜率效率[124]

7.5.2　掺钬石英光纤面临的挑战

与 Er^{3+} 相似，Ho^{3+} 固有的复杂上能级容易导致团簇效应，并且由于能级间隔小，容易与声子相互作用，使激光性能劣化。因此，即使在掺杂浓度很低的光纤中，也能观察到团簇效应，无法完全避免其影响。通过掺杂 Al、La 等元素可以有效提高稀土离子在石英玻璃中的溶解度，提高 Ho^{3+} 的分散性，减弱团簇效应。韩国科学院 Wang 等通过理论模拟研究，分析对比了无团簇和有团簇两种情况下掺铥光纤的性能[126-127]，其结果与实验吻合。掺钬光纤的团簇效应与本书第 6 章介绍的掺铒光纤十分类似，下面简要做一介绍。

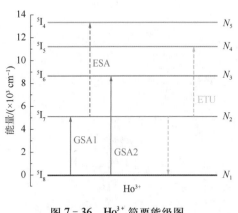

图 7－36　Ho^{3+} 简要能级图

图 7－36 给出 Ho^{3+} 的简要能级结构，能级 $^5I_8$、$^5I_7$、$^5I_6$、$^5I_5$、$^5I_4$ 分别记为能级 1、2、3、4、5，各能级的粒子数密度分别表示为 N_1、N_2、N_3、N_4、N_5。其中，GSA1 表示从能级 $^5I_8$ 到能级 $^5I_7$ 的同带基态吸收过程，GSA2 表示从能级 $^5I_8$ 到能级 $^5I_6$ 的非同带基态吸收过程。ESA 表示从能级 $^5I_7$ 到能级 $^5I_4$ 的激发态吸收过程，由于能级差与 GSA2 过程接近，ESA 过程会与 GSA2 过程竞争泵浦光。而 GSA1 过程的能级差不匹配，在同带泵浦时 ESA 过程会受到抑制。图中的 ETU 表示 $^5I_7$，$^5I_7 \rightarrow ^5I_5$，$^5I_8$ 的合作上转换过程。相邻的两个处于 $^5I_7$ 能级的 Ho^{3+} 之间发生能量传递，使得一个 Ho^{3+} 跃迁到更高的能级，另一个跃迁到基态能级，完成合作上转换。上转换过程受离子间能量传递速率的影响很大，因此在发生离子团簇时，相邻离子间距很小，能量传递速率大，发生上转换的概率会大幅提高。

在不考虑离子团簇（即光纤中的 Ho^{3+} 是均匀分布的）时，各能级的粒子数密度变化可由以下速率方程表示：

$$\frac{\mathrm{d}N_1}{\mathrm{d}t} = \Gamma_{41}N_4 + \Gamma_{31}N_3 + \Gamma_{21}N_2 - (\sigma_{\mathrm{p}}^{(a)}N_1 - \sigma_{\mathrm{p}}^{(e)}N_2)\varphi_{\mathrm{p}} - (\sigma_{\mathrm{s}}^{(a)}N_1 - \sigma_{\mathrm{s}}^{(e)}N_2)\varphi_{\mathrm{s}} + CN_2^2$$

$$(7-4)$$

$$\frac{\mathrm{d}N_2}{\mathrm{d}t} = \Gamma_{42}N_4 + \Gamma_{32}N_3 - \Gamma_{21}N_2 + (\sigma_{\mathrm{p}}^{(a)}N_1 - \sigma_{\mathrm{p}}^{(e)}N_2)\varphi_{\mathrm{p}} + (\sigma_{\mathrm{s}}^{(a)}N_1 - \sigma_{\mathrm{s}}^{(e)}N_2)\varphi_{\mathrm{s}} - 2CN_2^2$$

$$(7-5)$$

$$\frac{\mathrm{d}N_3}{\mathrm{d}t} = \Gamma_{43}N_4 - \Gamma_{32}N_3 - \Gamma_{31}N_3 \qquad (7-6)$$

$$\frac{\mathrm{d}N_4}{\mathrm{d}t} = -\Gamma_{43}N_4 - \Gamma_{42}N_4 - \Gamma_{40}N_4 + CN_2^2 \qquad (7-7)$$

$$N = N_1 + N_2 + N_3 + N_4 \qquad (7-8)$$

式中，N 表示全部 Ho^{3+} 粒子数密度（在同带泵浦情况下，能级 5 的粒子数密度几乎为 0，可以忽略不计）；C 为合作上转换速率；φ_{s}、φ_{p} 分别表示信号光和泵浦光的光子通量；Γ_{ij} 表示能级 i 到能级 j 的辐射跃迁速率。

在考虑离子团簇存在时，光纤中的 Ho^{3+} 可以分成两部分：一部分为均匀分布的单个 Ho^{3+}，表示为 N^i；一部分为形成团簇的 Ho^{3+}，表示为 N^c，这里只讨论每个团簇含两个 Ho^{3+} 的简单情况。根据团簇模型可知，由于团簇时 Ho^{3+} 间的距离极小，能量传递速率极大，两个 Ho^{3+} 都处于 $^5\mathrm{I}_7$ 上能级的情况可以忽略。因此，Ho^{3+} 团簇存在两种状态：状态 a 是两个 Ho^{3+} 都处于基态 $^5\mathrm{I}_8$ 能级，团簇数密度表示为 N_a^c；状态 b 是两个 Ho^{3+} 分别处于 $^5\mathrm{I}_8$ 和 $^5\mathrm{I}_7$ 能级，团簇数密度表示为 N_b^c；k 为 Ho^{3+} 对的个数（$N_a^c + N_b^c$）占总的 Ho^{3+} 个数 N 的比例，则

$$N^c = 2(N_a^c + N_b^c) = 2kN \qquad (7-9)$$

$$N^i = (1-2k)N \qquad (7-10)$$

Ho^{3+} 团簇的速率方程可以写成

$$\frac{\mathrm{d}N_a^c}{\mathrm{d}t} = \Gamma_{21}N_b^c + (\sigma_{\mathrm{s}}^{(e)}N_b^c - 2\sigma_{\mathrm{s}}^{(a)}N_a^c)\varphi_{\mathrm{s}} - 2\sigma_{\mathrm{p}}^{(a)}N_a^c\varphi_{\mathrm{p}} \qquad (7-11)$$

泵浦光和信号光的传输方程可以写成

$$\frac{\mathrm{d}P_{\mathrm{p}}^{\pm}}{\mathrm{d}z} = \mp \{\Gamma_{\mathrm{p}}\sigma_{\mathrm{p}}^{(a)}[N_1^i + 2N_a^c + N_b^c] + \xi_{\mathrm{p}}\}P_{\mathrm{p}}^{\pm} \qquad (7-12)$$

$$\frac{\mathrm{d}P_{\mathrm{s}}^{\pm}}{\mathrm{d}z} = \pm \{\Gamma_{\mathrm{s}}\sigma_{\mathrm{s}}^{(e)}[N_2^i + N_b^c] - \Gamma_{\mathrm{s}}\sigma_{\mathrm{s}}^{(a)}[N_0^i + 2N_a^c + N_b^c] - \xi_{\mathrm{s}}\}P_{\mathrm{s}}^{\pm} \qquad (7-13)$$

式中，$P_{\mathrm{p}}^{\pm}$ 和 $P_{\mathrm{s}}^{\pm}$ 分别表示泵浦光和信号光功率，正号表示正向传输，负号表示反向传输；Γ_{p} 和 Γ_{s} 分别表示泵浦光和信号光的重叠因子；N_1^i 和 N_2^i 分别表示位于能级 1 和能级 2 的均匀分布的 Ho^{3+} 粒子数密度；ξ_{p} 和 ξ_{s} 分别表示泵浦光和信号光的损耗。

韩国科学院 Wang 等[127] 通过此种方法模拟了 Nufern 公司生产的掺钬光纤（SM-HDF-10/130）在无团簇和有团簇两种情况下的性能，并与实验对比，发现在 $k=0.05$ 时模拟结果与实验结果吻合，说明光纤中存在约 10% 的钬离子以团簇形式存在。团簇中钬离子间发生快速的能量传递上转换过程，同时快速弛豫到基态能级，会导致其吸收泵浦光后并未对激光输

出产生贡献,反而额外消耗泵浦光能量。因此,即使是在掺杂浓度较低的高质量掺钬光纤中,团簇效应仍然会带来不饱和吸收加剧、斜率效率下降等不良影响。众多周知,在石英玻璃中共掺铝可以提高稀土离子分散性,降低团簇效应。Kamrádek 等[128]研究发现,在掺钬光纤中,Al/Ho 比大于 60 时,可以获得大于 80% 的斜率效率。

采用掺铥光纤激光同带泵浦掺钬包层石英光纤是获得 2.1 μm 波段高功率激光的优选方案,但是传统的双包层有源光纤多采用有机聚合物作为外包层。低折射率有机聚合物外包层的 C—H 伸缩振动吸收位于 1.9 μm 处,能强烈地吸收 1.9 μm 泵浦光而产生大量的热,同时有机聚合物包层的热负荷能力差,高功率泵浦下容易烧坏,这些因素就限制了掺钬石英光纤在高功率运转下的长期可靠性。因此,在采用铥激光同带泵浦掺钬光纤时,应当避免使用有机聚合物包层。目前常用的做法是在纯石英玻璃八边形内包层外部套上掺氟石英玻璃作为外包层。如图 7 - 37 所示为澳大利亚国家防务科学技术组织 Hemming 等报道的掺钬光纤截面以及光纤结构[121, 129],通过掺氟石英玻璃包层替代低折射率有机物包层,最外层为纯石英玻璃,可以有效防止外包层在高功率泵浦下的老化和烧毁问题,提高光纤长期可靠性。

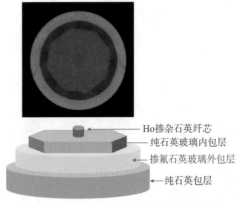

图 7 - 37　掺氟玻璃包层结构的掺钬光纤截面[129]和结构

与掺铥光纤相比,掺钬光纤产生的激光波长更长,其激光性能受到羟基含量的影响更为严重,羟基吸收会带来背景损耗的急剧增加和光纤纤芯热负荷的加重。因此,严格控制掺钬光纤纤芯羟基含量更是提高掺钬光纤激光性能的关键。如图 7 - 38 所示[118],通过计算可以得出,在 2.7 kW 输出功率时,纤芯羟基含量 1 ppm 的掺钬光纤轴向热分布要比不含羟基的掺钬光纤高很多。羟基引起的光纤纤芯损耗会大幅降低激光斜率效率,加剧纤芯的发热,增加光纤热管理的难度。美国海军实验室[118]将一种原位液相掺杂技术应用到钬掺杂芯棒的制备过程中,在液相掺杂时,将溶液通过聚四氟乙烯管导入密封的沉积管中,浸泡一段时间后,通过外接泵将液体抽出,无须将沉积管取下,减少了与大气中水分的接触,其 MCVD 设备如图 7 - 39 所

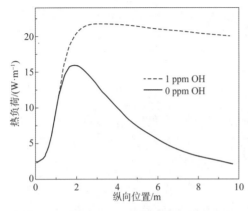

图 7 - 38　羟基含量 1 ppm 和不含羟基的掺钬光纤在 2.7 kW 输出下的纤芯热负荷轴向分布

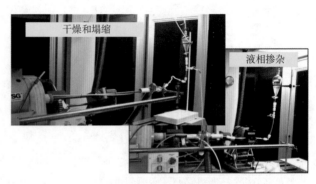

图 7 - 39　美国海军实验室提出的大气隔绝液相掺杂技术设备图[118]

示。同时,他们严格控制原料和载气中的水含量,将大气隔绝液相掺杂技术与干燥工艺相结合,可以稳定获得羟基含量低于 0.2 ppm 的纤芯。

在对掺钬光纤进行同带泵浦时,包层需要传输 1.9 μm 的泵浦光。因此,不仅纤芯中的羟基会带来激光波长处的额外损耗,包层中的羟基也会带来泵浦波长处的额外损耗,吸收泵浦光产生热量,大幅增加光纤热负荷。针对这一问题,英国南安普顿大学 P. C. Shardlow 等[130-132]在制备三包层掺钬光纤预制棒时,采用脉冲 CO_2 激光替代传统的机械研磨抛光法加工石英内包层,从而获得更加优良的表面加工质量,其装置如图 7 - 40 所示。因此,在套掺氟石英外包层前,省去了采用氢氧焰对预制棒表面进行火焰抛光的步骤,避免了氢氧焰引入额外羟基进石英包层的情况,有效降低了包层中的羟基含量。他们将 MCVD 车床制备的母棒通过氢氟酸腐蚀到外径 6 mm,在去除一部分含有羟基的石英包层后再通过 CO_2 激光加工八边形内包层,之后直接套掺氟石英管。他们采用这一预制棒拉制了 14/65/180 μm 三包层掺钬光纤,内包层羟基含量降低至 0.3 ppm[132]。值得注意的是,捷克科学院 Jasim 等[133]在采用相同工艺流程下严格对比 CO_2 激光热加工和机械冷加工对预制棒包层羟基含量的影响时发现:CO_2 激光热加工使预制棒表面温度大幅升高,会导致表层的羟基通过热扩散进入预制棒中心,而机械冷加工可以较好地去除预制棒表面的羟基。他们指出,相比机械冷加工,CO_2 激光热加工方法可以获得更加优良的表面质量,降低散射损耗,有利于实现全自动化和加工异形包层,但是,该方法在去除预制棒表层原有羟基方面不如机械冷加工方法有效。因此,要想获得超低羟基含量的内包层,需要选择合适的工艺流程,严格控制预制棒制备过程中的各个环节。

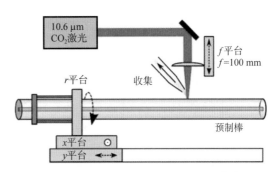

图 7 - 40　CO_2 激光加工装置示意图[132]

2.1 μm 波段邻近石英玻璃的多声子吸收边,导致石英玻璃基质的固有背景损耗急剧增加。同时由于激发态能级 $^5I_7$ 与基态能级 $^5I_8$ 之间的能量差较小,约为 4 760 cm^{-1},而石英玻璃基质的声子能量约为 1 100 cm^{-1},因此,处于激发态能级 $^5I_7$ 的粒子只需要 4 个声子的参与即可发生多声子弛豫,无辐射跃迁到基态能级 $^5I_8$,使得上能级荧光寿命发生猝灭。石英玻璃中测量得到的 Ho^{3+} 的荧光寿命约为 1 ms,而在晶体中其荧光寿命可以高达 16 ms[134]。多声子弛豫过程额外消耗了上能级粒子数,产生热量,降低了激光斜率效率,对掺钬高功率激光是不利的。因此,通过掺杂降低石英基质的声子能量,可以有效提高掺钬石英光纤的斜率效率。美国海军实验室的 Baker 等[123-124]通过纳米颗粒掺杂工艺引入低声子能量的 Lu_2O_3 和 LaF_3 进入 Ho^{3+} 的局域环境中,降低无辐射跃迁概率,可以提高掺钬光纤的斜率效率。

7.5.3　掺钬光纤激光器的发展历程

掺钬石英光纤连续激光实验结果首次报道于 1989 年,英国南安普顿大学 Hanna 等[47]采用 457.9 nm 氩离子激光作为泵浦源,获得 2.04 μm 波长激光输出。掺钬光纤激光器面临的一个主要问题是缺乏成熟的半导体激光泵浦源,早期研究常采用~1.1 μm 作为泵浦波长。2000年,俄罗斯科学院 Kurkov 等[135]采用 1.15 μm 掺镱激光泵浦掺钬光纤,实现了 280 mW 激光输出,斜率效率为 20%。2007 年,澳大利亚悉尼大学 Jackson 等[136]采用 1.150 μm 激光二极管直接包层泵浦低浓度掺钬光纤,实现了 2.2 W 激光输出,斜率效率可达 29%。2009 年,俄罗斯科学院 Kurkov 等[137]报道了采用掺镱的 GTWave 光纤产生 1.125 μm 激光并泵浦掺钬光纤,获得了 4.2 W 的 2.05 μm 激光输出,相对于吸收泵浦光的斜率效率为 34%。2010 年,他们采用同样的激光装置,将 2.05 μm 激光输出功率提升到 10 W,相对于吸收泵浦光的斜率效率为 30%[138]。2011 年,他们采用优化的低浓度掺钬光纤,降低了 Ho^{3+} 团簇浓度,将 1.15 μm 泵浦的掺钬激光斜率效率进一步提升到 45.5%,输出功率为 3.5 W[139]。采用~1.15 μm 激光泵浦掺钬光纤,量子亏损大,理论能量转换效率只有 56%,对于高功率输出下的光纤热管理带来了很大挑战。

2011 年,澳大利亚国家防务科学技术组织 A. Hemming 等[140]首次采用 1.95 μm 掺铥光纤激光器同带泵浦掺钬光纤,获得了 99 W 的 2.12 μm 激光输出,相对于吸收泵浦光的斜率效率为 65%。此后,由于掺铥光纤激光的快速发展,功率得到迅速提升。采用~1.95 μm 掺铥激光同带泵浦掺钬光纤具有量子亏损小、能量转换效率高、光纤热负荷低的优势,成为实现高功率激光输出的首选。2013 年,Hemming 等[120-121]将 6 路 1.95 μm 掺铥光纤激光通过合束器耦合进具有掺氟玻璃外包层的掺钬石英光纤,采用振荡结构在 1 000 W 泵浦功率下获得了平均功率 407 W 的~2.12 μm 激光输出[129],相对于泵浦光的斜率效率约为 40%。这也是目前掺钬石英光纤实现的最高输出功率。2019 年,英国南安普顿大学 Holmen 等与 Hemming 等合作[141],实现了波长范围 2 025~2 200 nm 的瓦级可调谐激光输出,在 2 050 nm 波长处获得 58% 的最高斜率效率,在 2 200 nm 处的斜率效率为 27%。

综上所述,Ho^{3+} 在 1 μm 处吸收系数偏低、量子亏损较大,采用 1 μm 波长泵浦使得掺钬光纤激光器 2 μm 的激光斜率效率偏低。得益于掺铥光纤激光的发展为掺钬光纤带来了高亮度、高功率的泵浦源,采用同带泵浦方式有效降低了掺钬光纤激光器的量子亏损和热管理难度,使得掺钬光纤激光器的输出功率得到快速提升。但是,与激光二极管直接泵浦方案相比,级联同带泵浦方案也带来了激光系统复杂、尺寸大等不便之处。此外,钬离子的团簇效应、多声子弛豫过程以及羟基带来的损耗等问题,也限制了掺钬光纤激光功率进一步提升到千瓦级的进程。

7.6 铥钬共掺石英光纤及光纤激光器

除了直接泵浦的方式外,在介质中加入 Yb^{3+}、Er^{3+} 或 Tm^{3+} 等敏化离子,通过能量传递的方式间接泵浦 Ho^{3+},也能获得~2 μm 激光[142-144]。其中,得益于 Tm^{3+} 有成熟廉价的~790 nm 激光二极管泵浦源,铥钬共掺的方式获得了较为广泛的研究。相比采用掺铥光纤激光级联泵浦掺钬光纤的方案,采用~790 nm 激光二极管泵源直接泵浦铥钬共掺光纤的方案,有利于降低激光系统的复杂度,便于实现小型化。同时由于有机物涂层对~790 nm 泵浦光没有明显吸收,相比掺铥光纤激光泵浦的掺钬光纤需要采用掺氟玻璃包层,铥钬共掺光纤可以采用有机物涂层,这在一定程度上降低了光纤制备工艺的难度。

7.6.1 铥钬共掺石英光纤及光纤激光器的发展历程

1994 年,美国布朗大学 Oh 等[145]首次报道了 MCVD 法制备的铥钬共掺石英光纤,采用 820 nm 钛宝石激光器作为泵浦源,通过改变激光谐振腔腔长,获得了 2 037~2 096 nm 的可调谐输出,最大输出功率达到 12.5 mW。同年,瑞士伯尔尼大学 Ghisler 等[146]首次采用 809 nm 半导体激光器泵浦铥钬共掺石英光纤实现了激光输出。2007 年悉尼大学 Jackson 等[147]利用

793 nm 激光二极管泵浦铥钬共掺的石英光纤,实现了光束质量因子 $M^2 \sim 1.5$、最大功率 83 W 的激光输出,中心波长为 2 105 nm,斜率效率为 42%。2008 年,法德圣路易斯研究所 Eichhorn 等[148]采用 20/300 μm 的双包层铥钬共掺光纤,实现了单脉冲能量 264 μJ、脉宽 45 ns 的主动调 Q 激光输出,平均输出功率 12.3 W。2010 年,澳大利亚国家防务科学技术组织 Hemming 等[149]采用铥钬共掺光纤,获得线宽小于 0.5 nm、波长调谐宽度大于 280 nm 的 2 μm 激光输出,并在 2 040 nm 输出波长时获得最高 25% 斜率效率和 6.8 W 输出功率。2013 年,中国国防科技大学 Yang 等[150]报道了中心波长为 1 958 nm 的增益开关锁模铥钬共掺光纤激光器,并在该激光器中实现了最大功率 2.17 W 的超连续谱输出。2020 年,英国南安普顿大学 Ramírez-Martínez 等[151]研究不同 Tm/Ho 掺杂比对光纤激光性能的影响,在 Tm/Ho 掺杂比为 10～20 时,Tm 向 Ho 的能量传递效率可达 75%,并获得平均功率 38 W、斜率效率 56% 的 2.1 μm 激光输出。

由于铥钬共掺光纤中同时存在 Tm^{3+} 间的交叉弛豫过程和 Tm 向 Ho 的能量传递过程,并且在高功率运转情况下会发生能量传递上转换效应,因此,相比掺铥和掺钬光纤,铥钬共掺光纤的斜率效率和输出功率偏低,相关研究相对较少。但是,由于能够采用成熟的～790 nm 激光二极管作为泵浦源、可以减小激光系统的体积,所以铥钬共掺光纤对于扩展激光波长到 2.1 μm 以上具有重要意义。此外,采用 Tm^{3+} 激光同带泵浦 Ho^{3+} 的思路也被广泛应用于激光器系统设计和光纤结构设计中,例如中国复旦大学 Yao 等[152]采用掺铥光纤与掺钬光纤的全光纤化系统实现 2.1 μm 的激光放大输出;美国罗切斯特大学 Boccuzzi 等[153]设计了一款同轴双层铥钬掺杂光纤,其中光纤纤芯由两层不同掺杂区域组成,中心掺杂 Ho^{3+}、外圈掺杂 Tm^{3+},如图 7-41 所示,通过模拟计算,该光纤在 805 nm 波长泵浦下,能量传递效率可达 54%。

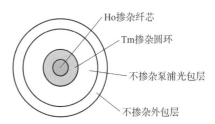

图 7-41　铥钬同轴双层掺杂光纤截面设计图[153]

7.6.2　铥钬共掺石英光纤面临的挑战

与镱铒共掺光纤类似,铥钬共掺光纤基于 Tm^{3+} 和 Ho^{3+} 间的能量传递,这种基于施主(敏化离子)-受主(发光离子)能量转移的发光结构存在其自身缺陷:当在高功率工作时,施主离子的受激辐射概率会比其非共振能量转移概率更大,使得几乎所有的这些共掺体系均存在敏化离子的自激效应和严重的能量上转换过程,导致能量转换效率低、热效应大。同时由于 Tm^{3+} 和 Ho^{3+} 两种离子共掺,不仅存在如前文介绍的单个 Tm^{3+} 或 Ho^{3+} 掺杂时的问题,Tm^{3+} 和 Ho^{3+} 之间复杂的能级相互作用也带来更为严重的不良影响例如能量传递上转换等,劣化了激光性能,对于高性能光纤制备带来了更为严峻的挑战。下面从能级结构出发,简要分析铥钬共掺光纤中的能量传递过程。

铥钬共掺产生 2 μm 激光的主要能量传递过程如图 7-42 所示。Tm^{3+} 吸收～793 nm 的泵浦光子,从基态 $^3H_6$ 被激发至 $^3H_4$ 能级,通过多次跃迁过程(以无辐射跃迁为主)到达 $^3F_4$ 能级,由于 $Tm^{3+}\ ^3F_4$ 能级与 $Ho^{3+}\ ^5I_7$ 能级的能量间隔小,两者之间容易进行能量传递,处于基态 $^5I_8$ 能级的 Ho^{3+} 吸收 $Tm^{3+} \sim 2\ \mu m$ 光子并跃迁至 $^5I_7$ 能级,使 Ho^{3+} 在上能级 $^5I_7$ 与基态 $^5I_8$ 能级形成粒子数反转,并产生～2.1 μm 辐射。此外,在铥钬共掺的石英玻璃中,当 Tm^{3+} 达到一定浓度时,Tm^{3+} 之间也会产生显著的交叉弛豫过程,大幅提高 $^3F_4$ 能级的粒子布局数。因

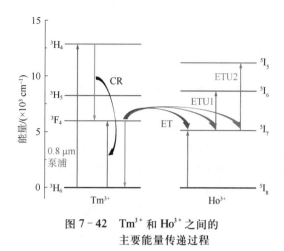

图 7-42 Tm^{3+} 和 Ho^{3+} 之间的主要能量传递过程

此，在 790 nm 波长泵浦下，铥钬共掺光纤的激光效率同时受限于 Tm^{3+} 间的交叉弛豫过程和 Tm^{3+} 向 Ho^{3+} 的能量传递过程。

在铥钬共掺体系里还存在 Tm^{3+} ($^3F_4$)，Ho^{3+} ($^5I_7$) → Tm^{3+} ($^3H_6$)，Ho^{3+} ($^5I_6$) 以及 Tm^{3+} ($^3F_4$)，Ho^{3+} ($^5I_7$) → Tm^{3+} ($^3H_6$)，Ho^{3+} ($^5I_5$) 的两种能量传递上转换 (ETU) 过程，分别记为 ETU1 和 ETU2。能量传递上转换过程额外消耗了 $^5I_7$ 能级的粒子数，跃迁到 $^5I_5$ 和 $^5I_6$ 能级上的粒子会通过无辐射跃迁回到 $^5I_7$ 能级，这将导致明显的热效应，降低能量转换效率，增大泵浦阈值，影响 2 μm 激光正常输出[154]。由于两能级差接近，近似共振能量传递，加之 $^3F_4$ 和 $^5I_7$ 能级布局数较大，因此能量传递上转换速率较大[155]。在高声子能量的材料如石英玻璃、硅酸盐玻璃中，稀土离子占据的格位存在较大的不均匀性，ETU1 和 ETU2 的速率可能极为接近，并且上能级 $^5I_5$ 和 $^5I_6$ 粒子的无辐射跃迁导致难以单独测量 ETU1 和 ETU2 的速率。因此，在采用速率方程分析时，可以将 ETU1 和 ETU2 过程看作同一种能量传递上转换过程。

根据以上分析可以看出，铥钬共掺石英光纤中，Tm^{3+} 本身的交叉弛豫过程会大幅提高 $^3F_4$ 能级的粒子布局数，并且这一过程随着 Tm^{3+} 掺杂浓度的提高逐渐增强。大量的 Tm^{3+} 处于 $^3F_4$ 能级，一方面这会加快 Tm^{3+} 向 Ho^{3+} $^5I_7$ 能级的能量传递速率，使得 $^5I_7$ 能级的粒子布局数增加，有利于 $^5I_7$ 能级向 $^5I_8$ 基态能级的跃迁，对 Ho^{3+} 的 2 μm 激光输出是有利的；另一方面也会导致 $^5I_7$ 能级向上能级 $^5I_5$ 和 $^5I_6$ 的上转换效应增强，无辐射跃迁带来光纤发热加剧，降低能量转换效率，对 2 μm 激光输出是不利的。因此，选择合适的 Tm^{3+} 掺杂浓度和 Tm/Ho 掺杂比，从而促进 Tm^{3+} 向 Ho^{3+} 的有效能量传递、抑制能量传递上转换，是提高铥钬共掺石英光纤激光性能的关键。南安普顿大学的 Ramírez-Martínez 等[151]详细研究了铥和钬掺杂浓度对能量传递效率的影响，如图 7-43 所示，在 Tm/Ho 掺杂比为 5:1 和 10:1 时，铥掺杂浓度～5 wt% 光纤中 $^3F_4$ 能级寿命下降速率快于铥掺杂浓度～2 wt% 的光纤，能量传递效率也更高。他们指出，Tm/Ho 掺杂比在 10～20 之间可以获得较高的铥向钬的能量传递效率。最终，他们制备了 Tm/Ho 掺杂比等于 10、铥掺杂浓度为 5.5 wt% 的铥钬共掺石英光纤，在 2 105 nm 波长处获得了 37.7 W 的激光输出，Tm 向 Ho 的能量传递效率达到 78%，相对于吸收泵浦光的斜率效率为 56%。

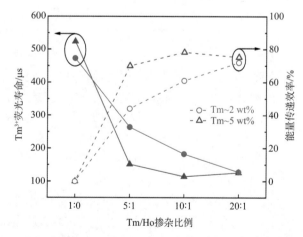

图 7-43 790 nm 泵浦下铥钬共掺石英光纤中 $^3F_4$ 能级寿命和能量传递效率随 Tm/Ho 掺杂比的变化[151]

7.7　2μm 波段光纤激光器的应用

以掺铥光纤激光器为典型代表的 2μm 波段光纤激光器,不仅具有光纤激光器结构简洁、效率高、光束质量好、操作方便等优点,而且其激光波长处于一些重要分子的吸收带,可应用到军事、医疗、探测、科研等重要领域。2μm 波段光纤激光器因其重要的应用价值,已成为世界各国研究的热点。与 1μm 波段掺镱光纤激光相比,2μm 波段掺铥光纤激光具有若干优势,例如:光谱可调谐范围更宽(超过 200 nm,从低于 1850 nm 到超过 2100 nm),包含了 1940 nm 附近的水吸收峰,对组织的穿透深度浅,从而成为包括非侵入手术等医疗过程的有力工具;掺钬光纤激光波长更长,在自由空间通信和测距等领域具有一定的优势。

图 7-44 为 LISA laser 公司给出的水的吸收光谱和不同波长光对生物组织的穿透能力。水在人体内所占的比例约为 70%,不同波长激光与含水组织相互作用的吸收特性相差很大。水分子对光的吸收系数是激光与生物组织相互作用的重要因素。水分子对可见光及近红外光几乎是"透明"的,吸收系数很低,在波长 500 nm 处吸收系数最低只有 10^{-4} cm^{-1};在波长 500 nm 以上,水分子对光的吸收系数随波长整体上呈增大趋势,在 2μm 波段吸收很强,吸收系数达 $200\sim600$ cm^{-1}。2μm 激光对组织的穿透深度可达 $0.1\sim0.3$ mm,可以获得很高的外科手术精度;同时,它还具有良好的凝血效果,并且对人眼安全。2μm 波段的激光在普通石英光纤中也表现出良好的传输特性,而黑色素(melanin)和血红素(haemoglobin)对此波段的吸收率非常低。激光与生物组织相互作用时,有四种取决于波长的基本光切除机理,即光化学作用、光热作用、光机械作用以及光电作用。不同波长、不同辐射能量对生物组织产生的效果不同:高强度的热效应可使组织产生凝固、碳化、汽化或切割;低功率激光可进行组织凝固或止血;聚焦的激光束可作手术刀进行组织切割;不聚焦的激光则可用作理疗以及病理研究。2μm 激光产生的光热作用使组织物及水分吸收激光能量后,受照射处组织温度急剧升高,表现出消融、汽化、切割效应。在临床医学使用上,2μm 激光腔道碎石术已成为最先进的碎石治疗方法(钬激光碎石速度快且安全,效率可达 90% 以上),而早期采用的药物排石、体外冲击波碎石等方式有局限性,且易引起感染或副作用。2μm 激光在前列腺切除、软组织精细切割等方面已获得相当高的评价,被视为优良的安全医疗激光光源;2μm 波段激光能通过石英光纤实现柔性传输,可与各种内窥镜或穿刺针联合实施微创外科手术,已经被医学界广泛认可并逐渐接受应用

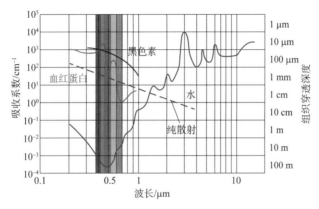

图 7-44　生物组织中各种"靶组织"(色基)的吸收光谱[134]

于临床各科。

在自然情况下,大气是由混合气体、水汽、CO_2 和杂质等分子组成,只有特定频率的电磁波能在其中低损耗传播,这些低损耗的传输波段被称为"大气窗口"。与 $1\,\mu m$ 波段相比,$2\,\mu m$ 波段有更低的瑞利散射损耗,具有较低的大气消光比,如图 7-45 所示。此外,$2\,\mu m$ 激光处于人眼视网膜安全的波段范围,在激光雷达遥感系统中用作发射源,可提高其工作距离及安全性并精确快速地获取地面或大气三维空间信息,在气象、环境和军事通信领域有重要作用。另一方面,$2\,\mu m$ 波段覆盖了水、CO_2、N_2O 等分子的特征吸收谱线,利用激光差分吸收雷达可监测大气二氧化碳和气溶胶的浓度、云层和水汽分布,并提高天气和气候变化预报的准确性。美国国家航空航天局(National Aeronautics and Space Administration,NASA)早在 1995 年提出,将小型化 $2\,\mu m$ 相干激光雷达系统用于太空全球气候监测[157]。在远程激光雷达探测系统中,需要根据收集的激光回波散射信号来进行分析。因此,位于大气窗口的 $2\,\mu m$ 波段低损耗性质可更好地降低系统的测量误差。

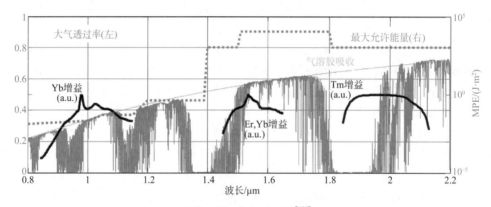

图 7-45　大气透过谱[156]

随着现代工业的发展,激光加工逐渐成为制造业的优选加工手段,有着庞大的市场需求。$2\,\mu m$ 波段激光特别适合于高分子聚合物材料的加工。不少塑胶类材料在可见光和近红外波段是透明的,若以工业上广泛应用的 $1\,\mu m$ 激光对其进行加工,就需要添加辅助剂来增强对激光能量的吸收;但是,这些添加剂无疑会使得加工过程复杂化,并且含有添加剂的材料在一些特殊的医疗用途器具中是被明确禁止的。相反地,大部分透明有机材料在短波红外 $2\,\mu m$ 波段有较强的吸收,因而对于塑料的切割、焊接和打标等可直接利用 $2\,\mu m$ 激光完成,这对于生物微流控芯片等器件的制造也尤为重要。可见,$2\,\mu m$ 激光在各类塑料加工方面具有很大的市场潜力;目前,中国的苏州图森激光公司已有相关产品推出。

在保密安全和军事方面,$2\,\mu m$ 波段光纤激光器也有着很多重要的应用方向。通过人眼安全的 $2\,\mu m$ 波段大气窗口进行战地短距离网络通信,可以降低传输过程中的信号散射及干扰,提供隐蔽、可靠且高效的光通信网路。许多危险的爆炸性化合物(TNT、TATP)和生化毒物(沙林、梭曼)可在 $7\sim12\,\mu m$ 波段范围被侦测出来,而其经由气体挥发或分解释放出的标识性组分(如氨、丙酮等)也可以在 $2\,\mu m$ 波段被侦测。在现代高科技局部战争中,红外光电对抗技术主要是利用 $3\sim5\,\mu m$ 中红外等波段的激光束使红外探测/跟踪/引导类器件饱和、致盲直至失效。此外,用 $2\,\mu m$ 波段激光泵浦源来获取中红外光源是常见技术手段;通过 $2\,\mu m$ 波段高功率光纤激光泵浦方式,可以有效获得 Cr 离子激光、超连续谱激光和光学参量振荡激光等宽带中红外激光,用于激光制导、激光定向红外干扰致盲、主动红外遥感、红外激光测距与瞄准等领域。综上所述,2 μm 波段的光纤激光在众多领域得到日益广泛的应用,吸引大量科研人员不断探索并已取得了一系列成果。

综合上述,本章从 Tm^{3+} 和 Ho^{3+} 的能级结构出发,阐述了铥和钬掺杂石英玻璃的光谱和结构性质,介绍了铥、钬单掺和铥钬共掺光纤制备所面临的挑战,综述了 2 μm 波段光纤激光的发展历程。不同于较为成熟的掺 Yb 和掺 Er 石英光纤,2 μm 波段的铥和钬掺杂石英光纤研究起步较晚,相关报道较少。单纯从激光输出功率的角度来看,掺镱石英光纤具有无可比拟的优势,当前已实现 20 kW 单纤单模激光输出,斜率效率可达 90% 以上;而 2 μm 激光光纤仍面临许多挑战和难点,例如激光波长接近石英玻璃基质的多声子吸收边、羟基在此波段的吸收系数较大、量子亏损较大等,这些因素不仅使得铥和钬掺杂石英光纤的制备难度大幅提高,也导致该类激光器热管理难度加大。当前掺铥石英光纤的最高输出功率为 1 kW 左右,793 nm 激光二极管泵浦下的斜率效率可达 74.5%;掺钬石英光纤的最高输出功率为 400 W 左右,1 950 nm 掺铥激光同带泵浦下的斜率效率可达 87%;铥钬共掺石英光纤的最高输出功率为 80 W 左右,793 nm 激光二极管泵浦下的斜率效率可达 56%。尽管目前仍面临着诸多挑战,但随着 2 μm 石英光纤材料研发的不断深入以及激光技术的不断进步,相信 2 μm 波段激光输出功率和光束质量会得到持续提升。当前,中国 2 μm 光纤材料和激光技术与国外相比仍存在较大差距,2 μm 波段光纤激光器的核心增益光纤主要依靠进口,因此,亟须加快开展高功率掺铥、掺钬光纤材料和光纤激光器的研究,实现核心材料与关键器件的国产化;研制出实用化、高可靠的 2 μm 波段高功率光纤激光器,对于推动工业、医疗、科研、国防等事业的可持续发展具有重要意义。

参考文献

［1］ Ehrenreich T, Leveille R, Imtiaz M, et al. 1 - kW, all-glass Tm: fiber laser [C]//Proc. SPIE. 7580, Fiber Lasers Ⅶ: Technology, Systems, and Applications, 2010.

［2］ Stutzki F, Gaida C, Gebhardt M, et al. Tm-based fiber-laser system with more than 200 MW peak power [J]. Optics Letters, 2015, 40(1): 9 - 12.

［3］ Jackson S D, Mossman S. Efficiency dependence on the Tm^{3+} and Al^{3+} concentrations for Tm^{3+}-doped silica double-clad fiber lasers [J]. Applied Optics, 2003, 42(15): 2702 - 2707.

［4］ Wang Xue, Lou Fengguang, Wang Shikai, et al. Spectroscopic properties of Tm^{3+}/Al^{3+} co-doped sol-gel silica glass [J]. Optical Materials, 2015, 42(1): 287 - 292.

［5］ Li Kefeng, Zhang Guang, Hu Lili. Watt-level ～2 μm laser output in Tm^{3+}-doped tungsten tellurite glass double-cladding fiber [J]. Optics Letters, 2010, 35(24): 4136 - 4138.

［6］ Balda R, Lacha L M, Fernández J, et al. Optical spectroscopy of Tm^{3+} ions in $GeO_2 - PbO - Nb_2O_5$ glasses [J]. Optical Materials, 2005, 27(11): 1771 - 1775.

［7］ C. K. Jorgensen, R. Reisfeld. Judd-Ofelt parameters and chemical bonding [J]. Journal of the Less-Common Metals, 1983(93): 107 - 112.

［8］ Walsh B M, Barnes N P. Comparison of Tm: ZBLAN and Tm: silica fiber lasers; spectroscopy and tunable pulsed laser operation around 1.9 μm [J]. Applied Physics B, 2004, 78(3 - 4): 325 - 333.

［9］ Tian Ying, Zhang Liyan, Xu Rongrong, et al. 2 μm emission properties in Tm^{3+}/Ho^{3+}-codoped fluorophosphate glasses [J]. Applied Physics B, 2010, 101(4): 861 - 867.

［10］ Wang Xin, Li Kefeng, Yu Chunlei, et al. Effect of Tm_2O_3 concentration and hydroxyl content on the emission properties of Tm doped silicate glasses [J]. Journal of Luminescence, 2014(147): 341 - 345.

［11］ Heo J, Shin Y B, Jang J N. Spectroscopic analysis of Tm^{3+} in $PbO-Bi_2O_3-Ga_2O_3$ glass [J]. Applied

Optics，1995，34(21)：4284 - 4289.

[12] Özen G，Aydinli A，Cenk S，et al. Effect of composition on the spontaneous emission probabilities，stimulated emission cross-sections and local environment of Tm^{3+} in $TeO_2 - WO_3$ glass [J]. Journal of Luminescence，2003，101(4)：293 - 306.

[13] Babu P，Seo H J，Jang K H，et al. Optical spectroscopy and energy transfer in Tm^{3+}-doped metaphosphate laser glasses [J]. Journal of Physics：Condensed Matter，2005，17(32)：4859 - 4876.

[14] Pramod R W，Seongmin J，Seongjae B，et al. Linear and non-linear optical properties of Yb^{3+}/Tm^{3+} co-doped alumino-silicate glass prepared by sol-gel method [J]. Journal of Non-Crystalline Solids，2005，351(30 - 32)：2446 - 2452.

[15] Zhou Bo，Pun E Y-B，Lin Hai，et al. Judd-Ofelt analysis，frequency upconversion，and infrared photoluminescence of Ho^{3+}-doped and Ho^{3+}/Yb^{3+}-codoped lead bismuth gallate oxide glasses [J]. Journal of Applied Physics，2009，106(10)：103 - 105.

[16] Balda R，Fernández J，García-revilla S，et al. Spectroscopy and concentration quenching of the infrared emissions in Tm^{3+}-doped TeO_2-TiO_2-Nb_2O_5 glass [J]. Optics Express，2007，15(11)：6750 - 6761.

[17] Wu Xiaoli，Li Jiguang，Zhu Qi，et al. One-step freezing temperature crystallization of layered rare-earth hydroxide ($Ln_2(OH)_5NO_3 \cdot nH_2O$) nanosheets for a wide spectrum of Ln (Ln＝Pr－Er，and Y)，anion exchange with fluorine and sulfate，and microscopic coordination probed via photoluminescence [J]. Journal of Materials Chemistry C，2015，3(14)：3428 - 3437.

[18] Cao Ruijie，Lu Yu，Tian Ying，et al. $2\,\mu m$ emission properties and nonresonant energy transfer of Er^{3+} and Ho^{3+} codoped silicate glasses [J]. Science Report，2016，6(37873)：1 - 11.

[19] Lin J H，Liou H Y，Wang C-D，et al. Giant enhancement of upconversion fluorescence of $NaYF4$：Yb^{3+}，Tm^{3+} nanocrystals with resonant waveguide grating substrate [J]. ACS Photonics，2015，2(4)：530 - 536.

[20] Liu Xueqiang，Li Ming，Wang Xin，et al. $\sim 2\,\mu m$ luminescence properties and nonradiative processes of Tm^{3+} in silicate glass [J]. Journal of Luminescence，2014(150)：40 - 45.

[21] Wang Xue，Kang Shuai，Fan Shaohua，et al. Influence of La/Al ratio on the structure and spectroscopy of Tm^{3+} doped $Al_2O_3 - La_2O_3 - SiO_2$ glasses [J]. Journal of Alloys and Compounds，2017，690：583 - 588.

[22] Tsunawaki Y，Iwamoto N，Hattori T，et al. Analysis of CaO-SiO_2 and CaO-SiO_2-CaF_2 glasses by Raman spectroscopy [J]. Journal of Non-Crystalline Solids，1981，44(2 - 3)：369 - 378.

[23] Deschamps T，Ollier N，Vezin H，et al. Clusters dissolution of Yb^{3+} in codoped $SiO_2 - Al_2O_3 - P_2O_5$ glass fiber and its relevance to photodarkening [J]. Journal of Chemical Physics，2012，136(1)：372.

[24] Handke M，Mozgawa W，Nocuń M. Specific features of the IR spectra of silicate glasses [J]. Journal of Molecular Structure，1994(325)：129 - 136.

[25] Mokaya R，Zhou W，Jones W. Restructuring of mesoporous silica：high quality large crystal MCM-41 via a seeded recrystallisation route [J]. Journal of Materials Chemistry，2000，10(5)：1139 - 1145.

[26] Munoz-aguado M J，Gregorkiewitz M，Bermejo F J. Structural characterization of silica xerogels [J]. Journal of Non-Crystalline Solids，1995，189(1 - 2)：90 - 100.

[27] Simonutti R，Comotti A，Bracco S，et al. Surfactant organization in MCM-41 mesoporous materials as studied by ^{13}C and ^{29}Si solid-state NMR [J]. Chemistry of Materials，2008，13(3)：771 - 779.

[28] Bakhmutov V I，Shpeizer B G，Clearfield A. Solid-state NMR spectra of paramagnetic silica-based materials：observation of ^{29}Si and ^{27}Al nuclei in the first coordination spheres of manganese ions [J]. Magnetic Resonance in Chemistry，2006，44(9)：861 - 867.

[29] Ren Jinjun，Zhang Long，Eckert H. Medium-range order in sol-gel prepared $Al_2O_3 - SiO_2$ glasses：new results from solid-state NMR [J]. The Journal of Physical Chemistry C，2014，118(9)：4906 - 4917.

[30] Iftekhar S，Pahari B，Okhotnikov K，et al. Properties and local structures of RE_2O_3-Al_2O_3-SiO_2 (RE＝ Y，Lu) glasses probed by molecular dynamics simulations and solid-state NMR：the role of aluminium

and rare-earth ions [J]. Journal of Physical Chemistry, 2012(116):18394 – 18406.

[31] Jaworski A, Stevensson B, Pahari B, et al. Local structures and Al/Si ordering in lanthanum aluminosilicate glasses explored by advanced ^{27}Al NMR experiments and molecular dynamics simulations [J]. Physical Chemistry Chemical Physics, 2012,14(45):15865 – 15878.

[32] Deters H, De Camargo A S S, Santos C N, et al. Structural characterization of rare-earth doped yttrium aluminoborate laser glasses using solid state NMR [J]. The Journal of Physical Chemistry C, 2009,113 (36):16216 – 16225.

[33] Li Zhilan, Wang Shikai, Wang Xin, et al. Spectral properties of Tm^{3+}-doped silica glasses and laser behaviors of fibers by sol-gel technology [J]. Chinese Journal of Lasers, 2013,40(8):136 – 142.

[34] Peng B, Izumitani T. Optical properties, fluorescence mechanisms and energy transfer in Tm^{3+}, Ho^{3+} and Tm^{3+}-Ho^{3+} doped near-infrared laser glasses, sensitized by Yb^{3+} [J]. Optical Materials, 1995,4 (6):797 – 810.

[35] Marchi J, Morais D S, Schneider J, et al. Characterization of rare earth aluminosilicate glasses [J]. Journal of Non-Crystalline Solids, 2005,351(10):863 – 868.

[36] Nogami M, Abe Y. Fluorescence spectroscopy of silicate glasses codoped with Sm^{2+} and Al^{3+} ions [J]. Journal of Applied Physics, 1997,81(9):6351 – 6356.

[37] Qiao Yanbo, Wen Lei, Wu Botao, et al. Preparation and spectroscopic properties of Yb-doped and Yb – Al – codoped high silica glasses [J]. Materials Chemistry and Physics, 2008,107(2):488 – 491.

[38] Wang Xue, Xu Wenbin, Wang Shikai, et al. Aluminum effects on structure and spectroscopic properties of holmium-doped sol-gel silica glasses [J]. Journal of Alloys and Compounds, 2016(657):478 – 482.

[39] Florian P, Sadiki N, Massiot D, et al. ^{27}Al NMR study of the structure of lanthanum- and yttrium-based aluminosilicate glasses and melts [J]. The Journal of Physical Chemistry B, 2007,111(33):9747 – 9757.

[40] Carnall W T, Fields P R, Rajnak K. Electronic energy levels in the trivalent lanthanide aquo ions. I. Pr^{3+}, Nd^{3+}, Pm^{3+}, Sm^{3+}, Dy^{3+}, Ho^{3+}, Er^{3+}, and Tm^{3+} [J]. The Journal of Chemical Physics, 1968,49(10):4424 – 4442.

[41] 高松. 稀土掺杂锗碲酸盐玻璃 2~3μm 光谱及光纤的激光性质[D]. 北京:中国科学院大学, 2016.

[42] Mahamuda S, Swapna K, Packiyaraj P, et al. Visible red, NIR and Mid-IR emission studies of Ho^{3+} doped Zinc Alumino Bismuth Borate glasses [J]. Optical Materials, 2013,36(2):362 – 371.

[43] Wang Meng, Yi Lixia, Wang Guonian, et al. 2μm emission performance in Ho^{3+} doped fluorophosphate glasses sensitized with Er^{3+} and Tm^{3+} under 800 nm excitation [J]. Solid State Communications, 2009, 149(29):1216 – 1220.

[44] Gao Guojun, Wang Guonian, Yu Chunlei, et al. Investigation of 2.0μm emission in Tm^{3+} and Ho^{3+} co-doped oxyfluoride tellurite glass [J]. Journal of Luminescence, 2009,129(9):1042 – 1047.

[45] Seshadri M, Ratnakaram Y C, Naidu D T, et al. Investigation of spectroscopic properties (absorption and emission) of Ho^{3+} doped alkali, mixed alkali and calcium phosphate glasses [J]. Optical Materials, 2010,32(4):535 – 542.

[46] Yi Lixia, Wang Meng, Feng Suya, et al. Emissions properties of Ho^{3+} $^5I_7 \rightarrow ^5I_8$ transition sensitized by Er^{3+} and Yb^{3+} in fluorophosphate glasses [J]. Optical Materials, 2009,31(11):1586 – 1590.

[47] Hanna D C, Percival R M. Continuous-wave oscillation of holmium-doped silica fibre laser [J]. Electronics Letters, 1989,25(9):593 – 594.

[48] Jackson S D, King T A. CW operation of a 1.064 – μm pumped Tm-Ho-doped silica fiber laser [J]. IEEE Journal of Quantum Electronics, 1998,34(9):1578 – 1587.

[49] Wang Xue, Li Haiming, Hu Lili. Influence of Y_2O_3/Al_2O_3 ratio on structure and enhanced emission properties of Ho^{3+}-doped sol-gel high silica glasses [J]. Journal of Luminescence, 2020,220:117020.

[50] Jackson S D. Cross relaxation and energy transfer upconversion processes relevant to the functioning of

$2\,\mu m$ Tm^{3+}-doped silica fibre lasers [J]. Optics Communications, 2004, 230(1):197 - 203.

[51] Jackson S D, King T A. High-power diode-cladding-pumped Tm-doped silica fiber laser [J]. Optics Letters, 1998, 23(18):1462 - 1464.

[52] Hayward R A, Clarkson W A, Turner P W, et al. Efficient cladding-pumped Tm-doped silica fibre laser with high power singlemode output at $2\,\mu m$ [J]. Electronics Letters, 2000(36):711 - 712.

[53] Frith G, Lancaster D G, Jackson S D. 85 W Tm^{3+}-doped silica fibre laser [C]//IEEE LEOS Annual Meeting Conference Proceedings, 2005:762 - 763.

[54] Frith G, Lancaster D. Power scalable and efficient 790 - nm pumped Tm^{3+}-doped fiber lasers [C]// Proc. SPIE 6102, Fiber Lasers Ⅲ: Technology, Systems, and Applications, 2006, 610208.

[55] Jackson S D. High power and highly efficient mid-infrared fiber lasers [C]//Proc. SPIE 6453, Fiber Lasers Ⅳ: Technology, Systems, and Applications, 2007, 64530B.

[56] Zhang Yunjun, Wang Yuezhu, Ju Youlun, et al. Experimental investigation of Tm^{3+}-doped silica double-cladding fibre laser [J]. Chinese Physics Letters, 2006, 23(9):2452 - 2454.

[57] Eichhorn M, Jackson S D. Comparative study of continuous wave Tm^{3+}-doped silica and fluoride fiber lasers [J]. Applied Physics B, 2008, 90(1):35 - 41.

[58] Frith G, Carter A, Samson B, et al. Design considerations for short-wavelength operation of 790 - nm-pumped Tm-doped fibers [J]. Applied Optics, 2009, 48(27):5072 - 5075.

[59] Moulton P F, Rines G A, Slobodtchikov E V, et al. Tm-doped fiber lasers: fundamentals and power scaling [J]. IEEE Journal of Selected Topics in Quantum Electronics, 2009, 15(1):85 - 92.

[60] Goodno G D, Book L D, Rothenberg J E. Low-phase-noise, single-frequency, single-mode 608 W thulium fiber amplifier [J]. Optics Letters, 2009, 34(8):1204 - 1206.

[61] Frith G, Carter A, Samson B, et al. Mitigation of photodegradation in 790 nm-pumped Tm-doped fibers [C]//Proc. SPIE 7580, Fiber Lasers Ⅶ: Technology, Systems, and Applications, 2010, 75800A.

[62] Mccomb T S, Sims R A, Willis C C C, et al. High-power widely tunable thulium fiber lasers [J]. Applied Optics, 2010, 49(32):6236 - 6242.

[63] Ndebeka W I, Heidt A, Schwoerer H, et al. Efficiency of Tm^{3+}-doped silica triple clad fiber laser [C]//Proceedings of the International Summer Session: Lasers and Their Applications, (Optica Publishing Group), 2011, paper Th4.

[64] Shardlow P C, Jain D, Parker R, et al. Optimising Tm-doped silica fibres for high lasing efficiency [C]. 2015 European Conference on Lasers and Electro-Optics-European Quantum Electronics Conference, (Optica Publishing Group), 2015, paper CJ_14_3.

[65] Tumminelli R, Petit V, Carter A, et al. Highly doped and highly efficient Tm doped fiber laser [C]// Proc. SPIE 10512, Fiber Lasers XV: Technology and Systems, 2018, 105120M.

[66] Sincore A, Bradford J D, Cook J, et al. High average power thulium-doped silica fiber lasers: review of systems and concepts [J]. IEEE Journal of Selected Topics in Quantum Electronics, 2018, 24(3):1 - 8.

[67] Ramírez-martínez N J, Núñez-velázquez M, Umnikov A A, et al. Highly efficient thulium-doped high-power laser fibers fabricated by MCVD [J]. Optics Express, 2019, 27(1):196 - 201.

[68] Ramírez-martínez N J, Núñez-velázquez M, Umnikov A A, et al. Novel fabrication technique for highly efficient Tm-doped fibers [C]. Conference on Lasers and Electro-Optics, OSA Technical Digest (online) (Optica Publishing Group), 2018, paper SF3I. 2.

[69] STRELOV K K, KASHCHEEV I D. Phase diagram of the system Al$_2$O$_3$-SiO$_2$ [J]. Refractories, 1995, 36(8):244 - 246.

[70] Barber M J, Shardlow P C, Barua P, et al. Nested-ring doping for highly efficient 1 907 nm short-wavelength cladding-pumped thulium fiber lasers [J]. Optics Letters, 2020, 45(19):5542 - 5545.

[71] Barber M, Shardlow P, Barua P, et al. Cladding-pumped nested-ring Tm fiber laser with 131 W single-mode output at 1 907 nm [C]//Proc. SPIE 11260, Fiber Lasers ⅩⅦ: Technology and Systems, 2020, 112600F.

［72］ 刘茵紫,邢颖滨,廖雷,等.530 W 全光纤结构连续掺铥光纤激光器[J].物理学报,2020(18):105 - 111.

［73］ Lou Fengguang, Kuan Peiwen, Zhang Lei, et al. 2 μm laser properties of Tm^{3+}-doped large core sol-gel silica fiber [J]. Optical Materials Express,2014,4(6):1267 - 1275.

［74］ 王雪. 改性石英玻璃的结构和 2 μm 光谱及其光纤性能研究[D]. 北京:中国科学院大学,2017.

［75］ 孟佳,张伟,赵开祺,等.国产化掺铥光纤激光振荡器性能研究[J].中国光学,2019(5):9.

［76］ Humbach O, Fabian H, Grzesik U, et al. Analysis of OH absorption bands in synthetic silica [J]. Journal of Non-Crystalline Solids,1996(203):19 - 26.

［77］ Keck D B, Maurer R D, Schultz P C. On the ultimate lower limit of attenuation in glass optical waveguides [J]. Applied Physics Letters, 1973,22(7):307 - 309.

［78］ Keck D B, Tynes A R. Spectral response of low-loss optical waveguides [J]. Applied Optics,1972,11 (7):1502 - 1506.

［79］ Kaiser P, Tynes A R, Astle H W, et al. Spectral losses of unclad vitreous silica and soda-lime-silicate fibers [J]. Journal of the Optical Society of America, 1973,63(9):1141 - 1148.

［80］ Elliott C R, Newns G R. Near infrared absorption spectra of silica: OH overtones [J]. Appl. Spectrosc. ,1971,25(3):378 - 379.

［81］ Clasen R. Optical impurity measurements on silica glass prepared via the colloidal gel route [J]. Glastechnische Berichte, 1990,63(10):291 - 299.

［82］ Jollivet C, Farley K, Conroy M, et al. Design optimization of Tm-doped large-mode area fibers for power scaling of 2 μm lasers and amplifiers [C]//Proc. SPIE 10083, Fiber Lasers ⅩⅣ: Technology and Systems, 2007,100830I.

［83］ Simakov N, Hemming A V, Carter A, et al. Design and experimental demonstration of a large pedestal thulium-doped fibre [J]. Optics Express, 2015,23(3):3126 - 3133.

［84］ Hanna, D. C, Jauncey, et al. Continuous-wave oscillation of a monomode thulium-doped fibre laser [J]. Electronics Letters,1988,24(19):1222 - 1223.

［85］ Clarkson W A, Barnes N P, Turner P W, et al. High-power cladding-pumped Tm-doped silica fiber laser with wavelength tuning from 1 860 to 2 090 nm [J]. Optics Letters,2002,27(22):1989 - 1991.

［86］ Shen D Y, Mackenzie J I, Sahu J K, et al. High-power and ultra-efficient operation of a Tm^{3+}-doped silica fiber laser [C]. Advanced Solid-State Photonics (TOPS), Vol. 98 of OSA Trends in Optics and Photonics (Optica Publishing Group, 2005), paper 516.

［87］ Jackson S D, Sabella A, Lancaster D G. Application and development of high-power and highly efficient silica-based fiber lasers operating at 2 μm [J]. IEEE Journal of Selected Topics in Quantum Electronics, 2007,13(3):567 - 572.

［88］ Slobodtchikov E, Moulton P F, Frith G. Efficient, high-power, Tm-doped silica fiber laser [C]. Advanced Solid-State Photonics, OSA Technical Digest Series (CD) (Optica Publishing Group, 2007), paper MF2.

［89］ Meleshkevich M, Platonov N, Gapontsev D, et al. 415 W single-mode CW thulium fiber laser in all-fiber format [C]. 2007 European Conference on Lasers and Electro-Optics and the International Quantum Electronics Conference, 2007:1.

［90］ Mccomb T S, Sims R A, Willis C, et al. Tunable high power thulium fiber lasers [J]. 2010 23rd Annual Meeting of the IEEE Photonics Society, 2010:618 - 619.

［91］ Yin Ke, Zhang Bin, Xue Guanghui, et al. High-power all-fiber wavelength-tunable thulium doped fiber laser at 2 μm [J]. Opt. Express,2014,22(17), 19947 - 19952.

［92］ Wang Xiong, Jin Xiaoxi, Zhou Pu, et al. High power, widely tunable, narrowband superfluorescent source at 2 μm based on a monolithic Tm-doped fiber amplifier [J]. Optics Express, 2015,23(3):3382 - 3389.

［93］ Yin Ke, Zhu Rongzhen, Zhang Bin, et al. 300 W-level, wavelength-widely-tunable, all-fiber integrated thulium-doped fiber laser [J]. Opt. Express, 2006,24(10), 11085 - 11090.

［94］ Creeden D, Johnson B R, Setzler S D, et al. Resonantly pumped Tm-doped fiber laser with ＞90％ slope efficiency ［J］. Optics Letters, 2014,39(3):470 - 473.

［95］ Creeden D, Johnson B R, Rines G A, et al. High power resonant pumping of Tm-doped fiber amplifiers in core- and cladding-pumped configurations ［J］. Optics Express, 2014,22(23):29067 - 29080.

［96］ Walbaum T, Heinzig M, Schreiber T, et al. Monolithic thulium fiber laser with 567 W output power at 1970 nm ［J］. Optics Letters, 2016,41(11):2632 - 2635.

［97］ Gaida, Gebhardt, Heuermann, et al. Ultrafast thulium fiber laser system emitting more than 1 kW of average power ［J］. Optics letters, 2018,43(23):5853 - 5856.

［98］ Burns M D, Shardlow P C, Barua P, et al. 47 W continuous-wave 1 726 nm thulium fiber laser core-pumped by an erbium fiber laser ［J］. Optics Letters, 2019,44(21):5230 - 5233.

［99］ Anderson B M, Soloman J, Flores A. 1.1 kW, beam combinable thulium doped all-fiber amplifier ［C］//Proc. SPIE 11665, Fiber Lasers ⅩⅧ: Technology and Systems, 2021,116650B.

［100］ 刘东峰. 掺 Tm^{3+} 石英单模光纤产生 1.871 μm 激光的初步研究［J］. 中国激光,1998,25(11):973 - 975.

［101］ 上海光机所 2 μm 波段光纤激光器获得 70 W 输出功率［J］. 光机电信息,2007(12):1.

［102］ Tang Yulong, Yang Yong, Xu Jianqiu. High power Tm^{3+}-doped fiber lasers tuned by a variable reflective output coupler ［J］. Research Letters in Optics, 2008,919403.

［103］ 夏林中,杜戈果,阮双琛,等. 包层泵浦的高功率掺铥光纤激光器［J］. 光子学报,2008,37(6):1089 - 1092.

［104］ Zhou Hui, Jing Tao, Zhang Yunjun. The LD-cladding-pumped high power Tm^{3+}-doped silica fibre amplifying at approximately 1.99 μm ［J］. Chinese Physics Letters, 2008,25(4):1291 - 1292.

［105］ Zhang Yunjun, Song Shifei, Tian Yi, et al. Ld-clad-pumped all-fiber Tm^{3+}-doped silica fiber laser ［J］. Chinese Physics Letters, 2009,26(8):164 - 166.

［106］ Zhang Y, Jing T. All-fiber clad-pumped Tm^{3+}-doped fiber amplifier using high power fiber combiner ［J］. Laser Physics, 2009,19(12):2197 - 2199.

［107］ Tang Yulong, Xu Jianqiu, Chen Wei, et al. 150 - W Tm^{3+}-doped fiber lasers with different cooling techniques and output couplings ［J］. Chinese Physics Letters, 2010,27(10):114 - 116.

［108］ Tang Yulong, Xu Lin, Xu Jianqiu. High-power gain-switched Tm^{3+}-doped fiber laser ［J］. Optics Express, 2010,18(22):22964 - 22972.

［109］ Yu Ting, Shu Shijiang, Chen Weibiao. High repetition rate Tm:Ho:LuLiF master-oscillator and Tm-doped fiber power-amplifier system ［J］. Chinese Optics Letters, 2011,9(4):64 - 66.

［110］ Wang Xiong, Zhou Pu, Wang Xiaolin, et al. 102 W monolithic single frequency Tm-doped fiber MOPA ［J］. Optics Express, 2013,21(26):32386 - 32392.

［111］ Hu Zhenyue, Yan Ping, Xiao Qirong, et al. 227 - W output all-fiberized Tm-doped fiber laser at 1 908-nm ［J］. Chinese Physics B, 2014,23(10):104206.

［112］ Liu Jiang, Shi Hongxing, Liu Kun, et al. 210 W single-frequency, single-polarization, thulium-doped all-fiber MOPA ［J］. Optics Express, 2014,22(11):13572 - 13578.

［113］ Liu Jiang, Shi Hongxing, Liu Chen, et al. High-power narrow-linewidth thulium-doped all-fiber MOPA. 2015 11th Conference on Lasers and Electro-Optics Pacific Rim (CLEO-PR), 2015:1 - 2.

［114］ Yin Ke, Zhu Rongzhen, Zhang Bin, et al. 300 W-level, wavelength-widely-tunable, all-fiber integrated thulium-doped fiber laser［J］. Optics Express, 2016, 24(10): 11085 - 11090.

［115］ Yao Weichao, Shan Zhenhua, Shen Chongfeng, et al. 400 W All-fiberized Tm-doped MOPA at 1 941 nm with narrow spectral linewidth ［C］. Laser Congress 2017 (ASSL, LAC), (Optica Publishing Group), 2017, paper JTu2A. 33.

［116］ Yao Weichao, Shen Chongfeng, Shao Zhenhua, et al. 790 W incoherent beam combination of a Tm-doped fiber laser at 1 941 nm using a 3×1 signal combiner ［J］. Applied Optics, 2018,57(20):5574 - 5577.

［117］ Liu Yinzi, Cao Chi, Xing Yingbin, et al. 406 W narrow-linewidth all-fiber amplifier with Tm-doped fiber fabricated by MCVD [J]. IEEE Photonics Technology Letters，2019，31(22)：1779 - 1782.

[118] Friebele E J, Askins C G, Peele J R, et al. Ho-doped fiber for high Energy Laser applications [C]// Proc. SPIE 8961, Fiber Lasers Ⅺ：Technology, Systems, and Applications，2014，896120.

[119] Hemming A, Simakov N, Haub J, et al. A review of recent progress in holmium-doped silica fibre sources [J]. Optical Fiber Technology，2014，20(6)：621 - 630.

[120] Hemming A, Bennetts S, Simakov N, et al. Development of resonantly cladding-pumped holmium-doped fibre lasers [C]//Proc. SPIE 8237, Fiber Lasers Ⅸ：Technology, Systems, and Applications，2012，82371J.

[121] Hemming A, Bennetts S, Simakov N, et al. High power operation of cladding pumped holmium-doped silica fibre lasers [J]. Optics Express，2013，21(4)：4560 - 4566.

[122] Hemming A, Simakov N, Oermann M, et al. Record efficiency of a holmium-doped silica fibre laser [C]. 2016 Conference on Lasers and Electro-Optics (CLEO)，2016：1 - 2.

[123] Baker C, Friebele E J, Burdett A, et al. Recent advances in holmium doped fibers for high-energy lasers [C]//Proc. SPIE 10637, Laser Technology for Defense and Security ⅩⅣ，2018，1063704.

[124] Baker C C, Friebele E J, Burdett A A, et al. Nanoparticle doping for high power fiber lasers at eye-safer wavelengths [J]. Optics Express，2017，25(12)：13903 - 13915.

[125] Friebele E J, Baker C, Burdett A, et al. Ho-nanoparticle-doping for improved high-energy laser fibers [C]//Proc. SPIE 10100, Optical Components and Materials ⅩⅣ，2017，1010003.

[126] Wang Jiachen, Bae N, Lee S B, et al. Effects of ion clustering and excited state absorption on the performance of Ho-doped fiber lasers [J]. Optics Express，2019，27(10)：14283 - 14297.

[127] Wang Jiachen, Yeom D I, Simakov N, et al. Numerical modeling of in-band pumped Ho-doped silica fiber lasers [J]. Journal of Lightwave Technology，2018，36(24)：5863 - 5880.

[128] Kamrádek M, Aubrecht J, Jelínek M, et al. Holmium-doped fibers for efficient fiber lasers at 2 100 nm [C]. OSA High-brightness Sources and Light-driven Interactions Congress 2020 (EUVXRAY, HILAS, MICS)，OSA Technical Digest (Optica Publishing Group，2020)，paper MTh3C. 5.

[129] Hemming A, Simakov N, Davidson A, et al. A monolithic cladding pumped holmium-doped fibre laser [C]//Proceedings of the CLEO OSA Technical Digest (online) (Optica Publishing Group)，2013，paper CW1M. 1.

[130] Shardlow P C, Simakov N, Billaud A, et al. Holmium doped fibre optimised for resonant cladding pumping [C]. 2017 Conference on Lasers and Electro-Optics Europe and European Quantum Electronics Conference (CLEO/Europe-EQEC)，2017：1 - 1.

[131] Shardlow P C, Standish R, Sahu J, et al. Cladding shaping of optical fibre preforms via CO_2 laser machining [C]. 2015 European Conference on Lasers and Electro-Optics-European Quantum Electronics Conference，(Optica Publishing Group，2015)，paper CJ_P_29.

[132] Shardlow P, Standish R, Velazquez M, et al. Cladding shaping of optical fiber preforms via CO_2 laser machining [C]//Proc. SPIE 11355, Micro-Structured and Specialty Optical Fibres Ⅵ，2020，113550A.

[133] Jasim A A, Podrazký O, Peterka P, et al. Impact of shaping optical fiber preforms based on grinding and a CO_2 laser on the inner-cladding losses of shaped double-clad fibers [J]. Optics Express，2020，28(9)：13601 - 13615.

[134] Scholle K, Lamrini S, Koopmann P, et al. 2 μm laser sources and their possible applications [M]// Frontiers in Guided Wave Optics and Optoelectronics. London：IntechOpen，2010.

[135] Kurkov A S, Dianov E M, Medvedkov O I, et al. Efficient silica-based Ho^{3+} fibre laser for 2 μm spectral region pumped at 1. 15 μm [J]. Electronics Letters，2000，36(12)：1015 - 1016.

[136] Jackson S D, Bugge F, Erbert G. High-power and highly efficient diode-cladding-pumped Ho^{3+}-doped silica fiber lasers [J]. Optics Letters，2007，32(22)：3349 - 3351.

[137] Kurkov A S, Sholokhov E M, Medvedkov O I, et al. Holmium fiber laser based on the heavily doped

active fiber [J]. Laser Physics Letters, 2009, 6(9):661 - 664.

[138] Kurkov A S, Dvoyrin V V, Marakulin A V. All-fiber 10 W holmium lasers pumped at $\lambda = 1.15 \mu m$ [J]. Optics Letters, 2010, 35(4):490 - 492.

[139] Kurkov A S, Sholokhov E M, Tsvetkov V B, et al. Holmium fibre laser with record quantum efficiency [J]. Quantum Electronics, 2011, 41(6):492 - 494.

[140] Hemming A, Bennetts S, Simakov N, et al. Resonantly pumped $2 \mu m$ Holmium fibre lasers [C]// Proceedings of the Advanced Photonics, OSA Technical Digest (CD) (Optica Publishing Group, 2011), paper SOMB1.

[141] Holmen L G, Shardlow P C, Barua P, et al. Tunable holmium-doped fiber laser with multiwatt operation from 2 025 nm to 2 200 nm [J]. Optics Letters, 2019, 44(17):4131 - 4134.

[142] Johnson L F, Geusic J E, Van Uitert L G. Efficient, high-power coherent emission from Ho^{3+} ions in yttrium aluminum garnet, assisted by energy transfer [J]. Applied Physics Letters, 2004, 8(8):200 - 202.

[143] Li Kefeng, Zhang Qiang, Fan Sijun, et al. Mid-infrared luminescence and energy transfer characteristics of Ho^{3+}/Yb^{3+} codoped lanthanum-tungsten-tellurite glasses [J]. Optical Materials, 2010, 33(1):31 - 35.

[144] Rao P R, Venkatramaiah N, Gandhi Y, et al. Role of modifier oxide in emission spectra and kinetics of Er-Ho codoped $Na_2SO_4 - MO - P_2O_5$ glasses [J]. Spectrochimica Acta Part A Molecular and Biomolecular Spectroscopy, 2012, 86(3):472 - 480.

[145] Oh K, Morse T F, Kilian A, et al. Continuous-wave oscillation of thulium-sensitized holmium-doped silica fiber laser [J]. Optics Letters, 1994, 19(4):278 - 280.

[146] Ghisler C, Lüthy W, Weber H P, et al. A Tm^{3+} sensitized Ho^{3+} silica fibre laser at $2.04 \mu m$ pumped at 809 nm [J]. Optics Communications, 1994, 109(3):279 - 281.

[147] Jackson S D, Sabella A, Hemming A, et al. High-power 83 W holmium-doped silica fiber laser operating with high beam quality [J]. Optics Letters, 2007, 32(3):241 - 243.

[148] Eichhorn M, Jackson S D. High-pulse-energy, actively Q-switched Tm^{3+}, Ho^{3+}-codoped silica $2 \mu m$ fiber laser [J]. Optics Letters, 2008, 33(10):1044 - 1046.

[149] Hemming A, Jackson S D, Sabella A, et al. High power, narrow bandwidth and broadly tunable Tm^{3+}, Ho^{3+}-co-doped aluminosilicate glass fibre laser [J]. Electronics Letters, 2010, 46(24):1617 - 1618.

[150] Yang Weiqiang, Zhang Bin, Hou Jing, et al. Gain-switched and mode-locked Tm/Ho-codoped $2 \mu m$ fiber laser for mid-IR supercontinuum generation in a Tm-doped fiber amplifier [J]. Laser Physics Letters, 2013, 10(4):045106.

[151] Ramírez-martínez N J, Núñez-velázquez M, Sahu J K. Study on the dopant concentration ratio in thulium-holmium doped silica fibers for lasing at $2.1 \mu m$ [J]. Optics Express, 2020, 28(17):24961 - 24967.

[152] Yao Weichao, Shen Chongfeng, Shao Zhenhua, et al. High-power nanosecond pulse generation from an integrated Tm-Ho fiber MOPA over $2.1 \mu m$ [J]. Optics Express, 2018, 26(7):8841 - 8848.

[153] Boccuzzi K A, Newburgh G A, Marciante J R. Tm/Ho-doped fiber laser systems using coaxial fiber [J]. Optics Express, 2019, 27(20):27396 - 27408.

[154] Jackson S D. The effects of energy transfer upconversion on the performance of Tm^{3+}, Ho^{3+}-doped silica fiber lasers [J]. IEEE Photonics Technology Letters, 2006, 18(17):1885 - 1887.

[155] Jackson S D. The spectroscopic and energy transfer characteristics of the rare earth ions used for silicate glass fibre lasers operating in the shortwave infrared [J]. Laser and Photonics Reviews, 2009, 3(5):466 - 482.

[156] Cariou J-P, Augere B, Valla M. Laser source requirements for coherent lidars based on fiber technology [J]. Comptes Rendus Physique, 2006, 7(2):213 - 223.

[157] Baker W E, Emmitt G D, Robertson F, et al. Lidar-measured winds from space: A key component for weather and climate prediction [J]. Bulletin of the American Meteorological Society, 1995, 76(6):869 - 888.

第 8 章

新型掺钕和钕镱共掺石英光纤及应用

钕离子(Nd^{3+})在 400～900 nm 范围具有多个吸收带,通过简单的氙灯或氪灯泵浦即可实现激光输出;同时,其下能级具有四个辐射跃迁带,理论上可实现 0.9 μm、1.06 μm、1.33 μm 及 1.8 μm 激光输出。其中 1.06 μm 跃迁为四能级结构,激光阈值低、发射截面大,使其成为最早实现室温激光输出的激活离子。因此,Nd^{3+} 1.06 μm 激光得到了广泛研究,在硅酸盐、硼酸盐、磷酸盐、锗酸盐、碲酸盐等基质中都取得了很好的研究成果。在 1961 年 Snitzer 等[1]用硅酸盐激光钕玻璃实现激光输出后,中国的激光钕玻璃研究便在干福熹先生的带领下有序展开,并于 1962 年在掺钕硅酸盐玻璃中获得了 1.06 μm 激光输出。时至今日,中国激光钕玻璃已经历了从硅酸盐玻璃到磷酸盐玻璃的转变,并在高能激光器和高功率激光器中实现了应用。其中最具代表性的是磷酸盐激光钕玻璃在激光聚变装置的批量应用。

随着激光技术的发展,激光冲击强化、激光聚变能源等领域对大能量高重频激光提出了重大需求[2]。大能量高重频激光要求激光材料具有好的耐热冲击性能以及大的发射截面。相比多组分玻璃体系,Nd^{3+} 掺杂石英玻璃具有优良的耐热冲击性能及化学稳定性,有望应用于大能量高重频激光[3]。另一方面,Nd^{3+} 0.9 μm 激光可直接应用于 Yb^{3+} 激光泵浦、大气探测和差分吸收雷达等领域[4-5],其倍频光可应用于水下通信、生物成像、量子光学、原子冷却及俘获等领域[6-9]。因此,近年来以 900 nm 激光输出为目标的掺钕石英光纤的研究受到关注。此外,1.3 μm 波段 Nd^{3+} 掺杂光纤激光器和放大器以及 Nd^{3+}/Yb^{3+} 共掺石英光纤双波长、可调谐激光,分别在光纤通信、分布式光纤传感、气体检测、太赫兹辐射等领域有着重要的应用潜力,近年来也吸引了领域内的广泛关注。本章首先介绍 Nd^{3+} 的光谱特性,其次围绕 900 nm 激光应用阐述 Nd^{3+} 掺杂石英玻璃及光纤的光谱与激光特性,然后综述近年来 1.3 μm Nd^{3+} 掺杂光纤激光器和放大器的典型进展,最后介绍 Nd^{3+}/Yb^{3+} 共掺石英光纤的光谱性质及其激光性能与应用。

8.1 掺钕石英玻璃的光谱性质

8.1.1 钕离子的能级结构及光谱

Nd^{3+} 电子构型为 $1s^2 2s^2 2p^6 3s^2 3p^6 3d^{10} 4s^2 4p^6 4d^{10} 5s^2 5p^6 4f^3$。其 4f 轨道未充满,这就使得电子可以在其中发生跃迁(即 f-f 跃迁)、形成 Nd^{3+} 的特征吸收和发射。4f 电子受到外层 5s

电子和 5p 电子的屏蔽,导致其吸收光谱和发射光谱均为窄带。Nd^{3+} 4f^3 电子的能级结构由多电子体系的哈密顿量决定。三价稀土离子在自由状态下的基本相互作用主要是 4f^n 轨道中电子与电子之间的库仑相互作用和自旋-轨道相互作用。另外,在玻璃等固体中还要考虑外部结构环境对稀土离子外层电子的影响。稀土离子 4f 轨道上 i 电子的哈密顿算符 H_{fi} 可以写成

$$\widehat{H}_{fi} = \widehat{H}_{\text{H·like}} + \widehat{H}_{\text{coul}} + \widehat{H}_{\text{SO}} + \widehat{H}_{\text{CF}}$$

$$= \left(\frac{-h^2}{2m} \sum_i^n \nabla_i^2 - Z_{ef} \sum_i^n \frac{e^2}{r_i} \right) + \sum_{i<j}^n \frac{e^2}{r_{ij}} + \lambda L \cdot S + \sum_i eV_{C_i}(r, \theta, \phi) \quad (8-1)$$

式中,$\widehat{H}_{\text{H·like}}$ 为中心场的作用;e 为电子电荷;m 为电子质量;r_i 为电子与屏蔽核之间的距离;Z_{ef} 为原子核的核电荷数;$\widehat{H}_{\text{coul}}$ 为电子之间的库仑相互作用;r_{ij} 为电子与电子之间的距离;$\widehat{H}_{\text{SO}}$ 为自旋-轨道相互作用;λ 为自旋-轨道耦合常数;$\widehat{H}_{\text{CF}}$ 为晶体场对准自由离子的微扰;L 为总轨道角动量量子数;S 为总自旋角动量量子数。

在不考虑任何影响时,同一电子构型的电子能量是简并的;考虑电子间的库仑相互作用($\widehat{H}_{\text{coul}}$)时,简并能级发生分裂,形成 ^2P、^2D、^2F、^2G、^2H、^2I、^2K、^2L、^4S、^4D、^4F、^4G、^4I 等多个光谱能级;进一步考虑自旋-轨道相互作用($\widehat{H}_{\text{SO}}$)时,每个光谱项会分裂成为 $2S+1$ 或 $2L+1$ 个光谱支项,当 $L>S$ 时可分裂为 $2S+1$ 个能级;当 $L<S$ 时可分裂为 $2L+1$ 个能级。每个光谱支项表示为 $^{2S+1}L_J$,其中 S 为总自旋角动量量子数、L 为总轨道角动量量子数、J 为总角量子数。Nd^{3+} 的基态光谱项为 ^4I,基态光谱支项为 $^4I_{9/2}$。在晶体场作用下,Nd^{3+} 的每个光谱支项会分裂成为 $J+1/2$ 个能级,称为 Stark 能级分裂。图 8-1 给出 Nd^{3+} 在上述各种作用下的能级分裂位移及劈裂程度。

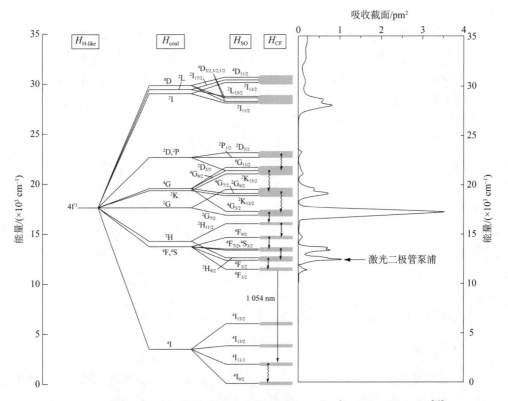

图 8-1 Nd^{3+} 4f^3 电子的能级结构(左)和石英玻璃中 Nd^{3+} 的吸收光谱(右)[10]

作为激光材料的激活离子时，Nd^{3+} 上能级为 $^4F_{3/2}$、下能级为 $^4I_{J'}$。在泵浦光作用下，处于基态的 Nd^{3+} 被激发到 $^4F_{3/2}$ 及以上能级，这些光电子在产生辐射跃迁前快速弛豫到亚稳态 $^4F_{3/2}$ 能级。辐射跃迁时，$^4F_{3/2}$ 能级粒子向下跃迁到 $^4I_{J'}$ 能级即产生一个光子。图 8-2 为 Nd^{3+} 在 808 nm 激光二极管（LD）泵浦下的荧光光谱，$^4F_{3/2} \rightarrow {}^4I_{9/2}$、$^4I_{11/2}$、$^4I_{13/2}$ 跃迁分别对应 900 nm、1 060 nm 和 1 330 nm 的荧光峰，而 $^4F_{3/2} \rightarrow {}^4I_{15/2}$ 跃迁的荧光通常很难被观测到，这是由于其能级差与 $^4I_{9/2} \rightarrow {}^4I_{15/2}$ 能级差相近、极易产生交叉弛豫而造成的。

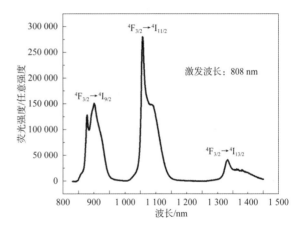

图 8-2　808 nm 激发 Nd^{3+} 掺杂石英玻璃的荧光光谱

8.1.2　钕离子的光谱参数计算

根据光谱选律，镧系离子 $\Delta L = 0$ 的 f-f 电偶极跃迁是宇称禁戒的。然而，受基质晶体场的影响，稀土离子 $4f^n$ 组态中混入反宇称的 $4f^n-5d$ 状态，f-f 跃迁禁戒解除，产生较为微弱的电偶极跃迁，被称为强制电偶极跃迁或诱导电偶极跃迁。Judd-Ofelt 理论从组态混杂出发，基于静电场单组态近似，采用微扰处理，推导出跃迁强度与晶体场之间的关系，并提出了拟合吸收光谱获得光跃迁强度参数的方法[11]，是研究稀土离子 f-f 跃迁的重要理论[12-13]。根据 Judd-Ofelt 理论，Nd^{3+} 4f 电子从 $(S, L)J$ 态到 $(S', L')J'$ 态的自发辐射跃迁概率（$A_{JJ'}$）可表示为[14]

$$A_{JJ'} = \frac{64\pi^4 e^2}{3h\lambda^3(2J+1)} \times \frac{n(n^2+2)^2}{9} \sum_{t=2,4,6} \Omega_t \left| \langle (S, L)J \mid U^{(t)} \mid (S', L')J' \rangle \right|^2$$

$$(8-2)$$

式中，e 为电子电量；n 为材料的折射率；h 为普朗克常数；λ 为电子跃迁中心波长；J 为初态能级总角动量量子数；$\left| \langle (S, L)J \mid U^{(t)} \mid (S', L')J' \rangle \right|^2$ 为约化矩阵元，仅与稀土离子及其能级结构有关，而不随基质材料而变化，Nd^{3+} 各能级间的约化矩阵元可通过查找文献获得[15]；$\Omega_t (t=2, 4, 6)$ 称为 Judd-Ofelt 强度参数，只与材料有关，不随特定跃迁的不同而变化。

荧光分支比（$\beta_{JJ'}$）为

$$\beta_{JJ'} = \beta[(S, L)J; (S', L')J'] = \frac{A[(S, L)J; (S', L')J']}{\sum_{bJ'} A[(S, L)J; (S', L')J']} \qquad (8-3)$$

理论辐射跃迁寿命（τ_{rad}）为

$$\tau_{\text{rad}} = \left\{ \sum_{S', L', J'} A[(S, L)J; (S', L')J'] \right\}^{-1} \qquad (8-4)$$

根据实验测定相应跃迁的荧光寿命（τ_{exp}），还可得到量子效率

$$\eta = \tau_{\exp} / \tau_{\rm rad} \tag{8-5}$$

1) Judd-Ofelt 强度参数 $\Omega_t (t = 2, 4, 6)$

如式(8-2)所示,稀土离子 f-f 跃迁的强度主要受约化矩阵元 $|\langle (S, L)J | U^{(t)} | (S', L')J' \rangle|^2$ 及 Judd-Ofelt 强度参数 $\Omega_t (t = 2, 4, 6)$ 所控制,而约化矩阵元只与稀土离子的能级结构有关,与基质材料无关。这意味着:通过对三个 Judd-Ofelt 参数的计算和分析,即可得到稀土离子 f-f 跃迁的性质。因此,探究 Judd-Ofelt 强度参数的变化趋势及物理意义尤为重要。Judd-Ofelt 强度参数可表示为[12]

$$\Omega_t = (2t+1) \sum_{p, s} | A_{\rm sp} |^2 \Xi^2 (s, t)(2s+1)^{-1} \tag{8-6}$$

式中,$A_{\rm sp}$ 为基质结构参数,与配位场的奇次项有关,可表示为

$$A_{\rm sp} = (-1)^{p+1} \sum_i eq_i R_i^{-s-1} c_{-p}^{(s)} (\Theta_i, \phi_i) \tag{8-7}$$

式中,e 为电子电量;q_i 为离子带电量;(R_i, Θ_i, ϕ_i) 为离子所处的极坐标。

$\Xi(s, t)$ 与轨道混杂相关,可表示为

$$\Xi(s, t) = 2 \sum_{n, l} (2f+1)(2l+1)(-1)^{(f+1)} \times \begin{Bmatrix} 1ts \\ flf \end{Bmatrix} \begin{Bmatrix} f1l \\ 000 \end{Bmatrix} \begin{Bmatrix} lsf \\ 000 \end{Bmatrix} \times \frac{\langle 4f | r | nl \rangle \langle nl | r^s | 4f \rangle}{\Delta E(\psi)}$$

$$\tag{8-8}$$

式中,$\Delta E(\psi)$ 为 $4f^{N-1}$ 电子轨道与中间态 $4f^{N-1}nl^1$ 混合电子轨道之间的能量差,对于 Nd^{3+},$4f^{N-1}nl^1$ 混合电子轨道为 $4f^{N-1}5d^1$ 轨道;$\langle nl | r^s | 4f \rangle$ 为 $\int_0^\infty R(nl) r^k R(n'l') dr$ 的简写,是 4f 轨道与 5d 轨道的混杂函数。以上 t, s 取值遵循:$t = 2, s = 1, 3; t = 4, s = 3, 5; t = 6, s = 5, 7$。

Nd^{3+} 作为激光材料激活离子时,最常用的跃迁上能级为 $^4F_{3/2}$ 能级,下能级为 $^4I_{J'}$ 能级,从 $^4F_{3/2}$ 能级到各下能级跃迁的约化矩阵元见表 8-1。

表 8-1 Nd^{3+} $^4F_{3/2} \rightarrow ^4I_J$ 能级跃迁的约化矩阵元[15]

能级	峰位置/cm^{-1}	$|\langle U^{(2)} \rangle|^2$	$|\langle U^{(4)} \rangle|^2$	$|\langle U^{(6)} \rangle|^2$
$^4I_{15/2}$	6148	0	0	0.0280
$^4I_{13/2}$	4098	0	0	0.2093
$^4I_{11/2}$	2114	0	0.1423	0.4083
$^4I_{9/2}$	235	0	0.2283	0.0554

显然,由于几个跃迁对应的约化矩阵元 $|\langle U^{(2)} \rangle|^2$ 都为 0,所以相应 Ω_2 对上述跃迁强度没有贡献。但由式(8-6)可见,t 取值较小时,Ω_t 受基质结构参数 $A_{\rm sp}$ 的影响很大,这意味着可通过 Ω_2 的分析了解基质的结构信息。研究人员将主要受 Ω_2 影响的跃迁称为结构超敏跃迁,并且发现 Ω_2 随着非对称性提高而增大[16]。

另一方面,表 8-1 中四个跃迁对应的 $|\langle U^{(6)} \rangle|^2$ 数值较大,意味着相应 Ω_6 对跃迁强度贡献大,因此 Ω_6 受到较多关注。由式(8-6)可见,t 取值变大时,Ω_t 受 $\Xi(s, t)$ 的影响变大,因此 Ω_6 与核外电子云的重叠情况相关。研究表明,随着 4f 电子的增多,对 5d 电子排斥增强,重

叠积分变小,从而 Ω_6 减小。同时,随着 Nd^{3+} 与紧邻原子共价性增强,6s 电子云密度增大,对 4f 及 5d 电子屏蔽作用增强,重叠积分下降,也会导致 Ω_6 减小[17-18]。此外,研究人员推断 Ω_4 与 Nd^{3+} 周围的中长程结构有关,但还未见相关实验研究报道[19-20]。

　　2) 荧光分支比

　　如前所述,Judd-Ofelt 强度参数与 Nd^{3+} 配位环境的非对称性及共价性有关,而每个跃迁的约化矩阵元不同且不随基质变化。这意味着各跃迁的强度对 Judd-Ofelt 参数变化的响应程度不同,即对非对称性和共价性的变化响应程度不同。这使得通过调控 Nd^{3+} 配位环境以改变 Nd^{3+} 辐射跃迁的趋势成为可能。

　　理论荧光分支比的定义见式(8-3)。对于 Nd^{3+} 而言,初态能级 $(S, L)J$ 为 $^4F_{3/2}$ 能级,终态能级 $(S', L')J'$ 为 $^4I_{J'}$ 能级的所有 Stark 分裂亚能级。$A[(S, L)J; (S', L')J']$ 即代表所有 $^4F_{3/2}$ 能级分量到所有 ^4I_J 能级分量的辐射跃迁概率。依据式(8-2)、式(8-3),可将各能级跃迁的荧光分支比写作变量 $X = \Omega_4 / \Omega_6$ 的函数[21-22]:

$$\beta_{0.9\,\mu m} = \beta[^4F_{3/2}; {}^4I_{9/2}] = \frac{0.319\,4X + 0.076\,7}{0.424\,7X + 0.456\,7} \tag{8-9}$$

$$\beta_{1.06\,\mu m} = \beta[^4F_{3/2}; {}^4I_{11/2}] = \frac{0.105\,3X + 0.287\,4}{0.424\,7X + 0.456\,7} \tag{8-10}$$

$$\beta_{1.35\,\mu m} = \beta[^4F_{3/2}; {}^4I_{13/2}] = \frac{0.090\,2}{0.424\,7X + 0.456\,7} \tag{8-11}$$

$$\beta_{1.8\,\mu m} = \beta[^4F_{3/2}; {}^4I_{15/2}] = \frac{0.002\,3}{0.424\,7X + 0.456\,7} \tag{8-12}$$

以上结果忽略了色散影响,且发光中心波长均取自 Nd:YAG 实验结果。

　　图 8-3 给出各能级跃迁分支比与变量 $X = \Omega_4 / \Omega_6$ 的关系。当 X 趋近于零时,$\beta_{0.9\,\mu m} = 0.17$,$\beta_{1.06\,\mu m} = 0.63$,$\beta_{1.35\,\mu m} = 0.2$,$\beta_{1.8\,\mu m} = 0.005$;随着 X 增大,仅有 $^4F_{3/2} \rightarrow {}^4I_{9/2}$ 跃迁的荧光分支比增大,而其余跃迁分支比均减小;当 X 趋近于正无穷时,$\beta_{0.9\,\mu m} = 0.75$,$\beta_{1.06\,\mu m} = 0.25$,$\beta_{1.35\,\mu m}$ 及 $\beta_{1.8\,\mu m}$ 均趋于 0。$\beta_{0.9\,\mu m}$ 与 $\beta_{1.06\,\mu m}$ 相交于 $X = 0.984$,这意味着当 X 大于 0.984 时,0.9 μm 自发辐射概率将超过 1.06 μm,成为几个跃迁中辐射概率最大的跃迁。类似地,$\beta_{0.9\,\mu m}$ 与 $\beta_{1.35\,\mu m}$ 相交于 $X = 0.042$,意味着 X 小于 0.042 时,1.35 μm 自发辐射概率比 0.9 μm 辐射概率大。

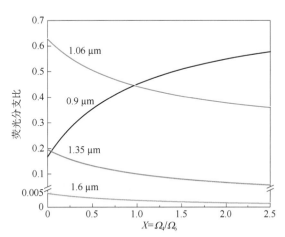

图 8-3　800 nm 激发 Nd:YAG 中 Nd^{3+} 各能级跃迁荧光分支比与 X 的关系[22]

　　显然,X 值与 Nd^{3+} 辐射跃迁的趋势紧密相关,是一个非常重要的参数,但其计算过程较为烦琐。而 $\beta_{1.06\,\mu m}$ 与 $\beta_{1.35\,\mu m}$ 的比值(R_{th})与 X 之间存在以下线性关系[22]:

$$R_{th} = \beta_{1.06\,\mu m} / \beta_{1.35\,\mu m} = 1.167X + 3.185 \tag{8-13}$$

假设 R_{th} 与 $1.06\,\mu m$ 及 $1.35\,\mu m$ 的积分荧光强度比值（R_{exp}）相等，则只需测量 Nd^{3+} 荧光光谱并计算 R_{exp} 值，便可较为方便地推导出 X 值。依据该方法计算 X 值的误差在 15% 以内。

8.1.3　共掺剂对钕掺杂石英玻璃结构和光谱性质的影响

以硅酸盐、磷酸盐玻璃为基质的 Nd^{3+} 掺杂激光材料，由于其在 $1.06\,\mu m$ 的优良激光特性及重要应用，其成分-制备-结构-性能之间的关系已经得到广泛研究。然而，这些多组分玻璃耐热冲击性能和化学稳定性较差，严重制约了它们在大能量高重频激光器及高功率光纤激光器中的应用。相比而言，石英玻璃具有良好的化学稳定性及耐热冲击性能，具备优良的环境适应能力、加工性能及散热能力，广泛应用于光纤通信、生物医疗、空间激光等领域。因此，Nd^{3+} 掺杂石英玻璃的成分-制备-结构-性能关系对以石英玻璃为基质的新型掺钕激光玻璃和光纤具有重要意义。

Nd^{3+} 具有高的正电子场强，在基质玻璃中需要配位较多的阴离子以降低系统整体的能量。在石英玻璃中，Si—O 网络结构刚度高，难以通过网络变形为 Nd^{3+} 配位更多的 O^{2-}。因此，当石英玻璃中 Nd^{3+} 浓度超过 $1\,000\,ppm$ 时，Nd^{3+} 趋向于形成团聚甚至析晶以消耗更少的 O^{2-}，实现系统整体能量的降低。这种团聚将导致 Nd^{3+} 间产生浓度猝灭，荧光寿命变短，激光转换效率变低，不利于激光运转。通常共掺网络形成体 Al、P 等元素以消除这种团聚。

1）共掺 Al 元素对 Nd^{3+} 掺杂石英玻璃结构及性能的影响

共掺 Al 元素是提高稀土掺杂石英玻璃光学性能的重要途径。Arai 等[23]制备了不同 Al/Nd 比的石英玻璃样品，研究 Al 元素对 Nd^{3+} 石英玻璃光谱性能的影响，结果如图 8-4 所示。共掺 Al 元素具有良好的分散性作用，可有效抑制 Nd^{3+} 的浓度猝灭，使得 Nd^{3+} 掺杂石英玻璃的发光得到增强；随 Al/Nd 比增大，荧光光谱整体蓝移（图 8-4a），同时 Nd^{3+} $1.06\,\mu m$ 荧光强度相对 $0.9\,\mu m$ 荧光强度逐渐增大（图 8-4b）。此外，少量 Al 元素的引入还会导致石英玻璃密度提高。

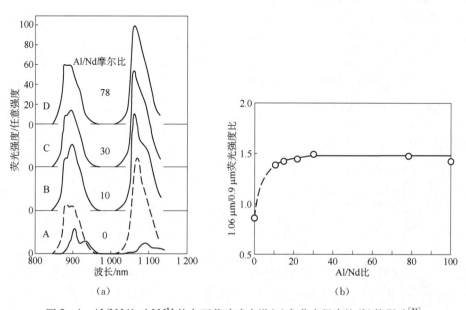

（a）　　　　　　　　　　　　（b）

图 8-4　Al/Nd 比对 Nd^{3+} 掺杂石英玻璃光谱（a）和荧光强度比（b）的影响[23]

Sen 等[24]对 Nd³⁺单掺石英玻璃及 Al/Nd 共掺石英玻璃进行了 X 射线吸收精细结构谱分析，发现 Al 元素共掺后 Nd—O 键长变长，Nd³⁺间距变大，他们指出这是消除 Nd³⁺团聚的直接证据。他们还指出，Al/Nd 共掺石英玻璃中 Nd³⁺优先与[AlO₄]⁻进行配位，以平衡其电价。Qiao 等[25]利用多孔玻璃制备不同 Al/Nd 共掺的石英玻璃样品并研究其光谱性能，结果显示随 Al/Nd 比增大有效线宽减小，Judd-Ofelt 参数 Ω_2 增大而 $\Omega_{4,6}$ 减小，Nd³⁺ 1.06 μm 发射截面增大。Funabiki 等[26]采用溶胶凝胶法制备不同 Al/Nd 比的石英玻璃，并结合电子自旋回声包络调制（ESEEM）光谱及 ESE 等多种手段研究其微观结构，发现 Al 元素具有 AlO₄ 及 AlO₆ 两种配位结构；估算了 Nd³⁺配位单元及数量的变化，结果表明（图 8-5），随 Al 元素相对含量的提高，Nd³⁺配位单元从 AlO₄ 配位逐渐转变为 AlO₆ 配位。他们还指出这种转变会使得单个 Nd³⁺周围局域环境非对称性提高，但不同 Nd³⁺间局域环境之间的差别会变小。

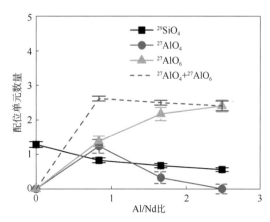

图 8-5　共掺 Al 元素对石英玻璃中 Nd³⁺配位单元数量的影响[26]

2）共掺 P 元素对 Nd³⁺掺杂石英玻璃结构及性能的影响

向 Nd³⁺掺杂石英玻璃中共掺 P 元素同样会起到分散 Nd³⁺、荧光峰位蓝移及提高 1.06 μm 分支比的作用[23]。为实现相近的分散效果，共掺 P 元素的含量远高于共掺 Al 元素的含量，并且 P 元素高温易挥发、在石英玻璃中易分相的特性又使得制备高 P 掺杂石英玻璃变得困难。因此，更多情况下使用 P/Al 共掺来调控稀土掺杂石英玻璃的光谱性能。Xu 等[27]采用溶胶凝胶法结合高温烧结方法制备了光学质量良好的 P/Al/Nd 共掺石英玻璃，固定 Al 及 Nd 含量分别为 4 mol% 及 0.2 mol%，向 Al/Nd 共掺石英玻璃中引入不同含量 P 元素，制备了 PAx（x 为 P/Al 比，$x=0$, 0.5, 1, 1.25, 2, 2.5）系列样品并研究了其结构及光谱性能变化。

图 8-6 给出不同 P/Al 比 Nd³⁺掺杂石英玻璃的拉曼光谱以及折射率变化。显然，P 含量

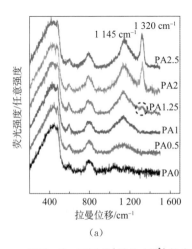

（a）

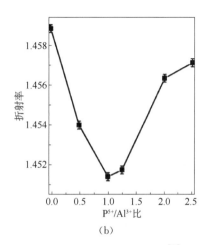

（b）

图 8-6　不同 P/Al 比 Nd³⁺掺杂石英玻璃的拉曼光谱（a）及折射率（b）[27]

的提高导致 $1145\,\mathrm{cm}^{-1}$ 附近振动峰强度不断增大,在 P/Al>1 时出现饱和,这与 $AlPO_4$ 的形成有关;此外,石英玻璃最大声子能量不断提高,尤其是 P/Al>1 时,出现了 $1320\,\mathrm{cm}^{-1}$ 的拉曼振动峰,对应于 P=O 键的形成。声子能量的提高将会导致激光玻璃多声子弛豫及相关无辐射跃迁概率增加。相应地,随着 P/Al 比的增大,石英玻璃的折射率先减小后增大,拐点出现在 P/Al=1 附近,这与 $AlPO_4$ 基团具有与石英玻璃网络相近的结构有关。当 P/Al>1 时,增加的 P=O 键将导致折射率提高。

图 8-7 给出不同 P/Al 比 Nd^{3+} 掺杂石英玻璃的吸收光谱以及发射光谱的变化。当 P/Al>1 时,580 nm 附近的结构超敏跃迁 $^4I_{9/2} \rightarrow {}^4G_{5/2}$, $^2G_{7/2}$ 吸收峰劈裂成两个峰,同时向短波方向移动;$1.06\,\mu m$ 荧光峰则出现蓝移和谱宽收窄的情况。以上现象表明,随着 P/Al 比的提高,Nd^{3+} 能级结构发生了变化。为研究能级结构及对称性的变化,对该石英玻璃进行 Judd-Ofelt 强度参数计算及 Nd—O 共价性分析。图 8-8 给出不同 P/Al 比 Nd^{3+} 掺杂石英玻璃的 Judd-Ofelt 强度参数及 Nd—O 键共价性的变化情况,以参数 α 评估 Nd—O 共价性:

$$\alpha = \frac{\sigma_f - \sigma_g}{\sigma_f} \tag{8-14}$$

式中,σ_f 为自由离子跃迁能量;σ_g 为石英玻璃中离子跃迁能量。

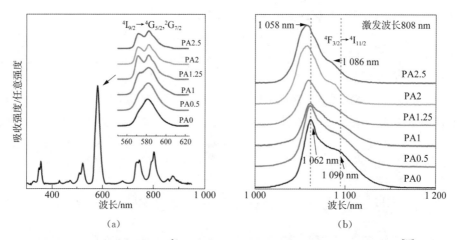

图 8-7 不同 P/Al 比 Nd^{3+} 掺杂石英玻璃的吸收光谱(a)及发射光谱(b)[27]

由图 8-8 中的 Judd-Ofelt 强度参数计算结果可见,随着 P/Al 比的增大,Ω_2 先增大后减小,拐点出现在 P/Al=1 附近,这表明 Nd^{3+} 配位环境非对称性先提高后降低,这与 $AlPO_4$ 及 P=O 的形成与转变相关;而 Ω_4 和 Ω_6 则先减小后增大,拐点出现在 1.25 附近,这表明 Nd—O 共价性先提高后降低;α 参数的变化与此相吻合。P/Al>1 时出现 Nd—O 共价性急剧下降,归结于供电子能力强的 P=O 键形成并优先配位到 Nd^{3+} 周围。当 P/Al≤1 时,$\Omega_4>\Omega_6$(即 X>1),意味着此时 $^4F_{3/2} \rightarrow {}^4I_{9/2}$ 三能级辐射跃迁概率大于 $^4F_{3/2} \rightarrow {}^4I_{11/2}$ 四能级辐射跃迁概率。

表 8-2 给出不同 P/Al 比 Nd^{3+} 掺杂石英玻璃的 $^4F_{3/2} \rightarrow {}^4I_{11/2}$ 跃迁对应的峰值发射截面、荧光有效线宽、量子效率和荧光分支比等光谱参数。随着 P 相对含量的不断提高,有效线宽不断减小。同时,由于 Ω_6 随 P 相对含量提高先减小后增大,而 Nd^{3+} $1.06\,\mu m$ 自发辐射概率受

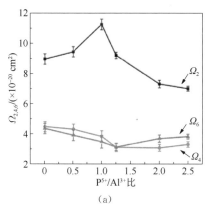
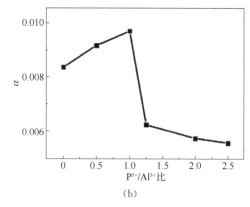

图 8 - 8 不同 P/Al 比 Nd^{3+} 掺杂石英玻璃的 Judd-Ofelt 强度参数(a)及 α 参数(b)[27]

表 8 - 2 不同 P/Al 比 Nd^{3+} 掺杂石英玻璃的光谱参数[27]

样品	发射截面/ ($\times 10^{-20}$ cm²)	有效线宽 /nm	量子效率 /%	荧光分支比/%			
				$^4I_{15/2}$	$^4I_{13/2}$	$^4I_{11/2}$	$^4I_{9/2}$
PA0	1.78	44.35	74	2.6	19.6	51.0	26.8
PA0.5	1.62	44.5	59	2.5	19.1	50.6	27.8
PA1	1.39	45.77	50	2.5	19.1	50.6	27.8
PA1.25	1.48	37.81	45	2.6	19.8	51.1	26.5
PA2	1.7	37.19	51	2.8	20.9	51.8	24.5
PA2.5	1.79	37.03	57	2.7	20.7	51.8	24.8

其影响很大,因此 Nd^{3+} 1.06 μm 发射截面也呈现先减小后增大的趋势。

3) 共掺非氧阴离子对 Nd^{3+} 掺杂石英玻璃结构及性能的影响

Nd^{3+} 辐射跃迁发生在 4f 轨道,受到 5s 电子及 5p 电子的屏蔽,导致其发光带宽窄且荧光行为难以被调控。石英玻璃的刚性网络结构使得调控 Nd^{3+} 掺杂石英玻璃的光谱行为更加困难。共掺常规的 Al、P 等元素进入 Nd^{3+} 的次近邻配位,只能间接影响 Nd^{3+} 的光谱行为,光谱调节效果微弱。为更好调控 Nd^{3+} 掺杂石英玻璃的光谱性能,尝试直接改变其最近邻配位的阴离子。掺杂卤族离子及 S^{2-} 等非氧阴离子进入 Nd^{3+} 石英玻璃网络以取代 O 原子的位置。

王世凯等[28]采用溶胶凝胶法结合高温烧结技术制备了 Nd_2S_3、$NdBr_3$、NdI_3 等一系列非氧阴离子基团共掺的 Nd^{3+} 掺杂石英玻璃,采用 Nd^{3+} 的卤化物和硫化物(或硫酸盐)代替 Nd_2O_3,使 Nd^{3+} 的配位环境发生改变。为保证 Nd^{3+} 的均匀性,同时掺杂一定量的 Al 元素作为分散剂。以引入 I^- 为例,图 8 - 9a 为引入 I^- 前后 Nd^{3+} 石英玻璃的 Judd-Ofelt 强度参数计算结果对比。显然,引入 I^- 后 Judd-Ofelt 强度参数更大。这意味着 I^- 的引入导致 Nd^{3+} 的微观配位环境非对称性以及 Nd^{3+} 与最近邻原子化学键的共价性提高。同时,图 8 - 9b 表明 X 值随 Al/Nd 减少而增加,同样 Al/Nd 比值的情况下,引入 I^- 的玻璃 $X = \Omega_4/\Omega_6$ 增大,有利于 $^4F_{3/2} \rightarrow ^4I_{9/2}$ 三能级跃迁荧光分支比的提高。图 8 - 9c 为引入 I^- 前后 $^4F_{3/2} \rightarrow ^4I_{9/2}$ 三能级跃迁 McCumber 发射截面的对比图,显然,引入 I^- 的 NAI0.5 样品 $^4F_{3/2} \rightarrow ^4I_{9/2}$ 跃迁的发射截面高于不含 I^- 的 NA0.5 样品,表明引入 I^- 使得 Nd^{3+} 三能级发射截面及带宽增大,有利于获得 0.9 μm 激光。

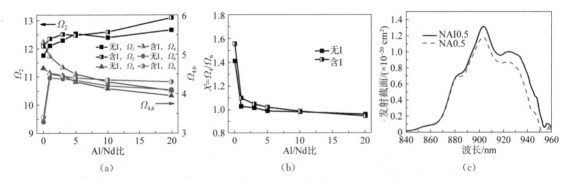

图 8 - 9　引入非氧阴离子对 Nd^{3+} 掺杂石英玻璃 Judd-Ofelt 参数及荧光光谱的影响

8.2　掺钕石英光纤 0.9μm 及 1.3μm 波段激光性能及应用

Nd^{3+} 的独特能级结构及丰富的吸收带,使其作为激光激活离子具有低激光泵浦阈值、高发射截面等优点,成为应用最早最广泛的激光激活离子之一(特别是 1μm 的激光,广泛应用于大型高功率激光装置)。近年来,工作在 0.9μm 的掺钕激光器也吸引了大量研究者的关注。该波段激光光源可作为掺 Yb^{3+} 激光材料的泵浦源;同时该波段对应大气传输窗口,可直接应用于大气探测和差分吸收雷达等领域[4-5]。此外,在生物成像领域,由于标记常用的绿色荧光蛋白及其衍生物对该波段有更强的双光子吸收,以 0.9μm 超快激光作为光源的双光子成像系统在深层组织成像以及活体成像等逐步凸显优势[29]。更重要的是 0.9μm 激光可以倍频产生~450 nm 蓝光激光,该波段对应于水下通信窗口,对深海通信、海洋军事等领域具有重大应用意义[6];单频蓝光激光具有高相干性,可应用于量子光学、精密光学及原子冷却与俘获[7, 30];此外,蓝光激光在医疗诊断[8]、激光存储[31]、金属加工[32]、激光显示[33]及倍频产生深紫外激光[34]等领域同样具有重要应用。

目前,研究者们主要通过激光二极管[35]、固体(晶体和陶瓷)激光器[36-37]和掺 Nd^{3+} 光纤激光器实现 0.9μm 激光输出[38-39]。Nd^{3+} 0.9μm 光纤激光器因具有高泵浦功率密度、优良的热管理能力、长增益距离、波导可设计及柔韧性等优势,成为目前 0.9μm 激光器研制的热点。同时,Nd^{3+} 掺杂石英光纤相比其他光纤具有良好的化学稳定性、环境适应性及耐热冲击性能,成为研究的重点。

8.2.1　掺钕石英玻璃及光纤 0.9μm 发光增强技术

前述图 8 - 2 为 Nd^{3+} 常见的几个跃迁。其中,四能级跃迁 $^4F_{3/2} \rightarrow {}^4I_{11/2}$ 最强,其发射截面(1.06μm)比其他两个跃迁(0.9μm、1.35μm)高近一个数量级,这与其较大的约化矩阵元有关(表 8 - 1),因此 Nd^{3+} 掺杂激光材料通常应用于 1.06μm 激光器。$^4F_{3/2} \rightarrow {}^4I_{9/2}$ 为三能级跃迁,要在 Nd^{3+} 掺杂激光材料中实现 0.9μm 激光运转,面临源自基态($^4I_{9/2}$)的重吸收问题以及与 $^4F_{3/2} \rightarrow {}^4I_{11/2}$ 四能级跃迁竞争的问题。这使得实现 Nd^{3+} 0.9μm 激光输出具有极大挑战性。为实现 Nd^{3+} 0.9μm 激光输出,主要采用低温运转以降低基态能级热布居的方式来减弱重吸收作用,同时采用波导设计和滤波的方法抑制 1.06μm 激光[40-42]。以下是目前提高掺 Nd^{3+} 玻璃及光纤 0.9μm 发光的几种技术手段。

1) 克服重吸收作用

Nd^{3+} 掺杂光纤 $0.9\,\mu m$ 激光下能级（$^4I_{9/2}$）为基态能级,该基态能级热布居导致激光振荡时存在严重的重吸收效应,限制激光输出功率及效率的提升;同时,还会带来额外的热效应。图 8 - 10a 为掺钕石英玻璃基 $^4I_{9/2}$ 能级至 $^4F_{3/2}$ 能级的吸收带与 $^4F_{3/2}$ 能级至 $^4I_{9/2}$ 能级的发射带,其存在明显的重叠,尤其是在波长小于 920 nm 的部分。以 Nufern 公司的 PM - NDF - 5/125 型 Nd^{3+} 掺杂石英光纤为例,图 8 - 10b 为 808 nm LD 泵浦功率固定时,不同光纤长度下的正向放大自发辐射(ASE)光谱。随着光纤长度的增加,$0.9\,\mu m$ 波段 ASE 强度不断下降且出现明显的红移。光纤长度为 7 cm 时中心峰位在 907 nm,而当石英光纤长度增加至 200 cm 时,中心峰位移动至 940 nm,红移了近 33 nm。这说明光纤长度越长,其 $0.9\,\mu m$ 波段重吸收越严重。而对于 1 064 nm 附近的 ASE,其强度和波长随光纤长度几乎没有发生任何变化。因此,要改善掺 Nd^{3+} 石英光纤 $0.9\,\mu m$ 激光性能,就须尽量削弱光纤重吸收效应。

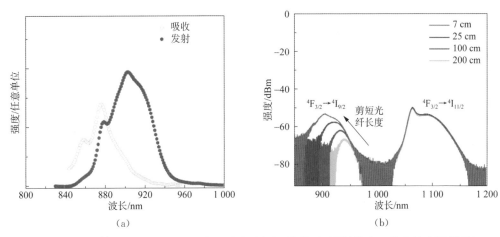

图 8 - 10　Nd^{3+} 掺杂石英玻璃的吸收及发射(a)和不同长度 Nd^{3+} 掺杂石英光纤 ASE 谱(b)

克服重吸收效应最直接的方法是低温运转,以降低基态能级热布居,使三能级结构变为准四能级跃迁。2004 年,美国利弗莫尔实验室 Dawson 等[43]对比研究了 Nd^{3+} 掺杂石英光纤在 77 K、195 K 及 293 K 等温度下 938 nm 和 1 088 nm 的增益,指出低温可有效降低重吸收作用,缩小 938 nm 和 1 080 nm 两波段间的增益差值,从而抑制波段间的竞争。通过液氮冷却增益光纤,在 35 W 多模 808 nm LD 泵浦激发下使用 25 m 长 Nd^{3+} 掺杂石英光纤,实现了转换效率 32%、输出功率 11 W 的 938 nm 激光输出。但是,从实用化角度看,采用液氮冷却的方式会严重降低激光器的紧凑性,限制其使用场景,难以推向实用。因此,后续采用该方法进行研究的报道较少。

针对掺钕光纤存在的重吸收问题,2013 年,法国卡昂大学 Laroche 等[44]分析指出在光纤中实现高的反转粒子数即提高单位增益光纤泵浦功率密度,并提出了增加掺 Nd^{3+} 光纤纤芯/包层面积比的策略,即采用大模场(LMA)增益光纤。他们结合光纤尺寸对激光性能的理论模拟,基于 MCVD 法设计制备了芯径 $20\,\mu m$ 包层 $80\,\mu m$ 的掺 Nd^{3+} 石英双包层光纤,在多模 808 nm LD 泵浦下成功获得了 20.1 W 的 910 nm 光纤激光,其斜率效率达到 44%。光纤纤芯 NA 为 0.08,内包层 NA 为 0.46;这在功率及效率方面都打破了 Dawson 等的记录。2015 年,法国卡昂大学的 Leconte 等[45]继续优化了光纤结构,保持 $20\,\mu m$ 芯径不变将包层尺寸降至 $60\,\mu m$,纤芯 NA 为 0.07,内包层 NA 为 0.45。在吸收泵浦功率 47 W 下实现了功率 22 W

的 910 nm 光纤激光,斜率效率为 47%。另外,也可实现功率达 24 W 的 915 nm 激光输出。通过体布拉格光栅作为波长选择元件,实现了激光波长 872~936 nm 的宽带可调谐。通过在腔内添加声光调制器,还实现了脉冲激光输出,其脉宽介于 50~100 ns 之间、峰值功率为 2.5 kW。

2）克服跃迁竞争

除重吸收问题外,由于 Nd^{3+} 多波段发光均来自同一上能级,不同波段间存在激烈增益竞争,尤其是在 $0.9\,\mu m$ 与 $1.06\,\mu m$ 之间,造成 $0.9\,\mu m$ 波段激光运转时面临与 $1.06\,\mu m$ 的跃迁竞争问题。针对该问题,目前常用的技术手段是通过波导结构的设计提高光纤 $1.06\,\mu m$ 处的损耗,从而抑制竞争及 $1.06\,\mu m$ 寄生激光振荡。其中,典型代表之一为 W 型折射率分布的 Nd^{3+} 掺杂石英光纤。所谓 W 型是指在纤芯外引入一层折射率同时低于纤芯和包层的内包层,如图 8-11 所示。研究发现,W 型光纤的截止波长取决于内包层的厚度,而纤芯导模数量取决于纤芯与外包层的折射率差[40]。因此,通过调整掺 Nd^{3+} 石英光纤内包层的折射率及直径,可提高光纤在 $1.06\,\mu m$ 的损耗,有效抑制该波段寄生激光振荡。2005 年 Fu 等[46]基于长 8 m 的 W 型 Nd^{3+} 掺杂石英双包层光纤,获得了斜率效率达 46.3%、最大输出功率为 810 mW 的 926.7 nm 光纤激光。实验中,同时将增益光纤以 2.5 cm 的弯曲半径缠绕起来,以更好抑制 $1.06\,\mu m$ ASE。然而,在实际使用过程中,W 型光纤面临与其他器件(如光纤光栅)间熔接点损耗高的问题;在 Fu 等的报道中,单点熔接损耗高达 1.4 dB。目前,法国 iXblue 公司已推出用于 $0.9\,\mu m$ 激光的系列商用 Nd^{3+} 掺杂石英光纤;其中,采用"W"结构的 IXF-2CF-Nd-O-5-125-D 型光纤可有效抑制 $1\,\mu m$ 的 ASE、削弱增益竞争,但光纤吸收系数较低(包层吸收 0.15 dB/m),实现激光振荡通常需数米光纤,国内外基于该光纤实现的 910~930 nm 飞秒激光重频仅有数十 MHz[47-48]。

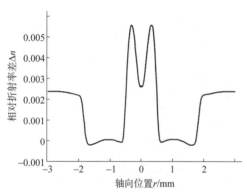

图 8-11　W 型 Nd^{3+} 掺杂石英光纤预制棒折射率分布[40]

波导结构设计的另一种典型思路是利用特殊设计的光子晶体光纤,其原理也是利用光纤波导抑制 $1.06\,\mu m$ 波段 ASE。2006 年英国巴斯大学 Knight 等[49]报道了其制备的无源光子带隙光纤(PBF),如图 8-12a 所示,包层中的周期结构由加入 Ge 的高折射率石英玻璃构成,与包层纯石英的折射率差为 3.3×10^{-2}。如图 8-12b 所示,基于这种设计,恰好能使 1060~1100 nm($^4F_{3/2}\rightarrow{}^4I_{11/2}$)波段处于光纤的高传输损耗窗口,将 PBF 与 2.5 m 长 Nd^{3+} 掺杂石英光纤熔接,实现了超 200 mW、斜率效率达 32% 的 907 nm 激光输出。使用仅 10 cm 长的 PBF 即可明显抑制 $1.06\,\mu m$ ASE,提高激光信噪比[49]。

3）提高 $0.9\,\mu m$ 荧光分支比

为了克服跃迁竞争问题,除了"被动地"压制四能级跃迁,还可"主动地"调控 Nd^{3+} 局域环境,以提高 $0.9\,\mu m$ 发射截面及荧光分支比。2019 年,Wang 等[50]对锗磷酸盐中 Nd^{3+} 的发光特性及微观结构进行了研究,并指出 Ge 含量提高有利于 Nd^{3+} $0.9\,\mu m$ 发光,但 $0.9\,\mu m$ 荧光分支比仍低于 40%。

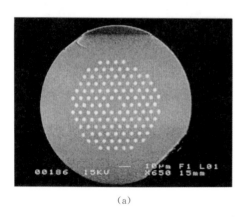

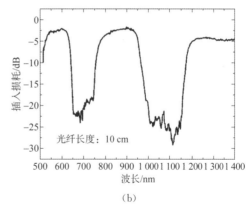

图 8‑12　PBF 端面的背散射电子像(a)和光纤传输损耗(b)

如前所述,非氧阴离子掺杂在提高 Nd^{3+} 掺杂石英玻璃 $0.9\ \mu m$ 荧光分支比方面有明显效果。2021 年,王世凯等[28]制备了 NdI_3 掺杂的石英玻璃;I^- 的引入使得 Nd^{3+} 的配位环境得到改变,其 900 nm 的光谱强度得到了极大的提高,某些组分甚至“反转”超越了 1 060 nm 的光谱强度,如图 8‑13 所示。图(a)是 Nd_2O_3 掺杂石英玻璃的荧光光谱,图(b)是 NdI_3 掺杂的石英玻璃的荧光光谱。其显著区别在于,以 Nd_2O_3 掺杂的石英玻璃在 $0.9\ \mu m$ 附近的荧光强度小于 $1.06\ \mu m$ 处,其荧光分支比在 0.4 以下,而以 NdI_3 掺杂的石英玻璃在 $0.9\ \mu m$ 附近的荧光强度大幅提高,其荧光分支比在 0.5 以上。特别地,NdI_3 掺杂的石英玻璃在 $0.9\ \mu m$ 附近的荧光强度超过了 $1.06\ \mu m$ 附近的荧光强度,有利于实现 $0.9\ \mu m$ 激光输出。

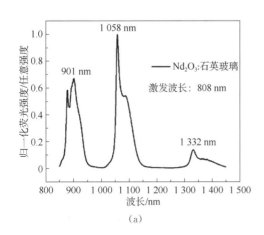

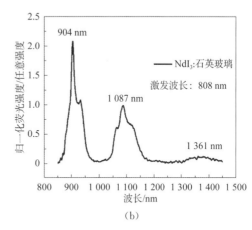

图 8‑13　Nd_2O_3 掺杂的石英玻璃(a)和 NdI_3 掺杂的石英玻璃(b)的荧光光谱

陈应刚等[51-52]利用 NdI_3 掺杂的石英玻璃制备了尺寸为 20/125 的八边形石英光纤,以 915 nm LD 作为种子源,以 808 nm LD 为泵浦源,采用 1 m 长的该光纤作为放大增益介质,进行了激光放大测试。915 nm 种子注入功率为 0.72 W,在 3 A 电流泵浦下,获得 3 W 激光输出,对应的斜率效率为 9.5%。如图 8‑14a 所示,扣除剩余泵浦光功率,光纤的吸收泵浦效率为 25.2%。图 8‑14b 为光纤在不同泵浦电流下的激光光谱,915 nm 的光谱强度较 1 064 nm ASE 峰值高约 30 dB,表明在该光纤中 1 064 nm ASE 被有效抑制。

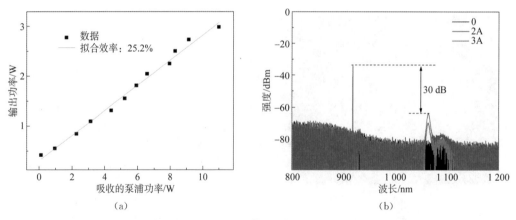

图 8-14 20/125 型 NdI₃ 掺杂石英光纤激光放大功率与效率（a）和激光光谱（b）

8.2.2 掺钕石英光纤 0.9 μm 波段连续及脉冲激光

1）连续波高功率激光及其倍频

利用 0.9 μm 激光倍频产生蓝光，是发展 Nd^{3+} 0.9 μm 高功率激光技术的重大需求牵引。表 8-3 汇总了 Nd^{3+} 掺杂石英光纤 0.9 μm 连续波高功率激光的主要研究进展。根据输出功率的大小，可分为三个发展阶段：第一阶段为 2000 年以前，主要以掺 Nd^{3+} 石英单模光纤为增益介质，输出功率均在 100 mW 以下，且激光转换效率低[4-5, 53]。第二阶段为 2000—2010 年，主要围绕降低增益竞争以及重吸收这两个关键问题，通过液氮冷却、波导结构设计等方案，成功将 0.9 μm 激光输出功率提高至 10 W 左右水平，在激光转换效率方面也有明显提升[46, 49, 54]。第三阶段为 2010 年之后，基于大模场掺 Nd^{3+} 石英光纤的 0.9 μm 连续激光输出功率超过 20 W[44-45]。到目前，人们已经可以在室温下获得功率达 83 W 的 0.9 μm 掺 Nd^{3+} 高功率光纤激光[55]。而在倍频方面，倍频蓝光功率已经达到 10 W 量级，四倍频紫外光已经达到瓦

表 8-3 掺 Nd^{3+} 激光光纤 0.9 μm 激光研究进展

年份	研究者	研究机构	光纤类型	技术方案	研究水平
1986	Alcock	南安普顿大学	单模光纤	590 nm 染料激光泵浦	900~945 nm 可调谐
2004	Nilsson	南安普顿大学	9/100 μm，W 型双包层	808 nm 激光二极管双端泵浦	2.4 W，922~942 nm 可调谐，效率 41%
2006	Nilsson	南安普顿大学	环状 Nd^{3+} 掺杂空芯光纤	激光二极管泵浦，水冷	4.6 W@927 nm，M^2～1.08
2006	Knight	巴斯大学	光子禁带光纤	808 nm 钛宝石激光泵浦	250 mW，效率～32%
2015	Pax	利弗莫尔实验室	光子晶体光纤	808/880 nm 激光二极管泵浦	11.5 W，效率～55%，M^2～1.35
2018	Laroche	诺曼底大学	20/60 μm，双包层光纤	蝶形腔倍频	7.5 W@452 nm，M_x^2～1.0，M_y^2～1.5
2021	Laroche	诺曼底大学	20/60 μm 和 30/130 μm	放大的调 Q 激光振荡器	24 W@905 nm，510 mW@226 nm
2022	Laroche	诺曼底大学	30/130 μm 保偏光纤	808 nm 激光二极管泵浦	83 W@905 nm

级水平[34]。随着 Nd^{3+} 掺杂石英纤芯 $0.9\,\mu m$ 荧光分支比的提高,相信未来 Nd^{3+} $0.9\,\mu m$ 连续高功率光纤激光将达到百瓦量级,相应的倍频激光功率也会得到提高,更多的应用方向也将随之被拓展。

2) 单频窄线宽激光

在众多光纤激光器中,谐振腔内输出的激光具有单一纵模、单一横模特征时被称为单频光纤激光,其显著特点为超窄线宽(10^{-9} nm)和低噪声。窄线宽激光在大功率相干合成、相干光通信、激光雷达、传感、非线性频率转换等许多领域均有重要应用价值。自 1991 年 Ball 等在掺 Er^{3+} 石英光纤中利用光纤布拉格光栅实现波长 $1.5\,\mu m$ 单频激光以来,针对单频光纤激光器的研究迅速吸引了国际上激光领域大量学者的关注,并逐步发展成为光纤激光技术领域中一个特色鲜明的重要分支[56-58]。其中,开展各波段单频激光器研究一直是该领域的热点。相比 Yb^{3+}、Er^{3+} 及 Tm^{3+} 等稀土离子掺杂石英光纤的单频激光器获得了广泛的研究,Nd^{3+} 掺杂石英光纤 $0.9\,\mu m$ 波段单频激光由于上述提及的重吸收以及增益竞争等问题的限制,研究相对较少。2016 年,天津大学史伟课题组[59]采用分布布拉格反射式谐振腔(distributed Bragg reflector,DBR)结构,基于 Nd^{3+} 掺杂石英光纤实现了线宽 44 kHz 的单频 930 nm 激光输出,使用的增益光纤长度为 2.5 cm,有效腔长仅为 4 cm。但受制于光纤增益,激光效率及输出功率较低,斜率效率仅为 1.5%,输出功率为 1.9 mW。2020 年,Wang 等[39]开展了 Nd^{3+} 掺杂石英光纤 915 nm 波段激光性能的研究,搭建了如图 8-15a 所示 915 nm 放大光路测试 Nd^{3+} 掺杂石英光纤(Nufern,PM-NDF-5/125)的增益特性,使用的光纤长度为 4.5 cm,增益光纤与相邻器件间相熔接;如图 8-15b 所示,在 2.6 mW、5.6 mW 和 7.8 mW 不同信号功率下,光纤提供的饱和增益约为 4.5 dB,也即光纤单位长度净增益为 1 dB/cm。

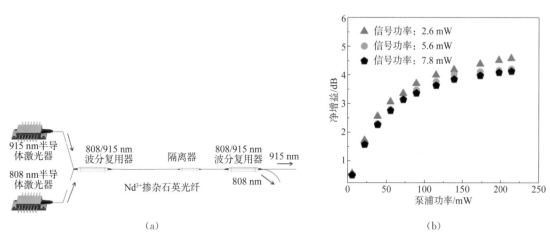

(a)　　　　　　　　　　　　　　　　　　(b)

图 8-15　(a)Nd^{3+} 掺杂石英光纤 915 nm 增益测试光路;(b)不同信号功率下
4.5 cm 石英光纤净增益与输入泵浦功率的关系[39]

Wang 等[39]通过优化光纤长度及输出光栅的反射率,在 5.1 cm 长 Nd^{3+} 掺杂石英光纤及 70% 反射率输出光栅的条件下,实现了最佳 5.3% 的转换效率。图 8-16a 为基于 2.5 cm 长 Nd^{3+} 掺杂石英光纤搭建的 DBR 短腔激光输出光谱,激光中心波长为 915.34 nm;插图是输出激光功率,915 nm 激光最大功率仅有 1 mW,转换效率为 0.6%。图 8-16b 为通过法布里-珀罗干涉仪对腔内纵模数的分析结果,表明谐振腔仍为多纵模振荡。结合单频选模的理论分析(图 8-16c),欲实现单频 915 nm 激光输出还须采用更高增益光纤。

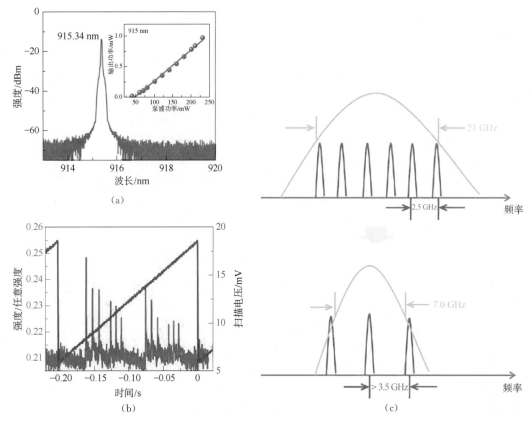

图 8‑16　915 nm 激光光谱（插图是输出激光功率与泵浦功率的关系）（a）；
（b）腔内纵模情况；（c）减少 DBR 腔内纵模原理示意图[39]

3）锁模脉冲激光

锁模技术的出现是为了满足高峰值功率、短脉冲激光的应用需求。通过锁模技术能够获得脉冲宽度在皮秒至飞秒的超短脉冲输出。20 世纪 80 年代后期，随着低损耗光纤以及激光二极管的出现，光纤激光器蓬勃发展；锁模光纤激光器作为其中典型的一类，90 年代后随着光孤子通信技术的出现，在高速光通信系统中得到了快速发展及应用[60-63]。至今，锁模光纤激光器在基础科学研究、生物成像、生物医学及工业加工等领域均获得了大量应用。

近年来，由于两个方面的明显优势，0.9 μm 锁模超快激光在生物成像领域引起了研究人员的广泛关注：第一，常用的绿色荧光蛋白及其衍生物对该波段有更强的双光子吸收[64]。因此，以 0.9 μm 超快激光作为光源的双光子成像系统可用于深层组织成像以及活体成像，而且具有更低的光毒性；第二，与传统的固态激光器（如掺钛蓝宝石激光器）相比，光纤激光器在光束质量、紧凑性和稳定性等方面有明显优势，可以提高成像系统的可靠性、便携性和成本效益，有利于实现临床应用。

目前，获得 0.9 μm 锁模激光的手段主要有三种，包括以钛宝石为增益介质的全固态 0.9 μm 锁模激光器、基于 Nd^{3+} 掺杂光纤三能级跃迁直接产生 0.9 μm 波段锁模激光器、利用其他波段锁模激光作为基频光源结合非线性频率转换的激光器。其中，由于 Nd^{3+} 的三能级跃迁（$^4F_{3/2} \rightarrow {}^4I_{9/2}$）恰好落在 0.9 μm 附近，基于掺 Nd^{3+} 光纤直接实现的 0.9 μm 锁模激光器具有结构简单、稳定性高等优点，是比较常用的手段。目前，研究人员已可以通过半导体可饱和吸收体(semiconductor saturable absorber mirror，SESAM)锁模、空间非线性偏振旋转锁模、非线性放大环镜锁模等被动锁模方式，获得 $0.9\,\mu m$ 波段锁模激光。

2005 年，芬兰坦佩雷大学[65]采用掺钕光纤振荡器加一级放大及压缩的结构实现了 920 nm 飞秒激光输出。如图 8-17 所示，掺钕光纤振荡器采用纤芯泵浦的方式，利用 SESAM 实现被动锁模，增益光纤为 0.8 m 的掺钕石英光纤。振荡器的谐振腔由 SESAM 和一个反射率为 80% 的双色镜构成。振荡器直接输出的脉宽为 6 ps，重复频率为 50 MHz。光纤放大器中，采用了一段 9 m 长的 W 型掺钕光纤作为增益介质并同时抑制四能级 $1.06\,\mu m$ 的 ASE，最终获得了 1.4 W 激光输出，且通过光栅对将脉冲宽度压缩到 170 fs。

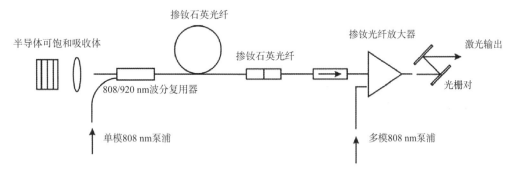

图 8-17　利用 SESAM 实现的 920 nm 被动锁模掺钕光纤振荡器及一级放大和压缩的实验装置

中国北京大学王爱民课题组[66]针对 $0.9\,\mu m$ 波段 Nd^{3+} 掺杂锁模光纤激光器及其在双光子生物成像中的应用开展了较为广泛的研究；2014 年，采用空间非线性偏振旋转锁模的方式实现了中心波长为 910 nm、重频 46 MHz、单脉冲能量为 1.3 nJ、经过光栅对压缩后输出脉宽为 198 fs 的飞秒激光。其实验光路如图 8-18 所示，增益介质为一段 3.5 m 长的掺钕石英光纤。激光器运转在全正色散区，为耗散孤子锁模。

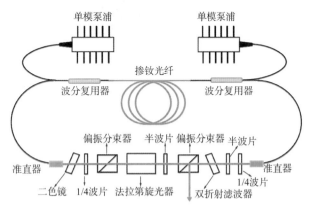

图 8-18　利用空间非线性偏振旋转实现的 910 nm 被动锁模掺钕光纤激光器

2016 年，该课题组利用预啁啾技术对掺钕振荡器进行了放大。其实验装置如图 8-19 所示，种子源平均功率为 46 mW、重复频率为 27.5 MHz；锁模振荡器输出经隔离器后进入一个预啁啾的光栅对，对脉冲进行了展宽，而后经过一级 7.2 m 长的掺钕石英光纤放大后，使用光栅对脉冲进行了压缩，最终实现了脉冲宽度 218 fs、平均功率 121 mW、单脉冲能量 4.4 nJ 的

910 nm 激光输出。以其作为光源,如图 8-20 所示,成功演示了 Flk:GFP 斑马鱼血管的清晰成像[67]。

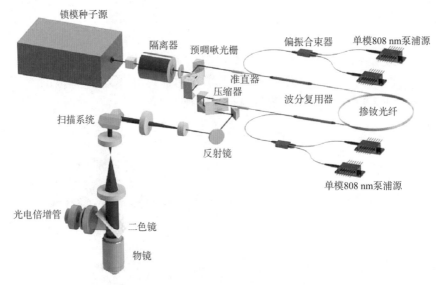

图 8-19　910 nm 掺钕光纤飞秒激光器及双光子显微镜装置图[67]

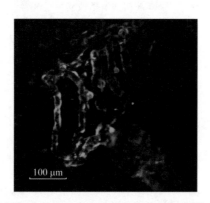

100 μm

图 8-20　利用 910 nm 掺钕飞秒激光器实现的 Flk:GFP 斑马鱼血管成像

8.2.3　掺钕石英光纤 1.3 μm 波段激光器及放大器

1.3 μm 波段位于光纤通信第二窗口,传输系统中须对应的光放大器及激光光源。$Nd^{3+}\ ^4F_{3/2}\rightarrow\ ^4I_{13/2}$ 辐射跃迁产生的荧光峰可覆盖 1.3 μm 波段(图 8-2),因此,基于 Nd^{3+} 掺杂光纤的 1.3 μm 光纤放大器及激光器吸引了早期的大量研究。英国南安普顿大学 Alcock 等[68]最早基于掺 Nd^{3+} 石英光纤尝试 1.3 μm 激光,但受限于 $^4F_{3/2}\rightarrow\ ^4G_{7/2}$ 跃迁的激发态吸收(excited state absorption,ESA),如图 8-21 所示,在其 1986 年的报道中实际上并未实现 1.3 μm 激光输出。同年,Po 等在掺 Nd^{3+} 石英光纤实现了 1.4 μm 光纤激光,激光中心波长并非在玻璃的荧光中心 1.34 μm,证实了 Alcock 等观察到的激发态吸收问题。由于通信窗口在 1.3 μm,而激发态吸收使掺 Nd^{3+} 光纤激光波长往长波方向移动。为解决这一问题,后续许多研究的核心是通过掺 Nd^{3+} 玻璃光纤组分或基质的调控,减小激发态吸收,实现波段更靠近通信窗口的激光输出。例如,1989 年,Hakimi 等[69]在掺 Nd^{3+} 石英光纤纤芯中添加了 14 mol％的 P_2O_5,以窄化 1.3 μm 附近荧光带减小长波吸收;光纤纤芯掺杂 1 wt％的 Nd_2O_3,在 20 cm 光纤长度下实现了 1.362 μm 激光输出,但激光输出功率只有 1.9 mW,效率为 0.95％。1990 年,Grubb 等[70]以掺 Nd^{3+} 磷酸盐玻璃光纤(K‐Al‐Ba‐P)为基质,获得了 1.363 μm 激光输出。使用的光纤长度为 10 cm,阈值低至 5 mW,斜率效率为 10.8％。这是目前报道的该波段最高斜率效率。1992 年,Ishikawa 等[71]在 15 mm 长掺 Nd^{3+} 氟磷酸盐光纤中实现了 10 mW 的 1.323 μm 激光输出。这是目前基于最短增益光纤实现 1.3 μm 激光的报道。

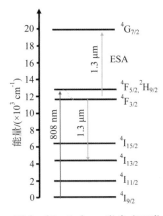

图 8‐21　1.3 μm 激发态吸收

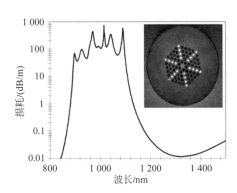

图 8‐22　掺 Nd^{3+} 微结构光纤传输损耗曲线

在 1.3 μm 掺 Nd^{3+} 光纤放大器研究方面,2013 年,Htein 等[72]制备了纤芯 73 μm、包层 700 μm 的掺 Nd^{3+} 石英光纤,以大功率 LED 作为泵浦源,实现了 1 400~1 450 nm 范围的光放大。其中,1 400 nm 增益可达 6 dB。美国利弗莫尔实验室 Dawson 等[73]采用特殊波导结构设计的掺 Nd^{3+} 石英光纤,实现了 1 427 nm 处 19.3 dB 的小信号增益,将 43 mW 的种子光功率放大至 1.2 W。2017 年,Dawson 等[74]又设计了一种可抑制 1 μm 自发辐射的掺 Nd^{3+} 微结构光纤并成功演示了 1 376~1 466 nm 范围的光放大,其中 1 402 nm 处小信号增益达 13.3 dB,噪声系数为 7.6 dB。图 8‐22 为该光纤的传输损耗曲线(插图为光纤端面),光纤 1 μm 处的传输损耗远高于 1.3 μm 波段。

总体而言,尽管 1.3 μm 掺 Nd^{3+} 光纤激光器及放大器的性能取得了一定程度的进步,但由于荧光分支比较低,激光性能及放大性能受限。自从具有更高效率的 1.3 μm 掺 Pr^{3+} 氟化物光纤被成功研制之后[75-76],国际上对 1.3 μm 掺 Nd^{3+} 光纤激光器及光纤放大器的研究相对较少。

8.3　钕镱共掺光纤激光特性及应用

Nd^{3+} 和 Yb^{3+} 分别独立作为激活离子,在大能量固体激光器及高亮度大功率光纤激光器等方面已有广泛研究。据文献报道,Nd^{3+}/Yb^{3+} 共掺研究最早可追溯到 20 世纪 60 年代。由于当时还没有 915 nm 及 980 nm 等波长激光二极管,因此 Nd^{3+}/Yb^{3+} 共掺是利用 $Nd^{3+} \rightarrow Yb^{3+}$ 能量传递获取 Yb^{3+} 激光的主要技术途径。尽管目前该技术已不再采用,但对于 Nd^{3+}/Yb^{3+} 共掺的研究热度并未减少。主要原因是 Nd^{3+}/Yb^{3+} 共掺提供了一个研发新型材料的可能,这是由于两种稀土离子在荧光寿命、发射截面、吸收带宽、能级结构等光谱特性上具有很大的互补性。

近年来,Lin 等[77]对 Nd^{3+}/Yb^{3+} 共掺光纤的激光特性进行了深入研究,重点开展了 808 nm 和 975 nm 双波长泵浦 Nd^{3+}/Yb^{3+} 共掺石英光纤的实验研究,包括增益特性、激光效率、耐热性等。本节首先围绕 Nd^{3+}/Yb^{3+} 共掺石英光纤的 $Nd^{3+} \rightarrow Yb^{3+}$ 能量传递效率,建立速率方程并进行仿真,然后探讨不同实验条件下的激光特性,最后介绍 Nd^{3+}/Yb^{3+} 共掺石英光纤的双波长激光输出特性及潜在应用。

8.3.1 钕镱共掺的速率方程

表 8-4 所示为采用的两款 Nd^{3+}/Yb^{3+} 共掺石英光纤参数。两款光纤均由溶胶凝胶法制备,分别编号为 NYF-1 和 NYF-2。Nd^{3+}/Yb^{3+} 共掺石英光纤含有不同的 Nd^{3+}、Yb^{3+} 掺杂浓度,纤芯玻璃的摩尔组分分别为 $95.6SiO_2 - 4Al_2O_3 - 0.3Nd_2O_3 - 0.1Yb_2O_3$ 和 $95.7SiO_2 - 4Al_2O_3 - 0.1Nd_2O_3 - 0.2Yb_2O_3$。另外,两款光纤在尺寸、内包层结构上也略有差异,但是,对于激光光谱特性研究而言,其影响可忽略。

表 8-4 Nd^{3+}/Yb^{3+} 共掺石英光纤及参数[77]

光纤类型	尺寸	内包层	纤芯摩尔组分	损耗@1 200 nm
NYF-1	6/125	八角形	$95.6SiO_2 - 4Al_2O_3 - 0.3Nd_2O_3 - 0.1Yb_2O_3$	0.7 dB/m
NYF-2	8/125	圆形	$95.7SiO_2 - 4Al_2O_3 - 0.1Nd_2O_3 - 0.2Yb_2O_3$	1.2 dB/m

图 8-23a 所示为 NYF-1 光纤的折射率分布。光纤包层为纯石英。石英玻璃在 650 nm 的折射率为 1.456 4,据此计算得到纤芯数值孔径约为 0.14。插图为 NYF-1 光纤的横截面,内包层本为八角形设计,但因预制棒拉丝过程熔融光纤表面张力的影响,出现了圆化现象。纤芯的同心度不高,略扁,纤芯呈紫红色。

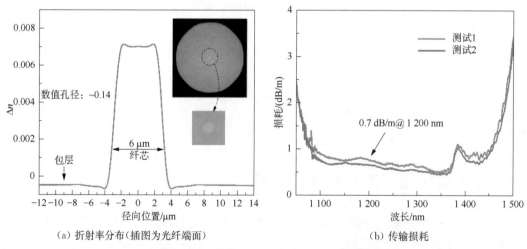

(a) 折射率分布(插图为光纤端面) (b) 传输损耗

图 8-23 NYF-1 光纤的光纤参数测量[77]

图 8-23b 给出 NYF-1 光纤的传输损耗测试结果。对两次测量结果取平均,该光纤在 1 200 nm 处的传输损耗为 0.7 dB/m。NYF-2 光纤的传输损耗略大一些,为 1.2 dB/m。采用截断法对 NYF-1 在 808 nm 的包层泵浦吸收系数和在 975 nm 的纤芯泵浦吸收系数进行了测

量,分别为 1.3 dB/m 和 40 dB/m。

对于 Nd^{3+}/Yb^{3+} 共掺光纤,首先是 Nd^{3+} 在泵浦激发下由基态跃迁到激发态,处于激发态的 Nd^{3+} 则通过自发辐射、受激辐射及 $Nd^{3+} \rightarrow Yb^{3+}$ 能量传递等过程而重新回到基态。在实际情形中,存在同时泵浦 Nd^{3+} 和 Yb^{3+} 的情形。为此,下面考虑一个贴合实际的理论模型,即 808 nm 和 975 nm 双波长泵浦产生激光的情形。

以 N_{Nd1} 和 N_{Nd2} 分别表示基态和激发态 Nd^{3+} 的粒子数密度,总粒子数密度为 N_{Nd},满足 $N_{Nd} = N_{Nd1} + N_{Nd2}$;以 N_{Yb1} 和 N_{Yb2} 分别表示基态和激发态 Yb^{3+} 的粒子数密度,总粒子数密度为 N_{Yb},满足 $N_{Yb} = N_{Yb1} + N_{Yb2}$。在 808 nm 和 975 nm 双波长泵浦条件下建立如下速率方程[78]:

$$\frac{dN_{Nd2}}{dt} = W_{808} N_{Nd1} - \frac{N_{Nd2}}{\tau_{Nd}} - W_{Nd} N_{Nd2} - W_{ET} N_{Yb1} N_{Nd2} \qquad (8-15)$$

$$\frac{dN_{Yb2}}{dt} = W_{975} N_{Yb1} + W_{ET} N_{Yb1} N_{Nd2} - \frac{N_{Yb2}}{\tau_{Yb}} - W_{Yb} N_{Yb2} \qquad (8-16)$$

式中,W_{808} 和 W_{975} 分别为 808 nm 和 975 nm 的泵浦速率;W_{Nd} 和 W_{Yb} 分别为 Nd^{3+} 和 Yb^{3+} 的受激辐射速率;τ_{Nd} 和 τ_{Yb} 分别为 Nd^{3+} 和 Yb^{3+} 的荧光寿命;W_{ET} 为能量传递速率,其与两稀土离子的间距、吸收和发射谱型函数等有关,文献[79-80]对其有详细介绍。这里对式(8-15)等号右侧的第四项予以说明:按照量子论的观点,Nd^{3+} 处于激发态的概率越大,同时 Yb^{3+} 处于基态的概率越大,则 Nd^{3+} 向 Yb^{3+} 进行能量传递的概率也越大,因此包含 $N_{Yb1} N_{Nd2}$ 乘积关系。另外,值得强调的是式(8-15)、式(8-16)忽略了 $Yb^{3+} \rightarrow Nd^{3+}$ 能量传递过程,因为它在光纤中是非常次要的速率过程。由式(8-15)得到 $Nd^{3+} \rightarrow Yb^{3+}$ 能量传递效率的数学表达式,则 $\eta_{Nd \rightarrow Yb}$ 表示为

$$\eta_{Nd \rightarrow Yb} = \frac{W_{ET} N_{Yb1}}{1/\tau_{Nd} + W_{Nd} + W_{ET} N_{Yb1}} \times 100\% \qquad (8-17)$$

由此可知,$\eta_{Nd \rightarrow Yb}$ 不是一个固定值,而是一个与 W_{Nd} 和 N_{Yb1} 有关的变化值。

稳态条件下,由式(8-15)和式(8-16)可分别得到

$$N_{Nd2} = \frac{W_{808}}{W_{808} + (1/\tau_{Nd} + W_{Nd}) + W_{ET} N_{Yb1}} N_{Nd} \qquad (8-18)$$

$$N_{Yb2} = \frac{W_{975} + W_{ET} N_{Nd2}}{W_{975} + (1/\tau_{Yb} + W_{Yb}) + W_{ET} N_{Nd2}} N_{Yb} \qquad (8-19)$$

将式(8-18)代入式(8-19),并利用 $N_{Yb2}/N_{Yb} = 1 - N_{Yb1}/N_{Yb}$,得到

$$\frac{N_{Yb1}}{N_{Yb}} = \frac{-b + \sqrt{b^2 - 4ac}}{2a} \qquad (8-20)$$

其中

$$a = W_{ET} N_{Yb} (W_{975} + k), \ k = 1/\tau_{Yb} + W_{Yb} \qquad (8-21)$$

$$c = -k(W_{808} + f), \ f = 1/\tau_{Nd} + W_{Nd} \qquad (8-22)$$

$$b = (W_{975} + k)(W_{808} + f) + W_{ET} N_{Yb}(W_{808} N_{Nd}/N_{Yb} - k) \qquad (8-23)$$

对 Nd^{3+} 而言，W_{808} 与吸收截面 $\sigma_{ab/808}$、W_{Nd} 与发射截面 σ_{em} 分别存在如下关系：

$$W_{808}=\frac{\Gamma_p\sigma_{ab/808}P_{808}}{h\nu_{p/808}A_c}, \; W_{Nd}=\frac{\Gamma_s\sigma_{em}P_s}{h\nu_s A_c} \tag{8-24}$$

式中，Γ_p 为泵浦光填充系数；P_{808} 为 808 nm 泵浦功率；P_s 为信号光功率；h 为普朗克常数；ν_p 和 ν_s 分别为泵浦光频率和信号光频率；A_c 为光纤纤芯的横截面积。同理，对于 Yb^{3+} 有

$$W_{975}=\frac{\Gamma_p\sigma_{ab/975}P_{975}}{h\nu_{p/975}A_c}, \; W_{Yb}=\frac{\Gamma_s}{hA_c}\left(\frac{\sigma_{em}P_s}{\nu_s}+\frac{\sigma_{em/975}P_{975}}{\nu_{s/975}}\right) \tag{8-25}$$

式中，W_{Yb} 包含 $Nd^{3+}\rightarrow Yb^{3+}$ 能量传递对 975 nm 泵浦光的放大作用；P_{975} 为 975 nm 泵浦功率。在 808 nm 弱激发条件下，即 $W_{Nd}\rightarrow 0$ 且 $N_{Yb1}\rightarrow N_{Yb}$，由式(8-17)可推导出 $W_{ET}N_{Yb}$ 的换算关系：

$$W_{ET}N_{Yb}\approx\frac{\eta_0}{1-\eta_0}\frac{1}{\tau_{Nd}}, \; \eta_0=\left(1-\frac{\tau_{Nd/Yb}}{\tau_{Nd}}\right)\times 100\% \tag{8-26}$$

式中，η_0 为初始能量传递效率；$\tau_{Nd/Yb}$ 为 Nd^{3+} 在 Nd^{3+}/Yb^{3+} 共掺光纤中的荧光寿命，可通过测试玻璃片荧光寿命得到。将式(8-20)、式(8-26)代入式(8-17)，即可探讨激光运转下 $\eta_{Nd\rightarrow Yb}$ 的影响因素，解析 $Nd^{3+}\rightarrow Yb^{3+}$ 能量传递的稳态变化过程。表 8-5 给出 NYF-1 光纤与速率方程计算相关的参数。

利用 808 nm 和 975 nm 双波长泵浦的速率方程，结合光纤激光器的特点，下面仿真计算 808 nm 和 975 nm 波长泵浦功率、Nd^{3+} 受激辐射、信号光波长与功率等因素对 $Nd^{3+}\rightarrow Yb^{3+}$ 能量传递效率的影响，所用的计算参数见表 8-5。其中 808 nm 泵浦和 975 nm 泵浦分别采用的是包层和纤芯泵浦。

表 8-5　NYF-1 光纤及其光谱参数

参　数	数　值	单　位	备　　注
Γ_s	0.85	/[①]	信号光填充因子[②]
Γ_p	0.0023	/	泵浦光填充因子
α_s	0.0016	cm^{-1}	纤芯损耗
d	6	μm	纤芯直径
A_c	2.83×10^{-7}	cm^2	纤芯横截面积
h	6.63×10^{-34}	$J\cdot s$	普朗克常数
τ_{Yb}	870	μs	Yb^{3+} 荧光寿命
τ_{Nd}	370	μs	Nd^{3+} 荧光寿命
η_0	60%	/	初始 $Nd^{3+}\rightarrow Yb^{3+}$ 传递效率
N_{Yb}	3.78×10^{19}	cm^{-3}	Yb^{3+} 掺杂浓度
N_{Nd}	11.3×10^{19}	cm^{-3}	Nd^{3+} 掺杂浓度
$\sigma_{ab/808}$	1.12×10^{-20}	cm^2	Nd^{3+} 在 808 nm 的吸收截面
$\sigma_{em/1061\_Nd}$	1.66×10^{-20}	cm^2	Nd^{3+} 在 1061 nm 的发射截面
$\sigma_{ab/975}$	2.44×10^{-20}	cm^2	Yb^{3+} 在 975 nm 的吸收截面
$\sigma_{ab/915}$	0.51×10^{-20}	cm^2	Yb^{3+} 在 915 nm 的吸收截面
$\sigma_{em/975}$	2.44×10^{-20}	cm^2	Yb^{3+} 在 975 nm 的发射截面
$\sigma_{em/1036}$	0.52×10^{-20}	cm^2	Yb^{3+} 在 1036 nm 的发射截面
$\sigma_{em/1061\_Yb}$	0.29×10^{-20}	cm^2	Yb^{3+} 在 1061 nm 的发射截面

注：① "/"，表示无量纲。② 对于纤芯泵浦，有 $\Gamma_{p/975}=\Gamma_{s/975}$。

1) 808 nm 泵浦功率的影响

图 8-24a 给出 $\eta_{\mathrm{Nd}\to\mathrm{Yb}}$ 和 $N_{\mathrm{Yb1}}/N_{\mathrm{Yb}}$、$N_{\mathrm{Nd2}}/N_{\mathrm{Nd}}$ 分别随泵浦功率 P_{808} 的变化关系。如图 (a) 所示,当 $P_{808}=0$ 时,$\eta_{\mathrm{Nd}\to\mathrm{Yb}}$ 在数值上等于 η_0,为 60%,此时 $N_{\mathrm{Yb1}}/N_{\mathrm{Yb}}=100\%$,即所有 Yb^{3+} 都处于基态。随 P_{808} 的增大,在 $\mathrm{Nd}^{3+}\to\mathrm{Yb}^{3+}$ 能量传递的作用下,部分基态 Yb^{3+} 转变为激发态,N_{Yb1} 减少,从而导致传递效率减小。当 P_{808} 增大到 3.2 W 时,$\eta_{\mathrm{Nd}\to\mathrm{Yb}}$ 减小到 30%,此时 $N_{\mathrm{Yb1}}/N_{\mathrm{Yb}}$ 下降到 28%。由此可知,在 808 nm 泵浦下,Yb^{3+} 自身的饱和会抑制 $\mathrm{Nd}^{3+}\to\mathrm{Yb}^{3+}$ 能量传递过程。如图 (b) 所示,$N_{\mathrm{Nd2}}/N_{\mathrm{Nd}}$ 随 P_{808} 增大而逐渐增加,但在同等泵浦条件下,与单掺 Nd^{3+} 的情形不同,$\mathrm{Nd}^{3+}/\mathrm{Yb}^{3+}$ 共掺的 N_{Nd2} 要低一些,这与实际情形是相符的,这正是 $\mathrm{Nd}^{3+}\to\mathrm{Yb}^{3+}$ 能量传递的体现。

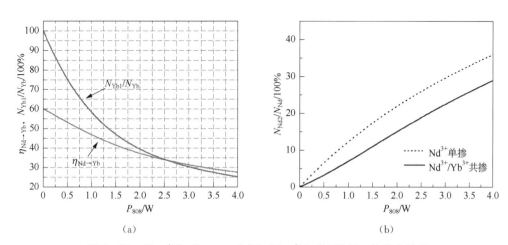

图 8-24　$N_{\mathrm{Yb1}}/N_{\mathrm{Yb}}$ 和 $\eta_{\mathrm{Nd}\to\mathrm{Yb}}$(a) 和 $N_{\mathrm{Nd2}}/N_{\mathrm{Nd}}$(b) 随 P_{808} 的变化关系

2) 975 nm 泵浦功率的影响

图 8-25a 给出在 808 nm 和 975 nm 双波长泵浦下,固定 $P_{975}=0$、5 mW、10 mW 和 80 mW 情况下,$\eta_{\mathrm{Nd}\to\mathrm{Yb}}$ 随 P_{808} 的变化关系。当 $P_{808}=0$ 时,$\eta_{\mathrm{Nd}\to\mathrm{Yb}}$ 的变化是 P_{975} 的影响,显然它也导致 $\eta_{\mathrm{Nd}\to\mathrm{Yb}}$ 减小。图中标注的 $P_{808}=1.3$ W 是四条曲线的交点,在 $P_{808}<1.3$ W 范围内,P_{975} 具有减小 $\eta_{\mathrm{Nd}\to\mathrm{Yb}}$ 的作用;但在 $P_{808}>1.3$ W 范围内,P_{975} 则具有增大 $\eta_{\mathrm{Nd}\to\mathrm{Yb}}$ 的作用。不难发现,

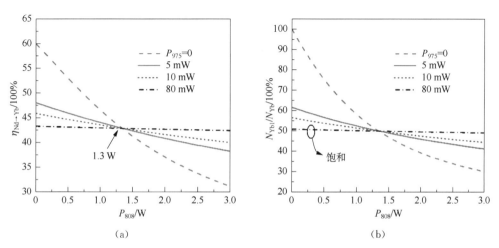

图 8-25　在 808 nm 和 975 nm 双波长泵浦下 $\eta_{\mathrm{Nd}\to\mathrm{Yb}}$(a) 和 $N_{\mathrm{Yb1}}/N_{\mathrm{Yb}}$(b) 随 P_{808} 的变化关系

P_{975} 的作用都是使 $\eta_{Nd\to Yb}$ 趋向于 $P_{975}=80\,mW$ 的结果。在 $P_{975}=80\,mW$ 情形中，$\eta_{Nd\to Yb}$ 稳定在 43% 附近，基本不受 P_{808} 的影响。在图 8-25b 给出的 N_{Yb1}/N_{Yb} 随 P_{808} 的变化关系中，四种情形的交点所对应的 N_{Yb1}/N_{Yb} 为 50%，该数值正好为 Yb^{3+} 的饱和状态（仿真计算已假设 $\sigma_{ab/975}=\sigma_{em/975}$）。因此 $P_{808}=1.3\,W$ 是一个临界条件，当 $P_{808}>1.3\,W$ 时，光纤会出现放大 975 nm 泵浦光的现象（因为 975 nm 既为泵浦光又为信号光），Yb^{3+} 激发态粒子数减小，N_{Yb1}/N_{Yb} 增大，从而导致 $\eta_{Nd\to Yb}$ 增大。

实际应用中也可采用 915 nm 来泵浦 Yb^{3+}，此时可忽略 Yb^{3+} 在该波长的受激辐射。图 8-26a 给出的是在 808 nm 和 915 nm 双波长泵浦下，分别固定 915 nm 泵浦功率（P_{915}）为 0、10 mW、20 mW、30 mW、40 mW 和 60 mW 的情况下，$\eta_{Nd\to Yb}$ 和 N_{Yb1}/N_{Yb} 随 P_{808} 的变化规律。显然，它与 975 nm 泵浦是不同的。这里 $\eta_{Nd\to Yb}$ 随 P_{808} 和 P_{915} 增加而逐渐减小。图 8-26b 给出对于 915 nm 和 975 nm 两种泵浦方式的比较。随泵浦功率增大，两种情形下 $\eta_{Nd\to Yb}$ 都逐渐减小并趋于某一数值。对于 975 nm 泵浦而言该值为 43%，而对于 915 nm 泵浦而言该值为 0（此时 Yb^{3+} 可以完全处于激发态），这是由 Yb^{3+} 的泵浦饱和特性决定的。

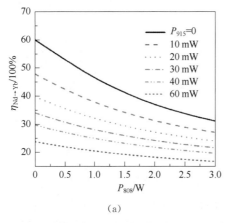
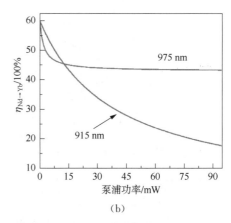

(a)　　　　　　　　　　　　(b)

图 8-26　808 nm 和 915 nm 双波长泵浦下 $\eta_{Nd\to Yb}$ 随 P_{808} 的变化（a）以及 915 nm 和 975 nm 泵浦的比较（b）

3) Nd^{3+} 受激辐射的影响

下面探讨 Nd^{3+} 受激辐射对 $Nd^{3+}\to Yb^{3+}$ 能量传递的影响规律。此时认为 Yb^{3+} 基本都处于基态，即 $N_{Yb1}\to N_{Yb}$，在计算中将 P_{808} 和 P_{975} 处理为零值即可。另外，假定信号激光波长为 1061 nm，该波长为 Nd^{3+} 的发射峰。图 8-27 所示为 $\eta_{Nd\to Yb}$ 随 1061 nm 信号激光功率的变化关系。当信号光功率由 0 增大到 50 mW 时，$\eta_{Nd\to Yb}$ 由初始的 60% 下降到 20%。进一步增大信号功率到 300 mW 时，$\eta_{Nd\to Yb}$ 将下降到 5%。由此可见，Nd^{3+} 受激辐射对 $Nd^{3+}\to Yb^{3+}$ 能量传递具有很强的抑制作用。由于 Nd^{3+} 为四能

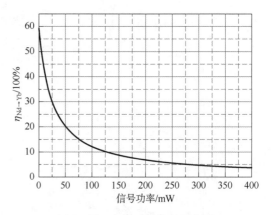

图 8-27　1061 nm 信号功率对 $\eta_{Nd\to Yb}$ 的影响

级结构，且在发射截面上占优，因而在实际过程中很难采取有效措施来控制 Nd^{3+} 的自由发光；但是，另一方面这也是 Nd^{3+}/Yb^{3+} 光纤具有独特激光特性的根源。

4）信号光波长和功率的影响

接下来进一步探讨泵浦光和受激辐射同时作用的情形。对于受激辐射，选取了两个具有代表性的波长——1036 nm 和 1061 nm，前者位于 Yb^{3+} 的光谱区，后者位于 Yb^{3+} 和 Nd^{3+} 的光谱重叠区。

图 8-28a 所示为 808 nm 泵浦下 $\eta_{Nd \to Yb}$ 与 P_{808} 之间的变化关系，包含 $P_s = 5$ mW 和 10 mW 两种情形。图中虚线所示为 $P_s = 0$ 情形（已在图 8-24 中进行了探讨），这里用于对比分析。首先考虑 $\lambda_s = 1036$ nm 的情形。对比 $P_s = 0$ 的情形，P_{s_1036} 具有增大 $\eta_{Nd \to Yb}$ 的作用，即促进 $Nd^{3+} \to Yb^{3+}$ 能量传递。这易于理解，因为 Yb^{3+} 受激辐射需要消耗激发态粒子数，引起 N_{Yb1}/N_{Yb} 增大。即便如此，整体上 $\eta_{Nd \to Yb}$ 还是随 P_{808} 的增大而减小。对于 $\lambda_s = 1061$ nm 的情形，此时 Nd^{3+} 和 Yb^{3+} 都产生受激辐射。由 1 036 nm 的情形已知，此时 Yb^{3+} 产生的 1061 nm 受激辐射具有增大 $\eta_{Nd \to Yb}$ 的作用，但计算结果显示，该情形下 $\eta_{Nd \to Yb}$ 是减小的。这表明 Nd^{3+} 受激辐射对 $Nd^{3+} \to Yb^{3+}$ 能量传递的抑制作用是主要的。此外，该情形下 $\eta_{Nd \to Yb}$ 也是随 P_{808} 的增大而减小。

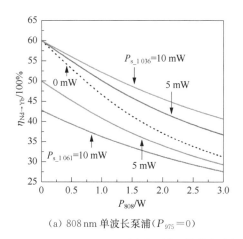
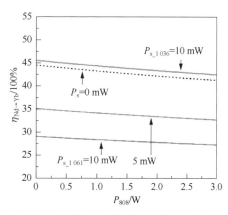

(a) 808 nm 单波长泵浦（$P_{975} = 0$)　　　(b) 808 nm 和 975 nm 双波长泵浦（$P_{975} = 20$ mW)

图 8-28　信号光波长和功率对 $\eta_{Nd \to Yb}$ 的影响

图 8-28b 所示为 808 nm 和 975 nm 双波长泵浦下，$\eta_{Nd \to Yb}$ 与 P_{808} 之间的变化关系，这里 $P_{975} = 20$ mW 为固定值。图中虚线为 $P_s = 0$ 的情形用于对比分析。受 P_{975} 的影响，当 $P_{808} = 0$ 时，$\eta_{Nd \to Yb}$ 已减小到 45% 以下。对比图 8-28a 的结果，此时 $\eta_{Nd \to Yb}$ 随 P_{808} 的变化也趋于平缓，与图 8-25a 的演化规律相同，显然这是 P_{975} 的影响。此外，P_{s_1036} 此时对 $\eta_{Nd \to Yb}$ 的增大作用变得十分有限，相反 P_{s_1061} 对 $\eta_{Nd \to Yb}$ 的减小作用则变得显著。

综上所述，泵浦光功率（P_{808} 和 P_{975}）、信号光功率（P_s）及信号光波长（λ_s）都对 $Nd^{3+} \to Yb^{3+}$ 能量传递产生影响。其中，与 Nd^{3+} 受激辐射相关联的信号光功率对能量传递具有很强的抑制作用，主要表现为以速率竞争的方式影响 $Nd^{3+} \to Yb^{3+}$ 能量传递。此外，泵浦功率 P_{808} 和 P_{975} 也对能量传递具有抑制作用。尽管 Yb^{3+} 受激辐射对能量传递过程具有促进作用，但是，在双波长泵浦方式下其效果十分有限。

8.3.2　钕镱共掺石英光纤的激光特性

由于 Nd^{3+} 和 Yb^{3+} 发光带重叠，且 Nd^{3+} 具有四能级运转和发射截面大的优势，故在实际情形中难以采取有效措施控制 Nd^{3+} 的自由发光。由上一节的模拟计算结果已知,$Nd^{3+} \rightarrow Yb^{3+}$ 的能量传递在光纤中是受到抑制的。基于此认识,下面重点阐述 808 nm 和 975 nm 双波长泵浦 Nd^{3+}/Yb^{3+} 共掺石英光纤的激光特性,包括增益特性、激光效率、耐热性能以及光暗化等。

1)增益特性

图 8-29 所示为 Nd^{3+}/Yb^{3+} 共掺石英光纤增益特性表征的光路示意图,由种子激光器和光纤放大器两部分组成。种子激光器由 NYF-1 光纤、布拉格光纤光栅、980 nm 激光二极管和光隔离器构成,其中增益光纤长度为 30 cm。通过使用不同工作波长的光纤光栅并控制 980 nm 激光二极管驱动电流,可输出波长为 1 036 nm、1 053 nm、1 061 nm 和 1 080 nm 的种子激光,功率都为 2.2 mW。光纤放大器由长度为 30 cm 的 NYF-1 光纤、正向泵浦的 808 nm 激光二极管和反向泵浦的 975 nm 激光二极管组成。光纤合束器的信号输入光纤和输出光纤都为 10/125 μm 光纤,数值孔径为 0.08。为此,两个模场适配器用于连接 10/125 μm 光纤和 6/125 μm 光纤,以减小插入损耗。波分复用器的反射端作为信号输出。

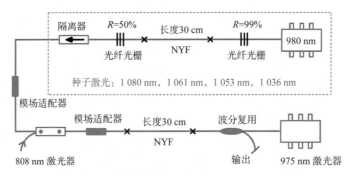

图 8-29 Nd^{3+}/Yb^{3+} 共掺石英光纤增益测试光路

首先探讨 975 nm 单波长泵浦的情形。图 8-30a 所示为不同波长种子激光放大输出功率与 P_{975} 之间的关系。当 $P_{975} > 20$ mW 时,放大器可实现激光放大。其中,种子光波长为 1 036 nm 的输出功率最高,在 148 mW 泵浦下获得了 18 mW 激发放大输出。对于种子光波长为 1 053 nm、1 064 nm 和 1 080 nm 的情形,放大输出功率要低很多,且波长越长,输出功率越低。利用放大输出功率,进行增益计算,得到图 8-30b 所示增益与种子光波长之间的关系。

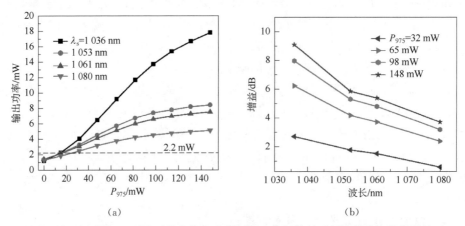

(a)　　　　　　　　　　　　　(b)

图 8-30　(a)975 nm 泵浦下放大输出功率与 P_{975} 之间的关系;(b)增益与波长的关系

不同泵浦功率下,增益曲线略有不同,但各种子激光的增益总体上随波长的增大而减小。显然,这与 Yb^{3+} 发射截面随波长的变化规律是相符的。

下面对 808 nm 和 975 nm 双波长泵浦的情形进行探讨。图 8 - 31a 给出 1061 nm 种子激光在双波长泵浦下放大功率输出与 P_{975} 之间的关系,分别固定 $P_{808}=0$、148 mW、283 mW、473 mW 和 593 mW。其中,$P_{808}=0$ 为 975 nm 单波长泵浦的情形,这里用于对比分析。对比表明,各 $P_{808}>0$ 的输出曲线与 975 nm 单波长泵浦类似,输出功率随 P_{975} 的增大呈现饱和现象。但 P_{808} 的加入使得输出功率增大,且这种增大作用随 P_{975} 的增大而显著提升,如图 8 - 31a 中的椭圆标记所示。事实上,这与 Nd^{3+} 和 Yb^{3+} 之间的光谱重叠有关,在下面激光效率探讨中有分析解释。

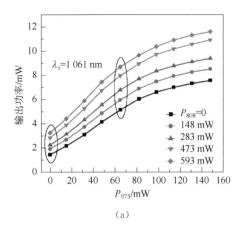
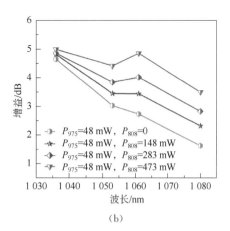

(a)　　　　　　　　　　　　　　(b)

图 8 - 31　(a)808 nm 和 975 nm 双波长泵浦下 1061 nm 放大输出功率与 P_{975}
之间的关系;(b)P_{808} 对增益曲线的影响($P_{975}=48$ mW)

采用相同的测试过程,对 1036 nm、1053 nm 和 1080 nm 种子激光进行放大测试,并进行增益计算,得到双波长泵浦下 NYF - 1 光纤的增益谱。图 8 - 31b 给出 $P_{975}=48$ mW 情形下的增益谱,分别固定 $P_{808}=0$、148 mW、283 mW 和 473 mW。这里 $P_{808}=0$ 用于对比分析。不难看出,P_{808} 主要在 1053 nm、1061 nm 和 1080 nm 等波长位于 Nd^{3+} 发光范围内的种子激光产生增益,表明 $Nd^{3+}\rightarrow Yb^{3+}$ 能量传递在 NYF - 1 光纤中是不重要的,这与 8.3.1 节模拟计算分析的结果相符合。此外,P_{808} 具有提升增益带宽的作用,它使增益谱轮廓变得平坦。

2) 激光效率

下面,进一步对 Nd^{3+}/Yb^{3+} 共掺光纤在光谱重叠区的激光效率进行探讨。图 8 - 32a 所示为 808 nm 和 975 nm 双波长泵浦产生 1061 nm 激光的光路示意图,增益光纤是 NYF - 2,光纤长度为 22 cm。实验采用固定 P_{975} 改变 P_{808} 的方式,对输出功率随 P_{808} 的变化关系进行研究。图 8 - 32b 给出 P_{975} 为 0、45 mW、80 mW、146 mW 和 211 mW 的测量结果,其中 $P_{975}=0$ 对应 808 nm 单波长泵浦的情形。由于 975 nm 也可产生 1061 nm 激光,因此 $P_{808}=20$ mW 泵浦条件下的激光功率随 P_{975} 的增大而增大。通过线性拟合,可得到不同 P_{975} 条件下 808 nm 泵浦的斜率效率,如图 8 - 32c 所示。明显地,斜率效率随 P_{975} 增大而增大,但在 $P_{975}>70$ mW 条件下,斜率效率的增加呈现饱和趋势。最终,在 $P_{975}=211$ mW 条件下,斜率效率增大到 50%。相比初始的 24.1% 增大了 1 倍之多。

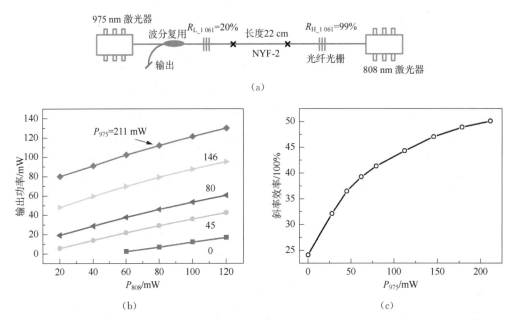

(a)

(b)

(c)

图 8 - 32 (a)808 nm 和 975 nm 双波长泵浦 1 061 nm 激光实验光路示意图;(b)不同 P_{975} 条件下输出功率与 P_{808} 的变化关系;(c)不同 P_{975} 情形下拟合的 808 nm 泵浦斜率效率

斜率效率增大现象正是由 Nd^{3+} 和 Yb^{3+} 光谱重叠导致的。由于两种稀土离子都在 1 061 nm 产生增益,特别是 Nd^{3+} 具有四能级结构和发射截面大的特点,因此在 808 nm 泵浦下,Nd^{3+} 在 1 061 nm 产生增益,导致谐振腔内功率密度增大,受激辐射增强。由式(8 - 15)和式(8 - 16)可知,受激辐射增强将会导致自发辐射、无辐射跃迁等非激光过程减弱;这与通过增大低反光纤光栅的反射率抑制 ASE 的原理是相同的。所不同的是,在 Nd^{3+}/Yb^{3+} 共掺光纤中,并未真正增大低反光纤光栅的反射率,因此会有斜率效率明显增大现象。显然,这是 Nd^{3+}/Yb^{3+} 共掺光纤的独特之处。

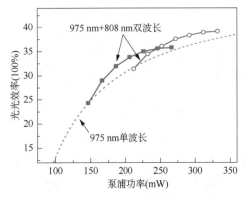

图 8 - 33 975 nm 和 808 nm 双波长泵浦下的光-光效率(方块实线和圆圈实线分别为 P_{975} = 146 mW 和 211 mW 的情形,横坐标为 975 nm 和 808 nm 双波长总泵浦功率)

由于 Nd^{3+} 和 Yb^{3+} 光谱重叠,在同一个激光波长上无法区分,因此采用斜率效率的表征方法并不准确。一个较好的办法是将输出功率转换为光-光效率进行描述,这也便于与单掺 Yb^{3+} 或 Nd^{3+} 的光纤相比较。图 8 - 33 给出 $P_{975}=146$ mW 和 $P_{975}=211$ mW 两组实验的光-光效率,其中 P_{808} 为 0～120 mW,横坐标为 975 nm 和 808 nm 双波长总泵浦功率。图中虚线所示为 975 nm 单波长泵浦下光光效率的计算结果:依据 975 nm 单波长泵浦 NYF-2 光纤产生 1 061 nm 激光的斜率效率值 48.2%。利用斜率效率拟合公式,对任意 P_{975},可得到与之对应的输出功率,最后得到图中虚线所示的光-光效率。对比可知,在一定范围内,双波长泵浦的光-光效率要高于 975 nm 单波长泵浦的情形。而且,在 $P_{975}=211$ mW 的实验中,双波长泵浦方式提升光-光效率的工作范围要大些。在 $P_{975}=146\,mW$ 和 $P_{808}=120\,mW$ 双波长泵浦下,光-光效率与 $P_{975}=266\,mW$ 单波长泵浦的光-光效率相当,而 NYF-2 光纤在 808 nm 单波长泵浦产生 1061 nm 激光的斜率效率仅为 24%。可见,Nd^{3+} 和 Yb^{3+} 因光谱重叠产生的联系为激光性能提升提供了有益的作用。

理论上,通过 975 nm 泵浦产生 1061 nm 激光的效率高达 92%,而 808 nm 泵浦仅为 76%。因此,理想状态下 808 nm 和 975 nm 双波长泵浦不能获得比 975 nm 单波长泵浦方式更高的激光效率。然而,结合图 8-33 的实际测量结果,在一些特殊情形中,当 Yb^{3+} 的激光效率远小于理论极限或者与 Nd^{3+} 相当时,基于 Nd^{3+}/Yb^{3+} 共掺光纤的双波长泵浦能够获得更高的激光效率。下面讨论的耐热激光性能就是一个例子。

3) 耐热性能

温度对于 Nd^{3+}/Yb^{3+} 共掺光纤来说是一个重要且有趣的影响因素,与式(8-15)中的 W_{ET} 有关,可影响能量传递过程。$Yb^{3+} \rightarrow Nd^{3+}$ 能量传递是一个吸收声子的过程,对温度十分敏感。Lin 等[81] 曾利用光纤在泵浦过程中的热效应在高掺杂 Nd^{3+}/Yb^{3+} 共掺磷酸盐光纤中首次实现了基于 $Yb^{3+} \rightarrow Nd^{3+}$ 能量传递的 Nd^{3+} 激光,在 975 nm 泵浦下的变温荧光光谱进行探讨,实验结果如图 8-34a、b 所示,包括温度为 25℃、90℃、150℃、210℃ 和 270℃ 的情形。实验采用的光纤为 NYF-1,长度为 5 cm,$P_{975}=48\,mW$。待测光纤放置在开槽铜块上,并填充导热硅脂,固定后放到磁力加热器进行加热。光纤温度由温度测量仪测量铜块温度得到。

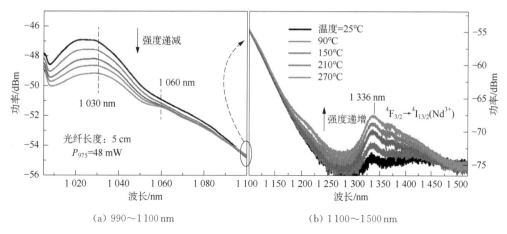

(a) 990~1 100 nm　　　　　　　　(b) 1 100~1 500 nm

图 8-34　升温情形下的荧光光谱

如图 8-34b 所示,光谱上出现了 1 336 nm 发光带,这正是出现 $Yb^{3+} \rightarrow Nd^{3+}$ 能量传递及其温度敏感性的体现。在温度由 25℃ 增大到 270℃ 的过程中,Nd^{3+} 在 1 336 nm 的荧光强度增强了 6 dB,与此同时,Yb^{3+} 在 1 030 nm 的荧光强度则下降了 2 dB。当温度超过 150℃ 时,Nd^{3+} 在 1 060 nm 附近的发光逐渐在光谱轮廓上凸显出来。尽管高温下 $Yb^{3+} \rightarrow Nd^{3+}$ 能量传递得到了增强,但增强的幅度还不足以给 NYF-1 光纤产生像磷酸盐光纤那样实质性的影响,这与玻璃基质有很大关系。

由于 Yb^{3+} 具有自吸收效应,故对温度敏感。图 8-35a 所示为 Nd^{3+}/Yb^{3+} 共掺石英光纤耐热性能表征的变温激光实验光路。激光谐振腔由长度为 30 cm 的 NYF-1 光纤、1 061 nm 光纤光栅和高反双色镜构成。待测光纤的温度由管式加热炉控制,该加热炉具有 35 cm 长的加热区。实验时将待测光纤置于管式加热炉的石英玻璃管中,并用防火棉进行填充隔热。

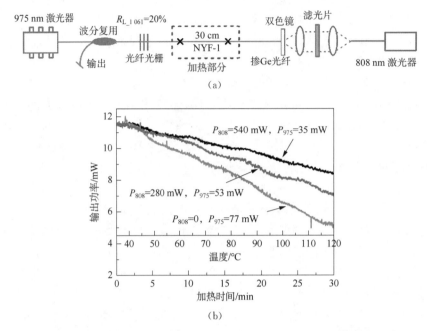

图 8-35　(a)变温激光实验光路示意图；(b)输出功率随加热时间/光纤温度的变化规律

图 8-35b 给出 NYF-1 光纤在 35～120℃温度范围内的功率变化，包含三组不同泵浦条件实验。三组实验设计为 P_{808} 对 P_{975} 的替换，但都具有相同的 11.5 mW 初始功率。在加热实验开始之前，首先在 35℃进行 10 min 保温，使待测光纤达到热平衡状态。加热时间为 30 min，即在 30 min 内将温度加热到 120℃，加热速度为 2.83℃/min。图中 $P_{808}=0$ 所示结果为 Yb^{3+} 输出功率随温度的变化规律。当温度加热到 120℃时，输出功率减小到 5.3 mW，较初始功率减小了 54%。显然，当用 P_{808} 进行替换后，光纤的耐热性能得到提升。在 120℃条件下，$P_{808}=280$ mW 和 $P_{808}=540$ mW 两组实验的输出功率分别相对初始值减少了 37.4% 和 26.0%。由 8-34a 的实验结果可知，对于此处最高 120℃的加热温度，$Yb^{3+} \rightarrow Nd^{3+}$ 能量传递的作用是可以忽略的。因此，这里 P_{808} 替换 P_{975} 所导致的 NYF-1 光纤耐热性能提升，是源自 Nd^{3+} 本身。Nd^{3+} 为四能级结构，没有自吸收效应，因此其耐热性能较 Yb^{3+} 要好。

激光效率是对 NYF 光纤耐热性能更为准确的体现，下面以图 8-32a 所示纤芯泵浦实验光路来探讨变温激光效率。温度变化由管式加热炉控制，包括温度为 20℃、50℃、75℃、100℃和 125℃。图 8-36a 给出 NYF-2 光纤在 975 nm 和 808 nm 单波长泵浦下，斜率效率随温度的变化规律，从图中可见，随温度增加，两种单波长泵浦情形下的斜率效率都逐渐减小。其中，975 nm 泵浦的斜率效率由初始的 49% 下降到 43%，而 808 nm 泵浦的斜率效率由初始的 23.9% 下降到 21.2%，即 Nd^{3+} 的斜率效率降幅较 Yb^{3+} 低，这与图 8-34b 所示结果相符。图 8-36b 给出温度为 20℃、125℃时 808 nm 和 975 nm 双波长泵浦下的光-光效率，其中 $P_{975}=211$ mW。作为对比，图中给出 975 nm 和 808 nm 单波长泵浦方式下的光-光效率，其由图 8-34a 的斜率效率数值计算得到。对比可知，各泵浦情形下光-光效率都因温度增加而明显减小，但 975 nm 单波长泵浦的减小程度最大，这使得 Nd^{3+} 和 Yb^{3+} 在激光效率上的差距缩小，反而使得双波长泵浦方式对光-光效率的促进作用变得更加显著。

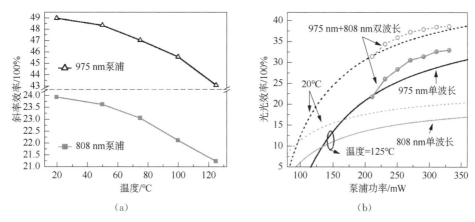

图 8-36 （a）斜率效率随温度的变化关系；（b）温度对光-光效率的影响

4）光暗化

图 8-37a 所示为表征 Nd^{3+}/Yb^{3+} 共掺石英光纤光暗化的光路。975 nm 纤芯泵浦用于激发 Yb^{3+}，使之达到饱和状态，从而加速光暗化实验。633 nm 用于探测待测光纤，其功率变化所反映的是光纤的光暗化程度，测试中 633 nm 探测功率设置为 55 μW。需要强调的是，Nd^{3+} 在 633 nm 处没有吸收峰，因此 Nd^{3+}/Yb^{3+} 共掺石英光纤在 633 nm 的吸收可忽略不计。在进行光暗化实验之前，首先对待测光纤在 975 nm 泵浦下的透过率进行测试，以确保所使用的 P_{975} 能够使 Yb^{3+} 处于饱和状态。

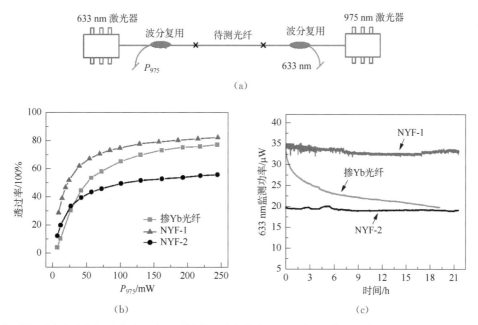

图 8-37 （a）光暗化测试光路示意图；（b）待测光纤在 975 nm 泵浦下的透过率；（c）633 nm 功率的变化

图 8-37b 给出待测光纤的透过率随 P_{975} 的变化关系，包括 NYF-1、NYF-2 和掺 Yb 石英光纤，它们的光纤长度分别为 7.7 cm、3 cm 和 5 cm。掺 Yb 光纤的光纤尺寸为 10/100，纤芯摩尔组分为 $98.35SiO_2 - 1.5Al_2O_3 - 0.15Yb_2O_3$，也是由溶胶凝胶法制备，这里用作实验对比。在三根待测光纤中，NYF-2 的透过率要低一些，主要是它与无源光纤进行熔接时会出现

偏心的现象,因此熔接损耗要大些。由透过率曲线可知,当 $P_{975}>100\,\mathrm{mW}$ 时,三根待测光纤接近饱和状态。实验时,NYF-1 光纤的泵浦功率为 170 mW,另外两根光纤的泵浦功率为244 mW。

图 8-37c 为三根待测光纤的光暗化在线监测结果,连续监测时间超过 17 h。其中,NYF-1 光纤和 NYF-2 光纤的监测功率没有明显下降;而掺 Yb 光纤的监测功率则显著下降,由初始的 $34\,\mu\mathrm{W}$ 下降到 $20\,\mu\mathrm{W}$。可见,$\mathrm{Nd}^{3+}/\mathrm{Yb}^{3+}$ 共掺光纤的光暗化效应不显著,基本可忽略。因此,有理由相信 Nd^{3+} 在抑制 $\mathrm{Nd}^{3+}/\mathrm{Yb}^{3+}$ 共掺石英光纤的光暗化方面起到一定积极作用,但仍需要进一步的实验结果加以验证。

8.3.3 钕镱共掺石英光纤双波长激光输出及应用

双波长激光在分布式光纤传感、气体检测、太赫兹辐射等方面具有重要的应用[82]。双波长激光在掺稀土光纤激光器中是一个比较常见的实验现象,它源于激光器在两波长的增益平衡。产生双波长激光的方法包括光纤弯曲[83]、偏振调控[84]、干涉法[85]等。在 8.3.2 节的讨论中,已对 $\mathrm{Nd}^{3+}/\mathrm{Yb}^{3+}$ 共掺光纤在增益带宽调控方面的特性进行了介绍,该特性可用于产生双波长激光。下面介绍 $\mathrm{Nd}^{3+}/\mathrm{Yb}^{3+}$ 共掺光纤产生双波长激光的方法和特点。

1) 波长可切换的双波长激光

图 8-38a 所示为 NYF-1 光纤产生 1036 nm 和 1061 nm 双波长激光的光路布局。谐振腔由反射率为 20% 的 1036 nm、1061 nm 低反光纤光栅和宽带高反双色镜构成,增益光纤的长度为 30 cm,由 808 nm 泵浦激光器和 975 nm 泵浦激光器相向泵浦。图 8-38b 所示为 1036 nm和 1061 nm 双波长激光随 P_{808} 的变化规律,其中 P_{975} 固定在 43 mW。当 $P_{808}=0$ 时,43 mW的 975 nm 泵浦光可产生 1036 nm 激光,显然该激光是由 Yb^{3+} 产生的。当 P_{808} 增大到 145 mW时,激光光谱出现明显变化,出现 1061 nm 激光峰。随 P_{808} 的增大,1061 nm 激光峰的强度逐

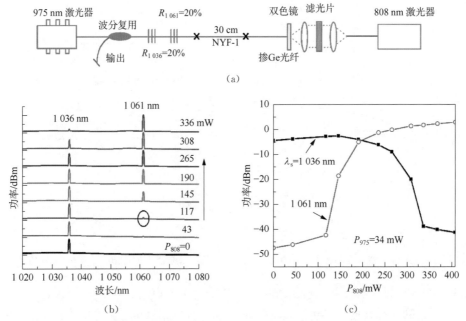

图 8-38 (a)双波长激光实验光路示意图;(b)双波长激光随 P_{808} 的变化规律($P_{975}=34\,\mathrm{mW}$);(c)1036 nm 和 1061 nm 激光峰强度随 P_{808} 的变化关系

渐增大,而 1036 nm 激光峰的强度则逐渐减小。最后,当 $P_{808}=336$ mW 时,1036 nm 激光峰消失,变为 1061 nm 单波长运转。图 8-38c 给出 1036 nm 和 1061 nm 激光峰强度随 P_{808} 的变化细节。可见,通过改变 P_{808} 的大小,可控制两个激光峰的强度比例,实现等强度输出或激光波长切换等。在这里,双波长激光输出是通过控制泵浦功率的大小来实现的,是一种主动的增益控制方法,这得益于 Nd^{3+}/Yb^{3+} 共掺光纤所具有的增益带宽调控特性。

2) 双波长激光的波长调谐

由于 Nd^{3+}/Yb^{3+} 共掺光纤的增益带宽比较大,而且具有可调控的特点,因此 Nd^{3+}/Yb^{3+} 共掺光纤具有很好的波长可调谐特性。在图 8-38a 的基础上,采用接入不同工作波长(1036 nm、1053 nm、1061 nm 和 1080 nm)的光纤光栅、产生多个双波长激光的办法来间接探讨这个问题。图 8-39a 所示为固定 1036 nm 激光峰的双波长激光。在 $P_{975}=31$ mW 条件下,通过控制 P_{808} 的大小,可产生 1036 nm 和 1053 nm、1036 nm 和 1061 nm、1036 nm 和 1080 nm 双波长激光,所对应的 P_{808} 分别为 162 mW、234 mW 和 436 mW;激光波长由 1053 nm 到 1080 nm,实现了 27 nm 的调谐范围。图 8-39b 所示为固定 1061 nm 激光峰的双波长激光。在 $P_{808}=412$ mW 条件下,可获得 1053 nm 和 1061 nm 双波长激光;激光波长由 1053 nm 到 1036 nm,存在着 17 nm 的调谐范围。采用波长更短的光纤光栅,波长调谐范围有望进一步拓展。

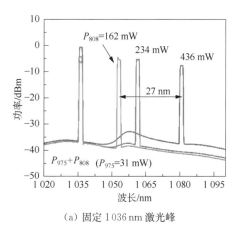
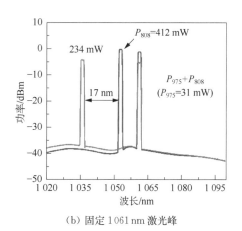

(a) 固定 1036 nm 激光峰　　　　　　　(b) 固定 1061 nm 激光峰

图 8-39　波长调谐双波长激光

综上所述,钕离子是最早实现室温四能级激光输出的稀土离子,经过数十年的发展,以其作为激活离子的激光玻璃材料已在大型激光装置中发挥出不可或缺的作用。本章以大能量高重频激光对掺钕石英玻璃的需求为背景,首先着重介绍了掺钕石英玻璃的光谱性质及调控手段,详细阐述了 Al、P 以及 S、I 等元素共掺对掺钕石英玻璃结构及光谱性质的影响,为研制新型掺钕石英玻璃及光纤提供了重要参考。其次,围绕水下通信、生物成像、分布式光纤传感等领域对掺钕石英光纤 $0.9~\mu m$ 波段激光及钕镱共掺石英光纤双波长激光的独特需求,详细介绍了 $0.9~\mu m$ 波段激光的研究现状,对其面临的问题及改善手段进行了梳理,并对钕镱共掺双波长激光速率方程和波长调谐特性进行了深入分析。相信随着对于荧光分支比调控手段、光纤结构参数、光纤激光等的进一步研究,新型掺钕及钕镱共掺的石英光纤增益、输出功率、效率及激光波长调谐性能将得到显著改善,并将在大能量激光以外的更多应用领域发挥重要作用。

参考文献

［1］ Snitzer E. Optical maser action of Nd^{3+} in barium crown glass ［J］. Physical Review Letters，1961，7(12)：444－446.

［2］ Cellard C，Retraint D，Francois M，et al. Laser shock peening of Ti-17 titanium alloy：influence of process parameters ［J］. Materials Science and Engineering：A，2012(532)：362－372.

［3］ Fujimoto Y，Murata K，Nakatsuka M. New material for high average power laser based on silica glass ［J］. Fusion Engineering and Design，1999,44(1－4)：431－435.

［4］ Dragic P D，Little L M，Papen G C. Fiber amplification in the 940－nm water vapor absorption band using the $^4F_{3/2} \rightarrow ^4I_{9/2}$ transition in Nd ［J］. IEEE Photonics Technology Letters，1997,9(11)：1478－1480.

［5］ Anthony L. Cook H D H. Diode-laser-pumped tunable 896－939.5－nm neodymium-doped fiber laser with 43－mW output power ［J］. Applied Optics，1998,37(15)：3276－3281.

［6］ Schirripa Spagnolo G，Cozzella L，Leccese F. Underwater optical wireless communications：overview ［J］. Sensors (Basel)，2020,20(8)：2261.

［7］ Li Fengqin，Zhao Biao，Wei Jiao，et al. Continuously tunable single-frequency 455 nm blue laser for high-state excitation transition of cesium ［J］. Optics Letters，2019,44(15)：3785－3788.

［8］ Chen Bingying，Rong Hao，Huang Xiaoshuai，et al. Robust hollow-fiber-pigtailed 930 nm femtosecond Nd：fiber laser for volumetric two-photon imaging ［J］. Optics Express，2017,25(19)：22704－22709.

［9］ Corre K L，Gilles H，Girard S，et al. Large core，low-NA neodymium-doped fiber for high power CW and pulsed laser operation near 900 nm ［C］. OSA Laser Congress 2019 (ASSL，LAC，LS&C)，2019.

［10］ Campbell J H，Suratwala T I. Nd-doped phosphate glasses for high-energy/high-peak-power lasers ［J］. Journal of Non-Crystalline Solids，2000(263－264)：318－341.

［11］ 胡丽丽，等. 激光玻璃及应用 ［M］. 上海：上海科学技术出版社，2019.

［12］ Judd B R. Optical absorption intensities of rare-earth ions ［J］. Physical Review，1962,127(3)：750－761.

［13］ Ofelt G S. Intensities of crystal spectra of rare-earth ions ［J］. Journal of Chemical Physics，1962,37(3)：511.

［14］ Walsh B M. Judd-Ofelt Theory：principles and practices；proceedings of the Advances in Spectroscopy for Lasers and Sensing，Dordrecht，F 2006［C］. Springer Netherlands.

［15］ Carnall W T，Fields P R，Rajnak K. Electronic energy levels in the trivalent lanthanide aquo ions. i. Pr^{3+}，Nd^{3+}，Pm^{3+}，Sm^{3+}，Dy^{3+}，Ho^{3+}，Er^{3+}，and Tm^{3+}［J］. The Journal of Chemical Physics，1968,49(10)：4424－4442.

［16］ Jørgensen C K，Judd B R. Hypersensitive pseudoquadrupole transitions in lanthanides ［J］. Molecular Physics，1964,8(3)：281－290.

［17］ Takebe H，Nageno Y，Morinaga K. Compositional dependence of Judd-Ofelt parameters in silicate，borate and phoate glasse ［J］. Journal of the American Ceramic Society，1995,78(5)：1161－1168.

［18］ Tanabe S，Hanada T，Ohyagi T，et al. Correlation between ^{151}Eu Mossbauer isomer shift and Judd-Ofelt Ω_6 parameters of Nd^{3+} ions in phosphate and silicate laser glasses ［J］. Physical Review B，1993,48(14)：10591－10594.

［19］ Jacobs R R，Weber M J. Dependence of the $^4F_{3/2} \rightarrow ^4I_{11/2}$ induced emission cross section for Nd^{3+} on glass composition ［J］. IEEE Journal of Quantum Electronics，1976，QE-1(2)：102－111.

［20］ Dantas N O，Serqueira E O，Bell M J V，et al. Influence of crystal field potential on the spectroscopic parameters of SiO_2 center dot B_2O_3 center dot PbO glass doped with Nd_2O_3 ［J］. Journal of Luminescence，2011,131(5)：1029－1036.

［21］ Kaminskii A A，Li L. Analysis of spectral line intensities of TR^{3+} ions in crystal systems ［J］. Physica

Status Solidi（A），1974(26):593 - 598.

[22] Lomheim T S, Deshazer L G. New procedure of determining neodymium fluorescence branching ratios as applied to 25 crystal and glass hosts [J]. Optics Communications，1978,24(1):89 - 94.

[23] Arai K, Namikawa H, Kumata K, et al. Aluminum or phosphorus co-doping effects on the fluorescence and structural properties of neodymium-doped silica glass [J]. Journal of Chemical Physics, 1986,136 (1):3430 - 3436.

[24] Sen S. Atomic environment of high-field strength Nd and Al cations as dopants and major components in silicate glasses: a Nd $L_{\text{Ⅲ}}$-edge and Al K-edge X-ray absorption spectroscopic study [J]. Journal of Non-Crystalline Solids，2000,261(1 - 3):226 - 236.

[25] Qiao Y, Da N, Chen D, et al. Spectroscopic properties of neodymium doped high silica glass and aluminum codoping effects on the enhancement of fluorescence emission [J]. Applied Physics B, 2007, 87(4):717 - 722.

[26] Funabiki F, Kajihara K, Kaneko K, et al. Characteristic coordination structure around Nd ions in sol-gel-derived Nd-Al-codoped silica glasses [J]. Journal of Physical Chemistry B, 2014,118(29):8792 - 8797.

[27] Xu Wenbin, Wang Meng, Zhang Lei, et al. Effect of P^{5+}/Al^{3+} molar ratio on structure and spectroscopic properties of $Nd^{3+}/Al^{3+}/P^{5+}$ co-doped silica glass [J]. Journal of Non-Crystalline Solids, 2016(432):285 - 291.

[28] 王世凯,于春雷,陈应刚,等. 一种有效提高 Nd^{3+} 掺杂石英玻璃 900 nm 荧光强度的方法:中国, CN113024111A [P]. 2021.

[29] Wang Siying, Li Yijun, Chen Yanchun, et al. Femtosecond all-polarization-maintaining Nd fiber laser at 920 nm mode locked by a biased NALM [J]. Optics Express, 2021,29(23):38199 - 38205.

[30] 彭瑜,赵阳,李烨. 3 种方法实现 461 nm 外腔倍频激光器的锁定 [J]. 中国激光, 2010,37(2):345 - 350.

[31] 沈全洪,徐端颐,齐国生,等. 高密度蓝光存储及其扩展技术 [J]. 光学技术, 2005,31(6):921 - 927.

[32] 顾波. 高功率蓝光半导体激光器为金属加工打开了新的大门 [J]. 金属加工(热加工), 2021(3):1 - 6.

[33] Gao Weinan, Xu Zuyan, Bi Yong, et al. Present development and tendency of laser display technology [J]. Chinese Journal of Engineering Science, 2020,22(3):85 - 91.

[34] Corre K L, Robin T, Barnini A, et al. Linearly-polarized pulsed Nd-doped fiber MOPA at 905 nm and frequency conversion to deep-UV at 226 nm [J]. Optics Express, 2021,29(3):4240 - 4248.

[35] 辛国锋,冯荣珠,陈国鹰,等. 900 nm 高功率半导体激光器线阵列[J].激光与光电子学进展,2003,40(3):43 - 44.

[36] Shayeganrad G, Cante S, Mosquera J P, et al. Highly efficient 110 - W closed-cycle cryogenically cooled Nd:YAG laser operating at 946 nm [J]. Optics Letters, 2020,45(19):5368 - 5371.

[37] Sattayaporn S, Aka G, Loiseau P, et al. Optical spectroscopic properties, 0.946 and 1.074 μm laser performances of Nd^{3+}-doped Y_2O_3 transparent ceramics [J]. Journal of Alloys and Compounds, 2017 (711): 446 - 454.

[38] Le Corre K, Robin T, Cadier B, et al. Mode-locked all-PM Nd-doped fiber laser near 910 nm [J]. Optics Letters, 2021,46(15):3564 - 3567.

[39] Wang Yafei, Li Xingyu, Wu Jiamin, et al. Three-level all-fiber laser at 915 nm based on polarization-maintaining Nd^{3+}-doped silica fiber [J]. Chinese Optics Letters, 2020,18(1):011401.

[40] Bufetov I A, Dudin V V, Shubin A V, et al. Efficient 0.9 - μm neodymium-doped single-mode fibre laser [J]. Quantum Electronics, 2003,33(12):1035 - 1037.

[41] J Kim P D, D B S Soh, J K Sahu, et al. Nd Al-doped depressed clad hollow fiber laser at 930 nm [J]. OSA/ASSP, 2005, MC5.

[42] Soh D B S, Seongwoo Y, Nilsson J, et al. Neodymium-doped cladding-pumped aluminosilicate fiber

laser tunable in the 0. 9 μm wavelength range [J]. IEEE Journal of Quantum Electronics，2004，40(9)：1275 - 1282.

[43] Jay W Dawson，Raymond Beach，Alex Drobshoff，et al. Scalable 11 W 938 nm Nd[3+] doped fiber laser [J]. OSA/ASSP, 2004.

[44] Laroche M，Cadier B，Gilles H，et al. 20 W continuous-wave cladding-pumped Nd-doped fiber laser at 910 nm [J]. Optics Letters，2013，38(16)：3065 - 3067.

[45] Leconte B，Cadier B，Gilles H，et al. Extended tunability of Nd-doped fiber lasers operating at 872 - 936 nm [J]. Optics Letters，2015，40(17)：4098 - 4101.

[46] Fu L B，Ibsen M，Richardson D J，et al. Compact high-power tunable three-level operation of double cladding Nd-doped fiber laser [J]. IEEE Photonics Technology Letters，2005，17(2)：306 - 308.

[47] Chen Bingying，Rong Hao，Huang Xiaoshuai，et al. Robust hollow-fiber-pigtailed 930 nm femtosecond Nd：fiber laser for volumetric two-photon imaging [J]. Optics Express，2017，25(19)：22704 - 22709.

[48] Wei Xiaoming，Kong Cihang，Sy Samuel，et al. Ultrafast time-stretch imaging at 932 nm through a new highly-dispersive fiber [J]. Biomedical Optics Express，2016，7(12)：5208 - 5217.

[49] Wang A，George A K，Knight J C. Three-level neodymium fiber laser incorporating photonic bandgap fiber [J]. Optics Letters，2006，31(10)：1388 - 1390.

[50] Wang Yafei，Chen Weiwei，Cao Jiangkun，et al. Boosting the branching ratio at 900 nm in Nd[3+] doped germanophosphate glasses by crystal field strength and structural engineering for efficient blue fiber lasers [J]. Journal of Materials Chemistry C，2019，7(38)：11824 - 11833.

[51] Chen Yinggang，Lin Zhiquan，Wang Yafei，et al. Nd[3+]-doped silica glass and fiber prepared by modified sol-gel method [J]. Chinese Optics Letters，2022，20(9)：091601.

[52] 陈应刚，董贺贺，林治全，等. 900 nm 波段关键激光材料研究进展[J]. 激光与光电子学进展，2022，59 (15)：1516004.

[53] Alcock I P，Ferguson A I，Hanna D C. Continuous-wave neodymium-doped monomode-fiber laser operating at 0. 900 - 0. 945 and 1. 070 - 1. 135 μm [J]. Optics Letters，1986，11(11)：709 - 711.

[54] Dawson J，Drobshoff A，Liao Z，et al. High power 938 nm cladding pumped fiber laser [J]. Proceeding of SPIE，2003(4974)：75 - 82.

[55] Kilian Le C，Hervé G，Sylvain G，et al. 83 W efficient Nd-doped LMA fiber laser at 910 nm [J]. Proceedings of the SPIE，2022，PC11981.

[56] Geng Jihong，Wang Qing，Luo Tao，et al. Single-frequency narrow-linewidth Tm-doped fiber laser using silicate glass fiber [J]. Optics Letters，2009，34(22)：3493 - 3495.

[57] Zhu Xiushan，Shi Wei，Zong Jie，et al. 976 nm single-frequency distributed Bragg reflector fiber laser [J]. Optics Letters，2012，37(20)：4167 - 4169.

[58] Xu Shanhui，Yang Zhongmin，Zhang Weinan，et al. 400 mW ultrashort cavity low-noise single-frequency Yb[3+]-doped phosphate fiber laser [J]. Optics Letters，2011，36(18)：3708 - 3710.

[59] Fang Qiang，Xu Yang，Fu Shijie，et al. Single-frequency distributed Bragg reflector Nd doped silica fiber laser at 930 nm [J]. Optics Letters，2016，41(8)：1829 - 1832.

[60] Fermann M E，Hartl I. Ultrafast fibre lasers [J]. Nature Photonics，2013，7(11)：868 - 874.

[61] Martinez A，Yamashita S. 10 GHz fundamental mode fiber laser using a graphene saturable absorber [J]. Applied Physics Letters，2012，101(4)：04118.

[62] Thapa R，Nguyen D，Zong J，et al. All-fiber fundamentally mode-locked 12 GHz laser oscillator based on an Er/Yb-doped phosphate glass fiber [J]. Optics Letters，2014，39(6)：1418 - 1421.

[63] Cheng Huihui，Wang Wenlong，Zhou Yi，et al. 5 GHz fundamental repetition rate, wavelength tunable, all-fiber passively mode-locked Yb-fiber laser [J]. Optics Express，2017，25(22)：27646 - 27651.

[64] Drobizhev M，Makarov N S，Tillo S E，et al. Two-photon absorption properties of fluorescent proteins [J]. Nature Methods，2011，8(5)：393 - 399.

［65］Clowes J，Godfrey I，Grudinin A B，et al. High power ultrafast fibre laser in the 920 nm spectral range；proceedings of the Conference on Lasers and Electro-Optics/Quantum Electronics and Laser Science and Photonic Applications Systems Technologies，Baltimore，Maryland，F 2005/05/22［C］. Optica Publishing Group.

［66］Gao Xiang，Zong Weijian，Chen Bingying，et al. Core-pumped femtosecond Nd：fiber laser at 910 and 935 nm［J］. Optics Letters，2014，39(15)：4404 - 4407.

［67］Chen Bingying，Jiang Tongxiao，Zong Weijian，et al. 910 nm femtosecond Nd-doped fiber laser for in vivo two-photonmicroscopic imaging［J］. Optics Express，2016，24(15)：16544 - 16549.

［68］Alcock I P，Ferguson A I，Hanna D C，et al. Tunable，continuous-wave neodymium-doped monomode fiber laser operating at 0. 900 - 0. 945 and 1. 070 - 1. 135 μm［J］. Optics Letters，1986，11(11)：709 - 711.

［69］Hakimi F，Po H，Tumminelli R，et al. Glass fiber laser at 1. 36 μm from SiO$_2$：Nd［J］. Optics Letters，1989，14(19)：1060 - 1061.

［70］Grubb S G，Barnes W L，Taylor E R，et al. Diode-pumped 1. 36 μm Nd-doped fibre laser［J］. Electronics Letters，1990，26(2)：121 - 122.

［71］Ishikawa E，Aoki H，Yamashita T，et al. Laser emission and amplification at 1. 3 μm in neodymium-doped fluorophosphate fibres［J］. Electronics Letters，1992，28(16)：1497 - 1499.

［72］Htein L，Fan W，Watekar P R，et al. Amplification at 1 400 - 1 450 nm of the large-core Nd-doped fiber by white LED pumping［J］. IEEE Photonics Technology Letters，2013，25(11)：1081 - 1083.

［73］Dawson J W，Pax P H，Allen G S，et al. 1. 2 W laser amplification at 1 427 nm on the ^{4}F$_{3/2}$ to ^{4}I$_{13/2}$ spectral line in an Nd^{3+} doped fused silica optical fiber［J］. Optics Express，2016，24(25)：29138 - 29152.

［74］Dawson J W，Kiani L S，Pax P H，et al. E-band Nd^{3+} amplifier based on wavelength selection in an all-solid micro-structured fiber［J］. Optics Express，2017，25(6)：6524 - 6538.

［75］Miniscalco W J，Andrews L J，Thompson B A，et al. 1. 3 μm fluoride fibre laser［J］. Electronics Letters，1988，24(1)：28 - 29.

［76］Miyajima Y，Komukai T，Sugawa T，et al. Rare earth-doped fluoride fiber amplifiers and fiber lasers［J］. Optical Fiber Technology，1994，1(1)：35 - 47.

［77］Lin Zhiquan，Yu Chunlei，Hu Lili. Laser properties of Nd^{3+}/Yb^{3+} co-doped glass fiber around 1 μm［J］. Journal of the Optical Society of America B，2021，38(8)：2443 - 2450.

［78］Lin Zhiquan，Wang Fan，Wang Meng，et al. Maintaining broadband gain in a Nd^{3+}/Yb^{3+} co-doped silica fiber amplifier via dual-laser pumping［J］. Optics Letters，2018，43(14)：3361 - 3364.

［79］楼立人，尹民，李清庭. 发光物理基础：固体光跃迁过程［M］. 合肥：中国科学技术大学出版社，2014.

［80］Rivera-López F，Babu P，Basavapoornima C，et al. Efficient Nd^{3+} → Yb^{3+} energy transfer processes in high phonon energy phosphate glasses for 1. 0 μm Yb^{3+} laser［J］. Journal of Applied Physics，2011，109(12)：123514.

［81］Lin Zhiquan，Yu Chunlei，He Dongbing，et al. Dual-wavelength laser output in Nd^{3+}/Yb^{3+} co-doped phosphate glass fiber under 970 nm pumping［J］. IEEE Photonics Technology Letters，2016，28(23)：2673 - 2676.

［82］王天枢. 多波长光纤激光技术［M］. 北京：科学出版社，2017.

［83］丁亚茜，漆云凤，刘源，等. 双波长光纤激光器的保偏光纤功率放大特性研究［J］. 中国激光，2014，41(3)：0302002.

［84］Feng Xinhuan，Liu Yange，Fu Shenggui，et al. Switchable dual-wavelength ytterbium-doped fiber laser based on a few-mode fiber grating［J］. IEEE Photonics Technology Letters，2004，16(3)：762 - 764.

［85］Ahmad H，Salim M M，Azzuhri S R，et al. Tunable dual-wavelength ytterbium-doped fiber laser using a strain technique on microfiber MachZehnder interferometer［J］. Applied Optics，2016，55(4)：778 - 782.

第9章

耐辐照稀土掺杂石英光纤及其应用

近年来,"墨子号"量子通信卫星、"引力波探测"工程、"天地一体化信息网络"建设、"五云一车"工程等空间科学领域的重大项目,对面向空间应用的激光器提出了迫切需求。光纤激光器具有亮度高、鲁棒性好以及功重比大的优点,在空间激光通信、雷达、遥感、太空垃圾处理等方面有重要应用[1-3]。稀土离子(Yb^{3+}、Er^{3+}、$Er^{3+}-Yb^{3+}$、Tm^{3+})掺杂石英光纤又称"有源光纤",是构成光纤激光器的核心增益介质,其作用是产生激光及实现增益放大。太空是一个包含强辐射、高真空、大温差的复杂环境,当光纤激光器受到太空电离辐照时,有源光纤的光学损耗和噪声系数会急剧增加,激光斜率效率或增益性能会大幅下降,这一现象称为辐致暗化(radiation-induced darkening,RD)效应[4-5],其根本原因与辐照产生的色心有关。此外,色心吸收损耗还会增加有源光纤的热效应,导致模式不稳定性(TMI)阈值大幅下降,严重制约光纤激光器的输出性能。如何有效解决面向空间应用有源光纤的 RD 效应是国内外研究者共同面临的难题。需要从 RD 产生机理、影响因素、抑制方法出发加以系统研究。

本章首先简要介绍了太空辐照环境、石英光纤在太空中的应用需求及所面临的挑战;然后重点介绍了稀土掺杂石英光纤 RD 机理,阐述了稀土掺杂石英光纤耐辐照特性的影响因素,最后对提高稀土掺杂石英光纤耐辐照特性的方法加以综述。

9.1 稀土掺杂石英光纤在太空中的应用及挑战

9.1.1 太空辐照环境

太空是一个微重力、高真空、温差大(±200℃)、强辐射的复杂环境。其中,强辐射对光学和电学器件的影响最为严重。

辐射是指能量在空间或介质中的传播。如图 9-1 所示,辐射通常有两种分类方式:①按照能量的载体,可以分为电磁辐射和粒子辐射;②按照能量的高低和电离物质的能力,可以分为电离辐射和非电离辐射。

众所周知,光和一切微观粒子均具有波粒二象性。其中,以波动性为主要特征的电磁波辐射称为电磁辐射。电磁辐射能量从低到高,主要包含无线电波、微波、红外线、可

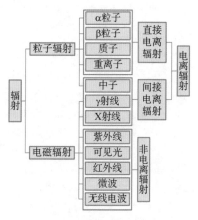

图 9-1　辐射的类型

372

见光、紫外线、X 射线和 γ 射线。以粒子性为主要特征的粒子束辐射称为粒子辐射。粒子辐射主要包含质子(H 核)、α 粒子(He 核)、β 粒子(电子)、中子及重离子(质子数>2)。

由于快粒子、X 射线和 γ 射线的能量都非常高,可以引起水或生物组织等发生电离,故称为电离辐射。其中,质子、α 粒子、β 粒子、重离子等带电粒子辐射可以直接引起物质电离,称为直接电离辐射;X 射线、γ 射线、中子等不带电辐射通过产生次级电子引起物质电离,称为间接电离辐射。由于波长大于 X 射线(>100 nm)的电磁波能量偏低,不能引起水或生物组织等发生电离,称为非电离辐射。在本章中,如不加以特别说明,则所有的辐射均特指电离辐射。

不同类型辐射的穿透能力差异非常大。带电粒子和电磁波在穿透物质时会与物质中的电子或原子核相互作用从而消耗部分能量,带电粒子会因此而慢下来,电磁波则会被所穿透物质吸收。中子不带电,它只有在跟原子核发生非弹性碰撞时才会消耗能量。中子的穿透能力与其运动速度密切相关。如图 9-2 所示,α 粒子和其他重离子束的穿透能力较弱,可以被数张薄纸所阻挡。β 粒子可以被厚度为毫米级别的铝板或厘米级别的木板所阻挡。高能电磁辐射的穿透能力极强,尤其是 X 射线和 γ 射线。研究表明,15.6 mm 厚的铅板仅能屏蔽 50% 左右的 ^{60}Coγ 射线[6]。高能中子束的穿透能力最强,可以穿透数厘米厚的铅板,需要采用水或厚重的混凝土才可以较为彻底地将其屏蔽。

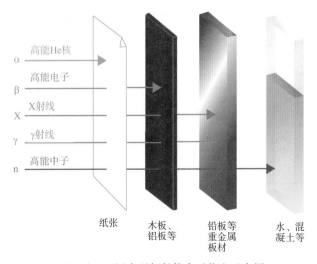

图 9-2　不同类型辐射的穿透能力示意图

地球周围的辐射带主要包含银河宇宙射线、地磁捕获辐射带、太阳粒子事件。各辐射带的成分、能量、通量、时空分布均存在差异,见表 9-1。银河宇宙射线是来自太阳系以外银河系以内的宇宙射线,它可能起源于超新星爆炸,被星际磁场加速而到达地球空间的高能带电粒子流。地磁捕获辐射带是指地球磁场俘获的大量高能粒子流,包含内辐射带和外辐射带。内辐射带位于距离地表 $10^5 \sim 10^7$ m 的高度,外辐射带位于距离地表 $(1 \sim 6) \times 10^7$ m 的高度。太阳粒子事件是指太阳在耀斑爆发期间辐射出大量高能粒子流,其成分接近 99% 为质子束,因此也称太阳质子事件。

需要说明的是,尽管三个辐射带的成分主要为质子、α 粒子和电子,然而粒子辐射与飞行器或大气相互作用会产生次级辐射成分,如中子、质子、π 介子、X 射线、γ 射线等。对于舱内使用的光纤激光器来说,由于大部分粒子辐射可以被太空舱和激光器蒙皮所屏蔽,因此 γ 射线

表 9-1　地球周围辐射带的成分、时间及空间分布

辐射带	银河宇宙射线	地磁捕获辐射	太阳粒子事件
成分	83% 质子 13% α 粒子 3% 电子和介子 1% 重离子	质子 电子 α 粒子 重离子	99% 质子 <1% α 粒子 电子
能量	数百 MeV～GeV	5～400 MeV	数百 MeV
特点	高能量,低通量; 通量与太阳活动有关	低能量,高通量; 通量与太阳活动及磁场扰动有关	超高通量; 通量和事件发生时间具有随机性
时间/空间 分布	一直存在; 各向同性	一直存在; 范艾伦辐射带、 南大西洋异常区	偶尔存在; 各向异性

和高能中子束是太空中影响有源光纤耐辐射特性的最主要因素。由于采用物理屏蔽方法会极大增加激光器的质量,严重制约激光器在太空的应用。所以,提高有源光纤激光器空间辐照耐受性的根本出路在于改善有源光纤材料的耐辐照特性。

表 9-2 汇总了低地轨道(low earth orbit,LEO)、中地轨道(middle earth orbit,MEO)和地球同步轨道(geosynchronous orbit,GSO)的高度、辐射环境及其用途[7-8]。图 9-3 给出这三个卫星运行轨道在太空中的空间分布示意图[7]。表 9-2 中辐射总剂量指在太空舱蒙皮屏

表 9-2　太空中三个卫星轨道所对应的高度、辐射带及用途

轨道 名称	高度 /km	剂量率/ (rad/min)	总剂量 /krad	辐射带	轨道用途
LEO	<2 000	<0.027	5～10	南大西洋异常区	地球观测卫星
MEO	2 000～36 000	<0.272	10～100	范艾伦辐射带	导航系统卫星
GSO	36 000	～0.135	～50	银河宇宙射线	通信卫星

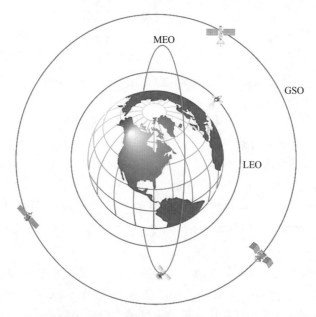

图 9-3　低地轨道(LEO)、中地轨道(MEO)、同步轨道(GSO)示意图

蔽条件下服役 7 年的累积辐射剂量,该数据来源于美国国家航空航天局(NASA)[7]。剂量率则是根据总辐射剂量的最大值除以时间得到。辐射剂量是指单位质量物质接收辐射的平均能量,单位是戈瑞(Gy)或拉德(rad),1 Gy = 1 J/kg = 100 rad。由于南大西洋异常区上空的磁场比其他地方弱 30%~50%,让更多来自外太空的粒子束得以穿透,因此在低地轨道(LEO)运转的卫星经过此区域时会遭受更多的电离辐射。

9.1.2　石英光纤在太空中的应用和挑战

石英光纤具有损耗低、抗电磁干扰能力强、传输光波长范围宽(0.2~2.1 μm)、容易与激光二极管耦合等优点,已被广泛应用于信息传输、传感、光谱分析等领域。此外,石英光纤还具有机械强度高、弯曲性能好、抗辐照性能优良、激光损伤阈值高、可涂覆气密型耐高温(≥180℃)涂覆层(如镀碳、镀金属)等优点,特别适合用于太空这种高真空、大温差(±200℃)、强辐射的复杂环境。表 9-3 汇总了五种不同类型石英光纤的特征参数及其在太空的应用和所面临的挑战。

表 9-3　五种不同类型石英光纤的特征参数及其在太空的应用和挑战

光纤类型	芯/包尺寸/μm	芯 NA	主要应用	挑战	文献
传感/通信用单模光纤	<10/125	<0.17	温度传感 湿度传感 压力传感 数据传输	损耗增加 布拉格波长漂移 反射率下降	[12-15]
传感/通信用多模光纤	50~62.5/125	0.18~0.23	温度传感 湿度传感 压力传感 数据传输	损耗增加 布拉格波长漂移 反射率下降	[12-15]
保偏光纤	<10/125	0.12~0.22	光纤陀螺	损耗增加	[16]
微结构光纤	<20/125	<0.06	大模场/单模	损耗增加	[17-18]
有源光纤 (Yb、Er、Tm 等)	<10/125 <25/400	0.06~0.22	光纤陀螺 激光通信 激光雷达 激光遥感 激光武器 太空垃圾处理	损耗增加 增益下降 效率下降 噪声增加	[19-20]

统计结果表明从 1971 年到 1986 年,美国卫星及其零部件共出现过 1 589 次事故,其中因空间电离辐射引起的事故约占总事故次数的 70%[9]。由此可见,空间电离辐射严重制约着航天器及其零部件的正常运行。

图 9-4 汇总了电离辐射对石英基光纤性能的影响,主要包含以下四方面内容[10-11]:

(1) 辐射诱导损耗(radiation-induced attenuation,RIA)。色心的形成会导致光纤的 RIA 急剧增加,严重影响光纤的导光和激光性能。

(2) 辐射诱导发光(radiation-induced emission,RIE)。RIE 包含色心的发光和切伦科夫发光(Cerenkov emission)。这些不受欢迎的发光信号使得导光光纤或激光光纤的信噪比(SNR)下降。

(3) 辐射诱导折射率变化(radiation-induced refractive index change,RIRIC)。大剂量电

离辐射诱导石英玻璃的折射率和密度增加，且增加值与纤芯和包层中掺杂元素有关。RIRIC使得光纤数值孔径（numerical aperture，NA）发生改变，进而影响光纤模式和光束质量。

（4）辐射诱导涂覆层降解（radiation-induced coating degradation，RICD）。大剂量电离辐射使得光纤涂覆层的高分子链断裂（即降解）。具体表现为涂覆层变黄变脆，降低光纤的机械强度，增加涂覆层与外包层的界面损耗。

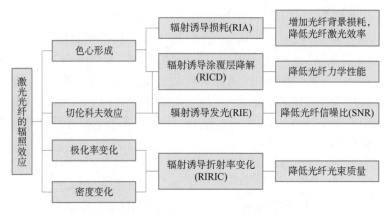

图9-4 电离辐射对石英基光纤性能的影响

需要指出的是，通常在大剂量辐射条件（＞1 MGy）下才表现出明显的 RIE、RIRIC 和 RICD。在太空等小剂量辐射环境（≤1 kGy）中，RIA 是制约光纤耐辐射性能的最主要因素。

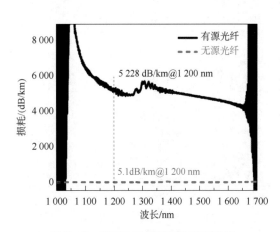

图9-5 有源和无源光纤的辐射诱导
损耗（RIA）谱[21]

图 9-5 是有源光纤（Yb/Al/P/F 共掺石英光纤）和无源光纤（Ge 单掺石英光纤）的辐射诱导损耗谱。辐照源为 X 射线，剂量率为 2.5 Gy/min，总剂量为 500 Gy。在相同辐照条件下，普通有源光纤的辐射诱导损耗（5 228 dB/km@1 200 nm）比无源光纤的辐射诱导损耗（5.1 dB/km@1 200 nm）大三个数量级。由此可见，有源光纤的辐照敏感性远高于无源光纤。

无源光纤的耐辐射性能已基本满足当前太空应用需求[12]。但是，如何有效提高面向空间应用有源光纤的耐辐射性能，是国内外研究者共同面临的难题。以下重点介绍耐辐照有源光纤的辐致暗化机理、影响因素以及提高耐辐照性能的方法。

9.2 稀土掺杂石英光纤辐致暗化机理

9.2.1 电离辐射与石英玻璃的相互作用

电离辐射与物质的相互作用包含弹性碰撞和非弹性碰撞。弹性碰撞是指粒子与物质碰撞前后,只改变入射粒子的方向,不改变动能。实际上,发生完全弹性碰撞的概率很低,通常不予考虑。非弹性碰撞是指粒子与物质碰撞前后,不仅改变了入射粒子的方向,在碰撞过程中还有动能损失。当入射粒子与原子核发生非弹性碰撞时,入射粒子损失的动能转移给原子核,可能导致原子核移位,产生弗兰克缺陷,即间隙原子与原子空位对。当入射粒子与核外电子发生非弹性碰撞时,入射粒子损失的动能转移给电子,使电子被激发或电离。如果电子获得的能量仅使它从低能级跃迁至高能级,该过程称为激发;如果电子获得的能量足够大,使它脱离原子核束缚成为自由电子,该过程称为电离。

美国海军实验室的 Griscom 等[22-27] 系统研究了不同类型的电离辐射对非稀土掺杂石英光纤(无源光纤)的影响,并从原子级微观尺度对其影响机理进行了探究。

图 9-6a 为电离辐射对石英玻璃中 Si—O—Si 网络的破坏模型。从微观原子尺度看,电离辐射对石英光纤的破坏主要包含两个方面[10]:①原子移位(atom displacement or knock on);②电离破坏(ionization or radiolysis)。其中原子移位产生氧空位和间隙氧原子,电离破坏产生电子型色心和空穴型色心。由于电离破坏所需能量阈值(≤8 eV)远低于原子移位所需能量阈值(>10 eV),因此电离破坏是电离辐射对石英光纤的主要破坏机制。

图 9-6b 为铝单掺石英玻璃的 RIA 谱。研究表明紫外波段的两个吸收峰起源于电子型色心(Si-E′ 和 Al-E′),可见和近红外波段的两个吸收峰起源于空穴型色心(Al-OHC)。由此可见,电子型色心和空穴型色心是导致石英基光纤 RIA 强度急剧增加的最主要原因。

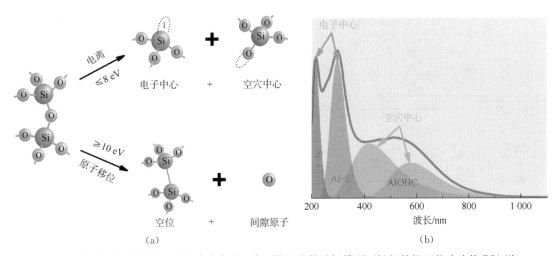

（a）　　　　　　　　　　　　　　　（b）

图 9-6　（a）电离辐射对石英玻璃中 Si—O—Si 网络的破坏模型;（b）铝单掺石英玻璃的 RIA 谱

图 9-7 给出不同类型电离辐射诱导纯石英光纤产生色心的示意图[22-23]。色心的产生主要包括以下五个阶段:

（1）电离辐射阶段。

（2）产生原子移位和电子-空穴对阶段。该过程通常是瞬态的(prompt occurrences),其能否发生主要取决于粒子束能量。对石英玻璃而言,使氧原子和硅原子发生原子移位的能量阈值分别为 10 eV 和 18 eV[10]。因此,通常氧空位缺陷比硅空位缺陷要多得多。高纯 SiO_2 玻璃禁带宽度约为 8 eV,当电子从价带跃迁至导带时,分别在价带和导带产生一个空穴和电子。因此,纯石英玻璃产生电子-空穴对色心的能量阈值约为 8 eV。由于紫外光的能量通常低于 8 eV,故只能产生光致分解缺陷(photolytic defects)。

（3）激发态弛豫和复合阶段。原子移位导致间隙原子和原子空位产生，即产生弗兰克缺陷。间隙原子与原子空位复合导致弗兰克缺陷湮灭。电子-空穴对可以通过辐射跃迁和非辐射跃迁两种方式复合，前者产生发光信号，后者将能量转化成热传递给晶格。

（4）载流子俘获和缺陷形成阶段。没有复合的空穴和电子在电离辐射过程中可以自由移动，称为载流子。载流子可能被 SiO_2 玻璃中各种格位（如辐致分解缺陷、预先存在缺陷、杂质离子等）俘获，导致电子型和空穴型色心形成。在辐射过程中，原子核从一个间隙位置扩散到另一个间隙位置，称为间隙扩散；原子核从一个平衡态位置扩散到一个原子空位，导致一个新空位的产生，称为空位扩散。空位扩散所需能量远小于间隙扩散所需能量。因此，空位扩散是原子核扩散的主要机制。原子核与空位的互扩散往往会导致新的弗兰克缺陷产生。

（5）扩散限制阶段（diffusion limited reaction）。辐致分解碎片（如 H^0 原子）在扩散过程中倾向于与各种类型的电子型和空穴型色心发生化学反应，形成更加稳定的缺陷（如$\equiv$Si—H、$\equiv$Si—OH 等），或者自身通过二聚反应形成稳定分子（H_2、Cl_2、O_2 等），导致载流子扩散过程被钉轧，即扩散被限制。此外，杂质俘获缺陷、原子移位缺陷以及二聚反应生成物（如 H_2）在辐射过程中有可能进一步发生化学反应，生成更加稳定的缺陷，导致扩散过程被进一步钉轧。自俘获空穴（self trapping hole，STH）缺陷通常是一种亚稳态缺陷，它可以依靠自由扩散离子（如 H^+）的电荷补偿成为稳定缺陷。间隙原子和空位在大剂量辐照过程中倾向于各自聚集在一起，从而产生胶体（colloids）和气泡（bubbles，如 H_2、Cl_2、O_2 等），导致空位和间隙原子扩散过程被钉轧。

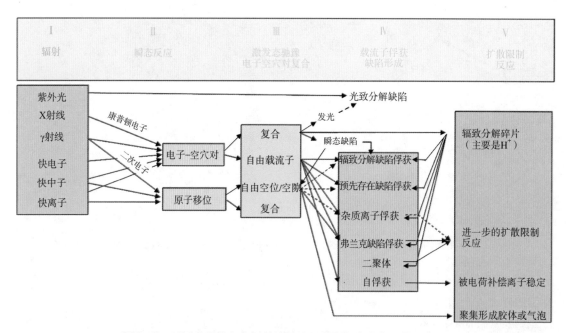

图 9-7　不同类型的电离辐射诱导纯石英光纤产生色心的示意图

9.2.2　辐射诱导稀土离子变价和氧空穴色心形成

与无源光纤相比，有源光纤的辐射敏感性远高于无源光纤。且有源光纤辐致暗化机理目前尚不完全清楚。为了增加稀土离子在石英基质中的溶解度和调控纤芯折射率，有源光纤纤芯通常需要引入多种共掺离子，如 Al^{3+}、P^{5+}、Ge^{4+}、F^- 等。俄罗斯科学院 Likhachev 等[28]

研究表明,掺 Er^{3+} 石英光纤的辐射诱导损耗与共掺离子的选择及其共掺比例有关。德国 Menlo Systems GmbH 公司的 Lezius 等[29]研究表明,Er^{3+} 浓度变化并不会明显增加光纤在近红外波段的辐射诱导损耗,并推测引起稀土掺杂石英光纤辐射诱导损耗急剧增加的主要原因是形成与共掺剂(如 Ge、Al、P 等)相关的色心,但没有报道色心的本质和形成机理。日本藤仓株式会社 Arai 等[30]采用连续波电子顺磁共振(continuous wave electron paramagnetic resonance,CW‑EPR)和光学吸收谱研究表明,铝氧空穴色心(aluminum related oxygen hole centre,Al‑OHC)是导致 Yb^{3+}/Al^{3+} 共掺石英光纤辐致暗化的主要原因,但没有报道 Al‑OHC 色心的形成机理。法国巴黎理工学院 Deschamps 等[31]采用光学吸收、拉曼、CW‑EPR 等手段研究表明,在 $Yb^{3+}/Al^{3+}/P^{5+}$ 共掺光纤预制棒中,Al‑OHC 色心浓度随 P/Al 共掺比例的增加而下降,并推测 $AlPO_4$ 结构在抑制 Al‑OHC 色心形成过程中扮演重要角色。美国亚利桑那大学 Fox 等[32]研究表明,Yb^{3+}/Er^{3+} 共掺光纤比 Er^{3+} 单掺光纤具有更好的抗辐射性能。其原因被推测与 Yb^{3+} 易发生价态变化($Yb^{3+}{\rightarrow}Yb^{2+}$)有关。法国巴黎萨克雷大学 Ollier 等[33]采用在线荧光光谱测试表明,Yb^{3+}/Al^{3+} 共掺石英光纤在辐射过程中有部分 Yb^{3+} 被还原为 Yb^{2+},并由此推测 Yb^{2+} 在辐致暗化过程中扮演重要角色。

在上述研究基础上,中国上海光机所 Shao 等[34-36]系统对比研究了 Yb^{3+} 单掺、Yb^{3+}/Al^{3+} 双掺、Yb^{3+}/P^{5+} 双掺、$Yb^{3+}/Al^{3+}/P^{5+}$ 三掺且 P/Al 比变化的石英玻璃及光纤的耐辐射行为,并从 Yb^{3+} 局部结构、玻璃网络结构、辐射诱导色心等原子级微观尺度出发,系统研究了掺 Yb^{3+} 石英光纤的辐致暗化机理。下面以 Yb^{3+} 单掺石英玻璃为例进行说明。

图 9‑8a 为 Yb^{3+} 单掺石英玻璃的原位光致发光(photoluminescence,PL)谱,激发源为 193 nm ArF 准分子激光器。图 9‑8b、c 分别为纯石英玻璃(SiO_2)和 Yb^{3+} 单掺石英玻璃(Yb:SiO_2)的 RIA 谱,及其高斯分峰拟合。为了与 SiO_2 的 RIA 谱做对比,图 9‑8b 加入 Yb:SiO_2 的 RIA 谱。图 9‑8d 为 SiO_2 和 Yb:SiO_2 样品的连续波电子顺磁共振(CW‑EPR)谱,及其理论模拟。图 9‑8b~d 中所用样品均指 193 nm 激光辐射 100 min 后样品。

从图 9‑8a 可以看出,随着泵浦时间增加,Yb^{3+}(976 nm)的发光强度逐渐下降,Yb^{2+}(530 nm)和 Si‑OHC(650 nm)色心的发光强度逐渐增加。这说明在辐射过程中有部分 Yb^{3+} 被还原为 Yb^{2+}。

从图 9‑8b 中可以看出,Yb:SiO_2 的 RIA 强度远高于 SiO_2 样品的 RIA 强度。这说明共掺 Yb^{3+} 会降低玻璃的抗辐射性能,其原因与辐致 Yb^{2+} 的形成有关,见图 9‑8c。如图 9‑8b 所示,SiO_2 样品的 RIA 谱被分解成 7 个高斯峰,它们分别位于 2.0 eV、2.4 eV、3.2 eV、4.1 eV、4.8 eV、5.1 eV 和 5.7 eV。其中 3.2 eV 和 4.1 eV 吸收带归因于 Al 相关缺陷。这是由于该玻璃在高温熔制过程中不可避免地从刚玉坩埚壁上引入少许 Al 杂质。根据 Griscom 等[24]的研究,2.0 eV、2.4 eV、5.1 eV 和 5.7 eV 吸收带分别归因于硅氧空穴中心(Si‑OHC 或 NBOHC)、自捕获空穴中心(STH)、非弛豫硅氧空位(ODC(Ⅱ))和硅悬挂键缺陷(Si‑E′)。4.8 eV 吸收带归因于过氧基(POR)和硅氧空穴中心(Si‑OHC)吸收的叠加。

如图 9‑8c 所示,Yb:SiO_2 样品的 RIA 谱被分解成 10 个高斯峰,它们分别位于 1.96 eV、2.5 eV、3.1 eV、3.7 eV、4.0 eV、4.7 eV、4.8 eV、5.3 eV、5.8 eV 和 6.5 eV。其中,1.96 eV、2.5 eV 和 5.8 eV 吸收带分别归因于 Si‑OHC、STH 和 Si‑E′ 缺陷,3.1 eV、3.7 eV、4.0 eV、4.7 eV、5.3 eV 和 6.5 eV(对应 400 nm、335 nm、310 nm、265 nm、234 nm、190 nm)吸收带归因于 Yb^{2+}。

如图 9‑8d 所示,SiO_2 样品的 CW‑EPR 谱被分解成三个部分,分别对应 POR、Si‑E′ 和

Si-OHC 缺陷中心。它们的结构模型可以分别表示为 ≡Si—O—O·，≡Si· 和 ≡Si—O°，其中"≡"代表三个桥氧，"·"代表一个单电子、"°"代表一个空穴。由于 ^{29}Si（核自旋 $I=1/2$，自然丰度 NA～4.7%）的自然丰度比较低，因此没有观察到其超精细结构。

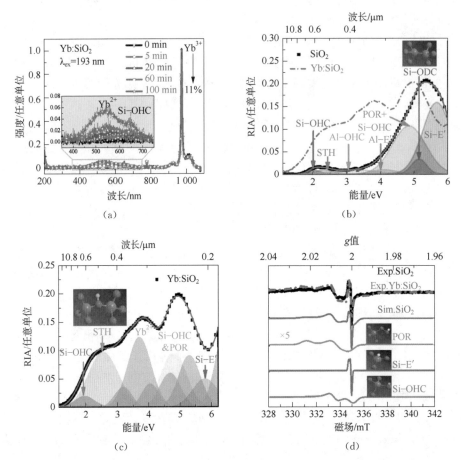

图 9-8　(a)Yb^{3+} 单掺石英玻璃（Yb：SiO$_2$）的原位光致发光谱，激发源为 193 nm 激光器；(b)纯石英玻璃（SiO$_2$）和(c)Yb：SiO$_2$ 玻璃的 RIA 谱；(d)193 nm 激光辐照 100 min 后 SiO$_2$ 和 Yb：SiO$_2$ 样品的 CW-EPR 谱[35]

从图 9-8b～c 可以看出，相比 SiO$_2$ 样品，Yb：SiO$_2$ 样品中 Yb^{2+}、Si-OHC、STH 的 RIA 强度增加，Si-E′ 的 RIA 强度下降，氧空位色心 ODC(Ⅱ) 完全被抑制。从图 9-8d 中也可以看出，相比 SiO$_2$ 样品，Yb：SiO$_2$ 样品中 Si-OHC 的 CW-EPR 强度增加、Si-E′ 的 CW-EPR 强度下降。这说明 Yb$^{3+/2+}$ 的价态变化在 Yb：SiO$_2$ 样品的辐致暗化过程中扮演重要角色。相比 SiO$_2$ 样品，Yb：SiO$_2$ 样品中的 Yb^{3+} 在辐射过程中通过俘获大量电子变成 Yb^{2+}，抑制电子型色心(Si-E′)产生，同时促进空穴型色心(Si-OHC、STH)生成。

进一步的研究表明[34-35,37-38]，Yb^{2+} 和氧空穴（oxygen hole center，OHC）色心对是掺 Yb^{3+} 石英光纤辐致暗化的最根本原因。相应的化学反应式可表示为

$$Yb^{3+}—O—R≡ \rightleftharpoons Yb^{2+} + \begin{matrix} °O\text{-}R≡ \\ (R\text{-}OHC) \end{matrix} \quad (R=Al, Si, P)$$

式中，"°"和"≡"分别代表一个空穴和三个与 R 相连接的桥氧。

脉冲 EPR 谱（HYSCORE 投影）测试表明[39]：在 Yb^{3+} 单掺（SY）石英玻璃中，存在大量的 Yb—O—Si 连接。在 Yb^{3+}/Al^{3+} 双掺（SYA）石英玻璃中，Yb^{3+} 处于 Yb—O—Al 和 Yb—O—Si 的混合配位环境中。在 Yb^{3+}/P^{5+} 双掺（SYP）石英玻璃中，主要以 Yb—O—P 连接为主。在 Yb^{3+}/Al^{3+}/P^{5+} 三掺（SYAP）石英玻璃中，随着 P/Al 共掺比例（$0.25{\to}2$）增加，Yb^{3+} 逐渐从富硅或富铝环境转移到富磷环境。值得指出的是，当 P/Al$\approx$1 时（SYAP1），Al^{3+} 和 P^{5+} 优先形成$[AlPO_4]^0$ 单元富聚在 Yb^{3+} 周围；当 P/Al$<$1 时，Yb^{3+} 主要处于富铝或富硅环境中；当 P/Al$>$1 时，Yb^{3+} 主要处于富磷环境中。

原位的紫外激发荧光光谱和 CW-EPR 测试表明[34-35]，辐射引入 Yb^{2+} 和 OHC 色心对在 Yb^{3+}/Al^{3+} 共掺石英玻璃中最多、在 Yb^{3+}/P^{5+} 共掺石英玻璃中最少。这与 Yb^{3+} 配位基团的电荷量有关。Yb^{2+} 和 OHC 色心对形成模型如图 9-9 所示[34]。

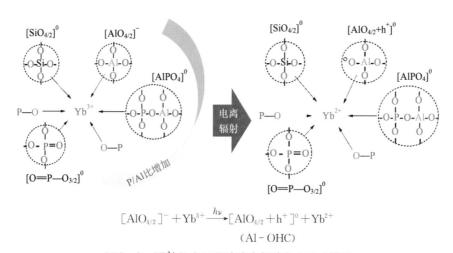

$$[AlO_{4/2}]^- + Yb^{3+} \xrightarrow{h\nu} [AlO_{4/2}+h^+]^0 + Yb^{2+}$$
$$(Al-OHC)$$

图 9-9　Yb^{3+} 掺杂石英玻璃中辐致色心形成模型

在 Yb^{3+}/Al^{3+} 双掺石英玻璃中，Yb^{3+} 周围主要是$[SiO_{4/2}]^0$ 和$[AlO_{4/2}]^-$ 基团。电负性的$[AlO_{4/2}]^-$ 在辐射过程中容易俘获一个空穴（即释放出一个电子）变成铝氧空穴中心（Al-OHC），释放出的电子被 Yb^{3+} 俘获导致大量 Yb^{3+} 被还原为 Yb^{2+}。因此，Yb^{3+}/Al^{3+} 双掺石英玻璃的抗辐照性能最差。

在 Yb^{3+} 单掺石英玻璃中，Yb^{3+} 主要配位于$[SiO_{4/2}]^0$ 基团。电中性的$[SiO_{4/2}]^0$ 在辐射过程中不易得失电子。在辐射过程中只有少量 Yb^{3+} 被还原为 Yb^{2+}。因此，与 Yb^{3+}/Al^{3+} 双掺石英玻璃相比较，Yb^{3+} 单掺石英玻璃的抗辐照性能明显改善。

在 Yb^{3+}/P^{5+} 双掺石英玻璃中，Yb^{3+} 周围主要是$[O{=}PO_{3/2}]^0$ 基团（即 $P^{(3)}$ 基团）。$P^{(3)}$ 基团的 P$=$O 双键在辐射过程中非常容易断键，起到吸收射线能量的作用。此外，P$=$O 双键在辐射过程中其自身就同时扮演电子俘获中心和空穴俘获中心的角色。辐致 Yb^{2+} 和稳态 POHC 色心对明显减少。因此，与 Yb^{3+} 单掺或 Yb^{3+}/Al^{3+} 双掺石英玻璃相比，Yb^{3+}/P^{5+} 双掺石英玻璃的抗辐照性能最好。值得指出的是，由 P$=$O 双键电离产生的 P_1 色心吸收峰位于 $1.6\,\mu m$ 处，该色心会严重恶化 Er^{3+} 的发光性质。

在 Yb^{3+}/Al^{3+}/P^{5+} 三掺石英玻璃中，随着 P/Al 共掺比例（$0.25{\to}2$）增加，辐射引入的 Yb^{2+} 和 OHC 色心对逐渐减少，玻璃的抗辐照性能逐渐改善。

当 P/Al$<$1 时，铝和磷优先形成电中性的$[AlPO_4]^0$ 单元环绕在 Yb^{3+} 周围，多余的铝主

要以电负性的$[AlO_{4/2}]^-$单元环绕在Yb^{3+}周围。Yb^{3+}和$[AlO_{4/2}]^-$在辐射过程分别俘获电子和空穴,导致大量Yb^{2+}和Al-OHC形成。

当P/Al=1时,Yb^{3+}周围主要是电中性的$[AlPO_4]^0$基团。$[AlPO_4]^0$与$[SiO_{4/2}]^0$结构类似,在辐射过程中不易得失电子。因此,铝和磷等掺在一定程度上可以提高掺Yb^{3+}石英玻璃的抗辐射性能。

当P/Al>1时,绝大部分铝和磷优先形成电中性的$[AlPO_4]^0$结构单元,处于远离Yb^{3+}的位置。而多余的磷主要以电中性的$[O=P—O_{3/2}]^0$(即$P^{(3)}$)结构环绕在Yb^{3+}周围。此时,Yb^{3+}的局部结构与Yb^{3+}/P^{5+}双掺石英玻璃局部结构类似。因此,辐射引入的Yb^{2+}和P-OHC色心对相对于P/Al≤1样品明显减少。玻璃的抗辐射性能明显改善。

在辐射过程中,正电性的稀土(rare earth, RE)离子通常俘获电子导致自身被还原,负电性的配位基团通常失去电子,即俘获空穴形成氧空穴色心(OHC)。目前,RE离子变价($RE^{3+}{\rightarrow}RE^{2+}$)和OHC色心形成被普遍认为是有源光纤出现辐致暗化的根本原因[35,38,40-42]。除$Yb^{3+/2+}$外,电离辐射诱导$Ce^{4+/3+}$、$Sm^{3+/2+}$、$Eu^{3+/2+}$、$Er^{3+/2+}$、$Tm^{3+/2+}$等稀土离子发生价态变化也已被公开报道[41,43-47]。

9.2.3 掺杂石英玻璃中常见点缺陷

除RE^{2+}和OHC色心对外,电离辐射还会诱导有源光纤产生一些与掺杂剂(Al、P、Ge)相关的色心。值得指出的是,尽管氟也是有源石英光纤的常用掺杂剂,但目前在石英玻璃中尚没有氟相关色心的报道。辐照诱导缺陷的表征方法主要包含吸收谱、荧光光谱、热释光光谱、CW-EPR谱等。表9-4汇总了纯石英玻璃、铝单掺、磷单掺、锗单掺石英玻璃中常见点缺陷的结构模型、吸收和发射光谱及CW-EPR特征值。从表9-4中可以看出,有发光信号(PL)的缺陷通常没有顺磁信号(CW-EPR),反之亦然。

表9-4 纯石英玻璃及铝单掺、磷单掺、锗单掺石英玻璃中常见
点缺陷的结构模型、光谱和CW-EPR谱特征值

| 缺陷 | 结构模型 | 光谱参数 | | | CW-EPR参数 | | 参考文献 |
		吸收峰 /eV	吸收半高宽 /eV	发光峰 /eV	$(g_1, g_2, g_3)^*$ (无量纲)	$(A_1, A_2, A_3)^{**}$ (G)	
ODC(Ⅰ)	≡Si—Si≡	7.6	0.5	2.7/4.4	没有	没有	[48-50]
Si-E′	≡Si•	5.8	0.8	没有	(2.0018, 2.0006, 2.0003)	未观察到	[23-24,50]
ODC(Ⅱ)	≡Si··Si≡	4.95~5.05	0.3	2.7/4.4	没有	没有	[48-50]
NBOHC	≡Si—O°	4.8/2.0	1.05/0.18	1.85~1.95	(1.9999, 2.0095, 2.078)	未观察到	[23-24,50]
POR	≡Si—O—O•	4.8/1.97	0.8/0.175	没有	(2.0018, 2.0078, 2.067)	未观察到	[23-24,50]
POL	≡Si—O—O—Si≡	3.8		没有	没有	没有	[23,50]
Cl_2	Cl—Cl	3.8	0.7	没有	没有	没有	[50]

续表

缺陷	结构模型	光谱参数			CW－EPR 参数		参考文献
		吸收峰/eV	吸收半高宽/eV	发光峰/eV	$(g_1, g_2, g_3)^*$（无量纲）	$(A_1, A_2, A_3)^{**}$（G）	
STH	≡Si—O°—Si≡	2.6/2.16	1.5/1.2	没有	(2.0054, 2.0078, 2.0125)	未观察到	[23－25,50]
O_2	O=O	1.62/0.97	0.012/0.011	0.97	没有	没有	[50]
Al－ODC	≡Al··Si≡	4.96	0.47	2.6/3.4	没有	没有	[34]
Al－E′	≡Al·	4.1	1.02	没有	2.0023	50	[34,51－52]
Al－OHC	≡Al—O°	3.2/2.3	1.0/0.9	没有	(2.0402, 2.017, 2.0039)	(4.7, 10.3, 12.7)	[34,52－53]
P_4	—P·—	4.8	0.41	没有	(2.0014, 1.9989, 1.9989)	300	[27]
P－ODC	≡P··Si≡	4.8/6.4	0.7/0.6	3.0	没有	没有	[35]
P_2	=P·=	4.5	1.27	没有	(2.002, 1.999, 1.999)	800~1600	[27]
l－POHC	≡P—O°	3.1	0.73	没有	(2.0039, 2.0027, 2.0026)	(50,41,48)	[27]
r－POHC	=P—O°_2	2.2, 2.5	0.35, 0.63	没有	(2.0179, 2.0097, 2.0075)	(54,52,48)	[27]
P_1	≡P·	0.79	0.29	没有	(2.002, 1.999, 1.999)	910	[27]
GLPC	=Ge:	5.15	0.42	4.3	没有	没有	[54－55]
$Ge_{(1)}$	=Ge·=	4.4	1.2	没有	(2.0006, 2.0000, 1.9930)	未观察到	[55－56]
Ge－E′	≡Ge·	6.2	0.7	没有	(2.0012, 1.9951, 1.9941)	未观察到	[54,56]
$Ge_{(2)}$	≡Ge·—Ge≡	5.8	0.7	没有	(2.0010, 1.9989, 1.9867)	未观察到	[54,56]
Ge－OHC	≡Ge—O°	2.1	1	1.85	未报道	未报道	[55]
Ge－STH	未报道	0.54	0.5	没有	未报道	未报道	[55]

* g 值是指朗德因子，该值与未成对电子所占据的轨道和局部结构对称性有关。
** A 值是指超精细耦合常数，该值与未成对电子周围磁性核的丰度和核磁矩有关。

　　根据表 9-4 中数据，上海光机所邵冲云[21]采用 MATLAB 模拟了石英玻璃中常见点缺陷的吸收光谱和 CW-EPR 谱。其中，图 9-10a、b 分别为纯石英玻璃中常见点缺陷的吸收光谱和 CW-EPR 谱。图 9-11a、b 分别为铝单掺石英玻璃中常见点缺陷的吸收光谱和 CW-EPR 谱。图 9-12a、b 分别为磷单掺石英玻璃中常见点缺陷的吸收光谱和 CW-EPR 谱。图 9-13a、b 分别为锗单掺石英玻璃中常见点缺陷的吸收光谱和 CW-EPR 谱。

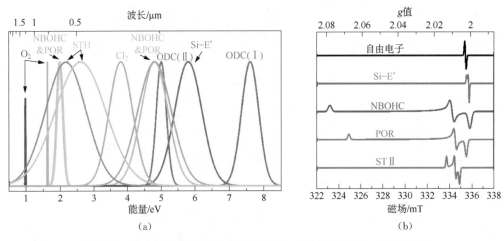

图 9-10 纯石英玻璃中常见点缺陷的吸收光谱(a)和 CW-EPR 谱(b)

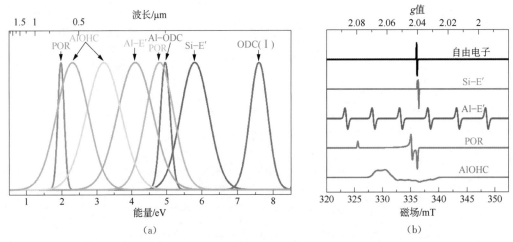

图 9-11 铝单掺石英玻璃中常见点缺陷的吸收光谱(a)和 CW-EPR 谱(b)

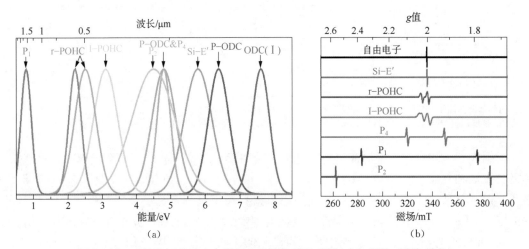

图 9-12 磷单掺石英玻璃中常见点缺陷的吸收光谱(a)和 CW-EPR 谱(b)

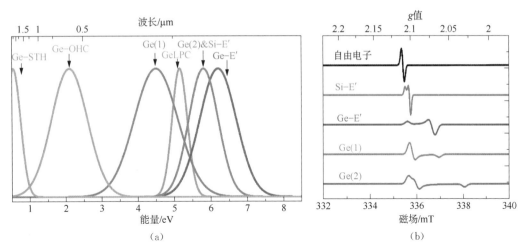

图 9 - 13 锗单掺石英玻璃中常见点缺陷的吸收光谱(a)和 CW - EPR 谱(b)

9.3 稀土掺杂石英光纤耐辐照特性的影响因素

图 9 - 14 汇总了影响有源光纤耐辐射特性的三大主要因素:光纤参数、辐照环境参数、激光器结构参数[8]。其中,光纤参数是影响有源光纤耐辐射特性的最主要因素,它包含光纤的纤芯、包层及涂覆层成分、光纤的几何参数、光纤的制备工艺三方面;辐照环境参数包含辐射粒子的种类、总剂量和剂量率、环境温度三个方面;激光器结构参数包括光纤泵浦结构、泵浦波长和功率、光纤长度、光纤使用历史等方面。以下分别对这三大影响因素进行介绍。

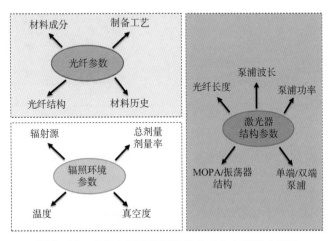

图 9 - 14 有源光纤耐辐射特性的三大主要影响因素

9.3.1 光纤参数

研究表明,光纤结构对光纤的耐辐射特性有很大影响。图 9 - 15 给出 Er 掺杂双包层光纤和 Er 掺杂光子晶体光纤在波长 1550 nm 处 RIA 强度随辐射剂量的变化[57]。图 9 - 15 中插图为光子晶体光纤横截面。随着辐射剂量增加,两根光纤的 RIA 强度都趋于饱和。当辐射剂量达到 494 Gy 时,Er 掺杂双包层光纤的 RIA 强度(28 dB/14.5 m)比 Er 掺杂光子晶体光纤的 RIA 强度(3.6 dB/14.5 m)大一个数量级。这说明光子晶体光纤的抗辐射特性远优于普通双包层光纤。其原因文献作者 Wu 等[57]把它归结为光子晶体光纤中 Ge 含量偏低,产生的 Ge 相关色心相对较少。然而,需要指出的是,Ge 相关色心的吸收主要位于紫外-可见波段(详见图 9-13),近红外波段的 Ge-STH 和 Ge-OHC 色心在室温下不稳定。此外,早期研究表明,增加 Ge 含量在一定程度上可以提高 Er 光纤的抗辐照性能[58-59]。笔者认为,光子晶体光纤抗辐照性能优于双包层光纤的原因可能与它们的光纤结构不同有关。通常来说,光子晶体光纤的包层厚度远大于双包层光纤的包层厚度,这在一定程度上可以屏蔽外界射线对纤芯的影响。另一方面,双包层石英光纤的外包层通常采用低折射率的高分子材料,其外表面再涂覆一层高折射率的高分子材料作为保护层。而光子晶体光纤的外包层通常为纯石英玻璃,且外表面不再涂覆高分子材料保护层。高分子材料在辐照过程中容易降解和老化,进而导致内外包层之间以及外包层和保护层之间的界面损耗急剧增加。Girard 等[18,60]研究表明,纯石英芯微结构光纤(如光子晶体光纤和空心光纤)的耐辐照特性优于常规石英芯双包层纯光纤。这个结果排除了纤芯成分的差别,再次证实光纤结构确实会显著影响光纤的耐辐照特性。

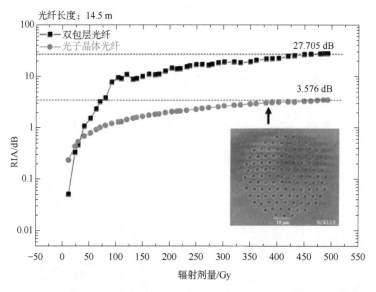

图 9-15 Er³⁺ 掺杂双包层光纤和 Er³⁺ 掺杂光子晶体光纤在波长 1 550 nm 处 RIA 强度随辐射剂量的变化

然而,必须指出的是,关于光纤结构对有源光纤抗辐照性能的影响报道相对较少。微结构有源光纤的耐辐照特性是否优于双包层结构有源光纤,这一点仍有待进一步研究。

光纤的纤芯和包层成分及涂覆层材料都会影响光纤的耐辐射特性,其中纤芯成分对光纤的耐辐射特性影响最大。为了调控纤芯折射率或增加稀土(RE)离子在石英玻璃中的溶解度,芯玻璃通常需要共掺 Ge、Al、P、F、RE 等元素。这些共掺元素在辐射过程中会形成相应色心导致石英光纤的损耗急剧增加。辐射诱导掺杂石英玻璃形成的 Si、Al、P、Ge 相关色心如图 9-10~图 9-13 所示。RE 相关色心主要与稀土离子变价有关。F 相关色心目前鲜有报道。

图 9-16 给出纤芯掺杂元素(Ge、P、Al)对石英光纤在 1 550 nm 处 RIA 的影响[55]。从图中可以看出,在相同辐照条件下,Al 单掺石英光纤的耐辐照性能最差,纯石英光纤的耐辐照性能最好。Ge 单掺石英光纤和 P 单掺石英光纤的耐辐照性能介于两者之间。

光纤的包层成分和涂覆层材料在一定程度上也会影响光纤的耐辐射性能。研究表明,采用掺氟石英玻璃作为外包层可以提高石英光纤的耐辐射性能。相比纯石英包层光纤,当光纤包层材料中含有 P、Ge 等元素时,光纤的辐照耐受性会急剧下降[10]。聚酰亚胺涂层(polyimide)比丙烯酸酯涂层(acrylate)具有更好的抗辐射性能[61]。此外,丙烯酸酯涂层在辐

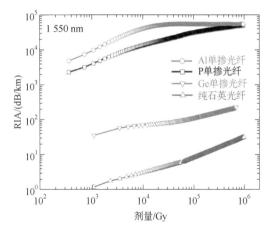

图 9-16 纤芯掺杂元素(Al、P、Ge)对石英光纤在 1 550 nm 处辐射诱导损耗(RIA)的影响

射过程中会释放出 H^+ 或 H_2 并向光纤包层和纤芯扩散,H^+ 或 H_2 与 SiO_2 反应生成 OH,导致光纤在 1.39 μm 处损耗增加[62]。

光纤的制备工艺也是影响光纤耐辐射特性的重要因素。日本 NTT 电气通信实验室的 Hanafusa 等[63]在 1986 年最早报道了拉丝工艺参数对光纤耐辐射性能的影响。其研究表明,光纤的辐射诱导损耗随着拉丝速度的增加和拉丝温度的下降而降低。法国圣太田大学的 Girard 等[64]研究发现,降低预制棒沉积温度和拉丝张力,在一定程度上可以降低脉冲 X 射线诱导锗硅酸盐光纤在 1 310 nm 和 1 550 nm 处的瞬态诱导损耗。其原因可能是多方面的,例如:预制棒在制备过程中因氧分压的不同可能会产生过氧(peroxy linkage,POL)或缺氧(oxygen defect centre,ODC)缺陷,光纤在拉制过程中受拉丝张力的影响可能出现一些悬挂键缺陷(如 Si-E'),这些预先存在的缺陷都会影响所拉制光纤的耐辐照特性。此外,预制棒制备和拉丝工艺不同,所拉制光纤的假想温度可能不同。日本丰田技术学院的 Wang 等[65]研究表明,纯石英玻璃中辐射诱导自捕获空穴中心(STH)的浓度正比于玻璃的假想温度(fictive temperature,T_f)。此外,大量研究表明石英玻璃的 T_f 越低,其抗辐照性能越好[66-67]。

9.3.2 辐照环境参数

辐照环境参数包含辐射粒子的种类(质子、中子、电子、X 射线、γ 射线等)、辐射模式(脉冲或连续辐射)、总剂量和剂量率、环境温度四个方面。

如图 9-17a 所示,50 MeV 和 105 MeV 的质子及 γ 射线对 Er^{3+}/Al^{3+} 共掺石英光纤辐射诱导损耗(RIA)谱的影响基本保持一致。这说明质子与 γ 射线这两种不同类型射线诱导光纤形成的色心种类和数量基本一致[68]。

如图 9-17b 所示,稳态伽马射线和瞬态 X 射线对 Ge 掺杂和 N 掺杂纤芯光纤 RIA 的影响基本一致[69]。然而,稳态和瞬态辐射对纯石英光纤 RIA 的影响差别很大,其主要原因在于 STH 色心在室温下不稳定,而 NBOHC 在室温下可以稳定存在。因此,STH 色心在瞬态辐射中对辐射诱导损耗谱的贡献最大,而 NBOHC 色心在稳态辐射中对辐射诱导损耗谱的贡献最大[70]。

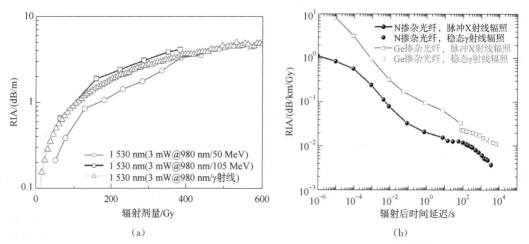

(a)　　　　　　　　　　　　　(b)

图 9-17　(a)伽马和质子辐射对 Er^{3+}/Al^{3+} 共掺光纤 RIA 的影响[68]；
　　　　　(b)稳态伽马射线和瞬态 X 射线对无源光纤 RIA 的影响[69]

　　如图 9-18a 所示，在总剂量保持一定时，氟单掺石英光纤在 1310 nm 处的辐射诱导损耗（RIA）随剂量率增加而增加[71]。

　　如图 9-18b 所示，当辐射剂量率（5 Gy/s）和总剂量（1 kGy）保持一致时，磷单掺石英光纤的 RIA 随环境温度的上升而下降[72]。

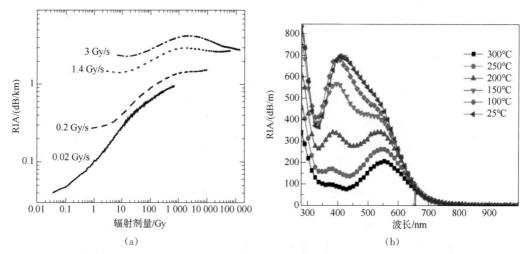

(a)　　　　　　　　　　　　　(b)

图 9-18　(a)剂量率对掺氟石英光纤（藤仓 RRSMFB）RIA 的影响；
　　　　　(b)温度对磷单掺石英光纤 RIA 的影响

9.3.3　激光器结构参数

　　激光器结构参数包括光纤泵浦结构、光纤长度、泵浦光波长和功率、光纤使用历史等方面。法国里昂大学的 Ladaci 等[73]研究表明，采用粒子群算法优化掺 Er^{3+} 光纤放大器的各项参数（如光纤长度、泵浦方式等）可进一步提高其耐辐射性能。

　　图 9-19 为 980 nm 泵浦光功率对 Er^{3+}/Al^{3+} 共掺光纤辐照诱导损耗谱（RIA）的影响[74]。辐照源为伽马射线，辐射总剂量为 330 krad。从中可以看到，随着泵浦光功率增加，RIA 强度

逐渐下降。在泵浦光作用下,电子和空穴复合导致色心湮灭,称为色心漂白。通常,泵浦光的波长越短、泵浦功率越高,它对辐射诱导色心的漂白效率就越高。俄罗斯科学院的Zotov 等[75]研究表明,980 nm 比 1 480 nm 激光对辐致暗化后的掺 Er^{3+} 光纤具有更高的漂白效率,并认为采用 980 nm 激光泵浦掺 Er^{3+} 光纤在一定程度上可以抑制其辐致暗化效应。

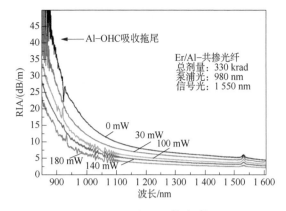

图 9 - 19 泵浦光功率对 Er^{3+}/Al^{3+} 共掺光纤辐照诱导损耗(RIA)的影响

此外,光纤的辐照历史和热处理历史也会影响光纤的耐辐射特性。早在 1995 年,美国海军实验室的 Griscom 等[76-77]就发现,采用超大剂量率(>1 MGy)的 γ 射线对纯石英芯光纤进行预辐射处理,可以提高光纤的耐辐射性能,但相关机理未见报道。美国 Photon-X LLC 公司的 Yeniay 等[78]研究表明,采用 γ 射线预辐射结合热退火(165℃)处理的方法可以提高 Yb^{3+}/Er^{3+} 掺杂光纤的耐辐射性能。

9.4 提高稀土掺杂石英光纤耐辐照特性的方法

如图 9 - 20 所示,提高光纤耐辐射性能的方法主要包含组分优化、预处理、后处理和系统优化。以下分别进行介绍。

9.4.1 组分优化

组分优化主要是指纤芯玻璃组分优化。Al、P、Ge 等共掺元素主要用来调控纤芯折射率和提高稀土离子在石英玻璃中的溶解度。然而这些共掺元素会导致光纤的抗辐射性能急剧下降。共掺 F 可以降低纤芯折射率和抑制色心生成,但高掺 F 在工艺方面存在困难。因此,纤芯组分优化主要从以下三个方面着手:

(1)减少辐照敏感性元素。法国蒙彼利埃第二大学与 Draka Comteq BV 公司合作研发出一种新型的稀土离子掺杂技术——纳米颗粒掺杂[79]。与传统的 MCVD 溶液浸泡法掺杂相比,该技术在保证 Er^{3+} 不发生浓度猝灭前

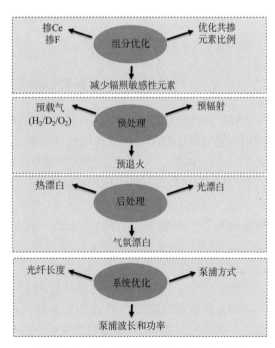

图 9 - 20 提高有源光纤耐辐射性能的方法

提下,可以尽可能降低 Al 或 P 等共掺剂的掺杂浓度,甚至可以不掺杂 Al 或 P 等辐照敏感元素。因此,采用该技术制备的光纤往往具备较好的抗辐射性能。然而,仅仅依靠纳米颗粒掺杂技术并不能有效抑制稀土离子团簇。为避免浓度猝灭效应,这种方法要求稀土离子的共掺浓

度小于 1 000 ppm。

（2）优化共掺元素比例。如图 9 - 21 所示，俄罗斯科学院 Likhachev 等[28]系统研究了 Er、Al、P、AlPO₄、Ge 以不同形式单掺和共掺对石英光纤辐射诱导损耗谱的影响。其中 AlPO₄ 是指 Al 和 P 等摩尔量掺杂所形成的结构单元。研究结果表明，Er/Al 双掺光纤抗辐射性能最差，Er - AlPO₄ - Ge 共掺光纤的抗辐射性能最好。中科院上海光机所 Jiao 等[80]研究表明，Er/Al/Ge 共掺光纤的耐辐射性能远优于 Er/Al 共掺光纤，且 Ge/Al 共掺比例越大，则 Er/Al/Ge 共掺光纤的耐辐照性能越好。上海光机所 Shao 等[34]研究表明，Yb/Al/P 共掺石英玻璃的抗辐射性能远优于 Yb/Al 共掺石英玻璃，且当 P/Al 比稍大于 1 时，玻璃的抗辐射性能达到最好。

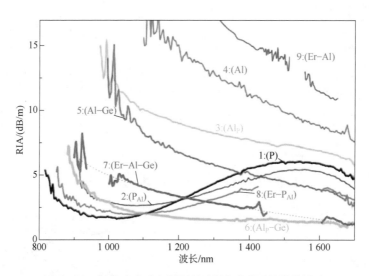

图 9 - 21　纤芯成分对光纤辐射诱导损耗（RIA）谱的影响

（3）共掺变价离子 Ce³⁺/⁴⁺。Ce³⁺/⁴⁺ 最早被用于提升 X 射线石英管的抗暗化性能，后来被用于提升稀土掺杂石英光纤的抗光子暗化性能和耐辐照性能[81]。法国圣太田大学和里昂大学 Girard 课题组[82-85]研究表明，共掺一定含量 Ce³⁺/⁴⁺ 对掺 Er³⁺ 石英光纤的激光性能影响不大，且能明显提高光纤的抗辐射性能。下面通过具体实例做进一步介绍。

图 9 - 22a，b 分别为 Ce 含量变化对 P/Er/Yb/Ce 掺杂石英光纤吸收系数和激光斜率效率的影响[82]。相比 P/Er/Yb（不含 Ce）样品，P/Er/Yb/Ce（Ce 含量低）和 P/Er/Yb/Ce＋（Ce 含量高）样品的发光强度和激光斜率效率只是稍有下降。说明共掺一定含量的 Ce 不会明显恶化掺 Er 石英光纤的发光和激光性能。

图 9 - 22c，d 分别为 Ce 含量变化对 P/Er/Yb/Ce 掺杂石英光纤在线辐射和离线辐射条件下增益性能的影响[82]。在线辐射是指 Er 光纤在辐照过程中同时进行原位的激光放大实验。离线辐射是指 Er 光纤辐射结束后，再进行激光放大实验。无论是在线辐射还是离线辐射，相比 P/Er/Yb 样品，P/Er/Yb/Ce 和 P/Er/Yb/Ce＋ 样品的增益下降幅度明显减小。这说明共掺 Ce 可以明显提高 Er 光纤的抗辐照性能。在相同辐射剂量条件下，相比离线辐射，在线辐射诱导 Er 光纤增益下降的幅度更小。说明在线辐照过程中，存在光漂白和热漂白效应。

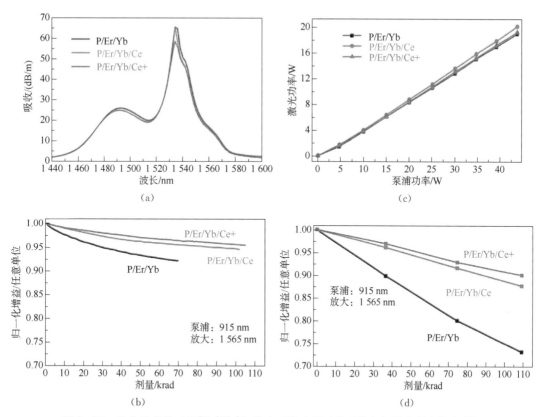

图 9 - 22　铈含量变化对 P/Er/Yb/Ce 掺杂石英光纤吸收系数(a)、激光斜率效率(b)、在线辐射(c)和离线辐射(d)条件下增益性能的影响

图 9 - 23a、b 分别为 X 射线、γ 射线、电子束、质子束四种辐照源对 P/Er/Yb 和 P/Er/Yb/Ce 共掺石英光纤中 Er^{3+} $^4I_{13/2}$ 能级荧光寿命的影响[84]。对于 P/Er/Yb 样品,Er^{3+} 的 $^4I_{13/2}$ 能级荧光寿命随着辐照剂量增加呈明显下降趋势。对于 P/Er/Yb/Ce 样品,随着辐照剂量增加,Er^{3+} 的 $^4I_{13/2}$ 能级荧光寿命基本不变。这进一步说明共掺 Ce 可以明显提高 Er 光纤的抗辐照性能。此外,未辐照的 P/Er/Yb/Ce 样品中 Er^{3+} 的 $^4I_{13/2}$ 能级荧光寿命(～7.2 ms)明显短于

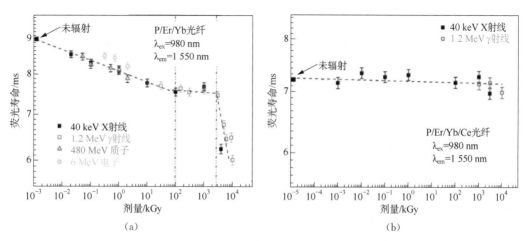

图 9 - 23　四种辐照源对 P/Er/Yb(a)和 P/Er/Yb/Ce(b)共掺石英光纤中 Er^{3+} $^4I_{13/2}$ 能级荧光寿命的影响

P/Er/Yb 样品中 Er^{3+} 的 $^4I_{13/2}$ 能级荧光寿命（～9 ms）。这说明，Er^{3+} 的 $^4I_{13/2}$ 能级与 Ce^{3+} 的 4f-5d 能级间或 Ce^{4+} 的 4f-4f 能级间存在能量转移。如果共掺 Ce^{3+} 的含量过高，会导致掺 Er^{3+} 光纤的发光和激光性能恶化。

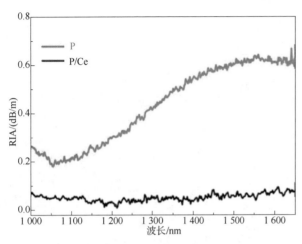

图 9-24　P 单掺和 P/Ce 共掺石英光纤的 RIA 谱

图 9-24 为 P 单掺和 P/Ce 共掺石英光纤经 300 Gy 伽马射线辐照后的 RIA 谱[85]。P 单掺光纤辐照后在 1.6 μm 有一个强的宽带吸收峰，该吸收峰对应一个磷相关缺陷，通常称之为 P$_1$ 色心，它的结构模型可以表示为"≡P·"。相比 P 单掺光纤，P/Ce 共掺石英光纤辐照后没有观察到 P$_1$ 色心吸收峰。这说明共掺 Ce 可以抑制 P$_1$ 色心产生。P$_1$ 色心的吸收峰位置与 Er^{3+} 发光峰重叠，它的存在会导致 Er^{3+} 的发光猝灭。

上海光机所 Shao 等[37]结合吸收、荧光、X 射线光电子能谱（XPS）和电子顺磁共振谱（CW-EPR）等手段，系统研究了 Ce 含量变化对 Yb/Al/Ce 共掺石英玻璃耐辐照性能的影响及其机理。研究表明，玻璃的抗辐照性能与 Ce 含量成正相关，其抗辐照机理与 Ce$^{3+/4+}$ 价态变化有关。Ce^{3+} 通过俘获空穴变成 Ce^{4+} 抑制空穴型色心（Al-OHC）产生，Ce^{4+} 通过捕获电子变成 Ce^{3+} 抑制电子型色心（Yb^{2+}/Al-E′/Si-E′）产生。华中科技大学 Liu 等[86]研究表明，共掺 Ce$^{3+/4+}$ 可以促进暗化后的 Yb^{3+} 光纤漂白。然而，需要指出的是共掺 Ce$^{3+/4+}$ 会增大纤芯折射率和数值孔径，影响激光光束质量。Shao 等[87]进一步研究表明，在 Yb/Al/Ce 共掺石英玻璃基础上引入 F，不但可以有效降低纤芯折射率，还可以进一步提高玻璃的抗辐照性能。

9.4.2　预处理

预处理是指对辐照前的光纤或预制棒进行抗辐照加固处理，它包含预载气、预辐照、预退火三种方式。以下分别进行介绍。

（1）预载气。载气是指在高温或高压条件下，促使某种气体扩散进光纤或预制棒中。所用气体通常是氢气或氘气。早在 1967 年，美国科学家最早发现载氢（H$_2$）可以提高玻璃的抗辐射性能[88]。1985 年，日本科学家证实载 H$_2$ 可以提高纯石英光纤的抗辐射性能[89]。2007 年，俄罗斯 Zotov 等[90-91]首次证实，载 H$_2$ 可以提高掺 Er^{3+} 石英光纤的抗辐射性能。2018 年，中国华中科技大学李进延课题组[92]研究表明，载氘（D$_2$）可以有效提高掺 Tm^{3+} 石英光纤的抗辐射性能。然而，通过载 H$_2$ 或载 D$_2$ 提高有源光纤抗辐射性能的缺点在于：①H$_2$ 或 D$_2$ 以分子形式进入光纤，在大气环境中仅三个月就几乎全部从光纤中扩散出去，导致光纤的抗辐射性能下降。尽管采用气密性的碳涂覆或金属涂覆层可以有效解决气体外溢问题[3]，但增加了工艺的复杂性，并且密封涂层光纤载气需要更高的温度和压力。②如果载入光纤中的气体浓度过高，H$_2$（1.24 μm）或 D$_2$（1.71 μm）分子在近红外波段强烈的吸收会导致有源光纤的激光斜率效率明显降低。③高温载气会严重破坏高分子基涂覆层的力学性能。

为解决以上三个问题，法国圣太田大学 Girard 等[93-94]设计了一种新的光纤结构，称之为空气孔辅助的碳涂层(hole-assisted carbon-coated，HACC)光纤,简称"HACC 光纤"。这种光纤的纤芯包含 Er、Al、Ge、Ce 四种元素,内包层有六个空气孔,涂覆层是密封的碳涂覆层,如图 9 - 25a 所示。这种 HACC 光纤可以在低温条件下通过空气孔对光纤进行载氘(D_2)或载氢(H_2)。然后,通过调控空气孔中气体含量,使得掺 Er 光纤的增益和抗辐照性能均达到最佳效果。最后,在光纤两端熔接上密闭的导光光纤,阻止气体外溢。研究表明,这种 HACC 光纤的气体溢出速率比普通双包层的载氢光纤气体溢出率低 100 倍以上。HACC 光纤的辐射诱导损耗比 RTAC 光纤低 20 倍以上,如图 9 - 25b 所示。经 100 krad 伽马射线辐照后,HACC 光纤的增益下降低于 5%,而其他光纤的增益下降均超过 15%,如图 9 - 25c 所示。但这种方法的缺点在于:①工艺复杂;②对光纤结构有特殊要求,不适用于普通双包层光纤。

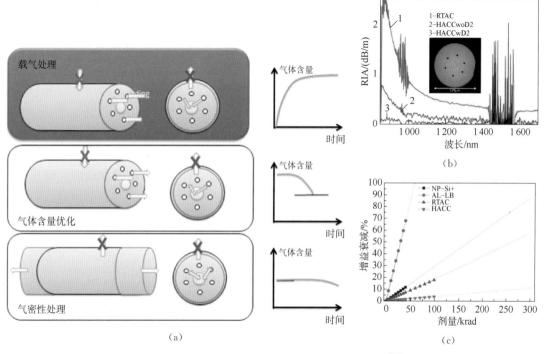

图 9 - 25　空气孔辅助的碳涂层(HACC)光纤的结构示意图[93](a);辐射
诱导损耗谱[93](b);增益下降与辐照剂量的关系[94](c)

(2) 预辐照。1995 年,美国海军实验室的 Griscom 等[76-77]研究表明,对纯石英芯光纤进行大剂量($\geqslant 10^7$ rad)预辐照处理,可以使得纯石英光纤在后续辐射过程中 400~700 nm 波段的辐射诱导损耗增加不超过 30 dB/km。2013 年,美国 Photon-X LLC 公司的 Yeniay 等[78]研究表明,采用 γ 射线预辐射结合热退火(在 165℃保温 365 h)处理,在一定程度上可以提高 Yb^{3+}/Er^{3+} 共掺石英光纤在后续辐照过程中的耐辐照特性。然而,必须指出的是,受限于高分子基涂覆层的耐温性较差($\leqslant 180℃$),这就要求不论是光漂白还是热漂白都不能温度太高,从而无法彻底漂白色心、使辐射过的光纤损耗恢复到原始状态。此外,通过预辐照方法提高光纤抗辐照性能的机理可能与 H^+ 的扩散有关。研究表明,丙烯酸酯涂层在辐射过程中释放出 H^+ 或 H_2 并向光纤包层和纤芯扩散,H^+ 或 H_2 与 SiO_2 反应生成 OH,导致光纤在 1.39 μm 处的损耗增加[62]。上海光机所 Liu 等[95]研究表明,提高光纤中 OH 含量,在一定程度上可以提高掺

Yb^{3+} 石英玻璃的抗辐照性能。2015 年,Griscom 等[96] 发表勘误指出,他在 1995 年对光纤进行大剂量预辐照时,有部分光纤浸泡在水中。在辐射过程中,水中的 H^+ 以及丙烯酸酯涂层中辐致降解产生的 H^+ 都很有可能扩散进入光纤芯并与 SiO_2 反应生成 Si—OH,从而提高光纤的抗辐照性能。2016 年,韩国光州科学技术院 Kim 等[97] 研究表明,预辐照处理并不能提高掺氟石英光纤在后续辐射过程中近红外波段的抗辐射性能。

(3) 预退火。2001 年,日本东京工业大学 Hosono 等[98] 对纯石英玻璃进行变温(1 400/1 200/1 100/900℃)热退火处理,目的是改变玻璃的假想温度(T_f)。结果表明,降低纯石英玻璃假想温度(T_f)可以显著提高玻璃的耐辐射性能。2016 年,法国巴黎第十大学[66] 在不同温度(900/1 000/1 100/1 200/1 300℃)对 Er^{3+} 单掺石英光纤预制棒进行热退火处理以改变其假想温度(T_f),发现降低预制棒假想温度(T_f)能有效提高其耐辐射性能。

对以上预载气、预辐照和预退火三种预处理方式进行组合应用,不但可以进一步提高光纤的抗辐照性能,还能有效阻止气体外溢。然而,这种组合方法不适用于直接对光纤进行预处理,主要原因有二:① 高温载气或大剂量预辐照会加速光纤的高分子基涂覆层老化(变黄变脆),影响光纤机械强度和使用寿命;② 大剂量预辐照诱导光纤产生色心,导致光纤的背景损耗增加。受限于光纤高分子基涂覆层耐温性较差,对光纤进行光漂白和热漂白均可以部分降低其辐射诱导损耗。

2019 年,上海光机所邵冲云等[99-100] 提出对有源光纤预制棒依次进行载氘、预辐射、热退火预处理的抗辐照加固方法。以掺镱石英光纤预制棒为例,列举其预处理条件和流程,详见图 9-26。电子顺磁共振(EPR)测试表明:在相同辐射条件下,采用本方法处理过的预制棒芯棒中辐致色心浓度比未处理芯棒中辐致色心浓度低一个数量级以上。应用本方法所获得的芯棒可以用来制备耐辐射稀土掺杂石英光纤,且具备激光斜率效率高、背景损耗低、在真空环境中可长时间稳定使用等优点。下面对该预处理方法做进一步介绍。

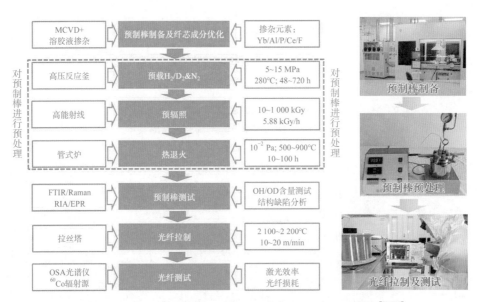

图 9-26　有源光纤预制棒的预处理及其光纤性能评估流程图[99-100]

图 9-27a、d 为原始掺镱石英光纤预制棒(未经预处理)所拉制光纤伽马辐照前后的损耗谱和激光斜率效率。图 9-27b、e 为氢气预处理预制棒所拉制光纤伽马辐照前后的损耗谱和

激光斜率效率。图9-27c、f为氘气预处理预制棒所拉制光纤伽马辐照前后的损耗谱和激光斜率效率。激光斜率效率采用空间耦合方式测试,泵浦源为976 nm的激光二极管,测试所用掺镱光纤长度为25 m。

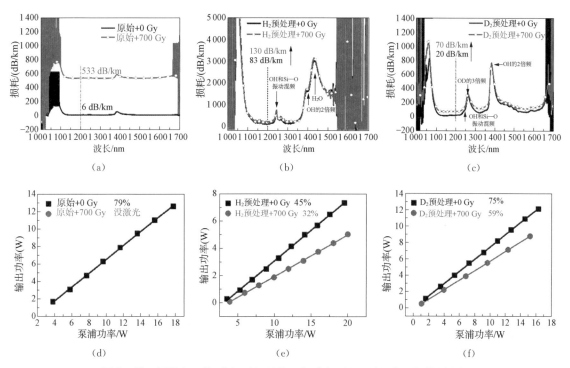

图9-27　原始(a,d)、载氢预处理(b,e)、载氘预处理(c,f)预制棒所拉制
掺镱石英光纤的损耗谱和激光效率[101]

为方便对比,表9-5统计了三根光纤在伽马辐照前后在波长1 200 nm处的背景损耗和激光斜率效率具体数值。伽马辐照的总剂量约为700 Gy,该剂量对应卫星在地球同步轨道(GSO)服役10年所吸收的累计辐照剂量。

表9-5　原始、载氢预处理、载氘预处理预制棒制备的掺镱石英光纤辐照
前后的激光斜率效率和在波长1 200 nm处的背景损耗值

剂量　　　　光纤参数		Pristine	H₂ pretreated	D₂ pretreated
0 Gy	损耗@ 1 200 nm (dB/km)	6	83	20
	斜率效率	79%	45%	75%
	预处理引起的效率降低	0	43%	5%
700 Gy	损耗@ 1 200 nm(dB/km)	533	130	70
	斜率效率	0	32%	59%
	辐射引起的效率降低	100%	29%	21%

伽马辐照前(0 Gy),原始、载氢预处理、载氘预处理光纤在波长1 200 nm处的背景损耗约

分别为 6 dB/km、83 dB/km、20 dB/km；三根光纤的激光斜率效率分别为 79%、45%、75%。

伽马辐照后（700 Gy），原始、载氢预处理、载氘预处理光纤在波长 1 200 nm 处的背景损耗约分别为 533 dB/km、130 dB/km、70 dB/km；三根光纤的激光斜率效率分别为 0、32%、59%。

从图 9-27 和表 9-5 中可以看出，载氢或载氘预处理都可以显著提高掺 Yb^{3+} 光纤的抗辐照性能。然而，载氢预处理会严重恶化未辐照掺 Yb^{3+} 光纤的激光性能，使得激光斜率效率从 79% 下降到 45%，光纤损耗从 6 dB/km 增加到 83 dB/km；载氘预处理对未辐照掺 Yb^{3+} 光纤的激光性能不会产生明显负面影响，激光斜率效率从 79% 下降到 75%，光纤损耗从 6 dB/km 增加到 20 dB/km。其根本原因与 OH 和 OD 基团的吸收峰位置及吸收强度有关。

众所周知，玻璃在红外波段的吸收主要来源于分子振动。分子振动的频率（ν）取决于振动基团中阴离子和阳离子的约化质量（μ）和键力常数（K），它们之间的关系如下[102]：

$$\nu = \frac{1}{2\pi c}\sqrt{\frac{K}{\mu}} \tag{9-1}$$

$$\mu = \frac{m_1 m_2}{m_1 + m_2} \tag{9-2}$$

式中，c 为光速；m_1 和 m_2 分别为阴、阳离子的摩尔质量。根据以上两个公式可知，OH 基团的振动频率约为 OD 振动频率的 1.37 倍。已知 OH 的本征振动峰位于 2.7 μm 处，第一和第二倍频峰分别位于 1.38 μm 和 0.95 μm 处[103]。可以推导出 OD 的本征振动峰位于 3.8 μm 处，第一和第二倍频峰分别位于 1.87 μm 和 1.26 μm 处。研究表明，OH 本征振动峰强度约为第一倍频峰强度的 50~60 倍，约为第二倍频峰的 2 500 倍以上[104]。

根据上述结论，图 9-28 给出 OD 和 OH 基团在 800~4 000 nm 波段的主要吸收峰位置及强度[104]。从图中可以看出，相对于 OD 基团，OH 基团的吸收峰波长更加靠近 Yb^{3+} 的泵浦和激光波长。因此，与相同含量的 OD 基团相比，OH 基团对 Yb^{3+} 荧光和激光性能的负面影响更大。

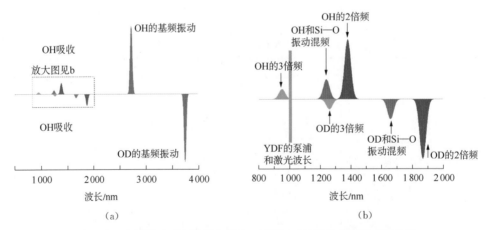

图 9-28　(a) OH 和 OD 基团在 500~4 000 nm 波段的主要振动吸收峰；
　　　　　(b) OH 和 OD 基团在 800~2 000 nm 波段的主要振动吸收峰

图 9-29 为四根掺铒石英光纤（EDF）归一化增益随辐照剂量的变化[105]。其中原始光纤

和氘气预处理光纤来自同一根预制棒，预制棒的纤芯成分为 Er－Al－La－Ge 四种元素共掺。将同一预制棒分成两段，其中一段不做任何处理，所拉制的光纤称为 SIOM 原始 EDF；另一段进行氘气预处理，所拉制的光纤称为 SIOM 预处理 EDF。预处理方法参考图 9－27 所示。商用普通 EDF 来自 OFS 公司，商用耐辐照 EDF 来自 iXblue 公司，这两根光纤主要用作参照样。从图中可以看出，辐射诱导的增益变化（radiation induced gain variation，RIGV）与辐照剂量近似成线性关系，对其进行线性拟合，可以预测更大

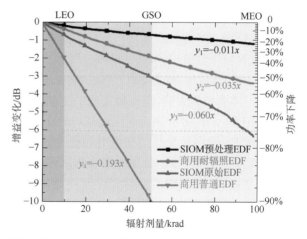

图 9－29　四根掺铒石英光纤归一化增益随辐照剂量的变化

剂量辐射后的 RIGV 值。根据拟合结果可知，100 krad 辐射后，商用普通 EDF、SIOM 原始 EDF、商用耐辐照 EDF、SIOM 预处理 EDF 的 RIGV 值分别为 19.3 dB、6 dB、3.5 dB、1.1 dB。很显然，SIOM 预处理 EDF 的耐辐照性能最好。

9.4.3　后处理

后处理是指对辐照后的光纤进行漂白处理，它包含热漂白、光漂白和气氛漂白三种方式。以下做简要介绍：

（1）热漂白。在一定温度范围内，升高温度会导致光纤的辐照诱导损耗下降，甚至完全恢复到辐射前的水平，这种现象称为热漂白。1997 年，美国普林斯顿大学 Ramsey 等[106]研究表明，加热可以漂白辐射后的石英光纤，且温度越高漂白效果越好。芬兰阿尔托大学 Söderlund 等[107]研究表明，彻底漂白掺 Yb^{3+} 光纤的辐射诱导损耗，需要将温度升高到 600℃ 以上。然而，高温热漂白对普通双包层光纤的涂覆层提出一个非常大的挑战。

（2）光漂白。1981 年，美国海军实验室 Friebele 等[108]研究表明，采用 0.85 μm 的激光二极管泵浦 γ 射线辐射过的光纤，可以观察到光纤的辐射诱导损耗随着时间推移逐渐下降，这种现象称为光漂白。后续研究进一步表明，泵浦功率越高，泵浦波长越短，泵浦时间越长，暗化后光纤的漂白效果越好[74-75]。

（3）气氛漂白。气氛漂白是指对辐射过的光纤进行载气处理，可以降低光纤的辐照诱导损耗。中国华中科技大学 Xing 等[92,109-111]以掺 Tm^{3+} 石英光纤为研究对象，系统研究了光漂白和气氛漂白对辐照后掺 Tm^{3+} 光纤损耗和激光斜率效率的影响。下面做进一步介绍。

图 9－30a、b 分别为光漂白对暗化后掺 Tm^{3+} 光纤损耗谱和激光效率的影响，图 9－30c、d 分别为气氛漂白对暗化后掺 Tm^{3+} 光纤损耗和激光效率的影响。2015 年，Xing 等[110]报道了采用 793 nm 激光二极管（LD）长时间泵浦不同剂量伽马射线辐照后的掺 Tm^{3+} 光纤，可以使得暗化后光纤的损耗有所下降，激光效率有所增加，如图 9－30a、b 所示。研究结果表明，泵浦光只能部分漂白暗化后光纤，且辐射剂量越大，漂白效果越差。当辐射剂量为 700 Gy 时，暗化光纤被光漂白的程度仅为 66%，即漂白后光纤激光效率（37%）仅相当于未辐照光纤激光效率（56.3%）的 66%。必须指出，光漂白的效率低，所需时间长（>70 h），漂白效果差，且沿光纤

长度方向分布不均匀,泵浦端漂白比较彻底、远离泵浦端漂白不完全。

　　为解决上述问题,Xing 等[111]于 2018 年提出对掺 Tm^{3+} 光纤进行气氛漂白。具体方案为,对辐照后的光纤进行高压载气处理。气体为 95% N_2 和 5% D_2 的混合气体,或者 95% N_2 和 5% H_2 的混合气体,或者 100% N_2。载气压力和载气时间分别为 0.3 MPa 和 48 h。载气温度为室温。实验结果表明,高压载氮几乎没有漂白效果,高压载氘的漂白效果远优于载氢的漂白效果。图 9-30c、d 分别为高压载氘对暗化后掺 Tm^{3+} 光纤损耗谱和激光效率的影响。从图中可以看出,漂白后光纤的损耗谱和激光效率与未辐照光纤的损耗谱和激光效率相差不大。且随辐射剂量增加,漂白效果并没有明显变差。当辐射剂量为 1000 Gy 时,暗化光纤被气氛漂白的程度高达 92%,即漂白后光纤激光效率(52.4%)相当于未辐照光纤激光效率(57%)的 92%。由此可见,相比光漂白,气氛漂白的效果更好、效率更高。

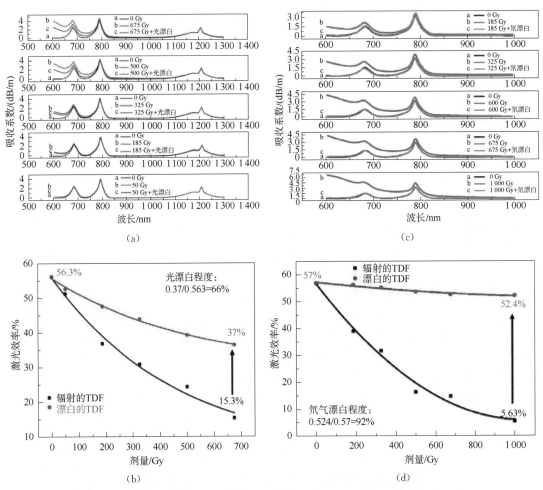

图 9-30　光漂白[110](a, b)和气氛漂白[111](c, d)对不同剂量伽马射线辐照后
掺 Tm^{3+} 石英光纤损耗谱(a, c)和激光效率(b, d)的影响

9.4.4　系统优化

　　正如 9.3 节所述,影响光纤耐辐照特性的因素包含三个方面:光纤参数、辐照环境、应用参数。上述三个提高光纤耐辐照特性的方法(即组分优化、预处理、后处理)均只涉及光纤元器件的优化。而在实际应用中,还应综合考虑辐照环境和应用参数这两方面因素对光纤激光器或

放大器系统稳定性能的影响。

　　法国里昂大学的 Girard 课题组[74,112-116]最早提出从系统优化角度出发，全面提升光纤激光器或放大器抗辐照特性。总体思路如图 9－31 所示[74]：①通过优化光纤结构、玻璃组分、制备工艺等手段全面提升光纤元器件的抗辐照性能。获得激活离子的光谱参数（如吸收、发射截面、荧光寿命等）为后续理论模拟创造条件。②明确激光器或放大器服役条件，如辐射总剂量、剂量率、温度等。③在以上基础上，通过理论模拟优化激光器或放大器的系统参数如光纤长度、泵浦方式、泵浦波长、泵浦功率等，并结合具体实验，验证理论模拟结果。下面做进一步介绍。

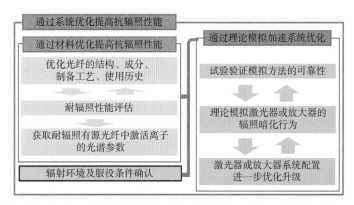

图 9－31　通过系统优化提高光纤激光器或放大器抗辐照特性的总体思路

　　图 9－32a～c 分别为载氢与否、光纤长度、泵浦方式对掺 Er 光纤放大器（EDFA）抗辐照性能的影响[116]。图 9－32d 对比了元件优化和系统优化对 EDFA 抗辐照性能的影响[116]。

　　图 9－32a 的实验条件为有源光纤长 8 m，泵浦方式为同向泵浦（即泵浦光和信号光位于光纤的同一端）。从图 9－32a 中可以看出，载氢 EDFA 辐照诱导的增益下降远小于不载氢EDFA。不论是载氢还是不载氢的 EDFA，实验结果和模拟结果的最大误差不超过 3%。由此可以证实理论模拟的正确性和可靠性。

　　图 9－32b 通过理论模拟优化载氢 EDFA 器件中掺铒光纤长度。泵浦方式假设为同向泵浦。模拟结果表明，在未辐照 EDFA 中，有源光纤长度为 7 m 时增益最大。随着辐照剂量增加，有源光纤的最优长度逐渐缩短。当辐照剂量为 300 krad 时，有源光纤的最佳长度为 6 m。

　　图 9－32c 通过理论模拟三种泵浦方式（双向、同向、反向）对载氢 EDFA 抗辐照性能的影响。假设光纤长度为 8 m。双向泵浦假设有两个泵浦光（～45 mW）分别从光纤的两端注入，信号光位于光纤的其中一端。同向泵浦假设只有一个泵浦光（～90 mW）与信号光从光纤的同一端注入。反向泵浦假设只有一个泵浦光（～90 mW）和一个信号光分别从光纤的两端注入。模拟结果表明，双向泵浦时，EDFA 的增益最大，辐射诱导的增益下降最小；反向泵浦时，EDFA 的增益最小，辐射诱导的增益下降最大；同向泵浦的效果介于两者之间。很显然，双向泵浦最有利于提高载氢 EDFA 的抗辐照性能。

　　图 9－32d 通过具体实验对比了元件优化和系统优化对载氢 EDFA 抗辐照性能的影响。如果仅优化光纤元器件，当光纤长度为 8 m，泵浦方式为反向泵浦时，载氢 EDFA 的增益从辐照前的 23.5 dB 逐渐下降到 300 krad 辐照后的 14 dB，下降了 9.5 dB。如果考虑系统优化，当光纤长度为 6 m、泵浦方式为双向泵浦时，载氢 EDFA 的增益从辐照前的 27 dB 逐渐下降到

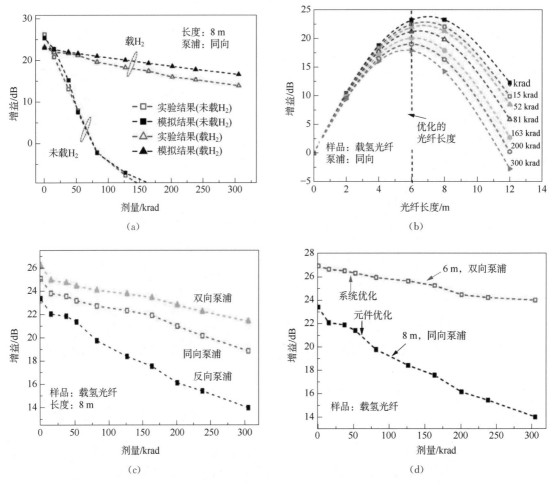

图 9-32 模拟载氢与否(a)、光纤长度(b)、泵浦方式(c)对 EDFA 抗辐照性能的影响；(d)实验对比元件优化和系统优化对载氢 EDFA 抗辐照性能的影响

300 krad 辐照后的 24 dB,仅下降 3 dB。由此可见,系统优化可以有效提高光纤激光器或放大器的抗辐照性能。

综合上述,本章首先介绍了稀土掺杂石英光纤在太空中的应用和挑战,然后从三个方面详细介绍了面向空间应用耐辐照稀土掺杂石英光纤的最新研究进展,它们分别是:①有源光纤辐致暗化机理;②有源光纤耐辐射特性的影响因素;③提高有源光纤耐辐射特性的方法。

未来可以从以下五个方面对耐辐照有源光纤开展进一步研究:

(1) 目前掺铒和掺镱石英光纤的耐辐照特性研究最多,抗辐照加固技术也相对较为成熟。由于不同稀土离子掺杂石英光纤的玻璃组分、工作波长及单模截止频率所需的数值孔径不同,掺铒或掺镱光纤的抗辐照加固技术不一定适用于其他稀土离子(如 Tm^{3+})掺杂光纤。因此,有必要对不同稀土离子掺杂石英光纤的耐辐照特性有针对性地开展系统研究。

(2) 由于影响有源光纤耐辐照特性的因素极为复杂,既包括光纤本征参数,又包含环境和应用参数,目前尚没有一套完善的理论可以准确模拟和预测有源光纤的耐辐照特性,加速辐照实验仍旧是目前评估有源光纤耐辐照特性的最好方法。未来的工作应加强理论研究,构建有源光纤耐辐照特性理论预测模型。

(3) 尽管诸多有源光纤抗辐照加固方法被相继提出,然而这些方法的影响机理和长期有效性目前尚不完全清楚。比如,为什么降低石英玻璃及光纤的假想温度可以提高它们的抗辐照性能? 其机理是什么? 是非可以拓展到其他玻璃系统? 再比如,适当增加有源光纤中羟基含量可以提高其抗辐照性能,其机理是什么? 是否具有长期抗辐照稳定性? 因此,未来的工作应系统研究不同抗辐照加固方法背后的物理起源,评估其长期抗辐照稳定性,并将不同抗辐照加固方法有机整合后加以综合应用。

（4）光纤的暗化与漂白是一个动态平衡过程。在非辐射环境下,泵浦光既可以诱导有源光纤出现光子暗化效应,又可以在一定程度上漂白已暗化的光纤。相应地,在辐射环境中,泵浦光也会对有源光纤的暗化程度产生影响。因此,开展有源光纤在泵浦过程中,同时在辐照环境下的原位在线测试,更加接近实际工作环境,其现实意义更大。

（5）面向空间应用光纤激光器处于一个强振动、高真空、大温差（±200℃）、恶劣辐射的复杂环境中。航天器在升空和着陆过程中伴随着剧烈振动,这要求激光系统采取全光纤化结构。真空条件下,激光器散热比较慢,且光纤中一些小分子气体（如 H_2/Cl_2）易扩散到光纤外。稀土离子 4f 轨道电子在不同 Stark 能级的概率遵循玻尔兹曼分布,与温度密切相关。辐致色心的稳定性也严重依赖于外界温度。故外界温度变化必然会引起有源光纤的激光性能和抗辐照性能发生变化。与单一、稳定的伽马加速辐照实验条件不同,太空中射线源多、剂量率偏低且大小随时间和空间随时在变,当遭遇太阳粒子事件时又可能出现瞬态强辐射。因此,未来的研究有必要综合评估振动强度、真空度、温度变化和辐射条件对有源光纤激光性能和抗辐照性能的影响。

参考文献

[1] Powell D. Lasers boost space communications [J]. Nature, 2013,499(7458):266 - 267.
[2] Wright M W, Valley G C. Yb-doped fiber amplifier for deep-space optical communications [J]. Journal of Lightwave Technology, 2005,23(3):1369.
[3] Huang Jianping, Zhang Ge, Wang Pupu, et al. Research of radiation resistant Er doped fiber for space detection[C]. SPIE, 2016.
[4] Duchez J, Mady F, Mebrouk Y, et al. Interplay between photo- and radiation-induced darkening in ytterbium-doped fibers [J]. Optics Letters, 2014,39(20):5969 - 5972.
[5] Williams G L M, Friebele E J. Space radiation effects on erbium-doped fiber devices: Sources, amplifiers, and passive measurements [J]. IEEE Transactions on Nuclear Science, 1998,45(3Pt3):399 - 404.
[6] Smith D S, Stabin M G. Exposure rate constants and lead shielding values for over 1,100 radionuclides [J]. Health Physics, 2012,102(3):271 - 291.
[7] Ott M N, Jin X L, Chuska R, et al. Space flight requirements for fiber optic components: qualification testing and lessons learned [C]. Society of Photo-Optical Instrumentation Engineers (SPIE) Conference Series, 2006.
[8] Girard S, Morana A, Ladaci A, et al. Recent advances in radiation-hardened fiber-based technologies for space applications [J]. Journal of Optics, 2018,20(9):93001.
[9] Velazco R, Fouillat P, Reis R. Radiation effects on embedded systems [M]. [S. l.]: Springer Science and Business Media, 2007.
[10] Girard S, Kuhnhenn J, Gusarov A, et al. Radiation effects on silica-based optical fibers: recent advances and future challenges [J]. IEEE Transactions on Nuclear Science, 2013,60(3):2015 - 2036.
[11] 邓涛,谢峻林,罗杰,等. 光纤抗辐射性能研究回顾与展望[J]. 光通信技术,2007(9):58 - 61.
[12] Ott M N. Radiation effects data on commercially available optical fiber: database summary [C]. IEEE,

2002.

[13] Gusarov A, Hoeffgen S K. Radiation effects on fiber gratings [J]. IEEE Transactions on Nuclear Science, 2013, 60(3):2037 – 2053.

[14] Berghmans F, Brichard B, Fernandez A F, et al. An introduction to radiation effects on optical components and fiber optic sensors [M]. [S. l.]: Springer Netherlands, 2008.

[15] Perry M, Niewczas P, Johnston M. Effects of neutron-gamma radiation on fiber Bragg grating sensors: a review [J]. IEEE Sensors Journal, 2012, 12(11):3248 – 3257.

[16] Friebele E J, Gingerich M E, Brambani L A, et al. Radiation effects in polarization-maintaining fibers [C]//Proceedings of the SPIE — The International Society for Optical Engineering, 1990(1314):146 – 154.

[17] Olanterä L, Sigaud C, Troska J, et al. Gamma irradiation of minimal latency hollow-core photonic bandgap fibres [J]. Journal of Instrumentation, 2013, 8(12):C12010.

[18] Girard S, Yahya A, Boukenter A, et al. γ – radiation-induced attenuation in photonic crystal fibre [J]. Electronics Letters, 2002, 38(20), 1169 – 1171.

[19] Girard S, Ouerdane Y, Tortech B, et al. Radiation effects on ytterbium-and ytterbium/erbium-doped double-clad optical fibers [J]. IEEE Trans. Nucl. Sci., 2009, 56(6):3293 – 3299.

[20] Girard S, Ouerdaneb Y, Vivonab M, et al. Radiation effects on rare-earth doped optical fibers [C]. Proc. SPIE 7817, Nanophotonics and Macrophotonics for Space Environments IV, 2010:781701. https://doi.org/10.1117/12.862706.

[21] 邵冲云. 掺 Yb^{3+} 石英玻璃的结构、光谱和耐辐照性能及辐致暗化机理研究[D]. 北京:中国科学院大学,2019.

[22] Griscom D L. A minireview of the natures of radiation-induced point defects in pure and doped silica glasses and their visible/near-IR absorption bands, with emphasis on self-trapped holes and how they can be controlled [J]. Physics Research International, 2013(2013):1 – 14.

[23] Griscom D L. Nature of defects and defect generation in optical glasses: 1985 Albuquerque Conferences on Optics, 1985 [C]. International Society for Optics and Photonics.

[24] Griscom D L. The natures of point defects in amorphous silicon dioxide [M]//Defects in SiO_2 and related dielectrics: science and technology. Springer, 2000:117 – 159.

[25] Griscom D L. Optical properties and structure of defects in silica glass [J]. Nippon Seramikkusu Kyokai Gakujutsu Ronbunshi, 1991, 99(10):923 – 942.

[26] Griscom D L. Defect structure of glasses: some outstanding questions in regard to vitreous silica [J]. Journal of Non-Crystalline Solids, 1985, 73(1 – 3):51 – 77.

[27] Griscom D L, Friebele E J, Long K J, et al. Fundamental defect centers in glass: electron spin resonance and optical absorption studies of irradiated phosphorus-doped silica glass and optical fibers [J]. Journal of Applied Physics, 1983, 54(7):3743 – 3762.

[28] Likhachev M E, Bubnov M M, Zotov K V, et al. Radiation resistance of Er-doped silica fibers: effect of host glass composition [J]. Lightwave Technology, 2013, 31(5):749 – 755.

[29] Lezius M, Predehl K, Stöwer W, et al. Radiation induced absorption in rare earth doped optical fibers [J]. Nuclear Science, IEEE Transactions on, 2012, 59(2):425 – 433.

[30] Arai T, Ichii K, Tanigawa S, et al. Gamma-radiation-induced photodarkening in ytterbium-doped silica glasses [J]. Fiber Lasers VIII: Technology, Systems, and Applications, 2011, 7914(79140K).

[31] Deschamps T, Vezin H, Gonnet C, et al. Evidence of AlOHC responsible for the radiation-induced darkening in Yb doped fiber [J]. Optics Express, 2013, 21(7):8382.

[32] Fox B P, Simmons-Potter K, Thomes W J, et al. Gamma-radiation-induced photodarkening in unpumped optical fibers doped with rare-earth constituents [J]. Ieee Transactions on Nuclear Science, 2010, 57(33):1618 – 1625.

[33] Ollier N, Corbel C, Duchez J, et al. In situ observation of the Yb^{2+} emission in the radiodarkening

process of Yb-doped optical preform [J]. Optics Letters, 2016,41(9):2025 - 2028.

[34] Shao Chongyun, Ren Jinjun, Wang Fan, et al. Origin of radiation-induced darkening in $Yb^{3+}/Al^{3+}/P^{5+}$-doped silica glasses: effect of the P/Al ratio [J]. The Journal of Physical Chemistry B, 2018,122 (10):2809 - 2820.

[35] Shao Chongyun, Guo Mengting, Zhang Yang, et al. 193 nm excimer laser induced color centers in $Yb^{3+}/Al^{3+}/P^{5+}$-doped silica glasses [J]. Journal of Non-Crystalline Solids, 2020(544):120198.

[36] Wang Fan, Shao Chongyun, Yu Chunlei, et al. Effect of $AlPO_4$ join concentration on optical properties and radiation hardening performance of Yb-doped $Al_2O_3 - P_2O_5 - SiO_2$ glass [J]. Journal of Applied Physics, 2019,125(17):173104.

[37] Shao Chongyun, Xu Wenbin, Ollier N, et al. Suppression mechanism of radiation-induced darkening by Ce doping in Al/Yb/Ce-doped silica glasses: Evidence from optical spectroscopy, EPR and XPS analyses [J]. Journal of Applied Physics, 2016,120(15):153101.

[38] Shao Chongyun, Xie Fenghou, Wang Fan, et al. UV absorption bands and its relevance to local structures of ytterbium ions in $Yb^{3+}/Al^{3+}/P^{5+}$-doped silica glasses [J]. Journal of Non-Crystalline Solids, 2019(512):53 - 59.

[39] 胡丽丽,等. 激光玻璃及应用[M]. 上海:上海科学技术出版社,2019.

[40] Ollier N, Corbel C, Duchez J, et al. In situ observation of the Yb^{2+} emission in the radiodarkening process of Yb-doped optical preform [J]. Optics Letters, 2016,41(9):2025 - 2028.

[41] Mebrouk Y, Mady F, Benabdesselam M, et al. Experimental evidence of Er^{3+} ion reduction in the radiation-induced degradation of erbium-doped silica fibers [J]. Optics Letters, 2014,39(21):6154 - 6157.

[42] Hari Babu B, Ollier N, León Pichel M, et al. Radiation hardening in sol-gel derived Er^{3+}-doped silica glasses [J]. Journal of Applied Physics, 2015,118(12):123107.

[43] Malchukova E, Boizot B. Reduction of Eu^{3+} to Eu^{2+} in aluminoborosilicate glasses under ionizing radiation [J]. Materials Research Bulletin, 2010,45(9):1299 - 1303.

[44] Zhang Jun, Riesen H. Controlled generation of Tm^{2+} ions in nanocrystalline $BaFCl:Tm^{3+}$ by X-ray irradiation [J]. The Journal of Physical Chemistry A, 2017,121(4):803 - 809.

[45] Qiu J, Hirao K. γ-ray induced reduction of Sm^{3+} to Sm^{2+} in sodium aluminoborate glasses [J]. Journal of Materials Science Letters, 2001,20(8):691 - 693.

[46] Vahedi S, Okada G, Morrell B, et al. X-ray induced Sm^{3+} to Sm^{2+} conversion in fluorophosphate and fluoroaluminate glasses for the monitoring of high-doses in microbeam radiation therapy [J]. Journal of Applied Physics, 2012,112(7):73108.

[47] Singh G P, Kaur P, Kaur S, et al. Conversion of Ce^{3+} to Ce^{4+} ions after gamma ray irradiation on $CeO_2 - PbO - B_2O_3$ glasses [J]. Physica B: Condensed Matter, 2013(408):115 - 118.

[48] Imai H, Arai K, Imagawa H, et al. Two types of oxygen-deficient centers in synthetic silica glass [J]. Phys. Rev. B Condens. Matter. , 1988,38(17):12772 - 12775.

[49] Amossov A V, Rybaltovsky A O. Oxygen-deficient centers in silica glasses: a review of their properties and structure [J]. Journal of Non-Crystalline Solids, 1994(179):75 - 83.

[50] Skuja L. Optically active oxygen-deficiency-related centers in amorphous silicon dioxide [J]. Journal of Non-Crystalline Solids, 1998,239(1 - 3):16 - 48.

[51] Brower K L. Electron paramagnetic resonance of AlE'_1 centers in vitreous silica [J]. Physical Review B, 1979,20(5):1799.

[52] Hideo H, Hiroshi K. Radiation-induced coloring and paramagnetic centers in synthetic $SiO_2:Al$ glasses [J]. Nuclear Instruments and Methods in Physics Research Section B: Beam Interactions with Materials and Atoms, 1994,91(1 - 4):395 - 399.

[53] Chah K, Boizot B, Reynard B, et al. Micro-Raman and EPR studies of β-radiation damages in aluminosilicate glass [J]. Nuclear Instruments and Methods in Physics Research Section B: Beam

Interactions with Materials and Atoms, 2002,191(1 - 4):337 - 341.

[54] Fujimaki M, Watanabe T, Katoh T, et al. Structures and generation mechanisms of paramagnetic centers and absorption bands responsible for Ge-doped SiO_2 optical-fiber gratings [J]. Physical Review B, 1998,57(7):3920.

[55] Girard S, Alessi A, Richard N, et al. Overview of radiation induced point defects in silica-based optical fibers [J]. Reviews in Physics, 2019,4(11):100032.

[56] Alessi A, Agnello S, Gelardi F M, et al. Influence of Ge doping level on the EPR signal of Ge(1), Ge (2) and E'Ge defects in Ge-doped silica [J]. Journal of Non-Crystalline Solids, 2011,357(8):1900 - 1903.

[57] Wu Xu, Liu Chengxiang, Wu Dong, et al. Radiation resistance of an Er/Ce codoped superfluorescent source of conventional fiber and photonic crystal fiber [J]. Optical Engineering, 2017,56(12):1.

[58] Kobayashi Y, Sekiya E H, Saito K, et al. Effects of Ge co-doping on P-related radiation-induced absorption in Er/Yb-doped optical fibers for space applications [J]. Journal of Lightwave Technology, 2018,36(13):2723 - 2729.

[59] Leon M, Lancry M, Ollier N, et al. Influence of Al/Ge ratio on radiation-induced attenuation in nanostructured erbium-doped fibers preforms[C]. OSA, 2015.

[60] Girard S, Ouerdane Y, Bouazaoui M, et al. Transient radiation-induced effects on solid core microstructured optical fibers [J]. Opt. Express, 2011,19(22):21760 - 21767.

[61] Barnes C E, Greenwell R A, Nelson G W. The effect of fiber coating on the radiation response of fluorosilicate clad, pure silica core step index fibers [C]. Technical Symposium Southeast, 1987.

[62] Brichard B, Fernandez A F, Berghmans F, et al. Origin of the radiation-induced OH vibration band in polymer-coated optical fibers irradiated in a nuclear fission reactor [J]. IEEE Transactions on Nuclear Science, 2002,49(61):2852 - 2856.

[63] Hanafusa H, Hibino Y, Yamamoto F. Drawing condition dependence of radiation-induced loss in optical fibres [J]. Electronics Letters, 1986,22(2):106 - 108.

[64] Girard S, Ouerdane Y, Boukenter A, et al. Transient radiation responses of silica-based optical fibers: Influence of modified chemical-vapor deposition process parameters [J]. Journal of Applied Physics, 2006,99(2):23104.

[65] Wang R P, Tai N, Saito K, et al. Fluorine-doping concentration and fictive temperature dependence of self-trapped holes in SiO_2 glasses [J]. Journal of Applied Physics, 2005,98(2):23701.

[66] Hari B B, Lancry M, Ollier N, et al. Radiation hardening of sol gel-derived silica fiber preforms through fictive temperature reduction [J]. Appl. Opt. , 2016,55(27):7455 - 7461.

[67] Lancry M, Babu B H, Ollier N, et al. Radiation hardening of silica glass through fictive temperature reduction [J]. International Journal of Applied Glass Science, 2017,8(3):285 - 290.

[68] Girard S, Tortech B, Regnier E, et al. Proton- and Gamma-induced effects on erbium-doped optical fibers [J]. IEEE Transactions on Nuclear Science, 2007,54(6):2426 - 2434.

[69] Girard S, Keurinck J, Boukenter A, et al. Gamma-rays and pulsed X-ray radiation responses of nitrogen-, germanium-doped and pure silica core optical fibers [J]. Nuclear Instruments and Methods in Physics Research Section B: Beam Interactions with Materials and Atoms, 2004,215(1 - 2):187 - 195.

[70] Girard S, Brichard B, Baggio J, et al. Comparative study of pulsed X-ray and γ-ray radiation-induced effects in pure-silica-core optical fibers [C]. 2005 8th European Conference on Radiation and Its Effects on Components and Systems, 2005:19 - 23.

[71] Wijnands T, Aikawa K, Kuhnhenn J, et al. Radiation tolerant optical fibers: from sample testing to large series production [J]. Journal of Lightwave Technology, 2011,29(22):3393 - 3400.

[72] Girard S, Marcandella C, Morana A, et al. Combined high dose and temperature radiation effects on multimode silica-based optical fibers [J]. IEEE Transactions on Nuclear Science, 2013,60(6):4305 - 4313.

[73] Ladaci A, Girard S, Mescia L, et al. Optimized radiation-hardened erbium doped fiber amplifiers for

long space missions [J]. Journal of Applied Physics，2017，121(16)：163104.

[74] Ladaci A. Rare earth doped optical fibers and amplifiers for space applications [D]. Lyon：Université de Lyon，2017.

[75] Zotov K V，Likhachev M E，Tomashuk A L，et al. Radiation resistant Er-doped fibers：optimization of pump wavelength [J]. IEEE Photonics Technology Letters，2008，20(17)：1476 - 1478.

[76] Griscom D L. Radiation hardening of pure silica core optical fibers and their method of making by ultra-high-dose gamma ray pre-irradiation：United States，US5574820A [P]. 1995 - 06 - 30.

[77] Griscom D L. Radiation hardening of pure-silica-core optical fibers by ultra-high-dose Gamma-ray preirradation [J]. Journal of Applied Physics，1995，77(10)：5008 - 5013.

[78] Yeniay A，Gao R F. Radiation induced loss properties and hardness enhancement technique for ErYb doped fibers for avionic applications [J]. Optical Fiber Technology，2013，19(2)：88 - 92.

[79] Thomas J，Myara M，Troussellier L，et al. Radiation-resistant erbium-doped-nanoparticles optical fiber for space applications. [J]. Optics Express，2012，20(3)：2435 - 2444.

[80] Jiao Yan，Yang Qiubai，Guo Mengting，et al. Effect of the GeO_2 content on the radiation resistance of Er^{3+}-doped silica glasses and fibers [J]. Optical Materials Express，2021，11(7)：1885 - 1897.

[81] Engholm M，Jelger P，Laurell F，et al. Improved photodarkening resistivity in ytterbium-doped fiber lasers by cerium codoping [J]. Optics Letters，2009，34(8)：1285 - 1287.

[82] Ladaci A，Girard S，Mescia L，et al. Radiation hardened high-power Er^{3+}/Yb^{3+}-codoped fiber amplifiers for free-space optical communications [J]. Optics Letters，2018，43(13)：3049 - 3052.

[83] Girard S，Vivona M，Laurent A，et al. Radiation hardening techniques for Er/Yb doped optical fibers and amplifiers for space application [J]. Optics Express，2012，20(8)：8457 - 8465.

[84] Ladaci A，Girard S，Mescia L，et al. X-rays，γ - rays，electrons and protons radiation-induced changes on the lifetimes of Er^{3+} and Yb^{3+} ions in silica-based optical fibers [J]. Journal of Luminescence，2018(195)：402 - 407.

[85] Vivona M，Girard S，Marcandella C，et al. Radiation hardening of rare-earth doped fiber amplifiers[C]. SPIE，2017 .

[86] Liu Xiaoxia，Liu Chaoping，Chen Gui，et al. Influence of cerium ions on thermal bleaching of photo-darkened ytterbium-doped fibers [J]. Frontiers of Optoelectronics，2018，11(4)，394 - 399.

[87] Shao Chongyun，Wang Fan，Guo Mengting，et al. Structure and property of $Yb^{3+}/Al^{3+}/Ce^{3+}/F^-$-doped silica glasses [J]. J. Chin. Ceram. Soc. ，2019，47(1)：120 - 131.

[88] Faile S P，Schmidt J J，Roy D M. Irradiation effects in glasses：suppression by synthesis under high-pressure hydrogen [J]. Science，1967，156(3782)：1593 - 1595.

[89] Nagasawa K，Hoshi Y，Ohki Y，et al. Improvement of radiation resistance of pure silica core fibers by hydrogen treatment [J]. Japanese Journal of Applied Physics. pt Regular Papers and Short Notes，1985，24(9)：1224 - 1228.

[90] Zotov K V，Likhachev M E，Tomashuk A L，et al. Radiation-resistant erbium-doped fiber for spacecraft applications [J]. Radecs 2007：Proceedings of the 9th european Conference on Radiation and Its Effects on Components and Systems，2007：450 - 453.

[91] Zotov K V，Likhachev M E，Tomashuk A L，et al. Radiation-resistant erbium-doped silica fibre [J]. Quantum Electronics，2007，37(10)：946 - 949.

[92] Xing Yingbin，Liu Yinzi，Zhao Man，et al. Radical passive bleaching of Tm-doped silica fiber with deuterium [J]. Optics Letters，2018，43(5)：1075 - 1078.

[93] Girard S，Laurent A，Pinsard E，et al. Proton irradiation response of hole-assisted carbon coated erbium-doped fiber amplifiers [J]. IEEE Transactions on Nuclear Science，2014，61(6)，3309 - 3314.

[94] Girard S，Laurent A，Pinsard E，et al. Radiation-hard erbium optical fiber and fiber amplifier for both low- and high-dose space missions [J]. Optics Letters，2014，39(9)：2541 - 2544.

［95］ Liu Shuang, Zheng Shupei, Yang Ke, et al. Radiation-induced change of OH content in Yb-doped silica glass ［J］. Chinese Optics Letters, 2015,13(6):60602.

［96］ Griscom D L. Radiation hardening of pure-silica-core optical fibers by ultra-high-dose gamma-ray pre-irradiation ［J］. Journal of Applied Physics, 1995,77(10):5008－5013.

［97］ Kim Y, Ju S, Jeong S, et al. Gamma-ray radiation response at 1 550 nm of fluorine-doped radiation hard single-mode optical fiber ［J］. Optics Express, 2016,24(4):3910－3920.

［98］ Hosono H, Ikuta Y, Kinoshita T, et al. Physical disorder and optical properties in the vacuum ultraviolet region of amorphous SiO_2［J］. Physical Review Letters, 2001,87(17):175501.

［99］ Shao Chongyun, Jiao Yan, Lou Fengguang, et al. Enhanced radiation resistance of ytterbium-doped silica fiber by pretreating on a fiber preform ［J］. Optical Materials Express, 2020,10(2):408.

［100］ 邵冲云,胡丽丽,于春雷,等. 一种耐辐射石英光纤预制棒芯棒及其制备方法:中国,CN112094052B［P］. 2022－01－28.

［101］ 邵冲云,于春雷,胡丽丽. 面向空间应用耐辐照有源光纤研究进展［J］. 中国激光,2020,47(5):233－261.

［102］ Staurt B. Infrared spectroscopy: fundamentals and applications ［J］. John Wiley and Sons, Ltd., West Sussex, England. DOI, 2004,10:470011149.

［103］ Humbach O, Fabian H, Grzesik U, et al. Analysis of OH absorption bands in synthetic silica ［J］. Journal of Non-Crystalline Solids, 1996(203):19－26.

［104］ Stone J. Interactions of hydrogen and deuterium with silica optical fibers: a review ［J］. Journal of Lightwave technology, 1987,5(5):712－733.

［105］ Jiao Y, Yang Q, Zhu Y, et al. Improved radiation resistance of an Er-doped silica fiber by a preform pretreatment method ［J］. Optics Express, 2022,30(4):6236.

［106］ Ramsey A T, Tighe W, Bartolick J, et al. Radiation effects on heated optical fibers ［J］. Review of scientific instruments, 1997,68(1):632－635.

［107］ Söderlund M J, I Ponsoda J J M, Koplow J P, et al. Thermal bleaching of photodarkening in ytterbium-doped fibers: SPIE LASE ［C］. International Society for Optics and Photonics, 2010.

［108］ Friebele E J, Gingerich M E. Photobleaching effects in optical fiber waveguides ［J］. Applied Optics, 1981,20(19):3448－3452.

［109］ Xing Yingbin, Huang Hongqi, Zhao Man, et al. Pump bleaching of Tm-doped fiber with 793 nm pump source ［J］. Optics Letters, 2015,40(5):681－684.

［110］ Xing Yingbin, Zhao Man, Liao Lei, et al. Active radiation hardening of Tm-doped silica fiber based on pump bleaching ［J］. Optics Express, 2015,23(19):24236.

［111］ Xing Yingbin, Liu Yinzi, Cao Ruiting, et al. Elimination of radiation damage in Tm-doped silica fibers based on the radical bleaching of deuterium loading ［J］. OSA Continuum, 2018,1(3):987.

［112］ Girard S, Ouerdane Y, Origlio G, et al. Radiation Effects on Silica-Based Preforms and Optical Fibers — I: Experimental Study With Canonical Samples ［J］. IEEE Transactions on Nuclear Science, 2008,55(6):3473－3482.

［113］ Girard S, Richard N, Ouerdane Y, et al. Radiation Effects on silica-based preforms and optical fibers-II: coupling Ab initio simulations and experiments ［J］. IEEE Transactions on Nuclear Science, 2008, 55(6):3508－3514.

［114］ Girard S, Mescia L, Vivona M, et al. Design of radiation-hardened rare-earth doped amplifiers through a coupled experiment/simulation approach ［J］. Journal of Lightwave Technology, 2013,31(8):1247－1254.

［115］ Mescia L, Girard S, Bia P, et al. Optimization of the design of high power Er^{3+}/Yb^{3+}-codoped fiber amplifiers for space missions by means of particle swarm approach ［J］. IEEE Journal of Selected Topics in Quantum Electronics, 2014,20(5),484－491.

［116］ Ladaci A, Girard S, Mescia L, et al. Optimized radiation-hardened erbium doped fiber amplifiers for long space missions ［J］. Journal of Applied Physics, 2017,121(16):163104.

索 引